β ENCYCLOPÉDIE
DES
TRAVAUX PUBLICS
Fondée par **M.-C. LECHALAS**, Insp.* gén.** des Ponts et Chaussées

COURS DE L'ÉCOLE DES PONTS ET CHAUSSÉES

HYDRAULIQUE AGRICOLE ET URBAINE

PAR

G. BECHMANN

INGÉNIEUR EN CHEF DES PONTS ET CHAUSSÉES
CHEF DU SERVICE DES EAUX ET DE L'ASSAINISSEMENT DE PARIS
MEMBRE DE LA SOCIÉTÉ NATIONALE D'AGRICULTURE
ET DU COMITÉ CONSULTATIF D'HYGIÈNE PUBLIQUE DE FRANCE

PARIS
LIBRAIRIE POLYTECHNIQUE CH. BÉRANGER, ÉDITEUR
Successeur de BAUDRY & C.**
15, RUE DES SAINTS-PÈRES
MAISON A LIÈGE : 21, RUE DE LA RÉGENCE

HYDRAULIQUE AGRICOLE ET URBAINE

Tous les exemplaires de l'ouvrage HYDRAULIQUE AGRI-COLE ET URBAINE *devront être revêtus de la signature de l'auteur.*

ENCYCLOPÉDIE
DES
TRAVAUX PUBLICS
Fondée par **M.-C. LECHALAS**, Insp' gén^{al} des Ponts et Chaussées

COURS DE L'ÉCOLE DES PONTS ET CHAUSSÉES

HYDRAULIQUE AGRICOLE ET URBAINE

PAR

G. BECHMANN

INGÉNIEUR EN CHEF DES PONTS ET CHAUSSÉES
CHEF DU SERVICE DES EAUX ET DE L'ASSAINISSEMENT DE PARIS
MEMBRE DE LA SOCIÉTÉ NATIONALE D'AGRICULTURE
ET DU COMITÉ CONSULTATIF D'HYGIÈNE PUBLIQUE DE FRANCE

PARIS
LIBRAIRIE POLYTECHNIQUE CH. BÉRANGER, ÉDITEUR
Successeur de BAUDRY & Cie
15, RUE DES SAINTS-PÈRES
MAISON A LIÉGE : 21, RUE DE LA RÉGENCE

1905

NOTE DE L'AUTEUR

Le présent volume renferme la substance de mon enseignement à l'Ecole nationale des ponts et chaussées, où je suis chargé
du cours d'hydraulique agricole et urbaine depuis 1890.

Je n'ai pas jugé utile d'y insérer les notions de météorologie
générale, qui sont données aux élèves dans la première partie de
ce cours, à l'occasion de la pluviométrie, non plus que celles de
physiologie végétale, dont il leur est fait un bref rappel au commencement de la deuxième partie.

Chaque année, le cours est complété par des exemples, empruntés autant que possible aux applications les plus récentes de
l'art de l'ingénieur, et se termine par la description mise à jour
des systèmes d'alimentation et d'assainissement de quelques
villes, telles que Paris, Londres, Berlin, New-York, description
que j'ai déjà donnée dans mon ouvrage : *Distributions d'eau,
Assainissement*, publié également dans l'*Encyclopédie des travaux publics* (2 vol. in-8°, 2° édit., 1898-1899).

ERRATA

Page 44. Septième ligne à partir du bas. *Ajouter* « à l'hectare » *après les
mots* : « 11 mètres cubes d'eau ».
Page 141. Dix-septième ligne. *Au lieu de* « revenir », *lire* « recourir ».
Page 510. Dernière ligne (note). *Lire* 1896 *au lieu de* 1876.
Page 546. Deuxième ligne. *Au lieu de* « comme on a », *lire* « comme on en a ».
Page 608. Sixième ligne. *Au lieu de* « millions », *lire* « milliers ».

INTRODUCTION

Sommaire : 1. Objet du cours ; 2. Importance de l'eau en agriculture ;
3. Influence de l'eau sur la vie urbaine ; 4. Répartition naturelle des eaux ;
5. Aménagement des eaux ; 6. Situation générale en France ; 7. Aperçu de
la situation à l'étranger ; 8. Progrès à réaliser.

1. Objet du cours. — Comme l'indique le titre même du
cours, c'est l'*eau*, envisagée au double point de vue de son rôle
en agriculture, de son influence sur la salubrité des villes, qui en
est l'unique objet.

Objet singulièrement important d'ailleurs à notre époque, en
raison de cette évolution sociale caractéristique, qui est une conséquence des progrès généraux de la science et de l'industrie,
surtout de la facilité croissante des communications, et qui tend
à déplacer les populations, à les entraîner vers les villes en faisant le vide dans les campagnes, à les condenser de plus en plus
dans ces agglomérations urbaines dont le développement rapide
frappe les regards et prend sur certains points des proportions
démesurées. Par suite de cette transformation, des problèmes
nouveaux et pressants, qui mettent en jeu la richesse et la santé
publiques, sont de toutes parts à l'ordre du jour : il faut les
résoudre si l'on veut conjurer d'un côté les maux dont se ressent
cruellement le régime agricole dans nos régions, et de l'autre
combattre comme il convient les causes multiples d'insalubrité
qui constituent une menace perpétuelle pour les habitants des
villes. L'art de l'ingénieur, qui a grandement contribué à les
faire naître, est le plus souvent aussi appelé à en procurer la

solution. Et, parmi les moyens dont il dispose pour cela, l'un des plus efficaces est précisément l'utilisation rationnelle de l'eau, aussi bien pour la culture des terres que pour l'alimentation et l'assainissement des villes.

Il y a là toute une série d'applications fort intéressantes de l'hydraulique, qui, eu égard aux préoccupations actuelles, ont mérité de prendre une place considérable dans les études techniques à côté de celle qu'y ont toujours occupée les autres modes d'utilisation de l'eau, notamment la navigation fluviale et maritime.

2. Importance de l'eau en agriculture. — L'eau est, en effet, indispensable à la végétation. Sécheresse est synonyme de stérilité. Une terre complètement privée d'eau, ou se réduit en poussière, incapable même de soutenir les plantes, ou forme une masse impénétrable aux jeunes prolongements des racines. N'est-ce pas l'eau qui attaque les minéraux contenus dans le sol, leur emprunte les principes utiles que les plantes sauront s'approprier, et constitue la masse principale de la sève ?

Un simple et rapide coup d'œil sur la répartition des cultures à la surface du globe, un aperçu rétrospectif de l'évolution de l'homme à travers les âges, fournissent des preuves irrécusables de l'influence capitale que, dans tous les temps et sous toutes les latitudes, l'eau a exercée sur la production agricole et, par voie de conséquence, sur le groupement des populations, sur le développement et la prospérité des peuples, sur l'histoire tout entière de la civilisation.

Les plateaux du Sahara, de vastes régions de l'Asie centrale, une grande partie de l'Egypte, sont des déserts inhabitables, par l'unique raison que l'eau y fait défaut : vient-elle à y apparaître, la face des choses se modifie soudain ; ne connaît-on point la fertilité proverbiale des terres humectées par les crues bienfaisantes du Nil ? Ne voit-on pas l'oasis se former autour de chaque puits dans le désert, la culture s'y fixer, le nomade y devenir sédentaire ? Le voyageur qui parcourt l'Asie Mineure ne manque pas d'être frappé du contraste éloquent entre la plaine aride, torréfiée par l'ardeur du soleil, et les vallées profondes où

les bords des rivières se couvrent de la plus riche végétation.
Dans le far-west américain, après les pluies de l'hiver, d'immenses troupeaux peuplent les plaines qu'elles ont fertilisées...
et, quelques mois après, les mêmes terres, desséchées par les
chaleurs de l'été, se refusent à nourrir le bétail, au point qu'il
faut l'abattre ou le mener au loin vers des régions plus hospitalières.

Les ouvrages considérables entrepris pour étendre la culture
par un meilleur emploi de l'eau attestent que l'homme en a dès
les temps les plus reculés compris toute l'importance : le fameux
lac Mœris en Egypte, les canaux qui sillonnaient la Mésopotamie, les jardins suspendus de Babylone, les digues colossales
et les innombrables étangs de l'Indoustan, les réseaux de rigoles
qui répandaient la fertilité autour des cités opulentes comme
Palmyre, Balbek, Carthage... ne le cédaient en rien aux plus
grands travaux de même ordre exécutés à notre époque, tels
que les canaux d'irrigation de la région occidentale des Etats-
Unis ou ceux dérivés du Gange dans l'Inde anglaise, le barrage
du delta du Nil, la nouvelle digue d'Assouan, etc.

Combien de contrées, aujourd'hui isolées et désertes, après
avoir connu jadis de longues périodes de splendeur, ont dû en
grande partie cette décadence à l'abandon du régime hydraulique qui leur avait valu tant de prospérité, à la destruction des
ouvrages qui en constituaient les principaux organes et dont l'entretien a cessé à la suite des guerres, des invasions, des révolutions successives dont les diverses parties du monde ont été le
théâtre ! Les vallées du Tigre et de l'Euphrate, la Phénicie, la
Syrie presque tout entière, de vastes étendues en Egypte, dans
l'ancienne Numidie, en Grèce, en Espagne, en Sicile, dans le
midi de l'Italie... etc.

Au contraire, les pays où l'art d'utiliser l'eau pour la fertilisation des terres n'a pas cessé d'être en honneur, se sont maintenus dans un état constant de prospérité : la Chine, patrie classique des irrigations, où les souverains, les législateurs, les
philosophes se sont évertués à les encourager, et qui nourrit,
grâce à une production agricole extrêmement développée, une
population extraordinairement dense ; l'Inde, où l'eau apparaît

dans les livres sacrés comme le premier principe de la création, où des milliers de canaux sillonnaient déjà le territoire dix siècles avant l'ère chrétienne, où les Anglais lors de la conquête trouvaient partout de vastes bassins pour la mise en réserve des eaux d'arrosage ; la Hollande, dont les industrieux habitants ont su faire d'une région plate, en grande partie au-dessous du niveau de la mer, une des contrées les plus riches de l'Europe ; la Lombardie, qui a tiré un si magnifique parti des eaux emmagasinées dans ses grands lacs au pied des Alpes.

Les limons, qu'entraînent les eaux courantes, sont eux-mêmes un élément de richesse agricole, qui va trop souvent se perdre sans utilité dans la mer et dont on devrait tirer plus souvent parti.

Que dire enfin de la force motrice naturelle que fournissent les cours d'eau, et dont une meilleure utilisation des chutes et des pentes, singulièrement favorisée de nos jours par les immenses et récents progrès de la mécanique et de l'électricité, va sans doute décupler les services ?

8. Influence de l'eau sur la vie urbaine. — L'eau ne joue pas un moindre rôle dans les villes que dans les campagnes.

Agent de nutrition indispensable, elle est aussi nécessaire comme agent d'assainissement pour ces agglomérations, où la vie d'une multitude d'êtres humains sur un espace restreint ne tarde pas à créer des besoins spéciaux et impérieux. Si, d'une part, il importe qu'elle soit mise, aussi pure et aussi abondante que possible, à la portée de tous les habitants, de l'autre il faut qu'aussitôt après l'emploi, chargée désormais d'impuretés et de résidus de toute sorte, elle soit immédiatement évacuée loin des habitations, loin de la ville même, et mise hors d'état de nuire : il doit s'y établir en un mot une circulation continue de l'eau, comparable à celle du liquide vital, de la sève dans l'organisme végétal, du sang dans celui des animaux. « La garantie de la santé des agglomérations, dit M. Emile Trélat [1], gît presque tout en-

____

(1) *Génie civil*, 9 juillet 1892.

tière dans la pureté de l'eau bue et dans la quantité d'eau de nettoyage consommée ».

Ce rôle de l'eau dans les villes est chose si capitale que la facilité plus ou moins grande avec laquelle on se la procure influe sur leur création ou leur développement. Le plus souvent, c'est au bord des cours d'eau, ou dans les plaines humides recélant l'eau à faible profondeur, que se sont formées les agglomérations d'hommes qui sont devenues des villes. Et, quand d'autres considérations ont fait choisir des emplacements moins favorisés à ce point de vue, les agglomérations n'ont pu subsister ou grandir qu'à la condition de se procurer l'eau nécessaire par des moyens artificiels. Paris, Londres, Rome, Berlin, Vienne, Pétersbourg sont situées sur les rives d'importants cours d'eau ; Versailles, créée sur un plateau desséché par la volonté d'un Louis XIV, a exigé l'exécution de travaux d'amenée d'eau véritablement gigantesques pour l'époque et n'a jamais pris en dépit de ces travaux un bien grand développement ; New-York, fondée dans une île étroite baignée par la mer, ne serait certainement pas devenue la métropole des Etats-Unis sans la dérivation qui, dès 1843, lui amenait l'eau abondante de la vallée du Croton.

Suivant la judicieuse remarque de Couche [1], Londres n'a pu s'étendre à l'origine que sur les bords immédiats de la Tamise, et il a fallu l'apparition de la machine à vapeur au xviiie siècle et ses perfectionnements successifs pour permettre à la ville de se développer de part et d'autre du fleuve, vers le nord principalement, en gravissant les coteaux argileux que l'absence d'eau lui interdisait d'abord. Peut-être Rome a-t-elle dû en partie sa grandeur aux précieuses ressources qu'elle a trouvées dans l'Apennin pour satisfaire par de larges amenées d'eau aux exigences de ses habitants.

L'importance de l'eau pour les villes est attestée d'autre part dans tous les pays par les travaux considérables auxquels la fourniture de l'eau potable a donné lieu dès les temps anciens. Souvent les ouvrages ont pris des proportions si grandioses qu'ils ont survécu aux monuments les plus célèbres et marquent seuls

(1) *Les eaux de Londres et d'Amsterdam*, 1883.

les traces d'une civilisation disparue : tels les puits d'Héliopolis et d'Ephèse, le siphon récemment découvert de l'antique citadelle de Pergame, les citernes de Carthage, etc... et ces aqueducs gigantesques dont on retrouve les restes épars dans toute l'étendue du monde romain. Citons en France l'aqueduc de Nîmes avec le fameux pont du Gard, l'aqueduc d'Arcueil qui alimentait les thermes de Lutèce et dont les substructions supportent à la traversée de la vallée de la Bièvre les arcades de la Vanne ; en Espagne, les aqueducs de Ségovie, Tarragone, Lérida, etc. ; et dans la campagne romaine ces longues lignes d'arcades, restes imposants des aqueducs de l'ancienne Rome, dont Frontin, au temps de Trajan, évaluait le développement à 443 kilomètres et le débit à 1.000.000 de mètres cubes par jour.

Abandonnés après l'invasion des barbares, repris seulement au moyen-âge par les Maures d'Espagne et les Vénitiens au point de vue de l'irrigation des terres, les grands travaux d'amenée d'eau n'ont reparu il est vrai que dans la période moderne : mais de nos jours ils ont donné lieu à des ouvrages qui rivalisent avec ceux de l'antiquité et l'emportent même par leurs dimensions et leur hardiesse. Le canal de l'Ourcq à Paris, celui de la Durance à Marseille, les aqueducs du Croton à New-York, du Loch Katrine à Glasgow, les dérivations de la Dhuis, de la Vanne, de l'Avre, du Loing, à Paris, celle des sources du Semmering à Vienne sont de véritables rivières artificielles, puisque le canal de la Durance débite jusqu'à 14 mètres cubes par seconde et que l'aqueduc de la Vanne n'a pas moins de 170 kilomètres de longueur. D'immenses lacs-réservoirs ont été créés par le barrage des vallées du Croton, du Furens, de la Gileppe, de la Virnwy ... pour l'alimentation des villes de New-York, Saint-Etienne, Verviers, Liverpool... grâce à l'établissement d'énormes digues en maçonnerie qui supportent des masses d'eau atteignant jusqu'à 60 mètres de hauteur.

Non moins utiles, mais moins développés dans l'antiquité — bien qu'on fasse rémonter au règne de Tarquin l'Ancien l'existence de la Cloaca Maxima à Rome — les ouvrages destinés à l'évacuation des eaux, remis en honneur par l'hygiène moderne, ont repris depuis un demi-siècle une importance et une extension

des plus considérables. Londres, Bruxelles, Rome... ont construit pour servir de collecteurs de longues galeries souterraines ;
Paris en possède de si remarquables que le public se presse
depuis 1867 aux visites que l'on y a organisées et où 600 personnes sont admises chaque fois à y circuler dans des wagons et
des bateaux mûs par l'électricité. Berlin, Francfort, Marseille...
sont pourvues de réseaux d'égouts complets qui desservent toutes
les parties de chacune de ces grandes agglomérations. Des réglementations spéciales, des lois même ont été édictées pour rendre
obligatoire l'écoulement à l'égout des eaux pluviales et ménagères, et des eaux résiduaires des usines, pour étendre cette obligation aux eaux-vannes chargées des matières de vidange.

Puis, à mesure que le déversement des masses d'eaux sales
ainsi recueillies provoquait la contamination croissante des
cours d'eau, de nouvelles préoccupations se sont fait jour ; d'une
part l'agriculture voyait à regret la perte de tant de matières fertilisantes dont l'utilisation lui serait précieuse, de l'autre la salubrité publique en réclamait instamment l'épuration de plus en
plus complète ; et l'on s'ingéniait à satisfaire à ces deux ordres
de considérations, en apparence contradictoires mais nullement
ment inconciliables, par des travaux multiples et des efforts inces-
sants.

4. Répartition naturelle des eaux. — A la surface du
globe l'eau occupe une étendue considérable, et l'observation
montre qu'elle y est animée d'un mouvement continu. Un échange
s'opère sans cesse entre la terre et l'atmosphère qui l'entoure :
sous l'influence de la chaleur solaire, aussi bien sur les continents
que sur l'immense superficie des mers, l'eau est transformée peu
à peu en vapeur ; débarrassée alors de toutes les impuretés dont
elle était chargée, elle va se mélanger à l'air ; puis lorsque, par
l'effet successif de l'évaporation, la tension de la vapeur dans l'air
dépasse certaines limites, un phénomène inverse, une condensation se produit, et il se forme des nuages qui sont entraînés au
loin par les vents et les courants atmosphériques jusqu'à ce qu'ils
se résolvent en pluie, en neige, en grêle. Les *eaux météoriques*
— c'est ainsi qu'on dénomme celles qui tombent du ciel — se

divisent lorsqu'elles atteignent le sol en trois parties : l'une *s'évapore* immédiatement et retourne directement à l'atmosphère ; une
autre pénètre à l'intérieur du sol, dans les pores de la terre, par
infiltration, pour former les nappes souterraines et les sources ;
la troisième s'écoule superficiellement, *ruisselle*, à la surface des
terres, pour former les cours d'eau, ruisseaux, torrents, rivières,
fleuves, et, grossie sur son parcours de l'apport des eaux souterraines, chargée de matières minérales et organiques recueillies
au passage, elle va se jeter à la mer pour y subir à nouveau le
phénomène de l'évaporation. C'est un *cycle* complet qui recommence indéfiniment, une évolution perpétuelle qu'un de nos vul-
garisateurs a justement comparée à une distillation continue
« dans ce grand alambic de la nature, dont le foyer est le soleil,
l'atmosphère le condenseur et la terre le récipient » [1].

Devenue banale aujourd'hui, l'idée de ce mouvement circula-
toire nous apparaît comme une sorte de lieu commun, accepté
par tout le monde sans difficulté. Il n'en a pas toujours été ainsi ;
car, si l'on en trouve la trace dans un passage de l'*Ecclésiaste*,
si quelques esprits supérieurs l'ont accueillie volontiers, comme
Bernard Palissy dans ses « discours admirables de la nature des
eaux et fontaines », d'autres, et non des moindres, ignoraient ou
répudiaient cette théorie : Pline croyait que les sources proviennent de la mer, dont l'eau en s'infiltrant à travers les terres
s'y débarrasserait de ses principes salins ; Bacon se ralliait à cette
idée ; Descartes admettait encore que « les eaux pénètrent par
des conduits souterrains jusqu'au-dessous des montagnes, d'où,
la chaleur qui est dans la terre les élevant en vapeur vers leurs
sommets, elles y vont remplir les sources des fontaines et rivières » ; à la fin du xviii° siècle, au commencement du xix°, on
discutait encore sur l'absorption de l'air par la terre et sa transformation en eau ! Il a fallu les découvertes de la chimie et de
l'hydrologie modernes pour dissiper tous les doutes.

C'est donc pour nous une vérité évidente et fondamentale que
l'origine des eaux qui se trouvent à la surface ou dans les profon-

---

[1] Louis Figuier, *Merveilles de l'industrie : l'eau.*

deurs du sol doit être cherchée dans les eaux qui tombent du ciel et réciproquement.

Or la répartition des eaux météoriques sur la terre est essentiellement variable. Elle dépend à la fois des circonstances atmosphériques — direction et intensité des vents, qui influent sur le déplacement des nuages, hauteur de la température, qui favorise plus ou moins l'évaporation — du climat, plus ou moins sec ou pluvieux suivant les régions, du relief du sol, qui détermine les versants, les vallées, les thalwegs, de sa constitution géologique, puisque l'infiltration augmente ou diminue avec la nature des couches dont le sol est composé, avec leur porosité plus ou moins grande ou, suivant le terme consacré, leur perméabilité.

Il en résulte nécessairement qu'en certains points et à certaines époques il y a surabondance d'eau, excès d'humidité, tandis qu'il y a manque d'eau, sécheresse ailleurs.

5. Aménagement des eaux. — On conçoit sans peine que l'homme ait de bonne heure compris le grand avantage qu'il aurait à corriger parfois les inconvénients résultant des inégalités de la répartition naturelle des eaux et que, par l'exécution de travaux appropriés, il ait cherché, dans la mesure de ses forces, soit à se procurer les *eaux utiles,* soit à se débarrasser des *eaux nuisibles.* Tel est l'objet de l'*aménagement des eaux.*

Il a suffi parfois d'un oubli momentané de cette préoccupation, ainsi qu'il est arrivé par exemple lors du *déboisement des forêts,* qui retiennent les terres sur les pentes des montagnes et s'opposent au ruissellement trop rapide des eaux sauvages, pour amener la ruine de régions entières, complètement dénudées aujourd'hui, et qu'on peut considérer comme des « pays morts » suivant l'énergique et terrifiante expression d'un rapporteur du Congrès de l'utilisation des eaux en 1889 [1]. Tandis qu'ailleurs on a su créer fréquemment des richesses nouvelles et considérables en procédant au desséchement de marais stériles et malsains, en défendant contre les inondations périodiques des terres fertiles où la culture était impossible, en utilisant les eaux chargées de ma-

(1) M. Cotard.

tières fertilisantes au lieu de les laisser écouler au loin sans profit
et quelquefois non sans inconvénient pour les populations riveraines des cours d'eau. « L'aménagement de l'eau dans son accep-
tion la plus large », a dit un agronome italien [1], « constitue la
base de toute agriculture raisonnée. »

Peut-être l'oubli complet des préceptes de l'édilité romaine
a-t-il plus puissamment contribué que l'invasion même des barbares à la disparition de telle ville florissante de l'antiquité. Et
par contre on a vu de nos jours les maladies transmissibles,

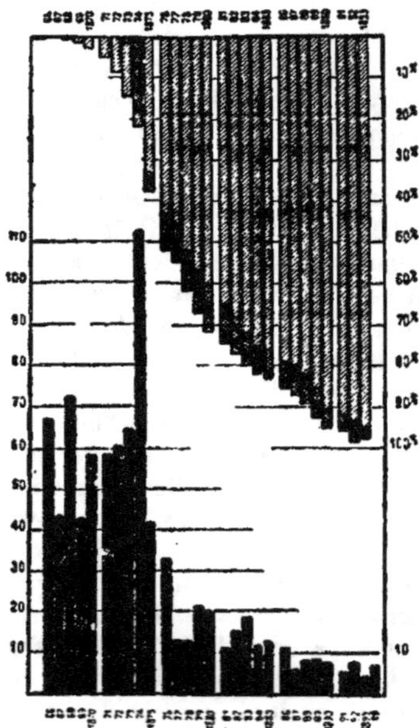

comme le choléra ou la fièvre typhoïde, cette dernière surtout,
la plus répandue d'entre elles, reculer à mesure du développe-

(1) Berti-Pichat. Voir Ronna, *Les irrigations*, tome I, 3.

ment que prenaient dans les villes l'alimentation en eau salubre et l'évacuation systématique des eaux souillées, ainsi que le fait si nettement ressortir la courbe caractéristique, dressée par l'ingénieur W. H. Lindley, d'après les constatations relevées à Francfort-sur-le-Main. Partout, d'ailleurs, la mortalité générale diminue en même temps, fournissant un sûr et précieux criterium de l'amélioration obtenue : il n'est pas rare qu'après des travaux bien dirigés elle soit réduite de 10, 20, 30 pour 100 et plus.

Sans doute on n'obtient pas de semblables résultats sans s'imposer des dépenses importantes. Aussi, quand il s'agit d'améliorations agricoles, ne doit-on pas manquer d'examiner, préalablement à l'exécution des travaux, si les conséquences à en attendre doivent être assez fructueuses pour en justifier les frais, de calculer aussi exactement que possible le *prix de revient* afin de s'assurer qu'il ne dépasse point la *valeur du service rendu*; mais bien souvent le bénéfice est si grand qu'il peut rémunérer d'énormes dépenses ; n'a-t-on pas de nos jours eu profit à consacrer des centaines de millions aux canaux d'irrigation dans l'Inde ou la Californie, aux grands barrages en Égypte? Quand il s'agit d'hygiène, cette considération s'efface même dans bien des cas et l'on a pu dire, non sans quelque vérité, qu'en pareille matière « toute dépense est une économie », car on sauve par là des vies humaines, et pour l'homme « la vie est sans prix », comme le proclamait un hygiéniste anglais [1]... Ses compatriotes l'ont ainsi compris puisque c'est par milliards qu'on suppute les dépenses d'ordre sanitaire faites depuis quarante ans dans le Royaume-Uni ; en France, Paris, Marseille, n'ont pas non plus reculé devant les sacrifices utiles, et d'autres villes ont suivi ce salutaire exemple : là encore cependant ne faut-il pas dépenser sans compter et doit-on recommander, tout en poursuivant sans hésitation ni faiblesse le résultat désirable, de s'attacher de préférence aux solutions les plus économiques.

6. Situation générale en France. — A l'un et à l'autre

[1] Baldwin-Latham.

point de vue, il y a bien des améliorations à rechercher dans notre pays.

Les ressources hydrauliques de la France sont loin d'être utilisées comme il le faudrait. La totalité des bassins représente une superficie de 53.000.000 d'hectares : il y tombe de 0 m. 65 à 0 m. 95 de pluie par an, 0 m. 75 en moyenne, ce qui correspond à un volume d'eau de 400.000.000.000 de mètres cubes ; les cours d'eau en débitent 180.000.000.000 ; l'alimentation proprement dite, industries comprises, ne réclame pas plus de 250 litres par jour et par habitant, soit pour 36.000.000 d'habitants 9.000.000 de mètres cubes par jour ou 3.285.000.000 par an. La différence, si tout était emprunté aux cours d'eau, serait encore de 176.715.000.000 de mètres cubes. Or une pareille quantité d'eau permettrait, à raison de 15.000 mètres par hectare et par an, chiffre moyen, d'effectuer l'irrigation de plus de 12 millions d'hectares, un quart de la superficie totale du territoire, davantage même si l'on employait plusieurs fois la même eau. Cette même quantité, qui pour atteindre le niveau de la mer, tombe moyennement d'une hauteur de 150 mètres, représente 11.225.260 chevaux-vapeur de force naturelle. Sans doute ces deux modes d'utilisation complète ne sauraient coexister ; il faut nécessairement faire la part de l'un et de l'autre, faire aussi celle de la navigation qui est souvent en antagonisme avec les intérêts de l'agriculture ou de l'industrie ; mais quelle marge encore, si l'on songe que, sur 33.000.000 d'hectares en culture, la statistique n'accuse pas plus de 3 à 4.000.000 de terres plus ou moins régulièrement arrosées ! et que sur nos cours d'eau la majeure partie des chutes disponibles demeurent sans utilisation ! Il reste aussi beaucoup à faire pour combattre les ravages des torrents, prévenir ou limiter les désastres causés par les inondations, parachever le desséchement des marais, utiliser les limons fertilisants, etc., tout cela en dépit des obstacles qui résultent du morcellement des terres, de l'insuffisance des capitaux disponibles pour l'agriculture, ou encore des prescriptions incommodes de réglementations surannées.

L'assainissement de nos cités n'est pas plus avancé ; il suffit, pour s'en faire une idée, de jeter un coup d'œil sur la carte qu'exposait en 1900 le service des épidémies et qui indique la mortalité par fièvre typhoïde dans toutes les villes françaises de plus de 30.000 habitants. La situation qu'elle révèle n'est rien moins que satisfaisante, et on ne se l'explique que trop aisément

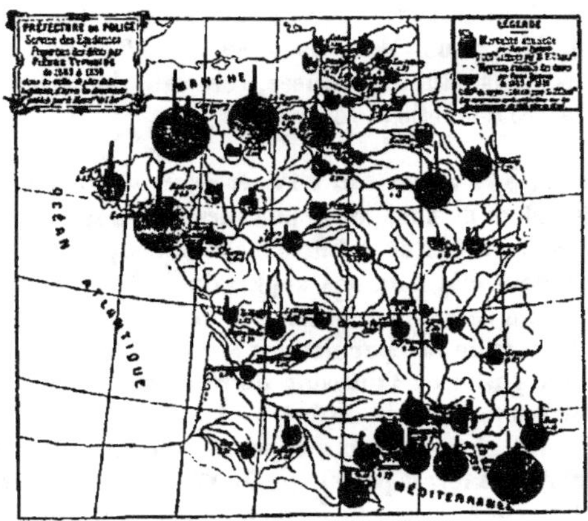

quand on constate que beaucoup de nos villes se contentent encore d'une alimentation par l'eau des puits, creusés à faible profondeur dans un sol contaminé, ou celle des citernes, qui reçoivent l'eau des pluies après qu'elles se sont salies par le ruissellement sur les toits, que celles qui possèdent des services d'eau doivent presque toutes songer à les renouveler, parce que la quantité ou la pression ne répondent pas aux exigences de l'hygiène moderne ; que deux seulement, Paris et Marseille, ont un réseau d'égouts complet, que quelques-unes à peine (Paris, Reims, Montélimar, etc.), ont réalisé l'épuration de l'efflux urbain. Partout, d'ailleurs, les améliorations sanitaires se heurtent à des préventions irréfléchies, à des résistances injustifiées, et, au milieu de discussions incessantes sur la valeur des procédés ou le choix des systèmes, l'opinion flotte incertaine, hésitante, incapable de s'arrêter aux solutions définitives. L'éducation du grand public, sinon celle du public spécial, est encore à faire par la vulgarisation des notions les plus élémentaires de l'hygiène rationnelle ; le personnel sanitaire n'existe pas, et l'enseignement destiné à le former reste encore à créer de toutes pièces. A cet égard, la promulgation récente de la loi sur la santé publique (15 février 1902), qui fait aux municipalités un devoir de tracer et d'appliquer dans les villes de 5.000 habitants au moins des règles sanitaires précises, sera sans doute le point de départ d'une ère nouvelle et féconde.

7. Aperçu de la situation à l'étranger. — Si nous portons nos regards autour de nous, nous ne saurions manquer de reconnaître qu'il n'en va pas de même dans tous les pays, et que plus d'un nous a devancés dans les applications de l'hydraulique à l'agriculture et à l'assainissement.

Les souffrances de nos populations agricoles ne résultent-elles pas en grande partie de l'invasion de produits exotiques provenant de contrées récemment ouvertes à la culture, où des sommes énormes ont été et sont encore dépensées chaque jour pour la mise en valeur des terres par l'irrigation ? Toutes les parties du monde participent à cette transformation menaçante : l'Asie avec le développement incessant des canaux de l'Inde anglaise, l'Amérique où la création d'un gigantesque réseau de rigoles d'arrosage a transformé la Californie, l'Australie, l'Afrique qui entrent également dans la voie du progrès cultural... Plus près de nous voici la Hollande qui, par une loi récente, vient de décider l'opération colossale du desséchement du Zuydersée, l'Italie et la Suisse qui se hâtent d'utiliser les grandes chutes d'eau de leurs montagnes...

Quant à l'hygiène urbaine, quelle place n'a-t-elle pas prise chez nos voisins d'outre-Manche ? Les populations anglaises en comprennent si bien l'importance que l'opinion est unanime dans la Grande-Bretagne à réclamer partout, et quoi qu'il en coûte, l'emploi des méthodes les plus sûres pour parvenir à l'amélioration de la salubrité : là point de discussions stériles, mais une perpétuelle et rapide marche en avant, à laquelle concourent toutes les bonnes volontés, et que dirige avec vigueur et compétence une multitude d'ingénieurs sanitaires et de médecins hygiénistes, dont les nombreux groupements, les congrès fréquents, les publications spéciales attestent l'activité incessante ; c'est là que la circulation de l'eau dans les villes et surtout dans les maisons s'est le plus tôt et le plus largement imposée, que les méthodes modernes d'épuration des eaux potables et des eaux usées ont apparu tout d'abord et ont donné lieu aux applications les plus nombreuses et les plus variées, que les distributions d'eau, les réseaux d'égouts, les établissements de traitement des eaux d'égout sont de beaucoup les plus répandus. Entrée plus tard dans la même voie, l'Allemagne y marche à grands pas depuis trente ans : si la consommation de l'eau dans la maison est plus restreinte, le développement des réseaux d'égouts moindre qu'en Angleterre, on trouve par contre en Allemagne de magnifiques installations pour l'amélioration de l'eau potable à Hambourg et Berlin, pour l'évacuation des eaux usées à Francfort-sur-le-Main, Berlin, Cologne, pour l'épuration agricole des eaux d'égout à Berlin, Breslau, Dantzig, Fribourg, Magdebourg, pour l'épuration mécanique à Francfort-sur-le-Mein, Cassel, etc. Aux Etats-Unis, l'eau est depuis longtemps employée à profusion dans les grandes villes, mais le progrès sanitaire s'est particulièrement accentué dans les dernières années, et parmi ses manifestations les plus remarquables on doit citer les belles expériences ordonnées par l'Etat de Massachusetts sur le filtrage et l'épuration des eaux, l'apparition des méthodes de filtrage rapide, la construction de vastes réseaux d'égouts à Boston, Buenos-Ayres, Mexico, l'ouverture du canal d'assainissement de Chicago, etc. Vienne, Rome, Naples s'enorgueillissent de leurs magnifiques distributions d'eau, Bruxelles, Budapest, de leurs réseaux d'égouts. Et partout, sans exception, la diminution de la mortalité générale est venue témoigner de l'amélioration obtenue, consacrer les travaux accomplis et justifier les sacrifices consentis par les municipalités.

8. Progrès à réaliser. — Comme, dans la lutte des nations pour la vie, l'immobilité serait un recul, il est bien évident que, pour conserver son rang dans le monde, chacune doit nécessairement éviter de se laisser devancer par ses voisines ou ses rivales, et tout au moins faire le possible pour rattraper le temps perdu. Il en est ainsi assurément pour l'amélioration des cultures ou de la salubrité publique, comme pour tout le reste : du moins la comparaison fournit-elle dans ces deux ordres d'idées d'utiles encouragements, puisque les avantages recueillis sont manifestes, et que, dans la généralité des cas, l'effort trouve immédiatement sa récompense.

L'impulsion est donnée, elle ne peut manquer d'être suivie : que de bien à faire en effet dans l'une et l'autre voie, que de travaux à entreprendre de toutes parts ! C'est une branche presque entièrement nouvelle qui s'est ouverte à l'activité des ingénieurs, au moment précis où tant d'autres débouchés se ferment devant eux, par suite de l'achèvement progressif des voies de communication ou des crises dont souffre l'industrie.

D'un côté, voici les richesses hydrauliques, momentanément dépréciées depuis l'emploi de la machine à vapeur, qu'il s'agit d'approprier aux besoins de l'agriculture et de l'industrie, ce qui suppose, outre l'exécution d'ouvrages nombreux et considérables, la refonte de la législation spéciale, la création du crédit agricole, la formation d'associations syndicales, le remembrement des terres divisées...

De l'autre, les distributions d'eau à compléter ou à refaire là où il en existe, à créer de toutes pièces dans les villes où elles manquent, les canalisations à introduire dans l'intérieur des maisons, les conduits d'évacuation à établir, les eaux souillées à épurer...

Quel objet plus noble pourrait-on se proposer d'ailleurs que de contribuer à sauver des vies humaines ou à augmenter la production de la terre ?

Mais, il ne faut pas l'oublier, le progrès n'est possible que si l'opinion y est préparée. Il ne prendra définitivement son essor que le jour où, par une propagande patiente et continue, par l'éducation systématique des générations nouvelles, on sera parvenu à vulgariser les principes que la science moderne a su dégager, à triompher des préjugés invétérés, à vaincre la résistance des intérêts coalisés; quand, au lieu de méconnaître et de contester les améliorations déjà réalisées, de nier le bien accompli, de s'épuiser en luttes stériles, comme il arrive trop souvent, on saura obéir à une conviction raisonnée et marcher droit et ferme vers le but entrevu.

PREMIÈRE PARTIE

HYDROLOGIE

GÉNÉRALITÉS
SUR LE RÉGIME ET L'AMÉNAGEMENT DES EAUX

Chapitre   I. — *Les eaux météoriques.*

Chapitre   II. — *Évaporation. Ruissellement. Infiltration.*

Chapitre III. — *Les eaux de superficie.*

Chapitre IV. — *Les eaux souterraines.*

Chapitre   V. — *Effets produits par les eaux.*

Chapitre VI. — *Travaux ayant pour objet de combattre les effets nuisibles des eaux.*

Chapitre VII. — *Utilisation de la pente des cours d'eau.*

Chapitre VIII. — *Recherche et appréciation des eaux.*

Chapitre IX. — *Travaux de captage.*

Chapitre X. — *Amélioration des eaux naturelles.*

Chapitre XI. — *Adduction des eaux par la gravité.*

Chapitre XII. — *Élévation mécanique des eaux.*

CHAPITRE PREMIER

LES EAUX MÉTÉORIQUES

Sommaire : 9. Aspects divers des eaux météoriques; 10. Composition des eaux météoriques; 11. Pluviométrie ; 12. Régime des pluies

9. Aspects divers des eaux météoriques. — Dans le cycle continu que parcourt l'eau en son mouvement incessant à la surface du globe, les phénomènes de la condensation de la vapeur dans l'atmosphère, de la formation des *eaux météoriques*, qui en est le résultat immédiat, et de leur précipitation plus ou moins rapide à la surface du sol, constituent évidemment le point de départ naturel d'une étude générale de l'*hydrologie*.

Or, dès que l'air saturé d'humidité éprouve un refroidissement, sous l'influence d'une cause quelconque, telle que la rencontre d'un courant d'air froid ou le contact avec la cime des hautes montagnes, la vapeur d'eau qu'il renferme ne tarde pas à former une infinité de très petites gouttes d'eau, dites globules, parfois de fines aiguilles de glace, sorte de poussière liquide ou solide, dont l'agglomération en masses étendues donne naissance aux *nuages*. De dimensions et de formes extrêmement variables, les nuages ont le plus souvent plusieurs centaines de mètres d'épaisseur, parfois un ou deux kilomètres. Suivant leur forme et leur aspect on leur applique des désignations différentes : le *cumulus* est ce gros nuage blanc, floconneux, à contours arrondis, qu'on voit au cours de l'été apparaître çà et là dans un ciel serein; le *cirrus*, qui a l'apparence de filaments légers, rappelant les barbes de plume ou la laine cardée, est souvent composé d'aiguilles de glace et se tient habituellement dans les hautes régions de l'atmosphère ; le *stratus*, étendu mais peu épais, montre à l'horizon sa tranche allongée ; quant au *nimbus*, gris ou noir, à bords frangés, c'est le signe menaçant de l'orage.

Les *brouillards* ne sont autre chose que des nuages descendus au voisinage du sol ou qui s'y sont formés au-dessus des nappes d'eau ou au contact de la terre humide. Fréquents en automne dans le fond des vallées, ils y persistent parfois longtemps, s'il n'y a pas de vent ou si des obstacles quelconques s'opposent aux mouvements de l'air, au grand désagrément des habitants, surtout dans les villes où, comme à Londres, ils se chargent presque toujours d'impuretés de toute espèce, qui les rendent opaques et leur communiquent même souvent de mauvaises odeurs.

Un nouvel abaissement de température détermine la résolution des nuages en *pluie*, en *neige*, en *grêle*, suivant que le refroidissement plus ou moins rapide des globules a pour conséquence la formation de gouttes d'eau liquide, de flocons composés de fins cristaux, légers et réguliers, ou de masses amorphes de glace. Les gouttes de pluie, les grêlons, et même les flocons de neige, en dépit de leur extrême légèreté, obéissent à la pesanteur, malgré la résistance de l'air qui maintenait en suspension les globules humides des nuages ; ils prennent une vitesse plus ou moins grande, à travers les couches inférieures de l'atmosphère, et tombent sur le sol, en décrivant des trajectoires verticales ou obliques, suivant qu'elles sont immobiles ou animées d'un mouvement propre, dont la vitesse se compose avec celle due à la pesanteur. Dans les endroits découverts, tels qu'une plaine étendue ou le bord de la mer, on perçoit très nettement les trajectoires qui se détachent sur le ciel entre les nuages et le sol.

Dans nos régions, c'est le plus souvent sous la forme de *pluie* que se produisent les précipitations atmosphériques. La *neige* n'apparaît d'une manière constante que sur les hautes montagnes ou au voisinage des pôles : ailleurs elle se substitue à la pluie dans les temps froids, rare en conséquence au voisinage de l'équateur, où elle constitue un phénomène exceptionnel, de plus en plus fréquente à mesure qu'on se rapproche des pôles. On a compté en moyenne :

2 jours 1/2 de neige par an à Marseille.
13   —   —   Paris.
20   —   —   Bruxelles.
64   —   —   Stockholm.

Elle tombe sur les montagnes en minces cristaux blancs, à base hexagonale, de formes très fines et parfaitement régulières, tandis qu'aux basses altitudes, dans les régions moins froides, les cristaux se soudent entre eux et forment des flocons blanchâtres, de trop faible poids spécifique pour vaincre aisément la résistance de l'air, qui flottent en conséquence au gré des moindres mouvements de l'atmosphère et descendent lentement en décrivant des trajectoires incertaines et irrégulières. Par suite de ce faible poids spécifique (densité 1/10 à 1/14 de celle de l'eau), la neige couvre le sol d'une couche relativement épaisse, qui s'y maintient, si la température reste inférieure à celle de la fusion de la glace, mais en se tassant peu à peu, devenant plus compacte et pouvant atteindre, au moment où commence le dégel, une densité sensiblement plus grande (parfois 1/4 de celle de l'eau).

On connaît mal le mode de formation de la *grêle*, qui se produit en toutes saisons, mais plus particulièrement durant les chaleurs, accompagnant fréquemment les orages, les coups de vent brusques. Elle se présente sous la forme de petites masses arrondies, mais irrégulières, blanches ou grisâtres, présentant habituellement un noyau opaque entouré de couches concentriques de glace. Les grêlons pèsent souvent de 1 à 5 grammes : on en a recueilli qui atteignaient la grosseur d'un œuf de pigeon, on en cite dont le poids dépassait 100 grammes.

Il convient de classer également parmi les eaux météoriques la *rosée*, qui se forme par condensation de la vapeur d'eau contenue dans la couche de l'atmosphère la plus voisine du sol, au contact de la terre ou des plantes refroidies par le rayonnement nocturne. L'influence du rayonnement dans ce phénomène est mise en évidence par le fait que la rosée se produit seulement sous un ciel serein et qu'on s'oppose à sa formation en interposant un abri. La rosée est plus abondante dans les régions où la température est plus fraîche : Hervé-Mangon a observé dans le département de la Manche une couche journalière de rosée atteignant 0 m. 0004 à 0 m. 0005 d'épaisseur, tandis que dans le midi de la France il fallait 100 jours de rosée pour fournir une tranche totale de 0 m. 0064. Si le refroidissement nocturne est plus marqué, de petites masses de glace viennent remplacer les gouttes de rosée : c'est ce qu'on appelle la *gelée blanche*.

Le *verglas*, qui recouvre la terre d'une couche plus ou moins épaisse de glace, est la conséquence d'une pluie tombant sur un sol assez froid pour en déterminer immédiatement la congélation. En pareil cas les plantes ou les objets voisins du sol se recouvrent de *givre*.

10. Composition des eaux météoriques. — Quel que soit l'état sous lequel elles se présentent, les eaux météoriques n'ont pas, comme on serait tenté de le croire en raison de leur origine, la pureté de l'eau distillée dans les laboratoires. Loin de là — toutes les analyses s'accordent à le montrer — elles renferment toujours des corps étrangers, qu'elles ont rencontrés dans les couches atmosphériques et dissous ou englobés, soit au moment même de leur formation, soit au cours de leur chute. Ces corps étrangers, en moindre quantité sans doute que dans les eaux qui ont ruisselé à la surface ou se sont infiltrées dans les profondeurs du sol, sont des substances diverses provenant de la respiration des êtres vivants, de la combustion ou de la décomposition lente des matières organiques ou minérales à la surface du sol, ou des poussières mises en suspension par les vents, particules inertes ou germes organisés. Ils s'y trouvent en proportions naturellement variables, de sorte que la *composition* des eaux météoriques diffère d'un point à l'autre et à chaque instant.

On s'explique par là que les eaux météoriques soient, comme on l'a fréquemment observé, plus chargées de corps étrangers au commencement d'une averse qu'à la fin, qu'on les trouve plus

pures en mer ou sur les hautes montagnes que dans l'intérieur
des terres et surtout au voisinage des lieux habités. Les brouillards, la rosée, qui proviennent des couches les plus basses de
l'atmosphère et se transforment au contact même du sol, sont
particulièrement riches en impuretés de toute sorte.

Ces eaux contiennent toujours beaucoup de *gaz dissous* — 20
à 40 centimètres cubes par litre, d'après Peligot. On y trouve
constamment, outre l'*oxygène* et l'*azote*, qui n'y sont pas d'ailleurs dans la proportion où ils étaient mélangés dans l'air, mais
dans celle de leurs coefficients respectifs de solubilité, une certaine quantité d'*acide carbonique*.

La quantité de *matières solides* en dissolution ne dépasse
guère d'habitude 0 gr. 050 par litre. Mais la nature en est très
variable : nitrates, sulfates, chlorures, oxydes, alcalis, etc. On y
trouve partout des traces de sels de soude ; et le *chlorure de
sodium* y est d'autant plus abondant qu'on se rapproche de la
mer : on en a constaté 0 gr. 0035 à Paris, 0 gr. 007 à Marseille,
0 gr. 015 à Fécamp. L'*acide nitrique* s'y rencontre presque toujours à l'état de nitrate d'ammoniaque (0 gr. 00184 à 0 gr. 036
d'après Barral) et s'y montre plus abondant d'ordinaire au
moment des orages. A Paris et dans les pays manufacturiers en
général, on y trouve de l'*acide sulfurique*. L'ammoniaque y est
constamment en proportion notable (0 gr. 001 à 0 gr. 010 d'après
Barral et Boussingault), plus forte d'ailleurs au commencement
des averses qu'à la fin, aux basses altitudes que sur les montagnes, dans les années sèches que dans les années pluvieuses ; et
elle augmente au contact du sol, dans la neige qui y séjourne
par exemple, dans le brouillard ou la rosée. Les *matières organiques*, par contre, ne s'y rencontrent qu'en assez faible quantité : cependant la Commission anglaise de la Pollution des rivières y a trouvé 0 gr. 00026 à 0 gr. 00372 de carbone organique
et 0 gr. 00003 à 0 gr. 00066 d'azote organique par litre ; tandis
que l'observatoire de Montsouris signale seulement 0 gr. 00002
à 0 gr. 00035 d'azote organique.

Les *bactéries*, nombreuses dans l'air, sont nécessairement
entraînées par les eaux météoriques. Il en résulte que l'atmosphère est d'autant plus pauvre en germes que les pluies sont plus

abondantes : aux temps secs, comme l'a observé M. le docteur Miquel, correspondent des crues de microbes. Suivant que l'air

en est plus ou moins chargé, les eaux météoriques en contiennent elles-mêmes plus ou moins : considérable dans les villes, la teneur en est très faible sur les montagnes ou au bord de la mer.

11. Pluviométrie. — Les ressources hydrauliques d'une région dépendant essentiellement des précipitations atmosphériques, il est évidemment intéressant d'observer quelles quantités d'eau en peuvent provenir.

Ces quantités s'expriment en *hauteur d'eau* : on les suppose en effet réparties sur le sol en couches uniformes dont il suffit de connaître dès lors l'épaisseur. Et les hauteurs d'eau sont habituellement indiquées en millimètres.

Pour les mesurer, on se sert d'instruments appropriés appelés *pluviomètres*. Le plus simple est celui de l'Association scientifique de France qui se compose d'un *entonnoir* en zinc de 0 m. 226

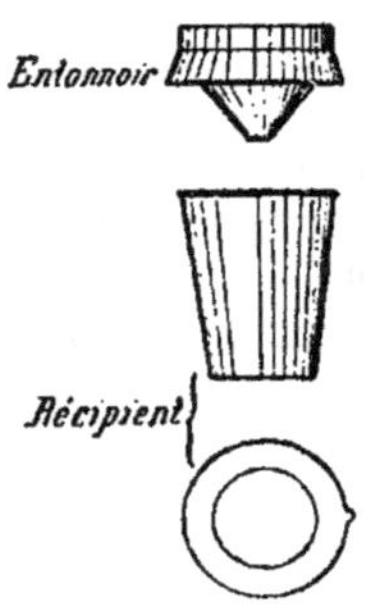

de diamètre, soit 0 mq. 04 de superficie, dont la paroi intérieure est convenablement inclinée pour éviter toute projection et qu'un rebord extérieur incliné vers le bas défend contre toute introduction d'eau par le côté ; l'entonnoir est placé au-dessus d'un *récipient* également en zinc, de forme tronconique, et pourvu d'un bec, afin qu'on puisse en verser aisément le contenu dans l'*éprouvette* en verre graduée, d'un quart de litre de capacité, au moyen de laquelle on obtient, par simple lecture, la hauteur de la tranche d'eau recueillie en millimètres et dixièmes de millimètres. Le pluviomètre doit être placé à 1 m. ou 1 m. 50 au-dessus du sol ; on a reconnu en effet qu'on recueille moins d'eau lorsqu'on le dispose à une hauteur plus grande, les constatations faites sur le toit de l'Observatoire de Paris ont constamment donné des chiffres inférieurs à celles de la cour du même établissement. Il faut d'autre part qu'il soit dans un endroit dégagé, à 20 mètres de toute construction et à égale distance des bouquets d'arbres, afin d'éviter l'influence perturbatrice des remous. D'autres modèles de pluviomètres sont également entrés dans la pratique courante. Pour simplifier l'opération et per-

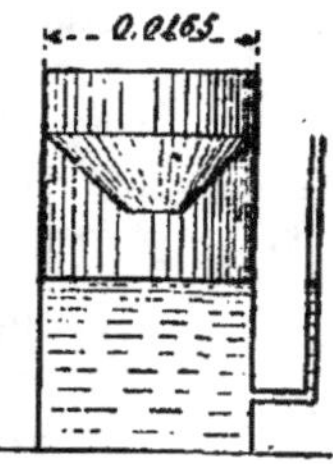

mettre la lecture directe, sans avoir besoin de vider dans l'éprouvette le contenu du récipient, on a fait communiquer celui-ci, dont la forme devient alors cylindrique, avec un tube latéral gradué aussi en millimètres et dixièmes de millimètres, donnant immédiatement la hauteur d'eau. Dans les stations plus importantes, on emploie parfois d'autres modèles encore, comme le *pluviomètre multiplicateur* de Belgrand ou le *pluviomètre totalisateur* de Mangon. Le premier comporte un tube gradué disposé directement sous l'entonnoir et de section telle que, pour chaque millimètre d'eau tombée, l'échelle indique une variation de niveau de 0 m. 0025. 0 m. 005 ou même 0 m. 01 ; on l'exécutait primitivement sans robinet à la base, de peur que l'ouverture intempestive de ce robinet ne pût devenir une cause d'erreur. Dans le second, l'entonnoir peut être isolé, séparé du récipient, installé à distance et relié par un tube en caoutchouc ; comme dans le multiplicateur, le récipient est un tube gradué de section réduite, permettant la lecture directe ; mais il est complété par l'addition d'un réservoir inférieur dans lequel, après chaque lecture, on fait tomber l'eau recueillie en ouvrant le robinet intermédiaire ; chaque semaine un observateur principal vide le réservoir et vérifie si la quantité d'eau totale correspond à la somme des quantités notées chaque jour : cet appareil présente la possibilité d'erreurs, car il peut arriver qu'on ne referme pas ou qu'on referme mal le robinet intermé-

diaire et que tout ou partie de l'eau recueillie gagne directement le réservoir, sans avoir été préalablement
mesurée.

On observe généralement le pluviomètre une
fois par jour, afin de connaître le total de l'eau
tombée dans les 24 heures. Mais on n'a de la sorte
aucune indication sur le nombre, la durée et l'intensité des averses, qu'il peut être très intéressant
de connaître dans certains cas, par exemple pour
calculer les dimensions des ouvrages destinés à
écouler les pluies d'orage. Pour obtenir des relevés portant ces indications, le moyen le plus pratique est d'avoir recours au *pluviomètre enregis-
teur*, où les mouvements d'un flotteur, qui s'élève
avec la tranche d'eau dans le récipient, viennent
s'inscrire par l'intermédiaire d'un style sur une
feuille de papier enroulée autour d'un cylindre
animé d'une vitesse régulière par l'action d'un
mouvement d'horlogerie : la course du style est
limitée par l'effet d'un déclanchement qui se produit quand le récipient rempli se vide tout à coup
automatiquement et le ramène alors au zéro.

La neige, dont les flocons légers sont facilement déplacés par
la moindre agitation de l'air, n'est pas recueillie d'une manière
sûre par les entonnoirs des pluviomètres : on y supplée en la
recevant sur une plaque de zinc de plus grande dimension qui
présente un faible bombement et qu'on place à petite distance
du sol ; lorsque la chute de neige a cessé, on détache la couche
qui recouvre la plaque, on la jette dans un récipient spécial et on
la pèse. On peut aussi soumettre le récipient à une douce chaleur, ramener ainsi la neige à l'état liquide et en mesurer alors
le volume : c'est à ce procédé qu'on a recours aussi quand il se
forme du givre dans les entonnoirs des pluviomètres.

Pour connaître le régime des pluies dans une région un peu
étendue, il est indispensable d'y faire plusieurs séries d'observations au moyen de pluviomètres répartis en des points convenablement choisis. Les *stations* les plus intéressantes sont celles

qu'on dispose aux points élevés dans le voisinage des lignes de partage des eaux, parce que, surtout en pays imperméable, elles fournissent de précieuses indications au sujet des quantités d'eau qui s'écoulent de part et d'autre sur les versants. Jusqu'à présent cependant on n'a pas utilisé les relevés obtenus de la sorte pour la prévision des crues des cours d'eau, faute d'avoir des observations assez nombreuses et assez prolongées pour en déterminer les lois ; et l'on se contente provisoirement de calculer les montées des cours d'eau principaux au moyen de formules empiriques dans lesquelles entrent seulement les hauteurs des montées constatées sur les affluents. Les stations sont confiées le plus souvent à des cantonniers, à des gardes ou autres agents subalternes des diverses administrations, parfois à des instituteurs ou même à des observateurs libres et bénévoles.

Fréquemment on transforme les stations pluviométriques en petites *stations météorologiques*, par l'addition de quelques appareils simples, baromètre, thermomètre, psychromètre, etc. En raison de cette observation que la température moyenne du jour s'écarte peu de celle qu'on relève à 9 heures du matin, c'est habituellement à ce moment qu'on procède au relevé des divers instruments et en particulier du pluviomètre. Les indications obtenues sont transmises pour chaque région à un bureau météorologique, chargé de les centraliser, de les grouper, de les publier périodiquement, s'il y a lieu, sous forme de tableaux ou de diagrammes.

19. Régime des pluies. — Il en résulte que la répartition des eaux météoriques présente suivant les localités et les époques de très grandes variations.

Celles que l'on constate d'une région à l'autre, les *variations géographiques*, constituent l'une des circonstances qui caractérisent les climats. En règle générale, la quantité de pluie tombée, très abondante à l'équateur, devient moindre à mesure qu'on s'en éloigne pour se rapprocher des pôles, en d'autres termes elle diminue quand la latitude augmente : mais cette règle souffre de nombreuses exceptions, puisqu'il y a des pays voisins de

l'équateur, comme la côte du Pérou, le Sahara, où il pleut très
rarement, tandis qu'on rencontre des régions où les pluies sont
abondantes et qui en sont très éloignées.

D'autres causes influent en effet de manière très marquée sur
les précipitations atmosphériques : le relief du sol notamment
donne lieu à des *variations topographiques* importantes dans
une même région. Dausse a observé, il y a déjà soixante ans,
qu'il tombe plus d'eau sur les montagnes que dans les plaines,
et il a énoncé cette loi que « la quantité d'eau augmente avec
l'altitude »[1]. Mais là encore il n'y a pas proportionnalité ; et, à
altitude égale, les résultats sont souvent fort différents : Belgrand a montré que la pluie augmente quand on se rapproche
de la mer, Cézanne, qu'elle est influencée par la rapidité des
pentes. L'exposition, par rapport à la direction des rayons solaires ou à celle des vents régnants, détermine aussi des différences de régime : on trouve souvent la neige en abondance sur
le versant suisse du Saint-Gothard exposé au nord, quand le

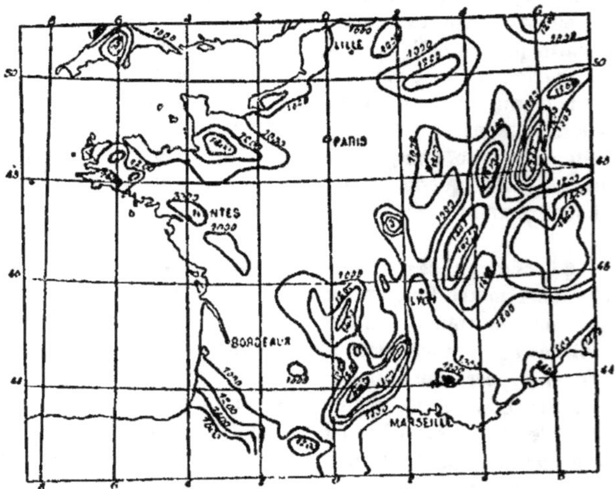

(1) Première loi de Dausse, *Annales des Ponts et Chaussées*, 1842.

versant italien, qui regarde le midi, se trouve baigné par le soleil ; à l'extrémité ouest de la chaîne du Caucase, que balaient les vents venant de la mer Noire, Batoum a un climat pluvieux, tandis que celui de Bakou, à l'extrémité ouest, où les vents viennent plutôt du côté de la terre, est remarquablement sec. Si l'on joint sur une carte par des lignes continues les points où la hauteur moyenne des pluies est la même, et dites *lignes isombres*, on voit se vérifier presque toujours de manière très nette les lois qui viennent d'être énoncées : sur la carte de la France, ces lignes font bien ressortir l'abondance relative des pluies sur les massifs montagneux des Vosges, du Jura, des Alpes, des Cévennes, des Pyrénées... de même que sur toute la côte de la Manche. Frappé de l'influence si nette des conditions topographiques, M. l'inspecteur général Fournié a cru pouvoir énoncer cette règle que les quantités de pluies tombées dans deux localités distinctes d'une même région sont entre elles dans un rapport constant : mais on a constaté depuis que cette règle, déduite d'observations faites dans une région peu accidentée, le bassin de la Seine, ne se vérifie pas d'une manière générale.

La répartition de la neige ou de la rosée obéit à peu près aux mêmes règles que celle de la pluie. Il n'en est pas de même pour la grêle, qui semble échapper à une loi quelconque et apparaît de manière très irrégulière ; certaines régions y semblent néanmoins particulièrement exposées et l'on a souvent observé que les averses de grêle suivent de préférence des directions déterminées comme les bourrasques.

Dans une même localité les quantités de pluies accusées par les observations pluviométriques varient avec le temps et l'on y constate non seulement des *variations saisonnières* ou annuelles, mais aussi des *variations séculaires* ou périodiques. Les pre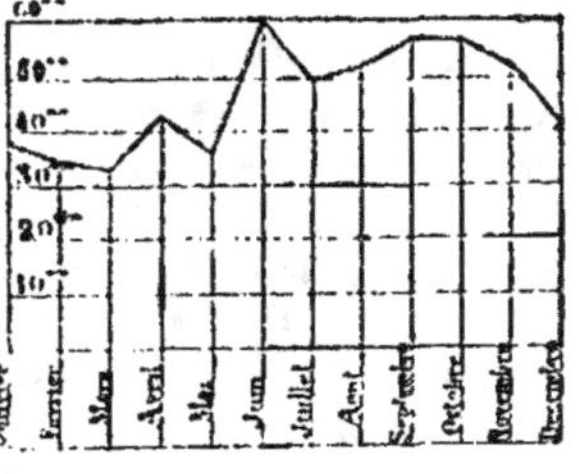

mières se reproduisent assez régulièrement d'année en année : c'est ainsi qu'on a relevé sous les climats chauds ou tempérés

des pluies plus abondantes en été qu'en hiver; le diagramme ci-
contre, qui résume les moyennes des constatations faites pendant
dix années à l'observatoire de Montsouris, accuse bien cette prédominance des pluies de la saison chaude à Paris ; elle y a
d'ailleurs été observée de tout temps, et Dausse a même cru pouvoir fixer le rapport des volumes correspondant aux deux parties
de l'année en énonçant cette règle, dite deuxième loi de Dausse,
et qui se vérifie également dans toutes les localités du bassin
de la Seine où la hauteur annuelle de pluie est inférieure à la
moyenne : « La quantité de pluie du semestre chaud (1er mai-30
octobre) dépasse en moyenne de moitié celle du semestre froid
(1er novembre-30 avril). » Pour les autres, et malgré de longues

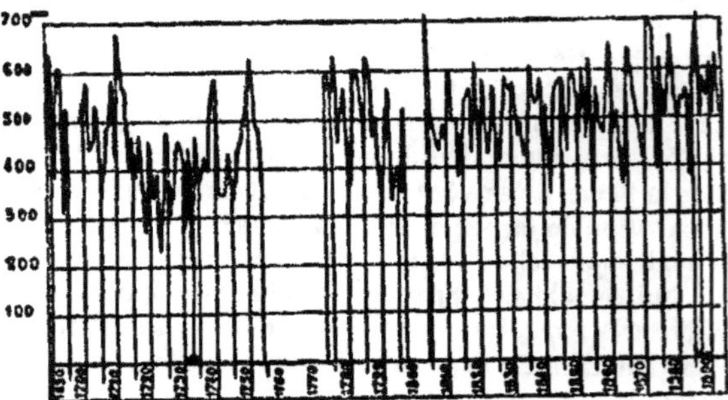

séries d'observations, on n'a pu dégager jusqu'alors de loi bien
nette : à Paris, où les relevés de l'observatoire remontent jusqu'à
1689, on voit se succéder des périodes de sécheresse et d'humidité avec des écarts très marqués entre le minimum — 210 millimètres en 1733 — et le maximum — 703 millimètres en 1804.
Après avoir colligé et comparé de nombreuses séries d'observations, sir A. Binnie, naguère ingénieur en chef du conseil de
comté à Londres, a pu en déduire seulement cette indication
générale que les moyennes des hauteurs de pluie pour les diverses
localités sont d'autant plus exactes qu'elles sont établies sur des
périodes plus longues, en ajoutant il est vrai, pour préciser, que
la moyenne de trente-cinq années ne s'écarte pas de plus de 2 0/0

de la moyenne vraie. Il a reconnu ainsi que l'année la plus sèche donne encore 60 pour 100 de la moyenne et l'année la plus humide une fois et demie, que les séries des deux ou trois années les plus humides ou les plus sèches fournissent respectivement 1,35 et 1,27 ou 0,69 et 0,76 de la moyenne, et que les séries les plus longues s'en rapprochent plus encore (1,20 et 0,82).

La *fréquence* des précipitations atmosphériques varie beaucoup aussi et souvent dans un sens différent : il tombe plus d'eau dans le Midi de la France que dans le Nord, durant la saison d'été que pendant l'hiver à Paris, et cependant le nombre des jours de pluie est moindre, dans le premier cas comme dans le second. L'altitude, le rapprochement de la mer, les conditions topographiques influent sur la fréquence des pluies, mais d'une manière moins marquée et moins nette que sur les volumes d'eau tombée. Vers l'équateur, on observe chaque année deux époques de pluies ; il n'y en a qu'une sous les tropiques. D'une année à l'autre d'ailleurs la fréquence des pluies peut varier considérablement dans une même localité, et il n'est pas sans exemple de voir le nombre des jours de pluie y passer du simple au double.

La *durée* des averses et leur *intensité*, que les appareils enregistreurs permettent de connaître de façon précise. n'ont entre elles aucune relation : dans certaines régions, comme les côtes de la Méditerranée, en Provence, la plupart des pluies sont de faible durée et d'intensité relativement considérable, tandis qu'ailleurs, en Bretagne par exemple, elles se prolongent souvent fines et drues pendant de longues heures sans qu'on recueille un volume d'eau notable. Quant aux pluies de grande intensité, qui fournissent 50 ou 60 millimètres d'eau à l'heure et parfois jusqu'à 80, 100, 150, elles sont relativement rares, durent peu, souvent moins d'une heure, parfois quelques minutes seulement, et n'intéressent d'ordinaire que des surfaces peu étendues ; cependant la pluie du 29 octobre 1860 dans le département de l'Hérault s'est déversée sur 30.000 hectares ; les désastres survenus dans l'Ardèche en 1890 et 1891 résultaient d'orages qui avaient couvert une grande partie du bassin, et l'on en cite aux États-Unis qui ont atteint plusieurs centaines de mille hectares (Connecticut

— octobre 1869 — 600.000 hectares) [1]. Ces pluies exceptionnelles sont le plus souvent la conséquence des *cyclones*, phénomènes caractérisés par la translation rapide d'immenses tourbillons atmosphériques.

En France, il tombe moyennement de 650 à 950 millimètres d'eau par an ; la moyenne générale est d'environ 760 millimètres, soit 7.600 mètres cubes par hectare et par an. Le nombre des jours de pluie est d'ailleurs en moyenne de 145 dans le Nord et 91 dans le Midi.

(1) Turneaure et Russell, *Public water supplies*, 1901.

CHAPITRE II

ÉVAPORATION. RUISSELLEMENT. INFILTRATION

Sommaire : 13. Division des eaux à la surface du sol ; 14. Importance et mesure de l'évaporation; 15. Evaporation par les surfaces d'eau ; 16. Evaporation par le sol ; 17. Ruissellement; 18. Infiltration.

13. Division des eaux à la surface du sol. — Parvenues à la surface du sol, les eaux météoriques se divisent aussitôt en trois parties : l'une retourne directement à l'atmosphère à l'état de vapeur, une autre pénètre et imbibe lentement les parties poreuses ou fissurées du sol, et la troisième coule à la surface même, gagnant par les pentes les plus rapides le thalweg le plus proche, sans qu'il y ait de distinction à faire entre la pluie, d'une part, et de l'autre la neige ou la grêle, qui ne tardent pas d'ordinaire à fondre et subissent dès lors avec un léger retard les mêmes effets que la pluie. Il n'y a d'exception que sur les hautes montagnes, où les neiges s'accumulent et constituent les *névés* et les *glaciers*.

Le partage s'opère d'ailleurs entre l'*évaporation*, l'*infiltration* et le *ruissellement* suivant des proportions très variables. Sur des crêtes rocheuses et nues, à pentes rapides, et par un ciel couvert, le ruissellement domine et il n'y a presque ni infiltration, ni évaporation; dans le Morvan, en hiver, Vignon a vu ruisseler les 98 centièmes de l'eau tombée. Belgrand a signalé un cas où toute l'eau est au contraire absorbée par le sol : c'est celui des sables de Fontainebleau, de texture très fine, en couche épaisse, où l'eau pénètre et s'infiltre immédiatement à grande profondeur, sans qu'aucune portion en soit évaporée. Enfin sur un terrain plat et compact, exposé au soleil, tout est transformé en vapeur. Ce sont là des cas extrêmes, entre lesquels viennent se ranger une foule de cas intermédiaires, résultant des circonstances très diverses qui influent sur la répartition des eaux météoriques, et qui, en dehors de la température et de l'état hygrométrique de l'air, incessamment variables, dont le rôle est toujours important, comprennent en première ligne les conditions topographiques et la constitution géologique du sol.

En effet, si les accidents orographiques ne forment pas de saillies assez prononcées pour avoir une action bien sensible sur les mouvements généraux de l'atmosphère, puisque la plus haute montagne du globe, l'Himalaya, n'a que 8.600 mètres de hauteur, à peine 1/700 du rayon de la terre ; le mont Blanc, le pic le plus élevé de l'Europe occidentale, 4.810 mètres seulement, le mont Rose 4.638, l'Etna 3.300, le pic du Midi 2.877 et ne sont tout au plus que des rides à la surface de la sphère terrestre, ils ont au contraire une influence considérable sur les mouvements locaux et en particulier sur la répartition des eaux qui tombent du ciel : les chaînes de montagnes, les collines, les ondulations du sol constituent les *bassins*, les *versants*, les *vallées*, dont les pentes règlent l'écoulement des pluies et dont les crêtes forment les *lignes de partage* des eaux. Si l'on jette les yeux sur une bonne carte à courbes de niveau, où le relief apparaît avec une grande

netteté, il est facile de distinguer les *mamelons*, les *pics*, les *crêtes*, qui constituent les saillies les plus prononcées, et les *cols* ou dépressions qui les séparent : chacun de ces cols forme une concavité où le plan tangent est horizontal et où par suite les eaux ont une tendance à séjourner, formant des lacs ou des marécages ; de part et d'autre les pentes s'accentuent, ce sont les *versants* sur lesquels l'eau s'écoule et ruisselle, en formant de petits cours d'eau, dont la réunion constitue plus loin des rivières dans les thalwegs principaux des vallées de part et d'autre. La ville de Versailles occupe un col entre les chaînes de collines que couvrent les bois de Satory et de Marly : le terrain s'incline en pente douce vers l'est, pour former le vallon du rû de Marivel, vers l'ouest où coule le rû de Gally. Le col du Saint-Gothard, où l'on trouve un petit lac, est l'origine de quatre vallées par où s'écoulent les eaux provenant des glaciers du massif : c'est là que le Rhône et le Tessin, le Rhin et la Reuss prennent naissance. Le massif du Mont-Blanc ne présente pas de col prononcé, mais ses deux versants servent de point de départ du côté français aux rivières de l'Arve et du Trient, du côté italien à la Dora, affluent du Pô. Il y a un rapport si direct, si nécessaire entre le relief du sol et le mode d'écoulement des eaux, qu'on peut réciproquement, à l'aspect d'une *carte hydrographique*, reconstituer les grandes lignes orographiques de la région, les faîtes principaux et secondaires, les bassins, etc. Seuls les plateaux absorbants, où il n'y a pas de ruissellement superficiel et pour lesquels la carte n'indique aucun cours d'eau, échappent à cette règle générale.

La répartition des eaux peut être aussi profondément modifiée suivant que les terrains sur lesquels elles tombent se laissent plus ou moins pénétrer par elles, suivant qu'ils sont plus ou moins *perméables*. Si les eaux tombées du ciel rencontrent un terrain *imperméable*, elles ruissellent sur toute la surface, courent dans chaque pli de terrain, forment une infinité de petits écoulements ; partout où elles rencontrent des terres un peu ameublies par l'action des agents atmosphériques ou par la culture, partout où elles se trouvent en contact avec des accumulations de débris végétaux, une partie s'infiltre dans les pores des dépôts ou des terres, y séjourne quelque temps pour réapparaître ensuite sous forme de petites sources ou de simples *suintements*. Ces suintements durent un certain temps après les pluies, puis leur volume diminue, l'égouttement se ralentit, ce ne sont bientôt plus que des *pleurs* qui finissent par disparaître et tarir complètement jusqu'à une pluie nouvelle. Un terrain *perméable* donne lieu à des phénomènes tout différents : l'écoulement superficiel, qui diminuait progressivement tout à l'heure, est ici à peu près nul, la presque totalité de l'eau tombée pénètre dans le sol, où imbibe les couches superficielles ou profondes ; les plis de terrain, les vallonnements restent secs la plupart du temps, les ruisseaux sont rares, et il faut aller jusqu'à la vallée principale pour trouver un cours d'eau. Une carte bien faite permet de reconnaître au premier abord les terrains imperméables, qui apparaissent sillonnés par une infinité de petits cours d'eau, la plupart éphémères et rarement alimentés par des sources, alors que les terrains perméables se font remarquer par la rareté des cours d'eau : les premiers présentent des sources très petites et très multipliées, disséminées au hasard ; les seconds, au contraire, n'ont que des sources rares, mais abondantes, pérennes et toujours groupées au fond des vallées, qui deviennent de véritables *lieux de sources*. La distinction peut même être faite aisément par un voyageur qui traverse un pays à toute vitesse, en chemin de fer, pour peu qu'il s'attache à relever ces caractères mis en relief par Belgrand : ponts nombreux et à grand débouché dans les régions à sol imperméable, prairies à flanc de côteau et même jusqu'au sommet des collines ou des montagnes, aussi bien que dans les vallées ; ponts rares et à faible débouché partout où le sol est perméable, contraste marqué entre le fond des vallées, rendu verdoyant par l'herbe des prairies ou les plantes aquatiques des marécages, et les côteaux desséchés et arides. La composition chimique des terres est ici sans influence ; c'est leur état physique qui les différencie : qu'elles soient formées de masses rocheuses ou de bancs d'argile, il suffit qu'elles soient compactes pour être aussi imperméables ; par contre, il faut classer également comme perméables les terrains arénacés, formés de couches grenues à pores très fins, et les terrains rocheux mais crevassés qui présentent des vides plus ou moins étendus. Néanmoins, et Belgrand l'a fait observer très judicieusement, il y a une relation complète et évidente entre la *carte géologique* et la *carte de perméabilité* : le sol granitique du Morvan, l'argile à meulière de la Brie sont imperméables ; les sables de Fontainebleau, le calcaire lacustre de la Beauce, les plateaux crayeux du pays de Caux sont perméables ; perméables aussi les *Causses* du Tarn, ces masses de calcaire jurassique, que couronnent des plaines arides atteignant jusqu'à mille mètres d'altitude, où l'on ne rencontre ni eau ni arbres, et qui se terminent brusquement au droit des vallées par des falaises abruptes de 500 à 600 mètres de hauteur, au pied desquelles jaillissent des sources abondantes. En France, les terrains perméables dominent : sur une superficie totale de 53.000.000 d'hectares, il n'y en a que 21.000.000 d'imperméables contre environ 32.000.000 de perméables. Dans le bassin de la Seine, la prédominance des terrains perméables est plus marquée encore : 5.921.000 hectares d'une part et 1.944.000 de l'autre.

Les *cultures* et les *forêts* exercent aussi une action sensible sur la répartition des eaux. En ameublissant les terres, les cultures en augmentent la porosité et par suite la capacité d'absorption. Dans les forêts, le feuillage retient une partie des eaux pluviales et en retarde l'écoulement, le terreau abondant qui se forme au pied des arbres s'en imbibe et agit par suite dans le même sens. Par contre, la végétation augmente considérablement le pouvoir d'évaporation du sol qu'elle recouvre.

14. Importance et mesure de l'évaporation. — La fraction des eaux météoriques, qui, après avoir touché la surface du sol, retourne à l'atmosphère par évaporation, est généralement très importante, presque toujours au moins égale et souvent supérieure à l'ensemble des deux autres parties réunies.

En France, sur une quantité totale annuelle de pluie de 400 millions de mètres cubes, on ne retrouve que 180 millions, soit 45 pour 100, dans les cours d'eau, où vont finalement aboutir, non seulement les eaux qui ont ruisselé sur le sol, mais aussi celles qui ont pénétré les couches poreuses et s'y sont écoulées par voie souterraine. Le reste, soit 55 pour 100, est la part de l'évaporation.

De nombreuses expériences ont été faites pour mesurer l'évaporation qui se produit dans des conditions ou en des points déterminés : assez délicates en général, elles ont conduit à distinguer l'*évaporation par les surfaces d'eau*, dont l'appréciation relativement facile est réalisée directement au moyen d'appareils spéciaux, et l'*évaporation par le sol* nu ou couvert de végétation, que l'on obtient ensuite par comparaison dans la plupart des cas.

Les appareils auxquels il vient d'être fait allusion sont désignés sous le nom d'*évaporomètres*. Le plus simple peut-être de tous, l'évaporomètre Piche, se compose d'un petit tube gradué fermé à la partie supérieure et ouvert à la partie inférieure ; une rondelle de papier épais et non collé y retient l'air, maintenue elle-même par un ressort métallique ; mais elle ne s'oppose pas à l'évaporation, et, comme chaque division de l'échelle correspond à une tranche d'eau de 0 mm. 1, il suffit d'observer de temps à autre le niveau de l'eau dans le tube pour se rendre compte des quantités évaporées. A l'observatoire municipal de Montsouris, on fait usage également d'un autre instrument, dit évaporomètre Delahaye, qui se compose d'une caisse rectangulaire de 0 m. q. 25 de superficie qu'un petit

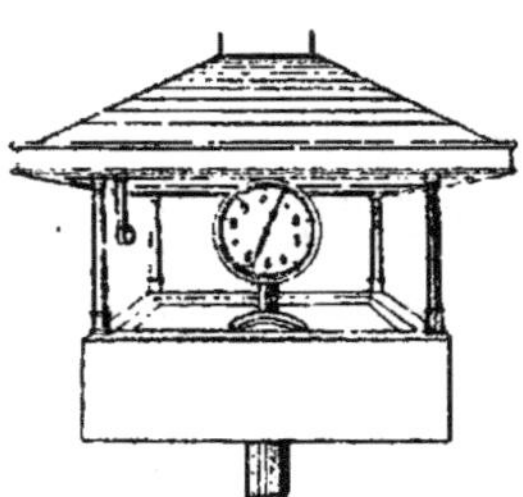

toit met à l'abri de la pluie ; les variations du niveau de la tranche d'eau de 0 m. 10 d'épaisseur contenue dans la caisse sont transmises par un flotteur à une aiguille qui se meut devant un cadran et y indique jusqu'au centième de millimètre. Pour avoir des indications continues, on peut avoir recours à des appareils enregistreurs ; celui qui est employé à Montsouris se compose d'une bascule dont le plateau est porté au-dessus du toit du bâtiment par une tringle métallique et reçoit un vase cylindrique rempli d'eau : à mesure que l'évaporation se produit, le poids diminue, et les changements de position du fléau s'inscrivent sur un cylindre, recouvert d'un papier quadrillé, qui est animé d'un mouvement régulier de rotation. En remplaçant le vase plein d'eau par un petit wagonnet de 0 m. q. 25 de superficie, contenant de la terre végétale, puis en ensemençant cette terre, en l'arrosant ensuite plus ou moins abondamment, Marié-Davy a

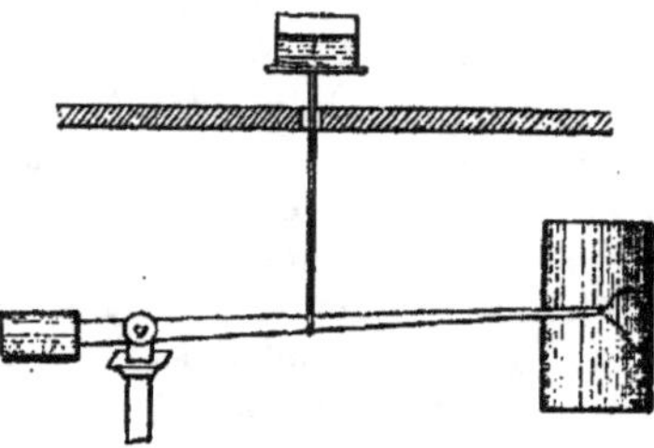

pu étendre l'emploi de ce même instrument à l'étude de l'évaporation par le sol, couvert ou non de végétation : en comparant les constatations ainsi obtenues à celles de l'évaporomètre, il déterminait la relation entre cette évaporation et celle des surfaces d'eau.

Pour se rendre compte de l'action des plantes considérées isolément, M. Dehérain a imaginé un mode d'expérimentation qui

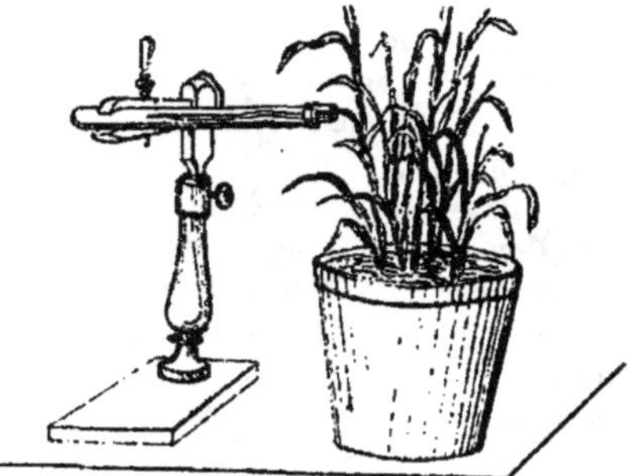

consiste à placer un élément de la plante soumise à l'étude, sans l'en détacher, dans un tube d'essai, dont on suit les variations de poids. En introduisant ce tube d'essai dans un manchon de verre, où l'on fait passer de l'eau chaude ou froide ou encore une dissolution d'alun, substance transparente mais athermane, précieuse pour ce genre d'espériences, on peut varier les conditions de température dans lesquelles la plante végète et en vérifier l'influence. En comparant les résultats obtenus de la sorte avec ceux que fournissait une mèche de coton constamment imbibée d'eau, placée dans des conditions identiques, M. Dehérain a mis bien en évidence ce fait connu, que l'évaporation par les plantes est un phénomène physiologique, tout à fait distinct du fait physique de l'évaporation de l'eau en présence de l'air et obéissant à des lois très différentes, se continuant notamment avec la même intensité dans une atmosphère saturée, activé par la lumière, cessant presque dans l'obscurité, et nullement influencé par les changements de température.

15. Évaporation par les surfaces d'eau. — Il résulte des constatations faites au moyen des procédés décrits précédemment que la quantité d'eau évaporée en une année par une surface d'eau, quelle qu'elle soit, douce ou salée, immobile ou courante, est toujours supérieure à la quantité de pluie tombée sur cette surface dans le même temps.

Dausse trouvait en 1842 qu'à Paris, pour une hauteur de pluie de 0 m. 496, l'évaporation par surface d'eau s'élevait à 0 m. 698, soit 1,41 de la pluie tombée. Marié-Davy a déduit d'expériences prolongées à Montsouris le rapport 1,73. On a trouvé, d'autre part, à Turin 1,15, à Rome 3.

Un grand nombre de circonstances influent d'ailleurs sur l'intensité de l'évaporation. Ainsi elle augmente avec la température et les courbes d'évaporation sont sensiblement parallèles à celles du thermomètre; elle diminue quand l'état hygrométrique de l'air se rapproche du point de saturation ; elle varie avec les vents, favorisée par les vents secs, contrariée par les vents humides ; la forme et l'étendue des bassins, le voisinage des arbres, la présence d'un abri quelconque ont une action très nette, et les quantités d'eau évaporées sont généralement d'autant plus petites que la surface évaporante est plus dégagée, le bassin plus large.

Pendant la durée du jour, l'évaporation éprouve des variations horaires très marquées, avec maximum entre midi et 2 heures et minimum durant la nuit ; le diagramme ci-contre, où les ordon-

nées représentent les moyennes horaires à Paris pendant une
année, en donne une idée assez exacte. Il y a aussi, on le conçoit,

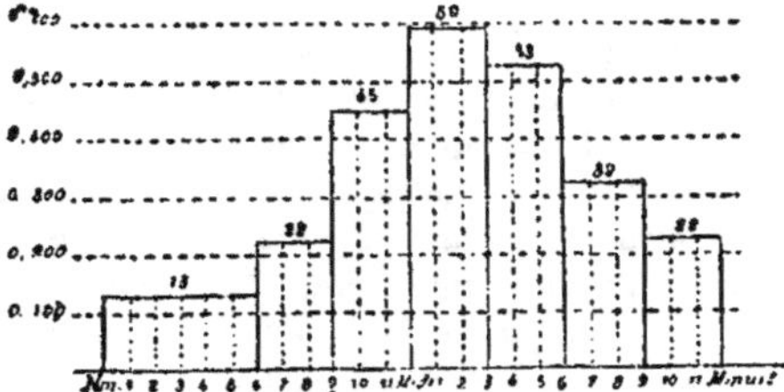

des variations annuelles ou saisonnières, car l'évaporation est
nécessairement plus active en été qu'en hiver : dans une même
année à Paris, on a vu par exemple le maximum horaire quotidien passer de 0 m. 00015 en décembre à 0 m. 001 en juillet et le
minimum de 0 m. 00003 en octobre à 0 m. 00024 en mai. L'évaporation est différente d'ailleurs suivant les pays, et, dans une même
région, suivant les localités ; on a observé notamment qu'elle
diminue à mesure qu'on s'éloigne de l'équateur pour se rapprocher des pôles ; elle est moindre sur les côtes où l'air est saturé
que dans l'intérieur des terres où il est plus sec.

16. Évaporation par le sol. — Lorsque la pluie vient à en
humecter la surface, le sol, pour peu qu'il soit sec et plus ou
moins poreux, absorbe d'abord l'eau tombée, s'en imbibe, et
l'évaporation ne commen.   qu'après, quand la pluie a cessé et
que l'humidité de l'air a diminué. Elle continue ensuite, grâce à
un phénomène de capillarité qui tend à ramener vers la surface
une partie de l'eau contenue dans les couches superficielles du
sol. Très active au début, elle renvoie souvent à l'atmosphère une
quantité d'eau égale ou supérieure à celle que le sol a reçue dans
le même temps ; mais elle ne tarde pas à diminuer, à se ralentir
de plus en plus, et, si l'on procède par observations continues, on
constate que le sol nu évapore en moyenne un peu plus de la
moitié des eaux météoriques qu'il reçoit. Marié-Davy a trouvé
51 pour 100 à Montsouris, Maurice à Genève 61 pour 100, de

Gasparin à Orange 68 pour 100, Fernow aux Etats-Unis 60 pour 100.

Il va de soi d'ailleurs que la proportion varie avec les régions, les climats, les années, que dans une même année elle est très différente suivant les saisons, que dans une même journée elle change avec les heures, s'accentue dans le milieu du jour et devient moindre pendant la nuit. Le maximum quotidien est généralement observé un peu avant midi et non plus entre midi et deux heures comme pour les surfaces d'eau : ce qu'on explique par l'intervention de la capillarité, plus active le matin quand le sol est encore imprégné de l'humidité de la nuit.

La nature du sol et les déclivités ont sur l'évaporation une influence très marquée : sur un terrain rocheux, compact, fortement incliné, elle est presque nulle, nulle aussi sur un terrain à grains fins, qu'elle pénètre immédiatement jusqu'à grande profondeur, de manière à échapper à l'action capillaire. Les indications que donnent généralement les auteurs, celles qui précèdent en particulier, se rapportent à la terre arable ordinaire, et au cas où cette terre présente une surface horizontale ou faiblement ondulée.

Quand le sol est couvert de végétation, le phénomène se complique : au fait purement physique dont il vient d'être question, s'ajoute alors une action physiologique, puisque les plantes vont puiser l'eau par leurs racines dans les profondeurs du sol, et la rejettent par leur feuillage dans l'atmosphère. Ces deux effets, en se superposant, donnent lieu à une évaporation plus intense et qui obéit à des lois différentes. On le conçoit sans peine, si l'on observe que les végétaux, considérés isolément, évaporent des quantités d'eau très considérables : d'après les expériences faites par M. Dehérain à l'école d'agriculture de Grignon, le maïs transforme en vapeur, par temps couvert, 11 mètres cubes d'eau en 24 heures et 36 mètres cubes par temps clair, un mètre carré de feuilles de vigne renvoie dans l'atmosphère 0 kg. 054 d'eau en 12 heures, un mètre carré de feuilles d'oranger 0 kg. 070, un mètre de feuilles de c..ou jusqu'à 0 kg. 300 ; d'après celles de Lawes, les arbres évaporent par an plusieurs fois leur poids d'eau, le chêne-vert 3 fois, le chêne 15 fois, l'if 50 fois, le sapin 54, le frêne 203, le sycomore 222 fois... et l'on doit ajouter que les variations de la température, dont l'influence est très marquée sur l'évaporation par le sol, ont été reconnues sans action sur celle que produisent les végétaux et que cette dernière seule est profondément modifiée par la lumière (le blé par exemple évapore pour un poids de feuilles de 100 jusqu'à 88 d'eau par heure au soleil, et seulement 17,7 à la lumière diffuse, 1,1 dans l'obscurité). D'ailleurs la surface évaporante se multiplie pour ainsi dire : un mètre carré de terre, quand il est planté en blé, présente pour l'évaporation une surface totale de 11 mètres carrés, en luzerne jusqu'à 12, en trèfle 16... une forêt de chênes doit être comptée pour 9 fois, une forêt de sapins près de 12 fois la surface qu'elle recouvre. L'expérience directe a montré que l'évaporation combinée du sol et des végétaux qui le recouvrent dépasse durant la saison chaude la quantité de pluie tombée ; elle lui est par contre inférieure dans la saison froide : pour l'année entière M. Risler a trouvé 75 pour 100 de l'eau tombée. Marié-Davy a étudié l'influence des additions d'eau, soit par l'effet naturel des pluies, soit par l'irrigation artificielle, sur ce phénomène de l'évaporation combinée par le sol et les végétaux, et il a trouvé, en se servant du système opératoire précédemment indiqué : 1° que si l'on restitue chaque matin au sol une quantité d'eau égale à celle perdue dans la journée précédente, l'évaporation s'élève pour l'année à 0,765 de celle observée pour les surfaces d'eau, soit 1,57 $\times$ 0,765 ou 1,20 de la pluie tombée ; 2° que, si l'on augmente encore les arrosages, les quantités évaporées peuvent croître dans d'énormes proportions ; ainsi, dans des expériences sur les cases de Gennevilliers, il a obtenu qu'elles atteignent jusqu'à 10 fois la quantité d'eau météorique reçue par la même surface : les additions d'eau surexcitent donc l'évaporation d'une manière sensible qui peut même atteindre des proportions très considérables.

17. Ruissellement. — Il est difficile de procéder à des observations directes sur le *ruissellement superficiel*, de faire le départ entre le ruissellement et l'infiltration : aussi se contente-t-on fréquemment de rechercher la différence entre les quantités d'eau tombées et évaporées, ou de mesurer le débit des cours d'eau, afin d'obtenir en bloc le volume d'eau total retenu par le sol, comprenant à la fois la fraction qui a ruisselé à la surface et celle qui a pénétré dans les couches poreuses de la terre, de déterminer ainsi ce qu'on désigne sous la rubrique de *coefficient d'écoulement*. On a trouvé que ces coefficients moyens d'écoulement sont, dans le bassin de la Seine, de 0,31 de la pluie tombée, dans celui de la Saône 44, du Tibre 49, de la Garonne, du Rhin 65, de la Durance, du Pô 70. Ils varient du reste avec les années, suivant leurs caractères climatériques, selon la répartition des températures, les hauteurs de pluie, les quantités de neige, etc... Pour une même année il y a de grandes différences entre la saison froide et la saison chaude, le coefficient d'écoulement est beaucoup plus fort dans la première que dans la seconde, souvent plus du double, parce que l'évaporation est moindre. Dausse a fait ressortir ce même fait quand il a dit que « les pluies d'été ne profitent pas aux cours d'eau ».

Il a fallu des circonstances spéciales, où l'infiltration s'éliminait parce que le sol est compact ou très déclive, pour qu'on ait pu recueillir des renseignements précis sur le ruissellement seul. Tel est le cas du lac Paladru, dans l'Isère, dont l'alimentation se fait par ruissellement direct : on a trouvé que le lac reçoit 0,49 du volume des eaux météoriques tombées dans le bassin versant ; ce chiffre représente donc le coefficient de ruissellement. Les lacs artificiels ou les étangs, obtenus par le barrage des vallées pour l'alimentation des canaux à point de partage, celle des villes ou pour la satisfaction de besoins industriels et agricoles, se prêtent aussi à des observations analogues, quand ils sont établis dans des régions à sol imperméable : à l'étang de Gondrexange par exemple, le ruissellement a été trouvé de 0,275 en moyenne, aux réservoirs du canal de Bourgogne il varie de 0,15 (Tillot) à 0,45 (Grosbois), à ceux du canal du Centre de 0,25 à 0,34, au réservoir de la Montagne Noire qui dessert le canal du Midi il atteint 0,66, au bassin des Settons, dans le Morvan, 0,91.

On peut admettre qu'il se tient habituellement entre 0,25 et 0,33.

18. Infiltration. — La mesure directe de l'*infiltration* est encore plus malaisée. Le plus souvent, et sauf les cas particulièrement favorables, on l'obtient par différence quand on a pu déterminer, d'une part, le coefficient d'écoulement et, de l'autre, le ruissellement superficiel. En opérant de la sorte pour l'ensemble du territoire français, où nous avons signalé que l'évaporation restitue à l'atmosphère 0,55 de l'eau tombée, de sorte que le coefficient d'écoulement est de 0,45, et où, on vient de l'indiquer, le ruissellement représente 0,25 à 0,33, l'infiltration ressort par différence à la proportion de 0,12 à 0,20 de la pluie tombée.

C'est à peu de chose près cette même proportion — 0,12 à 0,18 — qu'on a trouvée aux Etats-Unis[1], pour la région avoisinant Philadelphie, par une méthode approximative, qui consiste à mesurer les débits des cours d'eau, abstraction faite des volumes écoulés en temps de crue attribués au ruissellement superficiel, et à les comparer aux quantités de pluie tombées sur les bassins versants.

Ces chiffres ne constituent bien entendu qu'une indication générale et l'on a, suivant les circonstances, observé fréquemment des proportions qui s'en écartent beaucoup. C'est ainsi qu'à Brooklyn on a constaté que l'infiltration atteint 0,28, et dans les dunes du littoral de la Hollande jusqu'à 0,40 et 0,50.

Lawes et Gilbert ont fait à Rothamsted (Angleterre) de longues séries d'expériences sur l'infiltration, en éliminant complètement le ruissellement par l'emploi de caisses en fonte drainées, où la terre, d'ailleurs assez compacte, sur laquelle ils opéraient, présentait une surface parfaitement horizontale. Ils ont trouvé pour la période de vingt années, 1870-1890, une moyenne générale de 0,43, avec des écarts considérables puisque leurs chiffres varient de 0,14 à 0,80.

Le mécanisme de la pénétration des eaux dans le sol varie suivant la nature des couches superficielles. Lorsqu'elles sont composées de grains fins et réguliers, comme les affleurements de Beauchamp ou de Fontainebleau, par exemple, ou certaines dunes sur le littoral de la mer, l'eau imbibe la masse en remplis-

(1) Turneaure et Russell, *Public water supplies*, New-York, 1901.

sant les vides qui existent partout entre les grains et qui représentent une notable portion, 15 à 35 pour 100 d'ordinaire, du volume total, si bien que l'ensemble devient presque fluide, comme on le constate quand on veut percer des galeries dans des couches aquifères de cette catégorie... on sait quelles difficultés présentent les travaux dans ces *sables fluents* ou *boulants*, qui coulent pour ainsi dire comme l'eau elle-même et dont la poussée ou l'invasion sont si redoutables dans le percement des galeries souterraines. Les couches alternées de sables et de graviers qui constituent la plupart des bancs d'alluvions dans le fond des grandes vallées, s'imprègnent avec la même facilité, quand elles sont composées d'éléments siliceux sans mélange de vase ou d'argile, mais elles n'ont pas cette tendance à la fluidité des sables fins et se maintiennent mieux en place même lorsqu'elles sont complètement imbibées d'eau. Quant aux terrains de nature compacte et qui ne deviennent perméables que par les diaclases ou fissures, plus ou moins larges, plus ou moins multipliées, dont ils sont parsemés, ils ne se laissent pénétrer par l'eau qu'en certains points, suivant certaines directions, où ne tardent pas à se former des canaux irréguliers, qui tendent à s'élargir sans cesse : dans les sols calcaires, dont les éléments sont solubles dans l'eau, cette tendance est plus particulièrement marquée, et les canaux s'y transforment souvent en lits souterrains, parfois en véritables cavernes ; si les voûtes de ces cavernes viennent à s'effondrer, les terres qui les surmontent s'affaissent et forment à la surface du sol, tantôt de simples dépressions ou *mardelles*, tantôt des sortes de gouffres, où les écoulements superficiels viennent aboutir et disparaître et qu'on désigne sous les noms de *bétoires*, d'*avens*, etc., suivant les régions.

CHAPITRE III

LES EAUX DE SUPERFICIE

Sommaire : 19. L'eau à la surface du sol ; 20. Glaciers ; 21. Torrents ; 22. Cours d'eau ; 23. Régime des cours d'eau ; 24. Lacs et étangs ; 25. Composition des eaux de superficie.

19. L'eau à la surface du sol. — Bien que les *mers* constituent l'immense réservoir où s'accumule la majeure partie de l'eau qui existe à la surface du globe, elles ne présentent néanmoins au point de vue de l'hydrologie qu'un intérêt secondaire : d'une part, en effet, on n'a pas encore trouvé le moyen pratique d'utiliser la force naturelle qui résulte du jeu des marées; et de l'autre, la *salure* de l'eau de mer la rend absolument impropre à la consommation ainsi qu'à la plupart des usages urbains ou agricoles. L'apport incessant des matières entraînées par les fleuves, et dont l'évaporation est impuissante à la débarrasser, a chargé cette eau d'une énorme proportion de substances minérales, atteignant jusqu'à 38 grammes par litre, dont 26 à 30 de sel marin. C'est donc sur les *eaux douces*, ainsi dénommées par opposition à l'eau salée de la mer, que portent seulement les études et les travaux des hydrauliciens.

Or, parmi les eaux douces, celles qu'on rencontre à la surface même du sol, les *eaux de superficie*, peuvent se classer en deux catégories distinctes. Les unes, animées d'un mouvement continu dû à l'effet de la pesanteur, descendent peu à peu depuis les points

relativement élevés où commence leur cours jusqu'à l'océan
où elles viennent finalement aboutir, en coulant suivant les thalwegs des diverses régions qu'elles traversent et y formant des
torrents, lorsque leur vitesse est très grande et leur régime très
irrégulier, des *cours d'eau*, ruisseaux, rivières, fleuves, quand leur
vitesse devient moindre, et à mesure qu'elles avancent vers la
fin de leur course, en présentant des débits croissants; on les
confond généralement sous le nom générique d'*eaux courantes*.
Les autres au contraire, accumulées dans des dépressions naturelles du sol, y demeurent perpétuellement immobiles, d'où leur
appellation d'*eaux dormantes* : si elles s'épanchent sur un terrain
peu déclive et le recouvrent d'une couche liquide sans profondeur, elles constituent un étang ; quand les bords de la cuvette
sont plus escarpés et la masse d'eau plus profonde, c'est un
lac.

Toutes sont formées par la réunion des filets liquides provenant du ruissellement des eaux météoriques à la surface du sol,
auxquels vient s'ajouter souvent un appoint dû aux eaux d'infiltration qui viennent apparaître sur les bords ou dans le fond

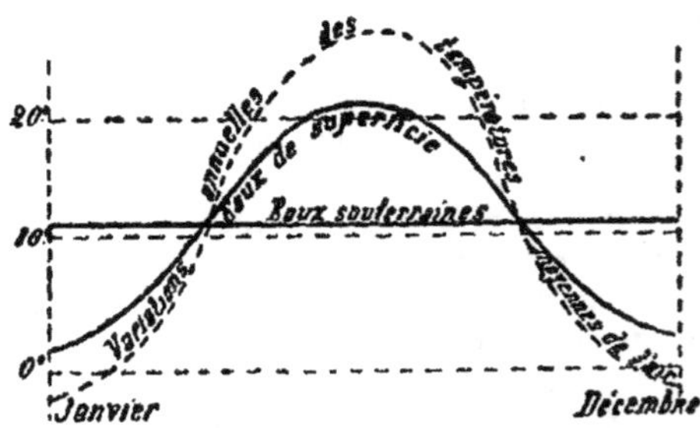

même de leur lit, sous la forme de sources ou de suintements.
Toujours plus chargées de substances en dissolution que les
eaux météoriques, et d'autant plus riches en matières minérales
qu'elles ont été plus longtemps en contact avec le sol, elles présentent d'ordinaire une température peu différente de celle de
l'air et qui éprouve au cours de l'année les mêmes variations sous

une moindre amplitude, tandis que les eaux provenant de l'infiltration, grâce à leur séjour prolongé dans les couches souterraines, prennent invariablement la température du sol lui-même, c'est-à-dire, tant que la profondeur est faible, celle qui correspond à la moyenne de la température de l'air : suivant que l'appoint des eaux souterraines est plus ou moins considérable, la courbe des variations de la température des eaux de superficie s'écarte plus ou moins de celle de l'air.

La vie végétale et animale se développe dans ces eaux sous l'influence de la chaleur et de la lumière : plantes aquatiques, poissons, mollusques, algues et microbes y vivent, y meurent, s'y reproduisent, sans qu'il en résulte d'ailleurs d'altération sensible de la qualité de l'eau, tant que l'action de l'oxygène sur les matières organiques demeure suffisante pour en assurer la combustion et faire obstacle à la contamination progressive, qui résulterait de l'accumulation de ces matières et surtout de leur décomposition, si elle venait à se produire. Les eaux les plus pures sont celles où vit la truite et où croît le cresson de fontaine. Mais si l'oxygène fait défaut, comme il arrive dans certaines eaux stagnantes ou insuffisamment renouvelées et que leur faible profondeur expose à l'invasion d'une végétation surabondante, des principes pernicieux y apparaissent, bientôt les animaux et les plantes d'ordre supérieur n'y peuvent plus vivre, et il se forme des marécages qui ne tardent pas à devenir une cause d'insalubrité pour la région environnante. Le déversement de résidus organiques en quantité considérable, comme ceux qui proviennent des égouts des villes ou des déjections des fabriques, peut déterminer dans les meilleures eaux des effets analogues, par suite de la formation de dépôts putrides, où la fermentation a lieu et qui dégagent alors des gaz infects ; mais la *pollution* qui en résulte est heureusement combattue par divers effets chimiques et biologiques, qui déterminent le plus souvent la destruction successive des substances nuisibles, de sorte qu'il se produit au bout de quelque temps une *purification spontanée* qui restitue aux eaux leurs propriétés primitives.

Il y a d'ailleurs entre les diverses eaux de superficie, suivant leur nature, leur mode de formation, les circonstances multiples qui exercent sur elles les influences les plus variées, des différences qui méritent d'être mises en relief et appellent un examen comparatif.

20. Glaciers. — Les neiges qui s'accumulent sur les hautes cimes obéissent à l'action de la pesanteur, prennent sur les pentes des montagnes un mouvement lent, facilité par le commencement de fusion, suivi de regel, qui se produit dans les journées chaudes sous l'action des rayons solaires et les transforme successivement en névé puis en glace : elles forment alors ces masses compactes qu'on désigne du nom de *glaciers* et qui progressent aussi, en subissant des effets de compression et de tension, dont une conséquence est la formation des crevasses, arrachent aux parois des dépressions rocheuses ces blocs qui forment sur leurs côtés et à leur pied les moraines latérales et frontale, puis, grâce à cette lente fusion qui en détermine l'ablation à la partie inférieure, finissent par donner naissance à un mince écoulement d'eau.

Leur volume, toujours très considérable par rapport au débit de ce filet d'eau, leur fait jouer le rôle d'immenses réservoirs ; et, sauf les cas d'extrême chaleur, où la fusion s'accélère et peut produire parfois des inondations, ou ceux de froid prolongé qui ont pour conséquence un arrêt complet de la fusion et constituent des périodes sèches, ils tendent à régulariser le régime des cours d'eau qu'ils alimentent. C'est ce qui résulte, par exemple, pour le Rhône supérieur de l'existence des 316 glaciers dont il recueille les écoulements, pour le Rhin des 71 glaciers que l'on compte dans le haut de sa vallée.

L'eau sortant des glaciers est nécessairement très pauvre en matières organiques, puisqu'elle descend de régions à peu près inaccessibles, où le séjour de l'homme et des animaux n'est pas possible et où la végétation ne prend aucun développement.

21. Torrents. — Dans son ouvrage intitulé : *Etude sur les torrents des Hautes-Alpes* un ingénieur illustre, Surell, a défini les *torrents* de la manière suivante : « Ils coulent dans des vallées « très courtes, parfois même dans de simples dépressions ; leurs

« crues sont courtes et presque toujours subites ; leur pente
« excède 0 m. 06 par mètre sur la plus grande partie de leur
« cours ; elle varie très vite et ne s'abaisse pas au-dessous de
« 0 m. 02 par mètre ; ils ont une propriété tout à fait caracté-
« ristique : ils affouillent dans la montagne, ils déposent dans
« la vallée et divaguent ensuite par l'effet même de ces dépôts... »
M. Thiéry, professeur à l'école forestière, dans un livre récent
sur la *Restauration des montagnes*, déclare préférer à cette définition des torrents celle qui a été donnée autrefois par M. Scipion
Gras, et qui est ainsi conçue : « Un torrent est un cours d'eau
« dont les crues sont subites et violentes, les pentes considéra-
« bles et irrégulières, et qui le plus souvent exhausse certaines
« parties de son lit par suite du dépôt des matières charriées, ce
« qui fait divaguer les eaux au moment des crues ».

Pour qu'il se forme un torrent, un certain nombre de conditions géologiques, topographiques et météorologiques doivent se
trouver réunies : il faut en effet un terrain affouillable et de
grandes averses, donnant lieu à un abondant ruissellement dans
les moindres plis de terrains. Certaines expositions, notamment
celle du Midi dans les Alpes françaises, favorisent la formation
des torrents.

Un torrent présente toujours dans son cours trois parties bien
distinctes : le *bassin de réception*, le *canal d'écoulement* ou la
gorge, et le *cône de déjection*. La première a le plus souvent
l'apparence d'un vaste entonnoir béant vers le ciel, qui affecte
d'ailleurs une très grande variété de forme et d'étendue. Tantôt le
bassin de réception part du faîte même de la montagne, tantôt
il en occupe les flancs ; parfois c'est une sorte de falaise rocheuse,
escarpée et irrégulière, dont la surface se désagrège, ou une
étendue considérable de croupes, de *ravins*, de *combes* ou simples
dépressions, d'où partent plusieurs petits torrents qui vont se
réunir à quelque distance en un *torrent composé*. Au goulot de
l'entonnoir commence le *canal d'écoulement* ou la *gorge*, dénomination que M. Demontzey a rendue classique : c'est une sorte
de couloir, resserré entre des berges abruptes, assez souvent fort
court, généralement dépourvu de dépôts parce qu'il ne s'y produit pas d'affouillement et que les matières charriées le parcou-

rent sans s'y arrêter ; quelquefois cependant on y trouve des blocs provenant de l'éboulement des berges. Le *cône de déjection* est exactement la contre-partie du bassin de réception : formé par le

dépôt des matériaux entraînés dans les eaux du torrent, il présente un aspect de ruine tout à fait saisissant, les pentes y vont en diminuant à partir du goulot, formant ainsi un profil légèrement courbe dont la concavité est tournée vers le ciel. Dans la figure ci-contre, on distingue nettement les trois parties constitutives d'un torrent, le bassin de réception, la gorge, le cône de déjection qui s'étale dans la vallée au pied de la montagne.

Parfois la limite séparative du canal d'écoulement et du cône de déjection n'est pas aussi-nette, les dépôts commencent à se former dans le canal même. Mais toujours, et par un effet bizarre de la vitesse considérable acquise par l'eau sur les pentes supérieures, on la voit couler au sortir de la gorge sur

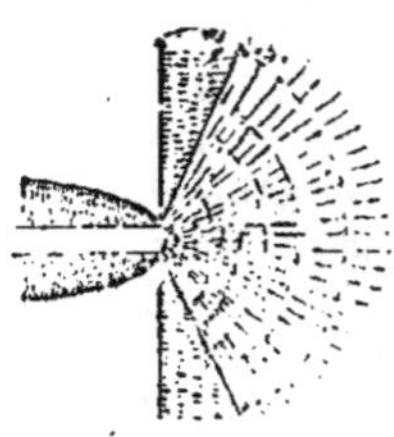

l'arête supérieure du cône : rien d'étonnant alors qu'elle dévie à la rencontre du moindre obstacle, s'étale et divague en répartissant les dépôts en forme d'éventail. Le cône tend à s'allonger peu à peu en raison de l'entraînement que subissent les matières qui le composent et qui conservent leur mobilité lorsque les eaux y arrivent avec une grande vitesse. Il en résulte qu'au bout

d'un certain temps il se forme un *lit de déjection* : le cône proprement dit s'avance, et, en arrière, s'étale un amas de dépôts, en
forme de pyramide triangulaire ;
l'eau coule sur l'arête de cette pyramide, entre deux bourrelets, et ne
divague qu'à l'extrémité sur le cône
même, à moins que l'un des bourre-
lets ne cède, livrant passage au tor- 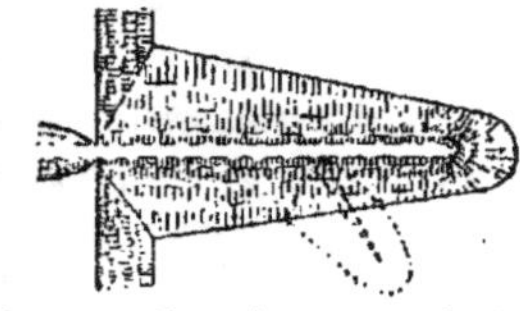
rent qui forme alors un cône secondaire sur l'un des côtés de la
pyramide. Si la vallée est large, il se forme, entre le cône du torrent et le thalweg où coule la rivière dont il est tributaire, un lit
en prolongement de la gorge ou du lit de déjection et qui prend
le nom de *lit d'écoulement*. Si, au contraire, la vallée est étroite
et resserrée, la pyramide atteint bien-
tôt la berge du cours d'eau principal, et
elle cesse de s'allonger, parce que les
dépôts, tombant dans le lit de ce cours
d'eau, sont entraînés et ne peuvent plus former de cône de déjection : il y a là alors une sorte de chute, très caractéristique.

Les *torrents actifs* tendent à diminuer la pente de leur lit
dans les parties hautes, à l'augmenter dans les parties basses, et
à faire disparaître la brisure qui marque ordinairement le passage de la gorge au cône de déjection. Lorsque, par suite de cette
action incessante, le profil affecte une courbure régulière et continue, et qu'il ne se forme plus de dépôts, on dit que le torrent a
réalisé le *profil de compensation* et qu'il est *éteint*. On est amené
par suite à distinguer trois périodes dans l'*âge* d'un torrent : la
première, celle de corrosion, est l'époque de formation du bassin de réception et du cône de déjection : pendant la seconde,
dite de *divagation*, la pyramide ou lit de déjection se forme dans
la vallée, et les pentes se modifient peu à peu ; enfin la troisième
est la période de *régime*, celle où la compensation s'établit.

89. Cours d'eau. — Les petits cours d'eau, qui n'affectent
pas les caractères tout spéciaux des torrents, reçoivent la dénomination de *ruisseaux*. Ils coulent le plus souvent dans des vallons étroits, dont ils occupent le thalweg. Rares dans les régions

à terrain très perméable, où le ruissellement est presque nul, ils sont au contraire très nombreux dans les terrains imperméables, où l'on en rencontre dans chaque pli de terrain.

Les cours d'eau plus importants, formés par la réunion de plusieurs ruisseaux ou torrents, occupent le fond élargi des grandes vallées : ils s'y creusent un *lit* généralement sinueux, présentant en plan une série de méandres, et dont la section affecte une forme sensiblement triangulaire, formée par un chenal relativement profond, entre deux berges à pentes inégales, dont la plus escarpée correspond à la concavité des couches au pied des coteaux. Lorsque les vallées sont creusées dans les terrains imperméables, leurs flancs s'arrondissent sous l'influence du ruissellement superficiel et leur fond est sensiblement concave ; en terrains perméables, les flancs demeurent abrupts et le fond est plat, à moins que l'apport de matières charriées et provenant des parties hautes du bassin ne lui donne le bombement caractéristique des lits de déjection : dans ce dernier cas, le cours d'eau

occupe fréquemment le sommet de la partie bombée, et des lits secondaires ou fausses rivières se forment sur l'un ou l'autre côté, parfois sur les deux à la fois.

Le profil en long des cours d'eau se compose d'ordinaire, sauf quelques irrégularités accidentelles correspondant à des étranglements ou des épanouissements du lit, d'une série de pentes, qui diminuent progressivement de l'origine à l'extrémité, de sorte qu'il affecte, dans l'ensemble, une forme concave, qui se rapproche d'une demi-parabole. Souvent on y distingue, comme pour la Durance, une partie torrentielle, à déclivités prononcées, où les matériaux charriés se succèdent par ordre de grosseur, suivant les vitesses d'entraînement qui dépendent des déclivités mêmes, puis une partie à régime plus régulier et plus tranquille, et enfin une partie basse, où la masse d'eau tend à divaguer et serpente dans un amas homogène de gravier ou de sable. Quand cette partie basse vient aboutir à la mer, il se forme souvent à l'embouchure des fleuves des dépôts de gravier ou de sable, qui constituent les *deltas* dans les mers sans marée, les *barres* dans

les mers à marées accentuées. Suivant que, dans la succession
des pentes, ce sont les plus fortes ou les moindres qui dominent, les
cours d'eau sont ou *torrentiels* ou *tranquilles* ; fréquemment torrentiels dans la partie haute, tranquilles au-delà, ils méritent la
dénomination de cours d'eau *mixtes*. La moyenne générale des pentes est, pour l'ensemble des bassins français, de 1 m. 52 par kilomètre ; 2 m. 86 pour le bassin de la Garonne, 2 m. 28 pour celui du
Rhône, et seulement 1 m. 23 et 0 m. 95 pour ceux de la Loire et
de la Seine : quant aux pentes des cours d'eaux eux-mêmes, elles
varient de 1 m. 65 à 0 m. 02 par kilomètre pour la Garonne, de
0 m. 71 à 0 m. 04 pour le Rhône depuis son entrée en France, de
17 m. à 0 m. 11 pour la Loire, avec une moyenne de 1 m. 44.

Les *cours d'eau torrentiels* sont à proprement parler de grands
torrents à l'état de régime, dont le développement est considérable, la pente générale modérée, et où l'on observe presque toujours des dépôts de l'origine à l'extrémité. Souvent ils ont remplacé des chapelets de lacs, dont certains signes non équivoques

démontrent l'existence à une époque reculée : ces lacs se sont
comblés, leurs seuils se sont abaissés et les anciennes cataractes
ont disparu pour faire place à la série continue des pentes
actuelles. En général ils reçoivent les eaux d'un bassin étendu

où les terres imperméables dominent : d'où la soudaineté et
l'importance des crues, qui provoquent fréquemment des débordements et des inondations. La Durance en est le type sur notre
territoire : d'un bout à l'autre de son cours elle présente des
vitesses d'écoulement considérables, corrode ses rives, charrie
de grandes quantités de matériaux, qui forment d'importants
dépôts dans la partie basse. Le Rhône, bien que régularisé par
son passage à travers le lac Léman et tranquille entre Genève et
Lyon, reprend au delà un caractère torrentiel, que lui communiquent des affluents comme l'Isère, l'Ardèche, la Drôme, la
Durance, etc.

Les *cours d'eau tranquilles* se rencontrent dans les pays perméables. Ils ont des pentes faibles, des vitesses d'écoulement
réduites, un lit fixe, un débit moins variable, des crues plus
lentes et plus allongées. D'une utilisation plus facile, on les qualifie pour cette raison de bons cours d'eau. La Seine en fournit
un exemple : son lit, constamment encaissé entre des berges
élevées, va s'élargissant progressivement, passant de 70 mètres
au-dessus de Montereau à 120 mètres au-dessous, 150 mètres
au delà de Paris, puis 200 et jusqu'à 350 auprès de Rouen ; il
livre habituellement passage aux crues, et c'est seulement dans
les cas exceptionnels, comme en 1876, alors que la Seine a débité
1.660 mètres cubes d'eau par seconde à Paris, où l'étiage est de
48 mètres seulement, que les eaux les surmontent et s'épandent
sur les rives.

La Loire peut être citée comme un type intermédiaire, celui
des *cours d'eau mixtes* : ses déclivités, très prononcées dans la partie haute de son cours, où elle présente le régime torrentiel, tombent
au-dessous de 0 m. 45 par kilom. à partir du confluent de l'Allier et
descendent même jusqu'à 0 m. 11, si bien qu'elle prend finalement l'aspect d'un cours d'eau tranquille dans sa partie basse ;
mais ses crues sont considérables, elles atteignent 8.000 mètres
cubes à Orléans où le débit d'étiage est de 35 mètres cubes seulement ; aussi offre-t-elle un lit très large (340 à 600 mètres),
partiellement à sec en temps ordinaire, et où serpente, au milieu
de bancs de gravier, un étroit chenal, sorte de lit mineur, de 50
à 150 mètres de largeur au plus, tandis qu'à certains moments

elle en sort, surmonte les digues qui ont été construites de part et d'autre par les riverains et inonde de vastes étendues dans la vallée.

23. Régime des cours d'eau. — Cette grande diversité des cours d'eau, qui résulte de la variété même des circonstances au milieu desquelles ils se forment, dispositions orographiques et topographiques, conditions géologiques, climatériques, etc., a nécessairement pour conséquence un régime très différent suivant les cas.

C'est ainsi que les *débits* sont loin de suivre une même loi pour tous les cours d'eau. Indépendamment des crues exceptionnelles, on observe chaque année des maxima et des minima dans les volumes écoulés, et ces maxima et minima se présentent le plus souvent à des époques presque régulières pour telle ou telle partie d'un cours d'eau déterminé, leur rapport est à peu près constant : mais, si l'on passe à un autre cours d'eau, même dans une région très voisine, on trouve que le maximum ou le minimum du débit ne s'y produit pas en même temps, que le rapport de l'un à l'autre n'est plus le même. Cela se conçoit aisément, si l'on remarque que tel cours d'eau est alimenté plus particulièrement par des glaciers, qui fournissent plus d'eau en été qu'en hiver, tel autre par des torrents qui donnent surtout en automne, un autre encore par des eaux souterraines à écoulement lent et uniforme ; que, dans les régions imperméables, les pluies profitent immédiatement aux cours d'eau, tandis que, dans les régions perméables, elles vont d'abord grossir les nappes, qui font l'office de régulateurs, etc. Partout les *pluies d'hiver* déterminent une augmentation du débit des cours d'eau, parce qu'elles trouvent les terres saturées d'humidité et ruissellent à la surface, tandis que les *pluies d'été*, même très abondantes, sont assez souvent sans influence notable, parce qu'une grande partie de l'eau tombée s'évapore et que le reste est absorbé par les terres desséchées. Les chaleurs précoces amènent souvent une augmentation brusque et importante du débit, parce qu'elles déterminent la fonte rapide et anticipée des neiges, à un moment où les terres sont encore détrempées et peu absorbantes et l'air saturé de vapeur d'eau. Suivant que l'un ou l'autre de ces effets domine, on observe le maximum du débit annuel en hiver et le minimum ou *étiage* vers la fin de l'été, ou bien le maximum au commencement de l'été et l'étiage en plein hiver ; parfois les deux effets se superposent, et il se produit dans le cours de l'année deux périodes de crues et deux étiages : c'est le cas du Pô à Turin, du Rhin à Cologne. Le rapport entre les maxima et les minima des débits, très variables d'un cours d'eau à un autre et aussi avec les diverses sections d'un même cours d'eau, est un des traits caractéristiques de leur régime propre : le tableau ci-après en donne quelques exemples :

	SURFACE du bassin	DÉBITS			RAPPORT crue / étiage
		moyen	à l'étiage	en crue	
	hect.				
Seine (à Paris).........	4.430.000	250	48	2 200	46
Garonne (à Tonneins)..	5.193.000	659	37	10.500	283
Durance (au confluent du Rhône)..........	1.481.000	250	72	6.700	93
Rhin (en Hollande)....	20.060.000	2.000	643	9.000	12
Pô..................	6.940.000	1.720	312	5.149	24

Il en est de même des *crues*, très différentes suivant les cours d'eau, tantôt à variations brusques et rapides, quand elles sont dues à l'écoulement des eaux qui ruissellent dans des bassins imperméables, tantôt à montées et descentes lentes et régulières, quand elles se produisent dans des régions perméables. Celles des grands cours d'eau torrentiels comprennent presque toujours une première montée, subite et très courte, que suit une baisse relative au bout d'un ou deux jours, puis la crue se prolonge quelque temps à un niveau moindre ; dans les cours d'eau tranquilles, le niveau s'élève progressivement et descend de même ; dans les cours d'eau mixtes, les crues s'abaissent d'ordinaire et s'allongent en même temps, à mesure qu'elles s'avancent vers l'aval de la vallée : ainsi la même crue de Loire, qui dure deux jours à Roanne persiste trois semaines à Saumur. L'intervention des affluents vient d'ailleurs apporter sur le parcours des influences perturbatrices qui se traduisent le plus souvent par des dentelures irrégulières dans les graphiques, même quand il s'agit de cours d'eau tranquilles.

Les divergences de régime se manifestent encore par la durée plus ou moins considérable des *troubles* : ainsi la Seine à Paris est claire pendant 225 jours par an en moyenne, louche pendant 61 jours et trouble pendant 79 jours, tandis que, pour l'Yonne, les chiffres correspondants sont 316, 25 et 24 ; pour l'Oise, 105, 151 et 108, celle-ci beaucoup moins claire que la Seine, celle-là notablement plus. La *température* de l'eau suit également des lois diverses, s'écartant assez peu de celle de l'air dans les petits cours d'eau alimentés presque exclusivement par des eaux de ruissellement, présentant au contraire de très faibles variations au-dessus ou au-dessous de la moyenne dans ceux qui proviennent de la fonte des glaciers ou qui sont grossis par les nappes souterraines, si bien que des observations thermométriques on peut tirer quelquefois des déductions assez précises sur l'origine de leurs eaux.

24. Lacs et étangs. — Les grands *lacs naturels* sont dus le plus souvent à l'épanouissement des eaux d'un cours d'eau dans une dépression naturelle qu'il traverse : c'est le cas du lac de Genève pour le Rhône, du lac de Constance pour le Rhin, du lac Ladoga pour la Néva, des immenses lacs de l'Amérique du Nord pour le Saint-Laurent. D'autres, alimentés par des ruisseaux ou par des sources, donnent naissance à un cours d'eau comme les lacs d'Annecy et du Bourget. Quelques-uns, dépourvus d'émissaires, ne perdent leurs eaux que par évaporation, comme le lac Fucino en Italie ; souvent, comme le lac Pavin en Auvergne, le lac d'Albano en Italie, ils occupent des cratères de volcans éteints.

Par le barrage des vallées au moyen de digues de grande hauteur, on détermine la formation de *lacs artificiels*, qui, pour leur régime et les propriétés de leurs eaux, peuvent être absolument assimilés aux lacs naturels.

Les uns comme les autres jouent le rôle de bassins de décantation, où les eaux laissent déposer les matières qu'elles tenaient en suspension, se clarifient et acquièrent par là une transparence et une limpidité qui les distinguent nettement de la plupart des eaux courantes : les eaux du Rhône, chargées de limon au moment où elles se jettent dans le lac Léman, et dont la coloration jaunâtre forme un contraste avec la belle couleur bleue des eaux du lac, ne tardent pas à s'y dépouiller de toutes les matières entraînées et en sortent elles-mêmes claires et bleues à Genève ; on connaît la belle apparence des lacs qu'on rencontre dans les montagnes, et l'on cite souvent le Wettersee en Suède où l'œil perçoit, dit-on, une pièce de monnaie à 35 mètres de profondeur.

Par contre, l'immobilité de ces eaux restreint l'action des agents chimiques ou biologiques, qui tendent à modifier incessamment la composition de celles des rivières : les matières organiques dont elles se chargent n'y sont pas aussi facilement oxydées et détruites que dans les eaux courantes, où l'agitation même facilite la propagation dans toute la masse des effets d'où résulte le phénomène de la purification spontanée.

Une autre conséquence de l'immobilité des eaux dormantes se révèle par l'observation des températures à diverses profondeurs. A la surface, les variations du thermomètre suivent la

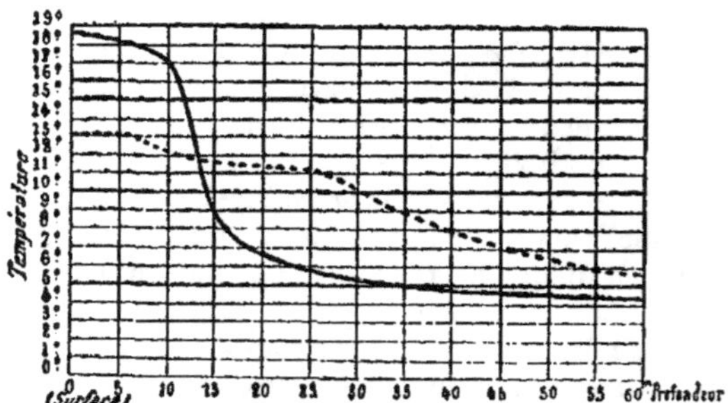

même loi que pour les eaux courantes, c'est-à-dire qu'elles sont de même sens et seulement de moindre amplitude que celles accusées par la température de l'air ; mais, à mesure qu'on pénètre les couches profondes, on constate qu'elles diminuent, que la température devient de plus en plus constante et se rapproche de celle du maximum de densité de l'eau, 4°. Th. de Saussure a le premier mis en relief cette particularité par des expériences sur le lac Léman : nous donnons ci-contre, d'après le professeur Simony, un graphique qui résume des observations thermométriques faites sur deux lacs des Alpes ; on y voit la température se rapprocher plus vite du maximum dans l'un, celui qui reçoit le moins d'apports (trait plein), plus lentement dans l'autre (trait pointillé).

25. Composition des eaux de superficie. — L'eau de pluie, de composition déjà variable, se modifie profondément quand elle ruisselle à la surface du sol et s'y charge en proportions diverses de substances minérales ou organiques avec lesquelles elle se trouve en contact. L'axiome énoncé à ce sujet par Pline le naturaliste est resté vrai : *tales sunt aquæ quales terræ per quas fluunt* ; suivant la composition du sol, suivant qu'il est ou non couvert de végétation, l'eau qui le délave y recueille des impuretés de nature diverse, qu'elle entraîne ou dissout. Puis elle se modifie encore, quand elle coule dans le lit des cours d'eau ou s'accumule et demeure immobile dans les lacs. Rien de surprenant dès lors si les eaux de superficie présentent des différences très grandes de composition avec les régions considérées, les époques, la constitution géologique du sol, selon leur régime propre, leur origine, leur mode de formation, etc.

Les gaz qui y sont dissous, en proportion assez élevée d'ordinaire, se composent surtout d'oxygène et d'azote, dont les volumes sont entre eux dans le rapport des coefficients respectifs de solubilité ; l'acide carbonique libre ne s'y rencontre d'ordinaire qu'en très faible quantité. Mais, si l'eau est contaminée par des apports importants de substances organiques, comme il arrive par exemple dans les rivières au voisinage du débouché des égouts des villes, la proportion d'oxygène diminue et celle d'acide carbonique augmente.

Les substances solides atteignent fréquemment dans l'eau des rivières 120 à 400 milligrammes par litre. La Commission anglaise de la pollution des rivières, après de très nombreuses analyses sur les cours d'eau du Royaume-Uni, en a tiré les moyennes suivantes : 51 milligrammes par litre pour les terrains ignés ou métamorphiques ; 87 milligrammes par litre pour les terrains stratifiés non calcaires ; 95 milligrammes par litre pour les mêmes terrains en culture ; 227 milligrammes par litre pour les terrains calcaires nus ; 300 milligrammes par litre pour les terrains calcaires cultivés.

Belgrand indique les variations ci-après du titre hydrométrique dans l'eau de la Seine (16° à 21°5), de la Marne (16° à 21°). de l'Yonne (1°8 à 15°), de l'Oise (4° à 22°). Grâce à la facilité avec laquelle le bicarbonate de chaux se dissocie par l'agitation, le carbonate de chaux ne se trouve jamais en très forte proportion dans les eaux courantes, qui sont rarement incrustantes comme le sont certaines eaux souterraines; mais ces dernières, débouchant directement dans une rivière, peuvent y donner lieu à des dépôts, comme ces incrustations calcaires du lit de la Seine auxquelles on a donné le nom de *falaises*. La proportion d'ammoniaque est moindre dans les eaux courantes que dans les eaux météoriques : 0 mg. 1 à 0 mg. 7 par litre, d'après la Commission anglaise de la pollution des rivières.

Rien n'est plus variable que les quantités de matières organiques contenues dans les eaux de superficie, et il est impossible de donner à cet égard des indications générales, à cause de la diversité des méthodes employées pour les reconnaître et les doser, diversité qui rend les résultats difficilement comparables. Ces matières sont d'ailleurs elles-mêmes de nature très diverse : les unes sont des détritus végétaux ou animaux, d'autres de simples composés chimiques, puis aussi des êtres vivants, algues ou microbes, dont le nombre extrêmement variable est un indice de la contamination plus ou moins grande des eaux. Les micro-organismes pullulent dans ces eaux, quand elles sont très impures ; au voisinage des villes, près du débouché des égouts, c'est par dizaines, par centaines de mille, qu'on les dénombre pour un centimètre cube.

Les eaux dormantes sont habituellement moins chargées de

matières solides que les eaux courantes, moins riches aussi en microbes, soit parce qu'elles ont ruisselé moins longtemps à la surface du sol, soit parce qu'elles s'épurent lentement, grâce à la décantation prolongée : mais, si elles offrent peu d'épaisseur et se prêtent au développement des végétations aquatiques, leur teneur en matières organiques devient aussi parfois très grande ; c'est le cas des bords marécageux de certains étangs.

Lors des troubles qui accompagnent habituellement les crues des rivières, les eaux courantes sont chargées d'une proportion inusitée de matières en suspension, variable d'ailleurs avec les régions, le régime des cours d'eau, la nature du sol... Ce sont ces matières qui constituent les *limons*. On en trouve moyennement :

	Kilogr.	
Dans les eaux de la Seine	0,040	à 0,626
de la Saône	0,096	0,184
de la Garonne	0,250	0,400
de la Loire	0,192	0,467
du Rhône	0,482	1,758
de la Durance	1,454	
du Var	3,577	
du Rhin	0,111	
du Pô	1,600	
du Nil	0,444	
du Gange	0,330	
du Mississipi	0,553	1,748

Les quantités de limon augmentent parfois considérablement aux époques de crues exceptionnelles : c'est ainsi qu'on a trouvé 2 kg. 738 dans les eaux de la Seine, le 24 septembre 1866, et jusqu'à 36 kg. dans celles du Var, le 30 juin 1865. Quant à la composition du limon, elle est naturellement des plus variables ; voici à cet égard quelques indications :

	Seine	Loire	Durance
Matières minérales	58,71 0/0	78,33 0/0	93,42 0/0
— organiques	40,75	21,20	6,50
Azote	0,54	0,47	0,08

CHAPITRE IV

LES EAUX SOUTERRAINES

———

Sommaire : 26. L'eau à l'intérieur du sol ; 27. Cas des terrains poreux ; 28. Cas des terrains fissurés ; 29. Sources ; 30. Composition des eaux souterraines.

26. L'eau à l'intérieur du sol. — On rencontre à l'intérieur du sol, comme à la surface, des masses d'eau, les unes immobiles et qui y forment des lacs souterrains, les autres circulant avec des vitesses plus ou moins marquées, mais généralement faibles, à travers les interstices des terrains poreux ou fissurés. Les unes et les autres proviennent de l'infiltration des eaux météoriques, qui sont tombées sur le sol et qui, obéissant aux lois de la pesanteur, malgré les effets de capillarité dont l'influence s'exerce en sens inverse, viennent peu à peu s'accumuler dans l'épaisseur des couches perméables, partout où ces couches reposent sur un fond plus ou moins imperméable, qui s'oppose à la continuation indéfinie de ce mouvement de descente et présente soit des dépressions circonscrites, formant des sortes de cuvettes où l'eau séjourne, soit des pentes, sur lesquelles elle prend son écoulement. Remplissant alors nécessairement les vides que laissent entre elles les particules solides, qui constituent les couches perméables du sol, ces masses d'eau s'étalent par suite dans l'étendue des couches aquifères et y sont limitées par de vastes surfaces qui leur ont valu la désignation de *nappes*.

Le contact prolongé des eaux d'infiltration avec le sol a pour conséquence de les mettre en harmonie complète de température avec les couches solides qu'elles imprègnent : de là cette constance de la température des eaux souterraines, qui en est une des propriétés caractéristiques ; cette température diffère peu de la température moyenne de l'air dans la localité, quand les eaux souterraines s'accumulent dans les couches superficielles du sol (Dhuis 9°7 à 10°7, Vanne 9°5 à 11°, aqueducs de Rome 14° à 16°); elle s'abaisse lorsque l'altitude augmente et tombe à 6° et 5° dans les pays de montagne ; elle s'élève au contraire, et d'environ 1° par 30 mètres de hauteur, quand on puise dans les nappes sises à grande profondeur au-dessous du sol. D'autre part, les eaux souterraines se chargent dans la terre d'une quantité notable de matières minérales, qu'elles empruntent par voie de dissolution aux parois des canaux ou des vides qu'elles parcourent ou emplissent, et leur composition s'en trouve profondément modifiée. En même temps, et par suite de leur passage à travers les couches perméables du sol et des actions multiples qu'elles y subissent, effets mécaniques ou physiques, réactions chimiques, travail biologique, elles ne tardent pas à éprouver une épuration plus ou moins complète, qui les débarrasse presque totalement des matières solides entraînées et tenues en suspension, d'une partie notable des matières organiques dissoutes, et de la plupart des microorganismes, dont elles se sont chargées précédemment dans l'atmosphère ou à la surface du sol; elles deviennent dès lors parfaitement limpides, plus minéralisées, mais moins riches en substances organiques, et relativement pauvres en germes organisés.

Lorsque, pour aller à la recherche de l'eau souterraine, on perce la couche superficielle du sol, pour peu qu'elle soit perméable, on y rencontre bientôt, dans la plupart des cas, une première nappe, qui est appelée *nappe phréatique* ou nappe des puits. Si l'on descend plus avant et qu'on traverse cette nappe, on parvient d'ordinaire au terrain imperméable sous-jacent ; puis, si l'on perce ce terrain même, on rencontre fréquemment une seconde couche perméable aquifère, contenant une deuxième nappe, suivie elle-même d'une troisième, d'une quatrième, etc.,

qui sont dites *nappes profondes*. Parfois, en traversant une de
ces couches imperméables qui séparent les terrains aquifères successifs, on rencontre tout à coup de l'eau en pression, qui, profi-

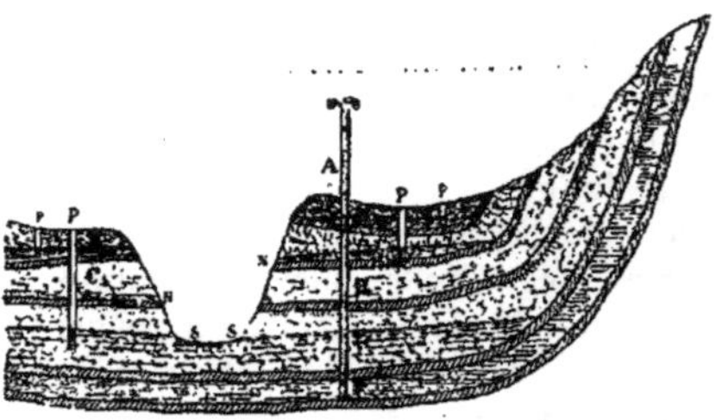

tant du passage qu'on vient ainsi lui offrir, s'élève à travers les
couches supérieures, jusqu'à une certaine distance au-dessous du
sol ou jusqu'a la surface même, ou encore vient jaillir avec
force en formant un jet dans l'atmosphère : elle est dite *ascendante* dans le premier cas, *jaillissante ou artésienne* dans le
second.

Un examen géologique permet généralement de reconnaître
l'affleurement supérieur de chacun des terrains aquifères, c'est-
à-dire la surface d'alimentation par laquelle ils reçoivent les précipitations atmosphériques et les ruissellements superficiels ; et
l'on peut juger par là de l'importauce des infiltrations qui déterminent la formation et assurent le renouvellement de la nappe
correspondante. L'affleurement inférieur se montre aussi fréquemment, sur les flancs des vallées par exemple ; et l'on y voit
apparaître des *suintements*, par où la nappe vient s'épancher au
dehors, ou des écoulements plus localisés et plus considérables,
qui ne sont autre chose que les *sources*.

La surface de la nappe varie incessamment dans l'épaisseur
de la couche perméable qui la renferme : elle s'élève ou s'abaisse
suivant que l'alimentation est ou non supérieure au débit des
écoulements naturels, de sorte qu'à certains moments les suintements et les sources peuvent disparaître ou se faire jour à nouveau. Rien ne s'oppose à ce que la masse d'eau puisse être gros-

sie par l'apport et l'introduction directe d'eaux étrangères : aussi est-elle souvent exposée à des contaminations fâcheuses, comme il arrive quand on établit des puisards ou des fosses sans fond, pour l'absorption des eaux sales ou des liquides résiduaires. Ce dernier effet est moins à redouter pour les nappes ascendantes ou artésiennes, qui, se mettant en pression, viennent remplir tout l'intervalle des deux couches imperméables entre lesquelles on les trouve emprisonnées.

27. Cas des terrains poreux. — Dans les terrains sensiblement homogènes et à grains fins, présentant dans toute leur masse des pores très petits et très multipliés, comme les dépôts arénacés par exemple, qu'on rencontre dans les étages stratifiés aux divers âges géologiques, dans le diluvium et dans les alluvions anciennes ou modernes, les eaux d'infiltration éprouvent une épuration naturelle presque parfaite. Et, quand la nappe aquifère ne s'y forme qu'à plusieurs mètres de profondeur, elle se trouve admirablement protégée contre les contaminations superficielles par la couche filtrante qui la recouvre.

Elle vient d'ailleurs remplir tous les pores et occuper entièrement les interstices des molécules solides, de telle sorte que la masse liquide se trouve dans l'épaisseur des couches qu'elle humecte en volume égal à celui des vides. Ce volume, qui varie suivant la grosseur et la forme des grains, a été trouvé de 0,42 à 0,32 du cube total des cailloux et graviers, de 0,38 à 0,30 dans les sables, de 0,36 à 0,16 pour les alluvions de la vallée de la Seine, etc.

On conçoit que, dans les canaux étroits et sinueux constitués par la juxtaposition de ces vides infiniment petits, l'écoulement de l'eau éprouve une résistance marquée et que la vitesse n'y puisse devenir sensible sans une pente accentuée. La formule classique de l'écoulement de l'eau dans les tuyaux :

$$RI = au + bu^2$$

— où R est le rayon moyen, I la pente ou la charge, u la vitesse, a de même que b un coefficient variable — est ici applicable ; mais, comme dans un terrain homogène on peut admettre la constance de R, comme d'autre part, suivant la

remarque qui précède, la vitesse est très faible et par suite le
terme en u^2 négligeable, cette formule peut être ramenée sans
erreur notable à $I = au$. Autrement dit, *la vitesse est proportionnelle à la charge*. Il en est de même du débit, qui s'obtient
en multipliant la section mouillée par la vitesse : on voit d'ailleurs par là que le débit dépend aussi de l'importance relative de
la section mouillée $m\Omega$, qui est à la section de la couche aquifère
Ω dans le rapport du coefficient de porosité m. Darcy a démontré
expérimentalement la loi qui vient d'être énoncée, au moyen d'un

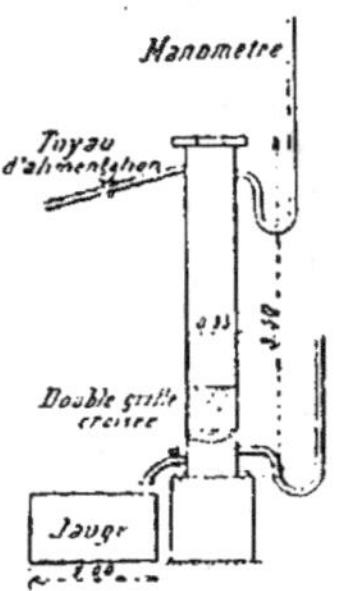

appareil fort simple, qui lui permettait de
faire passer de l'eau, en quantité déterminée, à travers une couche perméable d'épaisseur et de porosité variables, et de mesurer la perte de charge : il a démontré en
outre, et au moyen du même appareil, que
le débit est en raison inverse de l'épaisseur de la couche poreuse.

La conséquence est que les nappes en
mouvement présentent toujours dans l'intérieur du sol des surfaces déclives, dont
les pentes sont d'autant plus accentuées
que la vitesse est plus grande et la porosité moindre, que ces pentes augmentent

lorsque l'alimentation et par suite le débit vont en croissant,
qu'elles diminuent dans le cas contraire. Quand une nappe de ce

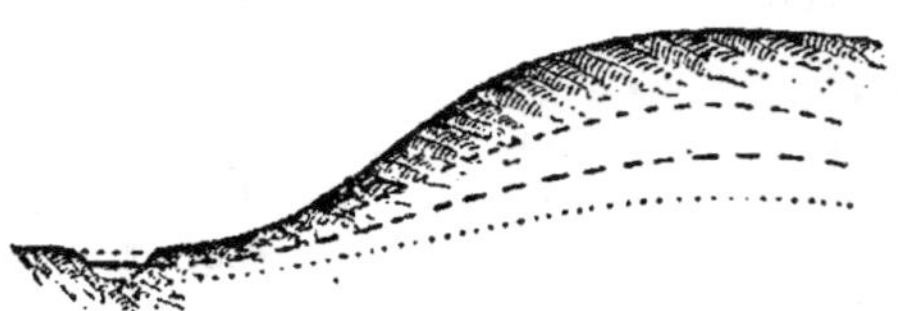

genre aboutit à un cours d'eau où elle se déverse, sa surface
se raccorde à celle du cours d'eau et en suit les mouvements :
celles, par exemple, qui communiquent avec la mer obéissent au
jeu des marées, s'élevant au moment du flot et baissant lors du
jusant. Mais la montée des nappes souterraines est toujours plus

lente que celle des nappes superficielles correspondantes : si donc ces dernières éprouvent des crues, les premières en éprouvent également, mais qui sont moins marquées et se manifestent toujours avec plus ou moins de retard. Elles n'en déterminent pas moins parfois l'apparition de l'eau souterraine dans les dépressions du sol, quand le niveau piézométrique vient à s'élever au-dessus de la surface en quelques points.

Lorsque, par des sondages multipliés, on a reconnu l'eau en un nombre de points suffisant pour déterminer la surface invisible d'une nappe souterraine, on peut reporter utilement ces points sur une carte et y tracer des courbes de niveau qui donnent une idée exacte de la configuration qu'affecte la nappe d'eau dans l'intérieur du sol C'est ce qu'a fait notamment, il y a un certain nombre d'années, M. l'inspecteur général des mines Delesse pour la région de Paris : sur sa belle carte hydrologique du département de la Seine, on lit nettement les formes qu'affecte la nappe de l'argile à meulière, qui s'étend sous les plateaux de Verrières et de Meudon, ou celle de l'argile plastique, qu'on rencontre au Trocadéro, au Mont-Valérien, à Issy, de celle des martes vertes, à Villejuif, etc.

28. Cas des terrains fissurés. — Dans les terrains de nature compacte, qui deviennent seulement perméables par la formation de *diaclases* plus ou moins multipliées, le régime des eaux souterraines présente souvent des particularités, qui le différencient plus ou moins de celui décrit au paragraphe qui précède.

Si les diaclases sont très nombreuses, très fines aussi, réparties dans tous les sens et par toute la masse, les eaux d'infiltration pénètrent et humectent le terrain, comme s'il était composé de grains fins, les nappes s'y forment de même et y obéissent aux mêmes lois.

Mais, quand les diaclases deviennent plus rares et que certaines d'entre elles prennent l'apparence de larges fissures, où l'eau ne rencontre pas de résistance et peut circuler librement, l'épuration n'est plus certaine ; les troubles, les entraînements de particules minérales ou organiques peuvent affecter les eaux profondes aussi bien que les eaux de surface, et l'épaisseur des

couches traversées n'est plus une garantie efficace ni contre les
variations de la température, ni contre les contaminations superficielles. Au lieu de s'épandre en forme de nappe dans l'épaisseur des couches aquifères, l'eau peut alors y trouver des voies
d'écoulement qu'elle tend à élargir incessamment, par usure ou
par dissolution, et où elle circule avec vitesse, formant parfois de
véritables cours d'eau souterrains. La répartition en devient
irrégulière et discontinue, de sorte que deux puits voisins peuvent, l'un, donner une alimentation abondante, et l'autre, demeurer indéfiniment à sec ; il n'y a plus de surfaces étendues d'eau
qui puissent être représentées sur la carte par des courbes de
niveau, mais des veines liquides disséminées de toutes parts et
courant dans des directions multiples avec des vitesses variées.

Entre ces deux cas extrêmes, il y a naturellement de nombreux
intermédiaires et l'on trouve généralement, même dans les terrains fissurés, des nappes véritables, à température sensiblement constante, dont les eaux demeurent habituellement limpides
et de composition satisfaisante, n'éprouvant que des troubles
peu accentués et passagers au moment des grandes pluies ou
des fontes subites de neiges, qui déterminent un écoulement superficiel et abondant d'eaux torrentielles, et dont le niveau piézométrique s'élève et s'abaisse avec les variations de l'infiltration
naturelle.

Mais les progrès récents de l'*hydrogéologie* et de la *spéléolo-
gie* [1] ont montré combien est fréquente l'existence de canaux de
grande section et même de cavernes dans l'épaisseur des terrains aquifères de cette catégorie, dans les terrains calcaires en particulier, comme la craie, l'oolithe, etc. Très souvent, ces cavernes, ces canaux, à quelque profondeur qu'ils se trouvent, sont décelés à la surface du sol par la formation de *gouffres*, où

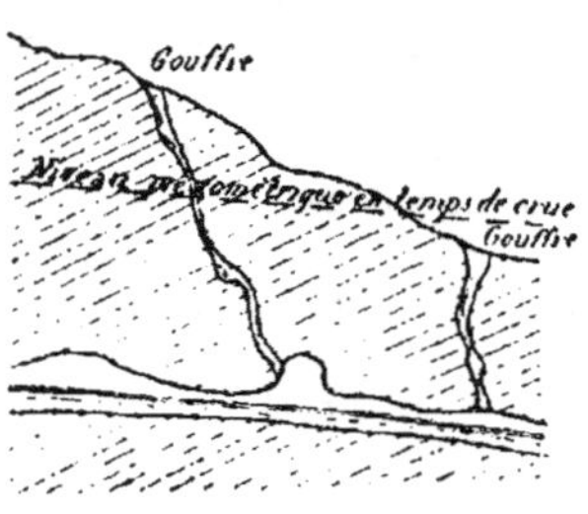

(1) *Étude des cavernes.*

viennent se précipiter les eaux sauvages et qu'on connaît sous
le nom de *hétoires* en Normandie, d'*avens* en Provence et dans
le pays des Causses [1], de *boit-tout* dans d'autres régions, sortes
de cheminées béantes ou plus ou moins remplies de matières
meubles, habituellement absorbantes, mais dont quelques-unes
fonctionnent aussi parfois comme trop-pleins des nappes correspondantes et prennent l'apparence de sources, quand le niveau
piézométrique vient à s'élever au-dessus de celui des orifices.
Souvent aussi, le toit des canaux ou des cavernes venant à s'effondrer par places, il se forme des fontis analogues à ceux qu'on

observe fréquemment au-dessus des
carrières souterraines et qui viennent apparaître à la surface du sol
sous forme de dépressions locali-
sées, qu'on désigne en Normandie
du nom de *mardelles*.

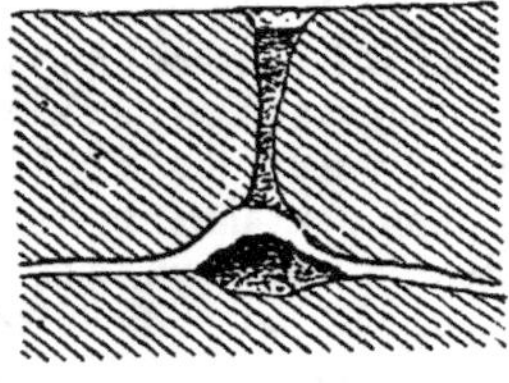

C'est dans de pareils terrains qu'on
voit quelquefois des ruisseaux ou
des rivières même disparaître, soit
par absorption progressive dans le sol, comme certains affluents
de la Seine, tels que la Laignes en Bourgogne, la Rille en Normandie, ou le cours supérieur de l'Avre et de l'Iton, tributaires
de l'Eure, soit par engouffrement total et subit, comme le
Rhône près de Bellegarde, la Recca non loin de Trieste, alors
qu'en aval et dans le prolongement des mêmes vallées on trouve
tantôt de véritables réapparitions ou résurgences de ces cours
d'eau, tantôt de grandes sources, dont ils fournissent vraisemblablement en partie l'alimentation.

29. Sources. — Les *sources* sont dues au déversement superficiel ou à l'émergence de nappes ou de veines d'eau souterraines. Ce sont des sortes de trop-pleins par lesquels elles se
déchargent en partie à la surface du sol, tantôt d'une manière
temporaire et intermittente, tantôt d'une façon permanente et
continue, *éphémères* dans le premier cas, *pérennes* dans le
second.

(1) Plateau central.

Cette explication si simple ne remonte pas à une haute antiquité, et l'on a durant de longs siècles attribué aux sources une origine mystérieuse, considéré leur fonctionnement intermittent comme une des bizarreries les plus surprenantes de la nature, si bien que Bernard Palissy allait à l'encontre des préjugés de son époque quand il a écrit : « La cause pourquoi les eaux se trouvent tant ès sources qu'ès puits n'est autre qu'elles ont trouvé un fond de pierre ou de terre argileuse, laquelle peut tenir l'eau autant bien comme la pierre ». De là sans doute cette vénération dont les sources ont de tout temps pour ainsi dire été l'objet, la place qu'elles tiennent dans les préoccupations religieuses et les superstitions populaires, le choix de leur voisinage pour l'implantation de certains temples consacrés à la divinité, l'attribution qui leur a été faite si fréquemment au moyen âge des noms des saints, la croyance persistante aux vertus miraculeuses de leurs eaux, que leur limpidité et leur fraîcheur ont à toute époque fait particulièrement rechercher par les populations.

Très petites et disséminées sur toute la surface du pays quand elles proviennent des nappes essentiellement limitées et irrégulières qui se forment aux affleurements des terrains imperméables, comme le granite ou le lias, dans les masses plus ou moins meu

bles provenant de la désagrégation de ces terrains par les agents atmosphériques. les sources sont encore nombreuses, mais plus

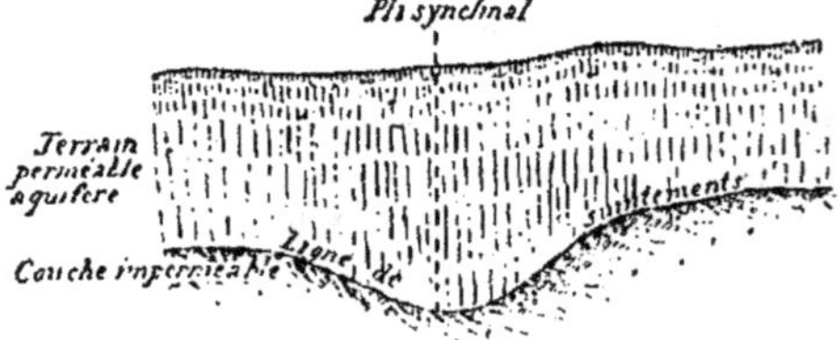

régulièrement distribuées, lorsqu'elles sortent de terrains aqui

fères entièrement perméables et à texture homogène — grains
fins ou petites diaclases — dont les affleurements inférieurs
donnent partout issue à l'eau qu'ils renferment : le lieu des *suintements* est alors la ligne séparative du terrain aquifère et de la
couche imperméable sur laquelle il repose ; le plus souvent à
flanc de coteau, ces suintements ne prennent quelque importance que dans les plis synclinaux de la couche sous-jacente.
Elles peuvent devenir çà et là plus considérables quand le terrain aquifère présente au contraire une composition variable,
plus perméable dans certaines parties que dans d'autres, les
premières jouant alors le rôle de drains.

Si la couche imperméable se trouve à un niveau inférieur à
celui des vallées, les sources se produisent au fond de ces vallées,
et par émergence, toutes les fois que le niveau supérieur de la
nappe vient à en dépasser l'altitude, sauf dans le cas assez fréquent où le fond et les talus des vallées perméables sont recouverts d'éboulis ou d'alluvions plus ou moins perméables fermant
le passage aux filets d'eau qui tendent à s'y faire jour : les
sources n'apparaissent alors qu'au-dessus de ces dépôts, à flanc

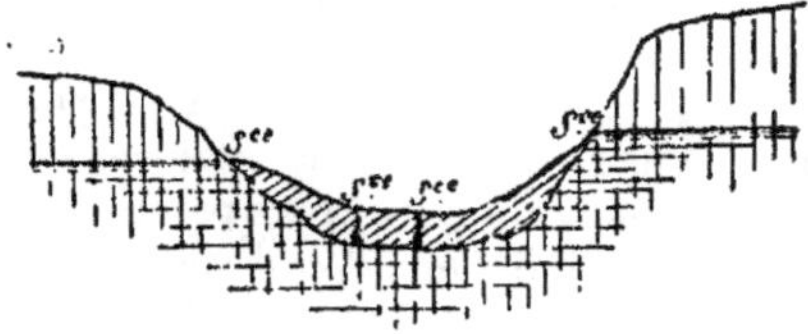

de coteau, si le niveau piézométrique s'élève jusque-là, ou dans
le fond de la vallée quand les eaux en pression sont parvenues à
se frayer un chemin dans l'épaisseur des alluvions et viennent
ainsi émerger à la surface. Ailleurs c'est une faille, une arête
anticlinale qui les dévie et en change le lieu d'apparition.

Dans les terrains fissurés, les sources sont constituées par le
débouché au jour des canaux où les eaux ont pris leur écoulement. C'est dans cette catégorie qu'on rencontre naturellement
celles qui ont le débit le plus considérable ; et l'on en donne
volontiers pour type la magnifique source de la Sorgue (affluent

du Rhône) si connue sous le nom de fontaine de Vaucluse, qui a été chantée par Pétrarque, et dont le volume moyen est d'environ 20 mètres cubes par seconde. La fontaine de Nîmes, les belles sources de Kaiserbrunn et de Stixenstein, dérivées par la capitale de l'Autriche, etc., qui sont de cette nature, sont parfois dénommées pour ce motif sources « vauclusiennes ».

C'est par des fissures de ce genre, mais verticales ou plus ou moins inclinées, analogues à des filons, que jaillissent les *sources artésiennes*, dont quelques-unes, provenant de couches profondes où les eaux se sont échauffées au contact de terres qui subissent l'influence de la chaleur centrale du globe, méritent la désignation de *sources thermales*.

Les sources appartenant à ces différentes catégories ont nécessairement des régimes très divers, et qui dépendent d'une infinité de circonstances, telles que l'étendue du *bassin alimentaire*, le mode d'alimentation, la hauteur du niveau piézométrique des nappes par rapport aux orifices d'affleurement, de déversement ou d'émergence, les variations de ce niveau avec les saisons et les années, etc. Toutes éprouvent des *crues* à certaines époques de l'année : mais, pour les unes, l'apparition des crues est une conséquence plus ou moins lointaine des grandes pluies, pour les autres, un effet de la fonte des neiges ; quelques-unes grossissent dans l'un et l'autre cas et présentent par suite deux maxima annuels au lieu d'un ; dans nos régions, où l'influence des pluies domine, un dicton qui a cours parmi les cultivateurs précise que *les sources croissent et décroissent avec les jours*, ce qui revient à dire qu'elles ont d'ordinaire leur maximum en juin et leur minimum en décembre. Il en résulte des variations de débit, qui échappent souvent à l'observateur superficiel et qui cependant sont assez marquées, puisque le rapport du minimum au maximum s'élève rarement au-dessus de 1/3 ou 1/2 et tombe fréquemment bien plus bas pour les sources pérennes citées parmi les plus constantes et les plus régulières : pour en donner une idée, on a reproduit dans le diagramme ci-après les courbes des débits des sources de la Vanne, utilisées pour l'alimentation de Paris, et de celles du Semmering, captées pour la distribution de Vienne ; en une même année, les premières ont éprouvé des variations de volume dont le rapport n'est pas descendu au-dessous de 2/3, tandis qu'il a été de 1/4 à peine pour les secondes. Dans la même vallée, les sources de la région supérieure ont presque toujours un débit plus variable que celles des régions moyenne ou inférieure : souvent, parmi les *sources hautes,* on en trouve qui sont intermittentes ou éphémères, tandis que les *sources basses* se font remarquer par leur constance et leur régularité relatives. Quelques-unes présentent des singularités dont l'explication ne laisse pas d'être parfois difficile : c'est ainsi que le mécanisme particulier de la fontaine de Vaucluse, dont le volume varie de 150 mètres cubes en temps de crue à

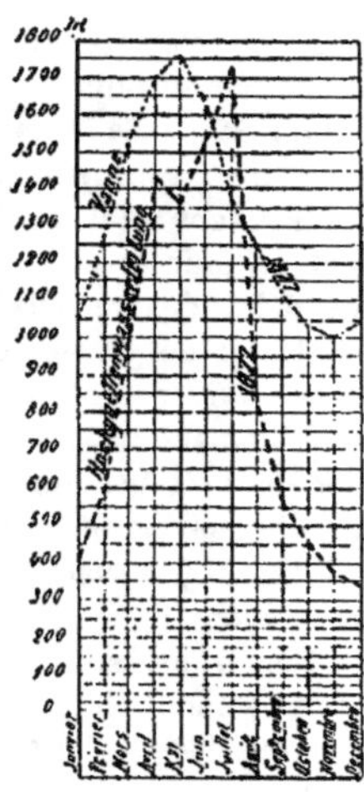

8 mètres cubes en étiage et même 5 en temps de sécheresse, n'a peut-être pas encore livré tous ses secrets, malgré les belles études de MM. Bouvier [1], Dyrion [2], Pochet.

30. Composition des eaux souterraines. — On trouve d'ordinaire un peu moins de gaz dissous dans les eaux souterraines que dans les eaux météoriques ou superficielles ; et, dans la composition du mélange gazeux, l'oxygène entre assez souvent en proportion moindre, tandis que l'acide carbonique y est en plus grande quantité.

L'ammoniaque y est plus abondant que dans les eaux de superficie : 0 mgr. 12 contre 0 mgr. 02 d'après la Commission anglaise de la pollution des rivières. Il est vrai que cette même Commission accuse seulement 0 mgr. 01 d'ammoniaque dans les eaux de source.

Les matières organiques sont rares dans les eaux souter-

(1) *Annales des Ponts et Chaussées,* 1853.
(2) *Bulletin de l'hydraulique agricole,* 1894.

raines : on n'en trouve guère en quantité un peu notable que dans certaines eaux de puits particulièrement exposées à des contaminations de voisinage. Cependant les eaux profondes mêmes n'en sont jamais absolument dépourvues, et il arrive assez souvent qu'il s'y développe des végétations dès qu'elles voient le jour et se trouvent exposées à l'air libre. Et, bien qu'au début des recherches microbiennes on ait annoncé l'absence totale de germes organisés dans les eaux profondes, les faits observés démontrent qu'il n'y a pas d'eau naturelle qui en soit totalement dépourvue ; dans les plus pures, le microscope décèle la présence de bactéries, en petit nombre sans doute, en nombre suffisant du moins pour qu'on doive admettre aujourd'hui qu'il n'y a sans doute pas dans la nature d'eau absolument *stérile*.

La teneur des eaux souterraines en matières solides dissoutes est relativement élevée : de nombreuses analyses ont donné à la Commission anglaise de la pollution des rivières les chiffres moyens de 282 milligrammes par litre pour les eaux de source et 438 pour les nappes profondes contre 96 seulement pour les eaux de superficie. Cette teneur est d'ailleurs peu influencée par les variations atmosphériques, bien que parfois cependant la proportion de matières minérales diminue légèrement au moment des crues. Elle est naturellement très diverse suivant les terrains : Belgrand indique que le titre hydrotimétrique des eaux de source varie de 2° à 7° dans le granite, 7° à 12° dans le crétacé inférieur, 12° à 17° dans la craie blanche, 17° à 27° dans le calcaire de Beauce, le néocomien, l'étage oolithique, 20° à 80° dans les marnes vertes, l'argile plastique, etc.; voici d'autre part quelques résultats d'analyses, exprimés en milligrammes de matières minérales dissoutes par litre d'eau :

Nappes souterraines: Puits à Paris.......... 1.170 (Poggiale).
　　　　　—　　　　 1.465 à 4.694 (Albert Lévy).
　　　　Puits artésien de Passy. 141 (Poggiale et Lambert).
　　　　Bedford.............. 1.407 (Commission de la pol-
　　　　Farringdon........... 1.015 　lution des rivières).
　　　　Hanovre .... 440 (Fischer).
　　　　Carlsruhe .... 538 (Birnbaum).
　　　　New-York............. 374 (Waller).
　　　　Saint-Louis.......... 8.791 (Litton).

Sources : dist. d'eau de Paris :
Dhuis............... 279
Vanne.............. 258
Avre 230
Loing et Lunain....... 272
(Albert Lévy).
Dijon.............. 260
Lille.............. 360
Northampton......... 314 (Commission de la pol-
Glocester............ 445   lution des rivières).
Ulm............... 237 (Wacker).
Würzbourg........... 742 (Ossan).
Naples.............. 273 (Masoni).

CHAPITRE V

EFFETS PRODUITS PAR LES EAUX

Sommaire : 31. Effets dus aux eaux météoriques ; 32. Effets des eaux courantes ;
33. Effets des eaux dormantes ; 34. Effets produits par les eaux souterraines :
35. Purification spontanée ; 36. Effets utiles, effets nuisibles.

31. Effets dus aux eaux météoriques. — Il y a peu de
chose à dire des effets de la *pluie* tombant à la surface du sol,
car elle devient presque aussitôt eau courante ou eau souterraine. Dans tous les cas, elle délave le sol, recueille les poussières de la surface, se charge de toutes les impuretés qu'elle y
rencontre, dissout les substances solubles avec lesquelles elle se
trouve en contact, etc., de sorte que sa composition se modifie
presque immédiatement.

Il n'en est pas de même de la *neige*, qui, lorsque la température est suffisamment basse, persiste plus ou moins longtemps
sur le sol, en une couche d'épaisseur variable, jusqu'à ce qu'une
douce chaleur vienne en déterminer la fusion et produire le
dégel. Cette couche de neige a été souvent comparée à une sorte
de manteau protecteur, qui abrite les plantes contre les effets d'un
froid trop rigoureux : ainsi, dans l'hiver néfaste de 1879-1880,
les plantes enfouies sous la neige ont survécu, alors que celles
qui émergeaient ont succombé en grand nombre à la gelée ;
quelques-unes parmi ces dernières ont été sauvées, parce que
leur partie inférieure, protégée par la neige, n'a pas subi le sort

du reste. La neige a d'ailleurs la propriété d'absorber les composés ammoniacaux : on a trouvé par exemple que la même neige, qui contenait 0 gr. 001 à 0 gr. 002 d'ammoniaque au moment de sa chute, après quelques jours se trouvait en renfermer 0 gr. 010 à 0 gr. 015 par litre. Cette remarquable propriété fournit une explication de ce fait bien connu des cultivateurs qu'un hiver neigeux présage souvent une bonne récolte.

Le vent a une action marquée sur les flocons de neige, de sorte que les reliefs, qui y sont exposés, restent souvent à découvert, tandis que les creux, les dépressions se remplissent peu à peu : c'est ainsi que la neige s'accumule souvent dans les tranchées des routes ou des chemins de fer, interceptant les communications, qu'on ne peut rétablir sans des travaux de déblaiement, qui nécessitent souvent l'emploi d'engins spéciaux, dits *chasse-neige*.

Dans les villes, la neige ne tarde pas à devenir une gêne considérable, et son enlèvement est pour certaines municipalités une des plus graves préoccupations de la saison d'hiver. Si l'on s'y prend à temps, on peut ouvrir au moyen du balai, de machines balayeuses ou de traîneaux chasse-neige, des passages pour les voitures et les piétons ; dans le cas contraire, et si l'on a laissé durcir la neige, il faut recourir à la pioche pour l'entamer. On la range en *cordons* ou en *tas* en attendant le dégel, et, si ces tas sont trop encombrants, on emploie des tombereaux pour en débarrasser les voies publiques : la neige est alors jetée dans la rivière ou dans certains égouts largement pourvus d'eau où elle peut être entraînée par le courant. Depuis quelques années, on a imaginé d'employer à Paris le *sel marin* pour déterminer la fusion rapide de la neige et aider par là au prompt dégagement des chaussées ; on sait en effet que l'eau chargée de chlorure de sodium reste liquide jusqu'à — 9° environ. Le sel est répandu à la pelle, la fusion se produit au bout d'une heure ou deux pourvu que la température ne descende pas au-dessous de — 9°, et l'on peut alors faire agir le balai. Malgré l'emploi de *sel dénaturé* pour lequel on a obtenu la suppression complète des droits, ce moyen ne laisse pas d'être fort coûteux, car le sel revient encore dans ces conditions à 30 francs la tonne environ.

Une couche de neige persistante de quelque épaisseur exerce sur les toitures des bâtiments une pression considérable : c'est une surcharge accidentelle dont il ne faut pas manquer de tenir grand compte dans le calcul de la charpente des combles. Peut-être ne l'avait-on pas fait suffisamment lors de l'établissement du vaste comble en fer. de construction moderne, qui recouvrait le marché du Château-d'Eau à Paris, et qui, dans l'hiver de 1879-1880, s'est effondré sous sa charge de neige.

Lorsque le dégel survient, la masse de neige se liquéfie plus ou moins rapidement : si la fusion est lente, l'écoulement de l'eau qui en résulte se fait dans les conditions normales ; si elle est rapide, il peut donner lieu à un gonflement immédiat des cours d'eau, à des montées subites dites *crues de fonte des neiges*. Ces crues sont toujours moins brusques, partant moins dangereuses que celles dues aux grands orages ; l'élévation de la température permet d'ailleurs de les prévoir, mais, par contre, elles sont d'ordinaire à peu près générales et s'étendent à la fois à toute une région.

Dans la montagne, l'accumulation des neiges donne lieu aux *avalanches*. On donne ce nom à la chute subite d'une masse de neige. qui, se détachant tout à coup, roule sur les pentes abruptes, entraînant les blocs de rocher, semant la désolation sur son passage, détruisant les plantations, les villages, etc. Un commencement de fusion amène une diminution du coefficient de frottement, qui devient à un moment donné insuffisant pour retenir la neige sur les fortes pentes, et le glissement se produit. Il est des points où ce phénomène a lieu chaque année et laisse une trace permanente ; on y constate l'existence de *couloirs* d'avalanches : au pied de chacun de ces couloirs il se forme un *cône*, presque toujours de couleur noirâtre, à cause des quartiers de roche et des particules de terre que la masse de neige entraîne dans sa chute ; quand la fusion se produit, elle provoque souvent l'ouverture d'un *pont de neige* à la partie inférieure du cône, parce que l'eau de fusion tend à descendre vers le bas, lorsqu'elle atteint la température de 4°, qui est celle de son maximum de densité ; après la fusion complète, il reste un *cône de débris*, dont les pentes, moins prononcées que celles du cône de neige, restent plus fortes que celles des cônes de déjections des torrents, et qui est reconnaissable à la nature des matériaux qui le composent, dont les angles aigus attestent qu'ils n'ont pas été usés pendant la descente comme ceux que roulent les torrents.

La couche légère de glace qui recouvre le sol en cas de *verglas* devient bien vite une gêne fort grave pour la circulation : les chevaux glissent, les piétons eux-mêmes s'y aventurent difficilement ; on a gardé à Paris le souvenir du verglas du 1er janvier 1875. A Fontainebleau, le 22 janvier 1879, il y a eu un verglas extraordinaire, dû à une pluie froide et continue de 36 heures, alors que le thermomètre se maintenait à — 3° : la couche de glace avait 0 m. 02 à 0 m. 03 d'épaisseur ; elle adhérait aux toits même les p'us inclinés, s'attachait aux parois verticales des murs, se moulait sur tous les objets, formant des stalactites aux parties saillantes des édifices ; les arbustes, les arbres verts formaient des blocs, des pyramides de glace ; les herbes, les branchages des arbres à feuilles caduques étaient recouverts de gaînes de glace, atteignant quatre ou cinq fois le diamètre de la partie enveloppée ; beaucoup d'arbres ont cédé

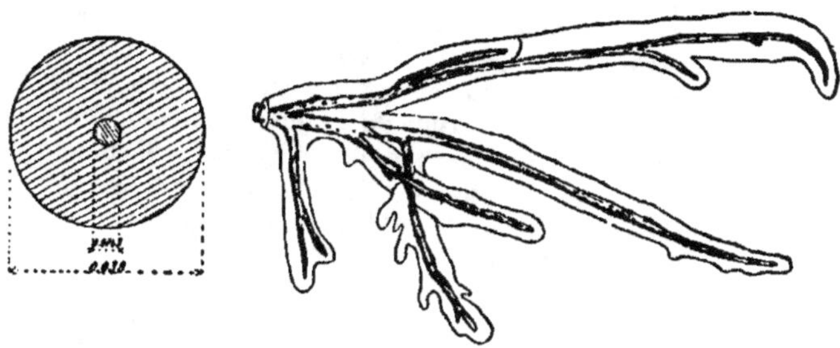

sous le poids. Le capitaine Piébourg, qui a donné une intéressante relation de ce phénomène exceptionnel, a relevé les croquis reproduits ci-dessus : le premier donne la coupe d'un fil télégraphique avec sa gaîne de glace ; le second représente une branche de bouleau qui a été trouvée pesant 700 grammes et qui n'en pesait plus que 50 quand la glace a été fondue.

38. Effets des eaux courantes. — La très lente progression des *glaciers* ne produit habituellement d'autre effet que la formation de moraines latérales et frontale, et il n'y aurait pas à en faire mention ici, si l'on ne constatait quelquefois des fusions subites, provoquées par des chaleurs intenses ou prolongées, qui ont pour conséquence le déplacement de grandes masses capables de déterminer sur leur passage de véritables catastrophes : c'est un phénomène de ce genre qui s'est produit en 1894 au glacier de l'Altels, près de la Gemmi, où une masse énorme de glace, se détachant tout à coup, est descendue dans la vallée, emportant troupeaux et bergers, pour remonter par la vitesse acquise sur le versant opposé et franchir encore un faîte secondaire. C'est l'écoulement subit d'une masse d'eau, renfermée dans une sorte de poche qui s'était formée à l'un des glaciers du Mont-Blanc, qui a détruit, en 1892, l'établissement balnéaire de Saint Gervais.

Les effets des *torrents* sont d'autant plus marqués que leurs crues sont plus rapides. La fonte des neiges ou les grandes pluies donnent lieu en général à des crues graduelles, qui déterminent une augmentation progressive du débit, avec entraînement de matériaux de plus en plus gros ; mais certains orages provoquent des crues subites, dont les conséquences sont particulièrement redoutables. Elles débutent souvent par un courant d'air violent, s'échappant tout à coup du goulot, et suivi bientôt d'une trombe d'eau ou d'une boue noirâtre et épaisse, qui coule à la manière de la lave des volcans et avec une vitesse énorme, comparable parfois à celle du vent soufflant en tempête : le courant de *lave*, s'il rencontre un obstacle, un amas de blocs par exemple, le renverse ou le surmonte, prenant un profil convexe en amont et concave en aval ; après la lave, l'eau survient toujours en abondance, se précipitant avec une vitesse plus grande encore et roulant avec bruit, par dessus la lave, même des amas de blocs et de galets.

Surell, Demontzey, donnent des descriptions frappantes de ces crues terribles, qui durent fort peu, quelques heures à peine, parfois moins d'une heure, et n'en causent pas moins des ravages épouvantables, détruisant les cultures, arrachant les arbres, emportant les ponts... Arrivé au cône de déjection, le courant de boue et d'eau tend à divaguer ; il se jette au hasard d'un côté ou de l'autre, s'étalant d'autant plus que le terrain envahi est plus plat,

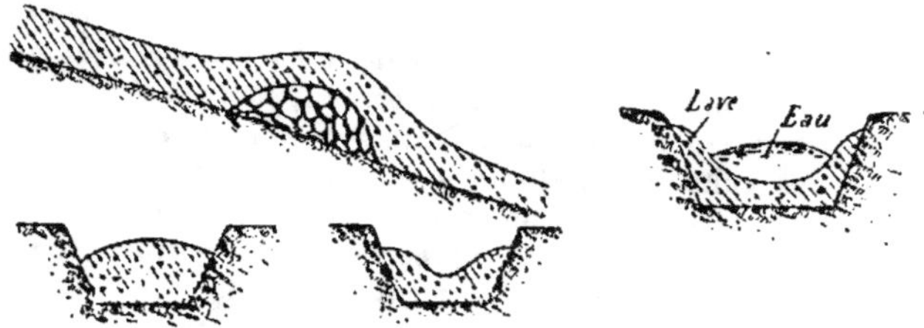

menaçant les villages voisins, coupant les voies de communication, barrant parfois les cours d'eau et provoquant par suite des inondations dans le haut de la vallée principale. Quelquefois ce phénomène se produit après une très longue période de repos du torrent ; il est alors d'autant plus redoutable que les habitants du pays, se fiant à la sécurité relative dont ils jouissent, n'hésitent pas à construire des fermes, des villages, à créer des cultures sur le cône de   ction lui-même, de part et d'autre du lit d'écoulement qui paraît fixé ; un jour, le torrent déborde et porte dans une campagne riche et fertile la désolation et la mort. Deux torrents tributaires de la Romanche, et qui débouchent vis-à-vis l'un de l'autre, l'Infernet et le Vaudaine, donnant simultanément en 1191, ont barré la vallée et déterminé la formation d'un lac, qui a subsisté pendant 28 ans : brusquement, en 1219, la digue s'est ouverte, le lac s'est vidé, causant une inondation terrible, où plusieurs milliers de personnes ont trouvé la mort, et dont les villes de Vizille et de Grenoble, en partie détruites à cette époque, ont conservé longtemps le souvenir. Les matériaux charriés par le torrent proviennent en partie de l'affouillement du lit ou *affouillement longitudinal*, et en partie de l'éboulement des berges ou *affouillement latéral*, qui en est la conséquence ; ils proviennent aussi, dans une certaine proportion, de la désagrégation résultant de l'action destructive des agents atmosphériques sur les surfaces de terrains nues, des fendillements, des glissements, des éboulements auxquels cette action donne lieu : les *clappes* ou *casses*, amas de blocs et de pierrailles qui se forment par suite d'éboulis ou d'avalanches dans le bassin de réception ou le canal d'écoulement de certains torrents, contribuent aussi à grossir la masse des matériaux entraînés ; la destruction progressive des cultures forestière et pastorale vient y ajouter encore, en livrant à la destruction par les agents naturels des surfaces de plus en plus étendues. Après un certain parcours, les matériaux charriés par les eaux forment des dépôts ; Surell distingue dans ces dépôts les *boues* ou *laves*, les *graviers*, les *galets* et les *blocs* : les *blocs*, parfois de dimensions considérables, se sont en général détachés des parties hautes des berges, dans certains cas le canal d'écoulement en est tellement parsemé qu'on le traite comme une carrière de pierres et qu'on y installe une véritable exploitation ; les *galets*, c'est-à-dire les pierres roulées de moins de 0 m. 25 de côté, proviennent des terrains primitifs ou éruptifs ; ils s'arrêtent quand la pente tombe entre 0 m. 05 et 0 m. 025 par mètre ; les *graviers,* débris de grosseur égale ou inférieure à celle des matériaux d'empierrement, se déposent lorsque la déclivité du lit descend au-dessous de 0m.025 ; quant aux *boues* ou *laves,* elles sont composées de particules ténues fournies par les terrains arénacés ou les roches tendres et enveloppent souvent des graviers ou des galets qu'elles entraînent ; elles circulent longtemps si elles sont très délayées ; dans le cas contraire, elles ne tardent pas à s'arrêter, se dessèchent, deviennent alors imperméables en formant une sorte de *béton* ou de *poudingue* quelquefois assez dur, sous lequel toute végétation est détruite.

Dans les *cours d'eau tranquilles* et peu profonds, qui ne déterminent ni corrosion du fond ou des berges, ni entraînement ou dépôt de matériaux, la *végétation aquatique* se développe rapidement et ne tarde pas à encombrer le lit au point d'y gêner l'écoulement des eaux. Parmi les nombreuses plantes, qui constituent cette végétation spéciale, on distingue les *plantes de fond* et les *plantes de surface :* les premières prennent racine au fond de l'eau, croissent dans l'épaisseur de la tranche d'eau et n'émergent à la surface que pour fleurir ; dans cette catégorie rentrent les *roseaux*, les *presles*, les *joncs*, les *nymphéacées* (nénuphar), etc., etc., dont les tiges entrelacées ou les masses compactes forment parfois d'importants barrages sur toute la hauteur du lit ; les secondes s'étalent à la surface et laissent pendre dans l'eau des racines filiformes n'atteignant pas le fond, telles les *algues* (conferve, liane des eaux), les *naïades* (lentille d'eau), les *crucifères* (cresson), dont les amas forment des barrages superficiels arrêtant au passage les corps flottants. Ces barrages temporaires, formant obstruction partielle, provoquent des dépôts de vase, qui exhaussent le fond et déterminent des inondations en amont.

Quand le mouvement est plus accentué, on observe des *tourbillons*, au voisinage de tous les obstacles auxquels les filets d'eau viennent se heurter. Ceux d'entre eux qui rencontrent un de ces obstacles prennent immédiatement un mouvement de rotation autour d'un axe vertical, en formant un remous circulaire, creux vers le centre, dans lequel les vitesses de rotation sont variables, plus accentuées d'une part que de l'autre, parce qu'elles se composent avec la vitesse  de translation de la masse. Tout changement brusque de direction détermine aussi la formation de tourbillons. Le même phénomène se produit quand deux courants se rencontrent, et pendant longtemps leurs eaux ne se mélangent point : tel est le cas du Rhône à Villeneuve, à son débouché dans le lac Léman, de la Seine et de la Marne au confluent, si bien que les eaux jaunâtres de la Marne en temps de crue restent parfois distinctes des eaux vertes de la Seine  jusqu'au coude du Champ-de-Mars. Par suite des différences de vitesse résultant des tourbillons, les matières en suspension dans l'eau tendent à se déposer : c'est ainsi qu'à la rencontre de deux cours d'eau **R** et **R'** 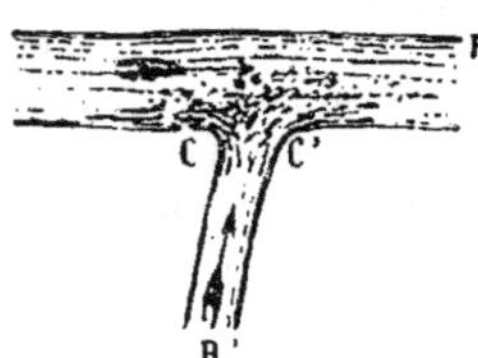 on voit des *dépôts* se former en **C** et **C'**, que dans les coudes prononcés des rivières, le courant se portant vers la rive concave, des remous allongés se produisent du côté opposé provoquant des dépôts vers la rive convexe. Par contre, il y a tendance à la production d'*affouillements*, quand l'obstacle surgit brusquement au milieu d'un courant rapide qui vient s'y briser. On observe l'un et l'autre effet auprès des piles de pont, qui déterminent des affouillements à l'amont et sur les côtés et des dépôts à l'aval : Alfred Durand-Claye les a reproduits artificiellement, en plaçant des solides de formes diverses dans un canal d'expérience, dont il recouvrait le fond d'une couche de sable fin.

Plus marqués dans les *cours d'eau torrentiels*, ces effets y déterminent généralement la *corrosion des berges*, l'entraînement de masses considérables de matériaux, puis la formation de dépôts de gravier et de sable, de sorte qu'on y distingue une zone d'affouillement, analogue au bassin de réception des torrents, une zone d'atterrissement, qui en rappelle le cône de déjection, et une zone intermédiaire, où les matériaux se déplacent ou s'arrêtent alternativement : c'est le cas de la Durance. *Dans les cours d'eau mixtes*, comme la Loire, la Garonne, on ne rencontre que les deux dernières zones : les parties hautes des bassins ne fournissent guère de matériaux, et c'est la corrosion des rives, dans la partie moyenne, qui alimente les bancs mobiles de gravier et de sable ; le Rhône, en France, reçoit de ses affluents torrentiels la majeure partie des matériaux qu'il charrie. On a calculé que :

La Durance roule 11.000.000 de mètres cubes par an de matériaux meubles
Le Var   —   11.000.000   —
La Loire   —   6.000.000   —
La Garonne   —   5.700.000   —
Le Rhône   —   21.000.000   —
La Seine   —   195.000 seulement ;

et par contre :

Le Pô   —   40.000.000   —
Le Nil   —   95.000.000   —
Le Mississipi — 600.000.000   —

De pareils transports de matières supposent la destruction
continue de vastes étendues de terrain, qui se reforment, il est
vrai, partiellement par des dépôts, dans d'autres parties de
chaque vallée. Les terres corrodées fournissent des matériaux
de grosseur diverse et de forme irrégulière, qui, s'usant et s'ar-
rondissant par le frottement, subissent une transformation progressive et prennent l'aspect de galets, de graviers roulés, puis
de sable, d'abord grossier, ensuite plus fin, tandis que les particules argileuses demeurent en suspension et sont rapidement
entraînées au loin. Quand une crue survient, le sable est tout
d'abord mis seul en mouvement; les gros graviers apparaissent
alors à la surface des bancs, et une observation superficielle pourrait laisser croire qu'ils y ont été amenés de la sorte, tandis que
les stries qui les marquent attestent au contraire le passage des
sables et l'usure qui en résulte : si la vitesse augmente suffisamment, ils se mettent en marche à leur tour. Lorsque le courant se ralentit, les dépôts ne tardent pas à se produire et naturellement en sens inverse ; les graviers s'arrêtent d'abord, puis
les sables. C'est ainsi du moins que les choses se passent dans
les cours d'eau non torrentiels : dans le cas contraire, les crues
sont tellement subites d'ordinaire que tout s'ébranle à la fois.

L'usure progressive des matériaux en mouvement les transforme peu à peu : les graviers deviennent de plus en plus petits,
et donnent lieu à des sables, qui se mettent eux-mêmes en poussière de plus en plus fine et finissent par constituer des vases,
comme celles recueillies à l'embouchure de la Loire et que l'analyse de Delesse a montrées presque entièrement composées de
quartz à l'état de particules impalpables. Les *dépôts* constitués
par ces matériaux reforment sur certains points des terres nouvelles, d'où résulte une compensation partielle entre les effets de
destruction d'une part et d'atterrissement de l'autre ; mais il y a
toujours un certain volume de matériaux définitivement enlevés
aux berges, qui diminue d'ailleurs sur le parcours par suite des
extractions que font les riverains pour les besoins de la construction ou pour d'autres usages ; ceux qui atteignent la partie maritime des fleuves y constituent des *barres*, quand il s'agit de mers
à marée, c'est-à-dire des bancs fixes ou mobiles qui causent

habituellement des gênes considérables à la navigation, comme
à l'entrée de l'Adour par exemple, et sur les bords des mers sans
marée des *deltas*, qui vont en progressant sans cesse, rappelant
l'épanouissement des cônes de déjection des torrents, et à travers
lesquels les eaux divaguent et se tracent plusieurs lits en patte
d'oie : le delta du Nil est célèbre ; celui du Rhône, à son débouché dans la Méditerranée, progresse de 50 mètres environ chaque
année ; le même fleuve, dans la partie supérieure de son cours,
forme aussi un delta à son entrée dans le lac Léman. Seuls, les
limons, composés de particules plus ténues, vont se déposer plus
loin encore, et, rejetés par la mer, forment, sur les rivages
voisins des estuaires, des alluvions, parfois utilisées comme
la tangue sur la côte du Cotentin, à cause de leurs propriétés
fertilisantes.

Un des effets les plus redoutables des eaux courantes résulte
des crues exceptionnelles, que le lit majeur lui-même ne peut
contenir et qui déterminent le débordement des eaux sur les terrains des rives. Si elles sont lentes, les *inondations* peuvent être
un bienfait, soit qu'elles apportent avec elles un limon fertilisant,
comme il arrive dans la vallée du Nil, soit qu'elles constituent
une sorte d'irrigation fécondante. Quand elles sont subites ou
rapides, elles peuvent causer des ravages considérables : en 1856,
on a évalué les pertes causées par le Rhône dans les campagnes
inondées à près de 30 millions de francs, et dans le bassin de la
Loire il y a eu 300 maisons détruites, 98 kilomètres de chemins
de fer hors de service ; en 1875, la Garonne a envahi un quartier
de Toulouse, le faubourg Saint-Cyprien, et emporté deux ponts ;
en 1879, la Theiss noyait la ville de Szegedin et y causait des
dégâts évalués 27.500.000 francs ; à Murcie, il y a quelques
années, les pertes causées par une seule inondation ont atteint
80 millions de francs : il y a eu 1.800 morts, 5.000 familles sans
abri, 25.000 têtes de bétail entraînées par les eaux ; en 1890, les
désastres de la vallée de l'Ardèche ont été estimés à 12 millions
de francs ; en 1891, 600 personnes ont péri dans les inondations
du centre de l'Espagne ! Les effets ordinaires des crues exceptionnelles sont, dans la partie haute des vallées, des ravinements
graves, amenant la destruction de terres en culture, la rupture

des voies de communication et, dans la partie basse, l'invasion par les eaux des campagnes et des villes, le dépôt de matériaux stériles sur les terres en culture, la destruction des digues, des ponts, etc.

En hiver, lors des grands froids, les cours d'eaux charrient des glaçons, qui, à certains moments, se soudent, couvrant alors toute la surface d'une rive à l'autre, puis augmentant d'épaisseur, forment bientôt une couche assez résistante pour qu'on y puisse circuler sans danger : il en est ainsi chaque année pour la Néva à Saint-Pétersbourg, et l'on pose en hiver des voies ferrées sur la glace en travers du fleuve Saint-Laurent. Quand la chaleur revient, un effet inverse se produit, la glace fond, se désagrège, les glaçons se détachent, s'en vont au fil de l'eau, diminuent, puis disparaissent. Parfois le phénomène se complique et il peut devenir dangereux pour la conservation des ouvrages : l'accumulation des glaces constitue d'énormes *embâcles*, qui, se mettant tout à coup en mouvement, lorsque la masse commence à fondre, produisent ces *débâcles* dont les effets sont si redoutables : en 1879-80, l'embâcle à Saumur formait un banc de 8 kilomètres de long sur un de large et 6 à 7 mètres de profondeur, soit une masse de 50 millions de mètres cubes, à travers laquelle, afin de prévenir un désastre, on dut ouvrir un chenal à la dynamite ; à la même époque, sur la Saône, à Lyon-Vaise, il y avait une masse de glace de 5 millions de mètres cubes qui formait barrage et qui a déterminé à un moment donné un relèvement du plan d'eau en amont de plus de trois mètres ; à Paris, on ne put conjurer la débâcle qui emporta les cintres et les arches en construction du pont des Invalides.

33. Effets des eaux dormantes. — En raison de leur immobilité même, les eaux dormantes ne produisent pas d'effets aussi complexes ni aussi importants.

Il y a lieu de signaler cependant le développement considérable de la végétation aquatique dans les étangs, où les plantes, pourrissant sur place, contribuent à la formation de vases, très chargées de matières organiques, qui communiquent à l'eau une saveur et une odeur particulières et y créent assez souvent de redoutables foyers d'insalubrité.

Quant aux lacs, lorsque les eaux y font un séjour prolongé, ils en produisent la *clarification* parfaite : toutes les matières en suspension, même les plus ténues, y compris les microbes, malgré leurs dimensions infinitésimales et leur poids insignifiant, s'en séparent progressivement et tombent sur le fond, qui tend par suite à s'exhausser d'une manière continue et régulière, mais nullement uniforme, ainsi que l'a montré M. l'ingénieur Delebecque dans ses relevés très intéressants des fonds des lacs d'Annecy et de Genève [1], puis dans son grand ouvrage sur les lacs français, où il signale la formation de deltas, de ravins, de monticules sous-lacustres.

Aux changements de saison, il se produit, dans l'épaisseur de la tranche d'eau des lacs, des courants verticaux, dus aux variations de densité qui résultent des différences de température : lorsqu'à l'approche de l'hiver, par exemple, l'eau se refroidit à la surface, la densité des couches superficielles augmente d'abord, et par suite elles tendent à descendre vers les profondeurs, et il en est de même au commencement du printemps, quand du voisinage de $0°$ l'eau, en se réchauffant, passe par son maximum de densité.

Quand un cours d'eau traverse un lac, dont la capacité est suffisamment grande par rapport à son propre débit, son régime en éprouve une modification profonde : les crues viennent s'y étaler et se traduisent le plus souvent par une simple surélévation du plan d'eau du lac. C'est ainsi que le lac Léman met fin au régime torrentiel du Rhône, qui en sort à Genève avec les allures d'un cours d'eau tranquille.

84. Effets produits par les eaux souterraines. — La vitesse que peuvent prendre les eaux souterraines dans les terrains poreux, où elles s'étalent en nappes continues, étant toujours extrêmement faible, il ne peut résulter d'effets bien appréciables de l'écoulement de ces eaux. Cependant, comme elles trouvent presque toujours dans le sol des substances solubles et empruntent par suite aux couches qu'elles traversent certains éléments, comme elles y déposent par contre les matières en suspension ou

---

(1) *Annales des ponts et chaussées*, 1890.

celles qui se précipitent à la suite de réactions particulières, on observe parfois des modifications dans la constitution intime du terrain et plus habituellement dans celle de l'eau elle-même. D'autre part, les variations de niveau des nappes, qui sont la conséquence directe de chutes plus ou moins abondantes d'eaux météoriques, ont pour effet de laisser à sec ou d'humecter alternativement certaines couches souterraines : par là elles en modifient l'état et assez souvent exercent une influence marquée tant sur le développement de la végétation à la surface que sur la salubrité de la région.

Dans les terrains fissurés, les eaux rencontrent ou se fraient de véritables canaux d'écoulement, où elles prennent des vitesses assez considérables : de nombreuses expériences faites à ce sujet au moyen de la fluorescéine, sous l'impulsion de la Commission scientifique de perfectionnement de l'observatoire de Montsouris[1], ont permis de reconnaître des vitesses atteignant 100, 150, 200 mètres à l'heure et plus ; et, en joignant sur la carte les points où la coloration apparaît au bout du même temps, on y a tracé des courbes dites *isochronochromatiques* qui donnent une représentation graphique des vitesses d'écoulement dans les diverses directions. Ces vitesses caractérisent des courants souterrains capables de produire des effets sensibles d'érosion, d'où résultent et l'élargissement progressif des canaux et la formation de cavernes, qui prennent parfois des dimensions colossales, et qui, avec leur décoration naturelle de stalactites et de stalagmites, font à juste titre l'objet de la curiosité des touristes : telles les grottes qu'on rencontre en Auvergne ou dans la région voisine de Trieste. Le plus souvent d'ailleurs, les parois des canaux souterrains sont constituées par des matériaux solubles dans l'eau — c'est le cas de tous les calcaires notamment — et dès lors des effets de dissolution viennent s'ajouter aux effets d'érosion pour accélérer l'agrandissement des vides intérieurs ; en même temps la composition de l'eau éprouve des modifications rapides ; elle se charge de matières minérales d'une part, tandis que de l'autre elle abandonne, sur les parois des fissures où elle coule, les matières qu'elle

(1) Travaux des années 1899 et 1900.

tenait en suspension, parfois aussi certaines substances dissoutes, et ne tarde pas à y former une couche de dépôts visqueux ; de la sorte, sans avoir subi un filtrage aussi complet et aussi sûr qu'en traversant des terrains à grains fins, elle ne tarde pas à y prendre aussi la limpidité caractéristique des eaux souterraines.

35. Purification spontanée. — Les eaux impures, chargées de matières organiques, qui proviennent dans les campagnes du drainage des terres cultivées, dans les agglomérations urbaines du déversement des égouts, sont fréquemment une cause d'altération des eaux naturelles. Mais on ne tarde pas à s'apercevoir que ces dernières réagissent et exercent sur les eaux impures une action épuratrice marquée, qui réalise, au bout d'un temps ou d'un parcours plus ou moins long, ce qu'on a justement appelé la *purification spontanée*.

On a nettement observé cet effet dans les cours d'eau superficiels. Gérardin a montré, et M. Albert Lévy après lui, que l'eau de la Seine, profondément contaminée au-dessous de Corbeil, s'améliore progressivement jusqu'aux abords de Paris, éprouve dans la traversée de cette ville une nouvelle altération, qui va s'accentuant encore en aval et présentait autrefois un maximum au-dessous du débouché des collecteurs parisiens, pour diminuer ensuite lentement et ne disparaître qu'au delà de Mantes ou de Vernon : l'oxygène dissous, qui y est normalement à la dose de 0 gr. 009 par litre, tombe à 0 gr. 005, puis à 0 gr. 002, pour revenir progressivement ensuite à la proportion première. Des observations analogues ont été faites sur l'Isar, au-dessous de Munich, le Rhin en aval de Cologne, le Danube au delà de Vienne... Frankland a particulièrement étudié le phénomène en Angleterre et cherché à en déterminer exactement les causes.

Il est hors de doute qu'on se trouve là en présence d'une action extrêmement complexe, où interviennent simultanément des facteurs mécaniques, physiques, chimiques et biologiques. On y a souvent attribué un rôle prépondérant à la *dilution*, particulièrement sensible dans les eaux animées d'une grande vitesse, où le mélange des eaux impures s'opère rapidement avec la masse du courant, ou à la *sédimentation*, plus marquée dans les eaux tranquilles, parce que l'action de la pesanteur s'y exerce sans obstacle, c'est-à-dire aux effets purement mécaniques, dont l'observation est d'autant plus facile que les résultats en sont très apparents, parfois visibles à l'œil nu. Les réactions chimiques, et notamment l'influence de l'oxygène de l'air, à laquelle on serait tenté de rapporter, pour partie tout au moins, la destruction des matières organiques, semblent n'avoir qu'un effet médiocre ; ainsi Leeds n'a pas trouvé de différence sensible dans la pureté de l'eau en amont et en aval des chutes du Niagara. Par contre, Buchner, Frankland, ont fait ressortir l'action énergique de la lumière solaire, qui tend à détruire rapidement les germes organisés mais s'exerce surtout à la surface et diminue rapidement quand la profondeur augmente. L'eau ne semble pas d'ailleurs constituer un milieu favorable au développement ni même à la conservation de la plupart des micro-organismes de l'eau d'égout, qui ne tardent généralement pas à diminuer puis à disparaître, soit qu'ils n'y trouvent pas les éléments nutritifs nécessaires, soit qu'ils succombent à la concurrence vitale.

Dans les eaux dormantes, dans les lacs en particulier, la purification spontanée se produit d'une manière moins rapide peut-être, mais non moins certaine. La sédimentation y est probablement prépondérante, car elle est favorisée par la stagnation même de la masse, et l'on observe que les troubles s'éloignent peu des rives, même quand l'afflux d'eaux impures est relativement considérable : la teneur microbienne diminue en même temps que les matières en suspension, soit que les micro-organismes subissent également l'action de la pesanteur, soit plutôt qu'ils se trouvent entraînés par les particules solides dans leur chute ; ainsi l'eau de la Sprée, qui est très riche en bactéries, en contient vingt fois moins dès qu'elle s'étale dans la large nappe d'eau du Havel, et il y a diminution de moitié du nombre des microbes dans l'eau de la Meuse, à Rotterdam, au moment du flot, par suite de l'arrêt momentané de l'écoulement. L'effet de la lumière est aussi sans doute plus accentué dans l'eau claire des lacs que dans celle toujours moins transparente des rivières. Par contre, d'autres effets, comme la dilution, y sont probablement moins prononcés.

Quant aux eaux souterraines, mieux protégées que les eaux de surface contre les causes de contamination mais qui subissent cependant aussi dans certains cas des altérations plus ou moins directes, elles n'ont guère été l'objet d'observations au point de vue de la purification spontanée qu'elles sont susceptibles d'éprouver. Mais on doit admettre qu'à part la lumière solaire, qui ne les atteint pas, les autres agents d'épuration y peuvent exercer aussi leur action ; et rien n'autorise à supposer qu'elle n'y soit pas aussi efficace.

Ce semble être en effet une loi naturelle, qui ne souffre d'exception que si la masse d'impuretés accumulées sur un point déterminé et d'une manière continue par l'imprévoyance des hommes vient à dépasser le pouvoir des agents épurateurs dont la nature dispose.

Alors l'oxygène dissous disparaît, les microbes anaérobies qui président à la putréfaction font leur œuvre, des gaz sulfhydriques et hydrocarbonés s'échappent des dépôts de vase en bulles énormes qui viennent crever à la surface de l'eau, démontrant l'impuissance momentanée des facteurs naturels. Pour en arriver là, il faut que la proportion d'eaux impures, eaux d'égout, eaux industrielles, eaux usées de toute nature, soit relativement considérable : d'après Pettenkoffer, le célèbre professeur d'hygiène de Munich, on pourrait impunément déverser des eaux usées dans un cours d'eau, tant que le volume en est inférieur au quinzième du débit, et l'Institut impérial d'hygiène de Berlin s'est rallié à cette appréciation ; il est vrai que d'autres écoles se montrent plus exigeantes à cet égard et n'admettent pas qu'on puisse compter sur une purification complète, quand la proportion des eaux usées dépasse le quarantième, quelquefois même le centième du débit du cours d'eau qui les reçoit ; il n'y a pas dans toute la Grande-Bretagne, d'après Frankland, un cours d'eau, dont le parcours soit assez prolongé pour que la purification spontanée des eaux y soit assurée de façon certaine, malgré les déversements des usines et des agglomérations groupées sur ses bords.

38. Effets utiles. Effets nuisibles. — Parmi les divers effets dont il vient d'être question, les uns sont ou peuvent être rendus utiles, les autres nous apparaissent comme nuisibles, et, suivant les cas, les efforts de l'homme ont pour objet soit de les favoriser, quand il peut en tirer profit, soit de les combattre, lorsqu'il se trouve avoir à les redouter. De là des travaux d'ordres divers, travaux de défense, travaux d'entretien, travaux d'amélioration, par lesquels il s'ingénie à modifier dans un sens ou dans l'autre l'action de la nature, de manière à obtenir un meilleur aménagement des eaux, un régime plus approprié à ses besoins.

Dans les chapitres qui vont suivre, on laissera systématiquement de côté ceux de ces travaux qui ont trait à la protection des voies de communication, à la défense des berges des cours d'eau, aux moyens de prévenir ou de restreindre les inondations, à l'amélioration du régime des fleuves et rivières, dont il est traité dans les cours de routes ou de navigation intérieure.

7

CHAPITRE VI

TRAVAUX AYANT POUR OBJET DE COMBATTRE LES EFFETS NUISIBLES DES EAUX

Sommaire : 37. Défense contre la neige, la grêle, les gelées ; 38. Défense contre les torrents ; 39. Faucardement ; 40. Curage.

37. Défense contre la neige, la grêle, les gelées. — Parmi les moyens employés pour remédier aux inconvénients causés par la neige, on se contentera de signaler ici les procédés auxquels on a parfois recours pour prévenir les désastres que produit la chute des avalanches en pays de montagne. C'est un fait d'observation qu'une fois la masse en mouvement il est bien difficile de l'arrêter ; sa vitesse s'accélère rapidement sur les pentes, et la force vive devient telle qu'il faudrait, pour y résister, des ouvrages trop considérables et trop dispendieux, si même on en admet la possibilité : on se propose donc d'empêcher le glissement, qui menace de se produire, en augmentant le coefficient de frottement, en couvrant d'aspérités les surfaces nues ou gazonnées, particulièrement favorables à la formation des avalanches. Pour cela, le système le plus efficace consiste dans la plantation d'arbrisseaux, la constitution de broussailles, où la neige est retenue : à défaut, on se contente parfois de disposer des piquets fortement enfoncés dans le sol et répartis en quinconce, où l'on établit de distance en distance de petits murs en pierres sèches ou *tournes*, qui produisent un effet analogue. Quand on étudie le tracé d'une route, d'une voie de communication quelconque, on cherche à éviter les couloirs d'avalanche : s'il est nécessaire d'en franchir parfois, ou bien l'on jette par-dessus et à hauteur suffisante des ouvrages de grande portée ou bien l'on s'enfonce en souterrain dans le flanc de la montagne.

Récemment on a imaginé de protéger les récoltes, dans les régions exposées à la grêle, en disposant de distance en distance des *canons* ou *mortiers*, dont le tir est considéré comme un moyen de modifier les circonstances atmosphériques, d'où résultent ces précipitations météoriques parfois si redoutables : malgré l'incrédulité de bien des cultivateurs, les partisans de l'*artillerie paragrêle* invoquent des faits nombreux déjà, prétendent avoir obtenu des résultats, et tendent à constituer des associations de défense, notamment dans les pays de vignobles.

Dans le même ordre d'idées, on est parvenu à combattre très heureusement, au printemps, les gelées blanches, si désastreuses pour les récoltes hâtives, en créant à volonté des *nuages artificiels*, par la combustion de quelques doses de naphtaline, qu'on répartit dans des petits sacs, à intervalles rapprochés, et auxquelles on met le feu, par les nuits sereines où la gelée est particulièrement à redouter.

88. Défense contre les torrents. — C'est également en s'attaquant aux causes mêmes, qui déterminent la formation des torrents, qu'on est parvenu à en combattre efficacement les effets; et l'on y a surtout réussi en faisant appel aux moyens qu'emploie la nature elle-même, sauf à compléter parfois le système par quelques travaux spéciaux. Dans un bel ouvrage sur ce sujet, Ph. Breton a tracé de façon précise les règles de la défense contre les torrents ; depuis, Demontzey les a développées dans son *Traité pratique du reboisement* (1882), qui est devenu classique; et, plus récemment (1891), M. Thiéry, professeur à l'École forestière, a traité le même sujet dans son livre sur la *Restauration des montagnes et la correction des torrents*.

En vertu du principe qu'il faut empêcher la formation des torrents plutôt qu'en chercher à restreindre les effets, c'est dans le bassin de réception que les efforts ont dû nécessairement porter,

« En effet, dit Ph. Breton, on ne peut plus penser à ralentir les
« eaux d'un torrent, quand elles sont rassemblées. Il n'en est pas
« de même du ruissellement superficiel, depuis le point où cha-
« que goutte de pluie est tombée jusqu'au thalweg prochain. Là
« on dispose d'une immense surface d'appui pour la résistance à
« l'écoulement des quantités déterminées». Or, on a observé que
les torrents naissent toujours sur les pentes nues, tandis que les
gazons, la terre, le feuillage tendent à retenir l'eau et s'opposent
à un ruissellement immédiat : partout où la végétation a été
détruite, comme l'a montré Surell par de nombreux exemples, on
a favorisé la constitution des torrents, tandis qu'on trouve des
forêts dans les bassins de réception des torrents éteints. D'après
l'ingénieur en chef des Mines Gaymard, un mètre carré de gazon
de 0 m. 20 d'épaisseur retient aisément 50 kilogrammes d'eau,
soit une couche de 0 m. 05 ; de même, le terreau des forêts s'imbibe profondément et retient jusqu'à deux fois son poids d'eau,
les racines des arbres le consolident lui-même et leurs feuilles
conservent une partie des eaux météoriques, qui s'égouttent ou
s'évaporent lentement ensuite. On cite cette expérience de Fors-
ter : une pente inclinée à 45° a été partagée en trois parties dont
une a été défrichée entièrement, la seconde partiellement, et la
troisième est restée boisée ; aux premières pluies, tandis que cette
dernière restait intacte, les deux autres ont été plus ou moins
ravinées. Ce même fait peut au reste être vérifié tous les jours sur
les talus des routes ou des chemins de fer. La conclusion en ressort avec évidence : pour défendre le bassin de réception d'un torrent, il faut y faire des *gazonnements* et des *reboisements*.

A cet effet, on trace d'abord un *périmètre des travaux*, qui doit
naturellement englober les parties attaquées, dites *berges vives*,
et qu'il convient d'étendre au delà, de manière à enceindre une
zone de défense suffisamment large : Surell recommande de faire
passer le périmètre à 40 mètres environ des berges, aux abords
du goulot, et à 400 mètres dans les parties hautes de la montagne ; ce périmètre doit renfermer d'ailleurs les affluents et les
tributaires torrentiels, aussi bien que la branche principale, de sorte
qu'il présente généralement des ramifications nombreuses et tend
à délimiter une surface étendue, dont il faut se rendre entière-

ment maître pour y interdire l'accès des troupeaux et y entreprendre à l'abri de leurs atteintes les *semis* et les *plantations*.

Dans la zone de défense, les terres n'ayant pas encore été ravinées, on peut entreprendre immédiatement ces opérations. Le
but final est la constitution de forêts : mais, comme on ne peut
l'atteindre qu'avec le temps, on doit se contenter d'abord de créer
des gazons, puis des broussailles. Pour réussir, il est à recommander de choisir des espèces rustiques, indigènes ou bien
acclimatées, qui conviennent à la nature du sol et à l'exposition ;
on distingue à cet effet, dans les Alpes françaises, quatre régions
où la végétation est nettement différente :

Le climat *alpin* (altitude 2.500 à 1.700 mètres) où réussissent
les fétuques, les anémones, la gentiane, le rhododendron, puis,
au-dessous de 1.900 mètres, le mélèze, l'aune vert, quelques
espèces de pins ;

Le climat *alpestre* (altitude 1.700 à 1.000 mètres) qui est la zone
pastorale par excellence, où l'on peut obtenir la pousse du seigle, de la pomme de terre, de la grande gentiane, de l'arnica, de
l'airelle-myrtile, du groseiller, du fraisier, et où végètent bien
le hêtre, le sapin, l'épicéa, le pin à crochets ;

Le climat *moyen* (altitude 1000 à 600 mètres), où l'on trouve
le buis, le thym, le houx, les céréales, et, dans quelques régions,
la vigne, et, comme arbres, le chêne rouvre, le pin sylvestre, le
hêtre, le sapin, le châtaignier ;

Le climat *méditerranéen* (au-dessous de 600 mètres), climat
d'élection de l'olivier, du laurier, du genêt, où croissent le pin
d'Alep et le pin maritime, le chêne-liège, l'yeuse.

On crée, dans la région, des pépinières fixes ou volantes ; puis,
avant de procéder aux plantations, on défonce le sol, sur 0 m. 40
ou 0 m. 50 de profondeur, en employant la pince au besoin, s'il
est résistant ; on laisse passer l'hiver, et on plante alors les jeunes sujets provenant des semis faits dans les pépinières et qui ont
ainsi été élevés dans les conditions mêmes où ils sont appelés
à vivre (l'époque la plus convenable est celle qui succède aux
pluies); on achève par quelques petits travaux de protection
contre les éboulements, et, quand on le peut, on favorise la
pousse des jeunes plantes en pratiquant quelques irrigations.

Voici d'ailleurs les principales espèces qu'on emploie en semis ou plantations :

Herbes : sainfoin, trèfle, luzerne, bauche, fenasse (mélange de graminées) ;

Broussailles : épine noire, épine-vinette, ronce, prunellier, genévrier, airelle-myrtile ;

Arbres : (terres meubles) orme, érable, acacia, noisetier ; (contreforts secs et solides) chêne, noyer, aune, peuplier ; (terres humides) frêne, osier, saule, peuplier.

Sur les berges vives, des *travaux de consolidation* doivent précéder les semis et les plantations ; et, comme il s'agit avant tout  d'obtenir la résistance, c'est à ces travaux qu'on doit s'attacher particulièrement, en sacrifiant au moins pour le début le revenu forestier ou pastoral. Le procédé de consolidation le plus communément employé consiste à établir de distance en distance, à des intervalles réguliers et variant ordinairement de 1 à 4 mètres, de petites banquettes qu'on maintient au moyen de clayonnages longitudinaux : parfois des lignes obliques de clayonnages forment avec les premières une sorte de triangulation qui s'oppose efficacement aux déformations ultérieures ; si le terrain est par trop ébouleux, on commence par consolider toute la surface, au moyen de perrés continus ou de clayonnages, et l'on n'établit de banquettes qu'à de plus rares intervalles, tous les 8 ou 20 mètres par exemple. C'est seulement après ce travail préliminaire qu'on a recours à la végétation : on sème alors à la volée des graines de plantes herbacées sur les talus, et, sur les banquettes, on plante des sujets de 3 à 4 ans, qu'on enfonce assez profondément en terre, jusqu'à 0 m. 20 au-dessus du collet, et qu'on recèpe afin d'obtenir de vigoureux sujets ; on a soin d'ailleurs de choisir ces  sujets parmi les essences feuillues à croissance rapide, et on les plante serrés de manière à former des lignes continues. Parfois, au lieu d'un clayonnage continu, on emploie sur les banquettes des corbeilles assez analogues aux gabions du génie militaire ; chaque plant est disposé au centre d'une de ces corbeilles, qui est à moitié enfouie en terre, l'humus qui se forme peu à peu finit par constituer un talus tout autour et complète ainsi une motte au pied du jeune arbre : ce procédé a été appliqué au mont Faron, près de Toulon, où les trous ont dû être percés dans le rocher et où la dépense s'est élevée par suite à 700 francs l'hectare. Demontzey recommande l'établissement sur chaque banquette d'une haie en cordon, qu'on consolide au moyen d'un petit remblai, effectué avec les terres provenant de l'ouverture de la banquette située immédiatement au-dessus : on fait ainsi descendre le déblai d'un étage à l'autre, et seule la banquette supérieure n'est pas remblayée.

Dans les thalwegs suivis par les eaux, on cherche à réaliser le *profil de compensation*, comportant les pentes-limites, sur lesquelles l'eau, saturée de matériaux arrachés aux berges vives, n'affouille ni ne dépose plus. Le moyen le plus souvent employé consiste à construire une succession de barrages transversaux, derrière lesquels les dépôts s'accumulent, en prenant d'eux-mêmes la pente convenable, qui de la sorte s'obtient assez rapidement et par voie d'exhaussement, tandis que, par l'action naturelle des eaux, elle ne se fût établie qu'à la longue et aux dépens du lit et des berges, que les ravinements prolongés et répétés auraient fini par creuser profondément. Si, au bout de quelque temps et par suite des reboisements effectués dans la zone de défense, l'*état de torrentialité* vient à se modifier, appelant d'autres pentes de compensation, il est facile d'obtenir ces nouvelles pentes, en intercalant entre les premiers barrages quelques barrages intermédiaires ; et, de proche en proche, on parvient à donner au thalweg un profil voisin de celui dit *d'équilibre*, qui caractérise les torrents éteints. Les barrages, au moyen desquels on cherche à obtenir ce résultat, sont le plus souvent petits et multipliés, car

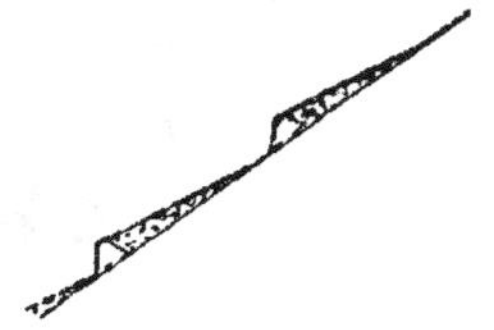

les grands barrages coûtent cher et peuvent devenir dangereux
en cas de rupture; on les construit le plus économiquement possible, et avec les matériaux trouvés sur place, pierres sèches ou
bois verts : ceux en pierres sèches sont dénommés *barrages rustiques*, ceux en bois verts *barrages vivants* ; ces derniers s'obtiennent au moyen de troncs d'arbres couchés dans le lit même

du torrent, de fagots maintenus en travers par des piquets, ou
de petits chevalets soutenant quelques blocs; lorsqu'on les veut
plus résistants, on a recours soit à des gabions, qu'on place côte

à côte et de telle sorte que les abouts des perches soient enterrés
dans une rigole où elles puissent prendre racine, soit à des
clayonnages formés de piquets reliés entre eux par des tiges
d'osier, soit enfin à des fascinages, composés de rangées de saucissons superposés, que maintiennent de forts piquets de 0 m. 10

au moins d'équarrissage. Parfois on a remplacé dans les derniers
temps le système des petits barrages par un *façonnage du lit*, sorte
de revêtement général formé au moyen de perches et de branchages.

Les *grands barrages* sont réservés pour des cas exceptionnels ; on les exécute encore en bois dans les localités où la pierre est rare, et on les compose alors de troncs d'arbres enfoncés en terre ou enracinés dans les berges, qui constituent des massifs résistant bien aux intempéries et durent assez longtemps dans les ruisseaux limoneux ; mais, comme le bois ne saurait se conserver indéfiniment, il est préférable de recourir, toutes les fois qu'on le peut, à l'emploi de la pierre : les barrages s'exé-

cutent alors, soit en pierres sèches, soit en maçonnerie à bain de mortier ; plus économiques dans le premier cas, ils se laissent par contre pénétrer par les boues, qui, à un moment donné, peuvent devenir une cause de destruction, si elles viennent à former une masse compacte derrière laquelle l'eau se met en charge ; on a, dans le second cas, une sécurité plus grande, parce qu'on a soin de disposer un aqueduc, muni d'une grille en bois, par lequel on écoule l'eau et les boues, tandis qu'on retient seulement derrière l'ouvrage les blocs et les galets ; les barrages mixtes, dont le corps est en pierres sèches mais avec parements maçonnés, présentent souvent les mêmes avantages que les barrages en maçonnerie pour une dépense notablement moindre. Ces barrages en pierres reçoivent, en plan, la forme rectiligne ou la forme courbe vers l'amont, avec flèche de 1/10 environ ; dans tous les cas ils doivent être solidement enracinés dans le roc à la base et sur les flancs, présenter vers l'aval un fruit très prononcé et recevoir un couronnement à profil concave, de manière à ramener vers le milieu de l'ouvrage l'écoulement des eaux. Les dimensions de ces barrages, qui sont appelés à résister à des efforts considérables, doivent être calculées avec le plus grand soin, et c'est seulement à titre d'indication qu'on peut citer les règles observées quelquefois et qui consistent à fixer l'épaisseur c d'après la hauteur h par la formule $c = \dfrac{h}{2}$ applicable au couronnement pour

les barrages en pierres sèches, dont le fruit est le plus souvent de
0,25, et au milieu de la hauteur pour les barrages mixtes dont le

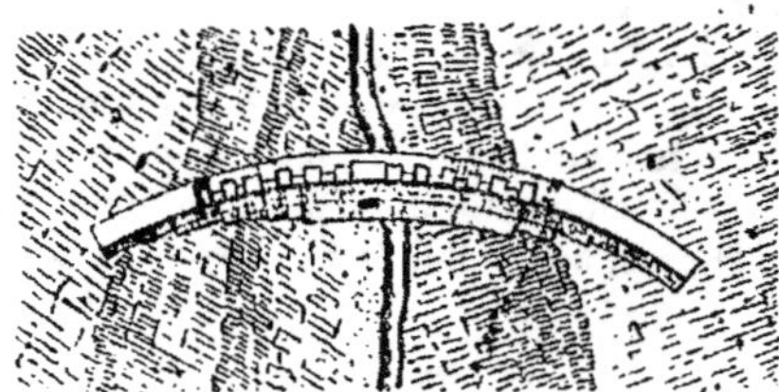

fruit ne dépasse pas 0,20. Les grands barrages sont toujours
accompagnés d'*ouvrages accessoires*, destinés principalement à
combattre les affouillements, qui tendent à se produire, soit au pied
du barrage, soit sur les côtés : ce sont d'une part des *avant-
radiers*, formés de gros blocs ou de grillages en bois garnis de
galets, de fagots, de saucissons, etc., ou des *contre-barrages*,
retenant une certaine quantité d'eau et amortissant l'effet de la
chute ; d'autre part on emploie des murs en aile, des perrés ou
des clayonnages, pour la défense des berges, et l'on procède assez
souvent au façonnage du lit aux abords, au moyen de clayonnages
ou de revêtements maçonnés.

En principe, les travaux devant être limités au bassin de réception, il ne devrait y avoir rien à faire dans le goulot ou sur le
cône de déjection. On est amené cependant à y entreprendre
parfois quelques travaux, par lesquels on cherche surtout à maintenir le torrent dans le lit qu'il s'est formé lui-même et à en
empêcher les divagations : tantôt on relève les blocs éboulés, et
l'on s'en sert pour former des digues longitudinales ou renforcer
les bourrelets naturels qui en tiennent lieu ; tantôt on établit, en
vue d'emmagasiner les dépôts en des points convenablement
choisis, des *chambres de dépôt*, suivant les dispositions recommandées par Demontzey et que représente la figure ci-après ;
des grilles et une vanne placées à l'aval ne laissent passer que
des eaux décantées ; une première place de dépôt remplie à la
hauteur voulue, on en établit une seconde et on boise la première de manière à fixer définitivement le sol. Parfois on se con-

tente d'édifier de petits barrages en pierres sèches, derrière lesquels les dépôts viennent se former : quand l'effet d'un de ces barrages est terminé, on en élève un autre, et ainsi de suite successivement, de manière à régler peu à peu l'extension du cône ou de la pyramide de déjection.

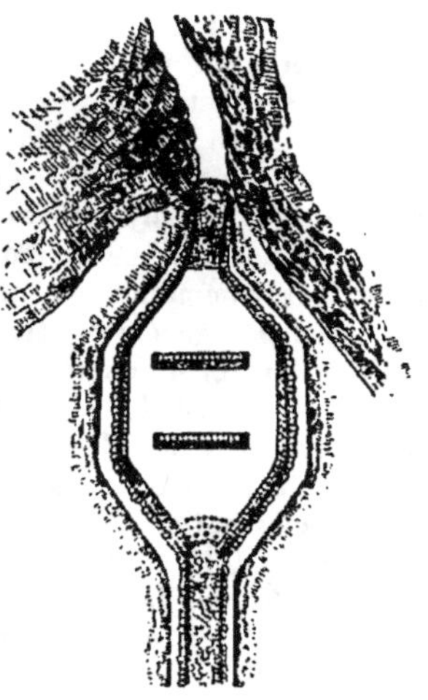

Les anciennes routes en pays de montagne étaient souvent établies sur les dépôts mêmes des torrents et les franchissaient à gué, au risque d'être interceptées à chaque crue : la route du mont Genèvre par la vallée de la Romanche (route nationale, n° 194) rencontrait et franchissait de la sorte autrefois jusqu'à 18 lits de torrents. Aujourd'hui on évite le plus possible ces passages incommodes et précaires, soit en reportant le tracé vers le cours d'eau principal, au delà du cône de déjection, soit en le rejetant au contraire vers la montagne et passant alors en tunnel sous le lit ou par dessus au moyen d'un pont. Ce dernier ouvrage doit être d'une seule volée, sans piles ou palées intermédiaires ; les culées sont construites en libages ou gros blocs scellés au moyen de crampons en fer, avec arêtes arrondies ; le tablier, léger et rustique, est fréquemment composé de pièces de bois en grume, dont le remplacement est facile et peu coûteux, si quelque jour le torrent vient à les entraîner ; au-dessous, le lit est réglé suivant une forme concave et pourvu d'un revêtement en fascinages ou en maçonnerie.

La *correction des torrents*, dont les procédés viennent d'être décrits, est maintenant pratiquée sur une assez vaste échelle en France, où de 1861 à 1888, d'après Demontzey, on est parvenu à défendre contre les ravages des torrents 144.000 hectares de terres. On rencontre de beaux travaux du même ordre en beaucoup de points du territoire suisse.

Quelque manifeste que soit l'utilité de pareils travaux de défense, ils n'en ont pas moins rencontré à l'origine une résistance opiniâtre de la part des populations, soit qu'elles aient obéi à des préjugés invétérés, soit qu'elles aient redouté les mesures restrictives de la liberté du pâturage qui en sont la conséquence ; et il a fallu recourir à l'intervention du législateur pour les rendre possibles chez nous, où il était cependant devenu si nécessaire de réagir contre un mal singulièrement menaçan', depuis que la remise des anciennes forêts seigneuriales aux communes, en facilitant les abus du pacage et les défrichements généraux, était venue hâter la ruine de vastes régions déjà bien compromises par des coupes inconsidérées. Dès le 23 juillet 1805 (4 thermidor an XIII) un décret spécial au département des Hautes-Alpes, qui a été en 1806 (13 septembre) étendu à ceux des Basses-Alpes et de la Drôme, prescrivait la constitution de syndicats de défense et l'exécution de travaux dont la dépense serait répartie entre les intéressés ; mais les résultats furent insignifiants, faute de ressources d'une part, faute de direction rationnelle de l'autre dans la conception des ouvrages. Il a fallu l'étude magistrale de Surell pour ouvrir la véritab'e voie : à son cri d'alarme l'Administration, justement émue par les grandes inondations de 1856, répondait par la mise en préparation d'une loi spéciale, qui a été sanctionnée le 28 juillet 1860, et qui, prévoyant deux ordres de travaux, les uns facultatifs, les autres obligatoires, comportait pour les premiers des encouragements, sous forme de subventions en nature ou en argent, pour les seconds, des mesures coercitives comme la *détermination du périmètre* et la *déclaration d'utilité publique*, qui entraînaient la prise de possession des terrains communaux par l'État, en vue du reboisement, et lui permettaient de se couvrir du montant des travaux, soit par la jouissance de ces terrains jusqu'à parfait remboursement, soit par la conservation en toute propriété de la moitié de leur superficie totale. Ces conditions, trop rigoureuses, ont été bientôt modifiées par la loi du 8 juin 1864, qui a permis de substituer au reboisement trop coûteux le simple gazonnement et réduit alors au quart la part de l'État, puis, introduit le principe d'une indemnité pour le cas de privation temporaire des droits de pâturage. Sous l'empire de cette législation, des résultats déjà fort intéressants ont pu être obtenus ; mais en même temps on a dû reconnaître que les conditions faites aux communes pauvres de nos montagnes étaient encore trop onéreuses pour leurs maigres ressources, et il a fallu remanier une fois de plus le régime légal de la correction des torrents par la loi du 4 avril 1882, dite de « restauration et de conservation des terrains en montagne ». Ce dernier monument législatif a rétabli en la matière le droit commun pour ce qui concerne l'expropriation, qui, dans l'étendue des périmètres, se fait désormais par application de la loi du 3 mai 1841 ; il a d'ailleurs prévu la revision des anciens périmètres, l'acquisition par l'Etat dans les cinq ans et le paiement en dix annuités des terrains maintenus dans les périmètres revisés : en même temps il a édicté des mesures de protection contre les abus du pacage, qui sont la *mise en défends*, prononcée pour dix ans par le Conseil d'Etat à charge d'indemnité, et la *réglementation du pâturage* sans indemnité, qu'un règlement d'administration publique du 11 juillet 1882 a établie dans 324 communes (143 dans les départements des Alpes, 45 dans ceux des Pyrénées, 136 dans ceux des Cévennes). Les garanties supérieures ainsi offertes aux intéressés ont eu pour effet de faire tomber l'opposition systématique d'autrefois, et, dès lors, l'extension des travaux ne rencontre plus d'autre obstacle sérieux que la difficulté de trouver les sommes nécessaires pour en couvrir les frais.

39. Faucardement. — L'enlèvement des herbes aquatiques, qui poussent dans les eaux tranquilles et en viennent entraver l'écoulement, constitue un travail d'entretien fréquemment effectué sur les petits cours d'eau et qu'on désigne du nom de *faucardement* : il comprend la coupe ou l'arrachage des plantes et leur enlèvement.

La coupe des plantes de fond peut être opérée à bras au moyen de la *faux* ordinaire, qui est alors pourvue d'un long manche et qu'on manœuvre, soit de la berge, soit du haut d'un bachot, de manière à sectionner les tiges sous l'eau et le plus bas possible. Mais ce travail est fort pénible, et on a cherché à le rendre plus facile et plus économique par l'emploi d'autres engins.

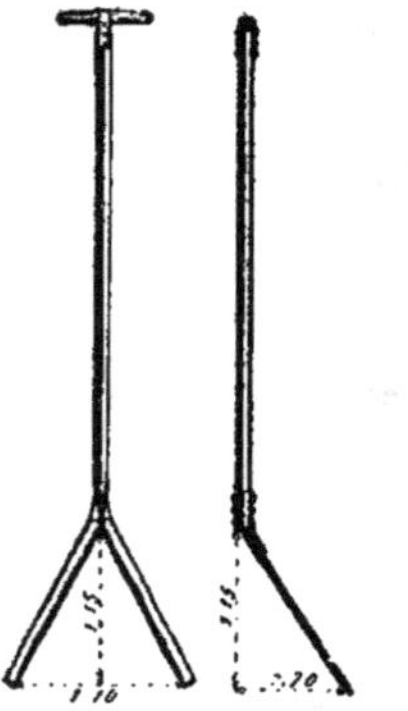

C'est ainsi que sur le canal de l'Ourcq on a substitué d'abord à la faux ordinaire un instrument, dit *faux en ciseau,* composé de deux lames droites, formant les côtés égaux d'un triangle isocèle, et disposé de manière à faire avec la direction du manche un angle dont la tangente est égalé au rapport $\frac{0,70}{1,15}$: on le manœuvrait du haut d'un bachot et il fallait employer une équipe de cinq hommes, tant pour se servir de l'outil que pour diriger l'embarcation. On a obtenu de meilleurs résultats avec le *faucard,* qui se compose d'une série de lames de faux dont le talon a été rabattu et reliées entre elles de manière à occuper toute la largeur du cours d'eau : au moyen de cordes, des hommes qui circulent sur les deux rives le font avancer, tandis que des bouts de chaîne le maintiennent par

leur poids sur le fond et en empêchent le retournement. A la suite d'essais, poursuivis dans le but de réaliser une amélioration de l'outillage employé à la coupe des herbes sur le canal de l'Ourcq et d'y réduire par suite la dépense assez élevée du faucardement, un conducteur des ponts et chaussées attaché au service, M. Rabault, a fait construire une *machine faucardeuse,* qui a permis de ramener les frais annuels de 300 francs par kilomètre à 120 francs seulement : elle se compose d'une ligne de faux en ciseau, indépendantes entre elles, mais reliées par des chaînes à un treuil unique monté sur un bateau; un arbre oscillant placé au-dessous du treuil permet d'imprimer à volonté aux chaînes, par l'intermédiaire de crochets, la secousse qui constitue, avec la faux à bras, le tour de main de l'ouvrier ; deux hommes la manœuvrent, et un cheval déplace aisément le bateau qui la porte.

On procède ordinairement à la coupe des herbes en remontant le courant ; les plantes, détachées par la faux ou le faucard, s'élèvent à la surface et sont entraînées au fil de l'eau. M. Rabault recommande au contraire de travailler à la descente : il a observé que les herbes infléchies par le courant sont plus aisément attaquées du côté où les fibres sont tendues et que par suite, la résistance étant moindre, l'effort de traction nécessaire pour la progression de sa machine est lui-même diminué.

Tout n'est pas fini après la coupe des herbes : elles pourraient s'accumuler en grandes quantités en certains points et y devenir gênantes ; on doit donc se préoccuper de les arrêter et de les enlever. A cet effet on dispose, en des points convenablement choisis, des *poutrelles de retenue*, munies de dents en bois de 0 m.25 de hauteur, qui sont amarrées au moyen de cordes sur les deux rives ; de temps à autre, on 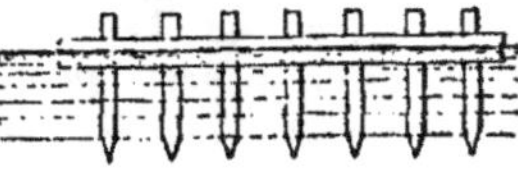 débarrasse ces poutrelles de la masse des herbes qui s'y sont accumulées.

Au moyen des appareils qui viennent d'être décrits, on parvient à se débarrasser des plantes de fond à rubans allongés qui s'élèvent vers la surface de l'eau : d'autres, qui forment des *touffes*, se coupent mal, ou se maintiennent après la coupe entre deux eaux et ne s'arrêtent pas aux poutrelles de retenue ; quant aux mousses qui tapissent le fond du lit, elles résistent à la faux, dont la lame glisse sur leurs surfaces gluantes ; et, pour les détruire, on a recours à un engin d'un autre genre, une sorte de rateau dont les figures ci-contre donnent les dispositions générales : le rateau à 30 dents, représenté par ces figures, est employé sur le canal de 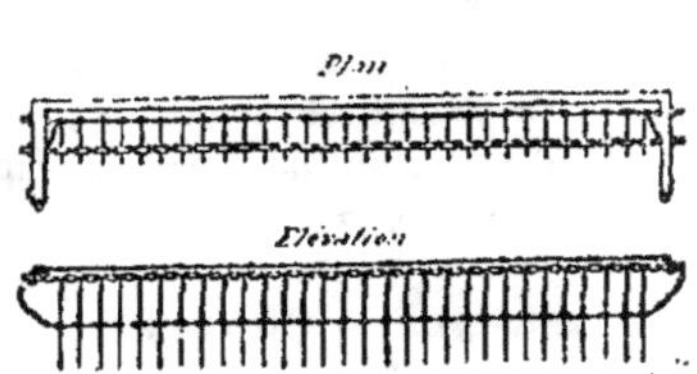

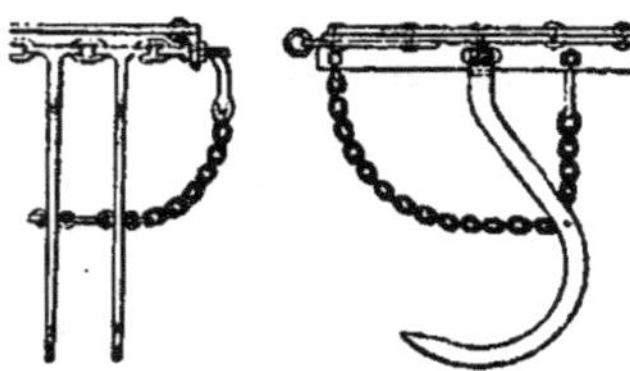

l'Ourcq, il se compose d'un bâti en fers plats, qui porte des dents en forme de crochets, reliées ensemble par des chaînons et mobiles dans les deux sens, de manière à se déplacer sans se briser lorsqu'elles rencontrent les inégalités ou les saillies du fond ; un bachot l'accompagne et quatre hommes s'y attellent sur chaque rive ; le rateau, appuyé sur le fond par son poids, arrache les mousses, qui s'accumulent dans l'intérieur des dents jusqu'à ce qu'il n'y ait plus de place, ce dont on est averti quand la progression de l'outil ne rencontre plus de résistance ; on le ramène alors sur l'une des rives, en s'aidant du bachot, on le relève et on recommence, après l'avoir débarrassé des herbes dont il est chargé au moyen de griffes. Il arrive souvent que le rateau se remplit de la sorte en moins de dix minutes, de sorte qu'on fait seulement 600 mètres de canal dans une journée de dix heures.

Le prix de revient du faucardement est très variable : il dépend de la hauteur et de la résistance des herbes ; l'entretien très coûteux des faux ou faucards y entre pour une part importante. On le réduit beaucoup par l'emploi des machines de grande dimension qui opèrent sur toute la largeur du lit à la fois : mais le prix de ces machines est élevé, celle de M. Rabault coûte 3.000 francs, et l'amortissement qui vient alors s'ajouter aux frais de traction et d'entretien, compense dans une certaine mesure l'économie réalisée.

Les plantes aquatiques extraites par le faucardement peuvent, il est vrai, après dessiccation à l'air, être utilisées comme engrais et employées à la fumure des terres : elles contiennent en effet 1 à 3 0/00 d'azote et parfois un peu d'acide phosphorique. Elles sont habituellement laissées à la disposition des riverains qui en reçoivent le dépôt sur leurs terres.

40. Curage. — On remédie à l'encombrement du lit des cours d'eau par la vase en procédant à l'enlèvement des dépôts qui s'y forment : cette opération porte le nom de *curage*.

D'ordinaire, la nécessité s'en fait sentir périodiquement sur les diverses sections des cours d'eau ; les mêmes causes en effet — entraînement de matières par les eaux de ruissellement, éboulement des berges corrodées, développement des plantes aquatiques, etc. — y renouvellent incessamment le dépôt de vases, qui, en diminuant la section d'écoulement, provoquent un relèvement du plan d'eau, rendent plus fréquents les débordements en amont, viennent gêner la culture ou même la supprimer, si la nappe souterraine, suivant le mouvement, se tient en permanence à moins de 0 m. 30 ou 0 m. 35 de la surface du sol, et ont finalement pour conséquence la formation de marécages.

Parfois ces dépôts sont dus à certaines causes accidentelles, qui disparaissent ensuite, et l'on peut avoir alors à faire des curages exceptionnels ou extraordinaires.

Sur les grands cours d'eau, navigables ou flottables, la charge de l'entretien revient à l'Etat, qui procède par voie de *dragages* à l'enlèvement des vases. Sur les petits cours d'eau, dont le lit et les berges sont la propriété des riverains, le curage leur incombe ; il est d'ailleurs pour eux l'exercice d'un droit, celui d'assurer vers le fonds inférieur l'écoulement des eaux qui ruissellent sur leur propre fonds ; pour qu'en exerçant ce droit ils ne se nuisent pas les uns aux autres, l'Administration en réglemente et en surveille l'application, en vertu des dispositions du chapitre III de la loi du 8 avril 1898, qui a repris et coordonné celles des lois antérieures des 12-20 août 1790 et 14 floréal an XI.

L'autorité administrative est en effet chargée de la conservation et de la police des cours d'eau, et il lui appartient d'ordonner en conséquence tous les travaux nécessaires en vue de rétablir le libre cours des eaux. C'est le préfet qui intervient d'ordinaire pour prescrire un curage destiné à prévenir des inondations, mais il statue chaque fois par un arrêté spécial au cas considéré et ne peut prendre d'arrêté général ou permanent, réglant les curages périodiques, que s'il existe des *anciens règlements* ou *usages locaux* et à la condition que les dispositions prescrites soient en conformité avec ces usages ou ces règlements : les curages ainsi ordonnés ne peuvent tendre d'ailleurs qu'au réta-

8

blissement du lit naturel, « à vif fond et vieux bords », sans élargissement de la section ni redressement des sinuosités, sans approfondissement non plus, à moins d'un consentement écrit des intéressés. A défaut de règlements ou usages locaux ou en cas de difficultés d'application, le préfet n'est plus compétent pour prescrire de manière permanente l'exécution des curages ; on doit alors tenter la constitution d'une association syndicale par application de la loi des 21 juin 1865-22 décembre 1888 ; c'est seulement après cette tentative, et en cas d'impossibilité de former une semblable association, que l'on fait intervenir l'action coercitive de l'Administration qui doit d'ailleurs être justifiée par un intérêt général indéniable : il est alors statué par un décret délibéré en Conseil d'Etat, après enquête, qui règle le mode d'exécution des travaux, détermine la zone intéressée, arrête les bases générales de la répartition de la dépense, etc.

Lorsque le curage d'une partie d'un cours d'eau a été réclamée par les intéressés ou reconnu d'intérêt général, les ingénieurs du service de l'*hydraulique agricole*, qui relèvent du ministère de l'Agriculture, en dressent l'avant-projet. A cet effet ils doivent faire une étude préalable du régime du cours d'eau, lever des profils en travers et un profil en long, rechercher quels doivent être le profil en long normal et la section-type pour assurer l'écoulement des débits ordinaires et des crues et maintenir le plan d'eau à un niveau inférieur à celui des points bas des terrains cultivables sur l'une ou l'autre rive. Outre les plans et profils relatifs aux travaux projetés, le dossier doit comprendre : le *plan périmétral* des terrains intéressés au curage ; *l'état parcellaire* avec les noms des propriétaires, qui forment trois catégories : 1° les riverains immédiats, exposés directement aux dangers des crues, aux corrosions des rives, et aux infiltrations ; 2° les propriétaires des terrains non riverains qui s'égouttent dans le cours d'eau et peuvent en conséquence souffrir du relèvement du plan d'eau ; 3° les usiniers ou autres propriétaires de barrages intéressés au maintien du profil en long normal ; puis un *projet d'acte d'association*, établi conformément au modèle annexé à la circulaire ministérielle du 30 août 1898. Le dossier ainsi constitué est soumis par les soins du préfet à une enquête de vingt jours dans chacune des communes de la situation des lieux : quels qu'en soient les résultats, le préfet convoque ensuite les intéressés en assemblée générale, et, si cette assemblée réunit le nombre d'adhésions nécessaire pour former l'une des deux majorités prévues à l'article 12 de la loi des 21 juin 1865-22 décembre 1888, il est procédé aux formalités pour la création d'une association syndicale autorisée, qui fait ensuite dresser le projet définitif des travaux et les exécute sous le contrôle des ingénieurs. Dans le cas contraire, un projet de décret est préparé par les ingénieurs, puis soumis à une nouvelle enquête de vingt jours ; après quoi le dossier est transmis à l'Administration supérieure, qui peut, suivant les cas, renoncer à réglementer le curage ou provoquer l'émission d'un décret, instituant une commission exécutive pour la réalisation des travaux.

Les devis, cahiers des charges et bordereaux de prix, qui servent de base aux marchés de travaux, sont d'ordinaire fort simples, puisqu'il ne s'agit en général que de terrassements à sec ou sous l'eau : le mode de mesurage des déblais le plus recommandable en l'espèce consiste à déterminer le vide obtenu par des profils levés dans le cours d'eau, avant et après l'opération. Au reste, dans le cas général, on laisse aux riverains la faculté d'exécuter eux-mêmes les travaux au droit de leurs propriétés. Ces travaux s'exécutent de préférence en automne, tant pour des motifs de salubrité qu'en raison du peu de gène résultant à cette époque du dépôt des vases sur les rives où les récoltes ont été enlevées et où la végétation est suspendue. On commence souvent par l'établissement d'un gabarit en maçonnerie ou en bois qui donne la section-type et laisse une trace durable des dispositions adoptées ; si des redressements ou des élargissements doivent être réalisés, on les indique par des piquets. Puis on entreprend le travail, qu'on exécute de préférence à sec, soit en choisissant le moment où le débit est nul ou à peu près, soit en détournant les eaux par les canaux ou fossés de décharge : c'est alors un terrassement ordinaire n'exigeant pas d'engins spéciaux. Si l'assèchement n'est pas possible, on se résigne à faire le travail sous l'eau, au moyen d'un outillage particulier.

Cet outillage se compose de *dragues à main*, sorte de grandes pelles métalliques à longs manches, munies de rebords pour retenir la vase et percées de trous pour laisser écouler l'eau, de

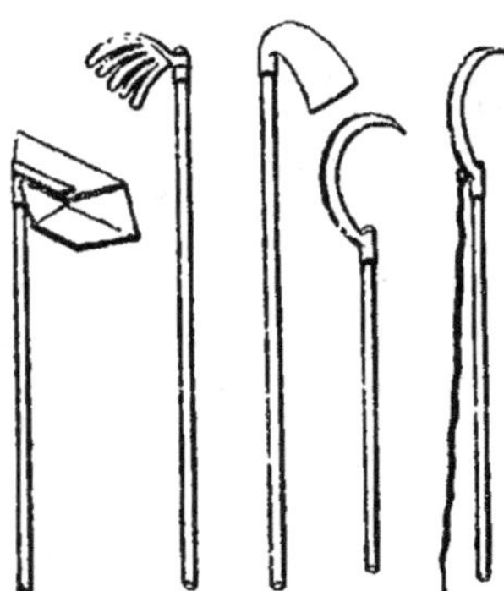

griffes, de *houes*, de *crochets* pour enlever les pierres, les souches, de *croissants* pour couper les herbes, les branchages... De pareils instruments, qui conviennent pour opérer à faible profondeur et attaquer des dépôts restreints, deviennent bientôt insuffisants quand il s'agit de volumes considérables de vase, de cours d'eau plus larges et plus profonds : on a recours alors aux *dragues* sur bateaux comme pour l'entretien des chenaux de navigation. Quand le profil des cours d'eau s'y prête, quand ceux-ci sont de section régulière comme les canaux d'irrigation ou de desséchement, les rigoles d'adduction, on peut quelquefois utiliser des *appareils de chasse* montés sur bateaux, tels que ceux employés sur les voies navigables par Fouache (canal de la Somme), par Cambuzat en 1850, etc... et qui ont pour organe essentiel un panneau mobile en charpente, au moyen duquel on peut obstruer partiellement la section d'écoulement, déterminer par suite une dénivellation, sous l'influence de laquelle le bateau tend à progresser de l'amont à l'aval, tandis que l'eau s'échappe en bouillonnant sur les bords du panneau, désagrège les vases et les met en prise avec le courant qui les entraîne. Les figures ci-contre représentent la *chasse mobile* employée depuis longtemps sur la Garonne. On trouve un appareil du même système sous le nom de *bateau-vanne* dans les collecteurs parisiens, avec cette seule différence qu'il est construit en métal et que le panneau mobile est placé à l'aval de manière à rejeter le bateau du côté du remous où il trouve un plus grand tirant d'eau. Quand on opère avec la drague à main, même en se bornant à rejeter la vase — comme on le fait d'ordinaire — sur l'une des rives, en ménageant seulement un marchepied d'un mètre, la dépense par mètre cube atteint aisément 1 franc ou 1 fr. 25, tandis qu'on

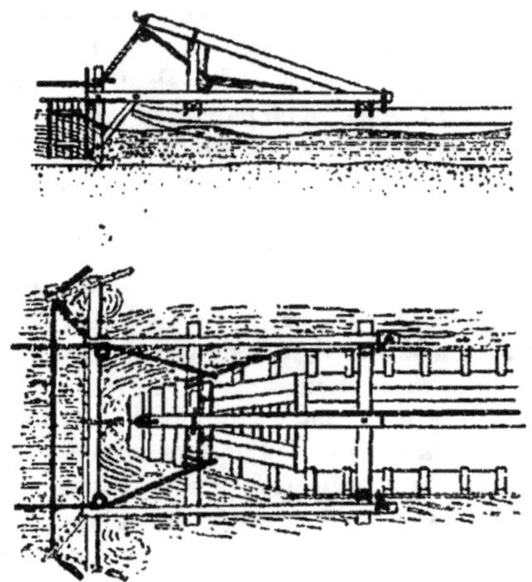

est arrivé, dans certains cas favorables, à réduire cette dépense jusqu'à 0 fr. 05 avec les appareils de chasse. En déduction des frais on peut, il est vrai, tenir compte dans bien des cas de la valeur de la vase comme engrais : le mètre cube de vase — qui pèse 1.100 à 1.400 kilogs au moment de l'extraction et 700 à 800 après dessiccation — contient en effet souvent 4 à 5 0/00 d'azote, soit autant que le fumier de ferme.

Souvent on profite de l'exécution du curage pour procéder à quelques travaux accessoires. Sans parler des *redressements*, des *élargissements*, des *approfondissements*, qui constituent non des ouvrages d'entretien, mais de véritables améliorations, il y a lieu de mentionner l'*ébergement*, c'est-à-dire la retaille des berges ébouleuses et la *réfection des rives* par apport de terres de remblai. Lorsqu'on est amené à recouper les talus, on y ménage fréquemment à la hauteur du plan d'eau normal une banquette, de 0 m. 40 à 0 m. 60 de largeur, sur laquelle on plante des joncs ou des roseaux, le tout moyennant une dépense de 0 fr. 60 à 1 fr. 30 par mètre courant. On emploie des revêtements divers, en mottes ou plaques de gazon, en fascinages, en panneaux de bois ou en pieux et palplanches, pour maintenir les berges refaites ou remblayées : le prix en est plus ou moins élevé suivant la hauteur des berges, la nature et la valeur des matériaux, le mode d'emploi ; on a dépensé en pareil cas 1 fr. 50 au moins et jusqu'à 5 francs par mètre courant sur le canal de l'Ourcq.

Quoi qu'il en soit, la dépense de curage, surtout lorsque l'opération est exécutée par les intéressés eux-mêmes, c'est-à-dire dans les conditions les plus économiques, et qu'on se borne au simple dévasement, demeure dans des limites assez restreintes : la statistique des travaux de ce genre en 1892, relevée par le ministère de l'Agriculture, et qui comprend dans la proportion de 84 0/0 des curages ordinaires exécutés par les intéressés, fait ressortir le prix moyen du mètre courant de cours d'eau dévasé à 0 fr. 212 seulement et celui de l'hectare assaini à 6 fr. 48.

La répartition de cette dépense entre les intéressés n'en rencontre pas moins des difficultés multiples, et le recouvrement en est souvent malaisé. Lorsqu'il existe une association entre les intéressés, il appartient au syndicat ou à la commission exécutive de procéder à ces opérations délicates : une quotité différente est fixée pour chaque catégorie d'intéressés ; les usiniers sont ordinairement tenus de prendre à leur compte le curage dans toute l'étendue du remous de leurs barrages; les communes sont taxées aussi quand la salubrité est en jeu. Les actes prescrivant l'exécution des curages fixent habituellement un délai, pendant lequel les intéressés ont la faculté de procéder eux-mêmes à la partie du travail qui leur incombe ; ce délai passé, les travaux non exécutés sont entrepris en régie, au moyen du fonds d'avances inscrit pour cet objet chaque année au budget départemental, puis le remboursement de la dépense est poursuivi comme en matière de contributions directes.

La longueur totale du réseau des cours d'eau non navigables ni flottables de la France continentale est d'environ 258.000 kilomètres. On peut admettre qu'il y a lieu d'en curer périodiquement une moitié au moins, soit 130.000 kilomètres : si la période est de trois ou quatre ans, il s'agirait de curer chaque année 32.500 kilomètres, et la dépense atteindrait 32.500 × 212, soit en nombre rond 7.000.000 fr., moyennant quoi — à raison de 25 mètres au moins de largeur sur chaque rive — on se trouverait assainir 650.000 hectares de terres ; ce serait par hectare une dépense de 10 à 11 francs, très inférieure à la plus-value foncière qui en résulterait et qu'on peut estimer à 30 francs au bas mot, alors qu'elle atteint parfois — comme il est arrivé en Sologne — 200 francs et même jusqu'à 1.000 francs par hectare. Cette dépense apparaîtrait moindre encore et l'opération plus avantageuse si l'on tenait compte de la valeur des vases extraites. L'intérêt général commande donc impérieusement la généralisation du curage des cours d'eau : mais il se heurte à l'indifférence fréquente des propriétaires, à leur inertie, qu'explique, il est vrai, au moins pour partie, la nécessité d'une entente préalable sans laquelle les efforts individuels demeureraient stériles.

Il convient d'observer au reste — et cela ne diminue pas la portée des remarques qui précèdent — que le curage n'est pas toujours et absolument recommandable en toutes circonstances : si l'on en abusait, on pourrait, en favorisant par trop l'écoulement sur quelque point, déterminer des inondations à l'aval et affamer l'amont, ou, par une fixation intempestive, contrarier la multiplication du poisson. Là comme en toutes choses il faut se tenir dans des limites raisonnables et ne rien faire sans étude préalable et suffisamment approfondie.

CHAPITRE VII

UTILISATION DE LA PENTE DES COURS D'EAU

Sommaire : 41. Considérations générales ; 42. Rtat de la législation en France ; 43. Disposition générale des prises d'eau d'usines ; 44. Dispositifs des ouvrages ; 45. Règlements d'eau ; 46. Procédures spéciales.

41. Considérations générales. — Parmi les effets utiles de l'eau, celui qui résulte de l'écoulement des eaux courantes dans les thalwegs des vallées fournit à l'homme un moyen d'appliquer à son usage une des manifestations de la pesanteur et constitue cette *force hydraulique* que de tout temps il s'est ingénié à utiliser.

Le moyen le plus simple de mettre en œuvre cette force naturelle consiste à se servir de la vitesse même des filets liquides pour mettre en mouvement un organe mobile, qui peut actionner un outil quelconque. L'emploi de *roues pendantes*, dont les palettes pénètrent dans une masse d'eau en mouvement, remonte à une haute antiquité et demeure très répandu, particulièrement pour l'irrigation : sur les bords des fleuves et rivières, des roues de ce type sont fréquemment disposées pour entraîner les appareils destinés à en élever l'eau sur les terres avoisinantes et y favoriser la culture. Jadis les roues pendantes étaient souvent utilisées comme moteurs dans les usines les plus considérables : c'est par des engins de ce type qu'étaient mises en action les pompes de la Samaritaine sous le Pont-Neuf, à Paris, celles du pont Notre-Dame, celles du pont de Londres ou de la machine de Marly.

Il est plus avantageux, au lieu d'utiliser la vitesse de l'eau, de profiter de la *pente*, qui leur communique cette vitesse, pour créer de distance en distance, dans les thalwegs, des *chutes*, substituant ainsi un profil longitudinal par gradins au profil parabolique continu qui tend à s'y établir naturellement. On concentre ainsi aux chutes la force motrice disponible, ce qui en facilite l'utilisation.

Quelque ancien que soit ce mode d'emploi de la force hydraulique, on peut dire que, même dans les pays où l'industrie s'est le plus développée, l'utilisation en est demeurée jusqu'ici très rudimentaire et incomplète. Si les *moulins* sont nombreux dans les larges vallées, où s'est développée la culture des terres, mais où les pentes sont faibles, et où par suite les chutes ne procurent que des forces restreintes, les *usines hydrauliques* sont rares dans les montagnes, c'est-à-dire précisément là où se rencontrent les pentes les plus accentuées, qui se prêtent à la création de chutes puissantes et de forces considérables.

Il faut dire que le développement industriel si remarquable, qui s'est produit au xixe siècle, a eu pour point de départ l'apparition de la machine à vapeur, dont la conséquence naturelle a été une dépréciation générale des forces hydrauliques : les grandes facilités de transport qu'ont procurées la création des chemins de fer et les nouvelles habitudes commerciales qui en ont été la conséquence ont aussi contribué à cet avilissement des chutes d'eau.

Mais voici qu'un mouvement inverse se dessine et que la faveur revient à la « *houille blanche* », grâce aux moyens dont dispose aujourd'hui l'industrie, pour transporter la force à distance, la répartir et la diviser à volonté, grâce surtout à l'électricité, qui apporte à ce problème une solution d'une souplesse remarquable dont on n'a pas encore mesuré toute la fécondité. Les fameuses chutes du Rhône à Bellegarde, du Rhin à Schaffouse, celles du Niagara sont depuis peu asservies ; de puissantes usines se créent dans les hautes vallées, escaladent les montagnes, et des régions qui semblaient déshéritées, comme les versants français des Alpes ou des Pyrénées, des pays comme la Suisse, d'où l'absence de houille semblait presque exclure à jamais la grande industrie, voient s'ouvrir devant eux une ère de richesse et de prospérité, grâce aux énormes forces hydrauliques qu'ils recèlent et qui avaient été complètement négligées jusqu'à ces dernières années. C'est une véritable révolution industrielle qui commence et qui sera peut-être un des traits caractéristiques du xxᵉ siècle.

49. Etat de la législation en France. — *La pente des cours d'eau n'est pas susceptible d'appropriation privée* : tel est le principe de droit qui domine notre législation en la matière et sur lequel est fondé le rôle de l'Administration, que les lois des 22 décembre 1789-janvier 1790, 12-20 août 1790 et 28 septembre-6 octobre 1791 ont chargée de veiller à la conservation des rivières, au libre écoulement des eaux ainsi qu'à leur répartition dans l'intérêt général. La loi récente du 8 avril 1898 sur *le régime des eaux* a rappelé ce principe fondamental, en stipulant (article 10) que « le propriétaire riverain d'un cours d'eau non « navigable ni flottable ne peut exécuter des travaux au-dessus « de ce cours d'eau ou le joignant qu'à la condition de ne pas « préjudicier à l'écoulement et de ne causer aucun dommage « aux propriétés voisines » ; elle place expressément dans les attributions de l'autorité administrative « la conservation et la « police des cours d'eau non navigables et non flottables « (art. 8) », et ajoute (art. 11) : « aucun barrage, aucun ouvrage « destiné à l'établissement d'une prise d'eau, d'un moulin ou « d'une usine ne peut être entrepris dans un cours d'eau non « navigable et non flottable sans l'autorisation de l'Administra-« tion. » Il en est ainsi *a fortiori* pour tous ouvrages sur les cours d'eau navigables et flottables, puisque ces derniers font partie du domaine public. Echappent seules à cette obligation les usines « fondées en titres », dont l'existence est antérieure aux lois abolitives du régime féodal et à la loi des 19-20 août 1790 ou qui ont fait l'objet d'une vente nationale.

Antérieurement à 1852, les actes de police concernant le cours des eaux étaient réglés par des décrets : ce sont encore aujourd'hui des décrets, rendus en la forme des règlements d'administration publique, qui fixent, s'il y a lieu, le régime général des cours d'eau non navigables et non flottables ; ils doivent être conçus « de manière à concilier les intérêts de l'agriculture et « de l'industrie avec le respect dû à la propriété et aux droits et « usages antérieurement établis » (Loi du 8 avril 1898, art. 9). Mais, dans la plupart des cas, on procède par mesures individuelles, au sujet desquelles la décision appartient aux préfets, depuis le décret du 25 mars 1852 sur la décentralisation administrative, ce qui est confirmé, par l'article 12 de la loi sur le régime des eaux, lequel attribue expressément aux préfets le droit de statuer, après enquête, sur les demandes ayant pour objet l'établissement d'ouvrages intéressant le régime ou l'écoulement des eaux, la régularisation d'ouvrages existants sans titre, la révocation des permissions précédemment accordées. Dans l'intérêt de la salubrité publique, ou du libre écoulement des eaux, ou par suite d'une réglementation générale, cette révocation peut être prononcée sans indemnité : il n'en est pas de même dans les autres cas. Les droits des tiers, riverains ou autres, sont toujours réservés ; et les décisions préfectorales peuvent être attaquées soit devant l'Administration supérieure, qui statue alors par décret rendu sur l'avis du Conseil d'Etat, soit par la voie du recours contentieux pour excès de pouvoir.

L'instruction précédant l'arrêté du préfet est confiée aux ingénieurs du Service hydraulique, qui dépendait jusqu'en 1882 de l'Administration des Travaux publics, et qui, tout en restant dans les attributions des ingénieurs des ponts et chaussées, a été rattaché depuis lors au ministère de l'Agriculture, où a été créée une Direction spéciale, dite de l'Hydraulique agricole, et devenue, en 1903, Direction de l'Hydraulique et des Améliorations agricoles.

La législation, qui vient d'être résumée dans les paragraphes qui précèdent, n'a évidemment pas prévu la constitution de ces grandes chutes, qu'on tend à créer depuis peu, par d'énormes barrages, dont la crête dépasse de beaucoup les terres environnantes et tend à les noyer sur de vastes espaces, ou par des dérivations de grande longueur, qui mettent à sec certaines parties du lit des cours d'eau. La consécration du droit de riveraineté par la loi du 8 avril 1898, qui l'a même plutôt renforcé, a d'ailleurs pour conséquence de favoriser l'industrie des « pisteurs » qui cherchent à accaparer les chutes, pour les revendre à beaux deniers comptants, et celle des « barreurs de chutes » qui tendent au contraire à faire obstacle à l'établissement des barrages ou des dérivations ; à défaut d'un droit d'aqueduc, analogue à celui qu'institue la loi du 29 avril 1845 pour les irrigations, ou de la possibilité d'une sorte d'expropriation, en dehors du cas d'utilité publique reconnue, les créateurs des grandes chutes se heurtent par suite à des difficultés parfois invincibles. Une réforme de la législation paraît donc nécessaire ; le principe en est volontiers admis par tout le monde, mais l'accord cesse quand il s'agit de l'appliquer : tandis que les uns, voyant dans la pente des cours d'eau une richesse nationale de premier ordre, veulent en confier la garde à l'Etat, auquel ils conféreraient des droits étendus, et se proposent d'instituer un système de concessions, par analogie avec ce qui se fait pour les mines ; d'autres au contraire, respectueux avant tout du droit des riverains, repoussent énergiquement l'intervention de l'Etat, à moins peut-être qu'elle se limite à réglementer et faciliter la création des grandes chutes par l'industrie privée.

43. Disposition générale des prises d'eau d'usines. — La création d'une *chute*, pour la mise en mouvement d'une *usine hydraulique*, implique la construction d'ouvrages, dont les dispositions varient à l'infini, mais se ramènent habituellement à un type général qui ne doit jamais être perdu de vue.

Dans la grande majorité des cas, la chute résulte de l'établissement en travers du cours d'eau d'un *barrage*, qui détermine vers l'amont un relèvement du plan d'eau et par suite un *remous*, sur une longueur plus ou moins considérable : la puissance P de la chute est le produit de sa hauteur H par le débit Q du cours d'eau. La *prise d'eau* de l'usine s'ouvre dans le bief supérieur, sur l'un des côtés, et se trouve commandée par un vannage mobile : c'est l'origine du *canal d'amenée*, qui conduit l'eau motrice à l'usine, pour actionner les engins mécaniques qui y sont installés ; ce premier canal se prolonge au delà de l'usine par le *canal de fuite,* qui recueille les eaux après leur emploi et les ramène au cours d'eau en aval du barrage, dans le bief inférieur. Il importe que le plan d'eau surélevé par le barrage — dont l'usinier a intérêt à relever le niveau, pour augmenter la hauteur de chute, tandis qu'il n'a point d'action sur l'autre facteur de la puissance brute, le débit — n'atteigne pas la couche superficielle des terres riveraines, que le remous ne nuise pas à la retenue supérieure : aussi le niveau du bief d'amont est-il fixé par l'Administration, mis en évidence par un *repère,* et maintenu par le moyen d'ou-

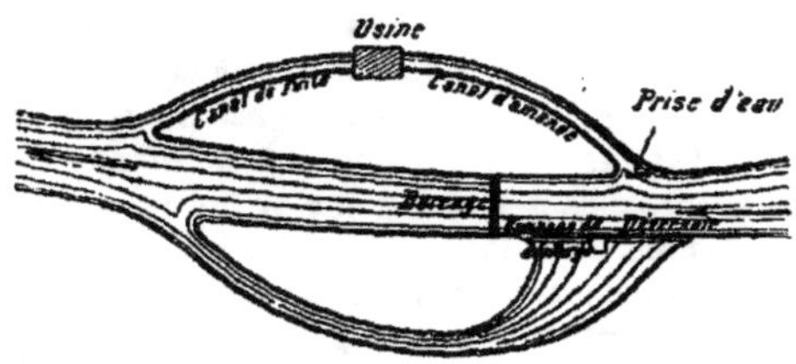

vrages régulateurs. Ces ouvrages sont de deux espèces et comprennent d'ordinaire : un *déversoir de superficie,* dont le seuil est surmonté par les eaux dès qu'elles dépassent le niveau « légal » et par où la partie surabondante du débit passe automatiquement dans un canal latéral, en communication avec le bief inférieur ; puis un *vannage de décharge,* que l'usinier est tenu de manœuvrer, en temps de hautes eaux, de chômage de l'usine, etc., de manière à ouvrir en tout temps un débouché suffisant pour éviter une trop grande hauteur de lame sur le déversoir, ou autrement dit, un relèvement trop marqué du plan d'eau.

A défaut d'usages locaux ou de circonstances particulières, le niveau légal est fixé de manière à maintenir, entre le plan d'eau et les terrains qui s'égouttent directement dans le bief supérieur, un écart de 0 m. 16 au moins. Cet écart varie naturellement avec l'état du cours d'eau ; et, comme l'influence du barrage est d'autant plus restreinte que les eaux sont plus hautes, c'est le

plus souvent en temps d'étiage qu'il convient de le mesurer : il
y a cependant des cas — notamment quand les dépressions de
terrain se trouvent loin du barrage — où il peut y avoir intérêt
à le mesurer plutôt en eaux moyennes ; pour s'assurer que la
« revanche » sera conservée en tout temps, du moins en dehors
des crues exceptionnelles, on recommande de procéder à une
vérification préalable en construisant la courbe du remous pour
les divers cas.

44. Dispositifs des ouvrages. — Le plus habituellement, les
barrages de prise d'eau sont des ouvrages fixes en maçonnerie,
en pierres sèches ou même en terre avec revêtements en pierres
sèches : exposés dans les deux derniers cas à être détériorés par
les crues, ils sont généralement défendus par un plancher supérieur consolidé par des pieux ; quand ils sont en maçonnerie, on
les profile souvent suivant une doucine ou un plan incliné. En
plan ils sont établis, dans la grande majorité des cas, en ligne
droite et transversalement au cours d'eau ; mais on en rencontre
aussi qui se présentent obliquement par rapport à l'axe du cours
d'eau, en forme de chevron ou en courbe, suivant que les cir-

constances locales l'exigent. Il arrive qu'on substitue aux barrages fixes des barrages mobiles, qui s'effacent en partie ou en
totalité pour livrer passage aux crues.

Quand les berges sont basses et par suite ne se prêtent pas
à l'établissement d'un barrage suffisamment haut dans le voisinage de l'usine, on est conduit à ouvrir sur l'une des rives et
vers le coteau une longue *dérivation*, sorte de rigole en terre
qui va prendre l'eau en amont et la conduit à l'usine sans causer
de submersion dans l'intervalle. Le point de départ et le point

d'arrivée en sont généralement imposés par les conditions locales; il y a cependant assez souvent à faire une étude spéciale pour déterminer la longueur, la pente, la section la plus avantageuse; si, par exemple, la différence de niveau entre l'origine de la dérivation A et la position de l'usine C est H, la pente du cours d'eau dans l'intervalle étant I, on peut se proposer de répartir la dénivellation H entre la chute utilisable h et la pente i de la dérivation de manière à obtenir la meilleure utilisation possible de la différence de niveau dont on dispose. Or, si la dérivation aboutissait en B, le débit Q de cette dérivation

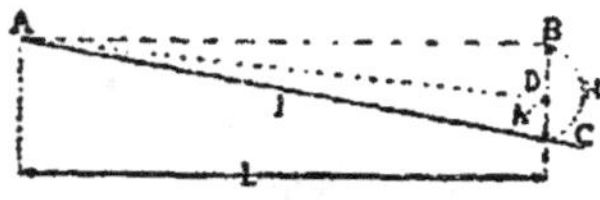

serait nul, si elle aboutissait en C, c'est la chute qui s'annulerait, et, dans l'un et l'autre cas, la puissance Qh serait nulle ; entre les deux extrêmes cette puissance doit passer par un maximum intermédiaire qu'il s'agit de déterminer : si l'on appelle Ω la section de la dérivation et u la vitesse d'écoulement, et si l'on applique la formule de Tadini $u = 50\sqrt{Ri} = K\sqrt{i}$, on peut écrire, en observant que $h = L (I - i)$:

$$Qh = K\Omega L (I\sqrt{i} - i\sqrt{i}) ;$$

le maximum de cette expression a lieu quand la dérivée par rapport à i :

$$\frac{1}{2} I i^{-\frac{1}{2}} - \frac{3}{2} i^{\frac{1}{2}}$$

est nulle, ce qui arrive quand $i = \frac{I}{3}$. Telle est la valeur à donner à la pente de la dérivation pour obtenir le maximum d'effet utile. Souvent on sera conduit à s'écarter de cette indication, mais il y a lieu d'observer qu'une fraction variant peu au voisinage du maximum, il est possible de rester dans de bonnes conditions pourvu que l'écart ne soit pas trop considérable : ainsi, tant que le rapport $\frac{i}{I}$ restera compris entre 0,30 et 0,60, la force motrice obtenue ne sera pas inférieure de $\frac{1}{12}$ au maximum.

Le *repère*, destiné à marquer le niveau légal de la retenue, peut recevoir des formes et des dispositions variées. Parmi les meilleurs modèles il convient de mentionner ceux qui sont scellés

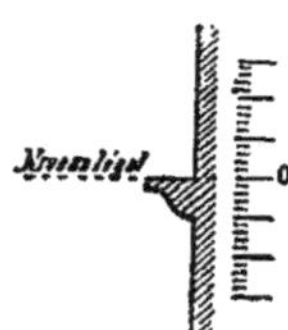

ou encastrés dans un mur et portent une graduation double, dont les deux parties, l'une ascendante, l'autre descendante, à partir d'un zéro commun qui correspond au niveau légal, permettent d'apprécier la hauteur du plan d'eau au-dessus ou au-dessous de ce niveau. Quelquefois le repère est une borne en pierre présentant une retraite qui correspond au zéro de la graduation. Dans tous les cas l'invariabilité de la position du repère doit être absolument assurée.

Parmi les ouvrages régulateurs, le *déversoir* joue le rôle de régulateur spécial de niveau et pare automatiquement aux négligences que peuvent apporter les usiniers dans la manœuvre des vannes de décharge; pour remplir convenablement ce rôle il doit être établi à une hauteur convenable, et présenter une longueur de seuil L calculée d'après le débit maximum à prévoir Q et l'épaisseur admise h de la lame déversante au moyen de la formule usuelle :

$$Q = mLh \sqrt{2gh}$$

où m est un coefficient fourni par les tables des traités d'hydraulique. D'ordinaire la longueur du seuil est prise égale à la largeur moyenne du cours d'eau au moment du débordement ; s'il est placé sur l'une des berges et suivant le sens de l'écoulement, il est réglé suivant la pente du remous correspondant au niveau légal de la retenue : il ne fonctionne dès lors que si ce niveau est dépassé, et l'on admet que la lame déversante peut atteindre jusqu'à 0 m. 15 d'épaisseur par exemple. Lorsque les circonstances locales ne permettent pas d'admettre un pareil relèvement du plan d'eau, soit qu'il en résulte une submersion des rives soit que l'usine d'amont en puisse être gênée, on dérase le seuil à un niveau inférieur à celui de la retenue : cela se fait également quand le volume débité en eaux ordinaires n'est pas utilisé en totalité par l'usine, de sorte que le déversoir est appelé à écouler presque continuellement des eaux surabondantes.

Le *vannage de décharge*, qui est le régulateur du débit, doit permettre de fournir à volonté un débouché suffisant pour l'écoulement des eaux de pleines rives, c'est-à-dire des eaux les plus abondantes que le lit du cours d'eau puisse écouler, sans débordement ni submersion des points bas de la vallée. Pour fixer ce débouché, il y a donc à opérer la détermination souvent fort délicate du volume des eaux de pleines rives, ce qui se fait en relevant des profils plus ou moins nombreux, s'entourant de tous les renseignements sur l'hydrologie de la région, et contrôlant les résultats obtenus par comparaison avec ceux observés sur d'autres points de la vallée ou d'autres cours d'eau placés dans des conditions analogues. Le vannage doit avoir son seuil au niveau du fond du bief, de manière à en permettre la décharge complète ; d'autre part, les ventelles doivent pouvoir s'élever au-dessus des plus hautes eaux, afin de n'en point gêner l'écoulement, ce qui oblige à placer les chapeaux que traversent les tiges de

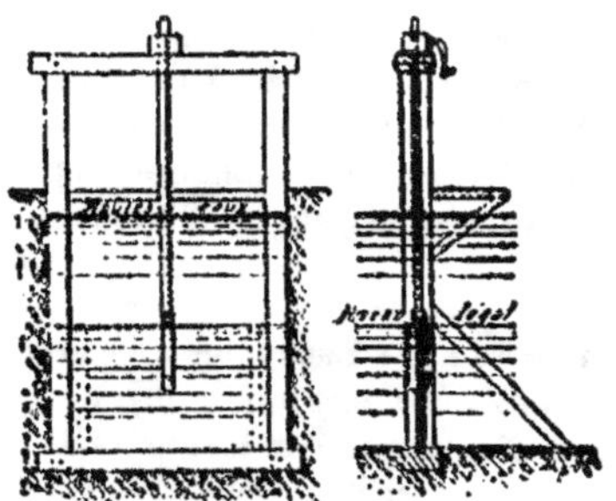

manœuvre à une hauteur suffisante. L'ouvrage est le plus souvent en bois ; les tiges levantes des vannes de petites dimensions sont simplement percées de trous, où l'on passe des chevilles pour les arrêter à la hauteur jugée convenable ; quand les vannes ont des dimensions plus considérables, la manœuvre est facilitée par l'emploi de treuils et de chaînes, de vis ou de crics à crémaillère ; une plate-forme, établie au-dessus des plus hautes eaux, permet en tout temps l'accès des appareils de manœuvre.

9

Parfois, et notamment sur les cours d'eau exposés à des crues rapides, on a établi des vannes automobiles, qui s'ouvrent d'elles-mêmes quand le plan d'eau s'élève au delà d'un niveau déterminé et dispensent ainsi de toute manœuvre ; mais ce genre d'appareils implique un entretien parfait et par suite ne présente pas une sécurité absolue, aussi ne dispense-t-il pas les usiniers qui y ont recours de l'établissement de vannages ordinaires, manœuvrables à la main.

Toute chute d'eau doit être pourvue d'un déversoir et d'un vannage, et il est à recommander de tenir ces ouvrages absolument distincts et séparés ; c'est seulement dans des cas tout à fait exceptionnels que l'on admet parfois la suppression du vannage de décharge, mais en conservant presque toujours le déversoir.

En dehors de ces ouvrages, qui sont prescrits et réglementés par l'Administration, l'usinier demeure libre d'établir à son gré ses moteurs, ses vannes de prise d'eau, vannes motrices ou vannes lançoires, le coursier, la hauteur de chute, les canaux de fuite, etc. Il ne sera donc point parlé ici de ces ouvrages, non plus que des dispositifs accessoires destinés à protéger les rives ou le fond contre les effets des corrosions dues aux mouvements d'eau, enrochements, perrés, fascinages..., à ménager ou rétablir les accès, etc.

45. Règlements d'eau. — Les règles concernant l'instruction administrative des demandes en autorisation, régularisation ou modification d'ouvrages sur les cours d'eau non navigables ni flottables, minutieusement tracées par trois instructions ministérielles en date des 19 thermidor an IV, 23 octobre 1851 et 26 décembre 1884, ont été modifiées et simplifiées par le décret réglementaire du 1ᵉʳ août 1905, pris en exécution de l'article 12 de la loi du 8 avril 1898.

En voici un résumé succinct dans leur état actuel [1] :

La *demande* doit être adressée sur timbre au préfet du

____

(1) Voir en outre le programme et les modèles annexés aux instructions de 1851 et 1884.

département et porter toutes les énonciations utiles tant au sujet de l'emplacement précis et de la nature exacte des ouvrages que des conséquences présumées de leur établissement. Elle doit être accompagnée des documents constituant la justification du droit d'établir les ouvrages projetés : titres de propriété du sol ou des rives, ou consentement écrit des propriétaires, etc.

La demande est transmise à l'ingénieur en chef du service dans les attributions duquel le cours d'eau est placé, qui charge l'ingénieur ordinaire de procéder à la *visite des lieux*. Avis direct est donné de cette visite aux intéressés ou présumés tels ; en outre les maires doivent l'annoncer huit jours à l'avance par voie d'affiches et par publication à son de trompe ou de caisse. Au jour dit il y est procédé en présence de ceux des intéressés qui se sont rendus sur place, des maires ou de leurs représentants. Un procès-verbal en est rédigé, où l'on relate l'état des lieux tel qu'il a été relevé, les observations recueillies, les expériences faites au besoin, etc. : il doit être signé après lecture par les personnes présentes.

Le *projet* de règlement est alors dressé par l'ingénieur, qui le fait parvenir à l'ingénieur en chef, avec un rapport contenant un exposé de l'affaire, la description des lieux, la discussion des oppositions formulées, puis justifiant les dispositions proposées, le niveau de la retenue, les conditions d'autorisation, etc., le tout accompagné de plans et de profils. Ce projet, complété par l'avis de l'ingénieur en chef, est envoyé ensuite au préfet.

Un arrêté préfectoral ordonne aussitôt l'ouverture d'une *enquête* de quinze jours à la mairie de chaque commune intéressée ; le dépôt des pièces est fait à la mairie de celle où les travaux doivent être exécutés en totalité ou en majeure partie. Cet arrêté est affiché par les soins du maire et publié à son de trompe ; un registre est ouvert à la mairie pour recevoir les observations des intéressés ; puis, l'enquête terminée, le maire certifie l'accomplissement des formalités.

Le résultat de l'enquête est communiqué aux ingénieurs, qui formulent leur avis. Dans le cas où cet avis aurait pour conséquence des changements susceptibles de provoquer d'autres oppositions, l'affaire devrait être soumise à une deuxième enquête de quinze jours.

L'instruction est ainsi terminée, et le préfet, nanti du dossier complet, prononce en prenant un arrêté motivé, qui est notifié au pétitionnaire et qui constitue le *règlement d'eau*.

Si le pétitionnaire se croit lésé il peut réclamer contre l'arrêté et il est statué par décret, rendu sur l'avis du Conseil d'Etat, sans préjudice du recours contentieux en cas d'excès de pouvoir.

Dans le cas où l'arrêté reçoit son exécution, et après l'expiration du délai qui y est imparti pour l'établissement des ouvrages, l'ingénieur se transporte sur les lieux pour vérifier s'ils sont conformes aux dispositions prescrites et rédige un procès-verbal de *récolement*, en présence de l'autorité locale et des intéressés. Si cette vérification fait ressortir des différences notables, le préfet met le permissionnaire en demeure de se conformer aux clauses de son arrêté, et en cas d'inexécution persistante il peut ou prendre des mesures coercitives ou prononcer le *retrait* de l'autorisation.

L'acte ainsi réalisé ne peut plus être modifié que par voie de *révision* sur la demande des intéressés, après autorisation du ministre et moyennant l'accomplissement de toute la série de formalités ci-dessus mentionnées.

L'administration évite d'ailleurs d'intervenir spontanément, à moins qu'un dommage sérieux ne lui soit signalé ; et elle n'ordonne qu'avec une très grande réserve le *règlement d'office* d'usines existantes, autorisées ou non. Elle peut réglementer, mais non autoriser, les anciennes usines fondées en titres.

Les contraventions aux règlements d'eau donnent lieu à l'application de l'article 471 § 5 du Code pénal. Indépendamment de l'action publique basée sur ce texte, les tiers conservent bien entendu l'action civile en dommages-intérêts devant les tribunaux, pour tout préjudice qui leur serait occasionné ou toute atteinte à leurs droits propres.

49. Procédures spéciales. — La procédure est la même pour les demandes d'autorisation concernant les *cours d'eau navigables et flottables*, avec cette seule différence que la décision est réservée au chef de l'Etat et que l'arrêté préfectoral est remplacé par un décret. En ce qui concerne ces cours d'eau, le préfet ne peut statuer que sur les *établissements temporaires*, et sur certaines *prises d'eau d'alimentation*, celles qui, eu égard à leur volume, ne sauraient avoir pour effet d'altérer le régime des fleuves et rivières.

Sur les cours d'eau non navigables et non flottables, les prises d'eau d'alimentation pour l'usage industriel ou agricole donnent lieu exactement à la même instruction que les règlements d'usines. Mais pour les *prises d'eau d'irrigation* on distingue deux cas, suivant que le plan d'eau doit être tendu au niveau légal d'une manière continue et permanente ou d'une manière discontinue et intermittente, par périodes de 48 heures au plus par semaine ; dans le premier cas, la revanche des terres en amont reste fixée à 0 m. 16 au moins, comme pour les barrages de prise d'eau d'usines ; dans le second, elle peut être réduite, sans toutefois devenir inférieure à 0 m. 08. En outre, les barrages correspondants doivent être, autant que possible, mobiles sur une longueur égale au débouché linéaire du cours d'eau, afin de pouvoir s'effacer en dehors des périodes d'irrigation.

Même sur les cours d'eau non navigables et non flottables, il faut un décret pour autoriser les *prises d'eau d'alimentation des villes et communes* : ce décret ne peut être rendu qu'après une instruction complète de la demande suivant la procédure arrêtée pour les règlements d'usines, mais l'enquête agricole peut être confondue avec celle d'utilité publique ; le décret est présenté de concert par les ministres de l'Intérieur et de l'Agriculture, après avis facultatif du ministre des Travaux publics sur les dispositions techniques.

Les *prises d'eau d'alimentation des canaux de navigation et des gares de chemins de fer* sont implicitement autorisées par la loi ou le décret qui a déclaré l'utilité publique du canal ou du chemin de fer dont elles sont l'accessoire obligé ; et il appartient au ministre des Travaux publics de statuer sur leur emplacement et leur importance. Mais, quand elles doivent être faites sur un cours d'eau non navigable et non flottable, elles sont préalablement soumises à l'instruction relative aux règlement d'eau et font l'objet en outre de conférences avec les ingénieurs du service hydraulique ; le projet de règlement d'eau est joint au dossier, et l'arrêté préfectoral approbatif n'est pris qu'après la décision du ministre des Travaux publics.

En attendant qu'une législation spéciale aux grandes chutes soit venue édicter à leur sujet des règles nouvelles, le ministre de l'Agriculture a prescrit, par une circulaire du 9 septembre 1902, et le décret du 1er août 1905 vient de prescrire à son tour de consulter l'administration supérieure pour l'établissement des *barrages sans revanche*, qui noient les rives et peuvent mettre en jeu la sécurité de toute une vallée, lorsque l'usine projetée comportera une chute d'une puissance brute supérieure à cent poncelets. Le dossier communiqué au ministère doit comprendre, avec le projet complet et le rapport des ingénieurs, une étude sur les conditions de stabilité du barrage, dans les formes prescrites par la circulaire du 15 juin 1897 pour la révision des conditions de stabilité des barrages-réservoirs. En outre, dans la rédaction du règlement d'eau à sanctionner par arrêté préfectoral, devant être ajoutées aux clauses de style toutes dispositions utiles pour préciser nettement les obligations spéciales à imposer au permissionnaire, afin de protéger efficacement les intérêts généraux dont l'administration a la garde.

CHAPITRE VIII

RECHERCHE ET APPRÉCIATION DES EAUX

Sommaire : **47**. Etude des ressources hydrologiques ; **48**. Reconnaissance des eaux apparentes ; **49**. Recherche des eaux profondes ; **50**. Détermination des quantités disponibles ; **51**. Examen qualitatif ; **52**. Analyse chimique ; **53**. Examen micrographique.

47. Etude des ressources hydrologiques. — Lorsque, sur un point quelconque, naît le besoin de se procurer des eaux en plus ou moins grande quantité, pour des usages alimentaires, agricoles ou industriels, un mouvement instinctif porte à jeter un regard autour de soi, et l'on cherche à satisfaire ce nouveau besoin en s'adressant au plus près, en faisant appel aux ressources hydrologiques de la région immédiatement environnante. Et, sauf dans les contrées particulièrement déshéritées à cet égard, la chose est ordinairement facile, tant que les exigences sont modestes, que les quantités demandées sont faibles, la qualité à peu près indifférente. Par contre il n'en est plus ainsi, dès qu'il s'agit de volumes un peu considérables, et surtout si l'on fait intervenir la question de composition intime ou de pureté relative de l'eau : les investigations doivent porter alors sur une plus grande étendue ; et l'on se trouve en présence d'un problème souvent d'autant plus ardu et délicat que les solutions possibles sont multiples, que, pour faire entre elles un choix en connaissance de cause, une étude approfondie est nécessaire, et que d'autres considérations, techniques ou financières par exemple, rendent encore la décision plus difficile.

Rien n'est plus précieux en pareil cas que d'avoir à sa disposition un recueil complet de renseignements sur l'hydrologie de la région, comme le livre de Belgrand, *La Seine*, où l'ancien directeur des eaux et égouts de Paris a consigné les résultats de l'étude détaillée et approfondie à laquelle il s'était livré pour résoudre la question de l'alimentation parisienne, véritable type de monographie d'un bassin, où tout ce qui peut intéresser l'hydraulicien se trouve réuni, orographie, géologie, météorologie, régime des cours d'eau et des sources, nature et composition de leurs eaux, classification des ressources disponibles, etc., ou encore comme le travail si consciencieux de M. le Dʳ Imbeaux, ingénieur des ponts et chaussées à Nancy, sur les eaux potables dans le département de Meurthe-et-Moselle. Mais c'est là une bonne fortune qu'il est rarement donné de rencontrer ; et, en attendant que des études analogues soient entreprises et menées à bien pour d'autres régions, il faut d'ordinaire se contenter de quelques renseignements épars, insuffisants, douteux, parfois contradictoires, qu'on ne se procure pas sans peine d'ailleurs et qu'il faut compléter par des observations et des recherches directes, si l'on veut réunir des éléments sérieux et complets d'appréciation.

L'examen systématique du régime des pluies et celui de la perméabilité du sol fournissent les premières indications, au moyen desquelles on peut obtenir un aperçu sommaire des ressources hydrologiques d'une région. Pour parvenir à les déterminer d'une manière plus précise, il faut aborder la reconnaissance des *eaux apparentes*, eaux superficielles, eaux de sources, en mesurer les quantités, se rendre compte des qualités respectives ; si l'on veut pousser plus loin encore et se renseigner sur les *eaux profondes*, c'est une autre série de recherches plus difficiles, plus longues, plus coûteuses aussi, qu'on est contraint de s'imposer.

49. Reconnaissance des eaux apparentes. — Un premier aperçu des eaux apparentes est fourni par l'examen d'une carte détaillée, où l'on relève les cours d'eau, la longueur de leur parcours, l'étendue de leurs bassins respectifs, où les sources sont également indiquées. Mais les renseignements qu'on se procure de la sorte sont extrêmement vagues et ont besoin d'être interprétés avec soin : si, par exemple, les cours d'eau sont nombreux, les sources multipliées, on peut être assuré que les débits correspondants sont faibles, le régime très irrégulier ; c'est le contraire ordinairement quand les cours d'eau et les sources sont rares et n'apparaissent qu'à intervalles éloignés.

On recueille des indications plus précises et plus sûres en parcourant le pays, observant les lits et les berges des cours d'eau, les débouchés des ponts, les dimensions des vannages, recherchant les émissaires des bassins sourciers, etc... Il est à recommander, quand on procède de la sorte, de se diriger toujours de l'aval vers l'amont, en suivant successivement le cours d'eau principal de la vallée, puis chacun de ses affluents, ensuite chaque filet d'eau, remontant ainsi jusqu'aux diverses sources. En route, on interroge les habitants et l'on se renseigne auprès d'eux sur les particularités du régime hydrologique, les variations saisonnières, non sans chercher à démêler dans leurs dires ce qu'il peut y avoir d'exact ou d'erroné, car leurs appréciations ont besoin d'être sévèrement contrôlées : telle source passe pour avoir un écoulement constant qui s'abaisse à certains moments au quart, au cinquième de son volume normal. On parvient du moins à connaître en gros par ce moyen les traits saillants du régime, les époques des basses eaux qui importent surtout, parce que c'est l'étiage, c'est le débit minimum qui limite les utilisations possibles et qu'il faut plus particulièrement chercher à déterminer.

49. Recherche des eaux profondes. — Les mêmes moyens ne sont plus de mise quand il s'agit d'apprendre à connaître les eaux des nappes que recèlent les profondeurs du sol.

Pour y parvenir, on n'avait guère autrefois que des règles empiriques, des procédés plus ou moins mystérieux, qui constituaient l'art de l'*hydroscopie*. Tels étaient chez les Grecs et les Romains les secrets exploités par les « aquilèges » et que Pline et Vitruve ont dévoilés en partie, en révélant que leurs découvertes étaient le plus souvent basées sur l'observation des vapeurs, de la végétation croissant spontanément à la surface du sol, des insectes, etc... Le moyen âge a cru à la vertu de la « baguette divinatoire », sorte de talisman, avec lequel Jacques Aymard fit encore grand bruit à Paris vers la fin du XVIIe siècle, et qui n'était autre qu'une fourche de coudrier, dont la propriété était de prendre, entre les doigts de l'initié, un mouvement irrésistible, quand il passait en des points au-dessous desquels se trouvaient des eaux souterraines. L'hydroscopie trouve encore de nos jours plus d'un adepte ; et, dans les pays que la science n'a pas encore explorés, on ne saurait contester qu'elle a rendu de réels services ; certaines personnes prétendent toujours avoir un don spécial, un sens particulier, pour la découverte des eaux profondes ; des hommes instruits se disent sensibles à certains courants telluriques, à certains phénomènes électriques, qui leur décéleraient la présence de l'eau dans les couches souterraines. Il y a une cinquantaine d'années, l'abbé Paramelle a publié un livre sur l'art de découvrir les sources, où il a résumé les règles dont il s'est servi et qui lui ont valu quelques succès ; il partait de cet aphorisme de Sénèque : *crede infrà quidquid vides suprà* et en déduisait, au moyen d'observations directes et de formules empiriques, des conclusions, qui ne pouvaient avoir de valeur que dans le cas spécial où les couches profondes affectent les mêmes allures que le relief du sol.

L'hydraulicien possède aujourd'hui un guide sûr dans la *géologie*, science toute moderne, qui ne date guère que du XIXe siècle, mais dont les progrès rapides et considérables ont fait une base précieuse de recherches. La connaissance de la succession des couches souterraines, de leur nature plus ou moins imperméable, de leurs allures, des lignes synclinales ou anticlinales, des failles, etc., fournit des données nettes et sûres, d'où l'on tire des déductions certaines, quand elles ont pu être déterminées d'avance avec la précision désirable. Dans le cas contraire, on y supplée par l'observation directe des puits de la région, des tranchées où les couches du sous-sol viennent apparaître, des coupes qui ont pu être relevées au cours de l'exécution d'ouvrages antérieurs, en cherchant à rattacher entre elles ces indications éparses, de manière à constituer de toutes pièces et pour un périmètre limité le système géologique dont l'étude s'impose. A défaut d'indications préexistantes de ce genre ou en cas d'insuffisance de ces indications, on peut recourir à des *forages* ; la *sonde* permet d'atteindre les couches successives, d'en reconnaître la nature, d'en ramener à la surface des échantillons, et procure des renseignements positifs sur la constitution du soussol à toutes profondeurs ; en multipliant les sondages, on peut relever la carte souterraine de la région, la position exacte des nappes, leur étendue, leur épaisseur, en mesurer les pentes, en suivre les variations.

50. Détermination des quantités disponibles. — La présence des eaux reconnue, il faut en déterminer la quantité utilisable et la qualité.

En ce qui concerne la quantité, c'est en général le débit minimum qui intéresse, ainsi qu'on l'a remarqué plus haut : il arrive fréquemment en effet que le maximum des besoins se trouve coïncider avec le plus faible volume disponible. C'est donc à la constatation du débit minimum qu'on doit s'attacher, en notant également l'époque où il se produit. La difficulté est réelle, car les variations de débit peuvent s'étendre sur de longues périodes, et dès lors on n'a pas toujours le moyen d'établir avec précision la quantité d'eau sur laquelle il convient de compter. A défaut de la détermination directe, qui est souvent impossible, il faut se contenter de raisonner par analogie, chercher à déduire le chiffre dont on a besoin des faits et des résultats recueillis ; mais une prudence extrême est de rigueur dans de pareilles déductions, car elles sont fréquemment trompeuses.

Pour les *eaux superficielles*, la mesure des quantités se fait par des *jaugeages*, poursuivis d'une manière continue si l'on veut connaître le régime, et particulièrement pendant les périodes de basses eaux, si l'on n'a besoin de connaître que le volume minimum. Les vannages des moulins se prêtent aisément à ces opérations sur les petits cours d'eau ; à défaut, on établit, en quelque point convenablement choisi, un barrage provisoire, avec déversoir en mince paroi. Sur les grands cours d'eau, on a recours à l'emploi de flotteurs de superficie ou de flotteurs de fond, au tube de Pitot modifié par Darcy ou au moulinet de Woltmann. Il convient d'observer au reste qu'on ne peut emprunter aux cours d'eau que la fraction du débit non encore consacrée à d'autres usages, à moins qu'on n'établisse — comme on est amené parfois à le faire — des *réservoirs de compensation*, destinés à emmagasiner les crues et à fournir le supplément nécessaire en temps d'étiage. Les lacs, lorsqu'ils sont traversés par des cours d'eau, jouent précisément le rôle de réservoirs naturels de compensation et tendent à régulariser les débits, ce qu'on peut vérifier en mesurant les volumes d'eau qui y entrent et ceux qui en sortent ; souvent la régularisation n'est pas complète et on peut l'améliorer en augmentant le volume emmagasiné par un relèvement du plan d'eau : on se rend compte des quantités d'eau qu'on peut emprunter à un lac de cette catégorie en mesurant le débit de son émissaire ; pour ceux auxquels ce moyen n'est pas applicable, on étudie le régime des pluies, on recherche le coefficient de ruissellement, l'étendue du bassin versant, etc...

Des observations précises sont plus utiles encore pour les *sources*, dont le volume est habituellement restreint. Quand il s'agit de très petites sources, on procède par jaugeage direct, au moyen d'un vase de capacité connue ; dans d'autres cas, on établit un barrage-déversoir sur l'évacuateur, en prenant soin de ne pas modifier le niveau normal pour ne pas changer les conditions d'écoulement. Pour avoir le minimum absolu du débit, il faudrait prolonger les observations pendant un certain nombre d'années, car la plupart des sources varient sensiblement d'une année à l'autre et accusent un minimum beaucoup plus prononcé dans les périodes de grande sécheresse qui se reproduisent à des intervalles éloignés, parfois au bout de dix ou vingt ans. Même en prenant cette précaution, on n'arrive pas à une certitude complète, car on a vu des sources disparaître après avoir donné pendant longtemps, des travaux exécutés au voisinage et même quelquefois à une grande distance peuvent modifier tout à coup le régime d'une source, etc.

Quant aux *nappes souterraines*, elles ne se prêtent pas à des

jaugeages proprement dits : on peut déterminer par des forages
spéciaux ou par des observations sur les puits existants leur
étendue et leur profondeur ; et l'on cherche à reconnaître si elles
sont *stagnantes* ou *en mouvement*. Dans le premier cas, on se
rendra compte de leur alimentation, en déterminant par l'examen
de la carte géologique ou par des sondages l'étendue du bassin
correspondant, en recueillant des observations pluviométriques
et faisant des expériences sur le degré de perméabilité du sol.
Dans le second cas, on arrivera au même résultat, en délimitant
la section d'écoulement et constatant la vitesse, soit par l'observation comparative des variations de hauteur dans des puits voisins, soit par des expériences au moyen de substances solubles
et faciles à reconnaître, comme une teinture ou comme le sel
marin. Mais, quelque soin qu'on apporte à ce genre de recherches, on n'en peut tirer que des conjectures plus ou moins plau-
sibles, et, si l'on veut obtenir une certitude, il faut nécessairement
revenir à un *essai d'épuisement* ; c'est le seul procédé sûr, donnant des résultats concluants : au moyen d'une pompe installée
sur un puits, on abaisse le plan d'eau, en mesurant la quantité
d'eau élevée, puis on arrête et on observe le temps au bout
duquel l'eau revient au niveau primitif; ce temps est celui qu'il
faut à la nappe pour fournir le volume d'eau pompé. Quand on le
peut, on prolonge l'essai pendant longtemps, en puisant d'une
manière continue un volume d'eau constant ; on s'assure ainsi
que la nappe est capable de le fournir, malgré les variations
qu'elle éprouve toujours au cours d'u   ́ ennée. Au reste « il en
« est de l'eau souterraine comme des richesses minérales ; des
« sondages préliminaires en font bien reconnaître et apprécier
« jusqu'à un certain point l'importance, mais l'exploitation seule
« fournit des données positives sur leur étendue et leur puis-
« sance » (Dupuit, *Traité de la conduite et de la distribution des
eaux*).

Les évaluations de débit sont plus aléatoires encore quand il
s'agit de *nappes artésiennes*. Tout forage préliminaire, toute
expérience préalable est impossible ; et l'on en est réduit à des
conjectures basées sur des analogies, à des raisonnements fondés
sur la connaissance géologique du sol. Mais bien souvent raison-

nements, conjectures, se trouvent en défaut, parce que des circonstances accessoires interviennent — existence de fissures ou de poches, éboulements, influence de puits voisins — et viennent modifier accidentellement les conditions de l'écoulement. Par contre, il est à remarquer qu'il n'y a guère dans ce cas de variations saisonnières, la charge sous laquelle l'écoulement se produit demeurant à peu de chose près constante.

51. Examen qualitatif. — Suivant l'usage auquel l'eau est destinée — irrigations agricoles, alimentation des villes, emplois industriels — les exigences sont très différentes au point de vue de la qualité. Il est donc extrêmement important d'examiner, dans chaque cas, les caractères spéciaux des eaux dont on dispose.

Une première série d'observations porteront sur leurs propriétés organoleptiques. On juge volontiers d'une eau d'après son *aspect* : limpide, elle sera de préférence admise pour l'alimentation ; trouble, elle ne serait acceptée qu'avec répugnance dans une ville, mais elle conviendra parfois pour les usages agricoles. Telle eau, trouble d'abord, devient limpide par le repos, parce que la décantation la débarrasse des matières en suspension ; telle autre, d'abord limpide, se trouble à la longue, par suite du développement de certaines germes organiques. On apprécie la limpidité par comparaison, soit en observant une surface blanche à travers des tranches liquides d'épaisseur constante, soit en faisant passer des faisceaux lumineux dans des tubes pleins d'eau et de longueur déterminée, ou par tout autre procédé analogue. Incolore sous une épaisseur réduite, l'eau présente presque toujours une coloration très nette, quand on l'examine sous une épaisseur un peu considérable : souvent d'un beau bleu d'azur, quand elle ne contient pas de matières en suspension, elle passe d'autres fois au vert, au jaune-brun ; il semble qu'il y ait un rapport direct entre sa composition intime et ces différences d'aspect ; les eaux pures des terrains calcaires sont bleues, celles des terrains granitiques, jaunes, etc.

Par contre, l'eau de bonne qualité doit être sans odeur : le sens de l'*odorat* décèle de très faibles proportions d'acide sulfhydrique, surtout si l'on a soin d'agiter un peu l'échantillon ; parfois une légère élévation de température favorise le dégagement d'une odeur qui passerait inaperçue à la température ordinaire ; on peut la déceler aussi dans certains cas par l'addition d'un réactif, comme le sulfate de cuivre.

On ne peut guère se fier aux indications assez vagues du *goût* ; d'acuité très variable d'ailleurs suivant les individus, ce sens a besoin d'être exercé, pour parvenir à distinguer avec quelque netteté des eaux de qualité différente ; il ne décèle pas des quantités relativement importantes de sel marin, d'alun, de nitrate de chaux, de sulfate de fer.

La *température* d'une eau donne sur sa nature et son origine des indications très précises : si elle est très peu variable, on a sûrement affaire à une eau provenant de couches souterraines et qui y a séjourné longtemps ; si elle est supérieure à la température moyenne de l'air, c'est que l'eau émerge de couches profondes...

Quelque importance qu'on attache à l'*analyse chimique* et à l'*examen micrographique*, qui fournissent, au sujet de la qualité des eaux, des renseignements indispensables et singulièrement précieux, il ne faut jamais omettre de les discuter, de les interpréter, par l'étude attentive des *circonstances locales*, qui vient souvent révéler des particularités curieuses, expliquer certaines anomalies apparentes, en démêler les causes, et complète par là très heureusement ce que les méthodes les plus parfaites du laboratoire seraient impuissantes à faire ressortir dans bien des cas. Le grand chimiste J.-B. Dumas le disait déjà il y a plus d'un demi-siècle : « L'analyse chimique d'une eau ne suffit pas pour la juger » [1] ; Duclaux, directeur de l'Institut Pasteur, a dit plus récemment que « ces analyses bactériologiques sont illusoires quand elles ne sont pas accompagnées d'une étude géologique du sol et du sous-sol » ; ce sont des indications nécessaires, que rien ne saurait remplacer sans aucun doute, qui permettent de tirer immédiatement des conclusions négatives ou défavorables, de rejeter définitivement telle eau jugée impropre à un usage déter-

(1) *Annuaire des eaux pour 1851.*

miné, parce qu'elle contient des substances ou des germes nuisibles ou de trop fortes proportions de corps solubles, admissibles seulement à une moindre dose, mais qui bien souvent ne justifieraient pas à elles seules des conclusions positives, surtout quand il s'agit d'eau potable. On devra toujours, dans ce dernier cas, se renseigner sur la provenance de l'eau, sur les terrains qu'elle traverse, sur les causes d'altération auxquelles trop souvent elle est exposée, rechercher l'influence qu'elle peut avoir sur la santé des populations qui en font usage, discuter la probabilité plus ou moins grande de la prolongation de l'état actuel ou d'une contamination progressive par le fait du développement de la population, de la culture ou de l'industrie. On recherchera de préférence pour cet usage les eaux provenant de contrées désertes, de pays recouverts d'une végétation sauvage ; on évitera celles qui seraient puisées dans les terrains marécageux, dans le voisinage des centres habités, des puisards, des fosses, des cimetières, etc.

59. Analyse chimique. — Quoi qu'il vienne d'être dit au sujet du contrôle auquel il convient de soumettre les résultats de l'analyse chimique, c'est un mode d'investigation qui s'impose et auquel on doit toujours avoir recours.

Comme l'analyse complète d'une eau est une opération fort longue, délicate et coûteuse, on se contente fréquemment de la détermination quantitative d'un certain nombre de substances plus particulièrement intéressantes suivant les cas, et l'on préfère des méthodes rapides d'essai, qui suffisent souvent à comparer entre elles diverses eaux et à les différencier.

Malheureusement, les résultats fournis par les divers laboratoires sont souvent obtenus par des procédés différents et formulés d'après des désignations variables, de sorte que les comparaisons, si nécessaires, deviennent trop souvent impossibles : les chiffres présentés sont tantôt des *cent millièmes* en poids, tantôt des *milligrammes par litre*, etc. ; ici on entend par *matière organique* la perte au feu par calcination du résidu sec, là c'est le poids d'oxygène emprunté au réactif (permanganate de potasse), etc. Une entente générale serait bien désirable à cet égard et le Congrès international qui la réaliserait rendrait un véritable service à la science.

D'ailleurs, et quelles que soient les méthodes mises en œuvre, il importe au plus haut point que la *prise d'échantillon* soit faite avec les soins désirables. Deux litres sont nécessaires pour l'analyse ordinaire, 5 à 10 pour l'analyse complète. On recommande de les recueillir dans un flacon de verre incolore, n'ayant jamais contenu d'autre liquide, qu'on lave plusieurs fois dans l'eau même dont on veut faire l'analyse, et qu'on remplit ensuite en puisant l'eau à l'endroit où elle est le plus à l'abri de tout mélange, de tout contact étranger, au milieu du courant dans les rivières, à une profondeur moyenne dans les lacs, toujours quand le régime est normalement établi : le flacon est fermé au moyen d'un bouchon de verre rodé à l'émeri ou de liège neuf et sain ; il est cacheté, étiqueté et porté le plus rapidement possible au laboratoire, où l'analyse doit être aussi entreprise sans retard.

Les recherches auxquelles on procède le plus souvent portent sur la proportion de *matières en suspension*, de *gaz dissous* et notamment d'*oxygène libre* ; on détermine presque toujours le *résidu solide total*, la quantité de *matière organique* ou les éléments organiques (carbone et azote organiques, azote albuminoïde, etc.), on recherche la *chaux*, la *magnésie*, le *chlore*, les *nitrates*, les *sulfates*, parfois certains minéraux comme le *plomb*, certaines substances organiques de nature particulière comme l'urine, le purin, etc. On doit soigneusement contrôler et discuter les chiffres trouvés, pour ne pas s'exposer à des conclusions inexactes ; la présence du chlore, des matières organiques, des nitrates, est souvent considérée par exemple comme la preuve certaine d'une contamination antérieure, mais le chlore peut provenir du sel marin entraîné fort loin dans l'intérieur des terres par les vents qui viennent de l'océan ; les matières organiques sont souvent en aussi forte proportion dans les eaux des contrées vierges que dans celles des régions les plus peuplées, les nitrates attestent une transformation complète des matières azotées et, par suite, une épuration efficace ; une interprétation méthodique des résultats de l'analyse est donc particulièrement à recommander.

10

Parmi les procédés rapides, l'*essai hydrotimétrique* tient le premier rang : il a pour objet de déterminer la *dureté* ou la *crudité* d'une eau, ou, en d'autres termes, la proportion de sels terreux ou magnésiens qu'elle contient, en utilisant la méthode indiquée par Boutron et Boudet en 1856 et qui est basée sur cette observation de Clarke, que l'addition dans l'eau d'une dissolution alcoolique de savon y fait apparaître la mousse seulement après précipitation, sous forme de grumeaux, de la chaux et de la magnésie combinées avec les acides gras ; chaque *degré hydrotimétrique* correspond à un cent millième de carbonate de chaux. Le procédé demande à être appliqué avec précaution ; il faut savoir distinguer la mousse caractéristique de la fausse mousse, qui se produit souvent un peu plus tôt, avant la précipitation des sulfates ; dans ce cas, il est à recommander de faire l'essai sur l'eau naturelle, puis sur la même eau après ébullition, on trouve deux résultats différents, le second plus faible que le premier correspond aux sulfates seuls. Il convient de mentionner ici qu'en Allemagne chaque degré de *härte* correspond à un cent millième de chaux et non de carbonate, qu'en Angleterre le degré de *hardness* représente un soixante-dix millième de carbonate, de sorte que le premier correspond à 100/56, le second à 100/70 d'un degré hydrotimétrique français.

68. Examen micrographique. — La détermination de la qualité d'une eau, surtout lorsqu'elle est destinée à la boisson, comporte nécessairement aujourd'hui la recherche des bactéries, des germes organisés microscopiques qu'elle renferme : tantôt on se borne à faire la *numération* de ces germes sans les différencier entre eux, tantôt on cherche à déterminer certains germes caractéristiques, ceux notamment qui sont considérés comme spécifiques pour certaines maladies et qu'on désigne en conséquence comme appartenant à des espèces *pathogènes*, par opposition aux espèces banales, aux organismes inoffensifs ou indifférents dits *saprophytes.*

La numération se fait après ensemencement dans un milieu de culture liquide ou solide, par projection, de quelques gouttes de l'eau à examiner, soit pure, soit préalablement diluée dans une proportion connue d'eau stérilisée. A l'observatoire municipal de Paris (Montsouris), M. le D' Miquel a donné la préférence aux milieux liquides et applique la méthode des *ensemencements fractionnés*, qui consiste à verser une goutte d'eau diluée, ne devant contenir au plus qu'un germe, dans chacun des ballons contenant le bouillon de culture, qu'on tient ensuite à l'étuve durant quinze jours : on observe alors la proportion des ballons où le liquide s'est troublé par pullulation des microbes et l'on en déduit le nombre des germes contenus dans chaque centimètre cube de l'eau soumise à l'essai. La méthode du D' Koch, de Berlin, moins sensible mais plus rapide et plus simple et qui, pour ce motif, s'est beaucoup plus répandue, est basée sur l'emploi de cultures sur *plaques* de verre dans la gélatine solidifiée : l'eau à essayer est versée dans une petite quantité de gélatine préalablement liquéfiée à 35 ou 40 degrés, qu'on jette ensuite sur une plaque de verre, où elle se solidifie presque instantanément ; chaque germe s'y trouve emprisonné par le milieu nutritif et s'y développe, en formant une tache qui va grossissant et qu'on appelle une *colonie* : au bout de trois à cinq jours, on dénombre les colonies à l'aide du microscope. Il va de soi que les chiffres fournis par la méthode de Koch sont beaucoup plus faibles que ceux auxquels arrive M. le D' Miquel (1/7 environ).

Pour la *détermination des espèces*, on peut employer des moyens mécaniques, comme le filtrage à travers des corps poreux, ou certains agents physiques, comme la chaleur, pour séparer les organismes de grosseurs ou de propriétés différentes ; par des réactifs chimiques on peut modifier les qualités des milieux nutritifs et les rendre plus ou moins propres au développement de certains germes ; il est possible aussi de prélever des portions de colonies et de les cultiver isolément, dans des milieux liquides ou solides appropriés, de manière à faire apparaître certains caractères spéciaux ; enfin, on inocule les germes isolés à de petits animaux, souris, cobayes, pour en observer la virulence.

Etant donnée l'extrême sensibilité de semblables méthodes, il est évident que la prise d'échantillon en vue de l'examen micrographique doit être entourée de précautions plus minutieuses encore que pour l'analyse chimique. Le vase doit être purgé au préalable de tous microorganismes : ce sera le plus souvent un tube de verre effilé en pointe et scellé à haute température, dont on casse la pointe sous l'eau, avec une pince auparavant flambée, et qu'on scelle de nouveau à la lampe immédiatement après le remplissage ; on peut aussi employer des flacons, stérilisés par la chaleur, fermés avec des bouchons de liège carbonisés superficiellement, qu'on place pour le transport dans des enveloppes de papier cachetées à la cire et qu'on débouche sous l'eau en un point convenablement choisi. La rapidité avec laquelle la proportion des microbes se modifie dans une eau, surtout quand la température augmente, commande de pratiquer l'essai aussi promptement que possible, sur place même si faire se peut : dans le cas contraire, et s'il faut faire voyager les échantillons, le procédé le plus sûr est de les placer dans des caisses spéciales contenant de la glace.

Les résultats obtenus sont des plus importants quand il s'agit de déterminer la valeur d'une eau, surtout au point de vue hygiénique ; mais, là encore, il faut procéder avec une extrême prudence et ne pas oublier, comme l'a dit et répété Duclaux, « qu'aucun des procédés d'investigation micrographique ne donne la sécurité de jugement cherchée » [1] et que rien ne saurait remplacer l'examen approfondi des circonstances locales, au moyen duquel on parvient à contrôler utilement les déductions tirées des opérations de laboratoire.

(1) *Annales de l'Institut Pasteur*, juillet 1894.

CHAPITRE IX

TRAVAUX DE CAPTAGE

Sommaire : 54. Récolte et emmagasinement des eaux de pluie ; 55. Mise en réserve des eaux de ruissellement ; 56. Digues et murs-barrages ; 57. Ouvrages accessoires ; 58. Emprunts aux eaux de superficie ; 59. Prises d'eau en lit de rivière ; 60. Galeries ou puits de captage dans les graviers d'alluvion ; 61. Captage des sources ; 62. Puisages dans les nappes phréatiques ; 63. Construction des puits ; 64. Drainages ; 65. Galeries drainantes ou captantes ; 66. Emprunts aux nappes profondes ; 67. Emprunts aux nappes ascendantes ou artésiennes.

54. Récolte et emmagasinement des eaux de pluie. — Le moyen le plus simple de réunir les eaux pluviales tombées sur des surfaces imperméables est de les diriger dans une dépression naturelle et d'y former une *mare*. C'est le système constamment employé sur les plateaux de la Beauce et de la Normandie, où les mares servent surtout d'abreuvoir pour les animaux : quand le terrain ne retient pas l'eau naturellement, on l'étanche au moyen d'un corroi d'argile. En Espagne, on trouve des mares de capacité considérable, parfois maçonnées, qui servent à emmagasiner les eaux destinées à l'irrigation. L'eau des mares se corrompt d'habitude assez rapidement : elle doit être considérée comme impropre à l'alimentation.

On obtient de meilleurs résultats avec les *citernes*, qui sont des réservoirs étanches, clos et couverts, où l'eau est mieux abritée contre les causes extérieures de contamination. Connues dès la plus haute antiquité, les citernes ont été employées dans tous les pays. Elles se composent essentiellement d'un bassin de capacité restreinte, dont les parois sont revêtues d'argile ou de maçonnerie et que recouvre une voûte : un trop-plein écarte l'eau surabondante, un appareil de puisage quelconque est disposé au-dessus du bassin. Pour empêcher l'eau de se gâter par la stagnation, il faut observer certaines précautions indispensables : rendre les parois bien étanches pour ne pas recevoir d'infiltrations du dehors ; écarter les premières eaux à chaque pluie, parce que ce sont les plus chargées d'impuretés, d'où l'usage du *citerneau ;* réaliser une obscurité complète, de manière à empêcher tout développement de la vie végétale et animale ; procéder à des nettoyages périodiques suffisamment rapprochés. A défaut, on constate bientôt l'odeur désagréable et caractéristique de l'eau *croupie* ; par contre, si les précautions sont bien prises, la conservation peut être indéfinie, puisqu'on a trouvé récemment en Algérie une eau excellente dans une citerne de l'époque romaine, cachée sous une mosaïque, et qui n'avait pas été découverte depuis des siècles.

Par surcroît de précaution, et quand il s'agit d'eau potable, on adapte quelquefois aux citernes un appareil de filtrage. Tel est le cas des *citernes de Venise,* où l'eau est contrainte de traverser une

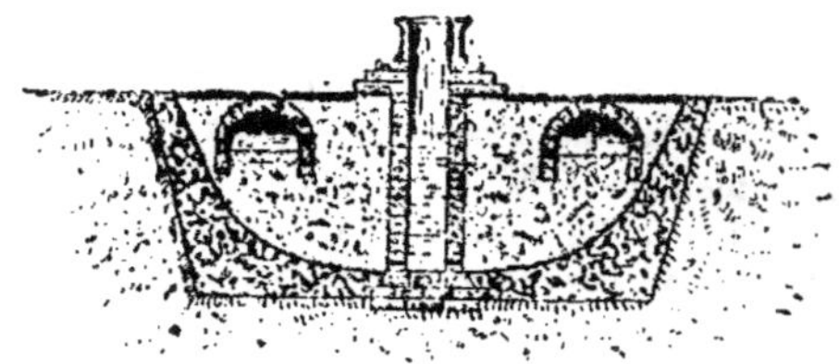

grande épaisseur de sable avant de parvenir au puits central dans lequel se fait le puisage : ce sont des cuvettes creusées dans la terre et dont les parois sont formées de boules de glaise pétries à la main et lancées avec force de manière à former un revêtement bien homogène ; l'eau y arrive à la partie supérieure par les *cassetoni* et s'infiltre dans une couche épaisse de sable avant de parvenir aux orifices percés sur le pourtour du puits central en maçonnerie. Aux Etats-Unis, où les citernes sont très répandues, on dispose souvent après le citerneau une paroi poreuse filtrante, ou l'on munit d'un filtre l'appareil de puisage, de manière à produire un nettoyage ou une amélioration de l'eau à son entrée dans la citerne ou à la sortie.

55. Mise en réserve des eaux de ruissellement. — « Partout, dit M. de Gasparin, où un vallon recevant les eaux « d'une vaste surface de collines laisse échapper lors des pluies « et des orages un torrent passager qui dégrade les terres infé- « rieures, partout où un ruisseau trop peu abondant pour être « utile peut être retenu et ses eaux mises en réserve pour le « besoin, la création d'un réservoir peut devenir une source de « richesse... » Ce moyen de recueillir les eaux qui ruissellent à la surface du sol est en effet fréquemment employé : en établissant une digue formant barrage en travers d'une vallée, on y arrête l'écoulement de l'eau, créant ainsi une *réserve artificielle*, qui, suivant la profondeur, prend l'aspect d'un étang ou d'un lac.

Dans le premier cas, l'eau devient bien vite impropre à l'alimentation, mais elle peut rester excellente pour l'irrigation des terres ; dans le second cas, elle se décante, devient limpide, prend une température presque constante et constitue dès lors une précieuse ressource, particulièrement appréciée en Angleterre et aux Etats-Unis pour l'alimentation des villes, parce que le climat n'y est ordinairement pas assez chaud pour que la végétation se développe beaucoup dans les eaux stagnantes et les charge de matières organiques en trop grande abondance. Cet inconvénient s'est cependant produit avec une intensité toute particulière, il y a peu d'années, dans les réservoirs qui fournissent l'eau potable à la ville de San-Francisco.

Dès l'antiquité on a eu recours à ce mode d'approvisionnement, soit en profitant de dépressions naturelles préexistantes, soit en construisant des barrages, soit même en créant de toutes pièces des cuvettes artificielles par des travaux de terrassement considérables : on a déjà cité les grandes réserves d'eau ainsi établies en Egypte, dans l'Inde... A notre époque on les trouve employées en Espagne, en Algérie en vue de l'irrigation, ailleurs pour l'alimentation des canaux, la régularisation du débit des rivières, l'établissement d'un système de *compensation* destiné à restituer à certains cours d'eau la fraction de leur débit qui leur a été enlevée d'autre part pour divers usages, etc... enfin pour l'alimentation des villes : New-York, Manchester, Liverpool, Saint-Etienne, Verviers, etc. . y ont eu recours.

Quand on se propose d'établir une réserve de ce genre, il faut tout d'abord se livrer à une étude approfondie des circonstances locales, relever la superficie du bassin versant, constater la hauteur annuelle normale de pluie, sauf à la réduire d'un sixième à un quart pour tenir compte des années de sécheresse, se rendre compte de la fraction qu'on en peut recueillir, 0,25 à 0,33 dans la plupart des cas, 0,40 au maximum, rechercher l'influence de l'infiltration, qui dépend de la constitution géologique du sol, celle de l'évaporation, qui est en rapport avec le climat et atteint 0 m. 55 à 0 m. 60 par an dans le Nord de la France pour s'élever à 1 ou 2 mètres dans le Midi. Il faut aussi calculer l'importance des besoins à desservir, la capacité nécessaire, apprécier autant que faire se peut le régime probable. Toutes questions délicates qui bien souvent ne comportent pas de réponses parfaitement précises, de sorte qu'il reste la plupart du temps une incertitude assez grande et la possibilité de graves mécomptes. On ne peut d'ailleurs établir une digue-barrage que si l'on trouve un emplacement favorable, dans une partie rétrécie de la vallée ; il convient aussi que les terres où s'épandront les eaux soient de peu de valeur, car on ne peut généralement pas faire des expropriations coûteuses et supprimer des villages entiers, comme il est arrivé en Angleterre ; on doit enfin se placer aussi loin que possible des centres habités, de peur des catastrophes auxquelles donne lieu la rupture d'une digue et dont quelques-unes ont laissé de tristes souvenirs, comme la destruction du barrage de l'Habra (Algérie) le 16 décembre 1881, qui a eu pour conséquence la ruine des cultures et le ravage de toute une contrée florissante, celle du barrage de Sheffield (Angleterre) en 1864, qui a entraîné la perte de 798 maisons et la mort de 238 personnes, celle du barrage de Puentès (Espagne) le 30 avril 1802, qui a fait périr

608 personnes et jeté bas 89 maisons, celles plus récentes du barrage de Johnstown (États-Unis) en 1889, qui a fait des millions de victimes, et de la digue de Bouzey en 1895, dont les effets ont provoqué en France une si vive émotion. « Les barrages, dit « M. de Freycinet dans son livre sur les *Principes de l'Assai-* « *nissement des villes*, ne peuvent pas être établis dans toute « espèce de terrains..... il faut que les terrains sur lesquels les « eaux devront s'étendre offrent une résistance suffisante pour « supporter la pression énorme développée par le poids de la « digue et des eaux accumulées ; en d'autres termes ils ne doi- « vent pas être de nature à se détremper profondément, à tasser « ou à couler quand surviennent des incidents météorologi- « ques ».. Parfois on utilise un lac naturel, dont on exhausse le plan d'eau pour en augmenter la capacité, comme on a fait au lac d'Oredon, dans la haute vallée de la Neste, et dont on modi- fie l'exutoire afin d'en pouvoir régler l'écoulement.

Dans les régions montagneuses ou ondulées, les fortes déclivi- tés du sol ne se prêtant pas à la création de grandes réserves, on se contente de recueillir les eaux dans des *fossés* ou des rigoles horizontales, pratique usitée pour l'irrigation de certaines terres peu perméables du Limousin, dans des *mares*, comme cela se fait en Espagne, où on leur donne la forme de bassins maçonnés et profonds, dits *balsas*, ou enfin dans de petits *étangs*, limités par un bourrelet en terre, qu'on revêt parfois soit de perrés en pierres sèches soit d'un corroi de sable gras ou d'argile sableuse arrosée

au lait de chaux. La digue ainsi formée est tantôt en ligne droite, tantôt courbe : dans ce dernier cas, la forme convexe, plus avanta- geuse pour la résistance, a l'inconvénient de réduire le cube emma- gasiné ; par contre, la forme concave, qui augmente la capacité, est moins favorable à la résistance. On a d'ailleurs soin de prélever toujours les terres destinées à la confection de la digue dans l'enceinte même de l'étang, afin de profiter du vide qui en résulte, et autant que possible sur le pourtour, pour que les rives un peu abruptes ne se prêtent pas à la formation de marécages. La crête de la digue est arasée d'ordinaire à 0 m. 25 ou 0 m. 40 au-dessus du plan d'eau, quelquefois à 0 m. 50 et même 1 mètre, afin d'éviter qu'elle ne soit surmontée et affouillée par les petites vagues que soulève le vent. On doit bien l'enraciner au pied et sur les bords, et, à défaut de revêtement plus résistant, gazonner le talus d'aval et garnir celui d'amont de roseaux : une risberme de 0 m. 30 à 0 m. 40 est réservée à cet effet un peu au-dessous du plan d'eau. Quelquefois une dérivation permet de faire écouler les eaux du ruisseau à volonté, sans passer par l'étang, en manœuvrant un jeu de vannes ou de poutrelles.

56. Digues et murs-barrages. — Quand les circonstances se prêtent à l'établissement d'un lac artificiel, on est amené à construire en travers de la vallée une *digue-barrage*, de hauteur plus ou moins considérable, qui constitue un ouvrage toujours important et très exposé, à la construction duquel on doit apporter en conséquence les soins les plus minutieux.

Les digues-barrages s'exécutent fréquemment *en terre*; non point en général au moyen d'un simple remblai comme dans l'Inde ancienne, où on a dû leur donner des épaisseurs énormes avec des talus extrêmement adoucis, et où l'on prenait, pour assurer le tassement et la cohésion des couches successives, des précautions toutes particulières, comportant une longue série de campagnes; mais plutôt sous la forme d'un massif trapézoïdal, composé d'un corroi d'argile et de sable, rendu plus compact par l'addition d'un peu de chaux, et trituré par petites couches à l'aide de rouleaux ou disques en métal, actionnés par traction animale ou mécanique : la largeur en couronne est aussi réduite que possible, le talus intérieur raidi et protégé par un revêtement, le talus extérieur plus allongé et souvent coupé par des banquettes. A ce type homogène, presque exclusivement usité en France, les ingénieurs anglais préfèrent d'ordinaire un type

très différent, composé d'une sorte de mur central en argile corroyée, s'élevant depuis les parties les plus basses de la fondation
jusqu'au couronnement et que viennent épauler de part et d'autre des massifs de remblais de choix, à talus très inclinés, puis
des massifs de terres à talus plus allongés : on ne demande aux

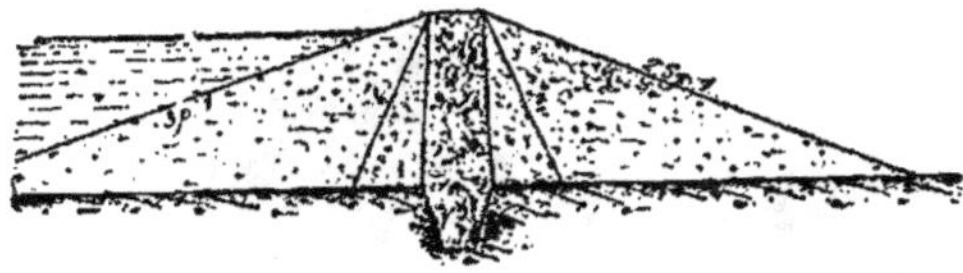

remblais que de résister par leur masse, et c'est le mur central
qui réalise l'étanchéité de l'ouvrage. Un système de construction
analogue, mais avec mur central en maçonnerie, a été adopté
jadis pour la digue de St-Ferréol (canal du Midi). On le retrouve
aux Etats-Unis, où l'on tend à réduire le mur central à un simple
rideau en béton, même en tôle d'acier, avec revêtement en

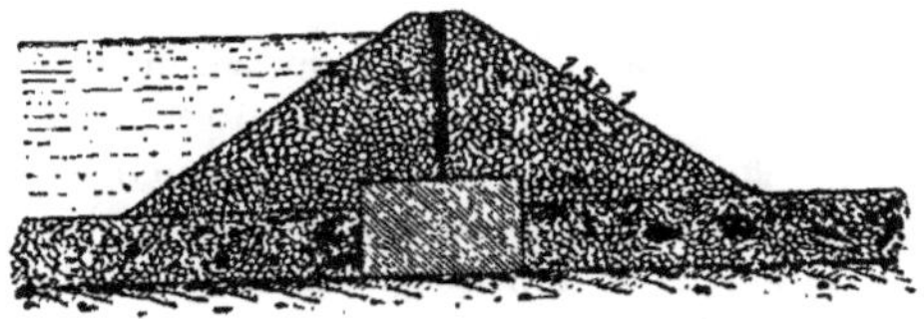

asphalte ou en ciment armé, et de part et d'autre des massifs
de pierrailles, sans cohésion, ou de terres quelconques, exécutés
au wagon comme des terrassements ordinaires.

Au delà de 20 à 30 mètres de hauteur les digues-barrages s'exécutent plutôt en maçonnerie. Les *murs* présentent en effet des
garanties supérieures; ils ont le grand avantage de se prêter à
des calculs de résistance basés sur des formules éprouvées, dont
l'établissement et les perfectionnements successifs sont dûs à
MM. Graeff, Delocre, Bouvier, Guillemain, Maurice Lévy et qui
ont permis de substituer aux massifs rectangulaires ou trapézoï-
daux de grande épaisseur usités jadis, et dont le barrage d'Alicante

est un exemple fameux, des profils rationnels, dont le prototype
est celui du réservoir du Furens, construit par Graeff en 1861-66

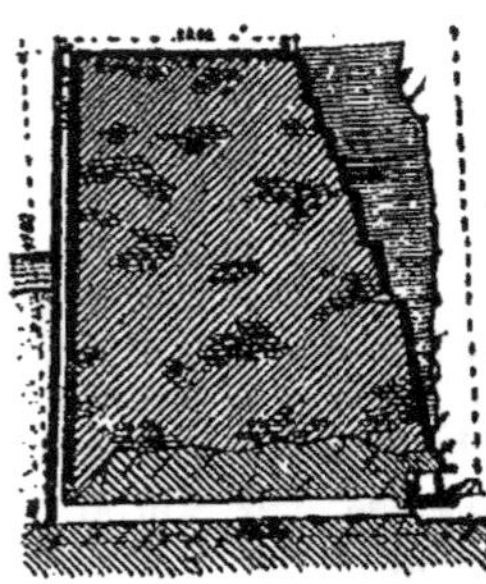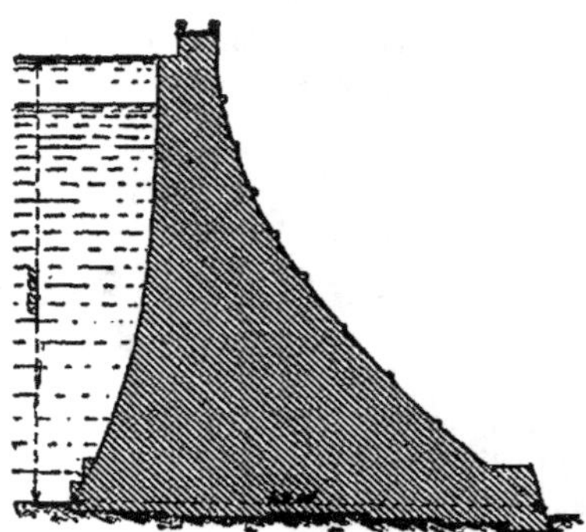

pour le service alimentaire et industriel de la ville de St-Etienne.
Mais, quelque confiance que doivent inspirer les calculs, on ne doit
jamais oublier qu'ils ont pour point de départ des hypothèses —
incompressibilité du sol, monolithisme du massif, imperméabilité
des maçonneries — qu'il est difficile de réaliser. Ainsi, malgré
tous les soins, des suintements à travers les maçonneries sont à
peu près inévitables; les variations de température y déterminent
toujours des fissures; les conditions de fondation laissent parfois
forcément à désirer. On se rapprochera le plus possible des conditions théoriques en recherchant le roc vif et compact pour y
asseoir la base des murs, des matériaux résistants et des mortiers de qualité supérieure pour la constitution des maçonneries,
en veillant de la façon la plus rigoureuse à éviter tout travail
d'extension, par suite toute chance d'écrasement, en élevant le
couronnement assez haut pour s'opposer à tout déversement par-
dessus la crête de l'ouvrage..., peut-être même dans certains cas
sera-t-on conduit à protéger le massif contre les infiltrations par
un mur de garde ou masque, formant drainage à l'amont, comme
le recommandait naguère M. Maurice Lévy.

En Amérique, on fait volontiers montre de plus de hardiesse, soit qu'on travaille dans des pays neufs, encore presque déserts, ou que les considérations économiques priment celle de la sécurité publique ; on s'y écarte souvent des règles tutélaires qu'on

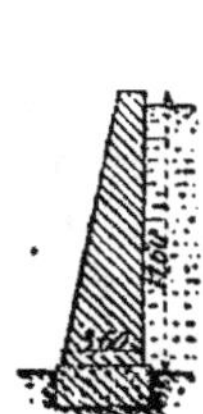
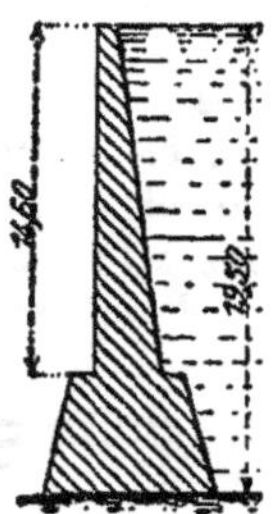

vient de rappeler pour adopter des dispositions qui motiveraient ailleurs des craintes trop légitimes et qui cependant ont parfois réussi : témoin les murs-barrages du Rio-Grande (Panama) et de Bear-Valley (région aride des Etats-Unis), dont les figures ci-contre reproduisent les profils.

En Europe, au contraire, et bien que la valeur du type français et des calculs, sur lesquels nos ingénieurs l'ont étayé, soit pour ainsi dire universellement reconnue, bien que de nombreux ouvrages exécutés sur ce type, tels que les barrages de Ternay, du Ban, de Chartrain, de Pont, etc., en aient fait la démonstration pratique, on a tendance à exagérer plutôt les mesures de prudence et à s'arrê-

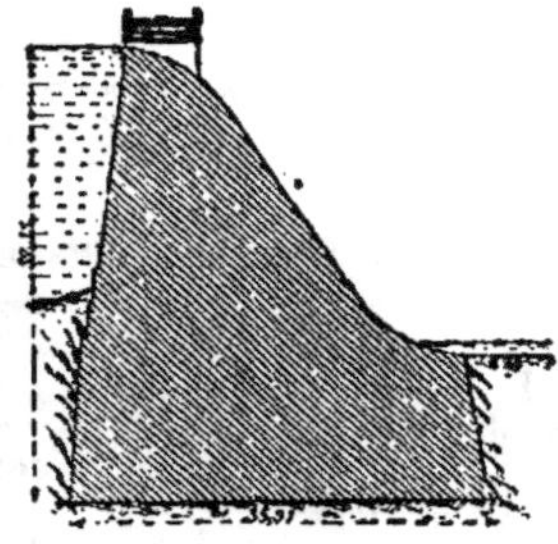

ter à des profils plus massifs, comme celui du mur-barrage de la Virnwy, exécuté il y a peu d'années pour les eaux de Liverpool.

57. Ouvrages accessoires. — Les bassins de réserve, étangs ou lacs artificiels, comportent des agencements spéciaux pour

la prise d'eau, l'écoulement des eaux surabondantes, le vidage,
le dévasement, qui motivent la construction d'ouvrages accessoires, appelés à jouer dans l'exploitation un rôle important, et
sur lesquels l'attention doit en conséquence se porter dans tous
les cas.

La *prise d'eau* des anciens étangs français était composée
habituellement d'une *bonde* en bois, recouverte de cuir, placée
en tête d'une buse en bois ou en maçonnerie, et dont on manœuvrait la tige, disposée à l'extrémité d'un léger appontement, au
moyen d'un levier, d'une crémaillère ou d'une vis à double

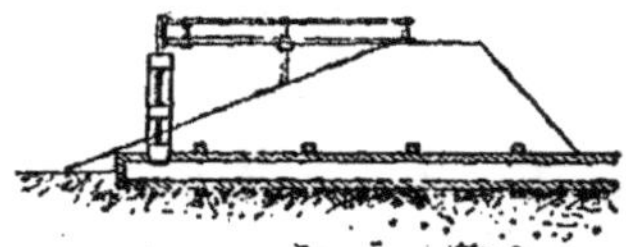

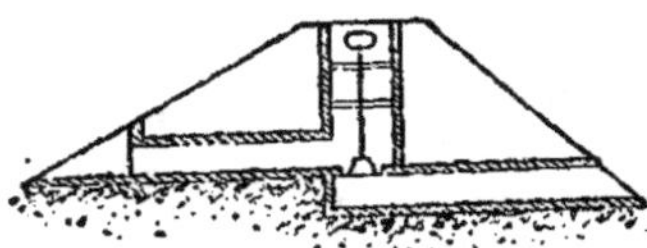

écrou. Une disposition analogue est usitée en Italie, mais la
bonde est placée dans un puits cen-
tral et présente le gros bout du tronc
de cône vers le bas, de manière à
couvrir l'orifice ouvert dans la dalle
qui sépare les buses de prise et de
départ, établies à des niveaux différents dans l'épaisseur de la digue : la
bonde est formée assez souvent d'un
bloc de pierre, garni par-dessous d'une

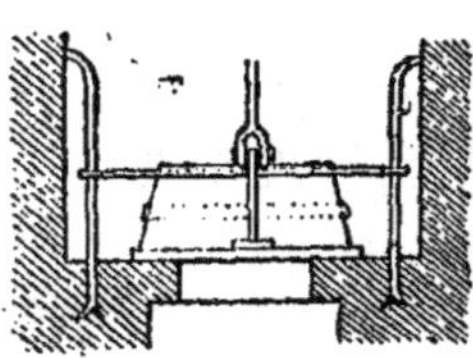

planche en bois recouverte de cuir et manœuvré au moyen d'une
chaîne enroulée sur un treuil ; des tringles la guident dans son
mouvement. On adapte souvent aussi aux petites réserves de sim-

ples *vannes*, à planchette ou à boulet, découvrant un orifice vertical, oblique ou horizontal, et l'on y peut employer avec avantage

les *clapets* en fonte à contacts en bronze, qui sont usités dans les
réservoirs de distribution des villes, soit de la forme courante,
soit de la forme plus rationnelle adoptée à Paris pour diminuer

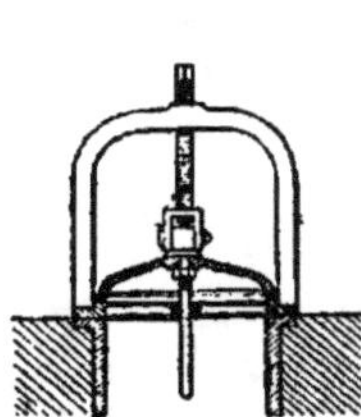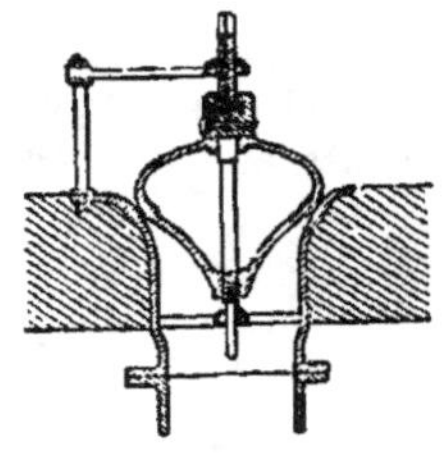

les remous en évitant de briser les filets liquides ; dans certains
cas, au lac d'Oredon par exemple, les prises d'eau sont constituées par des conduites en fonte munies de robinets-vannes :
rien n'empêche de recourir aussi aux vannes cylindriques, en
usage depuis quelques années sur les canaux. Quel que soit
d'ailleurs le type adopté, l'installation des appareils de prise
d'eau ne va pas sans difficultés : il en résulte notamment, quand
ces appareils sont placés dans l'épaisseur de la digue ou du mur-
barrage, un point faible susceptible de nuire à la résistance de
l'ouvrage ; c'est pour l'éviter qu'on a, dans quelques lacs-réservoirs de construction récente, à celui de Torcy-Neuf, par exemple, établi en 1887 près du Creusot pour le canal du Centre, placé

les prises d'eau en amont de la digue, dans une tour isolée, reliée au couronnement par une passerelle.

Pour l'écoulement des eaux surabondantes amenées par les crues, on dispose le plus souvent un *déversoir*; et, afin d'éviter la dégradation des ouvrages, on le rejette en dehors de la digue ou du mur, sur les flancs des coteaux de part ou d'autre, de manière à donner une assiette solide aux canaux de fuite, qui sont alors entaillés dans le sol naturel, soit à découvert, soit en souterrain : le calcul des dimensions du déversoir et du canal de fuite a souvent une importance capitale, car leur insuffisance, en cas d'afflux exceptionnel, peut être et a été fréquemment une cause de ruine pour les ouvrages les mieux conçus par ailleurs et les plus soigneusement établis. Par contre, dans les petits étangs peu exposés à de pareils afflux, on se contente souvent d'assurer l'écoulement du trop-plein au moyen d'une *bonde automatique* dont l'ouverture est déterminée par un contrepoids convenablement réglé ou par un simple seau qui se remplit d'eau dès que le niveau maximum de la retenue est dépassé.

Une excellente solution a été imaginée par Hirsch pour le réservoir de Mittersheim : le trop-plein y est constitué par un *siphon*, qu'un amorceur spécial met en jeu, quand le plan d'eau atteint la limite fixée, et dont la section est calculée de manière à pouvoir écouler le débit maximum des affluents ; une rentrée d'air, qui s'effectue dès que le plan d'eau est redescendu à la cote normale, met fin au déversement. Le même système, appliqué par Ribaucour au réservoir de Saint-Christophe (canal de Marseille), y a reçu des perfectionnements, par l'addition notamment d'un désamorceur, de telle sorte que le plan d'eau y est réglé automatiquement à moins d'un millimètre près.

Pour le vidage, on se sert tout d'abord des appareils de prise d'eau, et on achève au moyen d'appareils analogues, mais généralement de dimension moindre et placés à un niveau inférieur, qui servent à écouler la dernière tranche d'eau, lorsqu'on veut mettre le bassin complètement à sec pour nettoyage ou réparation. Cette dernière tranche est presque toujours assez chargée de matières en suspension, par suite de la décantation des couches supérieures, qui tendent à former vers le fond des dépôts de vase.

Ces dépôts, fort abondants parfois, ne tardent pas à devenir une cause d'embarras dans un grand nombre de cas, car il est assez difficile d'en venir à bout, même par des nettoyages fréquemment répétés. Dans les grands réservoirs espagnols, ces embarras ont été particulièrement ressentis ; la vase s'y accumule rapidement et ne tarderait pas à y réduire la capacité utile, si l'on ne parvenait pas à l'évacuer : aussi chacun d'eux a-t-il été pourvu d'ordinaire d'une galerie spéciale de curage ou *desarenador*, que ferme vers l'amont une porte en charpente maintenue par des contre-fiches ; pour faire un nettoyage, on brise les contre-fiches à coups de hache, on démonte ou on démolit la porte elle-même, et au moyen de barres manœuvrées du haut de la digue on perce dans la vase un canal d'écoulement, où les eaux en pression se précipitent, entraînant la vase sous forme de boue liquide à travers la galerie d'évacuation. Ce mode de procéder ne va pas sans danger : on l'a amélioré au nouveau barrage de Puentès, par la substitution à la porte en

charpente de vannes métalliques mues par l'eau comprimée.
Appliqué aux barrages algériens, où l'envasement est plus rapide
encore, il y a médiocrement réussi : l'effet des chasses demeure
limité en général, et les vases ne sont que partiellement entraînées, malgré l'évacuation complète de la retenue d'eau, qui est
au reste l'inconvénient principal du système. Aussi de nombreuses tentatives ont-elles été faites en vue de réaliser un
procédé plus commode et plus efficace de dévasement ; au bassin de Saint-Christophe, on a disposé un canal de ceinture, sur
lequel sont pratiquées des prises d'eau nombreuses, qui jettent
l'eau sur les flancs du banc de vase mis préalablement à découvert afin de déterminer l'entraînement des boues vers le fond ;
au barrage de Saint-Denis-du-Sig, on a expérimenté en 1882
l'appareil Calmels, qui a pour objet de désagréger la masse de
vase par des jets d'air comprimé ; un conducteur des ponts et
chaussées, M. Trémaux, a proposé des courants d'eau sous pression ; on a expérimenté à la Djijiouia (Algérie) le procédé de
M. Jandin, ingénieur à Lyon, qui consiste à produire l'entraînement des dépôts boueux, sans interrompre le service du
réservoir, au moyen de siphons immergés, dont une branche
mobile aboutit à un tuyau dragueur et l'autre à un évacuateur
fixe, etc.; mais le succès n'a pas jusqu'à présent couronné ces
efforts.

58. Emprunts aux eaux de superficie. — Pour emprunter à une rivière une fraction du volume d'eau qui y coule, on
se contente souvent d'ouvrir dans l'une des berges une *saignée*,

où s'engagent quelques-uns des filets
liquides, qu'on dirige ensuite par une
rigole ou un tuyau vers le point où
l'eau doit être utilisée. Si le volume
dérivé doit être un peu considérable,
il est nécessaire de diriger l'eau vers la
saignée, ce qui se peut faire au moyen d'un épi oblique, établi
en rivière et enraciné sur la rive immédiatement à l'aval, qu'on
peut construire en pieux et fascines, en terre avec revêtement
de pierres sèches ou en maçonnerie : c'est ainsi qu'est alimenté

le Naviglio Grande, dérivé du Tessin pour porter 50 mètres cubes d'eau par seconde dans les provinces de Milan et de Pavie : l'épi oblique, en solide maçonnerie, repose sur un massif de béton et un lit de libages ; des enrochements le défendent de part et d'autre. Pour régler le débit, on donne souvent au conduit d'écoulement une section bien déterminée sur une longueur assez considérable, et l'on y introduit un volume supérieur aux besoins ; des trop-pleins ou *déchargeoirs* renvoient le surplus au cours d'eau. On obtient aussi ce résultat en disposant à l'origine de la dérivation et sur la rive même du cours d'eau une

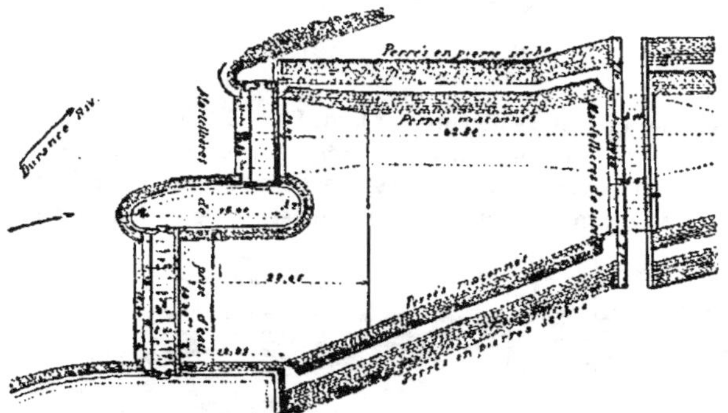

série de vannes mobiles formant *martelière*, comme celle que représente la figure et qui alimente le canal de Carpentras, dérivé de la Durance non loin du rocher de Mérindol : les canaux de Cadenet, de Manosque, de Marseille ont des prises d'eau analogues.

Si l'épi ne suffit pas, on y substitue un barrage complet, établi en travers du cours d'eau et au-dessous de la prise : il fait gonfler l'eau et permet de relever au besoin le niveau de la dérivation ; mais il faut alors pourvoir à l'écoulement des crues, soit en disposant la crête du barrage de manière à former déversoir, soit en y accolant un pertuis à fermeture mobile : les exemples abondent ; ainsi le canal du Verdon s'ouvre en amont d'un barrage fixe en maçonnerie, construit dans une des gorges de cet affluent de la Durance, et qui présente la forme d'un arc de

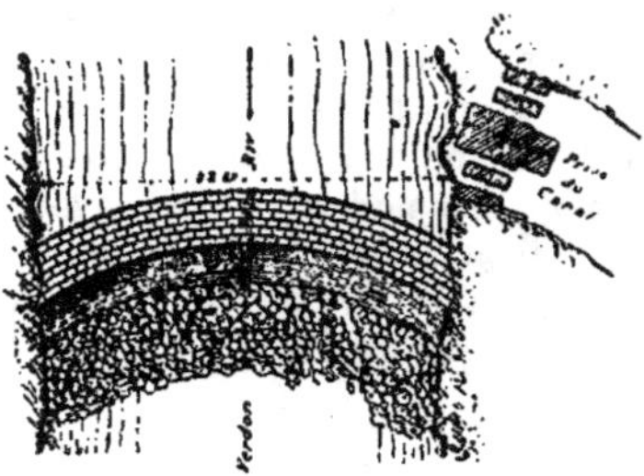

cercle de 36 mètres de corde et 5 m. 80 de flèche, avec 18 mètres de hauteur ; le canal du Forez prend son origine, dans la haute Loire, au-dessus d'un barrage fixe en maçonnerie de 76 mètres de développement ; et l'on retrouve cette disposition ou des dis-

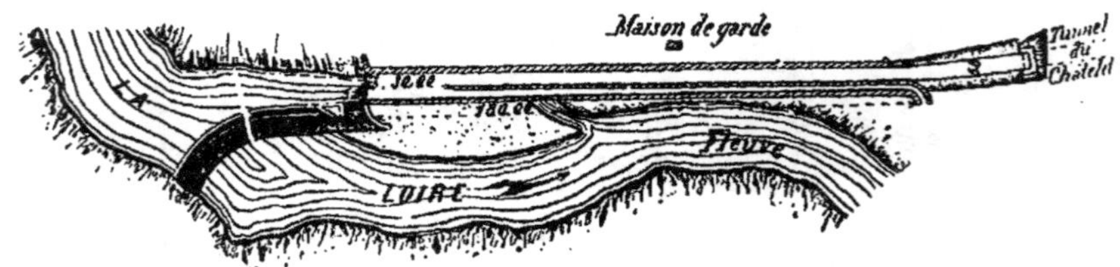

positions analogues au canal de la Vésubie, près de Nice, à celui de Moncade, qui sert à l'irrigation de la huerta d'Alicante, à celui du Riégo, également en Espagne, etc.; le massif du barrage affecte tantôt la forme d'un trapèze, à paroi presque verticale du côté amont et très inclinée vers l'aval (Verdon, Vésubie, Forez), tantôt des formes courbes en doucine plus ou moins allongée (Moncade, Riégo), pour faciliter l'écoulement des eaux des crues, lorsqu'elles en doivent surmonter la crête, et défendre ainsi le pied du massif contre les affouillements ; ailleurs, ce sont des ouvrages mobiles, tel le fameux barrage du Nil, entrepris par Mougel-Bey en 1843, à l'origine du delta, et complété de nos jours, qui ne comprend pas moins de 132 pertuis de grandes dimensions, qu'on peut fermer ou découvrir à volonté ; tels aussi les nouveaux barrages sur le Rhône, à Genève, pourvus de rideaux Caméré, et les nombreux barrages à martelières qu'on rencontre si fréquemment dans la pratique.

Des dispositions spéciales sont à recommander pour éviter l'encombrement des ouvrages par les sables et les graviers que les crues amènent avec elles ; à l'entrée du canal du Forez, par exemple, on a dans ce but disposé un système de poutrelles ; à la prise de la Vésubie, les graviers sont arrêtés par une grille de 1 m. 80 de hauteur, formée de six panneaux à barres horizontales espacées de 0 m. 10, et un pertuis de 3 m. de longueur, placé sur le côté, produit en temps de crue une chasse tangentielle, qui dégage la grille des dépôts dont elle serait bientôt encombrée ; à cette même prise, on a fait application d'un dispositif fréquemment usité, et qui consiste à établir des vannes à des hauteurs différentes, permettant de prendre l'eau suivant les cas au niveau le plus convenable.

On a déjà signalé l'utilité des déchargeoirs, pour faciliter le réglage du débit : dans ce même but, et à 30 mètres en arrière de la double martelière de tête, on voit à la prise du canal du Forez un mur avec avant-bec, qui divise le courant et rejette en rivière, par un conduit spécial, la partie surabondante du volume dérivé.

Les prises en eau dormante comportent des dispositions plus simples, puisqu'il n'y a pas à s'y préoccuper des courants ni des apports de sable ou de gravier en temps de crue. Elles se font encore le plus souvent par des saignées sur les rives, et l'on en règle le débit par des martelières : tel est, par exemple, le cas de la prise d'eau de la ville de Glasgow dans le lac Katrin. Il arrive cependant parfois que des circonstances spéciales conduisent à leur donner des dispositifs différents : c'est ainsi que les prises d'eau de la ville de Chicago, assise sur les bords du lac Michigan, ont dû, pour éviter les eaux contaminées de la rive, être conduites, sous la forme de longs souterrains, jusqu'à plusieurs kilomètres au large ; on les y a fait aboutir dans des tours pourvues d'ouvertures à ventelles en divers points de la hauteur, et qui, venant émerger au-dessus du plan d'eau, sont signalées par des phares. Il faudrait sans doute recourir à des moyens analogues, si l'on se proposait de puiser l'eau d'un lac à grande profondeur, afin de profiter de la constance relative de la température dans les couches éloignées de la surface.

59. Prises d'eau en lit de rivière. — Des prises d'eau éloignées des bords sont fréquemment pratiquées dans les cours d'eau, quand on veut s'y mettre autant que possible à l'abri des contaminations et puiser l'eau là où elle est la plus pure, c'est-à-dire en plein courant : cette disposition est particulièrement à recommander quand il s'agit de pourvoir aux besoins de l'alimentation. Chaque prise est alors reliée à l'une des deux rives par une conduite établie dans le lit, et qui repose sur le fond naturel ou dans une tranchée ouverte pour la recevoir.

Les *conduites de prise d'eau*, auxquelles on a recours en pareil cas, s'exécutent habituellement en fonte ou en tôle. On peut en faire la pose à l'abri de bâtardeaux, dans des enceintes mises préalablement à sec. et par les moyens employés couramment à terre. Mais il est généralement plus économique de les amener par eau jusqu'au-dessus des emplacements qui leur sont destinés et de les y faire descendre au moyen d'une charge additionnelle en prenant soin d'ailleurs de les guider convenablement. Tantôt elles sont flexibles et composées de tuyaux assez courts, reliés entre eux par des joints à rotule : un bateau apporte les tuyaux aux points convenables, et on les assemble au fur et à mesure, immédiatement avant l'immersion ; une conduite en fonte, de 0 m. 70 de diamètre, a été par ce procédé établie naguère dans la Meuse, près de Rotterdam, sur une longueur de 3 kilomètres. Tantôt on les constitue au moyen de viroles en tôle, assemblées entre elles sur la berge par l'intermédiaire de rivets ; elles sont alors rigides et susceptibles de flotter lorsqu'on les lance à l'eau après en avoir obturé les extrémités ; il est donc facile de les conduire à l'endroit où doit s'opérer la descente, qui, moyennant des précautions convenables, peut s'effectuer avec une précision parfaite : on a posé de la sorte plusieurs conduites de prise pour le service des eaux de Paris, et c'est par ce même procédé qu'ont été construits les siphons de l'Alma, des îles Saint-Louis et de la Cité, d'Herblay, etc., qui conduisent les eaux d'égout d'une rive à l'autre de la Seine. Les raccords se font soit à sec dans de petites enceintes, soit sous l'eau à l'aide du scaphandre. Et l'on protège au besoin les conduites contre toute atteinte, en les enveloppant d'une couche de béton, arasée au niveau du fond et coulée sous l'eau entre les talus de la tranchée ou entre deux lignes de pieux et palplanches.

La *prise d'eau* proprement dite doit être mise, dans la mesure du possible, à l'abri de l'invasion des sables et des corps flottants. A cet effet, on la dispose à une hauteur suffisante au-dessus du fond, on en dirige l'ouverture vers l'aval et on la munit en outre d'une sorte de crépine. Celle qui a été employée pour les prises en Seine des usines élévatoires de Paris n'est autre chose qu'une caisse en bois, pourvue d'une paroi grillagée du côté aval. Une patte d'oie en charpente surmonte l'ouvrage et porte un voyant durant le jour, un feu rouge durant la nuit, pour le signaler aux bateliers ; elle le protège d'ailleurs contre le choc des bateaux et sert aussi de brise-glaces. A Saint-Louis, à Buenos-Ayres, on a fait mieux : les prises d'eau de ces deux villes, établies en plein courant dans le Mississipi et le Rio de la Plata, s'ouvrent dans des ouvrages en maçonnerie, qui s'élèvent au milieu du lit et renferment

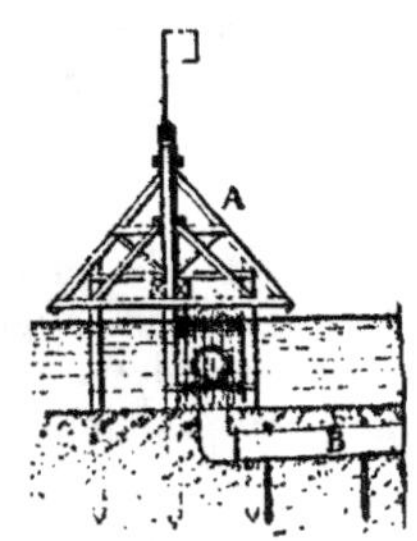

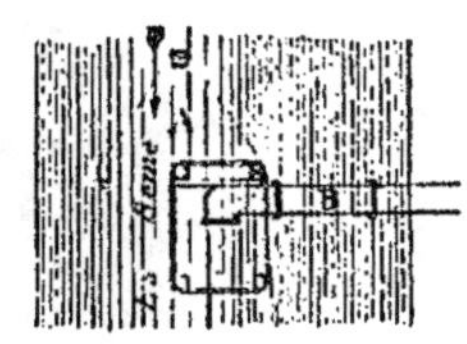

des chambres de manœuvre, d'où l'on commande les vannes des divers orifices, placés d'ailleurs à des hauteu s variables, afin qu'on puisse s'alimenter dans les tranches d'eau les moins chargées de matières en suspension. Quelquefois on s'est proposé de prendre l'eau en tout temps à la même distance de la surface de l'eau, et l'on a eu recours à cet effet à un artifice qui consiste à placer la prise à l'extrémité d'un tuyau mobile dont la position est réglée par un flotteur.

Quand la distance est un peu grande entre la prise d'eau et la berge, il n'est pas bon d'exposer la conduite à l'aspiration directe des pompes d'une usine élévatoire : elle serait en effet rarement étanche et pourrait laisser entrer par les joints ou les rivures soit de l'air, soit des eaux de nature plus ou moins suspecte. Il est préférable de la faire aboutir à une *chambre d'eau*,

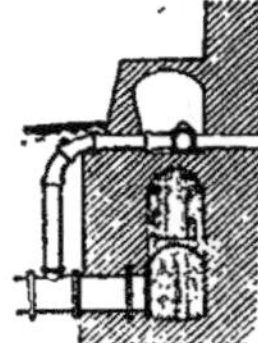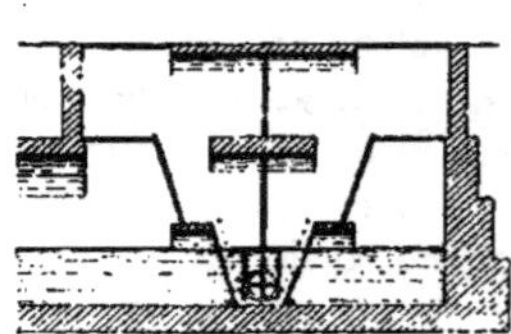

qui se trouve ainsi mise en communication directe avec le lit du cours d'eau et où se fera le puisage. Cette disposition facilite en outre les nettoyages et se prête très bien à l'installation de grilles plus ou moins serrées, qui permettent de compléter le

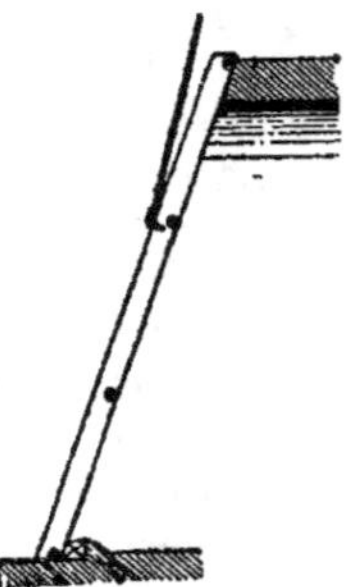

dégrossissage fort imparfait obtenu au moyen de la crépine. Ces grilles peuvent être formées de fers plats parallèles, maintenus à

des écartements réguliers et présentant leur tranche au courant ;
en les disposant dans le sens vertical ou avec une légère inclinaison, on rend possible et facile l'enlèvement des corps solides
qui y sont retenus, au moyen de rateaux, dont les dents pénètrent
dans les intervalles des fers plats et qui peuvent être manœuvrés à la main ou commandés mécaniquement. On les a aussi
formées parfois de cadres doubles garnis de toiles métalliques,

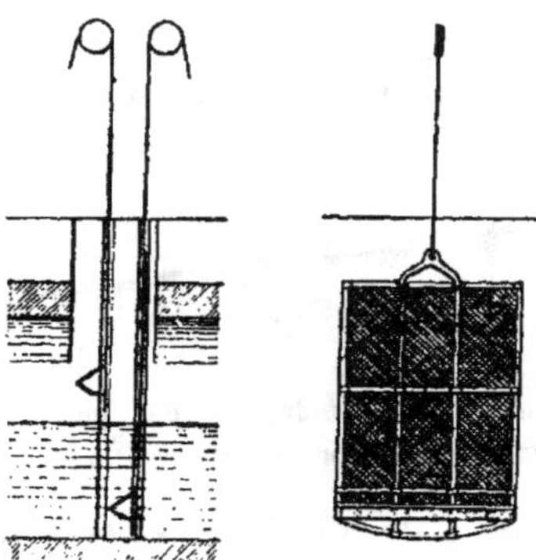

qui se font contrepoids et qui s'emploient alternativement, l'un
étant relevé ou en nettoyage pendant que l'autre est en service.

Quelles que soient les dispositions adoptées, les conduites de
prise d'eau sont exposées à l envasement, et il est utile d'avoir à
sa disposition le moyen d'y produire, de temps à autre, des
chasses pour en réaliser le nettoyage périodique.

L'établissement des conduites de prise d'eau rencontre quelquefois des obstacles tels qu'on est obligé de les faire remonter
au-dessus du niveau de l'eau pour les faire redescendre ensuite :
elles fonctionnent alors par *siphonnement* ; et, pour y assurer
l'écoulement constant, il faut disposer de moyens spéciaux qui
permettent d'y réaliser et d'y maintenir l'amorçage. Cette disposition a été adoptée pour certaines prises d'eau dans le Bas-
Rhône, afin d'éviter la coupure des digues, et l'on a placé un

éjecteur au point haut de chaque siphon. On la trouve aussi

appliquée à deux usines du service des eaux de Paris, celles de
Bercy et de Javel : un tuyau de petit diamètre y relie le point

haut du siphon à l'aspiration des pompes élévatoires, dont le
jeu se trouve ainsi utilisé pour le maintien de l'amorçage.

**60. Galeries ou puits de captage dans les graviers
d'alluvion**. — En vue d'éviter les troubles qui constituent l'inconvénient le plus sensible des eaux de rivière, on substitue
souvent, aux prises directes dans le lit, des *galeries* ou des *puits
de captage* dans les dépôts de graviers qui se rencontrent fréquemment sur les bords. L'eau ainsi recueillie est généralement
claire en tout temps.

Ce système paraît avoir été appliqué pour la première fois à
Toulouse, sur les bords de la Garonne, par d'Aubuisson, en
1825-1828. Le succès de la tentative provoqua de nombreuses
imitations : les distributions d'eau de Lyon et de Nîmes, créées
par Aristide Dumont, qui se fit l'ardent propagateur du procédé,
celles d'Angers, de Nevers, de Blois, en France, celles de Perth
en Écosse, de Dresde et Magdebourg en Allemagne, de Florence en Italie, de Budapest en Hongrie, etc., sont basées sur
ce mode d'alimentation.

On admettait à l'origine que l'eau ainsi obtenue provient du cours d'eau voisin et se filtre au passage à travers l'épaisseur des graviers ; d'où la qualification de *filtration naturelle*, qui a souvent été donnée au procédé. Mais Belgrand, dans une controverse mémorable, a démontré que l'eau des graviers se tient naturellement, dans la plupart des cas, à un niveau plus élevé que l'eau de la rivière, qu'elle a presque toujours une composition différente et une température beaucoup plus constante, et il en a conclu que c'est plutôt l'eau de la nappe souterraine qui descend des coteaux voisins et se dirige en pente douce vers le thalweg : « Si l'on se contentait, dit il, de prendre l'eau dans les « graviers *sans abaisser le plan d'eau*, on serait certain de ne « pas recevoir une seule goutte d'eau provenant de la rivière » [1]. Cette observation a été confirmée par les divers auteurs qui ont examiné la question : le professeur américain Nichols [2], l'ingénieur allemand Salbach ont opiné nettement dans le même sens.

C'est donc seulement quand, par un effet de succion ou d'aspiration suffisamment prononcé, on détermine une baisse notable du plan d'eau naturel de la nappe des graviers, qu'on provoque par là même un appel dans la direction du cours d'eau : l'eau recueillie est alors un mélange d'eau de rivière filtrée, ou plutôt dégrossie, par son passage rapide à travers les graviers, et d'eau souterraine, provenant de la nappe phréatique, mélange dans lequel l'une ou l'autre domine suivant les cas, et qui participe par suite plus ou moins de leurs propriétés respectives.

Il est même des circonstances où, malgré un abaissement notable du plan d'eau, on recueille dans les graviers de l'eau tellement différente de celle de la rivière que toute idée de mélange doit être écartée : Belgrand l'a observé notamment sur les bords de la Seine, l'eau d'épuisement à l'usine d'Austerlitz marquait 135° à l'hydrotimètre alors que celle de la rivière ne dépassait pas 20° ; il faut admettre en pareil cas que la berge, colmatée et imperméable, ne se laisse pas pénétrer par les eaux qui la baignent.

(1) *La Seine*, page 463.
(2) *Water Supply*, page 118.

Quoi qu'il en soit, les ouvrages auxquels on a recours pour les captages dans les graviers d'alluvion sont identiques à ceux au moyen desquels on se procure en général l'eau des nappes phréatiques et dont il sera traité plus loin.

61. Captage des sources. — Les sources émergent souvent dans une cuvette naturelle, dite *bassin sourcier* ; et, si la quantité d'eau dont on a besoin est relativement faible, on se contente alors parfois d'une simple prise dans cette cuvette, d'une saignée en quelque point du pourtour. Mais l'eau ainsi recueillie est exposée à toutes les contaminations superficielles et, pour l'avoir aussi pure que possible, il faut nécessairement procéder à un travail de captage.

Ce travail consiste à rechercher les filets naturels, à les dégager et à en recueillir isolément le produit. Il est difficile d'en donner une définition plus précise, car ce travail varie essentiellement avec les circonstances et comporte l'exécution d'ouvrages très divers, suivant que l'eau s'échappe de couches rocheuses ou arénacées, émerge à flanc de coteau, sourd en jets verticaux dans le fond d'un vallon, ou, s'épandant sur le sol, s'y perd en minces ruisselets, y constitue des nappes superficielles, le transforme même parfois en marécage.

Souvent, afin d'augmenter le débit, on détermine un abaissement du plan d'eau, de manière que l'écoulement se produise sous une charge plus grande : mais il faut apporter la plus grande réserve dans ce genre de modification, car il en peut résulter, à la suite d'une augmentation momentanée du volume d'eau, un appauvrissement permanent de la réserve naturelle qui alimente la source. D'autres fois, et par suite de circonstances spéciales, on est amené au contraire à relever le plan d'eau : il faut s'attendre alors à une diminution plus ou moins marquée du débit, soit à cause de l'augmentation de la charge sur les orifices naturels, soit par suite d'infiltrations nouvelles, qui se produisent à travers les couches supérieures du sol.

Les Romains possédaient, on le sait, l'art de capter les sources. et l'on n'a guère jusqu'à ces derniers temps appliqué d'autres procédés que ceux qu'ils avaient mis en œuvre dans l'antiquité. C'est à ces mêmes procédés que Belgrand, par exemple, a eu recours, pour les beaux travaux de captage exécutés dans la vallée de la Vanne par le service des eaux de Paris, parmi lesquels nous citerons comme types :

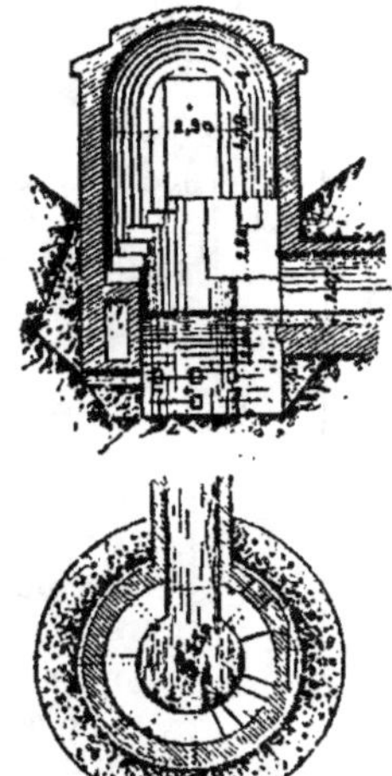

celui de la source de la Bouillarde, dont le bouillonnement a été simplement enfermé dans une chambre circulaire en maçonnerie, dépourvue de radier, et dont la paroi, percée de barbacanes dans la partie mouillée, est recouverte d'une voûte sphérique également en maçonnerie ;

celui de la source d'Armentières, où des galeries de recherches ont été percées dans le roc pour recueillir les filets liquides et les faire converger vers une chambre circulaire en maçonnerie de 10 mètres de diamètre, avec banquette

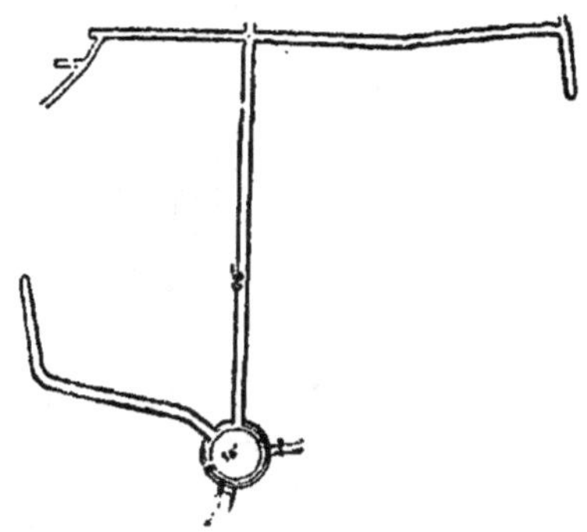

de pourtour, recouverte d'une voûte légère en calotte sphérique et entièrement enveloppée de terre ;

ceux des sources de Saint-Philbert, Saint-Marcouf, du Miroir,

de Noé, etc., dont les émergences ont été enfermées dans des
galeries étroites en maçonnerie, couvertes de voûtes en plein

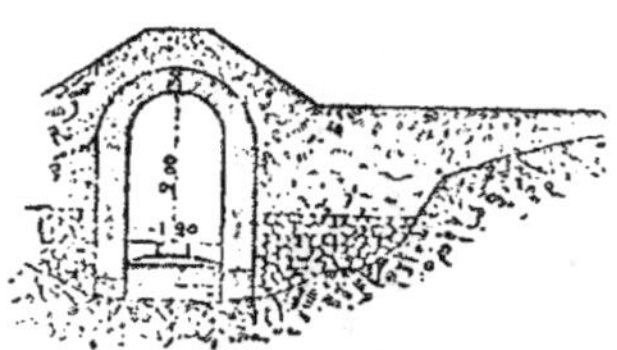

cintre, enveloppées de terre,
dépourvues d'ailleurs de radier, et à l'intérieur desquelles
une série de petites voûtes
extrêmement légères servent
à la fois à la circulation et
au maintien de l'écartement
des piédroits. On y a d'ail-

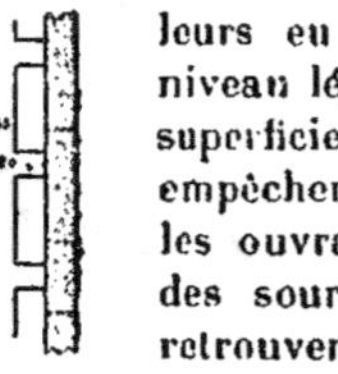

leurs eu soin de tenir le plan d'eau à un
niveau légèrement supérieur à celui des eaux
superficielles du voisinage, de manière à
empêcher la pénétration de ces dernières dans
les ouvrages et leur mélange avec les eaux
des sources. Des dispositions analogues se
retrouvent dans les captages plus récents des
sources Urciuoli, qui alimentent l'aqueduc du
Serino, pour le service des eaux de Naples : ce sont encore
des galeries maçonnées, sans radier, avec voûtes en plein
cintre, mais plus massives et sans passerelles de circulation.

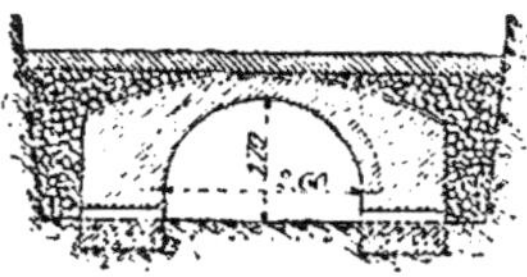
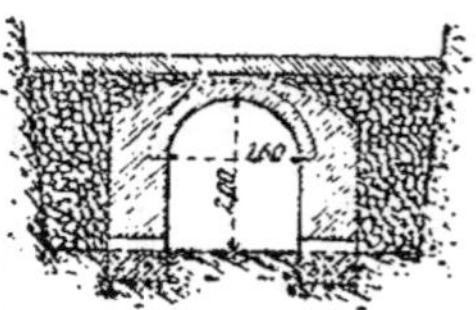

Les captages de l'Avre pour le service des eaux de Paris,
ceux tout récents des sources de Spontin, pour l'alimentation
des communes de l'agglomération bruxelloise, reproduisent les
types des ouvrages mentionnés plus haut et appliqués dans
la vallée de la Vanne, aux sources de la Bouillarde, d'une
part, de Saint-Philbert, etc., de l'autre. Celui de la source de
Kaiserbrunn, qui fournit en partie l'alimentation de l'aqueduc

dit Hochquellen Wasserleitung, en service, depuis 1873, pour la
ville de Vienne (Autriche), rappelle le dispositif de l'ouvrage
d'Armentières.

Pour les eaux minérales, dont la composition intime constitue
les propriétés thérapeutiques, et qu'il importe en conséquence au
plus haut point de recueillir, sans possibilité de mélange avec
des eaux de composition différente, dans leur gisement géologique même, on s'impose des soins particuliers : les ouvrages
sont, autant que possible, conçus et exécutés de manière à pénétrer jusque dans les couches où ces eaux se forment et à les
mettre absolument à l'abri de tout apport extérieur, provenant
des couches voisines ou superposées, des dépôts alluvionnaires,
des terres de la superficie, à l'abri surtout des contaminations de
toute espèce.

Les exigences de l'hygiène moderne, l'intervention du géologue dans la recherche et le choix des eaux potables, les découvertes de la micrographie et de l'hydrogéologie, ont déterminé
depuis peu une tendance à prendre, dans les travaux de captage
destinés à fournir l'eau potable aux agglomérations urbaines, des
précautions extrêmes, analogues à celles qu'on observait déjà
pour les eaux minérales. C'est ainsi que, lors de la dérivation des
sources du Loing et du Lunain pour le service des eaux de Paris,
en 1899 et 1900, on s'est imposé — au prix de dépenses supplémentaires fort élevées — l'obligation de faire pénétrer les
ouvrages jusque dans la craie en place, en traversant des épaisseurs considérables d'alluvions et de craie remaniée. A la fontaine
Saint-Thomas et aux bignons du Coignet (vallée du Lunain), on

a descendu, grâce à des épuisements prolongés et au moyen de pompes exceptionnellement puissantes, deux puits circulaires profonds, à parois étanches en maçonnerie, afin de dégager les

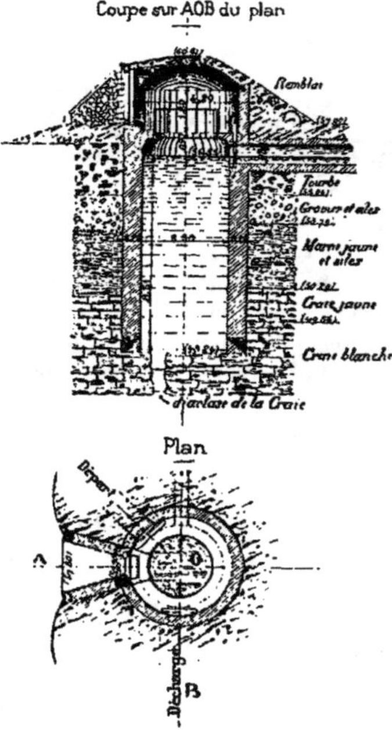

Fontaine Saint-Thomas. (Pavillon
de captage.)

diaclases de la craie compacte, par où s'échappaient les filets liquides, et de les garantir contre tout mélange des eaux traversant les couches supérieures ; puis on les a recouverts de pavillons voûtés. A Bourron (vallée du Loing), où la craie se trouvait à une profondeur beaucoup plus grande encore, on a capté les bignons de Bourron et la source du Sel au moyen d'une série de tubes métalliques étanches, qui traversent les graviers d'alluvion et la craie remaniée, et d'où l'eau jaillit, à un niveau légèrement supérieur à celui du plan d'eau primitif, dans des collecteurs fermés, aboutissant eux-mêmes à une chambre voûtée en communication avec l'aqueduc.

Jusqu'alors on s'était contenté, dans le cas où l'on devait se préoccuper de garantir contre toute atteinte la pureté des eaux destinées à la boisson, de tenir les ouvrages parfaitement clos et couverts, de manière à y empêcher l'introduction directe des insectes et autres animaux, d'y maintenir une obscurité complète pour n'y point permettre le développement de la vie végétale et animale, de les défendre contre l'afflux des eaux superficielles ou marécageuses, contre l'invasion des matières organiques ou des vases : en outre on cherchait à se procurer aux alentours un espace suffisant pour en écarter tout voisinage suspect. La loi du 15 février 1902 donne à ce dernier point de vue des facilités nouvelles et précieuses, en étendant aux eaux potables la faculté de créer des *périmètres de protection*, qu'une loi antérieure avait autorisés déjà pour les eaux minérales, et dans l'intérieur desquels on peut imposer, moyennant indemnité, des servitudes particulières, telles que l'interdiction d'établir des puisards, des fosses sans fond, des dépôts de fumier, d'épandre l'engrais humain, etc.

Les captages de sources comportent, outre l'ouvrage principal, un certain nombre de dispositifs accessoires, parmi lesquels on mentionnera : l'*appareil de jaugeage*, cuve, vannage ou déversoir, qui permet de suivre les variations du débit et dont il convient de rendre l'emploi simple et facile ; la *décharge* et les autres moyens de curage ou de dévasement, qui sont utiles pour combattre les dépôts de vase plus ou moins abondants qu'on observe même dans les eaux très limpides ; l'évacuateur de *trop-plein*, par lequel les eaux surabondantes s'échappent automatiquement et gagnent généralement l'ancien lit d'écoulement ; enfin le raccord avec l'aqueduc proprement dit, que, pour éviter les impuretés inévitables de la surface et du fond, on cherche à tenir autant que possible dans une position intermédiaire. Quand plusieurs sources concourent à une même alimentation, leurs eaux viennent se réunir soit dans une chambre en tête de l'aqueduc, soit directement dans l'aqueduc lui-même; mais, dans un cas comme dans l'autre, il est à recommander de les rendre indépendantes afin de pouvoir les visiter ou les mettre en décharge isolément, suivant les besoins, sans interruption du service général.

68. Puisages dans les nappes phréatiques. — Le moyen le plus simple de se procurer de l'eau souterraine est de puiser dans la première nappe qu'on rencontre à partir de la surface du sol, en y descendant un *puits*. L'effet du puisage est de déterminer dans la nappe un appel vers le puits, qui se traduit par un abaissement du plan d'eau ; si la nappe est horizontale, cet abaissement se produit régulièrement tout autour du puits, qui devient l'axe d'une sorte d'entonnoir à profil curviligne, dont la courbe génératrice peut être aisément calculée en partant de la formule :

$$I = au$$

qui caractérise l'écoulement des nappes continues dans les terrains perméables sous la charge I et avec une vitesse u. Pour un déplacement infiniment petit d'un point M pris sur cette courbe la formule devient :

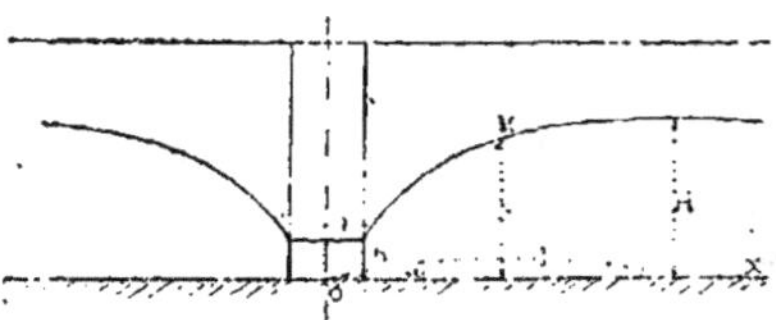

$$\frac{dy}{dx} = au$$

or le débit q, fourni par la section cylindrique de la nappe passant par M et concentrique au puits, est donné par l'expression :

$$q = m \times 2\pi xy \times u$$

dans laquelle m est un coefficient dépendant des vides du terrain et $m \times 2\pi xy$ la section mouillée. De cette expression on tire :

$$u = \frac{q}{2m\pi xy}$$

ou :

$$\frac{dy}{dx} = \frac{aq}{2m\pi xy}$$

qu'on peut écrire :

$$2y\,dy = \frac{aq}{m\pi}\ \frac{dx}{x}\ .$$

C'est l'équation différentielle de la courbe cherchée ; en intégrant on a l'équation même de cette courbe :

$$y^2 = \frac{aq}{m\pi} \log x + \text{constante.} \tag{1}$$

Pour déterminer la constante il suffit de remarquer que pour $y = h$, $x = r$ et, pour $y = H$, $x = L$, et qu'en substituant ces valeurs dans l'équation on a successivement :

$$h^2 = \frac{aq}{m\pi} \log r + \text{const.}$$

$$H^2 = \frac{aq}{m\pi} \log L + \text{const.}$$

d'où :

$$\frac{y^2 - h^2}{H^2 - y^2} = \frac{\log \dfrac{x}{r}}{\log \dfrac{L}{x}} \tag{2}$$

Cette fois, l'équation ne contient plus ni m ni a ; d'où cette conséquence que la *forme de la courbe est indépendante de la nature du terrain.* D'autre part, en combinant les deux expressions de h^2 et H^2 on peut écrire :

$$H^2 - h^2 = q \times \frac{a}{m\pi} \log \frac{L}{r}$$

et en tirer :

$$q = \frac{m\pi}{a} (H^2 - h^2) \frac{1}{\log \dfrac{L}{r}} = \frac{m\pi}{a} (H + h)(H - h) \frac{1}{\log \dfrac{L}{r}}$$

on en conclut que *le débit est proportionnel à la charge* (H — h), *à la hauteur moyenne de la couche filtrante* $\left(\dfrac{H + h}{2}\right)$, *et à la porosité m*, et qu'*il est à peu près indépendant des dimensions du puits*, puisque *r* est très petit par rapport à L et que, par suite, $\log \dfrac{L}{r}$ diffère très peu de log L.

M. Fossa-Mancini, ingénieur italien, a généralisé cette théorie des puits due à Darcy et Dupuit : dans des articles insérés aux *Annales des ponts et chaussées*[1], il a examiné le cas de nappes inclinées ou à profil parabolique, où les puits donnent lieu à des entonnoirs de forme non symétrique, et cherché à déterminer l'équation de la surface de ces entonnoirs. La figure

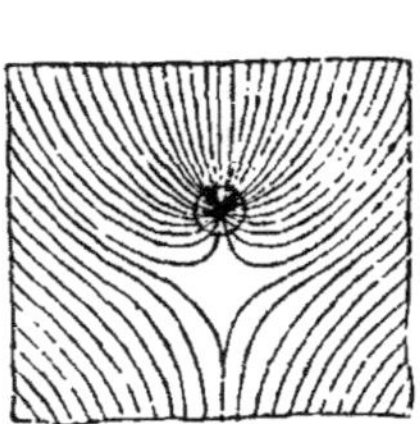

ci-contre est la reproduction d'une de celles qu'il présente pour le cas d'une nappe inclinée.

Chaque puits donnant lieu à la formation d'un entonnoir analogue, deux puits voisins s'influenceront toutes les fois qu'ils se trouveront à une distance inférieure à 2L ; et, réciproquement, quand on constatera que l'un d'eux n'est pas sans action sur l'autre, on pourra en conclure que la longueur L est supérieure à la moitié de l'intervalle qui les sépare.

Le plus souvent les puits ne sont pas descendus — comme on l'a supposé ci-dessus — jusqu'à la couche imperméable sous-jacente ; il en résulte que l'eau afflue par le fond en même temps que par les parois latérales, ce qui change un peu les conditions de l'écoulement.

Quand le volume d'eau qu'on retire d'un puits dépasse le débit

(1) 1890, 1er semestre; 1893, 2e semestre.

normal que peut fournir la nappe, le niveau de l'eau s'abaisse
d'une façon permanente : dans le cas contraire, un équilibre s'établit, et le niveau, après s'être abaissé, reste fixe pendant la
durée du puisage, puis se relève plus ou moins rapidement
lorsqu'on y a mis fin.

Le débit des puits étant indépendant de leur section, ou leur
donne généralement la forme et les dimensions les plus favorables pour l'usage qu'on en doit faire. Le plus souvent, ils reçoivent la forme circulaire, la plus avantageuse au point de vue de
la résistance comme à celui de l'économie.

Les matériaux qu'on emploie pour en revêtir les parois doivent être inattaquables à l'eau, afin de n'en pas modifier la composition. Le bois ne sert que pour les ouvrages provisoires
(épuisements) et dans certains cas spéciaux (salines) ; quelquefois
on emploie des anneaux de fonte ou de tôle boulonnés à l'intérieur et présentant extérieurement une surface lisse ; mais c'est
la maçonnerie qui est la règle, elle est préférable au bois, qui
pourrit vite à l'air humide, et au fer, qui se rouille ; on la con-
stituera plutôt en matériaux siliceux qu'en matériaux calcaires,
qui seraient susceptibles de se dissoudre dans l'eau et d'en augmenter la dureté.

Tout puits doit être surmonté d'une *margelle*, qui empêche les
chutes et facilite le service ; parfois on y ajoute un couvercle ou
une chambre close, qui défend l'eau contre les projections ; souvent une toiture ou un support, auquel on suspend la poulie qui
sert à manœuvrer les seaux ou autres engins de puisage.

« De temps immémorial, dit M. Ronna, les puits ont été l'uni-
« que ressource des contrées éloignées des cours d'eau ; dans les
« pays d'Orient, ils déterminent l'emplacement des lieux habi-
« tés, les haltes des troupeaux, les étapes des voyages... » Dans
tous les pays, l'usage en est fort répandu, car ils répondent à une
multitude de besoins divers et fournissent une excellente solution, dans bien des cas, pour des alimentations restreintes. Il n'est
pas rare qu'ils desservent des distributions d'eau, soit qu'on relie
entre eux plusieurs puits pour concourir à une même alimentation, comme on l'a fait à Leipzig, Francfort, Nuremberg, etc.,
soit qu'on tire un débit suffisant d'un puits unique, descendu dans

une nappe très riche, comme on en rencontre dans certaines vallées sèches de la Normandie (Etretat, Saint-Valery-en-Caux), dans la plaine d'Alsace (Strasbourg, Colmar, Mulhouse), etc.

63. Construction des puits. — Pour construire un puits ordinaire, on commence par creuser le sol sans précaution spéciale, jusqu'à ce qu'on atteigne le niveau de l'eau ; puis on établit sur le fond de la fouille un cadre en bois ou *rouet*, sur lequel on élève la maçonnerie du revêtement jusqu'à une certaine hauteur, après quoi l'on recommence à creuser, en ayant soin d'épuiser au seau ou à l'écope, pour faciliter le travail ; le rouet descend alors peu à peu sous le poids de la maçonnerie. Avec ce procédé, on ne peut guère pénétrer de plus de 0 m. 80 à 1 mètre dans l'épaisseur de la nappe ; pour aller au delà, il faut ou recourir à un *épuisement* continu, ou procéder par *havage*, en draguant sous l'eau ; parfois on emploie l'air comprimé, des injections, la congélation. Si, avant d'avoir atteint le fond, le rouet s'arrête, par suite de l'exagération du frottement latéral, on introduit dans l'anneau de maçonnerie exécuté un second rouet plus étroit, et l'on recommence le même travail, à moins qu'on ne puisse épuiser et reprendre le premier anneau en sous-œuvre. De toute façon, lorsqu'on est parvenu au fond, on complète le revêtement en remontant jusqu'au niveau du sol : on a d'ailleurs soin de ménager presque toujours à la partie inférieure des *barbacanes* dans les parois, pour faciliter l'introduction de l'eau. Quand on se sert d'anneaux en tôle, c'est le premier de ces anneaux qui forme rouet : on le munit à cet effet d'un couteau en fer profilés.

L'établissement des puits présente des difficultés particulières dans les terrains ébouleux et surtout dans les couches épaisses de sables fins, presque aussi fluides que l'eau elle-même et qui sont entraînés avec elle, quand on épuise. Pour triompher de cet inconvénient des sables fluents aquifères, on a proposé bien des procédés : un de ceux qui ont le mieux réussi consiste à creuser d'abord un puits d'assez grand diamètre, dont le revêtement est formé d'un tubage de métal à parois lisses, dans lequel on introduit un tube plus étroit percé de trous très fins ; à constituer, dans l'espace intermédiaire, une sorte de filtre, formé d'une ou plusieurs couches concentriques de sable criblé, à grains de grosseurs variables et convenablement choisies, et à retirer ensuite avec précaution le premier tubage ; l'eau, obligée de traverser les couches filtrantes, s'y débarrasse des sables fins qu'elle tient en suspension et peut être obtenue limpide, en même temps que l'on n'a plus à craindre les éboulements, qui eussent pu amener la ruine de l'ouvrage. La figure ci-contre représente un ouvrage de ce genre construit pour le service d'eau de Nuremberg : on en trouve à Francfort et dans nombre de villes allemandes.

Un autre procédé, qui n'est pas sans analogie avec le précédent, a été appliqué en France par M. Lippmann : il consiste à descendre, dans le premier tubage, un cuvelage polygonal en fonte, garni de pierres poreuses, qui remplace à la fois le tube intérieur et le garnissage en sable criblé. M. Smreker, de Mannheim, a perfectionné le premier de ces procédés, en y ajoutant un dispositif, qui permet la vu   et le nettoyage du tube intérieur.

On emploie assez souvent, depuis un certain nombre d'années, un mode rapide d'établissement des puits, qui s'est répandu d'abord aux Etats-Unis, sous le nom de puits Norton, et qui a rendu de grands services à l'expédition anglaise d'Abyssinie (1867-1868), d'où le nom de puits d'Abyssinie, auquel nous préférerons la désignation caractéristique de *puits instantanés*. Pour établir un puits de cette espèce, on enfonce en terre, à coups de mouton, un tuyau en fer de 0 m. 03 à 0 m. 06 de diamètre intérieur, muni d'une pointe d'acier et percé de trous vers le bas; s'il n'est pas assez long, on le surmonte d'un second tuyau plein de même diamètre, ajusté ou vissé sur le premier, puis d'un troisième... et on surmonte le tout d'une pompe. Il n'y a donc pas de déblai : le sol est légèrement comprimé, et le tube en forme le revêtement. Au premier moment, l'eau élevée par la pompe se montre habituel-

lement trouble, parce qu'il se forme presque toujours une poche
à la base, mais elle s'éclaircit bientôt et devient limpide. D'une

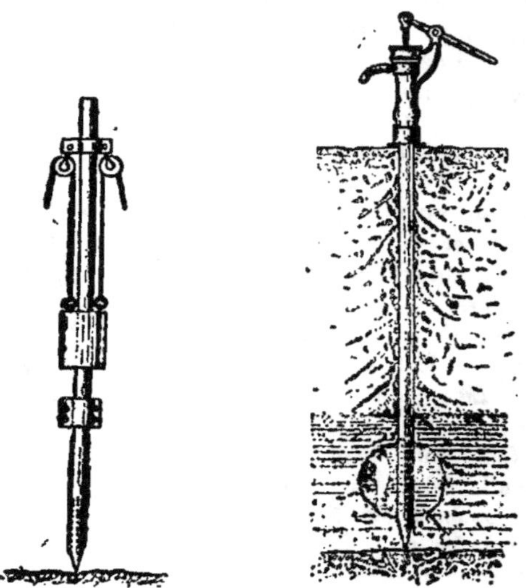

application commode et peu coûteuse, ce procédé peut être fort
utile pour des recherches rapides, des exploitations temporaires ;
les armées en campagne peuvent en tirer un excellent parti ; on
y a même eu recours pour certaines distributions d'eau. Il est à
remarquer qu'il permet de pénétrer aisément dans l'épaisseur de
la nappe et d'atteindre jusqu'à 8 et 9 mètres de profondeur.
Récemment, on l'a perfectionné en Italie et on lui a donné une
portée plus grande encore, en se servant de tubes d'acier, terminés vers le bas par un tronc de cône ouvert et battus à la sonnette à vapeur, ce qui a permis d'atteindre de plus grands diamètres (0 m. 20 à 0 m. 70) et de parvenir à des profondeurs plus
considérables (50 à 60 mètres), grâce à la possibilité de descendre
la pompe dans l'intérieur du puits.

64. Drainages. — Quand la nappe a une faible épaisseur, chaque puits donne un débit très faible ; pour recueillir un certain volume d'eau, il faudrait les multiplier outre mesure; il est souvent alors préférable de les remplacer par des conduits perméables, des pierrées, de petits aqueducs, sortes de *drains*, qui produisent chacun l'effet d'une série de puits juxtaposés. Ce mode de captage était connu des Romains, qui ont sillonné de *cuniculi* une grande partie du pays autour de Rome ; il a été décrit, sous le nom de *sources artificielles*, par Bernard Palissy, puis par Belidor, et préconisé par Ward et Chadwick en Angleterre. Un assez grand nombre de villes ont eu recours à des drainages pour se procurer de l'eau d'alimentation, notamment en France : Avallon, Limoges, Rennes, Lorient, Quimper ; Haguenau en Alsace ; Hanovre en Allemagne ; Farnham, Rugby, Sandgate, Paisley, Ayr, Kilmarnock en Angleterre.

Il convient de remarquer que le drainage proprement dit permet de recueillir seulement une fraction des eaux d'infiltration ; pour obtenir des volumes de quelque importance, on profite d'ordinaire de circonstances topographiques spéciales, qui ont déterminé la formation, dans quelque couche très perméable, d'une nappe abondamment alimentée. Quelquefois on a réalisé artificiellement cette condition, en établissant, dans des vallons étroits, des barrages transversaux, en simple corroi d'argile, descendus dans une tranchée jusqu'au fond imperméable, de manière à former une sorte de cuvette, où les eaux s'accumu-  lent et dans laquelle on peut puiser à volonté suivant les besoins.

Une petite galerie drainante, exécutée par Belgrand pour la

 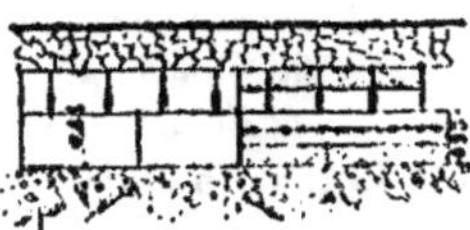

ville d'Avallon, a été l'un de ses premiers ouvrages hydrauliques :

elle se compose de tronçons moulés en béton de ciment, posés bout à bout et assemblés à bain de mortier, où l'eau pénètre par des trous, ménagés de distance en distance à la partie supérieure.

Les villes de Limoges, Rennes, Lorient, Quimper, doivent leur alimentation à un procédé de drainage applicable aux val-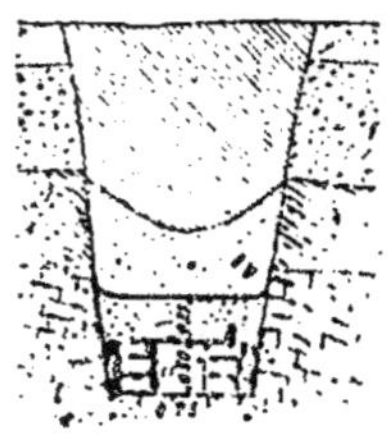lons granitiques et qu'ont successivement perfectionné MM. Lesguillier, Soulié et Considère : il consiste à ouvrir, à travers la tourbe superficielle et les terrains décomposés qui recouvrent immédiatement le granit fissuré, puis jusque dans le roc vif, des tranchées, au fond desquelles on établit des rigoles de section rectangulaire, en pierres sèches, soigneusement protégées, contre la pénétration des eaux de superficie, par une couche de béton, avec chape de mortier de ciment, recouverte elle-même, avant le remblai, d'une épaisse couche de sable siliceux.

Les drainages présentent souvent le danger d'un appauvrissement rapide de la nappe, à laquelle ils peuvent aisément soutirer une quantité d'eau supérieure aux apports. On y pare en disposant, sur le parcours des conduits, des appareils d'obturation, qui permettent d'y régler l'écoulement à volonté et de constituer en conséquence des réserves souterraines plus ou moins importantes.

65. Galeries drainantes ou captantes. — Dans les circonstances particulièrement favorables, quand la nappe souterraine est largement alimentée et présente une grande épaisseur, on peut recueillir sur une faible étendue des volumes d'eau très importants : on substitue alors aux drains, aux simples conduits, des *galeries* de grandes dimensions.

C'est d'abord dans les grandes vallées, au voisinage des rives des cours d'eau qui en occupent les thalwegs, qu'on a été amené à construire de pareils ouvrages : ce sont ces galeries qui ont donné lieu à la théorie de la « filtration naturelle » dont il a été question plus haut ; et l'on a vu qu'elles sont appelées surtout à recueillir les eaux des nappes abondantes qui descendent des coteaux à travers les alluvions.

D'Aubuisson avait ouvert d'abord sur les bords de la Garonne,
pour le service de Toulouse, de simples tranchées découvertes ;
on ne tarda pas à s'apercevoir que l'eau y éprouvait une altération fâcheuse en même temps qu'une rapide évaporation, et il
fallut les remplacer par des galeries couvertes, auxquelles on
donna d'abord une section rectangulaire de 1 m. 50 de hauteur
et 0 m. 60 de largeur, puis une section plus grande avec voûte
en plein cintre et banquette de circulation.

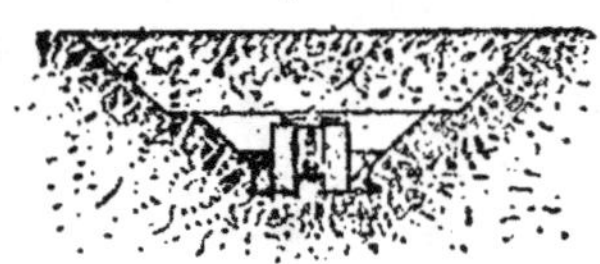 

Ce dernier type est celui qui mérite d'être généralisé et qu'on
retrouve notamment près d'Angers sur les bords de la Loire ;
tandis qu'en exagérant les dimensions transversales, comme on
l'a fait à Lyon par exemple à l'origine, on s'est imposé des
dépenses considérables et inutiles, car il ne faut pas oublier
qu'une galerie fonctionne comme une série de puits et que, par
suite, il y a lieu de lui donner une grande longueur, dans le sens
normal à la direction des filets liquides, tandis que la largeur est
à peu près indifférente, pourvu qu'elle soit suffisante pour la
facilité de la visite et de l'entretien. Les galeries, ainsi établies,
doivent d'ailleurs être soigneusement protégées contre les eaux
d'infiltration, contre celles des crues aussi, si l'on veut y recueillir des eaux limpides et salubres, comme les réclame l'alimentation des villes.

Les galeries captantes, construites de la sorte au bord des
rivières, ont donné lieu à de nombreux mécomptes : le débit n'a
pas tardé généralement à y diminuer, et il a fallu, pour le maintenir, soit les allonger, soit les doubler : le fait s'explique par la
tendance habituelle à y déterminer, au moyen d'un abaissement
du plan d'eau, un appel vers la rivière, dont les eaux troubles ne
tardent pas à colmater la couche qu'elles traversent et à en diminuer la perméabilité. On les a parfois inconsidérément préférées

à des séries de puits convenablement espacés, qui auraient pu donner à meilleur compte un résultat analogue : à Lyon, après plusieurs galeries on en est revenu aux puits ; à Albi, dans une île du Tarn, à Budapest, sur les rives du Danube, près de Berlin, sur les bords du lac Tegel, on a très justement donné la préférence aux puits, qui se prêtent plus aisément aux variations de niveau auxquelles est exposée une nappe de grande épaisseur ; il y a, dans chaque espèce et suivant les circonstances, un choix rationnel à faire entre les deux natures d'ouvrages.

Il est d'autres cas, par contre, où les galeries captantes sont appelées à remplacer avantageusement les puits ; c'est lorsqu'il

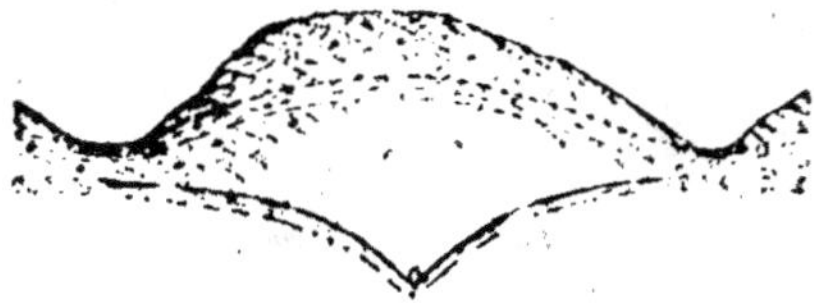

s'agit d'aller chercher sous des plateaux élevés l'eau des nappes qu'ils recèlent, et surtout lorsque les flancs plus ou moins abrupts de ces plateaux présentent des affleurements favorables à la construction des ouvrages et à l'écoulement des eaux. C'est ainsi que la ville de Liège a recueilli les eaux des coteaux de la Hesbaye, au moyen de longues galeries percées dans le terrain houiller et les argiles de la base du terrain crétacé ; plus récemment, Aix-la-Chapelle, Wiesbaden, se sont procuré des eaux d'alimentation par le même procédé ; Bruxelles est alimenté depuis 1873 par un système de galeries drainantes, qui ont été successivement développées sous le bois de la Cambre et la forêt de Soignes, ainsi que dans la haute vallée du Hain ; une galerie du même genre vient d'être exécutée, pour la ville de Nancy, sous le plateau que couronne la forêt de Haye. En pareil cas, le danger d'un appauvrissement trop rapide de la nappe, au fur et à mesure de l'augmentation du tirage par suite de l'accroissement des besoins, est d'autant plus à redouter que la section des ouvrages est plus considérable : on s'efforce d'y parer par le moyen indiqué précédemment pour les drainages, en pratiquant ce qu'on appelle en

Belgique des *serrements*, destinés à constituer, par un réglage sévère de l'écoulement, des réserves souterraines, précieuses au moment de l'année où l'alimentation de la nappe se restreint ou s'annule, et où il faut vivre sur l'approvisionnement des périodes humides.

66. Emprunts aux nappes profondes. — Lorsqu'on veut utiliser l'eau des nappes profondes, à l'exclusion de celle de la nappe phréatique, il faut nécessairement — ou traverser cette nappe, et parfois d'autres nappes inférieures, en descendant des puits à partir de la surface du sol — ou encore pénétrer dans la couche aquifère par une galerie faiblement inclinée, ouverte à partir de l'affleurement, lorsqu'il apparaît à flanc de coteau.

L'application de ce dernier procédé suppose des conditions topographiques spéciales ; quand on les rencontrera, le travail à exécuter se présentera comme celui qu'ont entrepris les villes de Liège, de Bruxelles, de Nancy, etc., sans qu'il y ait de différence dans le mode d'opérer.

Dans le cas le plus général, c'est à des puits qu'il y aura lieu de recourir. Or le procédé ordinaire de construction des puits ne s'y prête pas, à moins de circonstances toutes spéciales, comme celles que l'on a rencontrées par exemple dans les Landes, où la couche perméable supérieure et la couche imperméable sous-jacente ont de très faibles épaisseurs, de sorte qu'on y peut aisément, au moyen d'un bourrelet d'argile entourant extérieurement le revêtement maçonné sur une partie de sa hauteur, empêcher toute pénétration des eaux de la première nappe dans le puits et tout mélange avec l'eau de la seconde, qu'on se propose d'y recueillir. Les puits instantanés ou tubulaires peuvent rendre des services en pareil cas, surtout depuis les perfectionnements dont ils ont été l'objet naguère et qui permettent d'atteindre des profondeurs plus considérables. Mais le procédé auquel on est obligé de revenir le plus souvent c'est celui des *forages* : après avoir des-

cendu un puits ordinaire jusqu'au niveau de la première nappe,
on entreprend un puits foré de moindre diamètre, garni presque
toujours d'un revêtement métallique ; et, si l'on veut recueillir à
l'état de pureté l'eau de la nappe inférieure, sans mélange avec
celle des couches aquifères traversées, on s'efforce de rendre ce
revêtement étanche, en le composant de deux tubages concentriques et remplissant l'espace annulaire qui les sépare de béton de
ciment ; ce mode de procéder oblige à commencer par d'assez gros
diamètres quand on doit atteindre une profondeur un peu grande,
sans quoi la colonne, qui prend habituellement la forme télesco-
pique, risquerait de se trouver trop étroite, vers la base, pour qu'on
puisse y installer commodément un appareil élévatoire.

67. Emprunts aux nappes ascendantes ou artésiennes.
— Il arrive parfois qu'on rencontre des eaux jaillissantes à la surface même du sol : c'est le cas, par exemple, dans la haute Italie,
où il suffit d'isoler les suintements et de les entourer sur une
faible hauteur d'une paroi continue, formant une sorte de chambre découverte et sans fond, souvent constituée par un simple
baril défoncé, pour créer ces *fontanili*, si répandus dans la plaine
lombarde.

Plus fréquemment il faut aller chercher ces eaux, qu'elles
soient jaillissantes ou seulement ascendantes, à des profondeurs
assez grandes. L'emploi des puits tubulaires perfectionnés peut
alors être d'un grand secours : ils permettent parfois de révéler
l'existence de pareilles eaux dans des régions où on ne les soup-
çonnait pas, notamment dans des couches de sable un peu argileux, où l'écoulement est lent et où par suite un puits de grand
diamètre ne provoque qu'un débit trop restreint ; l'action de ces
petits puits ne se fait sentir qu'à de très courtes distances, de
sorte qu'on a pu quelquefois les rapprocher jusqu'à 10 mètres
d'intervalle, sans qu'ils exercent les uns sur les autres une
influence appréciable, et par suite en réunir un grand nombre sur
un espace peu étendu, de manière à obtenir des quantités d'eau
notables dans des conditions remarquablement économiques.
Les alimentations d'eau récentes de Padoue et de Venise sont
basées sur ce système de captage : pour cette dernière ville, l'eau

trouble de la Brenta a pu être remplacée entièrement par celles, infiniment supérieures, que M. Lavezzari a su tirer de la plaine de Sant' Ambrogio par ses nombreux *pozzetti*, de 0 m. 08 à 0 m. 10 de diamètre, descendus à 12 ou 15 mètres de profondeur, et qui débitent moyennement 1 litre par seconde. Cet exemple a été suivi avec succès dans la plaine du Danube, où l'on vient de créer, pour la ville de Bucarest, une alimentation nouvelle dans des conditions analogues. Le même procédé a trouvé des applications sur divers points en Allemagne, à Buenos-Ayres, etc.

Dans le cas général, il faut recourir à la sonde, qui permet seule d'atteindre les profondeurs considérables où l'on va chercher parfois les eaux artésiennes, et qui a donné à leur emploi une extension insoupçonnée tant qu'on en était réduit aux procédés primitifs, employés dès le xiie siècle dans l'Artois et renouvelés soit des Chinois, soit d'autres peuples de l'antiquité. Le grand avantage des nappes jaillissantes, qui est d'éviter les frais d'élévation de l'eau, a eu pour effet d'en multiplier les applications ; et les *puits artésiens* sont utilisés couramment dans tous les pays, pour l'industrie, l'agriculture, l'alimentation des villes : ils rendent des services précieux, dans certaines contrées desséchées, comme le Sahara ou la région aride des Etats-Unis ; ils constituent pour les établissements isolés, usines, hôpitaux, etc., une ressource fort appréciée. Ils ont contre eux, d'autre part, l'aléa inséparable de la recherche des eaux profondes, la qualité souvent médiocre et la température toujours élevée de ces eaux, puis aussi l'abaissement progressif du débit, fréquemment observé, et qu'il faut attribuer, soit à l'insuffisance d'alimentation des nappes, soit à l'influence réciproque des puits percés en trop grand nombre ou à intervalles trop rapprochés.

Primitivement, on creusait les puits artésiens comme les puits ordinaires, jusqu'au moment où l'on rencontrait la couche imperméable recouvrant la nappe jaillissante : à partir de ce moment, on ne continuait le percement qu'avec de grandes précautions, et, lorsqu'un premier filet d'eau apparaissait, les ouvriers se sauvaient au plus vite. Le procédé n'était pas sans danger ; il n'est d'ailleurs applicable que lorsqu'il n'y a pas de nappes supérieures tant soit peu abondantes. La sonde, manœuvrée du haut,

procure au contraire une sécurité complète, et les perfectionnements apportés à cet engin n'ont pas moins contribué que les
progrès de la géologie à répandre l'usage des puits artésiens.

Il est à recommander, avec Dupuit, de placer ces puits en des
points aussi bas que possible, afin d'en diminuer la profondeur et
la dépense ; il est relativement facile d'utiliser ensuite à volonté
la force ascensionnelle de l'eau pour la diriger vers les points
élevés où l'on doit en faire usage. En pratique, on tend à leur
donner d'assez forts diamètres, non pas tant pour en augmenter
le débit, qui est théoriquement indépendant des dimensions, mais
à cause des facilités qui en résultent pour l'exécution du travail
et aussi en vue de réduire les pertes de charge dues à l'écoulement dans un tuyau de grande longueur. Fréquemment il se
forme une poche à la base de la colonne, grâce à l'entraînement
des sables par l'eau jaillissante : c'est l'origine d'une désagrégation due à l'afflux des filets liquides et qui se continue parfois
longtemps, déterminant des éboulements, des montées de sable
dans le puits, et par suite des obstructions inopinées dont la
force ascensionnelle de l'eau n'a pas toujours raison et qui peuvent réduire ou supprimer le débit, jusqu'au rétablissement naturel ou artificiel du régime normal.

Malgré les progrès de la science et de l'outillage modernes, le
percement de grands puits artésiens est encore une opération
très délicate, exposée à de nombreux accidents. Un exemple classique, maintes fois cité à cet égard, est celui du puits de Grenelle, commencé à Paris en 1833 et qui n'a été terminé qu'en
1852, bien que l'eau y ait jailli dès 1841 : les incidents y ont été
nombreux, rupture de la sonde à 115 mètres de profondeur,
écrasement du premier revêtement en cuivre, inclinaison du
nouveau revêtement en fer, etc. ; grâce à des efforts persévé-
rants et à plus d'un expédient ingénieux, on n'en est pas moins
parvenu à la couche aquifère, les sables verts, après avoir traversé les terrains tertiaires, la craie, le gault, sur une profondeur
de 549 mètres ; et l'eau s'y élève à 38 mètres au-dessus du niveau
du sol.

CHAPITRE X

AMÉLIORATION DES EAUX NATURELLES

Sommaire : 68. Objet de l'amélioration des eaux ; 69. Multiplicité et diversité des procédés d'amélioration ; 70. Traitement des eaux industrielles ; 71. Traitement des eaux d'alimentation ; 72. Théorie et pratique du filtrage continu par le sable.

68. Objet de l'amélioration des eaux. — A quelque usage que soient destinées les eaux naturelles, on doit s'efforcer de les choisir de telle sorte qu'elles puissent être utilisées sans préparation préalable.

Mais c'est là un desideratum qu'il n'est pas toujours possible de réaliser : et, malgré les études les plus approfondies, les soins les plus minutieux, il se rencontre plus d'un cas où l'on ne saurait trouver d'eau qui présente l'ensemble des qualités requises pour un usage déterminé. Il faut alors se résigner à soumettre l'eau, avant tout emploi, à un traitement approprié qui en corrige les défauts : tel est l'objet des *procédés d'amélioration*, auxquels on a très fréquemment recours.

Dans certaines régions, par exemple, toutes les eaux sont calcaires ; et, si l'on en fait usage pour l'alimentation des générateurs de vapeur, elles y déterminent des incrustations abondantes et tenaces, qui peuvent devenir un danger et qui tout au moins en rendent l'entretien difficile et onéreux : en débarrassant l'eau de l'excès de calcaire avant de l'introduire dans les chaudières, on

13

pare très utilement à cet inconvénient. De même, l'eau chargée
de sels terreux provoque dans les blanchisseries une consommation excessive de savon : et il y a souvent avantage matériel à
leur faire subir un traitement préalable, qui précipite les sels
surabondants. Telle industrie exige des eaux limpides, et l'on ne
dispose que d'eaux troubles ; telle autre redoute certaines substances, qui se rencontrent précisément en dissolution dans les
eaux du voisinage, et l'on ne peut en conséquence les y employer
sans les améliorer à cet égard.

L'agriculture s'accommode plus aisément que l'industrie des
eaux de diverse nature qu'on peut mettre à sa disposition :
néanmoins, il arrive aussi parfois qu'on trouve avantage à
réchauffer par l'exposition au soleil des eaux trop froides qui
risqueraient de déterminer l'arrêt de la végétation ; à clarifier
des eaux trop chargées de matières en suspension qui, employées à l'irrigation des prairies, rendraient l'herbe impropre à
la nourriture des animaux, etc.

De tous les usages de l'eau, celui qui a les exigences les plus
impérieuses, c'est l'alimentation des agglomérations urbaines.
Pour cet usage, une préférence instinctive, assurément des plus
justifiées, conduit à rechercher avant tout des eaux naturellement pures, dont la limpidité séduit le regard, dont la fraîcheur
flatte le goût, dont l'origine écarte toute suspicion. Mais, dans
les pays à population dense, à culture intensive, à industrie
développée, de pareilles eaux sont de plus en plus rares ; et —
sans compter les habitations isolées, les établissements publics
ou industriels créés dans les régions mal alimentées, les armées
en campagne dans les pays malsains, qui doivent fréquemment
recourir au traitement préalable des eaux disponibles — bien
des villes, faute d'avoir à leur portée des eaux souterraines de
qualité supérieure, doivent emprunter leur alimentation aux
rivières, se contenter par suite d'eaux plus ou moins troubles, à
température variable, où pullulent les bactéries dont quelques-
unes peuvent même devenir l'agent de transmission des maladies zymotiques, et sont par suite obligées de recourir aux
moyens que les progrès de l'art mettent aujourd'hui à leur service, pour rendre potables et salubres les eaux naturelles de qua-

lité médiocre dont l'emploi se trouve leur être imposé par les circonstances. Un exemple, bien fait pour témoigner de l'immense utilité des procédés d'amélioration en pareil cas, a été donné en 1892 par les villes voisines de Hambourg et d'Altona, toutes deux alimentées par les eaux de l'Elbe, mais qui étaient distribuées à l'état brut dans l'une et après filtrage dans l'autre : tandis qu'Altona restait presque indemne durant une épidémie de choléra, la population de Hambourg (623.000 habitants) payait un large tribut à la maladie (7.611 décès, 17.975 cas) ; aussi y pressa-t-on, au prix d'une dépense de 12.500.000 francs, l'achèvement d'une installation grandiose de filtres, projetée antérieurement et qui fonctionne depuis 1893. Dans les provinces populeuses et industrielles de la Grande-Bretagne, les établissements consacrés au traitement préalable des eaux d'alimentation sont très répandus : ils se multiplient depuis un certain nombre d'années dans l'Europe continentale ; beaucoup de villes allemandes, Berlin en tête, Varsovie, Pétersbourg, y ont eu recours ; plus récemment, quelques villes françaises et notamment la plupart des communes du département de la Seine ; aux Etats-Unis, un mouvement analogue s'est produit aussi, particulièrement depuis les belles expériences instituées naguère par l'Etat de Massachusets et qui ont soumis le problème à des investigations systématiques d'un si haut intérêt.

69. Multiplicité et diversité des procédés d'amélioration. — Les procédés proposés pour l'amélioration des eaux naturelles sont extrêmement nombreux et variés, bien qu'en somme ils aient simplement pour objet, les uns comme les autres, de mettre artificiellement en œuvre les moyens de purification employés par la nature elle-même et qu'on s'efforce de reproduire ou d'imiter. Pour se reconnaître au milieu de la diversité des systèmes, il est commode de les répartir parcatégories, et nous distinguerons :

Les procédés *mécaniques ;*
Les procédés *physiques ;*
Les procédés *chimiques ;*
Les procédés *mixtes,*

omettant à dessein les nouveaux procédés biologiques, dont il sera question plus loin, et qu'on applique depuis peu au traitement des eaux résiduaires des villes et des usines, mais qu'on n'a pas encore employés à celui des eaux naturelles.

Dans la première catégorie — *procédés mécaniques* — viennent se ranger :

l'*agitation*, qui comporte diverses modalités, soit qu'on divise l'eau en minces filets ou qu'on la fasse tomber en pluie, de manière à offrir une grande surface à l'action de l'air, pour l'aérer, pour oxyder certaines substances en dissolution, comme le soufre, le fer, les matières organiques, etc., soit qu'on la fasse passer par des appareils animés d'un mouvement rapide, tels que les essoreuses à force centrifuge par exemple, pour la débarrasser des particules en suspension ;

la *décantation*, qui consiste à supprimer totalement ou à réduire à de faibles proportions la vitesse dont l'eau est animée, afin d'y faire prédominer l'action de la pesanteur, d'où résulte bientôt le dépôt des matières en suspension, par ordre de grosseur et de densité, des plus lourdes et des plus grossières d'abord, puis, mais avec une lenteur croissante, des plus légères et des plus ténues, le dépôt des microbes eux-mêmes, qui sont des corps pesants, mais d'un poids spécifique probablement peu différent de celui de l'eau, à part certaines substances qui résistent à la sédimentation et demeurent en suspension, presque indéfiniment, ainsi qu'on l'a observé pour les eaux blanches des étangs qui alimentent les pièces d'eau du parc de Versailles ;

la *filtration*, dont l'objet est de faire passer l'eau à travers une masse poreuse, à grains d'autant plus fins qu'on veut obtenir un résultat plus parfait, et pour laquelle on a fait emploi des matières les plus diverses, soit minérales (pierres, sable, terre cuite, porcelaine dégourdie, amiante, terre d'infusoires, etc.), soit organiques (éponges, feutre, charbon de bois, charbon animal, laine, cellulose, etc.), mais généralement choisies parmi celles qui se montrent inertes en présence de l'eau et des diverses substances qu'elle tient en dissolution.

Parmi les *procédés physiques*, ceux qui mettent en œuvre la *chaleur* remontent fort loin dans la suite des temps :

la *distillation* est le procédé classique pour épurer l'eau de manière complète, en la débarrassant de toutes matières solides en suspension ou en dissolution, il est employé dans les laboratoires comme dans les pharmacies, sur les navires et dans les ports ;

l'*ébullition*, en usage depuis l'antiquité chez certains peuples et notamment en Chine, où l'on ne boit guère d'eau qu'après l'avoir fait bouillir et aromatisée par l'addition de feuilles de thé, est une vieille pratique, dont la découverte des microbes est venue démontrer le bien fondé, puisqu'en la prolongeant durant quinze à vingt minutes on débarrasse l'eau de 995/1000 des microorganismes qu'elle contient ; en poussant quelque temps l'échauffement jusqu'à 120°, on obtient la destruction des spores, des germes les plus résistants et par suite la stérilisation complète. L'inconvénient est d'obliger à opérer en vase clos sous pression, la difficulté de maintenir l'eau aérée et de la ramener à sa température primitive : on y parvient, dans les appareils Herscher et Rouart, Vaillard et Desmaroux, grâce aux *échangeurs*, sortes de caisses que parcourt l'eau froide, avant de parvenir à la chaudière, et où elle s'échauffe au contact de serpentins, par où s'écoule et dans lesquels se refroidit l'eau stérilisée.

Depuis peu, un autre agent physique, l'*électricité*, a été mis à son tour à contribution. Mais les diverses tentatives d'application directe n'ont pas donné jusqu'à présent de résultats pratiques. Par contre, on a obtenu quelques succès par voie indirecte, notamment en transformant, par l'intermédiaire d'effluves électriques, produites au moyen de courants à très haute tension, l'oxygène de l'air en *ozone*, et mettant ce gaz, dont Ohlmuller a signalé en 1893 l'action destructive sur les matières organiques et les microbes, en contact avec l'eau qu'on se propose d'améliorer : les premiers essais en grand de l'épuration des eaux par l'ozone, dus au baron hollandais Tindal, remontent à 1895 ; ils ont été renouvelés à Saint-Maur en 1898 ; le procédé a été depuis amélioré par M. de Frise, tandis qu'il était repris et modifié à Lille par MM. Marmier et Abraham, par M. Otto à Paris, puis à Berlin par la maison Siemens, qui, après des expériences réussies à Martinikenfelde, a créé deux usines de traitement à Wiesbaden et à Paderborn.

On peut dire que les *procédés chimiques* remontent également
à une haute antiquité, puisque certaines substances, comme
l'alun, sont employées depuis un temps immémorial, dans plus
d'une contrée, pour la purification des eaux de boisson. Mais, par
suite des progrès de la chimie au xixᵉ siècle et grâce à la variété
des réactifs dont elle dispose aujourd'hui, ces procédés sont
devenus légion et ont donné lieu à des applications innombrables. Tantôt ils ont pour effet la production d'un précipité gélatineux ou floconneux, qui, en gagnant le fond des bassins de
traitement, entraîne avec lui les matières en suspension et réalise
de la sorte une rapide clarification : l'emploi de l'alun, celui des
sels de fer ou du sulfate d'alumine, qui est extrêmement
répandu dans la pratique, sont dans ce cas. Tantôt il s'agit de
réduire la teneur de l'eau en sels dissous, en sels terreux particulièrement, et l'on y parvient par l'addition de chaux, de baryte,
de soude ; ou de réaliser l'oxydation des matières organiques,
par l'usage des permanganates de potasse, de chaux, etc. ; ou de
détruire les microbes, au moyen de la chaux, du sublimé, de
l'acide borique, de composés oxygénés du chlore, etc. Les divers
réactifs peuvent être employés isolément ou simultanément,
suivant les résultats qu'on veut obtenir ; il faut dans chaque cas
faire un choix judicieux parmi ces réactifs, éviter par exemple
pour l'épuration des eaux de boisson les substances toxiques,
comme la baryte et le sublimé, ou seulement dangereuses,
comme la soude, l'alun, qui peuvent trouver au contraire des
applications dans l'industrie. Presque toujours, le traitement
comporte une opération nécessaire : décantation, filtrage, etc.,
pour débarrasser l'eau du précipité qui s'y est formé, puis assez
souvent une seconde opération, qui a pour objet de revivifier les
réactifs en vue d'un nouvel emploi.

Par les *procédés mixtes*, on a cherché à obtenir des effets plus
complets, en combinant entre eux plusieurs des moyens classés
dans les trois catégories précédentes. A la rigueur, on pourrait y
rattacher à peu près tous les systèmes qui sont entrés dans la
pratique courante, car il n'en est guère où l'on n'ait pas à relever
en fait, à côté de l'opération principale, une ou plusieurs opérations accessoires d'ordre analogue ou différent : on vient de

montrer, par exemple, qu'après une précipitation chimique il y a presque toujours lieu de recourir à un procédé mécanique, pour la séparation du précipité ; dans le traitement par l'ozone, où un agent physique, l'électricité, joue le rôle principal, il y a finalement une oxydation active, qui est évidemment une action chimique ; dans le filtrage même, à côté de l'effet mécanique qui domine, on constate aussi des effets accessoires de caractère chimique ou biologique. Il est préférable de réserver la désignation spéciale de procédés mixtes à ceux qui résultent de combinaisons voulues, dans lesquelles on fait entrer délibérément plusieurs modes distincts de traitement, pour constituer une méthode complexe, comprenant au moins deux opérations d'importance analogue. Tel est le cas des procédés américains de filtrage rapide, où le passage de l'eau à travers une masse poreuse, qui constitue le filtrage proprement dit, est toujours précédé de l'emploi d'un « coagulant », c'est-à-dire d'un réactif chimique destiné à en hâter l'effet. Le procédé Anderson, appliqué par la Compagnie générale des eaux dans ses usines de Boulogne-sur-Seine, Choisy-le-Roi, Neuilly-sur-Marne, en peut être rapproché, puisqu'il comporte, avant le filtrage sur sable fin, l'agitation de l'eau en présence de rognures de fer dans un cylindre tournant, dit revolver, puis la chute de cette même eau en cascade, en vue d'y produire des sels de fer, destinés à favoriser la précipitation des matières en suspension, et à former avec elles, sur le filtre, une couche gélatineuse, qui paraît jouer un rôle important dans l'épuration finale. Mixte aussi le procédé Maignen, qu'on a expérimenté à Cherbourg et à Saint-Maur, et où un filtrage sur la toile d'amiante est précédé du passage de l'eau à travers des grains de carbo-calcis, mélange « d'anticalcaire » et de charbon animal ; mixtes encore les procédés Bergé, où l'eau est traitée par le peroxyde de chlore, après avoir traversé un filtre grossier, ou Duyk, qui comporte un filtrage analogue, mais venant après l'introduction des réactifs, perchlorure de fer et hypochlorite de chaux.

70. Traitement des eaux industrielles. — Le problème de l'amélioration des eaux naturelles destinées aux usages industriels est relativement simple, parce qu'on connaît de façon précise par avance le résultat qu'il s'agit d'obtenir et qu'on n'a pas en général à se préoccuper des conséquences de l'emploi de tel ou tel réactif : il se réduit le plus souvent à chercher, parmi les procédés appropriés, celui dont l'application sera la plus commode et la moins dispendieuse.

Les moyens mécaniques répondent fréquemment à cette double condition : l'agitation, par exemple, la chute de l'eau en cascade ou en pluie, sur des accumulations de branchages ou de moellons, l'essorage, le filtrage rapide sur des masses poreuses à gros grains, avec dispositif de nettoyage par renversement du courant, etc. La simple décantation, soit intermittente et au moyen de quatre bassins au moins dont un en remplissage, un en vidage, un au repos, un en nettoyage, soit continue avec deux bassins seulement ou même un seul, si l'on peut organiser l'enlèvement des dépôts durant la marche de l'opération, rend de grands services dans les usines : on la facilite parfois par des chicanes convenablement disposées ; si la tranche d'eau est épaisse (2 à 4 mètres), il est à recommander de combattre l'effet des variations de température, en obligeant l'eau, par l'interposition d'une cloison mobile, à remonter vers la surface en hiver, à descendre vers le fond en été, avant de gagner les orifices ou déversoirs de sortie.

Parmi les procédés chimiques qui ont reçu le plus d'applications dans l'industrie, il convient de mentionner au premier rang ceux qui ont pour objet l'abaissement du titre hydrotimétrique de l'eau. On obtient souvent ce résultat par une simple addition de chaux, qui transforme le bicarbonate soluble en carbonate neutre insoluble : le procédé Clark, très répandu en Angleterre et basé sur cette réaction, consiste dans l'addition d'un lait de chaux à l'eau soumise au traitement, qu'on laisse ensuite reposer dans un réservoir ; la lenteur avec laquelle se forme le dépôt est un inconvénient, qu'on a corrigé par divers dispositifs (Porter, Atkins, etc.). Dans le procédé Gaillet et Huet, c'est encore la chaux qui est le réactif principal, mais additionnée d'un peu de soude, et le dépôt du précipité est facilité par des plateaux inclinés qui le rejettent dans un collecteur, suivi d'un filtre grossier ; l'appareil Desrumeaux est une variante de ce système ; le procédé à l'anticalcaire, de M. Burlureaux, comporte l'emploi d'un mélange de chaux, de carbonate de soude et d'alun, dont la formule varie suivant la nature de l'eau à traiter.

71. Traitement des eaux d'alimentation. — Beaucoup plus délicat est le traitement des eaux destinées à l'alimentation, qui, pour ne pas enfreindre les règles d'une hygiène bien entendue, demande un choix judicieux des moyens, et qui, mal conçu ou mal appliqué, peut devenir plus dangereux qu'utile. L'emploi des substances chimiques n'y va pas sans causer quelque appréhension, car on peut craindre que telle de ces substances n'ait par l'eau de boisson une influence fâcheuse sur l'organisme. Quel que soit le procédé choisi, il ne faut pas oublier d'ailleurs que, pour être efficace, il doit demeurer l'objet constant de soins minutieux, et réclame une surveillance intelligente et attentive sans cesse en éveil.

Quant au but qu'on se propose d'atteindre, il est aujourd'hui tout autre qu'à l'origine, et les exigences à cet égard ont singulièrement augmenté dans les derniers temps. Tant qu'on n'a su reconnaître la valeur hygiénique d'une eau que d'après ses propriétés organoleptiques, on n'a eu en vue que la clarification des eaux ; on se contentait de leur restituer la limpidité, signe apparent mais trompeur de leur pureté : c'est l'époque où, dans les fontaines marchandes de Paris, on filtrait l'eau de rivière en la faisant passer à travers des corps quelconques à pores plus ou moins grossiers (éponges, gravier, charbon, laine tontisse, limaille de fer, etc.) ; c'est d'après cette même conception qu'à Marseille on se bornait à soumettre les eaux de la Durance à une simple décantation. Les progrès de l'analyse chimique ont fait entrer ensuite en ligne de compte des vues différentes, et l'on s'est pris à chercher la réduction, dans les eaux, des proportions de sels calcaires ou de matières organiques. Puis l'apparition de la micrographie a conduit à donner une importance prépondérante à la teneur bactérienne et à rechercher avant tout les moyens de retenir les microorganismes par filtrage à travers des substances à pores extrêmement fins ou de les détruire radicalement par des procédés physiques ou chimiques de stérilisation. De là successivement une vogue éphémère, un engouement passager pour tel ou tel système, tel ou tel dispositif, qui ne tardait pas ensuite à être remplacé par quelque autre dans la faveur de l'opinion.

Grâce aux notions plus exactes qu'on possède maintenant à cet égard, on n'emploie plus, pour le filtrage des eaux, de substances capables de fournir aux microorganismes un milieu de culture et d'en favoriser la multiplication ; en particulier, on proscrit toute matière organique, comme les éponges, le feutre, la laine...; le discrédit dans lequel est tombé le charbon, comme matière filtrante, s'explique pour le même motif. On sait d'autre part qu'il n'est point de substance poreuse, quelle qu'en soit la finesse, qui ne se laisse tôt ou tard pénétrer par les microbes : d'où la nécessité de nettoyages périodiques, à défaut desquels l'appareil le plus parfait au début viendrait au bout de peu de temps à refuser le service ou à gâter l'eau au lieu de l'améliorer, et qu'il importe en conséquence de rendre aussi faciles que possible, par des dispositions appropriées. Les détails mêmes des appareils doivent être d'ailleurs étudiés avec un soin minutieux, afin d'empêcher que l'eau non épurée ne puisse se glisser par quelque fissure : il y a là en effet un danger d'autant plus redoutable qu'il se présente insidieusement et laisse subsister aisément une sécurité trompeuse. Et comme, malgré toutes les précautions, on ne saurait jamais obtenir à cet égard des garanties absolues, on en vient à considérer les meilleurs procédés de filtrage comme imparfaits, et l'on songe, pour les compléter, à la stérilisation par la chaleur, par l'ozone, par les moyens chimiques...

Les changements survenus dans les idées relatives à l'amélioration des eaux naturelles ont eu pour conséquence obligée la transformation successive des appareils usités dans la pratique. A la *fontaine filtrante*, sorte de réservoir contenant une cloison en pierre poreuse, qui remonte au xviii⁰ siècle et dont l'emploi est demeuré général à Paris jusqu'au dernier quart du xix⁰, se sont substitués d'abord des filtres à basse pression, où les éponges, le charbon, le sable, jouaient le principal rôle ; puis est apparue la *bougie Chamberland*, en porcelaine dégourdie, bientôt suivie d'autres appareils du même genre, tels que le *filtre Berkefeld* en terre d'infusoires, le *filtre Breyer* à micromembrane d'amiante, qui fonctionne sous pression et donne une stérilisation presque complète, mais ne comporte qu'un faible débit et demande des soins assidus, des nettoyages très fréquemment renouvelés ; la difficulté d'en maintenir indéfiniment les bons effets lui a fait souvent préférer l'ébullition ou mieux encore la stérilisation, en vue de laquelle on a créé récemment des types pratiques d'appareils destinés à l'usage domestique.

Pour les installations considérables que comportent les distributions d'eau urbaines, et dont l'emploi devrait être général dans toutes les villes qui ne disposent pas d'eaux naturellement pures — en vertu de cette règle si sage, posée par Belgrand, que l'eau doit parvenir aux robinets de puisage dans l'état même où elle peut être consommée — les changement ont été beaucoup moindres. C'est en effet jusqu'à ce jour le *filtre continu* sur couche de *sable fin*, établi pour l'une des compagnies de Londres (Chelsea) en 1829 par l'ingénieur Simpson, qui est demeuré le système de beaucoup le plus répandu, grâce, il faut le dire, à la souplesse merveilleuse avec laquelle ce type d'appareil s'est prêté aux exigences nouvelles de l'hygiène. D'autres procédés sans doute ont été proposés en grand nombre et ont même subi l'épreuve de l'expérience ; mais aucun ne l'a détrôné ; le type mixte, dit filtre rapide, qui, après s'être multiplié sous diverses formes aux États-Unis, a trouvé des applications en Egypte, à Trieste, etc., et qui, tenant peu de place, se nettoyant aisément par simple renversement du courant, a rendu de grands services, surtout lorsque les eaux à filtrer sont très chargées de matières en suspension, ne semble cependant pas avoir donné pour le cas général de résultats supérieurs, puisque, tout récemment, des villes américaines importantes, Albany, Philadelphie, Washington, sont revenues aux filtres lents à sable fin ; le système Anderson, qui s'en rapproche, s'est localisé aux environs de Paris ; le *filtrage intermittent*, appliqué à Lawrence (Massachusetts) et qui met en œuvre les actions biologiques, ne paraît pas avoir reçu d'autres applications en grand pour la fourniture des eaux potables ; le *filtrage continu sur sable non submergé*, imaginé par MM. P. Miquel et H. Mouchet, en est encore à la période des tâtonnements ; enfin des circonstances topographiques et géologiques toutes spéciales sont nécessaires pour qu'on puisse réaliser le *filtrage sur terrain naturel*, dont l'ingénieur suédois Richert a fait un si heureux emploi pour la distribution d'eau de Gothembourg. Les procédés de stérilisation, laissant subsister les matières en suspension, ne sauraient remplacer le filtrage, et leur rôle doit se borner à en compléter l'effet ; leur coût élevé n'a d'ailleurs permis jusqu'à présent d'en faire que des applications restreintes. C'est aussi à titre complémentaire, et comme adjuvant du filtrage, qu'on trouve employés en Allemagne, dans certaines localités, à Berlin entre autres, les procédés destinés à débarrasser l'eau des sels de fer qu'elle renferme et qui constituent un inconvénient parfois assez grave, notamment quand ils favorisent dans les conduites le développement de certaines algues comme la crenothrix ; ailleurs, à Cayenne, à Francfort, par exemple, on a eu à combattre une légère acidité de l'eau, et l'on a cherché à la neutraliser en la faisant passer à travers une couche de calcaire concassé.

79. Théorie et pratique du filtrage continu par le sable. — Comme on vient de le voir, c'est au filtrage continu par le sable fin qu'on s'adresse, dans la très grande majorité des cas, pour le traitement en grand des eaux destinées à l'alimentation et qui y sont impropres en leur état naturel. Ce procédé mérite dès lors de retenir plus particulièrement l'attention.

Lorsqu'il fut imaginé à Londres et de là se répandit peu à peu en Angleterre et dans d'autres pays, il ne s'agissait encore que de retenir mécaniquement les matières en suspension dans l'eau. Aussi, dans la théorie qu'il en a présentée, Darcy posait-il en principe que le résultat dépend de la hauteur de la couche poreuse et de la finesse de ses grains, et que « ce qu'on gagne en vitesse on le perd en efficacité », le débit étant d'ailleurs « proportionnel à la pression et en raison inverse de l'épaisseur ». Plus tard, lorsque vers 1870 Wanklyn et Frankland introduisirent de nouvelles méthodes d'analyse chimique, l'attention fut appelée sur la très faible diminution de la matière organique dissoute dans les filtres, et par suite on s'attacha surtout, pendant quelques années, à protéger les eaux destinées au filtrage contre les causes extérieures de contamination, en même temps qu'on tendait à augmenter encore l'épaisseur de la couche de sable fin. Les révélations de l'analyse micrographique ont déterminé ensuite un mouvement inverse, en démontrant que le filtrage débarrasse presque complètement l'eau des microbes qu'elle renferme (jusqu'à 999/1000), et cela quelle que soit l'épaisseur de la couche de sable ; cet effet serait dû à la couche mince et visqueuse qui se forme, au début de l'opération, à la surface du sable, dont le rôle se réduirait dès lors à celui d'un support à peu près inerte. On crut même un moment que tous les microbes de l'eau brute sans exception étaient retenus de la sorte à la surface du sable et que le petit nombre de micro-organismes trouvés dans l'eau filtrée provenaient des couches inférieures du filtre ou des collecteurs ; mais des expériences instituées à l'usine de Stralau (Berlin) par MM. Fraenkel et Piefke en 1890, au moyen de cultures de microbes spécifiques, montrèrent que les filtres en laissaient toujours passer une minime proportion, et en 1892 la station d'essais de Lawrence (Massachusetts) confirmait ce résultat. On en est là aujourd'hui, et l'on admet en général que l'élément actif des filtres à sable réside bien dans la pellicule visqueuse déposée à la surface, qui retient la presque totalité des microbes mais laisse passer la majeure partie des substances dissoutes. Depuis peu cependant on tend de nouveau à renforcer la couche de sable, soit pour obtenir une plus grande régularité dans l'écoulement, soit par égard aux actions biologiques qu'on suppose devoir s'y produire.

C'est de ces considérations qu'on s'inspire actuellement dans l'établissement et l'exploitation des filtres. La couche de sable fin reçoit une épaisseur de 0 m. 50 au moins, et qui va parfois jusqu'à 0 m. 80 ou 0 m. 90, et l'on continue à la faire reposer, suivant le dispositif originel, sur des couches de matériaux de grosseurs croissantes, gravier fin, gros gravier, galets, afin que l'eau y trouve un écoulement facile sans entraînement du sable ;

au-dessous, une couche mince de moellons, ou un double cours
de briques posées à sec, recouvre le radier en maçonnerie et

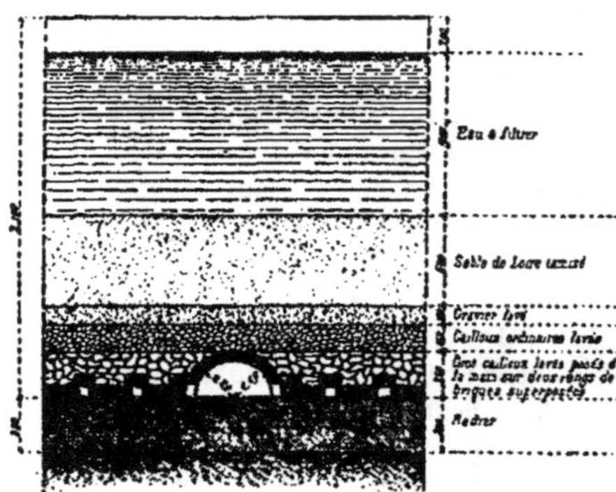

enserre les *collecteurs* ou *drains* chargés de recueillir l'eau filtrée
et de la conduire au dehors. Un autre dispositif, imaginé et
appliqué pour la première fois à Ivry en 1903, consiste à remplacer l'ensemble des couches inférieures par un plancher perméable en dalles de béton armé de 0 m. 07 d'épaisseur, ce qui
permet de gagner 0 m. 35 environ sur la hauteur totale. La tranche
d'eau maintenue au-dessus de la surface du filtre pendant son
fonctionnement est réglée de manière que son épaisseur atteigne
au plus 1 mètre. Le tout est disposé dans des *bassins* en maçonnerie ou en ciment armé de forme généralement rectangulaire,
dont les dimensions varient suivant les cas, mais qui doivent
être toujours en nombre tel qu'un ou plusieurs d'entre eux
puissent être mis hors service pour nettoyage ou réparations,
sans que la production normale d'eau filtrée s'en ressente. Ces
bassins sont habituellement découverts, et quelques auteurs
estiment qu'en cet état ils profitent de l'action favorable des
rayons solaires ; mais dans les pays froids, où il faut tenir l'eau
à l'abri de la congélation, de même que dans les contrées tropicales, où l'on redoute un échauffement exagéré, force est de les

couvrir, ce qui se fait le plus souvent au moyen de voûtes revêtues d'une couche de terre plus ou moins épaisse. Une semblable

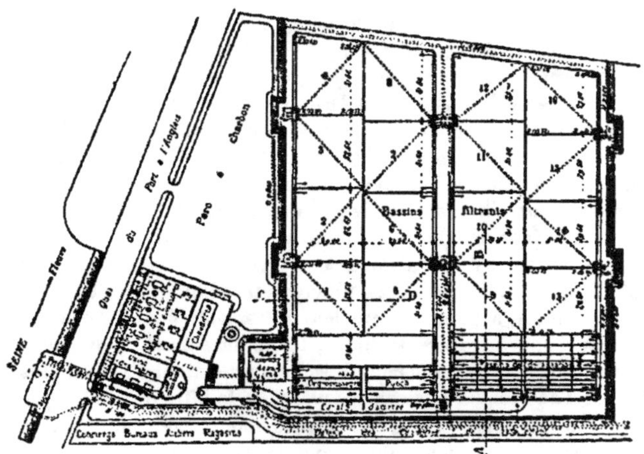

Établissement de filtrage d'Ivry. — Plan général.

couverture augmente très notablement la dépense, qui, dans
des conditions ordinaires, peut être calculée sur la base de 30 à
80 francs par mètre superficiel, tuyauterie comprise, et qui se
trouve alors majorée de 15 à 30 francs.

Quand un filtre est mis en service, on cherche tout d'abord à
obtenir la *maturation*, c'est-à-dire la formation de la membrane
superficielle de dépôts, en y amenant et laissant reposer l'eau brute
ou la faisant passer progressivement à travers la masse de sable :
l'effet exige un temps plus ou moins long suivant l'état de l'eau.
Lorsque l'analyse accuse un résultat satisfaisant, le filtre est mis
en fonctionnement normal, l'eau utilisée. Mais on ne doit jamais
oublier que la pellicule filtrante est essentiellement fragile, que
toute perturbation peut en amener le déchirement et par suite
des défectuosités dans le filtrage ; aussi dirige-t-on la marche de
manière à remplir ces trois conditions posées par M. Lindley et

sanctionnées en Allemagne par les règles de Koch, dont l'observation s'est généralisée ailleurs : régularité, lenteur, égalité d'action. A cet effet, on a soin de rendre le fonctionnement des filtres indépendant des variations de la consommation, en donnant notamment une capacité suffisante aux réservoirs d'eau filtrée ; puis on règle soigneusement la vitesse d'écoulement de telle sorte qu'elle ne dépasse jamais la limite qu'on s'est fixée : c'était assez souvent au début celle qui correspond au passage d'une tranche d'eau de 3 m. 60 d'épaisseur par jour de vingt-quatre heures, on a même à Londres été bien au delà ; mais on se tient maintenant notablement au-dessous ; à Berlin, à Varsovie, c'est 2 m. 40 par jour ou 0 m. 10 à l'heure ; de même dans les établissements parisiens de Saint-Maur et d'Ivry ; à Hambourg, 1 m. 60 seulement. Le débit ne peut d'ailleurs être obtenu que sous une charge suffisante pour vaincre les frottements dus à l'écoulement de l'eau à travers le filtre ; faible au début, de quelques centimètres à peine, cette charge va en augmentant d'autant plus vite que l'eau tend à encrasser davantage le filtre ou plutôt que l'épaisseur du dépôt s'accroît plus rapidement : mais on la limite à 1 mètre ou 1 m. 50 au plus, pour ne pas risquer d'altérer la membrane filtrante ; et, lorsque le chiffre qu'on s'est fixé se trouve atteint, on arrête l'alimentation du filtre, on laisse écouler l'eau, et, dès que la surface de la masse filtrante découvre, on entreprend le nettoyage. La durée de la marche normale, entre le moment de la complète maturation et celui de la mise en nettoyage, varie de la sorte de quelques jours à plusieurs mois.

En vue d'obtenir un bon fonctionnement, on s'attache à composer la couche supérieure d'un sable pur et parfaitement criblé, de manière à ne présenter que des grains bien nets et de grosseur régulière ; les couches inférieures sont aussi formées de matériaux soigneusement criblés, celle du fond arrangée avec soin pour que l'écoulement ne rencontre aucun obstacle et qu'il n'y ait aucune chance de tassement ou de dislocation ; des dispositifs spéciaux sont parfois adoptés pour faire obstacle au passage direct de l'eau brute entre les parois des murs et les couches filtrantes ; les drains reçoivent enfin des sections telles que la perte de charge y soit très réduite. Le réglage du débit, qui doit demeurer constant, sauf variation de la charge, se fait soit à

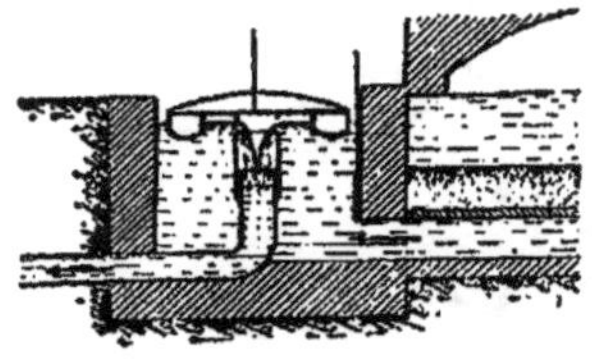

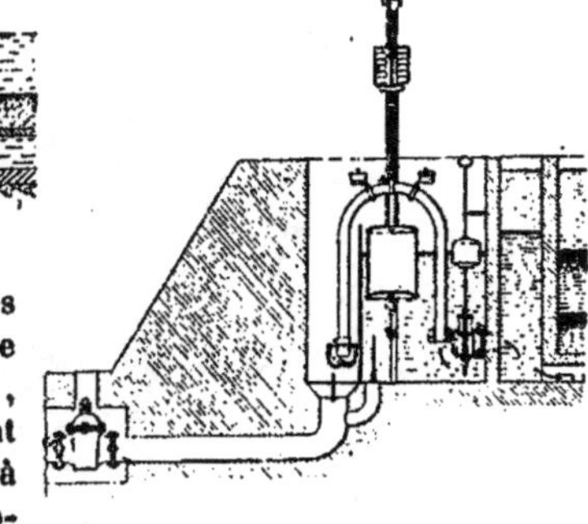

la main, au moyen de vannes
ou de robinets, soit à l'aide
d'appareils automatiques,
tels que le déversoir flottant
combiné par M. Lindley à
Varsovie, ou le siphon mo-
bile préconisé récemment par M. Chabal.

Lorsque le débit est devenu trop faible ou que la perte de
charge est parvenue à sa limite extrême, on met le filtre en chômage, et l'on prépare le nettoyage, en découvrant la surface des
lits poreux : on racle alors cette surface, de manière à enlever,
avec la membrane constituée par le dépôt, la petite épaisseur de
sable (0 m. 02 à 0 m. 03) qui s'est chargée d'impuretés, reconnaissable d'ailleurs à sa teinte sale, jusqu'à découvrir, sur toute
l'étendue du filtre, la couche de sable propre, avec sa couleur
normale. Puis on remplit le filtre à nouveau, en faisant arriver
de l'eau propre par le bas, jusqu'à ce que toute la masse de sable
en soit imprégnée; après quoi on achève le remplissage au
moyen d'eau brute pour recommencer la maturation. Lorsqu'une
série de nettoyages semblables se trouve avoir notablement
réduit la couche de sable fin, il devient nécessaire de la rechar-
ger, ce qui se fait soit avec du sable neuf, soit, plus fréquemment et par raison d'économie, avec le sable provenant des nettoyages, après qu'on l'a préalablement lavé, de manière systématique, au moyen d'une lance projetant de l'eau en pression, ou à
l'aide d'appareils spéciaux, soit à tambours tournants, soit à
injections d'eau dans une série de caisses ou trémies, où le
sable est successivement entraîné par le courant d'eau et se

14

débarrasse des matières dont il était chargé. Les frais d'exploitation, qui dépendent en grande partie du mode de nettoyage,

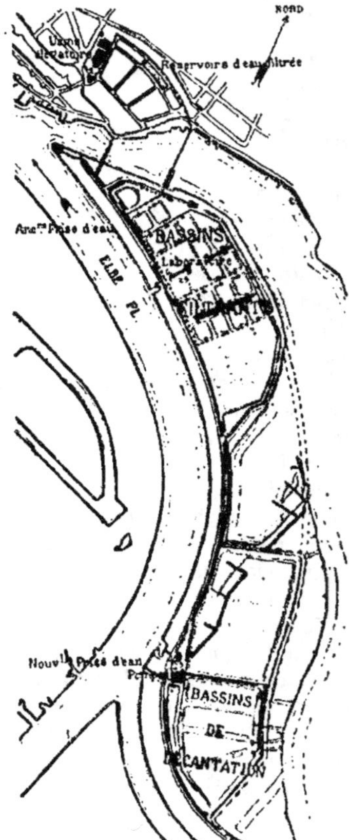

varient suivant les cas de 0 fr. 015 ou 0 fr. 01 par mètre cube d'eau filtrée, dans les petits établissements, jusqu'à 0 fr. 002 et même 0 fr. 001 dans les plus importants.

Au reste, pour réduire les frais d'exploitation et obtenir le
meilleur rendement possible, il y a toujours intérêt à espacer les
nettoyages, en n'amenant sur les filtres que des eaux claires, ce à
quoi l'on parvient en faisant précéder le filtrage proprement dit
d'opérations de *dégrossissage*, qui débarrassent l'eau d'une partie
des matières en suspension, des troubles les plus grossiers, particulièrement à l'époque des crues des cours d'eau. Dès l'origine,
les compagnies de Londres ont décanté l'eau, avant le filtrage,
dans de vastes bassins, qui avaient été créés surtout pour constituer des approvisionnements considérables, afin d'éviter tout emprunt à la Tamise en temps de hautes eaux : le même système a
été encore appliqué récemment à Hambourg. Mais de semblables
bassins exigent des terrains de grande étendue, qu'on ne se procure pas aisément au voisinage des villes ; et, faute de place, on
s'est contenté souvent de canaux, plus ou moins développés et
pourvus de chicanes, où l'eau passe lentement et subit, sans arrêt
ni stagnation, une décantation suffisante avant le passage sur les
filtres. L'effet, très lent dans le premier cas, demeure incomplet
dans le second; aussi a-t-on été conduit à rechercher des moyens
plus prompts et plus efficaces de clarification; de là, comme
dans le système Anderson ou dans les filtres rapides américains,
l'adoption assez fréquente de traitements chimiques préalables,
qui permettent de réaliser dans les filtres proprement dits une
vitesse d'écoulement plus considérable, améliorant de la sorte le
rendement et procurant une économie notable, que compensent il
est vrai en partie l'achat et l'emploi des réactifs. On a fait à Ivry,
en 1899, la première application d'un autre système de dégros-

sissage, qui consiste en une *préfiltration* systématique à travers
des lits de gravier de grosseur décroissante portés par des tôles

perforées : l'eau, moyennant une légère augmentation de la
charge, traverse successivement ces lits et y subit un filtrage
rudimentaire, qui la débarrasse de la majeure partie des matières
en suspension et réduit quelque peu la teneur microbienne ; le
nettoyage des lits de gravier se fait d'ailleurs aisément, en retournant la masse filtrante à la pelle sous un courant d'eau ; ce dispositif, dû à M. Puech, s'est montré fort efficace et a mérité de
recevoir d'autres applications, dont une très importante à Londres (East London) et une plus récente à Suresnes (Cie des eaux
de la banlieu de Paris).

CHAPITRE XI

ADDUCTION DES EAUX PAR LA GRAVITÉ

Sommaire : 73. Transport de l'eau à distance; 74. Rappel des formules de l'hydraulique; 75. Étude des dérivations; 76. Rigoles et canaux en terre; 77. Aqueducs en maçonnerie; 78. Conduites forcées; 79. Traversée des vallées; 80. Souterrains; 81. Ouvrages accessoires; 82. Coût de l'adduction des eaux.

73. Transport de l'eau à distance. — Souvent l'eau doit être utilisée en un point éloigné du lieu de captage, et il est en conséquence nécessaire de la transporter à distance.

A cet effet, on dispose de deux moyens différents, suivant que le point de départ est situé à une altitude supérieure ou inférieure à celle du point d'arrivée. Dans le premier cas, on peut abandonner simplement l'eau à l'effet de la pesanteur, en lui traçant entre les deux points un chemin convenable : l'écoulement se produit sans l'intervention d'aucune force extérieure, et l'on obtient ce qu'on appelle l'*adduction par la gravité*. Dans le second cas, au contraire, il faut vaincre l'action de la pesanteur, qui agit en sens inverse du mouvement à produire ; et il est indispensable d'avoir recours à une force motrice capable de triompher de cette résistance : on procède par *élévation mécanique*, soit qu'on demande aux machines à la fois d'élever l'eau et de lui faire franchir la distance horizontale qui sépare le départ de l'arrivée, soit qu'on refoule l'eau immédiatement à une hauteur supérieure à celle du point d'arrivée, pour qu'elle s'y rende ensuite par la gravité, comme on l'a fait à Marly pour les eaux d'alimentation de Versailles ou, sur les bords de la mer Noire, pour celles de Constantinople. Quelquefois — comme il est arrivé pour l'amenée à Paris des sources de la Vanne — on combine les deux systèmes, celles des eaux captées qui sont à une altitude suffisante étant dirigées vers le but par la seule gravité et les autres venant les rejoindre sous l'effort des machines élévatoires.

L'adduction de l'eau par la gravité peut être réalisée au moyen de deux natures d'ouvrages : les *aqueducs libres* et les *conduites forcées*.

Dans les aqueducs libres, comme dans les lits des rivières, l'eau prend son écoulement naturel en vertu de la *pente*, et le profil superficiel s'établit de lui-même d'après les conditions de l'écoulement : cela suppose que la pente est continue sinon uniforme, autrement dit, qu'il n'y a point de contrepente sur le parcours ; la vitesse, régulière et uniforme pour une section et un débit invariables, dans le cas où la pente est la même sur toute la longueur, varie au contraire à chaque changement de pente quand le profil est plus ou moins accidenté.

Si l'eau doit nécessairement passer par un point situé à un niveau inférieur à celui du point d'arrivée ou même simplement par un point bas relatif, le parcours ne peut plus s'effectuer en aqueduc libre ; il faut nécessairement y substituer, pour une portion tout au moins de ce parcours, une *conduite forcée*, c'est-à-dire un tuyau fermé où l'eau se mettra en pression et où elle circulera en vertu de la *charge* résultant de la différence d'altitude entre les points de départ et d'arrivée. Pour que l'écoulement se produise dans une conduite forcée, il faut que la charge y soit partout positive, et pour cela que, sur toute la longueur, le tuyau se tienne au-dessous de la *ligne de charge* ; pour que le débit ait une valeur déterminée, il faut que la charge soit suffisante et capable de vaincre le frottement qui en résulte sur la paroi intérieure de la conduite ; si ces conditions sont réalisées, la section étant supposée constante, la vitesse sera constante elle-même.

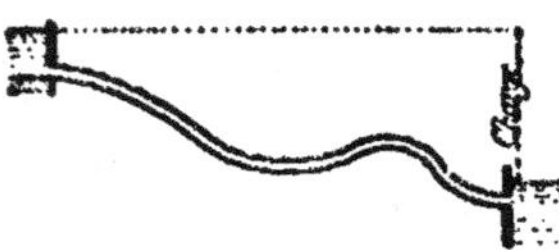

74. Rappel des formules de l'hydraulique. — Les lois de l'écoulement dans les aqueducs libres et les conduites forcées sont celles d'ailleurs dont il est traité dans les cours d'hydraulique, et il suffira de rappeler ici les formules habituellement employées pour résoudre les problèmes qui se présentent dans la pratique et au moyen desquelles ont été dressées les tables usitées pour faciliter les calculs.

Pour les aqueducs libres, ce sont encore les formules dues à de Prony et à Darcy et Bazin qui sont le plus généralement appliquées, au moins en France. Elles donnent l'une et l'autre une relation entre la pente I, le rayon moyen R (égal au rapport de la section Ω au périmètre mouillé χ) et la vitesse moyenne U. La formule de Prony :

$$RI = aU + bU^2$$

qui comporte deux coefficients constants : $a = 0{,}000044$ et $b = 0{,}000309$, a le grave défaut de ne tenir aucun compte de la rugosité des parois, qui varie dans des limites très étendues et a une influence considérable sur la vitesse dans les conduits de petite section. Celle de Darcy et Bazin :

$$RI = b_{,}U^2$$

présente au contraire un coefficient variable $b_{,}$, qui est précisément destiné à faire dans les calculs la part de la rugosité, en prenant suivant les natures des parois des valeurs différentes, savoir :

$$0{,}00015\left(1 + \frac{0{,}03}{R}\right) \quad \text{pour les parois très unies (ciment lissé, bois rabolé, etc.).}$$

$$0{,}00019\left(1 + \frac{0{,}07}{R}\right) \quad \text{pour les parois unies (pierre de taille, briques, planches, etc.).}$$

$$0{,}00024\left(1 + \frac{0{,}25}{R}\right) \quad \text{pour les parois peu unies (maçonnerie de moellons, etc.).}$$

$$0{,}00028\left(1 + \frac{1{,}25}{R}\right) \quad \text{pour les parois en terre.}$$

A l'étranger, d'autres formules, dues à Ganguillet et Kutter, Robert Manning, Humphreys et Abbot, sont employées concurremment avec les précédentes : plus compliquées, parce qu'elles font entrer la pente I avec le rayon moyen R dans l'expression

du coefficient variable, elles ne paraissent pas donner des
résultats plus approchés de la réalité. Pour une première
approximation, on se sert encore fréquemment de la formule
monôme, dite de Tu...i :

$$U = 50 \sqrt{RI}.$$

On a aussi ramené à cette forme simple $U = C\sqrt{RI}$ les formules
précédemment rappelées et calculé des tables donnant le coefficient C; mais le plus ordinairement on se sert des tables donnant le coefficient b_1 d'après Darcy et Bazin.

La résolution des problèmes relatifs à l'écoulement de l'eau
dans les conduites forcées s'opère au moyen de formules analogues, mais où l'on fait entrer la *perte de charge* J au lieu de la
pente et le diamètre D des tuyaux supposés circulaires au lieu du
rayon moyen. Celle de Prony :

$$\frac{DJ}{4} = aU + bU^2$$

où les coefficients numériques a et b sont constants et reçoivent
les valeurs $a = 0,00017$, $b = 0,000348$, est encore fréquemment
usitée; elle donne des résultats assez approchés de la réalité pour
les conduites en service de diamètres moyens (0 m. 20 à 0m.60),
mais elle conduit à des dimensions trop faibles pour les tuyaux
à petit débit et au contraire un peu fortes pour les grands. La
formule de Darcy comporte, comme dans le cas des aqueducs
libres, un coefficient variable; et dans l'expression :

$$\frac{DJ}{4} = b_1 U^2$$

on fait $b_1 = 0,000507 + \dfrac{0,00001294}{D}$ pour les tuyaux en fonte à
paroi couverte de dépôts par suite d'un long usage; on réduit
cette valeur à la moitié pour la fonte neuve, au tiers pour les
tuyaux très lisses en tôle ou en verre : mais les résultats ainsi
obtenus, pour les tuyaux neufs ou lisses, ne sont pas exacts et, pour
la fonte en service, l'application de cette formule donne des dimensions exagérées en ce qui concerne les grands et les moyens
diamètres. Aussi a-t-on fait des tentatives pour obtenir plus de

précision et serrer les faits de plus près : en Allemagne M. Albert Franck, chez nous M. Maurice Lévy ont indiqué des formules nouvelles ; plus récemment M. Flamant, après une discussion approfondie de 92 séries d'expériences connues, a proposé la formule :

$$\frac{DJ}{4} = \frac{a}{\sqrt[4]{DU}}\, U^2$$

où le coefficient a prend les valeurs 0.00023 pour la fonte en service, 0,000185 pour la fonte neuve et 0,00013 à 0,00015 pour le plomb, le verre, etc., et calculé pour son application des tables, que M. le commandant Bertrand a transformées pour plus de commodité en un abaque, suivant la méthode de M. d'Ocagne. Un nouvel abaque, qui concorde mieux encore avec les constatations de la pratique, vient d'être construit par M. Geslain.

74. Étude des dérivations. — Les ouvrages destinés à l'adduction des eaux, communément désignés sous le nom de *dérivations*, doivent être étudiés avec soin d'après la topographie du terrain, car il y a, au point de vue de l'économie finale, le plus grand intérêt à les adapter le mieux possible au relief du sol.

Le *tracé* d'une conduite libre est toujours chose délicate, plus difficile assurément que celui d'une voie de communication, tant à cause de l'obligation de réaliser la continuité des pentes que de la nécessité d'y parvenir souvent au moyen de très faibles différences de niveau : l'aqueduc de la Vanne n'a que 0 m. 10 de pente par kilomètre ! Au contraire, le tracé d'une conduite forcée est relativement facile, puisque, sauf les précautions à prendre pour que les parois résistent à la pression, plus considérable dans les parties basses, et que l'air puisse être évacué aisément au voisinage des points hauts, elle se prête en somme sans difficulté aux sinuosités les plus compliquées et permet d'aborder au besoin des dépressions de 170 mètres de profondeur, comme on l'a fait aux abords de Naples, ou plus encore. Cette facilité de tracé constitue au profit des conduites forcées un précieux avantage, car elle permet d'emprunter les voies publiques, en évitant les lenteurs et la dépense des expropriations, et souvent aussi d'abréger considérablement les parcours : ce n'est pas à dire qu'on doive leur accorder, pour ce seul motif et dans la majorité des cas, une préférence irraisonnée ; elles sont en effet presque toujours plus coûteuses que les aqueducs libres, à cause du surcroît de résistance que doivent présenter les parois pour supporter les pressions intérieures, elles donnent lieu en outre à des frottements plus considérables et enfin sont plus exposées aux ruptures accidentelles.

Pour un débit donné, la *section* d'un aqueduc libre varie avec les *pentes*, qui dépendent elles-mêmes des déclivités naturelles du sol et qui déterminent les vitesses d'écoulement, tandis que pour une conduite forcée, où la vitesse ne dépend que de la différence de niveau entre les points extrêmes, la section demeure le plus habituellement constante. Dans le premier cas d'ailleurs, les vitesses doivent être maintenues entre certaines limites : trop prononcées, elles pourraient provoquer la désagrégation des parois, plus ou moins résistantes suivant la nature des matériaux employés ; trop faibles, elles se prêteraient à la formation de dépôts, à la pousse des herbes, etc. ; c'est pourquoi Genieys a recommandé de ne pas admettre en général de vitesses inférieures à 0 m. 35 par seconde ; c'est pourquoi, d'autre part, on s'impose fréquemment de ne pas dépasser, selon les cas, certaines vitesses extrêmes, 0 m. 60 à 1 mètre par exemple, dans les rigoles ouvertes en terrain graveleux, 2 mètres dans les tranchées rocheuses ou les conduits en maçonnerie. On en est quitte, si la déclivité du sol est grande, à la racheter de temps à autre par des chutes plus ou moins espacées. On peut au reste obtenir les vitesses convenables avec des pentes très faibles — on a cité plus haut celle de 0 m. 10 par kilomètre adoptée pour l'aqueduc de la Vanne —; or, pour aménager de pareilles pentes, il faut opérer des nivellements de précision, que les instruments modernes permettent d'aborder sans peine, mais qui n'étaient pas à la portée des anciens et qui constituent dès lors une des supériorités des ouvrages récents. Ici encore les facilités sont plus grandes avec les conduites forcées : la pente est indifférente, et par suite les nivellements de précision inutiles ; la pousse des herbes aquatiques n'est pas à redouter ; et les parois très résistantes, le plus souvent en métal, n'imposent pour ainsi dire aucune limite supérieure aux vitesses ; en pratique cependant, on préfère souvent s'en tenir aux vitesses moyennes, 0 m. 60, 1 m. 00, 1 m. 50 suivant les cas, pour ne pas augmenter outre mesure les frottements et employer à les vaincre une trop forte proportion de la charge disponible.

Il y a, pour chaque espèce particulière, une comparaison utile à faire entre les deux types ; et souvent elle conduit à ne se point astreindre exclusivement à l'un ou à l'autre, mais plutôt à les combiner entre eux, afin de mieux satisfaire aux conditions multiples à remplir, aux exigences spéciales des problèmes à résoudre. Entre A et B, par exemple, on peut tracer un aqueduc libre en pente continue de longueur L, comme l'indique la ligne pointillée, ou raccourcir le trajet, en franchissant le ravin au moyen d'une conduite forcée de longueur l', et le contrefort qui vient à la suite par un souterrain de longueur l'' ; dans le pre-

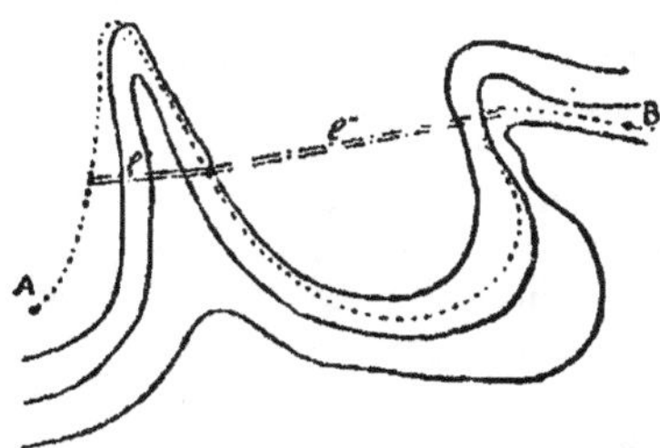

mier cas, on dépensera pL, si le prix du mètre courant d'aqueduc est p ; dans le second, en appelant P et P' les prix respectifs du mètre linéaire de conduite forcée et de souterrain, on trouve que la dépense sera $pl + Pl' + P'l''$; et, toutes choses égales d'ailleurs, on donnera la préférence à l'un des deux tracés, suivant que l'un ou l'autre chiffre sera le moins élevé.

D'autre part, on doit chercher à éviter les *ouvrages d'art*, qui sont toujours relativement dispendieux et viennent peser lourdement sur le coût total d'une dérivation, ne jamais oublier — comme le recommandait Dupuit — que la question à résoudre est de « conduire une certaine quantité d'eau d'un point à un autre avec le plus d'économie possible ». Il faut aussi savoir les aborder sans hésitation, quand ils procurent au contraire un avantage certain et permettent d'obtenir des diminutions précieuses de parcours ou de triompher d'obstacles naturels plus ou moins gênants, soit en franchissant les dépressions au moyen de *substructions*, d'arcatures, de supports appropriés, soit en s'enfonçant à grande profondeur sous les coteaux par le percement de *souterrains* plus ou moins longs.

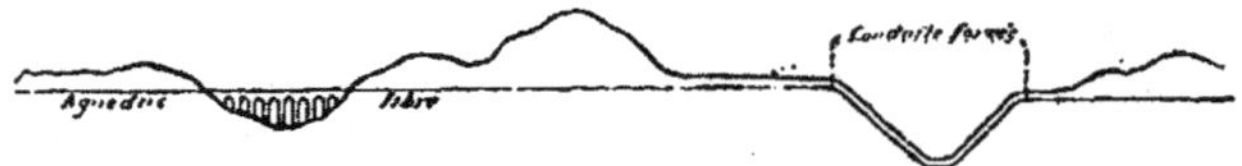

76. Rigoles et canaux en terre. — Une simple tranchée, ouverte dans le sol naturel, constitue le type le plus simple, le plus répandu, le plus économique d'aqueduc libre.

Très employé pour la navigation intérieure, ce type l'est également pour l'adduction des eaux destinées à la formation des réserves artificielles, à la mise en mouvement des moteurs hydrauliques, ainsi qu'à l'irrigation ; par contre, il ne convient guère à l'alimentation des villes et autres agglomérations, parce que l'eau y est trop exposée aux contaminations de toute nature, entraînement de particules minérales ou organiques, développement de la végétation, vie des animaux aquatiques ou amphibies, déversement d'eaux salies par les riverains, etc., sans compter l'inconvénient des variations de température qui suivent d'assez près celles de l'air.

En raison du peu de résistance de la plupart des terres, les berges des rigoles et canaux sont très exposées aux corrosions : les vitesses y doivent donc être très réduites et par suite les pentes relativement faibles. Mais, comme les vitesses dépendent aussi des sections transversales, on les voit fréquemment varier dans des proportions assez considérables, depuis le point de départ des rigoles, dans les régions montagneuses, jusqu'à l'épanouissement des grands canaux, dans les plaines, de sorte que le profil en long général prend, comme celui des cours d'eau, la forme parabolique. Voici, à titre d'exemple, le profil longitudinal d'un de nos grands canaux d'irrigation, celui de Carpentras : les pentes, qui atteignent à l'origine 10 mètres par kilomètre, passent rapidement à 1 m. 40, puis à 0 m. 80, et diminuent ensuite progressivement jusqu'à 0 m. 20 seulement.

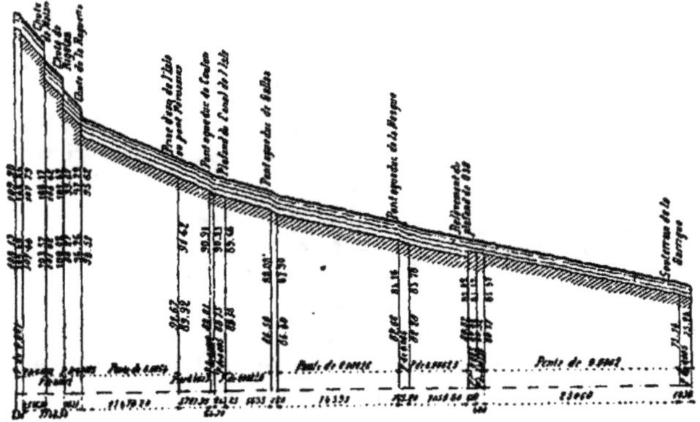

Les sections transversales reçoivent habituellement la forme d'un trapèze, avec plafond horizontal et talus latéraux plus ou moins inclinés suivant la nature du terrain : en déblai, l'inclinaison des talus est souvent de 1 de base pour 1 de hauteur ou 4 de base pour 3 de hauteur ; en remblai, on ne descend guère au-dessous de 3 de base pour 2 de hauteur, et l'on va souvent au delà, jusqu'à 2 pour 1 par exemple ; en outre on ménage une certaine revanche au-dessus du plan d'eau afin de parer aux montées

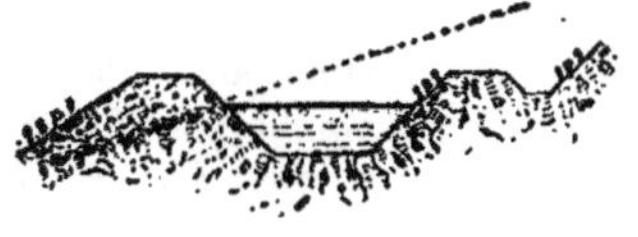

anormales, aux effets des remous accidentels. Quand les talus ont une grande hauteur, on les divise en plusieurs parties également inclinées, mais séparées par des *banquettes*, dont la largeur est suffisante pour retenir les terres qui proviendraient des éboulements. Dans les sols compacts, on raidit les talus, et, dans le roc, on peut les tenir verticaux, de sorte que la section devient rectangulaire, comme dans l'exemple ci-après emprunté au canal qui amène à Marseille l'eau de la Durance ; si la rigole est à flanc de coteau, la partie en remblai est parfois soutenue par un mur en maçonnerie, tandis que la paroi opposée est tenue aussi raide que possible afin de diminuer le déblai, revêtue à cet effet au moyen de mottes de gazon, de pierres sèches, et, si le sol est résistant, taillée verticalement ou même laissée en surplomb au-dessus du plan d'eau. Les talus en terre ne se maintiennent que si la vitesse

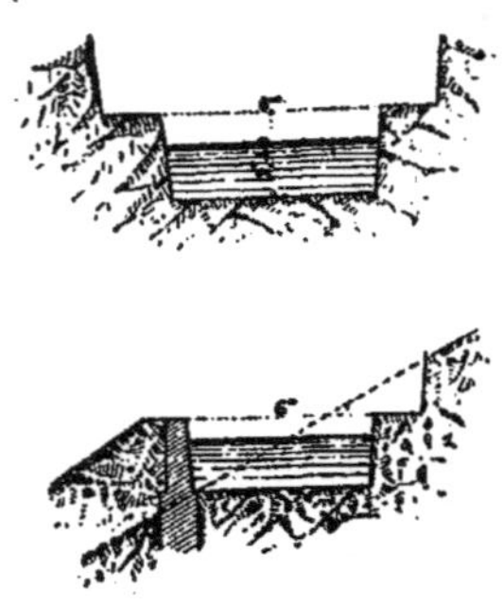

de l'eau est très modérée, 0 m. 30 à 0 m. 60 au plus ; au delà, il faut les défendre par un revêtement, soit sur toute la hauteur, soit sur partie seulement et spécialement au voisinage du plan d'eau, où se font sentir les effets de l'agitation superficielle : la vitesse peut alors être portée au delà de 0 m. 60 et jusqu'à 1 m.20 ; elle peut dépasser cette dernière limite, quand les parois sont rocheuses, comme il arrive fréquemment dans les pays de montagne.

Lorsque les rigoles en terre doivent fournir un débit important, avec une vitesse assez faible et des déclivités peu prononcées, les sections se trouvent bientôt prendre des dimensions telles qu'il vient tout naturellement à l'idée d'utiliser pour la navigation des ouvrages entrepris pour un tout autre objet. Il n'est pas besoin pour cela que les canaux atteignent les propor-

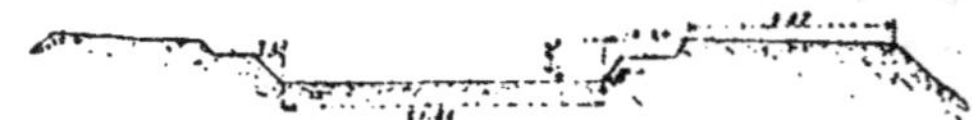

tions colossales du canal d'irrigation dérivé du Gange, qui a en certains points 51 m. 85 de largeur au plafond ; ainsi le canal de l'Ourcq, qui amène chaque jour à Paris 200.000 mètres cubes d'eau tant pour l'alimentation du service public et industriel que pour celle des écluses des canaux Saint-Denis et Saint-Martin, s'est prêté, malgré sa faible largeur de 3 m. 50 seulement au plafond, à l'organisation d'une navigation, modeste il est vrai,

puisqu'elle n'emploie que des bateaux de 50 tonnes de capacité, dits flûtes d'Ourcq, et de 3 mètres de largeur seulement. Cette utilisation simultanée du même ouvrage pour deux usages distincts

est éminemment avantageuse : peu recommandable à coup sûr s'il s'agissait d'eau potable, car la navigation contribuerait à la contaminer sur le parcours, elle est très rationnelle au contraire quand les eaux sont destinées à des usages industriels ou agricoles.

Des *fossés* sont fréquemment disposés sur l'un des côtés des rigoles en terre, pour recevoir et détourner les eaux de superficie dont on veut éviter le mélange avec l'eau dérivée : des *banquettes* sur l'un des côtés ou sur les deux, pour faciliter la surveillance et l'entretien, des *contrefossés* ou des drains, pour protéger les terrains inférieurs contre les infiltrations. Parmi les autres ouvrages accessoires, il convient de mentionner les *déversoirs de superficie* pour écouler les eaux surabondantes, les *déchargeoirs* pour l'évacuation complète de l'eau en vue des curages et des réparations ; quant aux *buses* et aux *ponceaux*, il n'y a rien à signaler de particulier, car on les dispose en ce cas tout à fait de même que sous les routes ou les chemins de fer.

Un grave inconvénient des rigoles en terre est leur manque d'étanchéité : l'eau s'y perd fréquemment en proportion notable par les infiltrations, surtout au début de leur fonctionnement ; et ce n'est parfois qu'après des travaux dispendieux et délicats qu'on parvient à triompher de cette défectuosité.

77 Aqueducs en maçonnerie. — On évite cet inconvénient en substituant aux rigoles en terre des *aqueducs* maçonnés : la pousse des herbes, la corrosion et l'éboulement des berges n'y sont plus à redouter ; l'écoulement est meilleur, le débit plus grand pour une même section, le curage insignifiant.

La section transversale n'ayant plus nécessairement la forme d'un trapèze ou d'un rectangle, il convient de choisir, par raison d'économie, celle qui, pour un même périmètre mouillé, donne la plus grande surface d'écoulement, ou, en d'autres termes, celle qui aura le plus grand rayon moyen, et qui par suite donnera la vitesse la plus considérable et le plus fort débit. Or, si l'on représente par 1 la vitesse que prend l'eau dans un canal rectangulaire dont la hauteur est le double de la base, on trouve que :

dans le carré équivalent la vitesse sera   1,07
dans le double carré   —   1,09
dans le demi-hexagone   —   1,13
dans le demi-cercle   —   1,15

De toutes les figures géométriques, c'est le cercle qui est la plus avantageuse à ce point de vue. Comme rien n'empêche de la réaliser — ce qui serait impossible pour une rigole en terre — on voit que, par là encore, l'aqueduc maçonné a une supériorité manifeste.

L'addition d'une *couverture*, qui garantit l'eau contre les contaminations du dehors — eaux de ruissellement, poussières de toute espèce, développement de la vie animale et végétale — et protège efficacement la maçonnerie elle-même contre les effets désastreux des variations extrêmes de la température, constitue, pour ce genre d'ouvrage, une amélioration précieuse et qui peut être obtenue à peu de frais, pourvu qu'on donne à l'ensemble une forme rationnelle, étudiée de manière à réduire au minimum les cubes de déblai et de maçonnerie. Si l'on observe, en effet, que les parois d'une galerie établie en tranchée sont appuyées par le sol naturel et ne peuvent se renverser vers l'extérieur, et qu'une voûte légère en plein cintre ne donne pour ainsi dire point de poussée aux naissances, on conçoit qu'on puisse arriver sans peine à obtenir, même avec une épaisseur de maçonnerie très réduite, l'équilibre entre les efforts : c'est une sorte de tuyau qu'on arrive à constituer; et, comme l'eau doit y couler sans pression, il suffira d'une épaisseur très réduite, variable avec la grandeur de la section et la nature des matériaux, pour réaliser la résistance nécessaire. La constance de la température peut y être pratiquement obtenue, pour peu que le dessus de la couver-

ture soit établi à une profondeur suffisante : 0 m. 80 à 1 m. 00
de terre sur l'extrados suffisent amplement dans nos pays, et il
faut 2 m. 00 au plus dans les contrées plus froides du Nord de
l'Europe ou de l'Amérique ; si l'on y fait couler des eaux, qui
sont elles-mêmes à une température voisine de celle du sol, on
constate qu'elles peuvent conserver, presque sans variation, cette
température initiale après d'énormes parcours : ainsi l'eau des
sources de la Vanne parvient au réservoir, aussi bien pendant
les grandes chaleurs de l'été que durant les froids les plus vifs de
l'hiver, sans que sa température propre ait éprouvé une modification d'un degré centigrade, après avoir circulé sur une longueur de 170 kilomètres. Les *aqueducs couverts* se prêtent donc
tout particulièrement bien à l'adduction des eaux d'alimentation.

Les anciens Romains en connaissaient et en appréciaient les
avantages, mais ils n'ont point su trouver les formes rationnelles
et économiques que la double considération de la meilleure résistance et du plus rapide écoulement a fait adopter dans les ouvrages récents. Le radier, presque toujours plat, n'était pas favorable à la production de la vitesse ; les piédroits verticaux résistaient
mal à la poussée des terres et devaient par suite recevoir des
épaisseurs de maçonnerie considérables ; la couverture enfin,
formée de dalles ou de voûtes, ne concourait pas à la résistance.

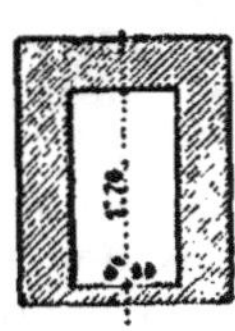

A l'imitation des ouvrages antiques, les aqueducs construits au
xviie et au xviiie siècle ont reçu d'énormes sections et des épaisseurs ruineuses pour l'amenée de petites quantités d'eau : tel est
le cas de l'aqueduc d'Arcueil, qui remonte à l'époque de Louis XIII,
de celui de Montpellier, qui a fait, vers la fin de l'avant-dernier
siècle, la réputation de Pitot ; l'un et l'autre présentent, à côté

d'une *cunette* étroite pour le passage de l'eau, des *banquettes* de circulation, qui augmentent singulièrement la section et par

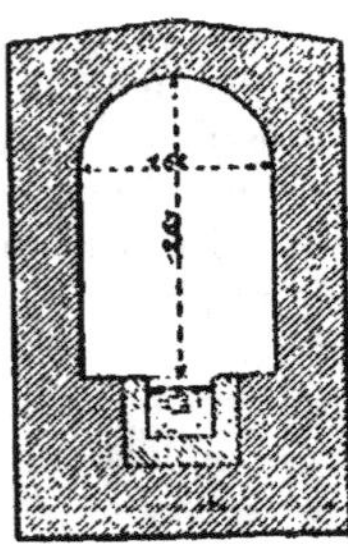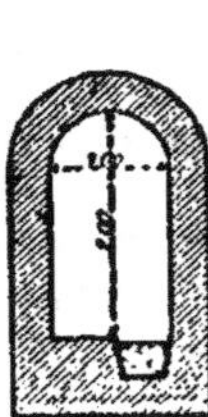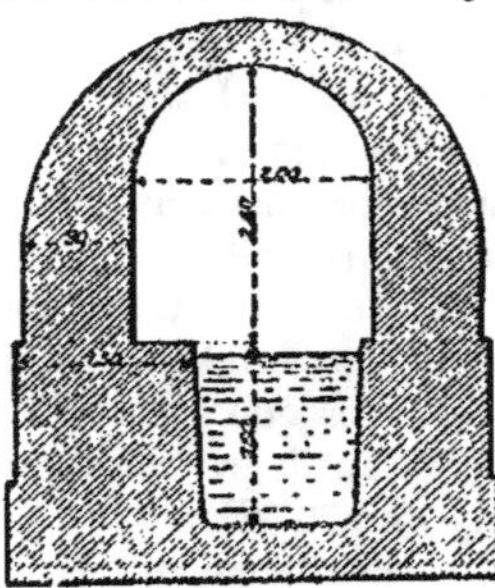

Arcueil.   Montpellier.   Aqueduc de Ceinture (Paris).

suite la dépense. Ces formes surannées et irrationnelles se sont encore maintenues au début et pendant toute la première moitié du XIXᵉ siècle ; on les retrouve employées, par Girard à l'aqueduc

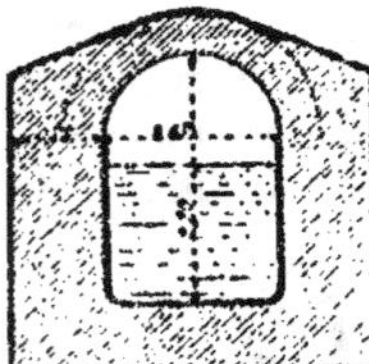

de ceinture, construit de 1808 à 1816, pour l'amenée des eaux de l'Ourcq de la Villette à la plaine Monceau ; par Darcy à Dijon vers 1839, pour l'aque-

Dijon.

duc qui amène dans cette ville l'eau de la source du Rosoir ; et, ce qui est plus surprenant, en 1873, pour l'amenée à Vienne (Autriche) des eaux des sources du Sem-

Vienne.

mering, captées à 80 kilomètres de distance sur le versant des

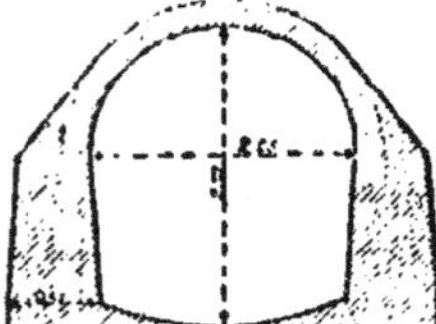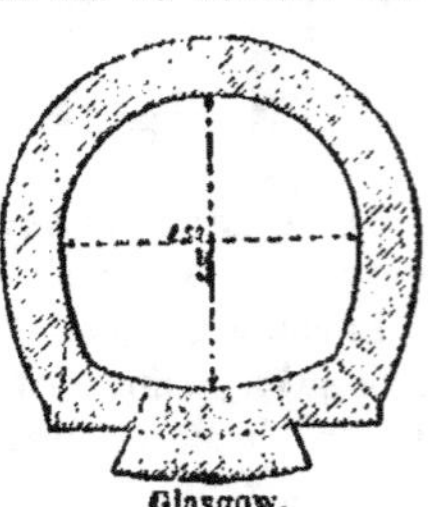

Alpes Noriques. Déjà cependant, le premier aqueduc du Croton, construit en 1838 pour la ville de New-York (États-Unis), recevait un

New-York.

radier en arc de cercle et une voûte mince,

Glasgow.

et, tout en conservant les piédroits verticaux et épais, se rapprochait du type en fer à cheval que Glasgow adoptait en 1856 pour sa belle dérivation du Loch Katrine et qui est resté cher aux ingénieurs anglais.

La couverture en *dalles*, adoptée par les Romains au fameux pont du Gard, a été reproduite à l'aqueduc de Montpellier et, plus près de nous encore, à l'aqueduc de Breslau.

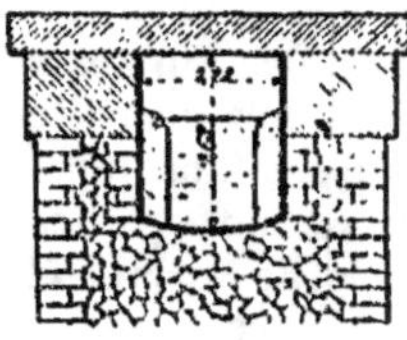  

C'est à Dupuit que revient l'honneur d'avoir théoriquement démontré, pour les aqueducs couverts, les avantages de la section circulaire, où la surface mouillée est celle même qui procure le meilleur débit (surtout si la ligne d'eau se tient à une hauteur voisine des trois quarts du diamètre vertical, limitant de la sorte le segment qui a pour corde le côté du triangle équilatéral inscrit et qui se trouve correspondre à très peu près au maximum du rayon  moyen [1]) et dont la forme supprime toute poussée horizontale vers le dehors, en même temps qu'elle résiste mieux que toute autre aux pressions extérieures. L'adoption de cette forme rationnelle permet de réduire au minimum le cube des maçonneries et par suite la dépense même des ouvrages. Aussi les grands aqueducs de la Vanne, de l'Avre, du Loing et du Lunain, construits pour l'alimentation de Paris, et l'émissaire général des eaux d'égout parisiennes ont-ils uniformément reçu la forme circulaire, avec des diamètres variant de 1 m. 80 à 3 mètres et calcu-

(1) D'après M. Collignon, le maximum correspond au cas où l'arc mouillé est de 257° 28′ ; il est supérieur d'un cinquième environ au rayon moyen du cercle plein ou du demi-cercle (0,6086 r au lieu de 0,50).

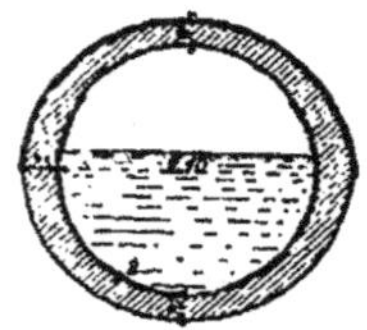

lés pour le débit correspondant au cas du rayon moyen maximum ; grâce à ce choix, l'épaisseur des parois en maçonnerie a pu être ramenée, pour un diamètre de 2 m. 10 (aqueduc de la Vanne), à 0 m. 24 seulement en moyenne, soit 0 m. 20 aux extrémités du diamètre vertical et 0 m. 28 à celles du diamètre horizontal, et, pour un diamètre de 3 mètres (émissaire général des eaux d'égout de Paris), à 0 m. 30. Ce même type a été employé pour les grands collecteurs qui recueillent l'énorme masse des eaux d'égout de Londres, pour l'aqueduc du Potomac qui alimente Washington (diam. 2 m. 75), pour celui de la Virnwy (Liverpool, 1893), pour certaines parties du nouvel aqueduc du Croton (New-York), de celui de Naples (1885), pour les adductions d'eau de Lille, Dieppe, Grenoble, etc. C'est aussi la meilleure forme pour les petits aqueducs non visitables : ainsi l'on a obtenu d'excellents résultats dans la vallée de la Vanne, pour recueillir l'eau des sources secondaires, avec des tuyaux en béton, moulés par bouts de 0 m. 60 à 1 mètre, et qui, pour 0 m. 30 à 0 m. 35 de diamètre intérieur, ont reçu seulement 0 m. 03 à 0 m. 04 d'épaisseur ; les tuyaux en ciment armé ou en grès réussissent fort bien avec des épaisseurs plus faibles encore.

Au-dessous de 1 m. 80 ou tout au moins 1 m. 70 de diamètre, le type circulaire ne se prête plus bien à la circulation intérieure ; aussi, quand on veut obtenir des aqueducs visitables avec une moindre section, a-t-on recours à une forme un peu différente, mais qui conserve presque au même degré les avantages de la précédente, au double point de vue de la résistance et de l'écoulement : c'est le type *ovoïde*, que Belgrand a, pour la première fois en France, appliqué en 1864 à l'aqueduc de la

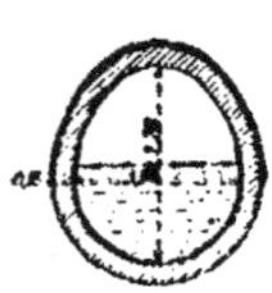

Dhuis, en donnant à la section une hauteur libre de 1 m. 76 pour une largeur maxima de 1 m. 40, avec une épaisseur uniforme de maçonnerie de 0 m. 18 seulement. Depuis lors, ce même type a reçu de très nombreuses applications, en particulier à Boston pour les aqueducs du lac Cochituate et de la rivière Sudbury. Il avait été employé antérieurement déjà en Angleterre et s'est beaucoup répandu dans tous les pays pour la construction des égouts ; mais la section y présente toujours alors un plus petit bout vers le bas, afin de conserver à l'eau une vitesse suffisante, même pour les plus faibles débits.

De tout temps, les aqueducs couverts ont été construits en maçonnerie et au moyen des matériaux trouvés dans le voisinage du tracé ou les plus usités de la région. Au fur et à mesure des progrès réalisés dans les constructions hydrauliques, on y a employé par raison d'économie des matériaux de plus en plus petits : la pierre de taille, le moellon, la brique, le béton, ont été successivement mis en œuvre par les Romains aux divers époques de leur histoires ; et, dans les temps modernes, on a encore commencé par la pierre de taille (Arcueil, Montpellier, etc...) pour passer ensuite aux moellons appareillés, aux briques, aux moellons bruts, au béton. La fabrication des ciments a favorisé cette transformation ; leur grande résistance a en effet permis de réduire les épaisseurs, leur prise rapide facilite le décintrement des voûtes, et ils se prêtent merveilleusement à la confection des enduits, au moyen desquels on réalise l'étanchéité que la maçonnerie seule ne saurait guère procurer, surtout celle au ciment, où les dosages, généralement réduits, laissent dans le sable des vides plus ou moins importants : connu des Romains, cet emploi des enduits n'a reparu qu'au xix° siècle ; entre temps, on a dû recourir, pour étancher certains aqueducs, à des revêtements en plomb (Montpellier, etc.), moyen coûteux mais efficace, qui trouve encore parfois des applications de nos jours[1]. Les mortiers de ciments adhèrent mieux aux matériaux siliceux qu'aux moellons calcaires ; aussi est-ce aux premiers qu'on donne volontiers la préférence. Le béton gras, exécuté avec soin, peut être rendu étanche sans enduit, moyennant une compression suffisante : grâce à cette propriété ; il rend des services pour la construction des petits aqueducs, soit qu'on le coule dans la fouille

(1) Il a été employé à la réparation des arcades de la Vanne, où les enduits s'étaient fissurés, par suite de mouvements de la maçonnerie, dus soit à des tassements accidentels, soit aux variations de température.

autour de mandrins.en bois ou en tôle, qu'on fait avancer au fur
et à mesure de la prise de manière à obtenir des conduits mono-
lithes, soit qu'on prépare des bouts moulés par avance et qu'on

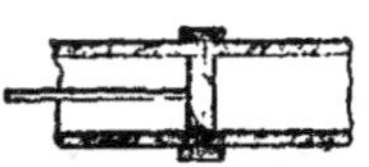

les assemble au moyen de bourrelets de
mortier, en introduisant à l'intérieur pour
empêcher les bavures un outil en bois, au
moment de la confection des joints. Depuis
quelques années le *ciment armé*, désigné
aussi sous les dénominations de *sidéro-ciment*, *fer-béton*, etc.
est entré dans la pratique et s'est montré très apte à la construction des aqueducs : il consiste dans l'emploi d'ossatures métalliques en barres de fer ou d'acier, rondes ou profilées, qu'on noie
dans un mortier de ciment ; dès 1894 un tronçon de l'émissaire
général des eaux d'égout de Paris, du diamètre de 3 mètres, a
été construit par ce procédé. Enfin,pour les très petits conduits,on
emploie souvent les tuyaux en *poterie* ou mieux en *grès vernissé*,
fabriqués par bouts de 0 m. 60 le plus souvent, assemblés soit
à emboîtement soit au moyen de petits manchons, et reliés entre

eux par des joints en ciment pur, en mortier, en corde goudronnée et glaise, en asphalte coulé, etc., qui donnent des ouvrages
un peu fragiles, mais où l'écoulement se fait bien.

Certaines eaux, très chargées de calcaires, sont *incrustantes* et
laissent au passage un dépôt adhérent sur la paroi des aqueducs :
des incrustations assez épaisses, qui sont manifestement dues à
cette cause, ont été rencontrées dans certains aqueducs romains,
notamment au pont du Gard. C'est un motif pour éviter autant
que possible l'adduction de pareilles eaux, qui ont au reste bien
d'autres inconvénients : car, si à la rigueur on peut enlever ces
dépôts dans un aqueduc visitable, le jour où ils y deviennent
gênants, on ne saurait songer à le faire dans de petits conduits.

78. Conduites forcées. — Les conduites forcées s'exécutent
ordinairement en métal.

On en a cependant construit et on en établit souvent encore en *maçonnerie* ou en *béton* ; la *poterie*, la *pierre*, le *bois*, ont été aussi employés à la construction des conduites forcées. L'usage de conduites en *pierre* remonte à l'antiquité, et l'on retrouvait naguère celles qui alimentaient Pergame ; à Dresde, on utilisait autrefois les grès de la Suisse saxonne ; à Prague, on a employé le marbre ; à Tokio (Japon), on a relevé 74 kilomètres de conduites en pierre. Londres a eu jusqu'à 400 kilomètres de conduites en bois, formées de troncs d'arbre équarris ou arrondis et percés de part en part ; on en a retrouvé 154 kilomètres à Tokio ; en Amérique, où le bois est abondant, on s'en sert encore pour établir de très grosses conduites, qui sont alors composées de douves cerclées de fer, et l'on en cite de 1 m. 26 de diamètre à Toronto (Canada), de 0 m. 76 de diamètre et 26 kilomètres de longueur sous une pression de 36 mètres à Denver (Etats-Unis), de dimensions diverses pour le débouché des égouts à New-York. La *poterie* ordinaire, trop fragile pour supporter des pressions intérieures, était cependant utilisée jadis pour la confection de conduites forcées, mais on avait soin de l'envelopper d'une couche épaisse de maçonnerie qui lui communiquait de la résistance ; le *grès*, tel qu'on le fabrique aujourd'hui, supporte beaucoup mieux la pression, mais ne se prête pas aisément à la confection de joints étanches ; on l'a néanmoins employé par économie à Mulhouse, à Lunéville, à Soissons. La *maçonnerie* et surtout le *béton* sont préférables, quoique très sensibles aux variations de température et par suite exposés à des accidents assez fréquents, qui s'aggravent par l'effet des infiltrations et par les tassements qui en sont la conséquence : les exemples abondent ; c'est par une conduite en béton de 1 m. 30 de diamètre que l'eau de la Vanne pénètrait dans Paris au sortir du réservoir de Montsouris ; à la Lauvière, le canal du Verdon présente une conduite forcée en maçonnerie de 2 m. 30 de diamètre ; à Gennevilliers, plus de 40 kilomètres de conduites de 0 m. 40 à 1 m. 28 de diamètre servent à la répartition des eaux d'égout de Paris, sous une pression de 6 à 10 mètres, etc. ; les siphons primitifs de la dérivation de la Vanne étaient en maçonnerie, partout où la pression était faible ou modérée, mais la multiplicité des fissures et des accidents qui en étaient la conséquence a obligé à y substituer la fonte ; les fabriques de ciment de Grenoble ont beaucoup contribué à répandre les conduites en *béton*, dans la région qu'elles alimentent, mais le prix en augmente rapidement avec les pressions,

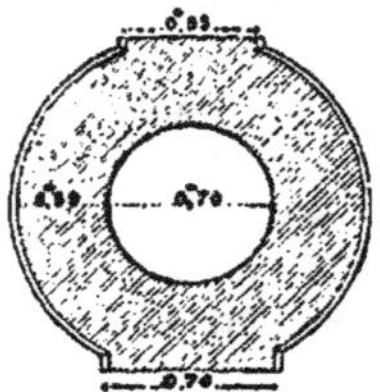
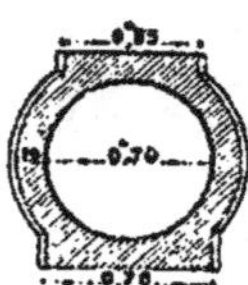

à cause du surcroît d'épaisseur qui en est la conséquence, et les tuyaux en fonte, au prix où on les livre aujourd'hui, ne tardent pas à reprendre l'avantage. On a exécuté des tuyaux en *verre*, nu ou enveloppé de ciment ; et il n'est pas douteux que, si l'on arrivait à les produire à bon compte, ils ne tarderaient pas à être fort prisés, à cause de leur inaltérabilité, pourvu qu'on sût les relier entre eux par des joints solides et durables. On en a fait aussi en *asphalte*, ou plus exactement en papier grossier enduit de bitume et plusieurs fois enroulé, dont les joints s'établissent au moyen de manchons en fer.

Le *ciment armé*, dont l'emploi est relativement récent, mais qui a déjà fait ses preuves sur une grande échelle, paraît appelé à prendre dans la pratique une place beaucoup plus considérable :

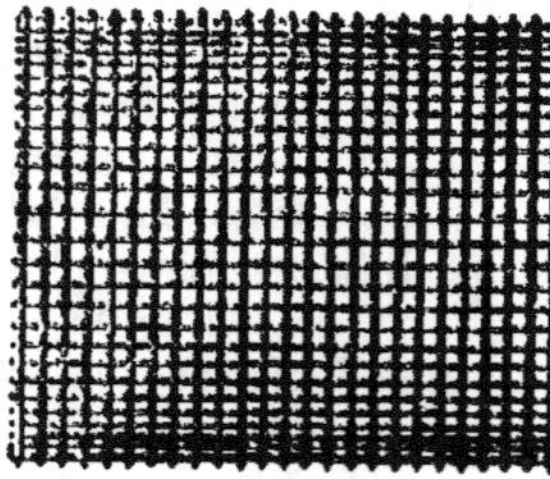

il est en effet à la fois résistant, élastique, durable et de plus rela-

tivement économique ; en outre il permet d'aborder les plus
grands diamètres. L'ossature est calculée le plus souvent de manière à fournir par elle-même une résistance suffisante ; l'enveloppe en mortier de ciment, dans laquelle elle est noyée, y contribue

par surcroît : on peut obtenir d'ailleurs une étanchéité parfaite
et immédiate, même sous les plus fortes pressions, par l'addition
d'une chemise en tôle ; dans ce dernier cas, un double joint est
nécessaire, tandis que d'ordinaire on se contente d'une bague
également en ciment armé, fixée au mortier de ciment, à moins
qu'on n'exécute les conduites sur place, dans la tranchée, d'une
manière continue et sans joint d'aucune espèce.

Parmi les métaux employés à la confection des conduites forcées, le *plomb* est le premier en date ; on a retrouvé en diverses
localités, à Lyon notamment, des conduites de l'époque romaine
à section piriforme, évidemment obtenues par soudure d'une
lame de plomb en table ; plus tard, on a su fabriquer des tuyaux
en plomb fondu, et au temps de Louis XIV, en particulier à Versailles, il en a été fait usage sur une large échelle avec des diamètres croissant jusqu'à 0 m. 216. La fabrication des tuyaux de
plomb obtenus par étirage ou compression est tout à fait moderne : elle a grandement contribué à répandre, pour les canalisations de petits diamètres, l'emploi de ce métal, qui se trouve
dans le commerce en couronnes de 10 à 4 mètres de longueur
développée et jusqu'à 0 m. 10 de diamètre. Grâce à la malléabi-
lité extrême du plomb, ces couronnes se déroulent aisément et
se prêtent à l'établissement commode des canalisations les plus
sinueuses, en réduisant au minimum le nombre des joints. Lorsqu'il y a lieu de relier entre eux deux bouts de tuyaux en plomb,

on fait l'assemblage, soit à chaud en confectionnant un *nœud de soudure*, soit à froid au moyen de *collets battus*. Dans le premier cas, les abouts des tuyaux sont taillés obliquement *en sifflet*,

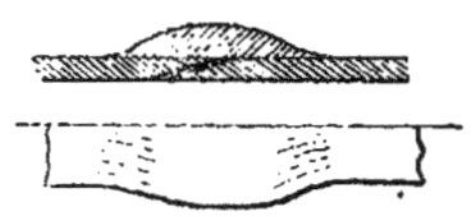

de manière à s'emboîter exactement l'un dans l'autre, et on enveloppe le joint dans une masse de *soudure*, sorte d'alliage fusible composé de plomb et d'étain, qu'on lisse avec soin au moyen d'un outil en fer. Dans le second, on bat au maillet les abouts des deux tuyaux de manière à confectionner de part et d'autre une sorte de bride ou

collet ; entre les deux collets, on intercale un *cuir gras* et on serre le tout au moyen de deux *contre-brides* et de boulons. Dès l'époque d'Hippocrate, on connaissait le danger que peut présenter parfois l'usage du plomb, par suite de la toxicité de certains des composés de ce métal : la *guerre au plomb*, qui donne lieu encore à des polémiques fréquentes, remonte donc à une haute antiquité ; mais Belgrand a montré que la présence de substances calcaires dans l'eau écarte tout danger, car elles déposent sur la paroi intérieure du tuyau une sorte d'enduit protecteur, et l'attaque du plomb n'est à redouter qu'avec des eaux très pures, et surtout quand il est exposé à des alternances de sécheresse et d'humidité ; l'usage du plomb est donc absolument sans inconvénient dans la grande majorité des cas, et c'est seulement dans des circonstances tout à fait exceptionnelles, qui se rencontrent fort rarement, qu'il conviendra de le proscrire. M. Hamon a proposé de remplacer alors les tuyaux de plomb ordinaires par des tuyaux de sa fabrication, en *plomb doublé d'étain*, sensiblement plus coûteux, mais inoffensifs, et qui se coulent encore aisément ; mais la difficulté se représente aux soudures, qu'il faut remplacer par des raccords spéciaux en bronze étamé.

Pour les diamètres courants, c'est la *fonte de fer* qui est aujourd'hui d'un usage général : la facilité avec laquelle elle se prête au moulage, sa grande résistance, sa durée presque indéfinie, son prix peu élevé justifient largement la préférence qu'on lui accorde. Il est rare que les tuyaux en fonte soient attaqués par les eaux qu'on y fait circuler : le plus souvent, au contraire, ces eaux ne tardent pas à en recouvrir la paroi intérieure de dépôts blancs ou jaunâtres, à base calcaire ; cependant, les eaux saumâtres amollissent la fonte et certaines eaux peu minéralisées mais chargées de matière organique végétale y déterminent parfois la production de *tubercules*, qu'on a observés à Cherbourg, à Grenoble, à Cayenne, etc. La fonte est coulée dans des moules en

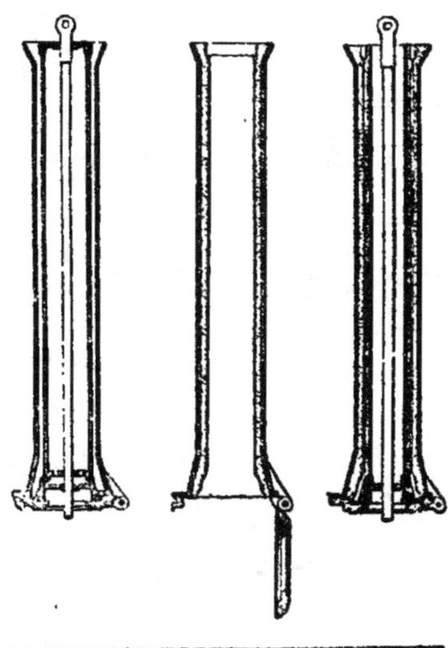

sable, disposés verticalement à l'intérieur de châssis métalliques, placés eux-mêmes dans des fosses profondes à proximité des hauts fourneaux : le *modèle*, qui reproduit la forme extérieure du tuyau, est retiré dès que le *moule* est obtenu, et on le remplace par le noyau, qui affecte la forme de l'intérieur du tuyau ; c'est

l'espace annulaire compris entre le moule et le noyau que le
métal vient remplir. Mais cette fabrication réclame des soins particuliers, des précautions multiples, pour que le métal soit homogène, l'épaisseur régulière, malgré le retrait qui se produit au
refroidissement ; la substitution du moulage vertical aux mou-
lages horizontaux, employés antérieurement, a constitué à cet
égard un progrès considérable. On coule encore horizontalement
les *pièces de raccord*, telles que les *manchons* droits ou à tubulures, les *courbes* diverses, les *cônes*, les *bouts d'extrémité*.

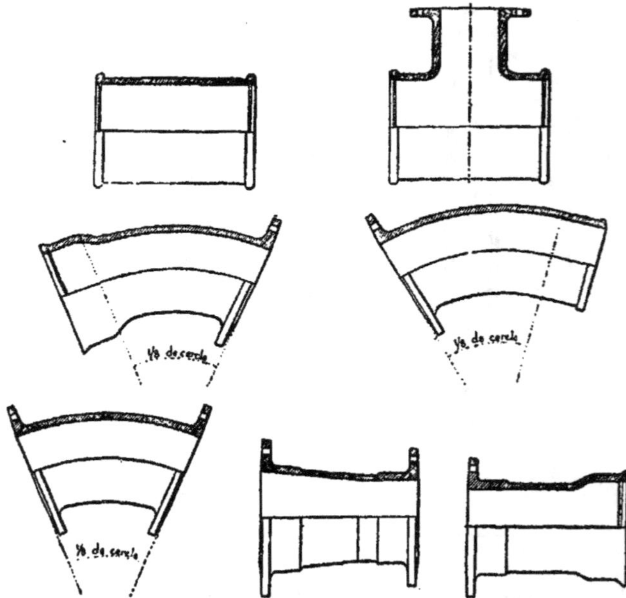

On fabrique couramment en France des tuyaux en fonte de
toutes grosseurs, depuis 0 m.03 de diamètre intérieur sur 2 m. 50
de longueur utile, jusqu'à 1 m. 10 et même 1 m.30 de diamètre
et 4 mètres de longueur ; ces derniers s'exécutent dans de

grandes usines, puissamment outillées, où les administrations entretiennent des *agents réceptionnaires*, chargés de prélever à chaque coulée des échantillons sous forme de barreaux d'essai, de vérifier les dimensions des diverses pièces, de soumettre les tuyaux aux épreuves qui se font à la presse et sous un effort généralement double de la pression normale de service, après

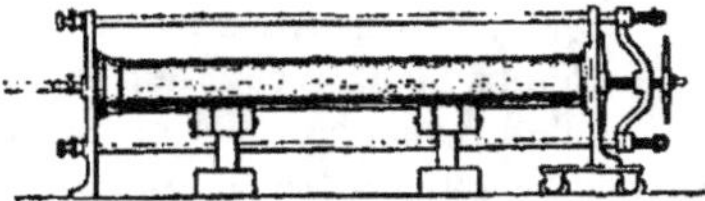

quoi on les plonge à chaud dans un bain de coaltar liquéfié, où ils se recouvrent d'une couche protectrice, très efficace contre le développement de la rouille.

Divers types de *joints* sont employés pour la liaison de deux tuyaux consécutifs, et les abouts des tuyaux reçoivent des formes appropriées au type de joint choisi : le plus anciennement employé est le joint à *brides*; les deux pièces sont terminées par des brides iden-tiques percées de trous, entre lesquelles on inter-pose une rondelle de cuir gras ou de plomb, et qu'on serre au moyen de boulons; très résistant, mais aussi très rigide, ce joint ne se prête à aucun mouvement des conduites, et il nécessite l'emploi de *compensateurs*, pour parer aux effets de la dilatation; le joint à *emboîtement et cordon*, qui a remplacé le joint à brides, est aujourd'hui de beaucoup le plus répandu; pour l'obtenir, on se sert de tuyaux présentant, d'une part, un bout mâle garni d'un *cordon* et, d'autre part, un bout femelle évasé

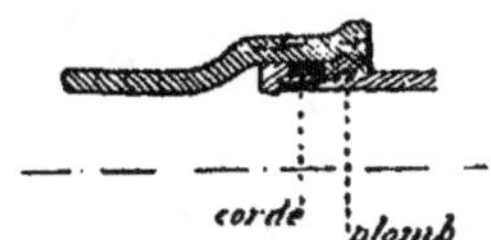

en forme de tulipe, qui constitue l'*emboîtement*; le bout mâle d'un tuyau pénètre de 0 m. 10 environ dans l'emboîtement du tuyau suivant, laissant un intervalle annulaire de 0 m. 08 de lon-gueur, qui est rempli moitié de corde goudronnée, moitié de plomb; on commence par mettre et serrer la corde, après quoi on dispose en avant du joint un bourrelet de terre glaise, dans

lequel on ménage trois ouvertures ou évents, puis on coule par
un des évents le plomb fondu, qui chasse l'air devant lui par les
autres évents jusqu'à remplissage complet du joint ; on enlève
ensuite le bourrelet de glaise, on coupe les bavures, et on *matte*
le plomb au marteau ; le *joint à bague*, employé à Paris pour les

canalisations posées en galerie, s'exécute
au moyen de tuyaux cylindriques, sans aucun renflement aux extrémités, qu'on place
bout à bout, en couvrant le joint au moyen
d'un manchon court ou bague ; on cale la
bague, de manière à ménager un espace annulaire régulier autour
des tuyaux, et on coule dans cet espace, entre deux bourrelets de
glaise, du plomb fondu qu'on matte ensuite de part et d'autre ;
grâce à une légère conicité donnée à la bague, ce joint se démonte
très aisément à froid, tandis qu'il faut fondre le plomb et casser
un premier tuyau, quand on veut démonter une canalisation avec
joints à emboîtement : ces deux derniers joints sont d'ailleurs
dilatables et se prêtent au besoin à de légers mouvements des
tuyaux, ce qui leur donne un avantage marqué sur les joints à
brides ; ils se prêtent à l'emploi de bouts de tuyaux, de tuyaux
coupés sur place, tandis qu'avec le joint à brides on ne peut utiliser que des tuyaux coulés de longueur déterminée. On a depuis
un certain temps proposé de substituer des *joints en caoutchouc*
aux joints qui viennent d'être décrits : à cet effet, diverses dispositions spéciales ont été données aux tuyaux ; tantôt, comme dans
les joints Lavril, Petit, Delperdange, etc., les abouts en ont reçu
des formes nouvelles, tantôt, comme dans les joints Somzée,
Chappée, Gibault, etc., on a utilisé les formes courantes à emboîtement ou à bagues, en y ajoutant des pièces de serrage ; ces
diverses dispositions, presque toutes brevetées, peuvent rendre
de bons services dans des cas particuliers ; elles permettent de
faire opérer la pose par des ouvriers quelconques, tandis que le
coulage du plomb ne peut être fait que par des ouvriers spéciaux ;
elles se prêtent aussi fort bien aux démontages et sont relativement économiques, mais le plomb conserve néanmoins la préférence dans la majorité des cas ; peut-être assure-t-il une durée
plus longue, il se prête mieux d'ailleurs aux réparations en cas

de fuite, puisqu'on peut resserrer les joints par un simple matage. En dehors des joints ordinaires, on a parfois recours, dans des cas particuliers, à des joints spéciaux, soit *rigides* et *précis*, avec des tuyaux dressés au tour et s'emboîtant exactement sans interposition d'aucune matière plastique, soit au contraire *flexibles* ou *articulés* en forme de rotules : mais ces dispositions ne sont employées que très rarement, dans des circonstances exceptionnelles.

Récemment, et en vue d'aborder des diamètres supérieurs à 1 m. 10 sans exagérer les épaisseurs, on a imaginé d'employer la *fonte frettée*, ou plus exactement renforcée de distance en distance par des bagues d'acier : le siphon de Maurecourt, de 2 m. de diamètre (émissaire général des eaux d'égout de Paris), les siphons de 1 m. 25 et 1 m. 50 de diamètre de la dérivation du Loing et du Lunain, construits au moyen de tuyaux de ce type, ont donné d'excellents résultats.

La *tôle de fer* ou *d'acier* permet de résoudre le même problème, et depuis longtemps on l'utilise en assemblant les viroles par le moyen de rivures, soit pour construire des tubes de tous diamètres et de toutes longueurs, capables de résister aux plus hautes pressions, soit pour jeter au-dessus des cours d'eau ou des ravins des conduites rigides de longue portée. Les progrès de la métallurgie semblent ouvrir à cet égard de nouveaux horizons : déjà l'on fabrique en Allemagne des tuyaux en acier de grande dimension, obtenus soit par soudure au chalumeau, soit par d'autres procédés, et l'on entrevoit l'époque peut-être assez prochaine où les tuyaux d'acier, plus résistants sous un moindre poids, partant plus légers, plus faciles à manier, et surtout moins cassants, tendront à se substituer avec avantage à la fonte dans un grand nombre de cas, surtout pour les conduites forcées de gros diamètres. L'inconvénient du fer et de l'acier est la facilité relative avec laquelle ils se laissent attaquer par la rouille ; aussi s'est-on ingénié à les protéger par des revêtements spéciaux : c'est ainsi que s'explique la vogue dont les tuyaux Chameroy ont à certain moment joui en France ; ce sont des tuyaux en tôle mince plombée, enduits intérieure-

ment d'un vernis de bitume et de cire et revêtus à l'extérieur d'une couche épaisse de bitume, qui s'assemblent à froid, par l'intermédiaire d'une sorte de joint à emboîtement, où l'étanchéité est obtenue au moyen de filasse et de métal fusible ; aux Etats-Unis on a aussi employé des tuyaux de fer asphalté ou revêtu de ciment ; l'oxydation préalable, la galvanisation, l'étamage, l'émaillage même, ont été proposés pour défendre contre la rouille les tuyaux en fer, surtout ceux de petits diamètres obtenus par étirage et qui ont trouvé des applications dans quelques circonstances en remplacement du plomb.

Les épaisseurs des tuyaux sont calculées, d'après la nature des matériaux employés et l'importance de la pression qu'ils auront à supporter, au moyen de la formule :

$$e = K + \frac{DH}{2R}$$

dans laquelle e est l'épaisseur, D le diamètre, H la pression statique, R la résistance limite et K une constante, différente pour chaque sorte de matériaux et destinée à faire la part des actions dynamiques communément désignées sous le nom de coups de bélier. Pour la fonte, en admettant que la résistance à la rupture par tension est au moins de 12 millions de kilogrammes par centimètre carré et prenant pour limite le quart de l'effort correspondant, la formule devient :

$$e = K + 0,00016 \ DH ;$$

si l'on donne à H la valeur 100 m., comme pour les canalisations parisiennes, et, si l'on prend comme à Paris K = 0 m. 008, l'épaisseur e se trouve donnée par l'expression :

$$e = 0 \text{ m. } 008 + 0,016 \ D$$

qui est usitée dans les usines françaises, sauf les cas où des pressions exceptionnelles exigent des épaisseurs plus grandes ou des fontes renforcées, et ceux où, par mesure d'économie et pour des pressions inférieures, on se contente d'épaisseurs moindres. Pour le fer, on peut se servir de l'expression de même forme :

$$e = 0,003 + 0,0009 \ DH$$

pour le plomb :

$$e = 0,0052 + 0,0024 \ DH.$$

Les conduites forcées s'établissent le plus souvent au *fond de tranchées* en terre, de profondeur telle que le dessus des conduites soit recouvert, après la pose, d'une couche de terre dont l'épaisseur soit suffisante pour les protéger contre les écarts de température : 0 m. 80 à 1 m. 20 en France, 1 m. 50 à 2 m. dans les pays du Nord. Ces tranchées doivent nécessairement avoir une largeur suffisante pour qu'un homme y travaille à l'aise pour la mise en place et l'assemblage des tuyaux, soit au minimum 0 m. 60 à 0 m. 70 pour les conduites des plus petits diamètres ; au delà, elles reçoivent une largeur appropriée au diamètre des tuyaux. Lorsque les terres sont meubles, le *boisage* de ces tranchées s'impose ; il faut le disposer de manière à ne point faire obstacle à la descente des tuyaux, qui s'opère soit à bras pour les tuyaux ordinaires, soit au moyen de chariots spéciaux pour ceux dont le poids rend la manœuvre difficile.

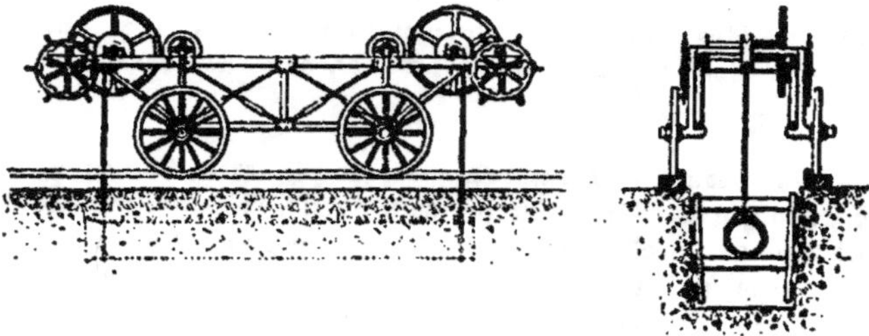

Le fond est réglé auparavant avec soin suivant le profil arrêté, et des niches sont pratiquées au besoin, de distance en distance, pour faciliter la confection des joints. Avant le remblai, chaque portion de conduite doit être essayée à la presse, afin de s'assurer de la résistance et de l'étanchéité des joints ; il faut auparavant disposer à tous les coudes, pour s'opposer aux déboîtements que tend à y déterminer l'effort de la pression intérieure, des *butées*, qui ne sont autre chose que des massifs, le plus souvent en maçonnerie, dont la résistance est calculée pour en contrebalancer l'effet ; une butée provisoire, ordinairement en charpente, maintient l'extrémité du tronçon mis en essai.

16

· Dans les cas, d'ailleurs fort rares, où les conduites sont posées dans des *galeries* souterraines, elles ne s'appuient pas directement sur le radier de ces galeries, mais sont portées par des *dés* en maçonnerie ou des *colonnettes* en fonte, à moins que leurs dimensions relativement faibles ne permettent de les suspendre aux piédroits ou à la voûte, au moyen de *corbeaux* en pierre, de *consoles* en fonte ou de *brides* en fer : il faut tou-

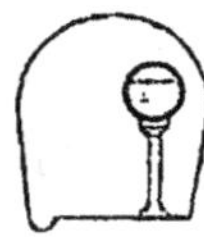

jours d'ailleurs placer, à des intervalles rapprochés, des *agrafes* ou des *arcs-boutants* en fer, destinés à s'opposer aux mouvements possibles dans le sens horizontal ou le sens vertical, par suite des effets résultant de la pression et de ses variations inévitables.

79. Traversée des vallées. — Quand le tracé d'un aqueduc rencontre une dépression profonde du sol, l'idée qui se présente le plus naturellement à l'esprit, pour franchir cet obstacle, est de supporter l'ouvrage, dans la traversée de cette dépression, cuvette, ravin, vallée, par une *substruction*, dans laquelle on pratique, s'il y a lieu, des ouvertures pour le passage des chemins et des cours d'eau. Si la hauteur est grande, cette substruction se compose généralement d'une série d'*arcades* en maçonnerie, analogue à ces nombreux ouvrages dont les anciens Romains ont sillonné la campagne qui entoure la Ville éternelle, et, on peut le dire, tout le monde soumis à leur domination. Les constructeurs modernes, prenant pour type ces ouvrages célèbres, n'ont pas manqué de recourir souvent aux arcades : l'aqueduc d'Arcueil, construit sous la régence de Marie de Médicis, franchit de la sorte la vallée de la Bièvre, en utilisant les fondations de l'ancien aqueduc romain qui portait jadis l'eau des sources de Rungis aux thermes de l'empereur Julien ; l'aqueduc du

Peyrou, construit en 1752 par Pitot, comporte deux étages d'ar-

cades d'un heureux aspect ; l'aqueduc de Roquefavour, sur le
canal de Marseille, qui a fait à juste titre la réputation de l'ingénieur de Montricher, est un ouvrage splendide, dont la hauteur
atteint 82 m. 65 et dont les dispositions élégantes et hardies, la
triple série d'arcades superposées, rappellent le fameux pont du
Gard, qui, à l'époque romaine, servait à l'alimentation de la ville
de Nîmes ; plus récemment, sur le parcours de la dérivation de
la Vanne (1868-1874), Belgrand n'a pas établi moins de

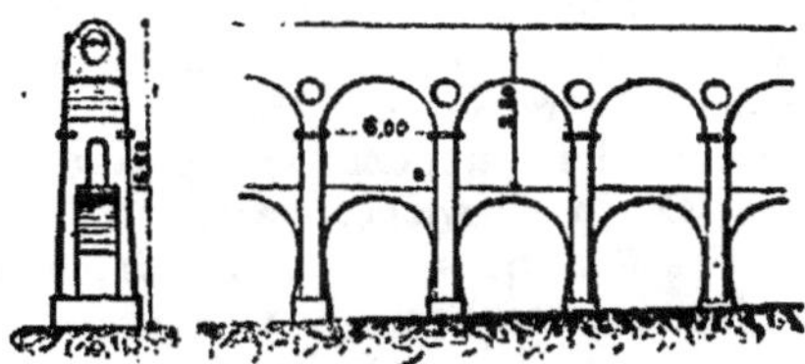

16.600 mètres d'arcades de formes et de dimensions diverses,
dont on donne ici deux spécimens, et parmi lesquelles il

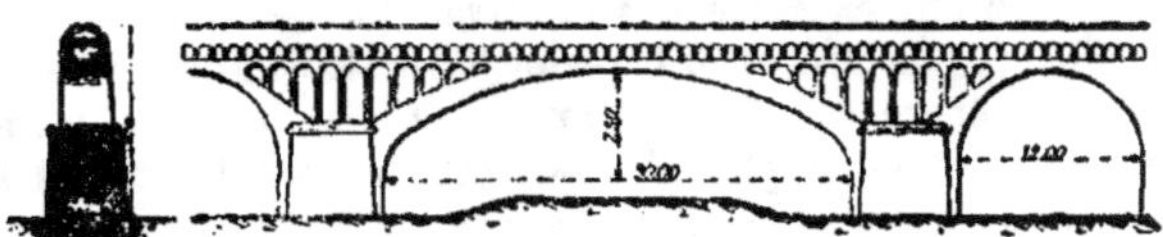

convient de mentionner celles qui, à la traversée de la vallée
de la Bièvre, sont venues se superposer aux deux aqueducs

de l'empereur Julien et de Marie de Médicis. Mais ces grands ouvrages sont extrêmement coûteux, surtout quand la hauteur devient un peu considérable. L'entretien en est d'ailleurs difficile, parce que les variations de température auxquelles ils sont exposés y déterminent des fissures, par où l'eau suinte, délavant les mortiers, attaquant les fondations et préparant de la sorte la ruine des ouvrages en apparence les plus résistants : si l'on y pare, dans la mesure du possible, en garnissant la cuvette de revêtements étanches (enduits de ciment, feuilles de plomb), en la protégeant par une couverture, garantie elle-même par une couche de terre gazonnée, c'est au prix de nouvelles augmentations de dépense, qui justifient la tendance de plus en plus marquée à remplacer les arcades, dans les dérivations modernes, par les *siphons*, d'application plus facile en général et presque toujours plus économique.

Un siphon n'est autre chose, en effet, qu'une conduite forcée, substituée sur une partie du parcours à l'aqueduc libre, dans laquelle l'eau descend jusqu'au fond de la dépression à franchir pour remonter ensuite, et qui ne présente d'ailleurs aucune particularité, sauf à ses deux extrémités, où les raccordements avec l'aqueduc de part et d'autre doivent être étudiés de manière à réduire au minimum les remous et les pertes de charge qui en résultent, et à faciliter les opérations de remplissage, de mise en service ou d'arrêt. Ce type d'ouvrage, si simple, constitue la véritable supériorité des dérivations modernes, car il fournit à l'ingénieur le moyen de vaincre sans peine et à peu de frais des obstacles qu'on eût jugés autrefois infranchissables : il n'est pas rare de trouver des siphons dont la flèche atteint et dépasse 100 mètres ; la dérivation, qui alimente aujourd'hui la ville de Naples, n'eût sans doute pu être exécutée si l'on n'avait pas eu à sa disposition le siphon, pour traverser la plaine basse de 20 kilomètres de largeur, qui sépare les collines dominant la ville du massif montagneux où ont été captées les sources, et dont le sol est à 170 mètres au-dessus de la ligne de charge ; et l'on n'aurait pu songer, comme on le faisait naguère en vue d'alimenter Athènes au moyen de l'eau du lac Stymphale, à franchir l'isthme de Corinthe, qui constitue sur le profil longitudinal une dépression de 350 mètres de profondeur. Par contre, la pression intérieure, à laquelle les siphons sont nécessairement soumis, en fait la partie la plus vulnérable des dérivations : aussi l'usage s'est-il introduit de les doubler, toutes les fois qu'on le peut, et même de placer autant que possible chaque file dans une tranchée distincte, pour qu'un accident sur l'une ne provoque pas le tassement et la rupture de l'autre. Comme toutes les conduites forcées, les siphons s'exécutent le plus souvent en fonte : c'est en fonte qu'ont été construits ceux des dérivations parisiennes (Dhuis, Vanne, Avre), de la dérivation de Naples, de celle du Loch Katrine pour Glasgow, etc. On a recours à d'autres matériaux seulement dans des circonstances spéciales : par exemple, la maçonnerie est employée quand les pressions sont faibles, comme au canal Cavour à la traversée de la Sesia, au grand canal de Pavie, à celui des Alpines, etc.; la tôle de fer ou d'acier rivée pour les fortes pressions et les grands diamètres, comme à la Lauvière (canal du Verdon, diamètre 2 m. 30), à l'arrivée à Paris des eaux de l'Avre (diamètre 1 m. 50), etc. ; la fonte frettée dans des cas analogues (dérivation du Loing et du Lunain, siphon de Maurecourt) ainsi que le ciment armé (siphon de Chennevières, diamètre 2 mètres). Un des siphons du canal du Verdon, celui de la Trempasse, a été simplement creusé dans le sol compact et rocheux, et un enduit a suffi à y réaliser l'étanchéité ; sous le tor-

rent du Drac, pour les eaux de Grenoble, on a établi un souterrain ellipti-
que en maçonnerie, qui renferme le
siphon proprement dit, composé de deux
conduites en fonte, et le même dispositif avec conduites en acier a été adopté
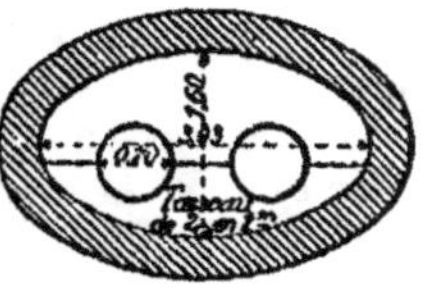
à Liverpool, sous la Mersey, pour l'eau
de la Virnwy ; sous la Seine, à Clichy puis au pont de la Concorde, sous l'Oise, en amont de Maurecourt, on a creusé, au moyen du bouclier, en 1894, 1896 et 1898, des souterrains de section circulaire et de 1 m. 80 à 2 m. 30 de diamètre, dans lesquels passent à même les eaux d'égout de Paris. Les siphons en fonte sont ordinairement posés en terre sur tout leur parcours ; mais il arrive qu'au fond des vallées on rencontre des parties

humides ou tourbeuses où le sol, très compressible, se prête mal
à l'assiette d'un pareil ouvrage, et l'on peut alors recourir au
mode employé par Belgrand dans la vallée de la Vanne, qui

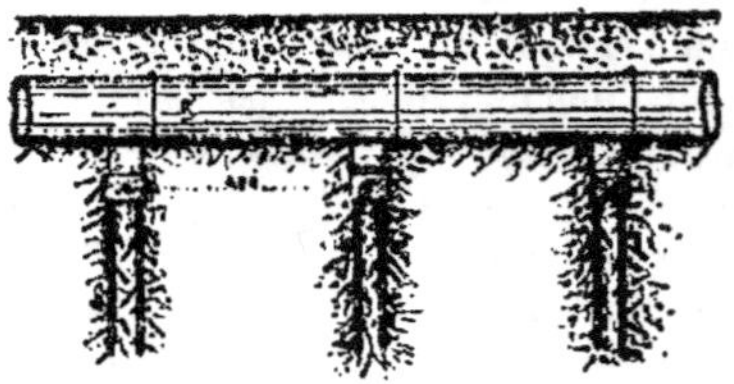

consiste à placer les tuyaux sur de petits supports en bois ou en
maçonnerie, portés sur des pieux. Lorsqu'on a un cours d'eau à
traverser, on peut descendre sur le fond des files de tuyaux en
fonte, reliés entre eux par des joints très flexibles de manière à
constituer un système articulé, comme on l'a fait pour franchir
la Meuse à Rotterdam sur plus d'un kilomètre de longueur, ainsi
qu'à Rochester, Portland, New-Syracuse (Etats-Unis), ou encore
se servir de conduites rigides en tôle rivée, qu'on pose dans des
rigoles draguées à cet effet et qu'on enveloppe ensuite de béton,
ainsi qu'on l'a fait à Paris (en amont du pont de l'Alma et aux
îles de la Cité et Saint-Louis) ou à Herblay pour le passage des
eaux d'égout.

Si la distance à franchir est très faible, le siphon perd une
partie de ses avantages, car il ne va pas sans complication ni
pertes de charges aux raccordements de part et d'autre, tandis
qu'une seule arche ou une simple poutre peut suffire : l'adoption
de l'un ou l'autre type de *pont-aqueduc* peut être alors très
justifiée.

Assez fréquemment, on est conduit à tenir les siphons au-
dessus du sol dans la partie basse de la vallée, en les plaçant sur
une substruction quelconque et en constituant de la sorte un
pont-siphon ; ce cas se présente notamment quand il s'agit de
passer de préférence au-dessus d'une rivière, d'un canal, d'un
chemin de fer, plutôt que de s'enfoncer au-dessous au risque de
placer les conduites dans la nappe ou d'en rendre la visite et la

réparation difficiles. La dérivation de la Vanne franchit l'Yonne et le Loing au moyen d'ouvrages de ce genre en maçonnerie, d'une importance considérable, puisque le premier ne compte pas moins de 162 arches, dont une de 40 mètres d'ouverture et quatre de 30 mètres, pour 1.493 mètres de longueur totale, et le second 53 arches avec 584 mètres de longueur, sur lesquelles

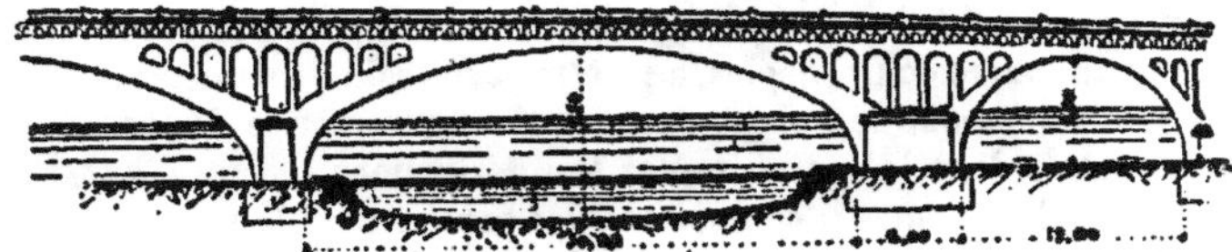

reposent deux files de tuyaux en fonte de 1 m. 10 de diamètre ; à la traversée de l'Essonne, ces mêmes files de tuyaux sont portées par une poutre en treillis, dispositif qu'on retrouve à la dérivation du Loing et à celle de l'Avre pour la traversée de la Seine près de Saint-Cloud. L'ancien aqueduc du Croton traverse la rivière de Harlem, pour atteindre New-York en siphon, sur un pont formé de 15 arches de 15 m. 25 et 24 m. 40 d'ouverture, qui laissent 30 mètres de hauteur libre pour la navigation. Ailleurs on s'est servi de la résistance propre des tuyaux pour les transformer en véritables poutres à longue portée, soit en les renforçant par des treillis (Philadelphie), soit en les courbant en forme d'arcs (Lisbonne, Washington). Presque tous les ponts dans l'intérieur des villes reçoivent des conduites reliées aux réseaux de la distribution d'eau et font ainsi l'office de ponts-siphons.

89. Souterrains. — Quand le tracé d'une dérivation rencontre une colline, il faut ou la contourner, si la chose est possible, ou y ouvrir un passage souterrain. Dès les temps anciens on a été conduit à cette seconde solution : Hérodote cite un aqueduc souterrain à Samos, on en a retrouvé un autre à Jérusalem ; et l'émissaire du lac Fucino, exécuté sous l'empereur Claude, comportait un souterrain de 5.700 mètres de longueur, percé en grande partie dans le rocher. L'outillage dont dispose l'ingénieur moderne lui permet d'aborder plus facilement et à

moins de frais de pareils ouvrages : aussi voit-on adopter maintenant des tracés devant lesquels on aurait reculé autrefois et qui
sont avantageux, soit en raison du parcours plus direct et du gain
qu'on réalise sur la pente, soit à cause de la meilleure assiette
qu'on procure ainsi à l'ouvrage, mieux placé dans la masse compacte que dans les éboulis à flanc de coteau, moins exposé aux
causes de ruine, partant plus durable et moins coûteux à entretenir. La petite dérivation, qui amène à l'aqueduc de la Vanne les
eaux de la source de Cochepies, a pu être réduite de 3 kilomètres,
grâce au percement de trois souterrains de 6.600 mètres de longueur totale dans la craie ; toutes les dérivations récentes, en
France et à l'étranger, comportent des souterrains de plus en
plus étendus, 18 kilomètres au canal de Marseille, 42 à l'aqueduc
de la Vanne. 30 à celui de l'Avre, 29 (sur 38 kilom. en tout) au
second aqueduc du Loch Katrine.

La section des aqueducs est souvent différente en souterrain
de celle adoptée dans les tranchées, à cause du mode différent de
construction de l'ouvrage. Il y a, pour le souterrain, une section
minima qui ne saurait être réduite, celle qui correspond à l'espace
nécessaire pour le travail d'un mineur, soit environ 1 m. 80 de
hauteur et 0 m. 80 de largeur : les percements sont donc peu
avantageux pour les petits débits, et la forme ovoïde s'y impose,
tant que le cercle qu'on pourrait lui substituer avec profit au
point de vue de l'écoulement n'atteint pas 1 m. 80 de diamètre.
D'autre part, si le terrain est dur, compact, imperméable, on
peut supprimer tout revêtement et se contenter de régler le
déblai ; s'il est dur, mais perméable ou fissuré, un simple enduit
sur le périmètre mouillé pourra suffire, et le terrain demeurera
nu à la partie supérieure ; enfin, quand un revêtement devient
nécessaire, on lui donne une épaisseur variable avec la consistance des terres et les dimensions de la section transversale.

81. Ouvrages accessoires. — Pour assurer le fonctionnement régulier et le bon entretien d'une dérivation, il est indispensable de la munir d'un certain nombre d'ouvrages accessoires
destinés à en faciliter le remplissage et la mise à sec, à y assurer
le maintien du plan d'eau normal, à en permettre la visite et les

réparations, etc. Il faut en effet prévoir l'échappement de l'air au moment de l'arrivée de l'eau et disposer à cet effet des *ventouses* ou des *puits d'aération ;* placer aux points bas des siphons, au croisement des cours d'eau rencontrés, des appareils de vidage, *bondes* ou *vannes,* avec des *rigoles de décharge* au besoin ; assurer l'évacuation des eaux surabondantes par des *trop-pleins,* le plus souvent en forme de *déversoirs ;* permettre en tout temps la pénétration dans l'aqueduc en vue d'observations, de jaugeages, de prises d'échantillons, de réparations, etc., par des *regards* ou *cheminées d'accès ;* garnir les *têtes de siphons* des appareils divers qui en doivent régler le fonctionnement, etc. En Angleterre, où l'on admet assez volontiers les engins automatiques, on trouve en outre fréquemment des dispositions spéciales pour la régularisation du débit, l'arrêt de l'écoulement en cas de fuite, etc.

De tous ces ouvrages les plus répandus sont les *regards,* qui se transforment en *puits* dans les parties en souterrain et par utilisation des cheminées ayant servi au percement. On les place le plus souvent à des intervalles réguliers, 200 ou 500 mètres par exemple, plus rapprochés (100 mètres, 50 mètres) pour les petits aqueducs où la circulation est difficile ou impossible. Autrefois on leur donnait volontiers des proportions monumentales, et on les traitait avec un certain luxe, qu'explique la préoccupation de mettre en évidence, au moins en quelques points, l'importance d'un ouvrage presque entièrement dissimulé à la vue ; aujourd'hui, au contraire, on s'attache à choisir des dispositions simples et économiques, on les place tantôt sur l'axe, tantôt sur le côté de l'aqueduc, en les fermant soit par un tampon en pierre ou en métal au ras du sol, soit mieux en les surmontant de petites chambres d'accès saillantes munies de portes, qui jalonnent la dérivation, se retrouvent plus aisément et aussi protègent mieux l'eau contre l'afflux des eaux de superficie, l'introduction des racines des plantes, la pénétration des insectes. Sur le par-

cours des aqueducs parisiens on a construit, à intervalles éloignés, des regards plus grands que les autres, qui se prêtent à l'introduction de bateaux plats, où un homme peut s'étendre, et au moyen desquels on vérifie l'état de la voûte et des enduits, en se laissant glisser au fil de l'eau.

Les *ventouses* ou *évents* sont particulièrement utiles aux points hauts des conduites forcées : ce sont tantôt des cheminées, débouchant à l'air libre, tantôt des appareils spéciaux, se manœuvrant automatiquement ou à la main, analogues à ceux qu'on emploie dans les villes sur les réseaux de distribution.

Les *déversoirs* se placent au voisinage des prises d'eau et en certains points du parcours des aqueducs, toujours de manière à utiliser, pour l'écoulement des eaux de trop-plein, les évacuateurs naturels, les lits des cours d'eau ou le fond des thalwegs. Le seuil en est réglé de manière à empêcher toute élévation d'eau à un niveau supérieur au maximum fixé et à écouler la totalité du débit supplémentaire ; et des dispositifs spéciaux sont adoptés pour éviter le ravinement des terres aux abords.

Les *décharges* de fond se placent aux mêmes points que les déversoirs, qui ne sont autre chose que des décharges de superficie ; mais presque jamais elles ne fonctionnent automatiquement comme ces derniers, et elles sont habituellement commandées par un appareil qui se manœuvre à la main, vanne, bonde ou robinet. Lorsque les points bas sont situés au-dessous du niveau des évacuateurs, ce qui est le cas lorsqu'un siphon passe sous le lit d'un cours d'eau, toute décharge est impossible, et il faut prévoir l'emploi d'un mode d'épuisement, le jour où il serait nécessaire de mettre la conduite à sec.

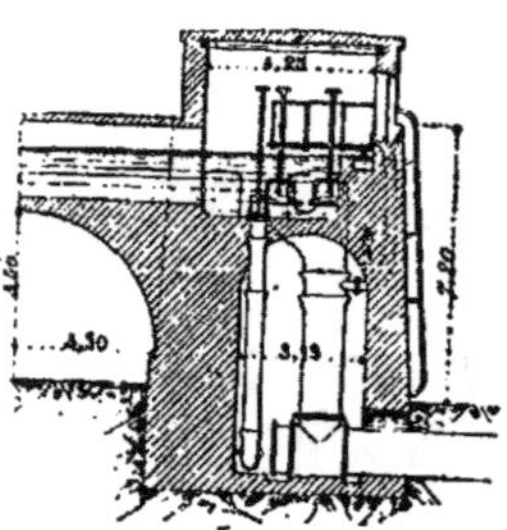

Dans les grands regards, dits *têtes de siphon*, qu'on place aux extrémités amont et aval de ces ouvrages, se trouvent réunis souvent les appareils de remplissage et d'échappement d'air, avec ceux de déversement et de décharge, ainsi qu'il a été fait par exemple à la dérivation de la Vanne ; et, pour y éviter les remous tumultueux , les coups de bélier, les étranglements, il est nécessaire de procéder à une étude soignée des détails.

A tous ces appareils viennent encore s'ajouter, dans certains cas, des engins automatiques, destinés à provoquer un arrêt subit de l'écoulement à la suite d'une rupture accidentelle, d'une fuite grave ; ils sont surtout usités en Angleterre. Il convient de mentionner aussi, sur le parcours des conduites forcées de grandes dimensions, les *trous d'homme* destinés à en permettre la visite, après qu'elles ont été mises à sec, les *manchons*, *soufflets* et autres *appareils de dilatation*, qui, à défaut de joints mobiles ou élastiques, sont appelés à corriger les effets des variations de température, etc., etc.

89. Coût de l'adduction des eaux. — L'adduction d'un volume d'eau déterminé comporte, suivant les circonstances, des frais bien différents, au sujet desquels on ne saurait donner d'indications générales : il est évident que les distances à franchir, les pentes, le relief et les accidents du terrain, la nature du sol, sont autant de causes qui influent sur l'importance des ouvrages, et que, suivant le choix des types, les dispositions de détail, les prix de série, le coût de ces ouvrages sera lui-même très variable.

Mais il peut être intéressant de connaître les résultats auxquels on est parvenu dans des opérations antérieures, ne fût-ce que pour avoir des termes de comparaison et s'en servir au besoin, lorsqu'on a une évaluation approximative à faire. En particulier, le prix global par mètre linéaire des diverses dérivations modernes, comprenant l'ensemble des ouvrages principaux et accessoires, aqueducs libres, siphons et souterrains, captages, réservoirs, installations mécaniques, acquisitions de terrain et indemnités, constitue un renseignement précieux, lorsqu'on a une étude analogue à entreprendre et qu'on désire un premier aperçu de la dépense à prévoir. Citons par exemple les dérivations parisiennes, Dhuis, Vanne, Avre, qui ont coûté respectivement par mètre linéaire 137, 289 et 343 francs pour des capacités respectives de débit de 40.000, 120.000 et 150.000 mètres cubes par 24 heures, l'émissaire général des eaux d'égout de Paris qui est revenu à 785 francs par mètre pour une capacité de 800.000 mètres cubes ; à Saint-Etienne, on a dépensé 300 francs par mètre pour 13.000 mètres cubes, à Dieppe 155 pour 4.500, à Glasgow (première dérivation du Loch Katrine) 357 francs pour 180.000, à Vienne 510 francs pour 250.000, à Naples 480 francs pour 172.000, à New-York (ancien et nouvel aqueduc du Croton) 1.060 francs, puis 2.550 francs pour 370.000 et 1.200.000. Comme on devait s'y attendre, toutes choses égales d'ailleurs, la dépense est relativement moindre pour les gros débits que pour les petits ; et, si l'on ramène les chiffres précités à un même volume pris pour unité, 100 litres à la seconde par exemple, on trouve que ce qui est revenu à Dieppe à 300 francs, à Saint-Etienne à 200 francs, ne coûte plus à la Dhuis que 29 francs, à la Vanne 20 francs, à New-York (ancien Croton), à Naples, 24 francs, à Glasgow, à Vienne, à New-York (nouveau Croton) 18 francs, à l'émissaire des eaux d'égout de Paris 8 francs.

Il est plus aisé de se rendre compte du prix de revient de tel ou tel type d'ouvrage considéré isolément, aqueduc libre ou conduite forcée notamment ; et, comme la valeur des matériaux et celle de la main-d'œuvre varient considérablement d'une localité à l'autre, il n'y a pas grand intérêt à présenter des chiffres concernant ceux de ces ouvrages qui s'exécutent en maçonnerie ou en béton. Les différences sont bien moindres pour les conduites forcées métalliques, dont le coût dépend surtout de celui de la matière employée, en particulier pour celles en fonte dont le cours est bien établi ; aussi a-t-on dit souvent qu'on peut les estimer au mètre linéaire à raison de 1 franc par centimètre de diamètre ; simple et commode, cette formule se rapproche assez de la réalité pour les diamètres moyens, elle donne des chiffres un peu forts pour les petits, et sensiblement trop faibles pour les gros. On a une approximation meilleure en calculant le prix du mètre linéaire (en francs) des conduites en fonte de diamètre D (en centimètres) par l'expression $D \left(1 + \dfrac{D - 100}{250} \right)$, qui suppose une pression modérée, ne dépassant pas la limite de 60 à 80 mètres d'eau, et qu'il faudrait majorer dans le cas où l'on renforcerait l'épaisseur des tuyaux,

Le prix de revient du mètre cube d'eau amenée par dérivation est extrêmement variable, et l'on ne peut rien dire de général à ce sujet, si ce n'est qu'en raison de la dépense habituellement considérable des travaux de premier établissement et malgré la faiblesse des frais d'entretien, il est, durant la période d'amortissement, presque toujours plus élevé que celui de l'eau montée par élévation mécanique. C'est là une considération qui influe souvent sur le choix entre les deux solutions : elle est décisive quand les travaux incombent à un concessionnaire, qui voit ses droits s'éteindre à l'expiration d'une concession limitée ; elle est discutable pour une administration, qui verra la proportion se renverser lorsque le capital primitif se trouvera complètement amorti.

CHAPITRE XII

ÉLÉVATION MÉCANIQUE DE L'EAU

Sommaire : 83. Aperçu général ; 84. Appareils agissant par déplacement ; 85. Appareils agissant par aspiration et refoulement ; 86. Appareils utilisant directement les chutes d'eau ; 87. Appareils agissant par expansion des gaz ; 88. Pompes à mouvement alternatif ; 89. Jeu des pompes ; 90. Organes des pompes ; 91. Aspiration ; 92. Refoulement ; 93. Moteurs ; 94. Machines élévatoires ; 95. Établissement des usines élévatoires ; 96. Exploitation et entretien ; 96. Coût de l'élévation mécanique.

83. Aperçu général. — L'invention des machines à élever l'eau remonte à la plus haute antiquité, et tous les peuples du monde ancien en ont fait usage, surtout pour l'irrigation des terres : aussi la plupart des engins encore usités de nos jours dans les exploitations agricoles étaient-ils connus et pratiqués depuis de longs siècles ; et les progrès de la mécanique ont eu surtout pour effet de perfectionner ceux qui se sont trouvés plus aptes aux emplois nouveaux que les exigences de l'industrie et de l'hygiène modernes ont fait naître et successivement développés.

Le bon marché relatif des installations mécaniques, le peu de temps qu'elles exigent, la simplicité des études préparatoires, les font bien souvent préférer aujourd'hui à des dérivations généralement coûteuses et d'une exécution plus longue et plus difficile.

La variété des types est devenue, par suite, fort grande ; et, pour les passer en revue plus aisément, il convient d'en faire une *classification* sommaire ; nous proposons de les répartir à cet effet en *quatre catégories.*

Dans la *première*, nous rangerons les engins qui agissent par simple *déplacement* de l'eau, qui la prennent directement et la transportent comme un corps pesant quelconque, sauf à utiliser sa grande mobilité, sa fluidité naturelle : ceux-là sont assurément les plus anciens de tous, les plus anciennement employés surtout ; ils ne se sont guère modifiés depuis les temps antiques, et, tels ils étaient alors, tels ils servent encore de nos jours, pour les mêmes usages, en particulier pour l'élévation de l'eau à faible hauteur, si répandue dans la culture des pays chauds où l'on pratique partout l'irrigation des terres ; ils rendent encore des services pour l'alimentation des habitations rurales et des établissements isolés, pour les épuisements, mais ils ne se prêtent guère aux élévations à grande hauteur que réclament le plus souvent les distributions d'eau urbaines.

Ceux de la *deuxième catégorie*, qui agissent par *aspiration* et *refoulement*, produisant d'abord la raréfaction de l'air dans un espace fermé, où l'eau pénètre alors sous l'effort de la pression atmosphérique, puis expulsant cette eau avec la force que leur communique le moteur qui les actionne, peuvent au contraire atteindre des hauteurs quelconques, sans autre limite que celle de l'énergie motrice : c'est ce qui explique leur diffusion rapide et étendue et les applications extrêmement nombreuses et variées qui en sont faites de toutes parts, sous les formes les plus diverses.

La *troisième* et la *quatrième,* beaucoup moins importantes que les deux premières, comprennent des engins qui utilisent directement soit l'action des chutes d'eau, soit l'expansion des gaz. Dans le premier cas, l'eau élevée est le plus souvent empruntée à la nappe qui fournit l'eau motrice, si elle n'est pas une fraction de cette eau motrice même ; dans le second, elle est mise en contact avec le gaz qui la refoule ou l'entraîne, et, si ce gaz est la vapeur d'eau, dont la température est supérieure à $100°$, elle s'échauffe nécessairement : de là résulte, dans les deux cas, une limitation étroite des applications, car l'eau qui fournit la force hydraulique peut n'avoir pas les qualités requises pour tel ou tel usage, et l'eau chaude peut convenir fort bien à certains emplois industriels mais non pour ceux de l'alimentation.

84. Appareils agissant par déplacement. — Parmi les appareils fort nombreux, de formes et de dispositions très variées, qui rentrent dans la première catégorie, les plus simples sont les vases de différente nature, *outre* en cuir, *baquet,*

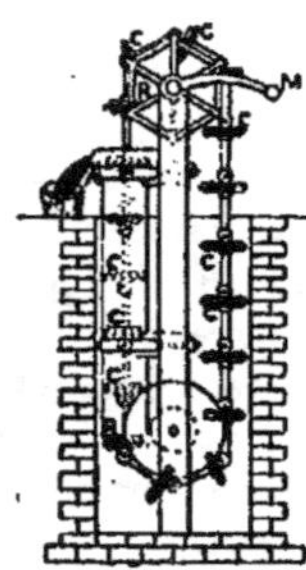

seau, puis l'*écope*, sorte de pelle creuse, qu'on manœuvre directement à la main, ou qu'on soulève par l'intermédiaire d'un levier à bascule ou d'une corde enroulée sur une poulie.

Puis viennent les *chapelets*, composés d'une série de palettes, montées sur une chaîne sans fin articulée et mise en mouvement par un ou deux tambours, qui entraînent l'eau dans un conduit vertical ou une auge inclinée. Très simples, presque sans frottement, ces engins ont par contre l'inconvénient de laisser perdre une partie de l'eau déplacée, entre les palettes et la paroi enveloppante : on diminue les pertes, dans les modèles les plus récents, en remplaçant les palettes par des rondelles en fonte garnies de caoutchouc, et, malgré le frottement qui en résulte, on obtient de la sorte un rendement meilleur, pouvant atteindre dans les cas favorables jusqu'à 66 pour 100.

Dans la *noria*, les palettes du chapelet sont remplacées par des godets ou des pots en terre : théoriquement supérieure au chapelet, puisqu'elle supprime les pertes résultant dans cet appareil du jeu autour des palettes, la noria ne l'est guère en pratique, parce que — même à la faible vitesse de 0 m. 75 à 1 mètre par seconde — il se produit des projections d'eau hors des godets et des pertes sensibles, au moment où, parvenus au sommet de la course, ils vident leur contenu dans le récipient disposé à cet effet. En Égypte, la noria est très répandue sous le nom de *sakié*; il y en aurait, d'après M. Barois, 28.000 dans la Basse-Égypte seule : une sakié se compose ordinairement d'une roue de 1 m. 50 à 2 mètres de diamètre, en bois, portant une corde pendante, sur laquelle sont espacés, de 0 m. 50 en 0 m. 50, des pots de terre cuite de 1 lit. 6 de capacité et pesant 1 kilogramme ; elle peut élever 4.200 à 4.800 litres à l'heure à la hauteur de 10 à 11 mètres, avec un rendement de 20 pour 100. On retrouve la noria sous diverses formes en Bulgarie, dans la Dobrudja, en Espagne, dans la plaine de Pise, dans le Midi de la France, etc. ; en Provence, la noria rustique, mue par un cheval, donne 20 à 25 mètres cubes à l'heure à 5 mètres de hauteur ; elle coûte 700 à 800 francs et rend jusqu'à 66 pour 100. Diverses tentatives ont été faites pour perfectionner la noria et en augmenter le rendement : elles consistent à donner aux godets une forme destinée à empêcher les projections et aussi à favoriser l'échappement de l'air ; dans la noria Saint-Romas, les godets, construits en métal, ont une capacité de 25 à 30 litres et portent un siphon pour l'évacuation de l'air : il n'y a qu'un tambour à la partie supérieure, et le rendement s'est élevé jusqu'à 81 et même 86,7 pour 100.

La *roue à godets* résulte de l'enroulement d'une chaîne à pots ou noria sur une roue de grand diamètre ; dans cet appareil, les frottements sur le tambour se trouvent supprimés, et l'on peut, en armant la roue d'aubes convenablement disposées, utiliser un courant d'eau comme force motrice ; mais ces avantages sont

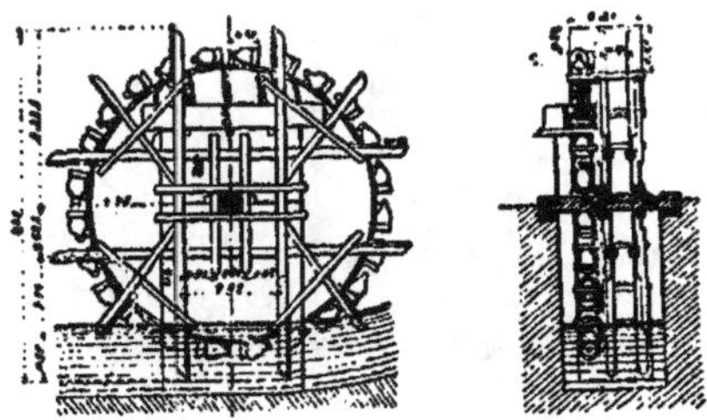

compensés par l'invariabilité de la hauteur d'élévation, ainsi que par la possibilité d'un déversement prématuré de l'eau contenue dans les godets. Pour remédier à ce dernier défaut, on adopte parfois une disposition telle que les godets ne se vident qu'après avoir rencontré un taquet convenablement placé, ou bien on établit les rigoles de réception de l'eau à plusieurs niveaux. Assez répandue, simple et économique, la roue à godets ne peut

17

évidemment élever l'eau qu'à une hauteur notablement inférieure à son diamètre. Perronnet l'a employée, en l'accouplant
à une roue pendante à aubes servant de moteur, pour les épuisements du pont de Neuilly ; Thomas et Laurens y ont eu recours,
près de Soissons, pour l'élévation des eaux de la Vesle ; on la
rencontre en Espagne, en Egypte, etc. Une roue de 4 m. 50 de
diamètre, avec 12 aubes et 24 vases de 7 litres de capacité, faisant quatre tours à la minute, élève 40 mètres cubes d'eau à
l'heure à une hauteur de 3 mètres.

En Egypte, on emploie aussi, sous le nom de *tabout*, une roue
portant sur son pourtour des encoffrements : c'est ce qu'on
pourrait appeler une *roue à augets*. Son mode de fonctionnement
est tout à fait analogue à celui de la roue à godets.

La *roue à aubes* ou roue de côté, qu'on emploie comme moteur dans les moulins à eau, peut être transformée en appareil
élévatoire quand on la fait tourner en sens inverse dans son
coursier. Elle convient pour de faibles hauteurs : ainsi on a
installé à l'usine d'Afteh, dans le delta du Nil, 8 roues Sage-

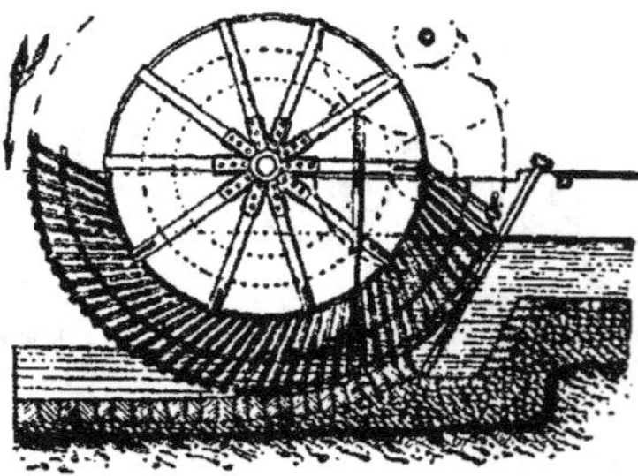

bien, de 3 m. 60 de largeur et de 10 mètres de diamètre, qui,
mûes lentement par l'action de puissantes machines à vapeur,
élèvent chacune 400.000 à 500.000 mètres cubes d'eau par
24 heures à 2 mètres environ de hauteur ; récemment il en a
été fait une application à la petite usine de Bourron, pour
l'élévation des eaux de deux sources basses au niveau du collecteur principal des eaux captées dans la vallée du Loing.

Le *tympan* peut être employé dans des conditions analogues :
c'est un tambour présentant des fentes équidistantes sur son

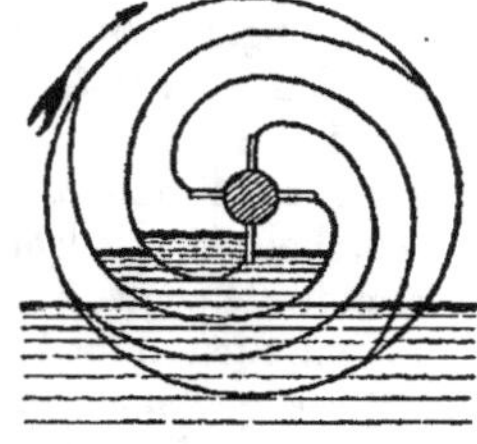

pourtour et qui, emmagasinant l'eau au passage dans des capacités intérieures, la déverse par d'autres fentes quand elle se
trouve élevée un peu au-dessus du diamètre horizontal. Au
modèle primitif en bois on a substitué des dispositifs perfectionnés en métal, au moyen desquels on a obtenu des rendements atteignant jusqu'à 80 pour 100. Encombrant et lourd, le
tympan peut néanmoins rendre de bons services, surtout quand
on peut, en y ajoutant des aubes, en faire son propre moteur.

Une machine fort ingénieuse, qui a été très employée et qui
l'est encore, c'est la *vis d'Archimède.* On l'obtenait autrefois en
contournant sur un cylindre en bois un tuyau de plomb ouvert
aux deux extrémités : en inclinant le cylindre et lui imprimant un
mouvement de rotation, on obligeait l'eau à remonter, de spire
en spire, depuis l'orifice inférieur jusqu'à l'ouverture supérieure.

Dans les vis hollandaises, le cylindre est remplacé par un arbre ou noyau, sur lequel s'enroule une surface hélicoïde et qui tourne dans un coursier incliné ; le diamètre de ce coursier, ou canon, est triple ou quadruple de celui du noyau, et la surface hélicoïde, qui fait un angle de 60° environ avec l'axe incliné de l'appareil, a une longueur 12 à 18 fois plus grande. Suivant les dimensions et l'inclinaison de la vis et la hauteur d'élévation, qui ne peut dépasser 3 ou 4 mètres, on obtient un rendement de 50 à 75 pour 100. Lourde et encombrante, cette machine donne lieu à d'énormes frottements, et le pivot inférieur, constamment noyé, est d'un entretien difficile ; cela n'a pas empêché d'en faire encore il y a quelques années une application en grand dans l'usine du Katalbeh (Egypte), où l'on a monté trois vis en tôle de 4 mètres de diamètre et 12 mètres de longueur, débitant chacune 2 mètres cubes par seconde.

En plaçant horizontalement une vis d'Archimède du type primitif, composée d'un tuyau enroulé sur un cylindre, on obtient

la *pompe spirale* : à chaque révolution l'extrémité ouverte du tuyau reçoit alternativement de l'eau et de l'air ; l'air emprisonné se comprime de plus en plus à chaque tour et finit par refouler l'eau à l'autre extrémité du tuyau, qui se relie de ce côté à une conduite ascensionnelle. En reproduisant le même dispositif pour l'entrée de l'eau, on peut obtenir avec cet appareil une aspiration, ce qui en fait une transition naturelle entre les engins de la première et de la seconde catégorie.

85. Appareils agissant par aspiration et refoulement. — C'est dans la seconde catégorie que se classent les diverses espèces de *pompes*, qui, de tous les engins élévatoires, sont ceux qui procurent les meilleurs rendements et ont reçu les applications les plus heureuses et les plus variées.

Les dispositifs en sont très nombreux, mais ils se ramènent à deux types principaux : celui où il y a seulement aspiration et celui où il y a simultanément aspiration et refoulement.

L'effort de la *pompe aspirante* est entièrement employé à faire le vide dans le corps de pompe, où l'eau est ensuite refoulée par la pression atmosphérique. Comme la hauteur de la colonne d'eau qui fait équilibre à cette pression est de 10 m. 33, ce chiffre donne la limite théorique de la hauteur d'élévation qu'une pompe aspirante pourrait atteindre, si les frottements y étaient nuls et si elle produisait un vide par-fait ; en pratique, on ne saurait dépas-ser 7 à 8 mètres au plus. Réduite à sa forme la plus simple, la pompe aspi-rante se compose d'un corps de pompe vertical, muni à la base d'une soupape et prolongé au-dessous par un tuyau plongeant dans l'eau à élever, et d'un piston, qui se meut dans le corps de pompe, alternativement de bas en haut et de haut en bas, et qui porte lui-même une seconde soupape. Pendant la mar-

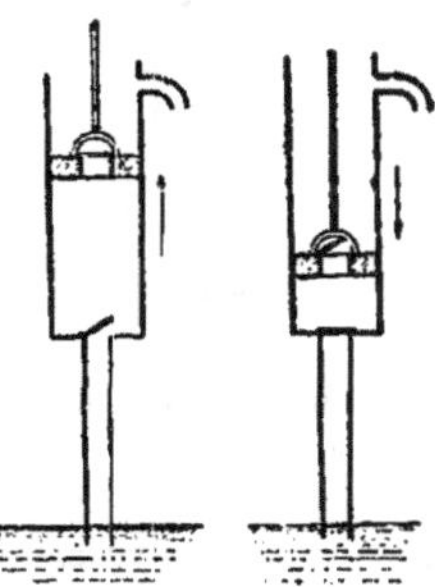

che ascendante du piston, un vide partiel se produit dans l'es-pace fermé compris entre les deux soupapes ; et la soupape inférieure, s'ouvrant par l'effet de la pression atmosphérique, livre passage à l'eau qui pénètre dans le corps de pompe. Pen-dant la marche inverse, la soupape inférieure étant fermée et la soupape supérieure ouverte par l'eau elle-même, le liquide passe à travers le piston. Dans le premier de ces deux mouvements, la force qui entraine le piston doit vaincre, en dehors des frot-tements, la pression atmosphérique qui s'exerce sur la face supé-rieure du piston ; dans le second, la résistance est réduite aux frottements seuls.

Dans toute pompe agissant par refoulement, l'eau, en sortant du corps de pompe, pénètre dans un tuyau ascendant, où elle est chassée avec assez de force pour atteindre un orifice supérieur de déversement. Tantôt le tuyau ascensionnel est placé au-des-sus du corps de pompe et les soupapes sont disposées comme dans la pompe aspirante : alors, pendant la montée du piston, le vide se fait au-dessous, tandis qu'il élève au-dessus l'eau qui vient de le traverser, et, pendant la descente, l'eau passe

simplement du dessous au-dessus, de sorte que l'effort princi-
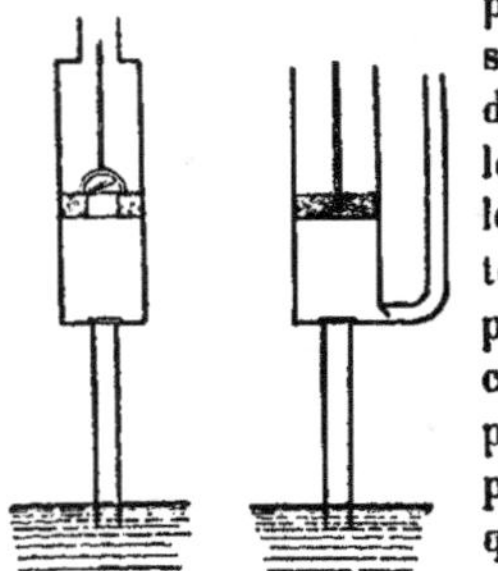
pal a lieu durant la première partie
seulement de la course : la pompe est
dite *aspirante et élévatoire*. Tantôt
le tuyau ascensionnel débouche dans
le corps de pompe au-dessous du piston, qui est plein, et la seconde soupape est placée à l'orifice intérieur de
ce tuyau : alors l'aspiration seule a lieu
pendant le mouvement ascendant du
piston, le refoulement ne se produit
que lorsqu'il descend, et l'effort auquel
est due l'élévation de l'eau se partage
entre les deux parties de la course ; la pompe est *aspirante et
foulante*.

Le mouvement rectiligne alternatif de l'organe mobile est
remplacé dans d'autres pompes par un mouvement de rotation,
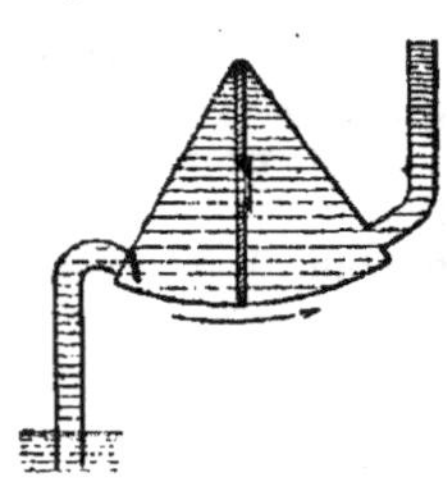
soit alternatif également, comme dans
la *pompe oscillante*, qui n'est qu'une
variante, de la pompe aspirante et élévatoire, où le piston est remplacé par
une palette animée d'un mouvement
angulaire, soit continu, comme dans
les *pompes rotatives*. Ces dernières ont
le grand avantage de s'atteler très facilement aux moteurs, qui sont eux-
mêmes animés d'un mouvement de
rotation continue ; mais, comme il est nécessaire d'y laisser du
jeu entre la paroi intérieure du corps de pompe et les organes
mobiles, qui ne se prêtent pas comme les pistons à l'emploi des
garnitures, le rendement en est médiocre, par suite des pertes
qui résultent du manque d'étanchéité : elles tendent néanmoins
à se répandre, surtout pour les petites installations où l'on en
apprécie la commodité. On en distingue d'ailleurs deux types,
suivant qu'elles ont un seul ou plusieurs axes. La *pompe à un
axe* se compose d'un tambour circulaire creux, faisant l'office
du corps de pompe, dans lequel tourne un autre tambour

plein excentré, qui porte des palettes
mobiles pressées sur la paroi par des
ressorts : les espaces compris entre les
deux tambours, et limités par deux palettes consécutives, vont tantôt en augmentant, tantôt en diminuant, déterminant
de la sorte et successivement l'aspiration et le refoulement. Dans le second

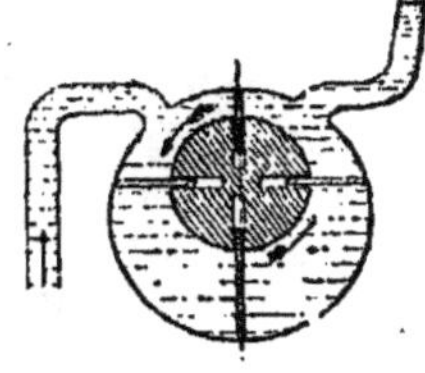

type, il y a au moins deux axes, dont l'un, actionné directement
par le moteur, entraîne l'autre dans son mouvement par l'inter-

médiaire de dents d'engrenage : ce sont
ces dents qui limitent les espaces que
l'eau vient remplir et dont la capacité
variable provoque successivement l'aspiration et le refoulement. On rencontre
dans la pratique usuelle des engins de
l'un et de l'autre type : si le premier
donne lieu à des frottements plus con-

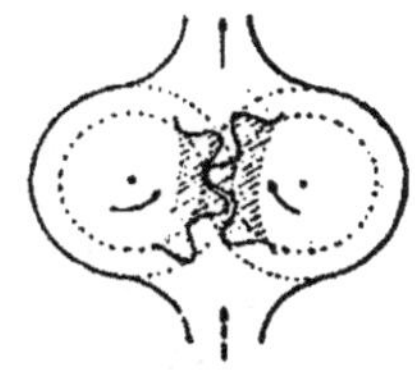

sidérables, le second exige un ajustage soigné et des précautions spéciales, pour éviter le déplacement ou la torsion des
arbres ; l'un et l'autre ne donnent un rendement satisfaisant que
si le jeu est très réduit et ne s'appliquent en conséquence dans
de bonnes conditions qu'à l'élévation d'eaux peu chargées de

matières en suspension. Parmi les *pompes
à deux axes* qui ont eu quelque succès, la
pompe Greindl paraît mériter une mention
spéciale : la forme du corps de pompe en
a été très étudiée, et il présente des renfle-
ments latéraux, grâce auxquels, à chaque
instant, les capacités occupées par l'eau se
trouvent avoir précisément le volume con-

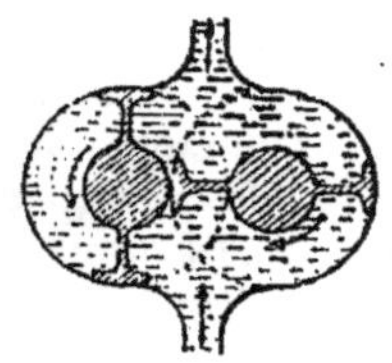

venable pour réaliser le meilleur rendement, ce qui a permis de
le porter à plus de 75 pour 100, chiffre considérable pour une
pompe rotative.

Il convient de rapprocher de ce genre de pompes les *élévateurs à force centrifuge*, improprement appelés pompes centrifuges, qui ont une forme et un mouvement analogues, mais

procèdent d'un tout autre principe. L'eau s'y déplace en effet grâce à la force centrifuge résultant de la très grande vitesse que lui communique l'organe mobile, sorte de roue à aubes, qui tourne librement dans une boîte de figure appropriée : on n'y trouve plus la capacité, de volume variable, qui, dans toute pompe, détermine l'entrée et la sortie alternatives de l'eau ; le mouvement y est continu, toujours de même sens et semblable à lui-même, l'aspiration se produisant au centre et le refoulement vers la circonférence. On construit de nombreux modèles de ces élévateurs, à axe horizontal ou vertical, à aubes droites, courbes, héliçoïdales, en plus ou moins grand nombre : tous fonctionnent avec de très faibles frottements et présentent des passages largement ouverts, de sorte qu'ils peuvent admettre sans inconvénient des eaux même très chargées, tous présentent aussi les mêmes commodités de commande que les pompes rotatives ; mais la hauteur d'élévation y est fonction de la vitesse, de sorte qu'on ne peut dépasser des limites assez restreintes, 10 à 15 m. par exemple, sans aborder des vitesses exagérées et dangereuses. On tourne cette difficulté, soit en superposant plusieurs élévateurs, soit en disposant dans la même boîte et sur le même arbre plusieurs disques à aubes, dont le jeu combiné permet d'obtenir une élévation à grande hauteur : la maison Sulzer, de Winterthur, et plus récemment M. Rateau, à Paris, ont tiré un bon parti de cette dernière combinaison. Le rendement, très inférieur originairement à celui des bonnes pompes, tend actuellement à s'en rapprocher, grâce aux progrès réalisés dans la construction de ces engins, mais est encore loin de l'atteindre en général, sauf dans quelques cas exceptionnels et pour des volumes considérables, où il se serait élevé jusqu'à près de 80 pour 100.

88. Appareils utilisant directement les chutes d'eau. — En se prêtant à l'utilisation immédiate d'une chute d'eau, c'est-à-dire d'une force motrice gratuite, les appareils de la troisième catégorie rendent, dans des cas spéciaux, des services très appréciés.

Le plus répandu, presque le seul qui soit entré dans la pratique courante, est le *bélier*, construit pour la première fois en 1796 par Montgolfier, et qui procède par *choc* en utilisant l'effet connu et désigné bien auparavant du nom de coup de bélier. Une conduite plus ou moins longue amène l'eau de la chute au point où l'on se propose de l'utiliser ; elle se termine par une soupape S, qui est entraînée bientôt par la vitesse croissante que prend l'eau et vient s'appliquer brusquement sur son siège : le coup de bélier qui en résulte provoque, au même moment, l'ouverture d'une autre soupape S', qui livre passage à une

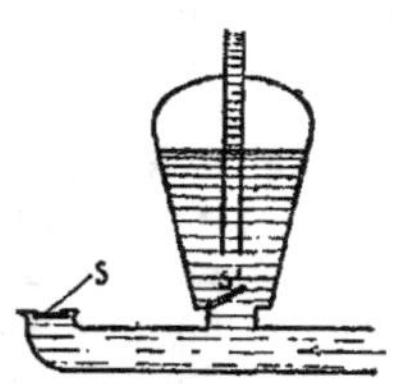

partie de l'eau ; un réservoir d'air la reçoit, puis, la soupape S' se refermant, le même phénomène se produit, tandis que l'air, se détendant dans le réservoir, refoule l'eau dans la conduite ascensionnelle. Le bélier a un très bon rendement : Eytelwein avait obtenu jusqu'à 80 pour 100 dans une série d'expériences ; Bailey Denton a trouvé jusqu'à 90 pour 100, quand la hauteur d'élévation est faible comparativement à la hauteur de chute, 66 pour 100 quand l'élévation est au contraire huit fois plus grande que la chute. Il doit être solidement construit pour que toutes les pièces résistent sans peine aux chocs violents qui s'y produisent : des garnitures en caoutchouc aux soupapes, des appareils de réglage et de prise d'air en améliorent le fonctionnement. Très rustique, marchant aisément sans surveillance, ne demandant pas de graissage, le bélier mérite d'être recommandé comme un excellent engin, susceptible de recevoir dans bien des circonstances des applications justifiées.

MM. Lemichel et Cie ont construit, il y a quelques années, sous le nom de siphon élévateur automatique, une machine d'un type nouveau, qui fonctionne comme le bélier et semble en avoir le rendement : l'eau motrice passe dans un siphon qui, une fois amorcé, fonctionne indéfiniment, et, à la partie supérieure, un appareil en forme de soufflet laisse échapper périodiquement une certaine quantité d'eau.

Mais cet engin a le même défaut que le bélier, celui de ne débiter qu'une fraction de l'eau motrice.

Un constructeur parisien, M. Durozoi, a tenté d'y remédier en créant ce qu'il a qualifié de bélier-pompe : pour cela il lui a suffi de remplacer dans le bélier ordinaire la seconde soupape S' par un organe formant piston qui sépare l'eau motrice de l'eau élevée. Son bélier-pompe n'est dès lors autre chose qu'une *machine à colonne d'eau*, comme on en a construit un grand nombre, de formes et de dispositions variées, qui la plupart résultent de la combinaison d'un moteur hydraulique et d'une pompe à mouvement rectiligne alternatif, et dont aucun modèle ne s'est imposé ni répandu. L'appareil Adams, basé sur le principe de la fontaine de Héron, décrite dans les cours de physique, et qu'on a naguère appliqué à l'élévation des eaux d'égout, présente le même avantage et rentre aussi dans la même classe d'engins élévatoires.

87. Appareils agissant par expansion des gaz. — La quatrième catégorie comprend des appareils d'invention relativement récente, où la détente de l'air comprimé ou de la vapeur d'eau détermine des alternances de pression, qu'on utilise pour obtenir l'aspiration, l'élévation ou le refoulement de l'eau, d'autres où l'air, la vapeur d'eau procèdent par entraînement, d'autres aussi où la condensation joue un rôle, etc.

La pression de l'air comprimé agit directement sur l'eau à élever dans l'*appareil Shone*, composé d'une sorte de caisse métallique, où l'eau arrive par le conduit A, en soulevant le clapet B, et s'élève peu à peu jusqu'à ce qu'ayant atteint un certain niveau elle détermine, par l'intermédiaire du flotteur E, l'ouverture F d'admission de l'air comprimé ; le refoulement se produit alors vers le conduit D, l'eau soulevant au passage le clapet C ; après quoi tous les organes reprennent leurs positions primitives, et l'élévateur est prêt à recommencer. Cet engin, qui fonctionne automatiquement,

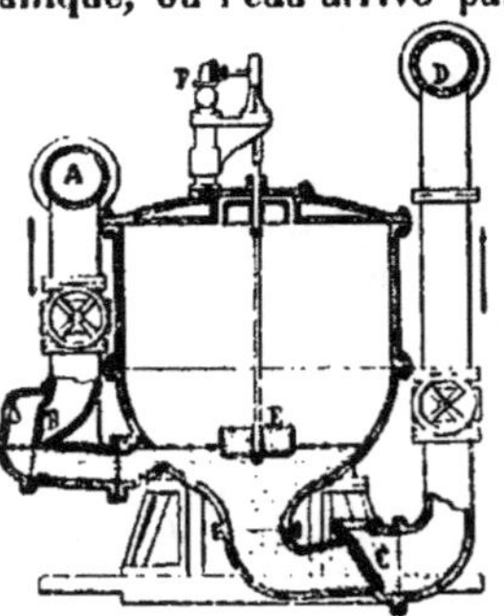

a trouvé, en Angleterre d'abord puis dans d'autres pays, un certain nombre d'applications, pour l'écoulement intermittent des eaux d'égout. D'autres ont été construits depuis sur le même principe et trouvent des applications dans les villes où, comme à Paris par exemple, il existe une distribution d'air comprimé pour la production de la force motrice.

Dans la *pompe Mammouth* et les engins qui en dérivent, l'air comprimé, pénétrant par bulles au bas d'un tube qui plonge dans l'eau à élever, y monte lentement, en se détendant au fur et à mesure, et entraîne l'eau en une sorte d'*émulsion* dans son mouvement ascensionnel : le rendement est faible, mais le dispositif, extrêmement simple et peu coûteux, n'en semble pas moins avantageux et susceptible de trouver d'utiles et intéressantes applications.

La vapeur d'eau agit aussi par entraînement, mais avec une vitesse relativement considérable, dans l'*injecteur Giffard*, où, au moyen d'un jet de vapeur s'échappant d'un ajutage effilé, dans l'axe d'un tuyau en communication avec l'eau à élever, on détermine l'écoulement rapide de cette eau, avec appel d'une part, ou autrement dit aspiration, et refoulement de l'autre, jusqu'à une hauteur qui dépend de la pression sous laquelle la vapeur est employée. L'appareil se transforme en *éjecteur*, quand il a pour objet de produire une simple aspiration et d'évacuer l'eau au dehors, sans avoir à la refouler soit dans un réservoir haut soit dans une capacité sous pression.

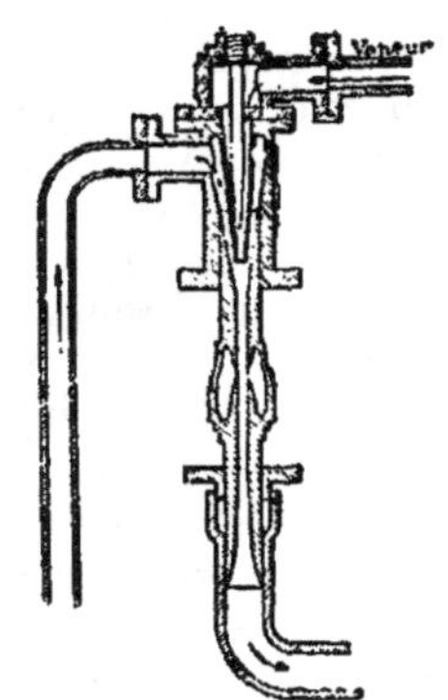

Dans les *pulsomètres*, la vapeur d'eau joue un rôle plus complexe : elle agit à la fois par pression, comme l'air comprimé dans l'élévateur Shone, et par le vide qui résulte de la condensation, produisant le refoulement dans le premier cas, l'aspiration dans le second. Un espace clos, relié aux réservoirs supérieur et inférieur par des tuyaux munis de clapets, est mis par intermittence en communication avec un

générateur de vapeur : l'eau qui y est contenue est d'abord refoulée vers le réservoir supérieur ; puis, l'afflux de vapeur cessant, la condensation s'y produit, et l'eau du réservoir inférieur s'y précipite à son tour sous l'effet de la pression atmosphérique. Des dispositions ingénieuses assurent d'ailleurs le fonctionnement automatique des divers organes et la marche continue de l'appareil.

88. Pompes à mouvement alternatif. — Parmi tous les engins dont on vient de faire l'énumération rapide, il n'en est aucun qui joue un rôle aussi considérable pour l'élévation mécanique des eaux que les pompes à mouvement alternatif. Il y a donc lieu de s'y arrêter et d'entrer à leur égard dans quelques détails.

Observons tout d'abord que, sous la forme simple qui a été précédemment décrite, les pompes ne produisent l'élévation ou le refoulement de l'eau que dans l'un des deux sens du mouvement alternatif du piston, d'où la désignation de *pompes à simple effet* qui les caractérise : l'effort à faire pour les mettre en mouvement est nécessairement varié, et l'écoulement de l'eau dans les conduites correspondantes se produit par saccades, ce qui n'est pas sans avoir des inconvénients. Pour les éviter, on a été conduit à modifier les dispositions primitives des pompes à pistons, de manière à obtenir, dans les deux parties de la course, des effets équivalents et à équilibrer à peu près les efforts dans les deux sens : la *pompe à double effet*, qui répond à cette condition, comporte un piston plein, animé d'un mouvement alternatif, dans un corps de pompe pourvu de deux orifices d'aspiration et deux orifices de refoulement de part et d'autre du piston ; à volume égal, cette pompe débite deux fois autant d'eau qu'une pompe à simple effet, et, si les intermittences du mouvement de la colonne liquide ne sont pas supprimées, elles sont du moins considérablement réduites. On obtient au surplus le même résultat en accouplant deux pompes à simple effet de manière que le mouvement du piston y soit alterné, et plus de régularité encore au moyen d'un plus grand nombre de pompes à simple effet convenablement combinées.

Si l'on ajoute que l'axe des pompes peut être horizontal ou
incliné, aussi bien que vertical, que le corps de pompe peut
recevoir des formes diverses, qu'il y a des dispositions très
variées de soupapes ou clapets, on concevra sans difficulté que
dans les applications innombrables qu'elles ont trouvées, et, en
raison de la diversité des cas auxquels on a dû les adapter, les
pompes ont reçu des dispositions extrêmement variées. On se
bornera donc à en signaler ici les principaux types, en remarquant
que la position verticale convient bien aux pompes à simple
effet, en particulier aux pompes élévatoires, dont l'effort, se produisant principalement à la montée du piston, fait travailler la
tige à la traction, c'est-à-dire dans les conditions les plus favorables, tandis que les pompes à double effet s'accommodent
mieux de la position horizontale.

Les pompes à simple effet peuvent recevoir soit un piston *plein*,
percé et muni de clapets, soit un piston *plongeur*. Le piston plein,
tantôt vertical, tantôt horizontal, peut à volonté élever ou refouler
l'eau ; le corps de pompe où il se meut est tantôt ouvert d'un
côté, ce qui a l'avantage de faciliter la surveillance et l'entretien

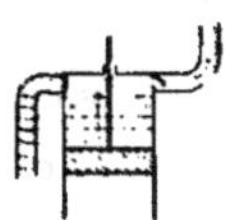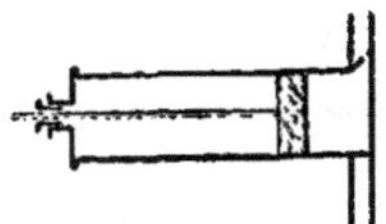

de la garniture du piston, tantôt fermé au contraire et pourvu
d'un presse-étoupe pour le passage de la tige. Le piston plongeur
n'est qu'une heureuse modification du piston plein, qui supprime
la nécessité de l'alésage intérieur du
corps de pompe, réduit la garniture
à un simple presse-étoupe, toujours
visible et par là-même facile à entretenir, et diminue sensiblement les
frottements ; mais il ne s'applique
qu'aux pompes foulantes. Quand le

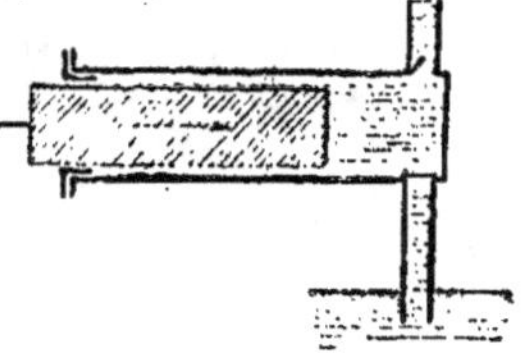

piston doit livrer passage à l'eau et porte à cet effet des clapets qui l'accompagnent dans son mouvement, la pompe est presque toujours élévatoire et disposée verticalement, ce qui a l'avantage d'assurer aux filets liquides une direction constante dans leur mouvement d'ascension. Dans les pompes à double effet, le piston ne porte jamais de clapets, il n'est jamais percé pour livrer passage à l'eau et ne peut être que plein ou plongeur.

Parmi les pompes doubles à simple effet, où deux corps de pompe sont accouplés, conjugués ou juxtaposés, en vue d'obte-

nir l'égalité approximative des efforts dans les deux sens, comme avec la pompe à double effet, il convient de citer en première ligne, comme un modèle classique et universellement répandu, la *pompe à incendie,* composée de deux pompes foulantes verticales, placées parallèlement dans une bâche unique, où elles puisent l'eau sans aspiration pour l'envoyer dans un récipient d'air occupant le centre de la bâche, et dont les pistons reçoivent, d'un balancier mû à bras,

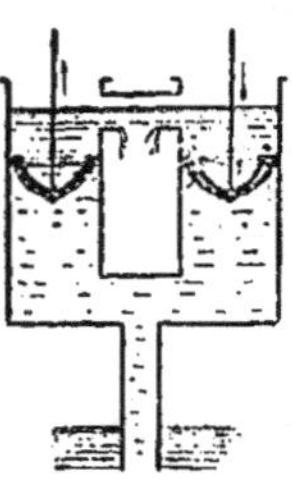

un mouvement alternatif tel que l'un monte tandis que l'autre descend et *vice versâ*. Dans la pompe Letestu, très employée sur les chantiers de travaux pour l'épuisement des fouilles peu profondes, on retrouve deux pompes verticales, placées aussi côte à côte, avec des pistons à course alternée ; mais ce sont des pompes aspirantes, et les pistons y livrent passage à l'eau par des trous garnis de clapets en cuir. La pompe Girard, qui est un des meilleurs types connus et dont l'usage est fort répandu en France et à l'étranger, se compose de deux pompes à simple

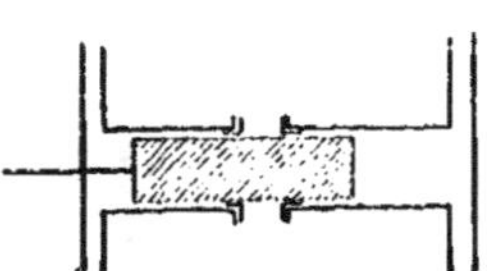

effet, placées en regard l'une de l'autre sur le même axe, et pourvues d'un piston plongeur unique : on la trouve, avec des dispositifs variés, dans les usines du canal de l'Est (Vacon, Pierre-la-Treiche), dans celles de la

Ville de Paris (Saint-Maur, Ourcq, Ménilmontant, Montmartre, Laforge, Bercy, Colombes, Ivry, Auteuil, etc.). On peut en rapprocher un autre modèle de pompe double à piston unique horizontal, qui a été construite par le Creusot en 1888 pour l'usine élévatoire de la Ville de Paris au quai de Javel, et où les corps de pompe sont des cylindres verticaux, terminés en forme de cloche pour former réservoirs d'air, et contenant, de part et d'autre du piston, des plateaux portant les clapets d'aspiration et de refoulement. Dans d'autres cas, ces deux pompes accouplées

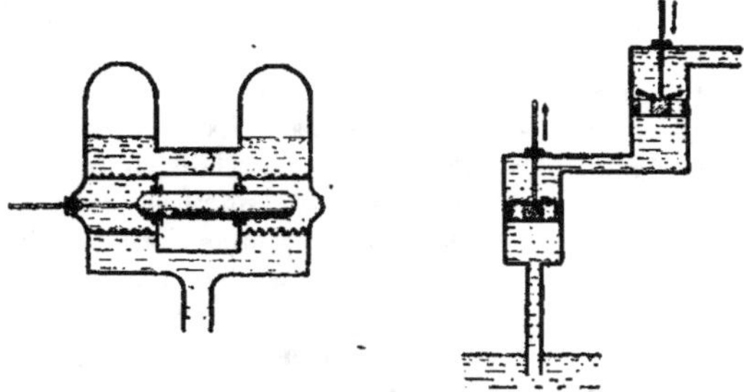

ont été superposées et reliées entre elles par un tuyau de communication, de manière que le piston de l'une aspire à travers le piston de l'autre, qui lui-même refoule au travers du premier ; cette disposition, appliquée assez fréquemment et en particulier dans plusieurs usines de la Ville de Paris (Austerlitz, Ourcq, Ivry), communique aux filets liquides une vitesse variable sans doute, mais toujours de même sens; on l'a étendue parfois à un système de trois pompes étagées, reliées deux à deux par des tuyaux horizontaux de jonction.

La pompe à double effet proprement dite donne un travail parfaitement symétrique dans les deux parties de la course du piston, mais elle présente l'inconvénient d'inverser à chaque extrémité de cette course les mouvements des filets liquides ; on lui reproche en outre la difficulté de visite et d'entretien de la garniture du piston, qui est plein et

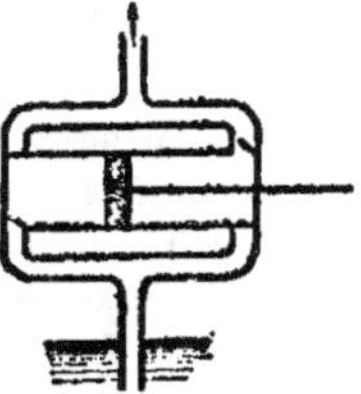

qui, enfermé dans le corps de pompe, ne peut être vérifié sans démontage : cet engin n'en a pas moins reçu de très nombreuses applications, surtout avant l'introduction de la pompe Girard,

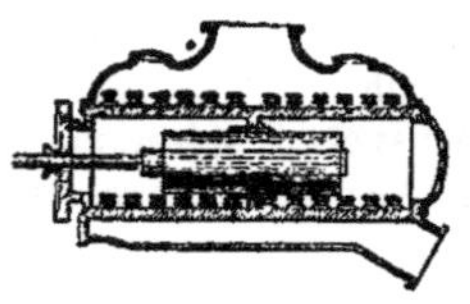

qui l'a maintenant presque partout remplacé. Il a retrouvé d'ailleurs la vogue aux Etats-Unis d'abord, puis dans les autres pays, sous la forme remarquable que lui a donnée la maison américaine Worthington et qui comporte un piston plongeur allongé, se mouvant dans un cylindre très court, ouvert à ses deux extrémités, et placé au centre d'une cloison fixe, qui partage en deux parties égales et symétriques une grande chambre d'eau comprise entre deux plateaux garnis de nombreuses soupapes pour l'aspiration et le refoulement. La *pompe différentielle* doit

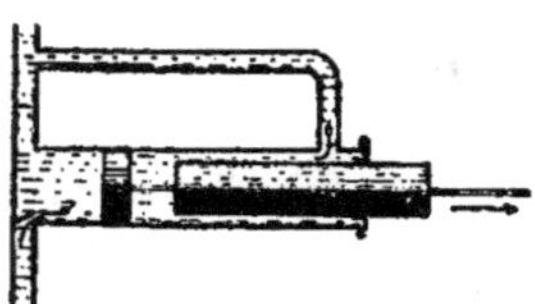

être classée également parmi les pompes à double effet, bien que son jeu ne soit pas entièrement symétrique, puisqu'elle aspire dans un seul sens de la marche alternative du piston, qui présente deux sections, l'une à peu près double de l'autre, et fonctionne à la fois comme piston plein et comme plongeur.

89. Jeu des pompes. — Dans toute pompe à mouvement alternatif, il y a une capacité, formée par le corps de pompe et le piston, dont le volume change à chaque instant, et où l'eau se précipite quand il augmente tandis qu'elle en est chassée quand il diminue. Le mouvement du liquide y est constamment varié, dirigé tantôt dans un seul sens, tantôt alternativement dans deux sens différents, avec ou sans intervalle de repos. De ces changements de vitesse et de direction résultent des remous, qu'on cherche à restreindre autant que possible, pour diminuer les pertes de force vive et augmenter l'effet utile de l'appareil. C'est en vue d'obtenir ce résultat qu'on doit s'attacher notamment à donner à l'eau de larges passages, à rendre aisé et doux

le mouvement des soupapes et clapets, à supprimer les causes
de chocs, à faciliter l'écoulement par tous les moyens.

La vitesse du piston, quel que soit le moteur qui l'actionne,
n'est jamais uniforme ; nulle aux extrémités de la course, elle va
en augmentant jusqu'à un maximum, pour décroître ensuite, et
cela dans chacune des deux parties de la course. Si, au moment
de l'aspiration, l'eau éprouve de trop grandes résistances dans les
tuyaux d'amenée ou au passage des orifices d'admission, il peut
arriver que, faute de vitesse suffisante, elle ne puisse suivre le piston et s'en sépare momentanément aux environs du maximum
de vitesse de la machine ; alors, quand la marche du piston se
ralentit, l'eau le rattrape bientôt, en produisant un choc dou-
blement fâcheux, parce qu'il comporte une perte de force vive et
détermine des vibrations nuisibles à la conservation du système :
c'est un écueil qu'il ne faut jamais perdre de vue dans la construction des pompes. Il est des cas où l'on a besoin d'obtenir
avec un même système élévatoire des débits variables ; à défaut
de plusieurs pompes distinctes qu'on puisse mettre en marche
ensemble ou séparément, on se contente souvent de faire varier
le nombre de coups par minute ou la longueur de course de la
pompe unique : de ces deux moyens, le premier est sans inconvénient, mais ne s'applique guère que si la variation reste dans
le rapport de 3 à 4 ou 2 à 3 au plus ; le second est peu recommandable, parce qu'il détermine une usure irrégulière des pièces
frottantes, dont certaines parties travaillent constamment et certaines autres à intervalles plus ou moins éloignés.

Les gaz dissous dans l'eau jouent un rôle assez important
dans le fonctionnement des pompes : au moment de l'aspiration,
le vide relatif qui se produit dans le corps de pompe en détermine le dégagement partiel ; des bulles se forment dans la masse
d'eau et tendent à gagner les points hauts ; puis, dans la période
de refoulement, l'*air*, sous l'influence de la compression, est en
partie dissous, en partie entraîné à l'état gazeux. Si la forme du
corps de pompe se prête à l'entraînement de l'air, la présence
des bulles gazeuses n'a pas d'inconvénient, elle communique
même au liquide une certaine compressibilité qui est plutôt un
avantage. Mais, s'il peut se former quelque part un *cantonnement*

18

d'air, il en résulte nécessairement une diminution du rendement de la pompe en même temps que des chocs dangereux, car la masse gazeuse, se dilatant au moment du vide, s'oppose à l'addition d'un volume d'eau suffisant, et la contraction qu'elle éprouve durant la compression détermine des mouvements brusques et provoque des effets analogues à celui qu'on obtient dans les laboratoires de physique au moyen du *marteau d'eau*. Aussi l'air est-il considéré comme un ennemi par les constructeurs de pompes, et l'on ne doit rien négliger pour en empêcher l'accumulation en certains points, ainsi que l'évacuation brusque : pour s'en débarrasser, si la forme de la pompe rend un cantonnement d'air inévitable, on a recours à des *ventouses* ou petits clapets spéciaux automatiques, qui s'ouvrent de dedans en dehors au moment de la compression ; mais le fonctionnement de ces appareils est parfois en défaut, parce que l'air entraîné par le mouvement de la masse liquide ne se porte pas exactement au point le plus haut, où il se tiendrait à l'état statique, et il en résulte des irrégularités et des chocs, dont on a parfois grand'peine à démêler la cause et à trouver le remède.

Les changements de sens répétés dans la marche du piston, les résistances dues à l'inertie de l'eau, les frottements au passage des orifices d'admission et d'évacuation, sont autant de causes qui restreignent la vitesse des pompes : il faut entendre par là non la vitesse linéaire du piston, qui peut sans inconvénient varier dans des limites assez étendues, mais le nombre de coups doubles par minute, qui est le plus souvent limité à 20, 25 ou 30 et atteint rarement 50 ou 60. Toute augmentation de vitesse, ayant pour conséquence un accroissement de débit pour une pompe donnée ou une diminution de prix pour un même volume d'eau élevée, doit être considérée comme un progrès ; et les perfectionnements apportés aux dispositions d'ensemble et de détail des divers types de pompes ont souvent pour objet d'atténuer les résistances, en vue précisément d'obtenir une augmentation de la vitesse.

Le *rendement en volume* d'une pompe, c'est-à-dire le rapport du volume d'eau élevée au volume engendré par le piston, dépend de l'étanchéité des garnitures, de la tenue des clapets et des mesures prises pour que l'eau suive aisément le piston ou pour que l'air soit régulièrement et complètement évacué : dans une bonne pompe, le rendement en volume peut être pratiquement presque égal à l'unité, atteindre couramment 95 et 98 pour 100 ; il arrive parfois qu'il va plus loin, s'élève jusqu'à l'unité et même la dépasse, ce qui s'explique par un effet analogue au coup de bélier, déterminant soit un entraînement dû à la vitesse acquise, soit un gonflement du corps de pompe, mais en pareil cas des chocs et des vibrations sont inévitables, et, loin de rechercher un pareil rendement, il convient de ne point l'admettre, afin de ne pas courir le risque d'altérer les divers organes et de compromettre la solidité de l'ensemble. L'*effet utile* ou *rendement mécanique* est le rapport entre le travail utile et l'effort nécessaire pour l'obtenir ; le travail utile, mesuré d'ordinaire *en eau montée*, s'obtient en faisant le produit du volume d'eau élevé par la hauteur d'élévation : on obtient un rendement mécanique d'autant plus satisfaisant que les frottements sont plus réduits, les résistances opposées au mouvement de l'eau plus atténuées, les chocs entièrement annulés ; ce rendement croît d'ailleurs avec la hauteur d'élévation, puisque les résistances passives sont constantes et que leur importance relative va par suite en diminuant à mesure que le travail utile augmente ; avec une très bonne pompe placée dans des conditions favorables, il peut atteindre et même dépasser 85 pour 100, mais, dans la pratique, il est souvent bien au-dessous de ce chiffre, et peut s'en éloigner beaucoup, si les dispositions prises sont défectueuses.

90. Organes des pompes. — Exposés à des alternatives incessantes de pression et de vide, à des chocs fréquents et répétés, les *corps de pompe*, presque toujours en fonte, doivent présenter une grande résistance : aussi a-t-on soin d'y éviter les parties plates, de leur donner des formes arrondies, de les fixer au moyen d'attaches solides. Il est bon de chercher à y réduire autant que possible les pertes de pression, résultant des changements de direction des filets liquides, des coudes, des rétrécissements ou des épanouissements brusques, sans en exagérer cependant l'influence et sans oublier qu'elles ont d'autant moins d'importance que la hauteur d'élévation est plus grande. Les espaces compris entre les positions extrêmes du piston et les clapets d'admission ou d'évacuation de l'eau reçoivent le nom d'*espaces nuisibles,* parce qu'ils ne sont pas sans inconvénient au moment de l'amorçage, quand la pompe fonctionne comme pompe à air ; il peut arriver en effet que la masse gazeuse, qui s'y loge au moment de la compression, soit assez considérable pour offrir, lorsqu'elle se dilate au moment du vide, un volume tel qu'elle réduise ou annihile l'effet de l'aspiration ; mais, en prenant par avance la précaution de remplir la pompe d'eau, on supprime radicalement cet inconvénient, à la condition, il est vrai, que les gaz dissous qui se dégagent par l'effet du vide trouvent un échappement assuré et ne puissent se cantonner dans quelque point haut.

Les *pistons*, qui glissent à frottement dans des corps de pompe alésés, doivent être pourvus de *garnitures* parfaitement étanches, sans quoi la différence des pressions qui s'exercent à chaque instant sur les deux faces déterminerait le passage de filets d'eau ou de bulles d'air d'un côté à l'autre, au détriment de l'effet utile : or la perfection de la garniture ne va pas sans difficultés, trop longue elle augmente les résistances passives, trop dure elle raie le cylindre ; l'étoupe, très employée pour cet usage, donne de bons résultats ; le cuir embouti, les anneaux de caoutchouc ont l'avantage d'obéir à la pression de l'eau et de bien s'appliquer contre les parois tout en donnant des frottements assez doux ; les segments métalliques, qui s'usent moins vite, sont préférés parfois pour éviter de trop fréquents démontages. La garniture s'usant plus vite en dessous dans les pompes horizontales, du côté où porte le poids du piston, on recommande pour parer à cet inconvénient soit d'élégir le piston pour en diminuer le poids, soit de le tourner de temps en temps pour égaliser l'usure, soit de prolonger la tige de manière à la faire porter sur un plus grand nombre de points. Dans les pompes

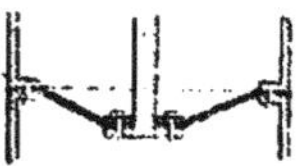

différentielles, le piston porte deux garnitures dissemblables qu'il est malaisé de rendre également bonnes en même temps. Par contre, dans les *pompes à membranes*, où le piston est remplacé par un disque solidarisé avec un diaphragme mobile attaché à la paroi du corps de pompe, il n'y a plus de garniture.

Avec les *pistons plongeurs*, la garniture est extérieure, de sorte qu'on en peut vérifier constamment l'étanchéité, et que, sans la refaire, on a le moyen de l'améliorer fréquemment par simple serrage des boulons du presse-étoupe. Depuis un certain temps, et pour diminuer l'effet de la résistance de l'eau lors des changements de sens de la marche, ce qui permet d'augmenter les vitesses, on donne aux pistons plongeurs des bouts arrondis ou

 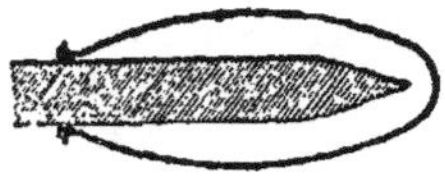

effilés : le résultat obtenu a été remarquablement satisfaisant, surtout lorsqu'on l'a complété en donnant aux corps de pompe des formes renflées en baril, qui ont permis d'adopter des allures jusqu'alors inconnues (1 m. 80 par seconde en moyenne dans les grandes pompes, type Girard, de l'usine à vapeur de la Ville de Paris à Saint-Maur).

Le rôle si considérable que jouent, dans la marche des pompes, les *clapets*, aussi bien ceux qui sont portés sur des sièges fixes ou *dormants* que ceux entraînés par les pistons ou *mobiles*, explique les dispositifs extrêmement variés qu'ils ont reçus et reçoivent encore. Dans un petit nombre de cas, mus par le moteur lui-même, ils sont ouverts par des transmissions spéciales, au moment précis où ils doivent livrer passage à l'eau, fermés à l'instant où le passage doit cesser ; M. Riedler a donné naguère un regain de vogue à cet arrangement, mais, dans la généralité des applications, le mouvement des clapets est automatique : ils s'ouvrent et se ferment par l'effet seul des variations de pression dans le corps de pompe. Pour que leur fonctionnement soit satisfaisant, ils doivent être étanches — ce qui s'obtient par un rodage parfait des surfaces métalliques, l'emploi de substances élastiques, cuir, caoutchouc, etc., ou l'addition de garnitures en bois, en cuir, en ébonite, en alliages métalliques appropriés ;

s'ouvrir rapidement et sous un effort très minime — d'où la nécessité de réduire les poids et d'atténuer les frottements ; livrer immédiatement un large passage à l'eau — pour éviter tant les contractions de la veine liquide que l'arrêt des corps solides entraînés ; enfin se fermer aisément sans hésitation et sans choc — ce qui implique une levée faible, une surface restreinte, un guidage sûr : on conçoit qu'il est assez difficile de remplir à la fois toutes ces conditions, dont quelques-unes sont jusqu'à un certain point contradictoires.

De tous les clapets, les plus simples se composent d'un *disque* en métal battant sur un siège également en métal, ou d'une ron-

delle plate en cuir ou en caoutchouc, portant sur une pièce métallique en forme de grille : la levée est limitée par un arrêt, le mouvement convenablement guidé : ce type est léger, presque sans frottement, mais, comme il expose une grande surface à la pression, il convient plus particulièrement aux pompes travaillant sous une pression modérée. Les soupapes à *boulet* se comportent de la même manière : ne pouvant se coincer, elles retombent aisément sur leurs sièges ; mais, si elles sont en métal, elles ont

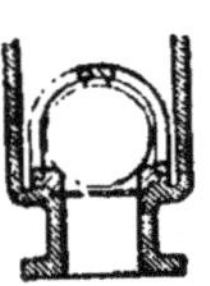

l'inconvénient d'être lourdes, même quand on les fait creuses, et de se mater par suite en retombant, ce qui en altère bientôt la sphéricité ; avec le caoutchouc, on ne peut dépasser d'assez faibles dimensions. Les clapets à *charnière*, très usités, peuvent être construits de diverses manières : tantôt c'est un disque en métal, avec charnière également en métal, tantôt une lame de cuir flexible, fixée sur le siège et formant la charnière, tandis que deux plaques de tôle la renforcent dans la partie destinée à supporter la pression ; le poids de ces clapets peut varier à volonté, ils donnent de larges ouvertures, leur levée se limite aisément au moyen d'un taquet d'arrêt, mais la surface exposée à la pression est grande, et la charnière s'use rapidement. Pour assurer et régulariser la fermeture des clapets,

on a souvent recours à des *ressorts :*
les clapets Girard, dont le fonctionnement est excellent, se composent d'un
disque métallique surmonté d'une tige
et d'un ressort à pincette ou ressort de
voiture, dont on peut régler la tension
à volonté, et qui facilite singulièrement
la surveillance, en rendant le mouvement
bien apparent à l'extérieur ; le ressort à
pincette peut d'ailleurs être remplacé
par un ressort en spirale ou à boudin.

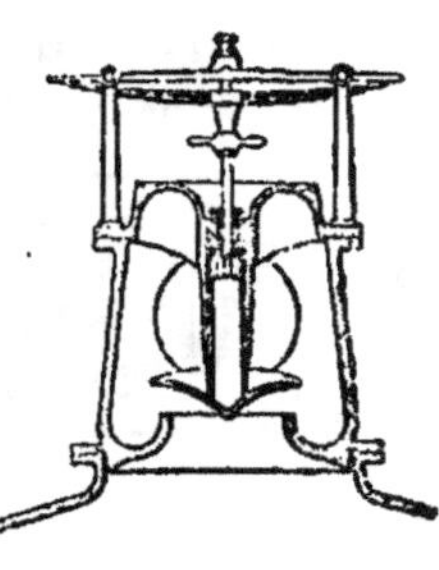

Lorsqu'on ne dispose pas d'une grande section et qu'on veut
néanmoins avoir un large passage d'eau, on a recours à un artifice qui consiste à remplacer le disque unique par une ou plusieurs couronnes concentriques, qui découvrent, au moment de
la levée, des orifices en forme de rainures circulaires : avec une
seule couronne on obtient le *double battement*, qui a été appli-

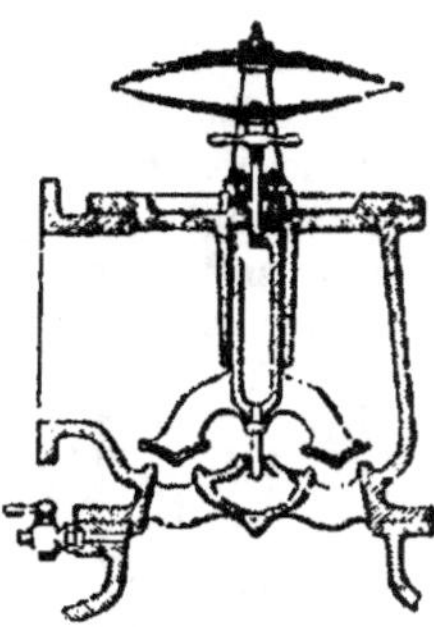

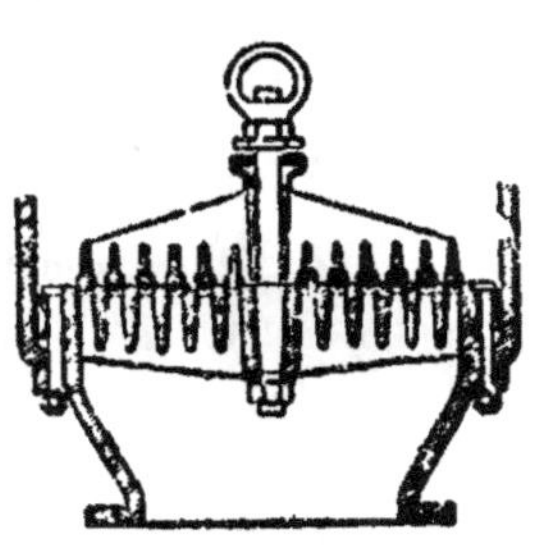

qué par exemple à des clapets genre Girard avec ressorts doubles, à l'usine élévatoire de l'Ourcq (Paris) ; avec deux couronnes concentriques ou à quatre battements, on peut aller plus
loin encore dans cet ordre d'idées, mais c'est peut-être dépasser
un peu la mesure que d'admettre douze battements, comme on
l'a fait pour certaines grandes pompes, car les passages d'eau
deviennent alors bien étroits et donnent lieu à des contractions

et à des pertes de charge trop considérables. L'emploi d'un
double battement permet de réduire autant qu'on le veut, à la

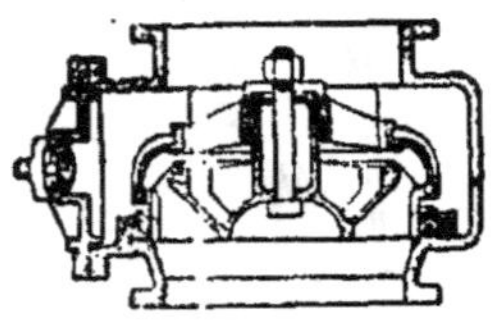

condition de donner une forme spéciale à la couronne mobile, la surface exposée à la pression ; et c'est
par cet artifice qu'on a obtenu les
soupapes dites *équilibrées*, dont un
type, en forme de cloche, est assez
répandu et avait reçu notamment

une application en grand aux anciennes machines élévatoires de
Chaillot (Paris).

Lorsqu'on désire offrir une section considérable au passage
du liquide, sans donner aux pièces mobiles un trop grand poids
ou des formes compliquées, on renonce fréquemment à l'emploi
d'un grand clapet unique et on le remplace par des *clapets multiples*. Dans cette catégorie se rangent les soupapes formées de
couronnes concentriques indépendantes, avec sièges plans ou

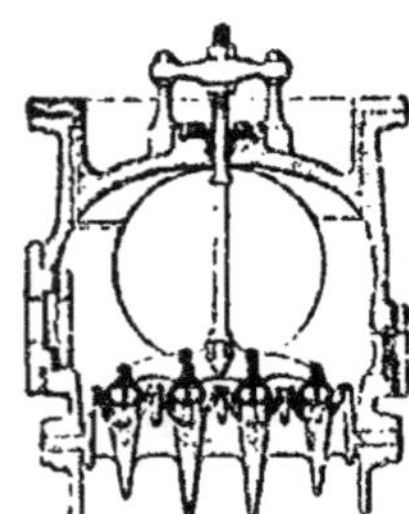

étagés en forme de cône ; de même les
soupapes juxtaposées à charnières parallèles, appliquées par la maison Farcot à
quelques-unes des grandes pompes de la
ville de Paris, à Saint-Maur et Ivry, et qui
sont pressées par des ressorts à boudin
en caoutchouc réglables à volonté et au

besoin de l'extérieur ; de même aussi, les soupapes-disques en
caoutchouc, avec ressort en spirale, de la maison Worthington,
et celles du type Corliss, avec disque très mince en cuivre et
ressort spirale aplati, que le Creusot a employées à l'usine de
Javel (Paris), et qui, légères et très mobiles, convenant par suite
très bien aux pompes à grande vitesse, ont reçu depuis de fréquentes applications ; citons encore les petits clapets genre Girard,
à ressorts extérieurs, appliqués au nombre de douze par groupe
à l'usine de Colombes (eaux d'égout de Paris).

Souvent les soupapes dormantes sont rejetées hors du corps de pompe, dans des boîtes spéciales ou *chapelles*, disposées au-dessus, au-dessous ou à côté, ou encore dans un autre corps cylindrique placé latéralement : l'un et l'autre arrangement permet de leur donner des sections aussi considérables qu'on peut le désirer. Il est plus difficile de parvenir à ce résultat pour les soupapes mobiles, qui sont entraînées par le piston ; de là une infériorité marquée de ce type dans bien des cas, malgré les artifices plus ou moins ingénieux auxquels on peut recourir pour y élargir autant que possible les passages d'eau.

81. Aspiration. — Les pompes, on l'a dit plus haut, ne peuvent aspirer l'eau qu'à une hauteur sensiblement inférieure à celle qui correspond à la pression atmosphérique, 7 à 8 mètres au plus. Encore ne peut-on approcher de cette limite qu'en écartant soigneusement toute cause de perte de charge, comme les coudes, les étranglements, les tuyaux longs et étroits, tout ce qui serait de nature à diminuer le vide, comme les imperfections des joints, les rentrées d'air, les cantonnements de gaz, les espaces nuisibles, etc.

Si des circonstances spéciales s'opposent à la suppression d'un point haut où l'air s'accumulera, il est possible de parer à tout inconvénient de ce chef en y disposant, pour l'évacuation de cet air, soit un éjecteur, soit un petit tuyau spécial en relation directe avec une pompe aspirante, et en prenant garde que l'air ne pénètre dans le corps de pompe par grosses bulles au risque d'y produire des chocs dangereux.

Dans certains cas, on ' amené à placer sur le parcours de la conduite d'aspiration un *... ervoir d'air* qui en régularise le fonctionnement : cette addition est à recommander notamment, quand la longueur de la conduite dépasse 15 mètres et la hauteur d'aspiration 6 mètres. On entend par réservoir d'air une cloche dans laquelle l'air dégagé par l'effet du vide va s'accumuler et forme une sorte de matelas élastique, très aisément compressible : au moment où il y a un appel vers le corps de pompe, l'eau baisse rapidement dans cette capacité et l'air s'y détend ; il se comprime ensuite et l'eau remonte, quand la fermeture du clapet

vient brusquement déterminer l'arrêt de la colonne liquide en mouvement. Si la provision d'air n'est pas suffisante, on l'augmente aisément en ouvrant un petit orifice placé sur la cloche et par où pénètre l'air atmosphérique durant l'aspiration ; mais le plus souvent l'air, se dégageant en abondance, remplit bien vite la cloche, et, à chaque coup, l'excédent s'échappe en petites bulles, que l'eau aspirée entraîne avec elle.

Si la hauteur d'aspiration se trouve dépasser la limite admissible, ce peut être un motif pour écarter les pompes horizontales et donner la préférence aux pompes verticales qu'il est plus facile de disposer à un niveau convenable ; à moins qu'on ne se résigne à employer un organe supplémentaire, la *pompe nourricière*, qui a pour objet d'élever l'eau de quelques mètres jusque dans une bâche où elle sera reprise sans difficulté par les pompes horizontales.

Quand on veut mettre une pompe en service, il faut procéder tout d'abord à l'*amorçage*, qui consiste à chasser l'air du corps de pompe et à y faire pénétrer l'eau : en faisant fonctionner l'appareil comme pompe à air pendant quelques instants, on y arrive assez vite, s'il n'y a pas de trop grands espaces nuisibles ; on hâte d'ailleurs l'effet, en introduisant d'avance une certaine quantité d'eau dans le corps de pompe. Pour ne pas avoir à renouveler trop fréquemment cette opération, il est bon de se mettre autant que possible en garde contre un désamorçage trop facile : c'est à cet effet qu'on place quelquefois un *clapet de pied* à l'orifice inférieur de la conduite d'aspiration ; mais cet organe, se trouvant d'ordinaire constamment noyé, échappe à toute surveillance et peut causer par suite des ennuis qu'il est préférable d'éviter ; aussi, après en avoir fait usage comme ailleurs dans les usines élévatoires de la ville de Paris, a-t-on été conduit à les supprimer d'une manière générale.

99. Refoulement. — La colonne d'eau, que le piston d'une pompe doit mettre en mouvement pendant la période de *refoule-ment*, a souvent une assez grande longueur, parfois plusieurs kilomètres : l'inertie de cette colonne est telle que l'onde produite par le coup de piston ne s'y propage pas sans peine et donne lieu à des vibrations, à des soubresauts, qui pourraient devenir dangereux si l'on n'avait pas trouvé des moyens de les atténuer. En conjuguant, par exemple, plusieurs pompes, de manière qu'elles refoulent alternativement à intervalles très rapprochés et déterminent presque un mouvement continu, on arrive à combattre efficacement ces effets. Mais, pour les supprimer entièrement, il faut placer un organe de régularisation, *château d'eau* ou *réservoir d'air*, sur le parcours de la conduite et à une distance aussi faible que possible de la pompe.

Le *château d'eau* procède de l'idée qui vient tout naturellement à l'esprit, quand on cherche à éviter les inconvénients dus à l'inertie de la colonne d'eau, et qui consiste à en réduire la longueur au minimum en plaçant le réservoir d'arrivée le plus près possible des pompes, comme on l'a fait au xvııe siècle à Marly, par exemple, où la fameuse machine refoulait directement sur le coteau voisin l'eau qu'elle pom-

pait dans la Seine, et qui de là s'écoulait jusqu'à Versailles dans un aqueduc libre, par le seul effet de la gravité. A défaut d'un relief suffisant du sol, on n'en place pas moins le débouché de la colonne ascensionnelle à proximité des pompes, en la dressant verticalement jusqu'au sommet d'une tour ou d'un pylone qui porte une petite bâche, où l'eau refoulée vient s'épanouir et d'où part une deuxième colonne, juxtaposée à la première, mais descendante, et qui se prolonge ensuite en conduite forcée jusqu'au réservoir qu'il s'agit d'alimenter. Les frères Périer, à la fin du xvıııe siè-

cle, avaient pourvu d'un château d'eau leur pompe à feu du Gros-Caillou, établie à Paris en un point très éloigné des coteaux ; la colonne de la place de Breteuil, où montait naguère l'eau du

puits artésien de Grenelle, était un véritable château d'eau ;
on en a établi à Toulouse, à Brive, etc. La ville de Paris y a eu
encore récemment recours aux usines de Montmartre et de la
Villette. En Angleterre, en Amérique, on a substitué au château
d'eau, sous la désignation de *stand-pipe*, un simple tuyau vertical d'assez grand diamètre, ouvert à la partie supérieure et

qui commande de même la conduite forcée : ce type n'est pas
aussi satisfaisant, parce qu'il ne
constitue pas, comme le précédent,
une solution de continuité affran-
chissant la pompe du contre-coup des effets qui peuvent se produire au delà dans la conduite forcée, et aussi parce qu'à la base
de ce tuyau les pressions sont énormes et deviennent inévitablement une source de danger, une cause redoutable d'accidents.

On obtient la régularisation de l'écoulement dans la colonne
ascensionnelle d'une manière beaucoup plus commode et plus
économique au moyen des *réservoirs d'air*, dont le prix insignifiant et l'efficacité incontestable ont fait désormais l'accessoire
obligé de toute pompe élévatoire à mouvement alternatif. Ils se
composent, comme ceux de l'aspiration, d'une simple cloche,

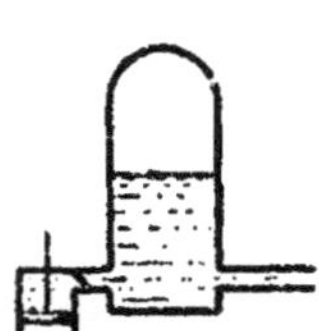

placée sur le parcours de la conduite de
refoulement le plus près possible de la
pompe, et qu'on maintient remplie d'air à un
niveau convenable : mais ici, l'air est à une
pression supérieure à celle de l'atmosphère ;
il est comprimé à chaque coup de piston, par
l'effet de la pénétration dans la cloche du
volume d'eau refoulé, puis, en se détendant
il refoule un égal volume d'eau dans la conduite ascensionnelle
par un mouvement progressif et régulier. Si les proportions
relatives de l'air emmagasiné et de la cylindrée sont bien calculées, ce qui, dans la majorité des cas de la pratique, se traduit
par un rapport de 10 à 20, le résultat obtenu est tellement parfait que le mouvement de l'eau dans la conduite devient absolument uniforme et qu'elle arrive à l'extrémité d'une façon continue, sans qu'on puisse saisir la moindre trace de secousses ou

même de mouvements ondulatoires ; tout se réduit à une simple oscillation du niveau de l'eau dans la cloche. Mais, pour maintenir ce résultat, des précautions spéciales sont nécessaires : il faut surtout pourvoir au renouvellement de l'air, qui, sous l'influence de la pression, a tendance à se dissoudre ; une petite pompe spéciale de compression peut être disposée à cet effet, ou tout simplement une petite prise d'air (*reniflard*), placée sur l'aspiration et dont on règle l'ouverture suivant les besoins.

La *conduite ascensionnelle* peut recevoir deux dispositions différentes : tantôt elle constitue un système spécial, qui n'a pas d'autre rôle que de porter l'eau refoulée de la pompe au réservoir, sans qu'il en soit distrait aucune partie en route ; tantôt, au contraire, elle alimente sur son parcours un certain nombre de prises et n'amène au réservoir que l'excédent : de ces deux dispositions la seconde est généralement plus économique, mais elle a l'inconvénient de faire travailler les pompes sous une pression variable, tandis que la première, en raison même de la pression constante qui doit y régner, révèle, dès qu'on s'en écarte, les moindres variations de régime et surtout les fuites accidentelles. Le diamètre à donner aux conduites de refoulement est théoriquement indéterminé, puisqu'on peut, en augmentant la force des machines, vaincre l'excès de résistance résultant d'un accroissement de débit : mais, en pratique, il convient de limiter les vitesses, pour ne pas exagérer les pressions ni les frottements intérieurs. Deux conduites de refoulement valent mieux qu'une, car, plus encore que les siphons, elles sont exposées aux ruptures, et la division des risques est un gage de sécurité.

92. Moteurs. — Le choix des *moteurs*, au moyen desquels on actionne les appareils élévatoires, dépend essentiellement des circonstances, des quantités d'eau à élever, de la nature des engins à mettre en mouvement, des ressources dont on dispose.

Le travail de l'*homme* est trop précieux pour qu'on l'emploie d'une manière continue dans nos pays à l'élévation de l'eau : mais l'usage du seau, de l'écope, pour puiser à la main de petites quantités d'eau, est général ; et la manœuvre à bras s'applique

aux pompes à incendie, aux petites pompes d'épuisement ou
d'alimentation. Un homme armé d'un seau peut élever par minute 70 litres d'eau à 1 mètre de hauteur : il effectue de la sorte
un travail utile de 50.000 kilogrammètres en 12 heures, mais
produit un effort très supérieur, à cause du poids du seau qu'il
lui faut soulever et de l'action musculaire que comporte le mouvement du corps durant le soulèvement ; le *buquetage à la
corde* n'en est pas moins encore répandu en Egypte, où les fel-
lahs élèvent de la sorte les eaux d'irrigation, comme leurs ancê-
tres, et au moyen des mêmes engins, panier en feuilles de pal-
mier (couffa), vase en terre (koutoueh); outre en cuir, tels qu'on
les trouve figurés sur les monuments antiques. L'effort de
l'homme est mieux utilisé avec la *cigogne*, appareil à levier et

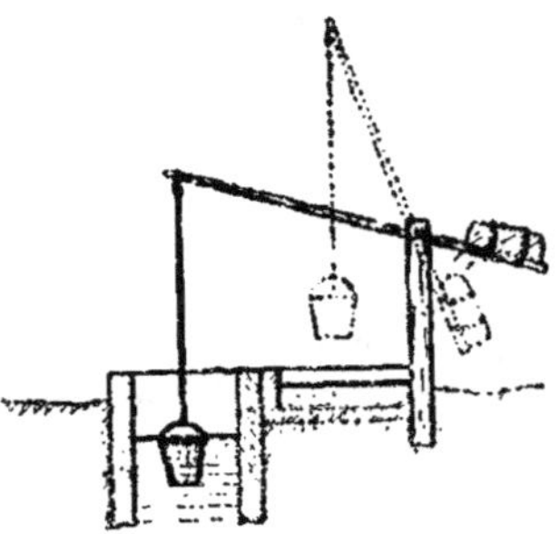

contrepoids, très répandu pour le service des puits en Espagne,
en Italie, en Hongrie, en Roumanie, en Provence, au moyen
duquel on obtient un travail effectif de 150 à 350 kilogrammètres
à la minute, et qui ne diffère pas du chadouf égyptien, dont on
retrouve l'image sur les monuments des Pharaons. Le rendement est meilleur encore avec la *picotah* de l'Inde, où l'on
retrouve le levier, mais où le contrepoids est constitué par
l'homme même, qui se déplace sur l'une des branches du fléau,
découpée à cet effet en forme de marches grossières. Enfin
l'homme, qui actionne une *pompe à bras* au moyen d'une manivelle, produit un effort moyen de 8 kilogrammes sous une vitesse

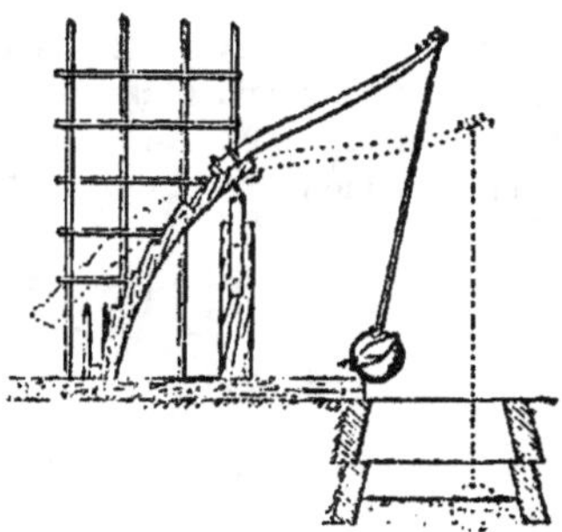

de 0 m. 75 par seconde, et peut réaliser facilement en 8 heures un travail utile de 140.000 kilogrammètres.

Les autres *moteurs animés* sont fréquemment employés pour les petites élévations d'eau : dans nos pays, on attelle les bêtes de trait à des *manèges* en bois ou en métal, qui servent à commander soit des seaux, soit des chapelets, des norias, des

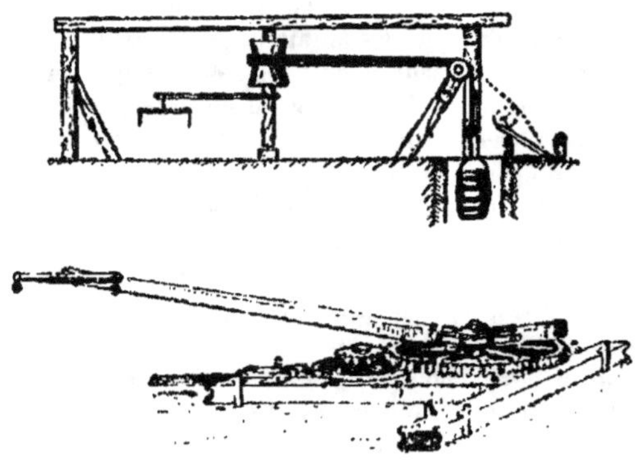

pompes, au moyen d'un appareil de transmission, tambour en bois, couronne à gorge, engrenage, etc., qui est supporté par un

cadre en charpente à quelques mètres au-dessus du sol ou sur le
sol même, et autour duquel l'animal suit une piste circulaire, en
faisant tourner l'appareil autour d'un axe vertical de rotation ;
un bon manège rend 70 à 80 pour 100, et l'on peut demander aux
bêtes de trait les efforts suivants :

Cheval.	40 kg. 5	par seconde
Bœuf	36	—
Mulet	27	—
Ane	11,2	—

sauf à ne compter pour un travail continu que 50 à 60 pour 100
de ces chiffres. Depuis quelques années, on a introduit dans la
pratique agricole, concurremment avec les manèges, des planchers·
mobiles inclinés que les animaux actionnent en faisant, sans
avancer, les mouvements que comporte la marche. Dans l'Inde
on emploie les bœufs par paires à la commande de l'ar areil, dit
Cuppilay, qui sert à élever une outre en cuir au moyen de deux
cordes passant sur des poulies ; l'homme qui les guide provoque
le renversement de l'outre, quand elle est à hauteur, en s'asseyant
sur l'un des brins, puis il fait reculer les bœufs pour ramener
l'outre au contact de l'eau. Quelles que soient les dispositions
adoptées, on peut dire que, les animaux se fatiguant vite, on n'en
tire pas un parti réellement avantageux dans un pareil travail :
néanmoins ce mode d'utilisation rend de précieux services, en
particulier dans les campagnes, où les bêtes de trait sont souvent
disponibles une partie du temps.

Le *vent* peut rendre des services dans les pays plats, où on
l'utilise également bien de quelque côté qu'il souffle : on trouve,
en Hollande et dans le nord de la France, un grand nombre de
moulins à vent employés à élever l'eau pour les irrigations ou
les dessèchements ; et il est souvent avantageux d'installer de
petits moulins pour l'élévation de l'eau, dans les exploitations
rurales, les établissements isolés. Le grave inconvénient du
vent comme moteur, c'est qu'il est essentiellement intermittent,
tantôt si violent que les engins les plus robustes n'y résistent
qu'à grand'peine, tantôt si insignifiant qu'il est incapable de mettre en mouvement les plus légers ; il se prête mal d'autre part à
l'utilisation en grand ; mais, pour de petites installations et si

l'on a soin surtout d'assurer le service pendant les interruptions de marche au moyen d'un réservoir de capacité suffisante, son emploi est commode et économique.

Les *chutes d'eau* fournissent une force gratuite, qui est mieux appropriée à la commande des engins élévatoires et qui y est en conséquence très fréquemment appliquée : malheureusement la force motrice hydraulique éprouve aux diverses époques de l'année des variations considérables, tombant souvent à son minimum à l'époque même où les exigences de la consommation sont le plus impérieuses, de sorte que, pour être assuré d'un fonctionnement régulier, il faut ou disposer d'une puissance bien supérieure au nécessaire ou s'organiser pour parer à ses défaillances par l'intervention d'un autre moteur, ce qui double les frais d'installation. Le mode d'utilisation des chutes doit être en rapport avec leur hauteur et leur débit, en même temps qu'avec le type des appareils élévatoires qu'elles doivent mettre en mouvement : les *roues* et les *turbines* se prêtent également bien à la commande des pompes, mais leurs allures respectives très différentes doivent faire préférer tantôt les unes, tantôt les autres ; les roues conviennent aux petites chutes, leur marche lente permet de les atteler aisément aux pompes à mouvement alternatif ; elles sont plus rustiques, laissent passer plus aisément les corps flottants, feuilles, bois, etc., s'accommodent sans peine aux variations du débit mais non à celles de la chute ; les turbines peuvent s'appliquer à tous les débits et à toutes les hauteurs de chute, à la condition d'être calculées spécialement pour chaque cas, mais leur mouvement rapide ne convient guère qu'aux pompes rotatives ou aux élévateurs centrifuges, elles s'engorgent plus facilement et sont d'une structure plus délicate, tout en exigeant moins d'entretien. Il convient d'ajouter que l'utilisation des *moteurs hydrauliques* prend d'autant plus d'extension depuis quelques années que les transmissions à distance par câbles télédynamiques, par l'eau ou l'air sous pression, et surtout par les courants électriques à haute tension, en rendent l'emploi infiniment plus facile, plus souple, et permettent d'entrevoir des combinaisons de plus en plus nombreuses et variées.

A défaut des forces naturelles, on fait emploi de toutes celles qui sont entrées dans la pratique industrielle, vapeur, air chaud, gaz d'éclairage, gaz pauvre, pétrole, etc.; en particulier la vapeur est d'un usage général pour l'élévation de l'eau, et l'on peut dire que tous les types de *moteurs à vapeur* y ont trouvé d'innombrables applications, sans qu'aucun accuse à cet égard une supériorité réelle, de sorte que, dans chaque cas, il y a lieu de procéder, avant de fixer son choix, à une comparaison, au sujet de laquelle il n'est pas inutile de donner quelques indications générales. A une certaine époque, par exemple, on recherchait les moteurs *verticaux*, qui s'attellent bien aux pompes dont l'organe mobile se déplace suivant une ligne verticale et en faveur desquels on peut invoquer la régularité de marche et l'usure uniforme des garnitures de piston; on leur préfère souvent aujourd'hui les moteurs *horizontaux*, malgré la tendance à l'ovalisation des cylindres, à cause des facilités de service qu'ils procurent et de la simplification des transmissions, quand ils peuvent être placés sur le même plan et souvent sur le même axe que les pompes elles-mêmes. Le fonctionnement *à pleine pression* semble devoir être le plus avantageux quand il s'agit d'actionner des pompes, parce qu'il y a de la sorte concordance constante entre le travail moteur et le travail résistant, similitude entre les diagrammes correspondants : cependant l'emploi de la *détente* s'est répandu partout, parce qu'elle procure une économie notable de consommation, et l'on corrige l'inconvénient qui résulte des variations considérables de l'effort instantané du moteur en regard de la résistance constamment égale de la pompe, soit par un calcul convenable du volant, soit par l'usage de la *double ou triple expansion*; le type Woolf a été appliqué avec succès à la commande de pompes verticales par l'intermédiaire d'un balancier; mais les moteurs mono-cylindriques genre Corliss s'adaptent mieux aux pompes horizontales que les moteurs Compound à plusieurs cylindres, qui conduisent parfois à les dédoubler, à moins qu'on ne dispose les cylindres en tandem ou qu'on n'interpose un arbre intermédiaire. De plus en plus d'ailleurs, et par raison d'économie, on tend à substituer aux anciens moteurs à basse ou moyenne pression et à marche lente, les engins à haute pression et à mouvements rapides, en perfectionnant la construction des pompes ou modifiant les dispositions des clapets en vue de rendre l'outillage moins coûteux et moins encombrant. C'est pourquoi les moteurs sans volant, souvent employés autrefois avec pompes à simple effet, tendent à disparaître et sont remplacés par des moteurs pourvus d'arbres de rotation avec volant, et les moteurs rotatifs, les turbines à vapeur commencent à se répandre en même temps que progressent les pompes rotatives ou centrifuges. Quand il s'agit de petites installations, surtout dans le cas où elles sont temporaires, pour les épuisements par exemple, on a recours aux *locomobiles,* dont l'emploi est commode, parce qu'elles occupent peu d'espace, se déplacent aisément, portent sur le même bâti le moteur et la chaudière, et s'attellent par simples courroies aux pompes qu'elles doivent mettre en action ; les *machines mi-fixes* conviennent aux installations de faible importance et un peu plus durables ; pour les grands établissements ce sont les *machines fixes* qui s'imposent. Tout moteur à vapeur suppose l'emploi de *générateurs,* dont le choix n'est pas indifférent et qu'il convient d'adapter aux circonstances spéciales dans lesquelles ils sont appelés à fonctionner : pour les services importants, à marche ininterrompue de jour et de nuit, où il faut compter avec les négligences inévitables, on obtiendra une sécurité plus grande par l'emploi des chaudières à grande réserve d'eau et de vapeur ; au contraire, on trouvera grand avantage à se servir des chaudières à petits éléments et mise en pression rapide pour les services intermittents.

94. Machines élévatoires. — On donne le nom de *machine élévatoire* à l'ensemble constitué par l'appareil élévatoire proprement dit avec son moteur et les organes de transmission qui les relient : on conçoit que le nombre des combinaisons de ce genre est indéfini et que la variété des types doit être en conséquence fort grande ; cette variété est d'ailleurs justifiée par l'intérêt que présente une exacte adaptation de l'outillage au travail qu'on lui demande.

La *commande directe,* qui évite tout intermédiaire et réalise l'identité absolue de mouvement entre les organes mobiles du moteur et de l'appareil élévatoire, est évidemment préférable toutes les fois qu'il est possible d'en faire application: c'est le cas lorsqu'on peut monter ces organes mobiles sur un même arbre animé d'un mouvement de rotation (turbine et pompe centrifuge) ou d'un mouvement rectiligne alternatif (moteur hori-

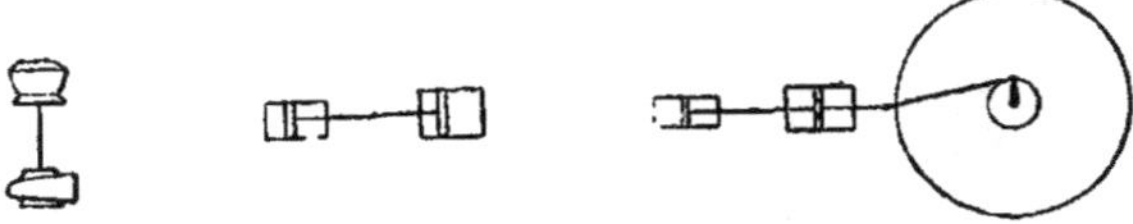

zontal et pompe, tous deux avec ou sans volant). Cette identité absolue de mouvements n'est admissible que dans un nombre limité de cas: souvent les organes mobiles doivent se déplacer dans des conditions très différentes de sens, de direction, de vitesse, d'où la nécessité d'interposer des pièces mobiles accessoires, pour les relier entre eux et transmettre le mouvement en le modifiant: du moins doit-on s'efforcer de réduire au minimum les organes intermédiaires et les résistances qu'ils occasionnent.

Les organes de transmission varient avec la nature des transformations de mouvement qu'ils ont à effectuer. Un des plus simples est le *balancier*, qui sert à passer d'un mouvement recti-

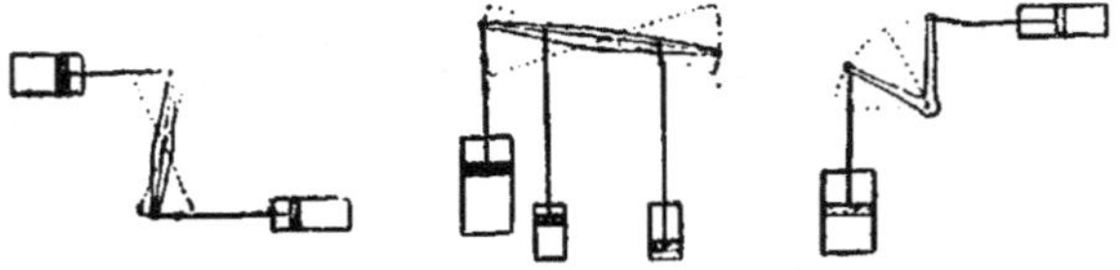

ligne alternatif à un autre parallèle et de même sens, avec ou sans changement d'amplitude: il peut être vertical ou horizontal. Le *levier coudé* permet de transmettre un mouvement rectiligne alternatif en modifiant à la fois sa direction et son amplitude: le même résultat peut encore être obtenu au moyen d'un arbre de rotation spécial, pourvu de deux manivelles. Pour passer d'un mouvement rectiligne alternatif à un mouvement de rotation continu ou *vice versâ*, on se sert couramment d'une *bielle* et d'une *manivelle*: presque toujours l'addition d'un volant s'impose alors, pour faire disparaître les chocs et assurer le passage du point mort à chaque extrémité de la course. Les *engrenages* sont employés pour transformer un mouvement en un autre mouvement de rotation, de vitesse, d'amplitude ou de sens différent. On peut obtenir les mêmes résultats au moyen de *courroies* ou de *câbles*, mais on réserve plutôt ce genre de transmission pour les cas où il s'agit d'efforts variables ou intermittents, tandis que les machines élévatoires fixes, à travail constant et régulier, s'accommodent bien des transmissions métalliques.

Quelques exemples préciseront ces notions un peu sommaires. Parmi les machines élévatoires mues par l'eau, on trouve, dans les ouvrages de la dérivation de la Vanne, le type très simple composé d'une pompe centrifuge et d'une turbine motrice, montées sur un même arbre vertical ; plus souvent, le mouvement des roues ou turbines est transmis par bielle et manivelle, comme dans certaines usines de la Ville de Paris (Saint-Maur, Isles-les-Meldenses) où le moteur est une roue-turbine Girard à axe horizon-

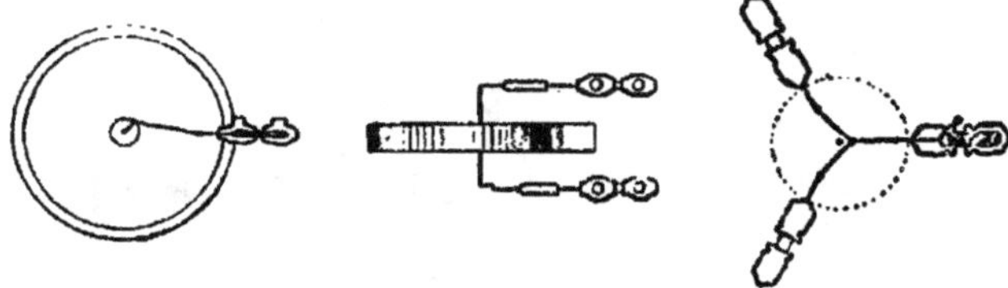

tal actionnant deux jeux de pompes doubles à simple effet placés de part et d'autre, ou dans celles du canal de l'Est (Valcourt, Pierre-la-Treiche) ou de la ville de Paris, sur le parcours de la dérivation de la Vanne (Laforge, Maillot) où le moteur est une

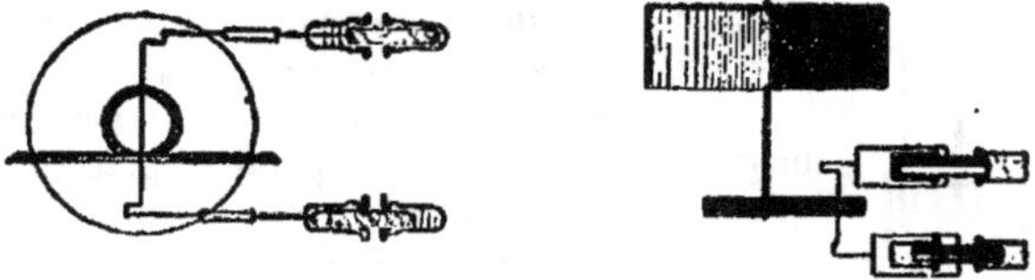

turbine à axe vertical commandant deux, trois ou quatre pompes doubles à simple effet du type Girard ; dans d'autres usines de la ville de Paris (Trilbardou, Malay, etc.), on rencontre des commandes par engrenages coniques ou droits, reliant une turbine à axe vertical ou une roue Sagebien à des pompes horizontales Girard.

Parmi les machines élévatoires à vapeur, mentionnons d'abord le Bull engine (Hampton), où une pompe verticale à simple effet est directement commandée par un moteur également vertical placé au-dessus, de manière que les deux pistons soient portés par la même tige; le même dispositif, mais horizontal et avec doubles moteurs et pompes jumelles, se retrouve dans le type Worthington, si répandu aux États-Unis, et dont on trouve des applications déjà nombreuses en Europe; la combinaison dont il est fait le plus grand usage sur notre continent résulte de l'adaptation d'un moteur horizontal, attelé directement à une pompe horizontale comme dans la pompe Worthington, avec addition d'un arbre de rotation et d'un volant; on la trouve notamment dans

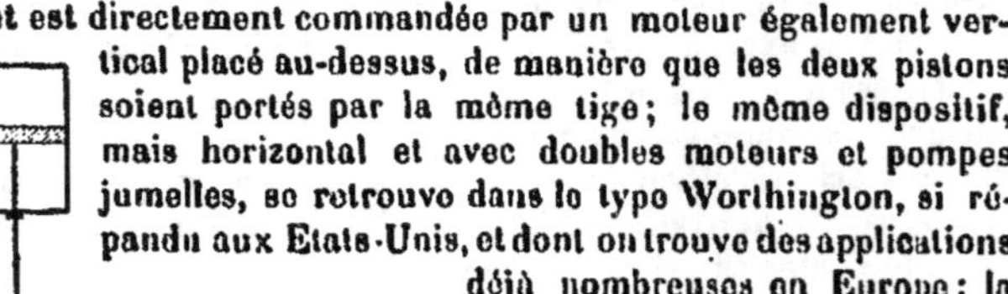

la plupart des usines modernes du service de Paris (Saint-Maur, Ourcq, Laforge, Maillot, Bercy, Colombes, Ivry, Austerlitz, Auteuil), au canal de l'est (Vacon), etc.; cette même combinaison s'adapte parfois à des machines accouplées, avec arbre commun et volant unique; dans ces dernières années, les machines verticales, remises en vogue pour la production de l'électricité, commandent directement ou en retour, par l'arbre du volant, des pompes également verticales, disposition qui se prête à l'emploi de moteurs Compound et de pompes conjuguées. Autrefois, le balancier était assez communément employé: la machine de Cornouailles à simple effet (cornish beam engine), dont il y a de

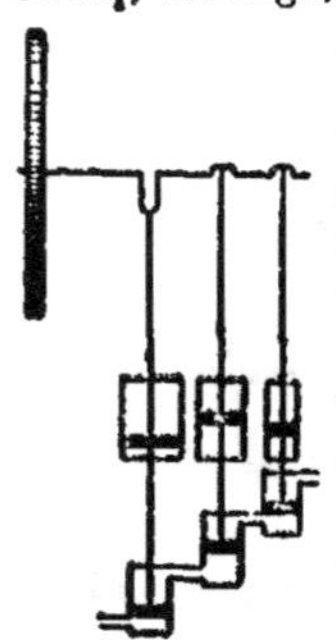

beaux spécimens en Angleterre et qui a été appliquée à Paris (Chaillot), à Lyon, comporte un lourd balancier horizontal supérieur, actionné par un moteur vertical à simple effet et servant à soulever d'autre part un piston plongeur également vertical, que le poids dont il est chargé fait ensuite descendre en produisant le refoulement et ramenant le balancier à sa position première; on le retrouve dans les très nombreuses machines verticales à double effet, à cylindre moteur unique ou double avec arbre de rotation et volant, dont il a été fait tant de belles applications et qui fonctionnent encore dans d'excellentes conditions à Paris (Austerlitz, Ourcq, Ménilmontant); à Angers, Reims, en Angleterre (Lambeth, Chelsea, etc.), en Allemagne (Altona, etc.), en Portugal (Lisbonne) etc.; ailleurs, c'est le balancier vertical qui sert à relier un moteur horizontal à une pompe, également horizontale,

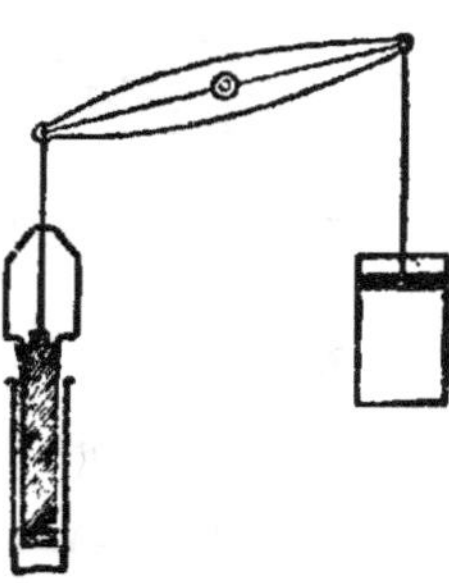

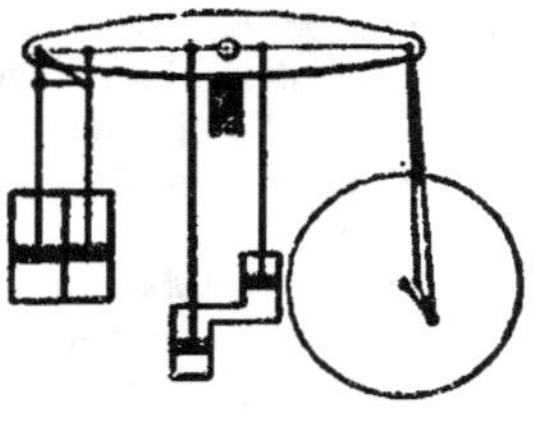

située à un niveau différent. Le levier coudé a été appliqué en 1883 à six grandes machines installées à l'usine d'Ivry (eaux de Paris) et composées de moteurs horizontaux genre Corliss, actionnant des pompes doubles à simple effet superposées. Dans les installations récentes, on trouve plus fréquemment la transmission par bielle et manivelle, servant à transmettre le mouvement du moteur à l'arbre d'une pompe rotative, moteur vertical le plus souvent attelé à une pompe à axe horizontal, ou moteur horizontal commandant une pompe à axe vertical. Plus rares sont les applications

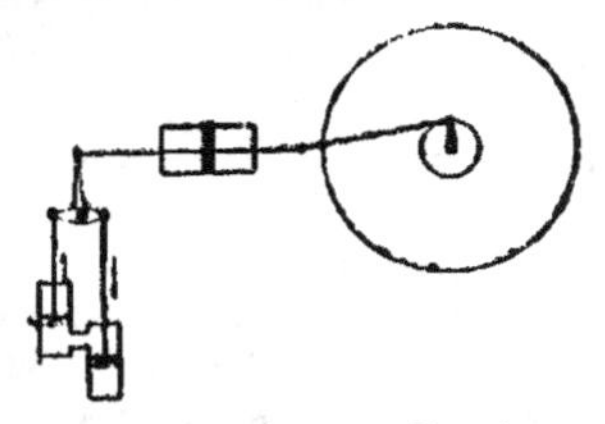

des transmissions par engrenages, que le mouvement rapide des
moteurs à vapeur expose à des ruptures fréquentes, et qu'on

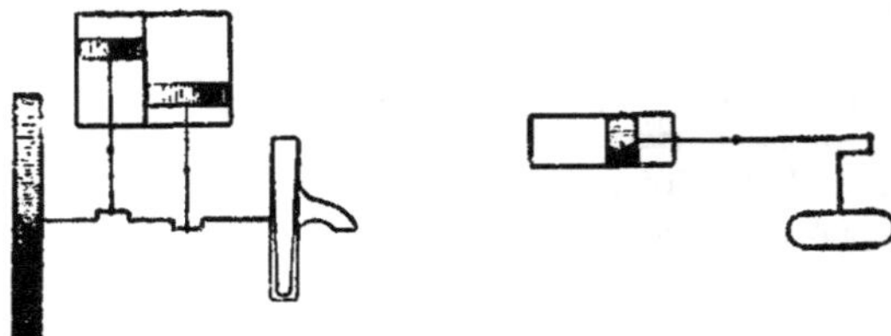

écarte souvent aussi à cause du bruit agaçant qu'elles produisent.

95. Etablissement des usines élévatoires. — La position
des usines élévatoires est presque toujours commandée par les
circonstances, imposée par la nécessité de placer les machines
à proximité des prises d'eau et de réduire autant que possible
la hauteur de l'aspiration ; de là bien souvent des sujétions particulières, difficultés de fondation, acquisitions de terrain coûteuses, etc.

L'emplacement fixé, les conditions à remplir déterminées, il
y a lieu de faire choix des engins les mieux appropriés : à cet
effet, l'ingénieur chargé de l'établissement de l'usine, qui dans
le cas le plus fréquent n'est pas mécanicien, fera bien de se borner à rédiger un *programme*, définissant de manière précise le
travail à effectuer, mais laissant aux spécialistes le soin de rechercher en toute liberté les moyens à mettre en œuvre pour y parvenir et d'appeler les constructeurs les plus expérimentés de la
région à présenter des projets d'après ce programme, où des clauses spéciales seront d'ailleurs insérées pour déterminer les conditions d'exécution, les garanties de consommation et les sanctions
correspondantes. Ecartant l'adjudication proprement dite, qui
risque de sacrifier à la seule considération du prix d'achat les
avantages les plus précieux au point de vue de l'exploitation, on
procédera de préférence par voie de concours public ou restreint,
on se réservant d'apprécier les qualités particulières de chaque
type, les garanties offertes par les divers soumissionnaires, et de
prononcer après une étude comparative approfondie.

Le *travail* d'une machine élévatoire est généralement exprimé *en eau montée* : c'est le travail réellement utile, le produit du volume d'eau élevée par la hauteur totale d'élévation (pertes de charge comprises), qu'on obtient pratiquement, en ajoutant à la hauteur lue au manomètre placé à la base de la colonne ascensionnelle, celle de l'instrument lui-même au-dessus du niveau d'aspiration. Le *rendement* exigé, ou le rapport de ce travail utile à la puissance fournie, résultera pour les machines à vapeur de la consommation de vapeur ou de charbon par cheval-heure et pour les machines hydrauliques de la fraction de la chute effectivement utilisée. Pour le vérifier au moment de la mise en service, on prévoit des *essais*, qu'il est bon de faire porter sur une période assez longue, de manière à éviter les chances d'erreur, à écarter l'influence d'un personnel plus ou moins exercé, à faire apparaître les défauts du système.

Les formes et les dimensions des *bâtiments* appelés à recevoir la machinerie ne peuvent être étudiées utilement avant qu'on ne connaisse de manière précise les dispositions des appareils qui doivent y trouver place : on doit s'attacher alors à y réaliser les plus grandes facilités pour le service, une circulation commode, une aération parfaite, un bon éclairage, sans oublier les nécessités de l'entretien, l'obligation de démontages plus ou moins fréquents pour les visites et les réparations, sans négliger tout ce qui peut contribuer à la bonne tenue des usines, condition indispensable de la conservation et du bon fonctionnement des engins mécaniques. Ces bâtiments ne comportent d'ailleurs point d'autre luxe, et, à moins qu'ils ne se trouvent très en vue au voisinage ou dans l'intérieur des villes mêmes, l'exécution en doit demeurer sobre, sans ornementation inutile, sans architecture prétentieuse ; les dispositions les plus satisfaisantes sont celles qui remplissent le mieux les conditions techniques d'une bonne exploitation, sans choquer l'œil des délicats.

Toute usine élévatoire comporte, en dehors des salles des machines et des générateurs, certaines constructions accessoires. On y doit trouver notamment : un *magasin* pour les huiles de graissage, les chiffons, et autres fournitures courantes ; un *petit atelier* pour les menues réparations, que le mécanicien chargé de la conduite des appareils effectuera lui-même au moyen de machines outils très simples, mues à bras ou par transmission mécanique, hydraulique ou électrique : un *parc à charbon*, avec bascule pour la pesée et parfois des engins mécaniques de déchargement et de transport ; une *maison d'habitation*, destinée à garantir la surveillance continue et le gardiennage du matériel. Il est bon d'y ajouter des moyens de secours pour les cas d'accident : on ne doit jamais omettre d'y prévoir la lutte contre l'incendie ; dans les usines à vapeur, on installe maintenant assez souvent des bains-douches pour le personnel ouvrier.

96. Exploitation et entretien. — Un outillage mécanique ne peut fonctionner de manière constante ; il exige fréquemment des visites, des réparations, il est exposé à des accidents : aussi doit-on toujours prévoir, s'il faut assurer un service continu, non seulement des pièces de rechange destinées à remplacer celles qui viendraient à manquer, mais le plus souvent des engins supplémentaires, qui seront tenus constamment prêts à remplacer ceux qu'il faudrait mettre momentanément au repos ; en pareil cas, il est imprudent de n'avoir qu'un système élévatoire, aussi les double-t-on le plus souvent, sauf dans les usines pourvues d'un grand nombre d'appareils, où l'on peut se contenter d'un appareil de rechange sur trois ou sur quatre. En multipliant les machines dans les grands établissements, on a d'ailleurs l'avantage d'obtenir et plus de sécurité et une élasticité de marche qui permet de proportionner plus exactement l'effort aux besoins variables du service.

Malgré toutes les précautions de ce genre, on ne réalise un fonctionnement permanent et régulier qu'au prix de soins assidus, et l'on ne saurait en conséquence apporter trop de sollicitude au choix du personnel, du chef d'usine surtout, qui doit avoir l'attention toujours en éveil et, dans plus d'une circonstance, faire preuve de présence d'esprit et de décision.

Un excellent moyen de contrôle consiste dans la tenue régulière de *bulletins* quotidiens, facilitée par l'usage de compteurs de tours, d'enregistreurs de pression, etc., et relatant les heures de mise en marche et d'arrêt, la quantité d'eau montée, la consommation de charbon, les indications des manomètres et des niveaux d'eau et, s'il y a lieu, les incidents survenus, qu'il est bon de relever en outre sur des *registres*, où un compte spécial est ouvert à chaque appareil, dont on suit ainsi les vicissitudes successives.

Si l'on veut éviter le coulage, il est nécessaire de faire tenir aussi très exactement la comptabilité matières, dont l'importance est grande dans des établissements où l'on consomme chaque jour des quantités notables de charbon, d'huile, de chiffons, d'outils, etc.

Malgré tous les soins d'une exploitation bien conduite, l'usure de certains organes est rapide, et il faut y parer par un entretien attentif, si l'on ne veut pas être exposé à des réparations coûteuses et à des chômages inopinés. A cet effet, la construction même doit être étudiée dans tous ses détails en vue de rendre sûre et commode la lubrification des surfaces frottantes, d'éviter les chocs et les vibrations, de permettre la correction des effets de l'usure par des serrages. D'autre part, tout doit être disposé pour rendre aisées les manœuvres d'entretien, les opérations de démontage, les déplacements de pièces lourdes ou encombrantes : à cet effet, des engins de levage et de transport doivent être toujours à la portée du personnel ; dans les grandes usines, ce seront des grues mobiles, des ponts roulants, etc. On réduit beaucoup la dépense et les pertes de temps, en procédant d'urgence aux menues réparations, de manière à empêcher que le mal ne s'aggrave ; la propreté minutieuse, qui est de règle dans les usines, doit y être considérée comme la meilleure garantie à cet égard, car elle empêche les grippements, et surtout elle tient le personnel en éveil, l'oblige à constater le moindre désordre et le met à même de prévenir, par des réparations faites à propos, les ruptures et les accidents.

87. Coût de l'élévation mécanique. — Le prix des machines élévatoires varie beaucoup avec leur force relative, leur allure, les types choisis, mais il est à peu près le même dans les diverses localités, parce que les frais de transport n'y entrent que pour une faible part. Il a d'ailleurs notablement diminué depuis un certain nombre d'années ; et, tandis que Dupuit indiquait vers 1860 comme normale une dépense de 2.800 francs par chevalutile en eau montée, pour fourniture et installation d'une machine élévatoire à vapeur avec chaudière, on peut admettre que ce chiffre doit être ramené aujourd'hui à 1.000 ou 1.500 francs au plus, pour les installations de moyenne importance avec engins à vitesse modérée, et bien au-dessous, 500 à 800 francs, pour les grandes installations et les allures rapides.

Le prix des bâtiments varie au contraire beaucoup d'une localité à l'autre; il dépend en effet surtout des circonstances locales. Dans une première évaluation cependant, on peut compter que l'ensemble, outillage et bâtiments, pour une usine de force moyenne (30 à 100 chevaux), reviendra au plus à 2.500 francs par cheval, tout compris, et pour une grande usine à 2.000, 1.500 et même moins.

Les progrès de la mécanique ont déterminé aussi une diminution sensible des frais d'exploitation; ils ont en particulier amené une réduction notable sur le gros élément de la dépense, le combustible; au lieu de 2 kgr. par cheval-heure en eau montée qu'on devait admettre au temps de Dupuit, on descend aujourd'hui sans peine à 1 kgr. 500 dans les usines moyennes, et 1 kgr. 200 et moins dans les grandes, surtout quand la hauteur d'élévation est considérable et que par là il y a augmentation relative de l'effort utile.

Le prix des machines hydrauliques est comparable à celui des machines à vapeur, mais elles comportent des ouvrages accessoires coûteux, canaux d'amenée et de fuite, barrages, qui portent généralement la dépense d'établissement des usines hydrauliques à un taux plus élevé que celui des usines à vapeur; cette considération, jointe à celle de la facilité plus grande d'installation et de la réduction obtenue sur la consommation du charbon, explique, sans la justifier complètement, la rareté relative des installations hydrauliques.

Le prix de revient de l'eau élevée, dont il est tenu un compte exact dans les exploitations bien organisées, s'évalue tantôt au mètre cube d'eau montée, tantôt — et ce second mode est préférable parce qu'il se prête mieux aux comparaisons — par 1.000 mètres cubes d'eau montée à 1 mètre de hauteur. En France, pour des usines à vapeur d'importance moyenne, élevant l'eau à une hauteur ordinaire (40 à 60 mètres), ce prix de revient, calculé sans tenir compte de l'intérêt et de l'amortissement du capital d'établissement, atteint fréquemment 0 fr. 02 à 0 fr. 05 par mètre cube d'eau montée au réservoir et varie de 0 fr. 30 à 1 fr. par 1000 mètres cubes d'eau élevée à 1 mètre : il varie nécessairement avec le taux des salaires, le prix du charbon, etc., mais il dépend aussi beaucoup de la puissance des machines, de leur régime de marche. L'eau élevée par la force hydraulique comporte un prix de revient beaucoup moindre, si l'on ne tient compte que des frais annuels : 0 fr. 004 à 0 fr. 005 par exemple par mètre cube d'eau montée au réservoir, et 0 fr. 10 par 1000 mètres cubes élevés à 1 mètre. Mais, quand on tient compte des dépenses d'installation, l'écart est beaucoup moindre entre les chiffres correspondants.

DEUXIÈME PARTIE

———

HYDRAULIQUE AGRICOLE

———

Chapitre **XIII.** — *Notions de Génie rural.*
Chapitre **XIV.** — *L'eau en agriculture.*
Chapitre **XV.** — *Irrigations.*
Chapitre **XVI.** — *Limonages et colmatages.*
Chapitre **XVII.** — *Dessèchements.*
Chapitre **XVIII.** — *Assainissements agricoles et drainages.*
Chapitre **XIX.** — *Fixation des dunes.*

CHAPITRE XIII

NOTIONS DE GÉNIE RURAL

Sommaire : 98. Sol arable ; 99. Conditions nécessaires au développement de la végétation ; 100. Cultures diverses. Assolements ; 101. Engrais ; 102. Préparation des terres ; 103. Ensemencement ; 104. Récolte ; 105. Préparation des récoltes ; 106. Bâtiments ruraux ; 107. Exploitation agricole.

98. Sol arable. — La désignation de *sol arable* s'applique à la couche superficielle des terres, où les végétaux puisent la majeure partie des éléments nécessaires à leur développement.

Cette couche superficielle n'existe point partout : elle manque dans les parties rocheuses des montagnes ou sur les plages de graviers, au bord des fleuves. Là où on la rencontre, elle présente une épaisseur très variable ; la culture n'en utilise d'ailleurs que la tranche supérieure, où pénètrent et se développent les radicelles des plantes, et qui est souvent réduite à 0 m. 15 ou 0 m. 20 seulement : c'est à cette tranche qu'on réserve la dénomination de *sol actif*, par opposition à la tranche sous-jacente, qui joue plutôt le rôle de support et forme le sol inactif.

Sur une grande partie du globe, la couche arable est constituée par le *diluvium*, sorte de limon analogue à celui de nos fleuves, qui a dû se déposer lentement, durant une période où les cours d'eau et les glaciers présentaient à la surface de la terre une immense étendue. Ailleurs elle provient des *alluvions modernes*, qui se sont formées, par voie de dépôt, sur les bords des cours d'eau, dans la première partie de la période actuelle. Parfois

20

aussi, au lieu de provenir de dépôts plus ou moins anciens, elle s'est formée lentement sur place par la décomposition superficielle des roches, sous l'influence des agents atmosphériques. Il y a par suite un rapport indéniable entre sa nature propre et la constitution géologique du sol ; et cependant la concordance est loin d'être complète entre les cartes géologiques et les *cartes agronomiques*, parce que d'autres conditions interviennent, soit pour modifier la composition de la tranche superficielle (déclivité plus ou moins grande du sol, abondance variable des pluies, proportions diverses et nature différente des matières organiques qui s'y mélangent aux substances minérales), soit pour diversifier les cultures qui conviennent à une même espèce de terres suivant les circonstances climatériques : ainsi la décomposition du grès vosgien ne donne à flanc de coteau que des terres de bruyère, tandis qu'au fond des vallées voisines, où les éléments fertilisants sont entraînés par les eaux de ruissellement, on trouve d'excellentes terres et de gras pâturages ; par contre, la vigne, qui se plaît en terrain humide sous un climat chaud, en Espagne ou en Algérie par exemple, préfère en France les terrains très secs et réussit admirablement dans les graviers du Médoc ou les calcaires très perméables de la Bourgogne et de la Champagne.

Divers agronomes, notamment Schübler et de Gasparin, ont étudié les *propriétés physiques* des terres de culture. Ils ont montré, en particulier, que le *poids du mètre cube* des diverses terres varie dans de notables proportions, depuis 600 kilog. pour la terre de bruyère, jusqu'à 2.290 kilog. pour la terre argileuse mélangée de cailloux siliceux, et que, pour une même terre, il diffère suivant le degré de tassement et la proportion de vides, moindre après le labour, par exemple, par suite du foisonnement de $\frac{1}{10}$ à $\frac{1}{5}$ qui en résulte. Suivant leur *ténacité*, les terres offrent plus ou moins de résistance au travail des outils agricoles : il y a donc intérêt à la mesurer, ce qui se fait soit au moyen de la bêche dynamométrique de Gasparin, soit par des essais sur des prismes ou des briquettes de terre corroyée ou moulée. On se préoccupe aussi de leur *adhérence* au bois ou au

fer, qui influe également sur l'effort à effectuer par les machines;
de leur *hygroscopicité*, c'est-à-dire de la faculté plus ou moins
grande qu'elles possèdent de retenir une fraction de l'eau d'infiltration, et en vertu de laquelle elles se maintiennent *fraîches*,
autrement dit point trop humides ni trop sèches, durant un
temps plus ou moins prolongé ; de leur *capacité calorifique*,
variable avec leur degré d'humidité, avec leur composition, avec
leur couleur aussi, d'où la valeur des terres noires du bas
Danube ou du terreau, également noir, dont nos jardiniers
disent qu'il est chaud et savent se servir pour hâter la pousse de
certaines plantes. La terre arable a, en général, la faculté d'absorber et de retenir les gaz ou la vapeur d'eau, jusqu'à dix,
quinze, vingt fois son volume, d'où la rareté de la saturation de
l'air et la présence de l'oxygène, de l'azote, de l'acide carbonique, nécessaires à la pousse des végétaux, dans le sol cultivé,
qui est, on peut le dire, d'autant plus fertile qu'il possède à un
plus haut degré le pouvoir absorbant.

Quelque variété que présente la composition intime du sol
arable, on y rencontre toujours trois éléments principaux, dont
le mélange semble nécessaire à sa fertilité, le *sable*, l'*argile*, le
calcaire, auxquels vient s'ajouter une matière organique noirâtre, très riche en carbone, l'*humus*. On se rend grossièrement
compte des proportions, en soumettant un échantillon de la terre
qu'on veut examiner au procédé de la *lévigation*, qui consiste à
l'agiter dans une éprouvette remplie d'eau, et à laisser ensuite
se former un dépôt, où les matières se classent d'elles-mêmes,
par ordre de densité. L'analyse chimique est nécessaire pour
une détermination plus exacte : elle décèle en outre de faibles
quantités de substances salines nombreuses et variées, azotates,
sulfates, sels alcalins, débris minéraux divers... Cette connaissance de la composition intime des terres peut rendre de grands
services ; on l'utilise pour les classer en plusieurs catégories :
c'est ainsi qu'on distingue les *sols argileux*, durs, imperméables,
boueux en temps humide, fendillés en temps sec, les *sols
sableux*, faciles à travailler, perméables, se desséchant vite, les
sols calcaires, maigres, peu fertiles, rendus imperméables par
l'humidité, les *sols tourbeux*, à réaction acide et qu'il faut neu-

traliser par une addition de calcaire ; les meilleurs sont les terrains argilo-calcaires (terres fortes) et argilo-sableux (terres légères) ; le *terreau* est le type le plus riche en humus, ce produit de la décomposition sur place des débris végétaux qui joue un rôle considérable dans les phénomènes agricoles, et où l'on trouve, par 1.000 kilogrammes, jusqu'à 10 et 11 kilogrammes d'azote et 12 à 13 d'acide phosphorique.

La terre cultivée est extrêmement riche en microbes : une parcelle impalpable de terre en contient des milliers et d'autant plus qu'elle est plus fertile ; la terre des forêts en renferme moins que celle des champs et des jardins, et cette dernière moins que le terreau. Il est évident qu'on doit attribuer à cette masse de microbes un rôle des plus importants dans les phénomènes complexes de la végétation, rôle encore assez mal connu et dont l'étude amènera sans aucun doute d'intéressantes révélations. Ce que l'on sait déjà, c'est que la *nitrification* des matières organiques azotées dans le sol, cette transformation dont la cause et les modalités ont si longtemps échappé aux investigations de la science, est le résultat du travail de certains microorganismes, dont Müntz et Schlœsing avaient démontré l'existence, avant qu'on ne fût parvenu à les isoler. D'autres actions microbiennes expliqueront sans doute certaines propriétés curieuses du sol arable, telles que la faculté de retenir au passage, d'emprunter aux eaux d'infiltration des substances d'une extrême solubilité comme la potasse, et d'autant plus aisément que les solutions sont peu concentrées, ou celle de fixer dans quelques cas l'azote de l'air, que savent y trouver les racines des légumineuses.

En traversant ce filtre naturel, les eaux météoriques ou de ruissellement se dépouillent non seulement des matières en suspension de toute nature qui y sont retenues mécaniquement, mais y subissent des réactions chimiques, particulièrement une combustion lente, grâce à l'oxygène de l'air qui pénètre et se renouvelle dans les pores de la masse terreuse, le tout sous l'influence active des bactéries ; si bien que, lorsque l'épaisseur du filtre est suffisante et son fonctionnement normal, elles ne tardent pas à devenir limpides et pures, presque dépourvues de microbes.

Les cultivateurs exercés n'ont pas attendu les révélations de la science moderne pour savoir apprécier la *valeur agricole* des terres arables : la végétation, qui s'y développe spontanément, constitue un premier *caractère botanique*, qui permet de les différencier, la réussite plus ou moins prononcée de certaines cultures en fournit un autre ; l'utilisation en est d'ailleurs plus ou moins avantageuse suivant les conditions climatériques, les circonstances topographiques, l'exposition, la situation des nappes souterraines, et aussi la facilité des transports, les charges diverses (impôts, fermages, etc.). La connaissance des conditions géologiques, l'analyse chimique, la détermination des propriétés physiques, n'en sont pas moins de précieux et utiles éléments d'appréciation, qui apportent dans les études comparatives une précision autrefois inconnue.

99. Conditions nécessaires au développement de la végétation. — Pour qu'une graine puisse germer et donner naissance à une plante, pour que la plante se développe, progresse et vive, pour qu'elle produise des fruits, que ces fruits viennent à maturité, il faut évidemment tout un concours de circonstances favorables, que la nature, abandonnée à elle-même, ne réaliserait pas spontanément dans bien des cas, et que la culture rationnelle s'efforce d'obtenir, en complétant et favorisant les effets naturels.

C'est ainsi que la *germination* suppose une douce température, un degré d'humidité suffisant. La pousse de la tigelle et de la radicelle se fait alors sans peine dans une terre meuble, où elles trouvent les éléments indispensables aux phénomènes physiologiques, qui constituent la vie même du végétal. La tige se développe au-dessus de la surface du sol, les feuilles apparaissent et se multiplient, les racines s'étendent dans le sol, si la température continue à se montrer favorable, si une humidité suffisante et suffisamment renouvelée maintient le sol frais, sans noyer les racines, et leur permet d'absorber l'eau nécessaire à la formation et à la *circulation de la sève*, si cette eau contient en dissolution toutes les substances minérales indispensables à la *nutrition* de la plante, à la constitution de ses tissus, si la *respi-*

ration par les feuilles se fait normalement, dans une atmosphère de composition convenable et sous l'influence d'une lumière abondante. Plus tard viendra la *maturation*, si les circonstances saisonnières, température, lumière, etc., s'y prêtent.

On conçoit que ces conditions multiples ne seront pas toujours remplies : ici un ciel inclément, une répartition inégale des températures exposent les plantes à souffrir de la gelée ou de chaleurs torrides, à manquer d'eau à certaines époques tandis qu'elles subiront à d'autres moments un excès d'humidité ; là une terre compacte se prêtera mal à la pénétration des racines, à l'infiltration des eaux, au renouvellement de l'air ; ailleurs l'absence de telle ou telle substance minérale essentielle s'opposera au développement de certains végétaux, etc.

L'intervention de l'homme, l'art du cultivateur, la science de l'agronome, ont précisément pour objet de corriger les effets naturels dont la végétation pourrait avoir à souffrir, de provoquer ceux qui, au contraire, doivent lui venir en aide. En retournant la terre, en brisant les mottes, au moyen des instruments aratoires, on l'amène au degré d'ameublissement convenable pour la pousse des racines, l'infiltration des eaux, la pénétration des gaz atmosphériques… ; en recherchant les expositions les plus favorables, en faisant suivant les cas un choix rationnel parmi les plantes utiles, on parvient à éviter les inconvénients des températures extrêmes… ; des *arrosages* opportuns et proportionnés aux besoins permettent de combattre la sécheresse et d'en prévenir les conséquences… ; les eaux surabondantes ou nuisibles peuvent être éloignées… ; enfin, là où certains éléments minéraux nécessaires font défaut, on y remédie, soit en modifiant, par des *amendements*, la composition naturelle du sol, soit en apportant directement sur la terre ou y incorporant, sous forme d'*engrais*, les matières fertilisantes qui lui manquent.

190. Cultures diverses. Assolements. — Toutes les plantes cultivées n'ont pas les mêmes exigences : loin de là. Ainsi les unes redoutent avant tout les basses températures et périssent si elles sont exposées à la gelée, de sorte qu'on ne saurait les acclimater dans les pays froids ; d'autres ne parviennent

à maturité qu'après des chaleurs intenses et prolongées, et l'on
ne peut en conséquence les faire prospérer que dans les contrées
tropicales ou tout au moins les régions chaudes : d'où, pour certaines cultures, des *limites géographiques* parfaitement tranchées et qu'on peut en conséquence tracer sur les cartes ; tel est
en France le cas de la vigne, qui ne s'étend pas vers le Nord
au delà de l'Ile de France et de la Champagne, ou celui du maïs
qu'on cultive comme fourrage dans nos provinces du Nord, mais
dont l'épi ne parvient à maturité que dans le Midi. Telle culture,
comme le riz, exige des terres presque constamment submergées ;
telle autre, la vigne par exemple, réussit dans les coteaux arides
et pierreux. Certaines plantes ne se plaisent que dans les régions
à sous-sol calcaire, tandis que d'autres préfèrent les terrains
sablonneux...

Les besoins des plantes cultivées, au point de vue des substances nutritives nécessaires à leur développement, présentent
aussi des divergences considérables. Celles où les matières
quaternaires ou azotées sont peu abondantes et auxquelles on
demande surtout des produits sucrés ou amylacés, se montrent
d'ordinaire peu exigeantes et trouvent à peu près ce qui leur
faut dans toutes les terres arables ; quelques-unes même fixent
de l'azote emprunté à l'atmosphère et peuvent être utilisées pour
l'amélioration des terres. Par contre, les récoltes où dominent
les substances azotées, épuisent le sol le plus riche, si l'on n'a
soin de lui restituer, par l'addition dispendieuse d'engrais, les
matières fertilisantes qu'elles lui enlèvent. D'où l'usage des
assolements, qui consiste à faire succéder sur les mêmes terres
des cultures différentes en une rotation régulière et convenablement combinée, de telle sorte que la récolte la plus épuisante,
comme le blé, soit suivie d'une autre moins exigeante, telle que
l'avoine, la betterave, le colza, qui sera elle-même remplacée,
l'année d'après, par une plante plutôt améliorante, prairie temporaire, trèfle, sainfoin, avant de revenir au blé : jadis on allait
plus loin encore, puisqu'on laissait, à intervalles plus ou moins
éloignés, la terre en *jachère*, c'est-à-dire au repos complet, durant
une année ; l'emploi aujourd'hui généralisé des engrais dans
nos pays a fait renoncer à cette pratique, mais il se combine

avec le système des assolements, réglés le plus souvent par périodes de trois à sept ans.

C'est dans les régions tempérées que se rencontrent les cultures les plus riches et les plus variées. Celles qui sont particulièrement répandues en France sont :

les *céréales* (blé, seigle, avoine, orge, maïs...), parmi lesquelles le froment occupe le premier rang et l'avoine le second, tandis que l'épeautre tend à disparaître, que le seigle est relégué dans les terrains meubles... ;

les *légumineuses* (fèves, haricots, pois...) qui concourent avec les céréales à l'alimentation des hommes et des animaux ;

les *racines alimentaires*, dont la plus importante est la betterave, cultivée tantôt pour la fabrication du sucre, tantôt pour celle de l'alcool, parfois simplement pour la nourriture du bétail ; on y comprend souvent la pomme de terre, bien que ce ne soit pas une racine proprement dite, mais un tubercule, et dont le rôle alimentaire et industriel est également considérable ;

les *plantes industrielles*, parmi lesquelles la vigne mérite d'être citée au premier rang, car elle constitue une des premières richesses du pays ; viennent ensuite les textiles, le chanvre encore assez répandu dans le Nord, et le lin, dont la culture, autrefois florissante, a beaucoup diminué depuis l'importation croissante de produits similaires étrangers ; puis les graines oléagineuses (lin, pavot, colza, navette, olive...), qui souffrent aussi de l'introduction des graines exotiques et de la concurrence des huiles minérales ; enfin les cultures spéciales, comme le houblon, le mûrier, le tabac, la garance... cette dernière à peu près abandonnée depuis l'apparition des teintures d'aniline ;

les *plantes fourragères*, qu'on cultive soit isolément, sous forme de prairies temporaires ou artificielles (trèfle, sainfoin, luzerne...), soit en mélange (graminées et légumineuses), pour la production continue de l'herbe dans les prairies permanentes ;

Citons encore les *cultures arbustives* ou *forestières*, puis la *petite culture*, fruitière ou maraîchère (arbres à fruits, légumes, salades, primeurs), que la facilité et la rapidité des communications a grandement développée et qui alimente un important commerce d'exportation.

101. Engrais. — Nul pour la culture forestière, inconnu dans les pays neufs, où la terre vierge contient d'énormes provisions de substances nutritives dont profitent les premières cultures, le rôle des engrais est au contraire d'un intérêt primordial pour nos terres cultivées. Si l'on veut préciser les idées à cet égard, il suffit de rappeler qu'une récolte ordinaire de blé (1.900 kilogrammes de graines, 4.700 kilogrammes de paille) comporte l'enlèvement par hectare de 54 kilogrammes d'azote, 40 de potasse, 26 d'acide phosphorique, que ces chiffres sont remplacés pour une récolte de betteraves (30.000 kilogrammes) par les suivants : 84, 246, 33, sans compter ce qu'absorbent par ailleurs les parties inutilisées des plantes, les herbes parasites, ou ce qu'entraînent les eaux d'infiltration. Or, si l'azote est fourni en faible partie par l'atmosphère, où les plantes puisent aussi le carbone qu'elles mettent en œuvre, le surplus provient du sol et ne s'y renouvelle point : il faut le lui restituer ; et, de quelque façon qu'on procède, on n'y parvient qu'à grands frais, si bien que la dépense d'engrais entre moyennement pour un quart dans le prix du pain !

Ce sont les substances qu'on vient de citer, *azote, acide phosphorique, potasse,* qui font le plus souvent défaut dans le sol arable depuis longtemps en culture, tandis qu'on y trouve habituellement en abondance la silice, l'alumine, le fer, le chlore, la soude, et généralement en quantité suffisante la chaux et la magnésie.

Par suite, il arrive assez rarement qu'on ait à faire usage de sable pour amender un sol trop argileux, d'argile pour améliorer un sol trop exclusivement sableux ou calcaire. L'emploi des amendements calcaires est plus fréquent : c'est à ce titre qu'on utilise la *marne,* ordinairement fournie par le sous-sol, et qu'on extrait en été de galeries souterraines, pour l'étaler en petits tas sur la terre après la récolte, l'exposer ainsi aux gelées, qui la délitent, et la répandre ensuite à l'état presque pulvérulent pour qu'elle s'incorpore à la terre au moment des labours ; mais le marnage ne se fait guère que tous les vingt ans et à la dose de 20 à 30 mètres cubes par hectare ; les sables coquilliers fossiles, qu'on désigne du nom de *faluns* en Touraine, en Bretagne, dans l'Anjou et le Bordelais, les sables coquilliers marins de formation actuelle, utilisés sous l'appellation de *mœrl* dans les Côtes-du-Nord, de *tangue* dans la baie du Mont-Saint-Michel, rendent des services analogues ; parfois on a recours à la *chaux* grasse, on pratique notamment le *chaulage* des terrains tourbeux ; enfin, dans le voisinage des villes, les champs reçoivent dans le même but certains produits de démolitions.

Au contraire, l'emploi des *eng...s azotés* est constant. Le plus avantageux serait le nitrate de potasse ou *salpêtre*, qui fournit à la fois deux éléments de fertilité ; mais, comme il se rencontre très rarement à l'état naturel, il revient cher, et on lui préfère, dans la plupart des cas, le *nitrate de soude*, que l'Amérique du Sud fournit en abondance, ou le *sulfate d'ammoniaque*, provenant des usines à gaz, du traitement des matières de vidange, des fabriques de noir animal.

Les *engrais phosphatés* sont aussi d'un usage courant, soit qu'ils proviennent à titre de résidus de fabrication des usines où l'on travaille les *os*, où l'on emploie le *noir animal*, soit qu'on utilise les *scories de déphosphoration* des usines métallurgiques, ou qu'on recherche directement pour cet objet les *phosphates minéraux naturels*, qui se rencontrent à l'état d'accidents dans diverses régions et dont l'exploitation vient notamment de prendre une extension considérable en Algérie.

On recherche moins la *potasse* à l'état minéral : on se sert cependant parfois, comme engrais, du *sulfate de potasse*, fourni par les usines de produits chimiques, d'eaux mères alcalines des marais salants, ou de certaines roches feldspathiques réduites en poudre.

Depuis un certain nombre d'années, les *engrais chimiques* ou *composés*, qui renferment les divers éléments minéraux de fertilisation à l'état de mélange, et dont les fabriques d'engrais varient la formule à l'infini, suivant les cas, sont entrés dans la pratique agricole, à laquelle ils ouvrent une voie nouvelle : car ils se prêtent aux lointains transports, et fournissent le moyen d'obtenir, pour ainsi dire partout, sur un sol quelconque, même inerte s'il faut en croire Georges Ville, une récolte déterminée, pourvu qu'on y apporte à un prix abordable les éléments nécessaires.

Une autre catégorie d'engrais, infiniment plus répandue, peut aussi fournir à la terre ces mêmes éléments minéraux, non plus il est vrai à l'état immédiatement assimilable ni en proportions variables à volonté, dans des conditions assez diverses cependant pour satisfaire en un grand nombre de cas à toutes les exigences de la culture : ce sont les *engrais organiques*, dénomination générale sous laquelle on comprend de nombreuses matières, d'origine végétale ou animale, qu'on incorpore à la terre, et qui, sous l'influence des ferments, des bactéries multiples qu'elle renferme, ne tardent pas à s'y résoudre elles-mêmes en éléments minéraux, susceptibles d'être dissous par les eaux d'infiltration et d'être alors absorbés utilement par les racines des plantes. Les *engrais végétaux*, dont l'action est relativement lente, sont qualifiés d'engrais *froids* : certaines récoltes de plantes fourragères sont enfouies entièrement ou partiellement dans le sol, à titre d'*engrais verts* ; les résidus de la plupart des autres récoltes, feuilles, racines, qu'on laisse sur le sol ou qu'on y apporte, des *plantes marines* (varechs, fucus), de nombreux *déchets de fabrication* (tourteaux oléagineux provenant des huileries, marcs de raisin, drèches de brasserie, vinasses de betteraves, eaux résiduaires des féculeries, sucreries, etc), les *curures* d'étangs ou de petits cours d'eau, les *vases* des rivières, jusqu'à la *tourbe*, trouvent de la sorte un emploi agricole. Parmi les *engrais d'origine animale*, plus actifs, plus *chauds*, se classent des matières nombreuses et variées, qu'on peut répartir en trois catégories, *résidus de fabrication*, *débris d'animaux morts*, *déjections d'animaux vivants* : dans la première rentrent les *eaux de désuintage* des laines, les *chiffons* de laine, les *vieux cuirs*, le *marc de colle*, etc., dans la seconde, la *viande* non utilisable en boucherie, le *sang* recueilli dans les abattoirs, les *cadavres d'insectes*, sauterelles, criquets, hannetons, etc., les *rognures* de cornes, de sabots, de plumes, etc.; c'est la troisième qui fournit les matières les plus employées, soit à l'état naturel soit après une préparation spéciale. Dans beaucoup de régions (Nord de la France, Flandre, Alsace, Provence, etc.), on emploie couramment l'*engrais humain*, à l'état frais ou vert, dit parfois *engrais flamand*, et qui a été de tout temps très en honneur en Chine ; une pratique encore plus répandue consiste dans le *par-*

cage des moutons, au moyen de claies, dans un étroit espace où ils séjournent pendant un temps déterminé, et qu'on déplace successivement pour obtenir une répartition uniforme de l'engrais. Les procédés de transformation préalable s'appliquent surtout aux déjections humaines : dans les *voiries*, encore en usage dans certaines localités, on les abandonne à l'évaporation puis à la dessiccation à l'air libre, et le résidu solide est broyé pour la fabrication de la *poudrette* ; on tire un meilleur parti de l'azote dans les *usines* où l'on produit du sulfate d'ammoniaque, par traitement des matières à la chaux, en présence de la vapeur d'eau, et passage des gaz ammoniacaux dans des bacs en plomb renfermant de l'acide sulfurique ; les résidus solides, recueillis sous forme de tourteaux par le moyen de filtres-presses et passés au broyeur, donnent en outre une sorte de poudrette, contenant une forte proportion de chaux, qui constitue un produit accessoire encore assez recherché. Mais, de tous les engrais organiques, celui qui est de l'usage le plus général est le *fumier de ferme*, obtenu par la fermentation de la litière, qui a séjourné dans les écuries et les étables et en est retirée imprégnée de déjections ; on le dépose sur des aires ou dans des fosses, aménagées à cet effet et où il convient de disposer une fosse plus petite, pour le purin, surmontée d'une pompe, au moyen de laquelle on élève ce liquide de temps à autre, afin d'arroser la masse et d'en empêcher l'échauffement : le fumier, dont le poids spécifique est de 300 à 400 kilogrammes le mètre cube à l'état frais, pèse après fermentation jusqu'à 800 kilogrammes, par suite de l'évaporation d'une partie de l'eau et du tassement des matières ; il contient alors moyennement, pour 1.000 parties, 151 de matières organiques dont 4 d'azote, 67 de matières minérales dont 3,75 de potasse et 2 d'acide phosphorique ; un cheval en produit 10.000 kilogrammes environ par an, un bœuf au travail 9.400, à l'engrais 25.000, un mouton 550 ; celui des bêtes bovines est moins riche et celui des moutons plus actif.

Enfin on emploie des *engrais mixtes*, où se trouvent mélangées des matières de nature diverse, de provenance multiple, telles que la *gadoue* des villes ou *l'eau de leurs égouts*. La gadoue doit subir avant l'emploi une fermentation, comme le fumier ; on l'entasse à cet effet dans des dépôts, qui dégagent malheureusement une odeur infecte et que, pour cette cause, on éloigne le plus possible des habitations : autour de Paris les cultivateurs font, de temps immémorial, un excellent emploi de la gadoue ; près de Marseille, la Société agricole et d'assainissement des Bouches-du-Rhône cultive, au moyen des ordures ménagères de cette ville qu'elle y transporte par chemin de fer, un domaine de 600 hectares dans la Crau. De tout temps, les eaux d'égout ont été employées par les cultivateurs à la fertilisation des terres ; cette pratique, qui remonte à une très haute antiquité, que les maures ont mise en honneur dans les huertas du sud de l'Espagne, qui fait depuis plusieurs siècles la prospérité des prés marcites du Milanais, a reçu de nos jours, par suite de la construction des réseaux de collecteurs et de la nécessité d'en traiter les eaux, un regain de popularité. A côté de ces engrais mixtes, qu'on peut qualifier de naturels, il convient de mentionner ceux qu'on obtient artificiellement, dans les fermes ou dans les fabriques d'engrais, sous le nom générique de *composts*, par le mélange volontaire de matières fertilisantes de nature et d'origine diverses, dont on fait varier la composition à l'infini, suivant la qualité des terres à cultiver et les récoltes à obtenir.

La consommation d'engrais est bien moindre en France qu'en Angleterre, et il y a dans cet ordre d'idées de grands progrès à faire chez nous, soit par l'augmentation du nombre des têtes de bétail, soit par la diffusion des engrais minéraux, encore insuffisamment répandus et appréciés. Le prix élevé de ces derniers est d'ailleurs, pour les petits cultivateurs, un obstacle, dont l'organisation du crédit agricole et la formation de nombreuses associations syndicales permettent de triompher : ce prix est souvent calculé d'après la teneur en azote, en acide phosphorique, en potasse, ces éléments de fertilisation prenant dans le calcul des valeurs conventionnelles, variables du reste suivant leur état plus ou moins assimilable et d'autres circonstances encore : par exemple 1 fr. 80 par kilogramme d'azote, 0 fr. 60 par kilogramme d'acide phosphorique et 0 fr. 40 par kilogramme de potasse ; mais il arrive fréquemment que le prix de vente, réglé par la loi de l'offre et de la demande, s'écarte beaucoup du résul-

lat des calculs, qu'il convient par suite de n'accepter jamais sans
contrôle. L'appréciation des engrais ne pouvant guère se faire
sans analyses, le commerce de ces matières se prête à de nombreuses fraudes, qu'on a tenté d'enrayer efficacement par une loi
spéciale du 4 février 1888, complétée par les décrets des 10 mai
et 19 juin 1889.

102. Préparation des terres. — La mise en culture d'un
sol vierge comporte un *défrichement* : le procédé primitif consiste à mettre le feu aux broussailles, à labourer le sol, puis à y
tenter de maigres cultures, qui vont s'améliorant ensuite d'année en année ; à notre époque, où l'on dispose de ressources
mécaniques considérables, on préfère souvent obtenir à plus
grands frais un résultat plus rapide, en pratiquant le *défoncement*
ou l'ameublissement du sol, sur une épaisseur de 0 m. 30
à 0 m. 60, au moyen de charrues spéciales, particulièrement
robustes.

Quant aux terres en culture, elles réclament, en vue de chaque
récolte, un ameublissement nouveau, qui s'obtient par le *labour*.
Cette opération peut s'effectuer à bras au moyen de la *bêche :*
un premier sillon, rectiligne, est ouvert sur un des côtés du
champ, et les mottes qui en proviennent sont transportées en
cordon sur le côté opposé ; puis on ouvre un deuxième sillon,
parallèle au précédent, en renversant cette fois les mottes dans le
vide du premier, on procède de même pour le troisième, le
quatrième et ainsi de suite. Mais on conçoit qu'un pareil travail est long et pénible ; aussi, dès la plus haute antiquité,
l'homme s'est-il ingénié à employer une machine, la *charrue*,
qui s'est lentement perfectionnée à travers les âges. Le type moderne de la charrue comporte trois organes essentiels : le *coutre*,
qui fend le sol verticalement ; le *soc*, qui détache horizontalement les mottes, et le *versoir* qui les soulève et les renverse ; ces
trois organes sont fixés à un bâti en bois ou en fer, qui se compose de l'*âge*, sur lequel s'attache directement le coutre, du *sep*,
qui porte le soc et qui se relie à l'âge par les *étançons*, auxquels
s'attache le versoir ; un crochet de tirage, dont la position peut
être modifiée par le *régulateur*, en vue de régler la largeur et la

profondeur du labour, sert à l'attelage des bêtes de trait ; une paire de *mancherons* permet au laboureur de guider l'appareil au

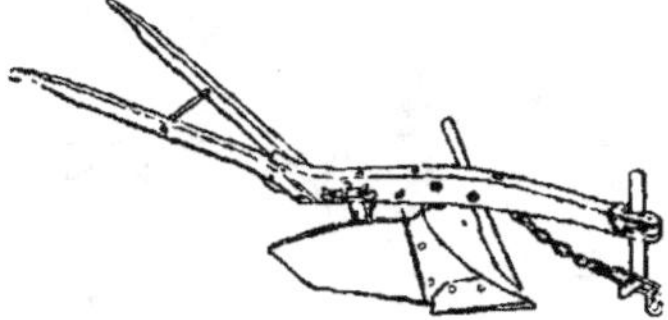

cours du travail. Souvent on ajoute à la charrue simple (*araire, brabant*), vers l'avant et au-dessous de l'âge, un *support* (sabot, roues, avant-train) qui donne à l'instrument plus de fixité, puis de petits organes additionnels (déchaumeur, fouilleur, etc...) qui facilitent l'ouverture du sillon.

Avec la charrue, telle qu'elle vient d'être décrite et qui renverse les mottes toujours du même côté, on fait ordinairement le labourage par *planches*, de 4 à 20 mètres de largeur, séparées par une sorte de petit fossé ou dérayure et comprenant chacune deux séries de sillons où les mottes sont inclinées en sens inverse : la charrue, en une double course, trace un sillon dans chacune des deux séries, ce qui implique à chaque extrémité du champ un parcours supplémentaire de l'attelage. Parfois, les planches sont remplacées par des *billons*, étroits et bombés, qui facilitent l'écoulement des eaux.

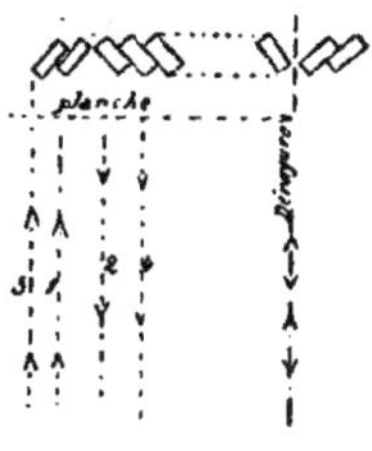

La tendance actuelle est de préférer le *labourage à plat*, où tous les sillons sont de même sens, sans dérayures : pour l'obtenir, on se sert du *brabant double* ou *charrue tourne-oreilles*, qui, sur un âge unique, comporte les organes de travail en double, et, par simple retournement à chaque fin de course, se trouve prête à renverser les mottes en sens opposé, de sorte qu'elle peut tracer au retour un sillon identique et contigu à celui qu'elle a ouvert à l'aller.

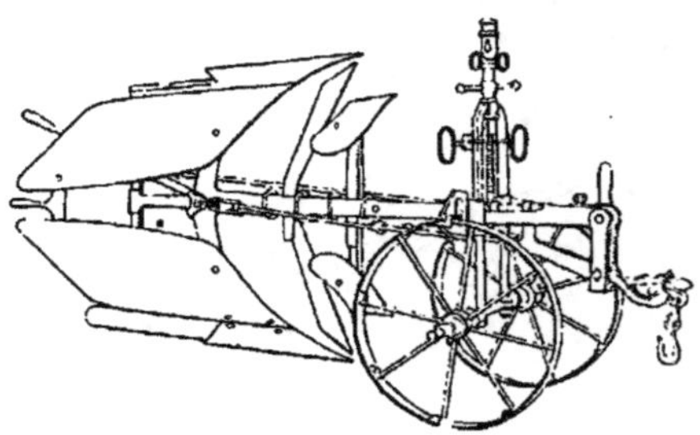

Le labour, qu'on est souvent obligé de répéter jusqu'à trois fois dans une année sur une même terre, représente une fraction importante des frais de culture et entre pour 0 fr. 04 à 0 fr. 05 dans le prix du kilogramme de pain. Il y a donc le plus grand intérêt à en réduire la dépense par tous les moyens: tout perfectionnement apporté à l'instrument et à son mode d'action, toute diminution de l'effort de traction, toute adaptation d'un moteur moins coûteux, constitue à cet égard un progrès de premier ordre. C'est ainsi que, grâce à l'amélioration des types de charrues, on est parvenu dans certains cas à réaliser l'ouver-

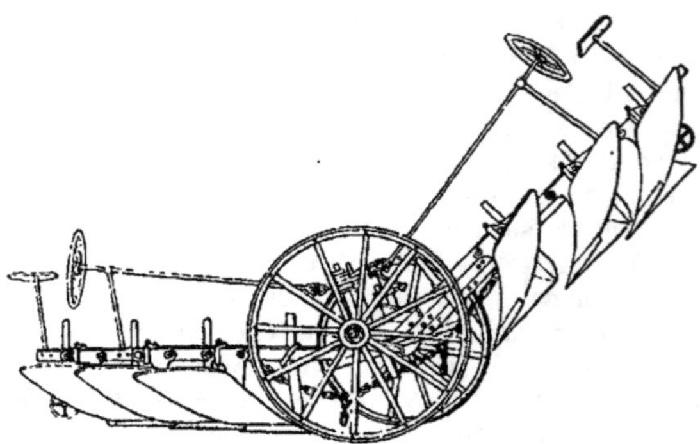

ture de plusieurs sillons à la fois avec l'attelage qui n'en pouvait tracer qu'un seul jadis: on emploie à cet effet des charrues *polysocs* ou multiples, qui, sur un même bâti, portent plusieurs séries d'outils semblables; en les montant sur un chariot à bascule, on évite à chaque extrémité de la course un déplacement et un retournement de l'appareil, qui ne vont pas sans perte de temps. A ce même point de vue, la substitution de la traction mécanique à la traction animale serait d'un intérêt considérable : le *labourage à vapeur*, proposé dès 1618 par Ramsay, est devenu pratique et tend à se répandre de plus en plus dans la grande propriété, depuis l'apparition, au concours de Lincoln en 1854, du système Fowler, qui consiste à disposer, de part et d'autre du champ, deux locomobiles actionnant des treuils, entre lesquels se déplace un câble qui entraîne une charrue polysoc à bascule; l'électricité, dont l'adap-

tation au labour a été tentée dès 1879 à Sermaize et qui a reçu depuis lors un certain nombre d'applications, est sans doute appelée à donner là aussi des résultats dignes d'attention.

Outre le labourage, la préparation des terres comporte plusieurs autres opérations, qui ont pour objet de briser et d'émietter les mottes, de nettoyer et d'aérer la terre dans toutes ses parties, etc. : on les effectue communément avec la *herse* et le *rouleau*. De même que la charrue remplace la bêche dans la grande culture, la herse effectue un travail analogue à celui du râteau, et son emploi remonte aussi à une haute antiquité ; elle se compose d'un certain nombre de dents fixées à un bâti, auquel on attache, par l'inter- médiaire d'un régulateur, le crochet d'attelage ; dans les nouveaux modèles, plus légers, les bâtis sont articulés, les dents parfois indépendantes ; quelques- uns sont rotatifs, au lieu d'être traînants ; mais toujours il s'agit d'ameublir la cou- che superficielle du sol, d'en niveler la surface, de le débarrasser des mauvaises herbes... Le rouleau vient ensuite com-

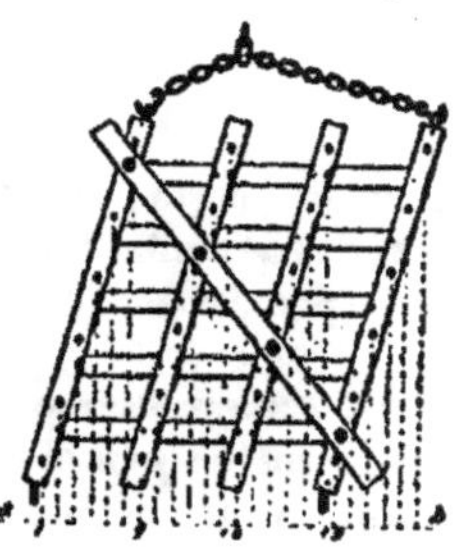

primer le sol, détruire les insectes, resserrer les graines contre la terre : construit autrefois en pierre, plus souvent en bois, il est ordinairement fabriqué maintenant en fonte et formé de trois tambours séparés, portés par un arbre unique que supporte le cadre d'attelage. Dans la culture perfectionnée, on fait précéder

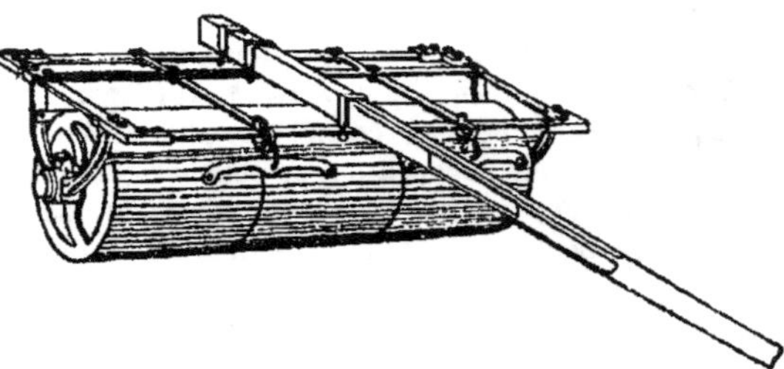

l'emploi de la herse et du rouleau de celui d'instruments dits *scarificateurs*, *extirpateurs*, *cultivateurs*, qui ne diffèrent que par la forme des dents et sont appelés à fendre ou écroûter le sol, arracher les racines, etc. : le plus souvent, c'est sur un même et

unique bâti porté par des roues que viennent s'attacher les diverses séries de dents, dont l'écartement peut varier suivant le travail à effectuer.

103. Ensemencement. — Dans les jardins, on fait l'ensemencement au *plantoir*, c'est-à-dire qu'on dépose les graines dans des trous percés au moyen d'un bout de bois à la profondeur convenable. Dans les champs, la pratique générale est de faire les semis *à la volée* : le semeur, avec sa provision de grain dans son tablier, parcourt successivement une série de lignes parallèles et également espacées, désignées sous le nom de *raya-ges*, en lançant, chaque fois qu'il a fait deux pas, une poignée de grains, avec assez de force pour couvrir deux intervalles ou *trains*, de telle sorte qu'en fin de compte chaque partie du champ ait reçu deux fois des grains, provenant de deux jets différents.

Quelque habileté que puisse acquérir le semeur, avec quelque régularité qu'il procède, la répartition des grains obtenue par ce moyen demeure assez inégale, et, comme l'ensemencement, absorbant des quantités énormes de graines, comporte des dépenses importantes, on conçoit sans peine que toute amélioration dans le semis, toute économie sur la quantité de semences, représente pour le cultivateur un bénéfice sérieux. D'où la diffusion rapide des *semoirs* mécaniques, qui date surtout de la seconde moitié du xix° siècle.

Le semoir, qui s'est répandu le premier, surtout en Angleterre, est le *semoir à cuillers*. Son organe essentiel, le *distributeur*, se compose d'un certain nombre de disques, calés sur un arbre horizontal, qui est mis en mouvement par l'essieu du chariot sur lequel il est monté et porte de part et d'autre de petites cuillers, pour prendre la semence dans une auge et la déverser dans des tubes coniques, s'emboîtant les uns dans les autres,

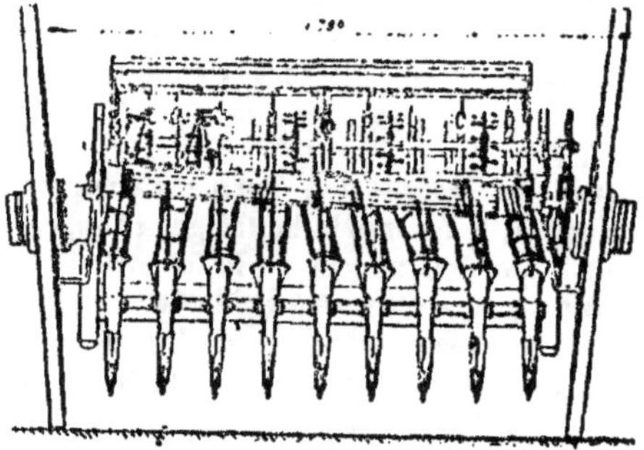

par où elle parvient, de chute en chute, jusque dans un petit sillon, qui est ouvert par une sorte de soc disposé au pied du dernier tube, et qu'un poids traînant referme ensuite. On obtient de cette façon un semis en lignes plus ou moins serrées, qu'on peut régler à volonté et qui s'effectue avec une précision parfaite. Les disques à cuillers sont remplacés, dans d'autres modèles de semoirs, par des roues à alvéoles, au moyen desquelles on obtient des résultats analogues.

On construit aussi des appareils mécaniques de cette catégorie, qui, au lieu de semer en lignes, répandent les graines régulièrement sur toute la surface du sol, en imitant exactement le semis à la volée. Recherchés pour les semences de très petite dimension et aussi pour la distribution des engrais pulvérulents, ces appareils comportent un arbre tournant, muni de disques ondulés ou hélicoïdes, ou encore de pointes ou de brosses, qui en font une sorte de hérisson, destiné à entraîner les grains vers des orifices convenablement disposés et dont on règle les ouvertures suivant les besoins.

On fait ordinairement le semis après un labour, suivi du passage de la herse et du rouleau. Un peu plus tard, après l'apparition des premières pousses, on effectue souvent un *binage* ou un *sarclage*, au moyen du cultivateur ou de la *houe* à cheval, pour arracher les mauvaises herbes, éclaircir les plants trop serrés, etc. Certaines récoltes, telles que la betterave, la pomme de terre, etc., exigent un *buttage*, qui s'obtient à l'aide d'appareils analogues mais munis d'outils en forme de socs triangulaires, avec doubles versoirs.

101. Récolte. — La récolte des fourrages comprend quatre opérations : la coupe, le fanage, le bottelage et l'engrangement. La *coupe* se fait à bras, au moyen de la faucille dans les très petites exploitations, plus souvent à l'aide de la faux, relativement lourde, mais qui, bien maniée, permet de donner par minute environ 25 coups, d'une amplitude moyenne de 2 mètres (andain) sur 0 m. 13 de large, de sorte qu'un bon faucheur fait par jour un tiers d'hectare. Le *fanage*, indispensable pour la conservation du foin, consiste à le faire sécher en l'étalant au soleil, puis l'agitant et le retournant de temps à autre, au moyen de fourches en bois ou en fer. Quand le sol demeure mouillé, comme il arrive dans certaines prairies irriguées, on peut disposer le foin en tas légers sur des *séchoirs*, dits cavaliers ou perroquets. Après dessiccation, il est mis en *bottes*, qu'on charge sur des chariots pour les porter dans la *grange*.

Le travail pénible de la coupe au moyen de la faux, du fauchage, peut être effectué mécaniquement par des *faucheuses*,

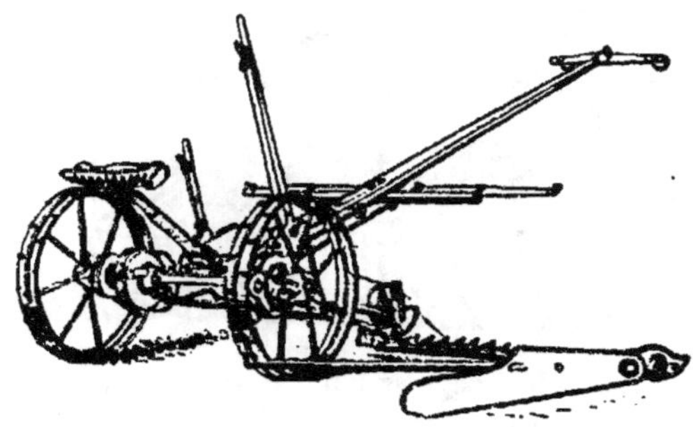

dont le principal organe est une scie mobile, à grandes dents, qui reçoit de l'essieu porteur un mouvement de va-et-vient, et qui, traînant sur le sol, rencontre les tiges des plantes, préalablement divisées en touffes par des sortes de doigts, disposés en avant. L'outil est pourvu d'ailleurs d'une charnière latérale, qui permet de le relever quand il ne travaille pas, de manière à faciliter le déplacement du chariot léger qui le porte. Le travail absorbé par la faucheuse est environ quatre fois plus considérable que celui dépensé par le fauchage à bras : l'emploi des engins mécaniques n'en est pas moins très avantageux dans la grande culture, parce qu'il permet de substituer l'intervention des animaux à celle de l'homme et aussi de procéder plus rapidement à la récolte en profitant plus aisément des moments les plus opportuns. De même que la coupe, le fanage peut être effectué au moyen d'un engin mécanique, la *faneuse*, qui a pour principal organe un tambour actionné par les roues porteuses et muni de dents de fourches en acier : mais cet appareil s'est beaucoup moins répandu que la faucheuse, parce que le travail qu'il effectue est relativement facile et peut être fait très souvent à peu de frais par des femmes ou des enfants. Lorsqu'on a recours à la faneuse, elle est presque toujours suivie du *râteau à cheval*, qu'on emploie

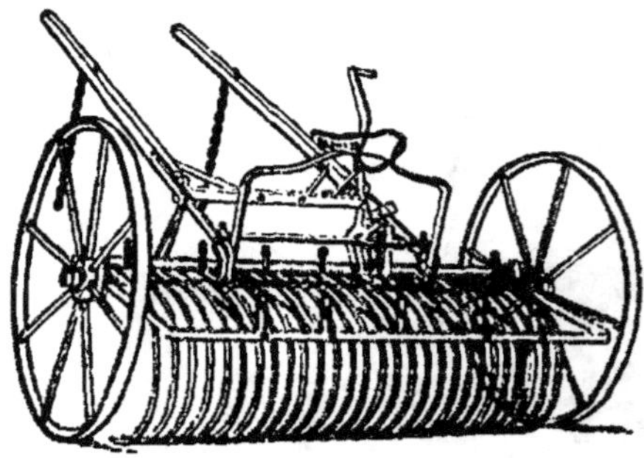

aussi parfois quand le fanage se fait à la main, et qui ramasse les herbes pour les mettre en tas et préparer ainsi le bottelage : il comporte une série de dents, en forme de crochets de grande dimension, toutes mobiles isolément sur l'arbre qui les porte afin de céder sans se rompre, quand elles rencontrent un obstacle résistant, mais qui ne s'en relèvent pas moins toutes ensemble pour déposer les herbes recueillies, quand la quantité en est suffisante. Le bottelage s'opère jusqu'à présent à la main, ainsi que le chargement des bottes sur les voitures, de formes appropriées, qu'on emploie au transport des foins ; il en est de même aussi pour l'engrangement ; on commence cependant à employer des *chargeurs* et des *élévateurs* mécaniques.

La récolte des céréales, celle du blé notamment, comporte les mêmes opérations, sauf le fanage, qui n'est point nécessaire. La coupe s'effectue encore au moyen de la faucille ou de la faux ; dans quelques régions, dans la Flandre par exemple, on y emploie aussi un troisième outil, la *sape*, sorte de petite faux à manche court que l'ouvrier fixe à son bras droit, tandis que, de la main gauche, il manie un long crochet, qui lui sert à réunir et à ramener vers lui le paquet de blé. La faux devant être maniée des deux mains, on l'arme souvent, pour obtenir ce même résultat sans l'intervention du bras gauche, d'une sorte de cadre léger en bois

appelé *ployon*, qui est particulièrement utile pour les blés ver-
sés ou dans les terrains mouvementés. L'effort qu'exige le ma-
niement de la faux pour la moisson est plus pénible que pour la
coupe des foins ; aussi l'emploi des *moissonneuses* mécaniques
est-il encore plus avantageux que celui des faucheuses, dont
elles reproduisent d'ailleurs, avec un peu plus de robustesse seu-

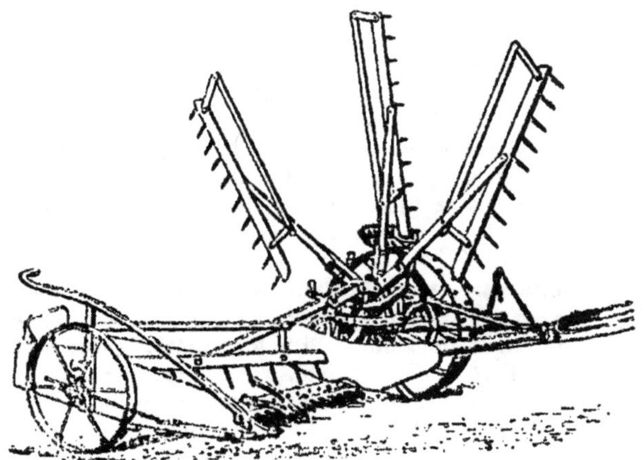

lement, les dispositions générales : elles comportent des organes
supplémentaires spéciaux, pour le rangement du blé, soit en
javelles — ce sont alors des râteaux de bois mobiles qui rabattent
le blé sur une plate-forme, disposée en arrière de la scie, et que
l'un d'eux balaie à chaque passage en projetant sur le sol le blé
qui y est tombé — soit en *andain*, c'est-à-dire en couche régulière et continue — ce qui s'obtient au moyen d'une toile sans fin,
entraînée par les roues porteuses comme la scie elle-même. Avec
ce second dispositif, il suffit de l'addition de quelques organes
accessoires peu importants pour faire opérer également le bottelage par la machine, qui devient alors *botteleuse* et même *botte-
leuse-lieuse*, quand elle entoure la botte d'une ficelle dont elle
fait aussi le nœud.

Les bottes ou *gerbes*, liées à 0 m. 25 ou 0 m. 30 au-dessus des épis, sont transportées à la grange soit immédiatement, soit après quelques jours de séchage. Souvent aussi, l'engrangement est remplacé par la mise en *meules* dans le champ même; si le temps presse, s'il devient humide, on a recours aux *moyettes* formées de cinq à six gerbes debout, qu'on recouvre d'un léger chapeau de paille. La rentrée des bottes de blé dans les granges peut être facilitée et hâtée par l'emploi d'*élévateurs*.

La grande culture utilise aussi des appareils mécaniques pour d'autres récoltes, celle des betteraves ou des pommes de terre par exemple. Ces appareils se composent presque toujours d'un bâti sur roues, analogue à celui des cultivateurs, sur lequel on monte, pour les betteraves, une fourche étroite qui vient saisir et soulever les racines, pour les pommes de terre, un soc à bout carré qui arrache les tubercules, suivi d'une sorte de cône à claire-voie qui les ramène à la surface.

105. Préparation des récoltes. — Les produits de la terre doivent être en général soumis, avant l'emploi, l'expédition ou la vente, à quelque préparation. Si le foin, préalablement séché sur le pré, est livré tel quel à l'étable, par contre le blé, l'avoine, doivent subir le battage, qui sépare le grain de la paille; le maïs est égrené; les racines destinées à l'alimentation du bétail ou à la distillerie sont lavées et découpées; etc. Parfois aussi, dans la ferme même, on comprime les foins, pour en faciliter le transport, on distille sur place les betteraves, on procède au rouissage ou au décorticage des plantes textiles, à la fabrication du vin, du cidre, etc. La plupart de ces opérations exigent aussi un outillage, et, pour les effectuer économiquement, on s'efforce de perfectionner de plus en plus cet outillage et d'y adapter des moteurs mécaniques.

A titre d'exemple on indiquera les procédés divers employés pour le *battage* du blé.

Dans les exploitations primitives, la séparation du grain et de la paille était obtenue par le *dépiquage*, qui consiste à faire piétiner les gerbes par des chevaux ou des bœufs sur une aire en terre battue, et qu'on pratique encore dans certaines contrées, en

Espagne notamment. On trouve aussi au Siam, en Tunisie, dans quelques fermes du Midi, l'emploi de rouleaux coniques en pierre, traînés par un cheval: l'animal, attaché par une longe à un poteau, tourne autour de ce poteau, dans un sens en y enroulant la longe, puis dans l'autre sens en la déroulant, et, dans les deux cas, détermine le mouvement des rouleaux sur l'aire où les gerbes sont étalées.

Un système encore très répandu est le *battage au fléau*. L'outil est des plus simples ; il se compose de deux pièces de bois, dont l'une a une longueur double de l'autre, et qui sont rattachées par un lien flexible en cuir. Deux hommes, armés de fléaux, battent en cadence et par mouvements alternatifs, deux ou trois gerbes de blé à la fois, en donnant ensemble 40 à 50 coups par minute: ils battent chacun 34 kilogrammes de blé par heure, soit 238 kilogrammes par jour, en produisant un peu plus d'un hectolitre de grains. C'est un travail pénible, malsain à cause des poussières, et assez coûteux, qu'on tend de plus en plus à remplacer par le battage mécanique.

Des tentatives ont été faites dès le siècle dernier en vue de parvenir à ce résultat, et l'on a imaginé un grand nombre de dispositions avant d'arriver aux machines à battre actuellement en usage, dont les organes essentiels sont le *batteur* et le *contrebatteur*, l'un mobile, l'autre fixe, entre lesquels passe le blé et qui détachent le grain de l'épi : le batteur est un tambour métallique, armé de lames de fer ou d'acier et animé d'une grande vitesse ; le contrebatteur porte des lames analogues ou des côtes saillantes et affecte la forme d'une portion de cylindre. La plupart de ces machines comportent en outre des organes complémentaires : *secoueurs*, pour amener la séparation complète de la paille et du grain, *nettoyeurs*, pour débarrasser le grain des poussières, balles, etc., *cribleurs*, *trieurs*, pour le séparer des matières étrangères, le classer par grosseurs, etc.

100. Bâtiments ruraux. — Une bonne disposition des bâtiments ruraux a une importance considérable sur la tenue d'une
exploitation agricole. Par d'heureuses combinaisons on peut
souvent, sans plus de frais, obtenir une répartition rationnelle
des locaux et leur donner un aspect satisfaisant, ce qui ne manque pas d'avoir la meilleure influence sur les habitudes du personnel et la bonne marche des opérations.

L'emplacement de la ferme doit être sain, abrité du vent ré-
gnant par un coteau ou un rideau d'arbres, bien exposé (sud ou
est dans nos régions), suffisamment élevé, pour n'avoir rien à
redouter des inondations, et convenablement protégé contre l'humidité, en pente légère, pour faciliter l'écoulement des eaux pluviales et autres, pourvu d'une bonne alimentation en eau potable.

Afin d'éviter les transports, toujours longs et coûteux, puisque
la culture met en œuvre des quantités considérables de matières
pondéreuses, il importe de placer la ferme au centre de gravité
de l'exploitation ; il convient aussi qu'elle soit à un niveau moyen,
par rapport aux terres qu'elle dessert, et à proximité des voies de
communication.

Il est préférable de la tenir à quelque distance des routes ou
chemins, isolée plutôt que dans le village même, afin qu'elle se
prête aisément à des extensions ultérieures, suivant les besoins.

Presque toujours, les divers bâtiments qui la composent viennent se grouper autour d'une vaste cour, vers le centre de laquelle
se trouve souvent le dépôt de fumier. La maison d'habitation est
placée au fond et vers le milieu de la cour, afin de permettre au
chef d'exploitation d'exercer une surveillance constante et facile ;
le jardin potager y est attenant en arrière ou sur le côté. Il est
rationnel d'en rapprocher les bâtiments occupés par les animaux
de prix (écuries, étables), d'en tenir plus éloignés ceux qui
reçoivent les bêtes ovines (bergeries), et surtout les porcheries,
poulaillers etc. On recommande de séparer, par des vides ou des
hangars en appentis, les principaux groupes de constructions, et
d'isoler les granges et magasins à fourrages, afin de diminuer
les causes d'incendie et d'en limiter les effets.

La cour devant toujours être assez spacieuse pour que l'évolution des attelages y soit facile, ce qui suppose une dimension minima de 16 mètres dans les deux sens, on est conduit, dans les petites exploitations, à placer les bâtiments soit en ligne droite suivant l'orientation la plus favorable, soit en équerre, à branches égales ou inégales, placée de manière à protéger la cour contre les vents régnants. Dans les exploitations moyennes, les bâtiments s'étendent sur deux, trois, parfois sur les quatre côtés de la cour. Dans les grandes, on est amené à constituer plusieurs groupes de bâtiments, en tenant compte de leur importance relative suivant le type de culture dominant : céréales, élevage, plantes industrielles, etc. ; des exigences spéciales résultent de l'emploi des machines, de l'extension de l'outillage mécanique,... mais on continue à les disposer de préférence sur le pourtour d'un quadrilatère central, en évitant d'ailleurs d'occuper complètement le périmètre, afin de réserver la possibilité d'extensions partielles ou générales : une extension plus importante peut être obtenue ensuite, en doublant la ferme par l'établissement d'une seconde cour, bordée de bâtiments symétriquement placés par rapport à la maison d'habitation qui se trouvera occuper le centre de l'ensemble ; on peut aussi dans le même but disposer les bâtiments suivant des lignes parallèles, de manière à en permettre le prolongement par le pignon, et réserver des espaces suffisants pour des additions successives.

107. Exploitation agricole. — L'introduction rapidement progressive des machines agricoles, l'emploi de plus en plus répandu des engrais chimiques ou composés, conséquences forcées de la lutte entreprise contre la concurrence redoutable des produits exotiques, tendent à transformer radicalement la pratique de la culture, qui, de routinière et traditionnelle qu'elle était, tend à devenir de plus en plus rationnelle et scientifique, empruntant à l'industrie ses procédés, mettant en œuvre comme elle un système complet de *comptabilité*, destiné à faire ressortir incessamment les gains et les pertes, à établir avec précision les prix de revient pour les opposer aux prix de vente, à servir par là de guide sûr aux chefs d'exploitation dans la direction de plus en plus délicate des opératious culturales. L'emploi systématique des pesées, à l'entrée et à la sortie, et la tenue des livres, rigoureusement appliquée aux travaux des champs et de la ferme, permettent en outre de dresser régulièrement le tableau comparatif des éléments de fertilisation enlevés à la terre par les diverses récoltes ou que lui restituent les fumures, d'établir la balance et d'assurer au besoin la compensation, par l'apport de quantités convenables d'engrais appropriés, de conduire en un mot la marche des cultures avec la même sûreté de vues et la même méthode que le fonctionnement d'une usine industrielle.

Un pareil mode d'opérer, qui se prête à toutes les études, qui permet les expériences décisives, constitue évidemment un puissant moyen d'amélioration des procédés et des rendements, un élément de progrès systématique, dont on peut tirer un merveilleux parti : il tend à imprimer à l'agriculture un caractère absolument nouveau et singulièrement fécond.

Mais il suppose — cela est manifeste — un fonds de roulement relativement considérable et des connaissances très étendues, deux conditions qui ne se rencontrent pas communément chez nos cultivateurs, et que, depuis quelques années, le ministère de l'Agriculture s'efforce de réaliser dans la plus large mesure, d'une part en développant sur tout le territoire l'*enseignement agricole*, de l'autre en s'efforçant de créer et de développer sur des bases solides le *crédit agricole*. La création d'écoles spéciales de divers ordres (Ecoles d'Agriculture, Institut agronomique) a eu pour conséquence la formation d'un personnel remarquable d'agriculteurs instruits, *d'ingénieurs agronomes* et de *professeurs d'agriculture* : et ces derniers, grandement aidés par les *fermes-modèles*, les *stations agronomiques*, réussissent à répandre dans toutes les régions de la France les notions indispensables aux cultivateurs, pour l'application des procédés les plus rationnels et les mieux appropriés aux conditions naturelles dans lesquelles ils se trouvent placés.

L'extrême division des terres en France, conséquence de notre système de successions, est un obstacle fâcheux à la constitution d'exploitations importantes, capables d'appliquer les méthodes nouvelles, de se procurer l'outillage, la direction scientifique qu'elles comportent ; aussi favorise-t-on la formation des associations, des syndicats de culture, dont le nombre va rapidement croissant, et qui suppléent, par l'union des efforts de tous, à l'insuffisance des ressources de chacun. Un nouveau service, celui des *Améliorations agricoles*, vient d'être créé, dans le but de venir en aide aux syndicats et aux cultivateurs isolés, en leur fournissant d'utiles indications, les guidant dans leurs tentatives, dressant au besoin les projets d'amélioration, recherchant les moyens de les faire aboutir, poussant au remembrement des terres divisées, etc.

Le mode d'exploitation des domaines ruraux qui est le plus favorable à la culture intensive et rationnelle, vers laquelle on tend de nos jours, est assurément l'*exploitation directe* par le propriétaire : seul, il peut avoir des vues d'avenir et entreprendre des opérations de longue haleine, parce qu'il est avant tout préoccupé de l'amélioration progressive de ses terres, fût-ce au détriment momentané du revenu immédiat. C'est le contraire dans le *fermage*, où le locataire a précisément intérêt à épuiser la terre, quand approche la fin du bail, s'il n'a pas l'intention de le renouveler, de sorte que le domaine revient trop souvent à son possesseur en déplorable état, ce qui rend la nouvelle location difficile et impose au preneur des frais exorbitants. Le *métayage*, usité autrefois beaucoup plus qu'aujourd'hui, mais qui est encore pratiqué dans le Limousin, en Provence, etc., constitue un régime plus satisfaisant au point de vue de la bonne tenue des terres, parce qu'il associe intimement le cultivateur et le propriétaire, en confondant très heureusement leurs intérêts au lieu de les mettre en antagonisme.

CHAPITRE XIV

L'EAU EN AGRICULTURE

Sommaire : 108. Rôle agricole de l'eau ; 109. Eaux utiles ; 110. Eaux nuisibles ; 111. Limons.

108. Rôle agricole de l'eau. — Les considérations précédemment développées au sujet des conditions indispensables à la pousse des végétaux laissent aisément entrevoir de quelle importance est l'intervention de l'eau dans les phénomènes agricoles.

Elle agit par *action physique*, en entretenant l'humidité de la terre, en alimentant l'évaporation par le sol et par les plantes, en protégeant le sol contre les trop grandes chaleurs ou les froids excessifs, quelquefois en le recouvrant de dépôts, qui tendent à le rendre fertile ou à l'exhausser.

Elle agit d'autre part *chimiquement*, soit par les matières qu'elle tient en suspension et qui constituent souvent une sorte d'amendement, de nature à modifier la composition primitive du sol, soit par les matières dissoutes, minérales ou organiques, qui fournissent des substances utiles à la végétation, et équivalent à un engrais.

Par contre, si elle afflue en trop grande quantité et rend le sol assez *humide* pour que les racines y demeurent constamment noyées, les plantes cultivées, qui ne s'accommodent pas de ce régime, ne sauraient y prospérer, et la terre resterait improductive.

La culture n'est possible que sur un sol *frais*, c'est-à-dire suffisamment pourvu d'eau pour que les racines y trouvent à chaque instant la quantité de liquide nécessaire au renouvellement de la sève. Or l'évaporation, qui se produit à la surface du sol avec d'autant plus d'activité que l'air est plus chaud et plus sec, et l'infiltration dans les couches profondes, qui détermine l'égouttement lent de la couche arable, concourent simultanément à la diminution progressive de la réserve d'eau que la terre renferme et qu'elle tend à retenir ; et la culture, en recouvrant le sol de plantes, dont les feuilles sont le siège d'une transpiration abondante, vient encore augmenter cet effet d'assèchement. La fraîcheur ne se maintient par suite dans la terre cultivée que si la provision d'eau qu'elle contient est convenablement renouvelée ; on conçoit sans peine que, là où les précipitations atmosphériques ne fournissent pas le volume nécessaire pour compenser les pertes, la vie végétale deviendrait rapidement impossible, si l'ingéniosité et les travaux de l'homme ne suppléaient à l'insuffisance des apports naturels par des arrosages artificiels.

Ces arrosages ont en outre des effets accessoires qui ne sont pas négligeables. Ainsi, en augmentant l'évaporation — qui ne va pas, on le sait, sans une notable absorption de chaleur, nécessairement empruntée pour la majeure partie à la terre — l'abondance de l'eau dans la couche superficielle y détermine un abaissement de la température, qui est un bienfait dans les pays où l'ardeur du soleil tend à dessécher la terre et aurait tôt fait de consumer les récoltes : de là l'explication des résultats merveilleux obtenus, avec des quantités d'eau même faibles, dans la zone torride, dans les oasis d'Afrique, par exemple, ou sous les climats chauds, comme en Italie, en Espagne, en Algérie, en Provence ; on parvient de la sorte à y établir une sorte d'équilibre favorable à la végétation, à empêcher une maturation trop rapide avant le développement complet de toutes les parties de la plante, à aider efficacement la nature pour une meilleure production. D'autre part, en hiver, dans la zone tempérée, l'eau peut souvent servir à combattre dans une certaine mesure les effets de la gelée, à prolonger plus avant dans la saison la pousse des végétaux, l'arrachage des récoltes ; c'est ainsi que, dans les prés marcites du Milanais, les arrosages, se continuant sans interruption toute l'année, s'opposent en hiver à une trop grande déperdition de calorique, au point que la végétation continue tant que la température ne descend pas au-dessous de 7° et reprend immédiatement dès qu'elle se relève à 10° pendant quelques heures du jour.

Lorsque les eaux courantes sont chargées de limons, elles tendent à produire sur les terres, qu'elles viennent à recouvrir, des dépôts plus ou moins abondants, plus ou moins fins aussi, qui ont pour effet tantôt d'y constituer une couche épaisse, sorte de remblai, dont la conséquence est de réaliser un exhaussement progressif, tantôt d'y laisser une tranche mince mais particulièrement fertile, déterminant dans un cas comme dans l'autre une véritable conquête au profit de la culture, soit en faisant émerger des terres que des submersions fréquentes rendaient impropres au travail agricole, soit en fournissant à des terres inertes et stériles de précieux éléments à mettre en œuvre.

Les plantes, puisant dans l'eau qui baigne leurs racines et qu'elles absorbent lentement, une foule de substances nécessaires à leur nutrition, le développement de la végétation dépend aussi par là du renouvellement de l'eau dans le sol. Les matières dissoutes qu'elle contient viennent pour partie s'accumuler dans la couche arable, grâce à la faculté d'absorption qui est une de ses propriétés les plus remarquables, tandis qu'une autre partie passe à l'état de dissolution dans l'organisme végétal, s'y répand grâce au mouvement de la sève et va se fixer en divers points à mesure que la plante grandit, évolue, se couvre de fleurs, de fruits, de graines, et parvient à maturation. Elle y apporte précisément les principes fertilisants, azote, potasse, acide phosphorique, calcaire, etc., sans lesquels ces phénomènes physiologiques ne sauraient se produire.

En outre, la présence de l'oxygène libre dans l'eau favorise et les réactions chimiques et les actions biologiques dont le sol est le théâtre et d'où résultent la combustion des matières organiques, leur transformation en matières minérales, puis la suroxydation de ces dernières, qui parviennent à l'état de nitrates, de sulfates, etc., autant d'effets qui tendent à les rendre de plus en plus assimilables par les plantes. De son côté, l'acide carboni-

que contenu également dans l'eau, à l'état dissous, favorise l'attaque de certaines roches, des calcaires en particulier, et tend à
leur emprunter d'autres éléments de fertilisation, qui pénètreront,
sous forme de sels solubles, dans l'organisme végétal. L'azote
gazeux en dissolution est lui-même fixé par le sol ou par les
plantes.

Tous ces heureux effets, dont la végétation profite, dont la
culture sait tirer parti, disparaissent dès que la quantité d'eau
contenue dans le sol dépasse une certaine limite : quand les vides
qui séparent les particules terreuses sont emplis d'eau, la circulation de l'air y devient impossible, et les divers phénomènes dus
à son action s'accomplissent avec une intensité beaucoup moindre ou même viennent à cesser complètement. L'action biologique se ralentit ou s'arrête : les composés facilement assimilables,
qui d'ordinaire prennent naissance par la transformation des
matières organiques, sont remplacés par des produits de combustion incomplète, impropres au développement des plantes. En
même temps que le sol s'appauvrit de la sorte, il se refroidit
aussi par l'évaporation constante dont il devient désormais le
siège, il est moins bon conducteur de la chaleur et se prête plus
difficilement au réchauffement solaire. Dès lors les racines s'arrêtent dans leur progression, aussitôt qu'elles atteignent la
couche envahie par l'humidité persistante, ne peuvent plus pénétrer profondément dans le sol, si même elles ne pourrissent pas,
ce qui a pour conséquence le dépérissement ou la mort des
plantes elles-mêmes. Et, si l'humidité s'élève jusqu'au niveau
supérieur de la couche arable, si une tranche d'eau stagnante
vient à en recouvrir la surface, la terre devient *marécageuse*, et
non seulement impropre à la végétation et interdite à la culture,
mais encore malsaine et dangereuse pour la santé publique.

109. Eaux utiles. — Les qualités des eaux recherchées pour
l'irrigation des terres ne sont pas les mêmes que pour les autres
usages, comme l'alimentation des villes par exemple : ainsi les
eaux troubles ou limoneuses, que la consommation repousse
avec dégoût, sont presque toujours d'un emploi avantageux pour
la culture ; les eaux très chargées de matières organiques, sans

toutefois dépasser certaines limites, sont extrêmement favorables
à la végétation, tandis que, dans les villes, elles ne peuvent plus
être distribuées utilement, dès qu'elles en contiennent une proportion extrêmement faible ; la teneur en matières minérales n'a
pas les mêmes avantages, elle n'est cependant pas nuisible tant
qu'elle ne dépasse pas $\frac{1}{1000}$; par contre, on recherche les eaux
aérées, autrement dit riches en gaz dissous.

Il est d'ailleurs éminemment recommandable d'examiner avec
soin, d'apprendre à bien connaître les eaux employées en arrosages, et l'on devrait à cet effet les soumettre à l'analyse comme
on le fait pour les eaux d'alimentation. Et, si les résultats ainsi
constatés ne sont pas entièrement satisfaisants, on peut recourir à quelqu'un des nombreux procédés d'amélioration pour y
parer ; par exemple, décanter l'eau pour la débarrasser d'un excès
de matières en suspension, la faire tomber en cascade ou en
minces filets pour la mettre en prise avec l'air, y augmenter la
proportion de gaz, y déterminer la précipitation de l'oxyde de
fer, du carbonate de chaux ; ou encore la mélanger en proportion convenable avec des eaux d'une autre nature. On opérera
de même pour amener les eaux à la température la plus avantageuse suivant les cas.

De ce qui précède on peut déduire que presque toutes les eaux
naturelles et la plupart des eaux usées ou salies par l'usage peuvent trouver leur utilisation en agriculture, à la seule condition
de les employer d'une manière rationnelle, suivant leur composition, leurs propriétés et les circonstances climatériques, saisonnières, culturales, la nature du sol, les exigences des récoltes, etc.
Des eaux froides seront d'un emploi très avantageux sur un
point, tandis qu'ailleurs on devra rechercher des eaux chaudes ;
ici le ruissellement de l'eau superficielle, dissolvant certains
éléments surabondants, produira un excellent effet, tandis qu'ailleurs il aurait pour conséquence un délavage fâcheux des matières fertilisantes ; tantôt on préférera des eaux claires, tandis
qu'on fera merveille sur un autre point avec des eaux chargées
de limon ; tantôt on prendra mille précautions pour se défendre

contre le débordement des cours d'eau, tandis que, dans d'autres
régions, on l'attendra comme un bienfait...

Les *eaux de pluie*, peu chargées de principes fertilisants malgré leur teneur en ammoniaque et en nitrates, sont par contre
extrêmement précieuses pour l'entretien de la fraîcheur des
terres. La pratique agricole devrait tendre à en réaliser un meilleur aménagement, à recueillir celles qui s'écoulent trop rapidement et vont se perdre sans utilité, à les rassembler en des points
convenablement choisis et à les conduire là où elles peuvent
être employées avec avantage. Pour cela, s'il s'agit de terres
labourables, de récoltes annuelles, qui ne demandent d'eau qu'à
certaines périodes de l'année, il faudrait établir des réserves,
mares, étangs, digues-barrages, etc. Mais de semblables ouvrages ne sont pas nécessaires pour les prairies permanentes, qui
profitent en tout temps et sous tous les climats de l'afflux d'eaux
abondantes ; on pourra donc presque toujours créer avantageusement un pré dans la partie basse d'un domaine en culture, afin
d'y tirer bon parti des eaux pluviales, qui, en ruisselant sur les
terres supérieures imperméables ou en pénétrant les couches
perméables qu'elles dégraissent, suivant l'expression usitée par
les cultivateurs, se chargent de principes fertilisants et procure-
ront par suite à l'herbe du pré les éléments nécessaires à son
développement en même temps que la fraîcheur constante qui
lui est particulièrement favorable.

Les *eaux courantes* conviennent presque sans exception à
l'irrigation ; et, pour les y employer, il suffit bien souvent d'ouvrir sur les berges des cours d'eau des saignées, d'y tracer des
rigoles ou des canaux, de manière à dériver les eaux et à les
conduire vers les champs ou les prés, où elles sont destinées à
porter la fraîcheur et la fertilité ; ailleurs il faudra les élever à
un niveau supérieur, au moyen d'appareils mécaniques, mûs soit
par une force naturelle, empruntée parfois au cours d'eau lui-
même, soit par des moteurs animés, par la vapeur, le gaz ou
l'électricité ; quelquefois on sera conduit à emmagasiner les
eaux de crues, dans de vastes bassins de réserve, pour les utiliser
à d'autres moments de l'année. Peut-être y a-t-il lieu de développer aujourd'hui plus que jamais ce mode d'utilisation des

eaux courantes, alors que le flottage des bois disparaît, que les chemins de fer se substituent dans beaucoup de directions aux voies de transport par eau, que les petites chutes sont en grande partie abandonnées par l'industrie, et que l'agriculture, exposée à une concurrence redoutable, ne peut se soutenir sans avoir recours à tous les moyens qui peuvent favoriser la culture intensive et industrielle, la seule vraiment rémunératrice dans nos régions.

Plus chargée de matières minérales, qui conviennent particulièrement à la végétation des graminées, plus appropriée aussi par sa température constante au maintien permanent de la fraîcheur des terres, l'*eau des sources* convient surtout à l'arrosage des prairies permanentes. Singulièrement précieuse dans les pays chauds, on l'y trouve fréquemment captée pour l'usage agricole avec les mêmes soins et par les mêmes moyens que pour l'alimentation des villes. Quand elle apparaît à flanc de coteau, elle assure la fertilisation du fond des vallées qui se couvre d'une végétation abondante. Si elle est abondante, on s'en sert durant l'été pour favoriser les cultures les plus variées, soit en la dirigeant successivement sur diverses pièces de terre, soit en l'accumulant dans les réservoirs, où on la puise au moment voulu par des lâchures convenablement réglées ; ce dernier moyen permet au reste de tirer parti des plus petites sources, des plus minces filets d'eau. Quand le niveau d'émergence n'est pas suffisamment élevé, on fait appel aux engins mécaniques, à moins qu'on ne puisse, en suivant les filets liquides dans leur parcours souterrain, parvenir à les recueillir plus haut et gagner ainsi la pente nécessaire.

Quand il suffit de creuser le sol de quelques mètres pour y trouver l'*eau souterraine*, rien n'est plus facile que de l'utiliser pour l'arrosage des terres cultivées ; de tout temps et dans tous les pays, la petite culture a su profiter de la sorte du voisinage de la nappe phréatique, en perçant des puits pour la création et l'entretien des jardins potagers, des cultures maraîchères, des vergers, etc. Il est plus rare qu'on ait recours, pour l'emploi agricole, aux eaux des nappes profondes ou artésiennes ; on ne doit pas oublier d'ailleurs que ces eaux sont généralement assez minéralisées, chaudes si elles proviennent de grandes profondeurs : on rencontre cependant des cas où elles ont été aussi utilisées avec avantage ; c'est ainsi qu'on a cité déjà les puits artésiens du Sahara algérien, les fontanili de la plaine lombarde... ; là aussi peut-être la culture intensive trouverait-elle de nouvelles et précieuses ressources : les puits instantanés, les forages, se prêtent à des tentatives de ce genre.

Parmi les *eaux usées*, utilisables pour la fertilisation des terres après un premier emploi qui les a généralement chargées de matières organiques ou minérales, il convient de citer en première ligne celles qui proviennent du *drainage*, toujours riches en nitrates et contenant aussi de la chaux, de la magnésie, du chlore, de l'acide sulfurique, de la silice, etc., que l'on perd trop souvent en les déversant au cours d'eau le plus proche, tandis qu'il y aurait avantage à les recueillir et à les employer en irrigations dans la plupart des cas. Viennent ensuite les *eaux d'égout* des villes, les *eaux résiduaires* de certaines industries, qui, se trouvant chargées de matières organiques en abondance, constituent de véritables engrais liquides d'une richesse exceptionnelle, et qui peuvent donner des résultats remarquables lorsqu'on en proportionne les doses à la faculté d'absorption du sol et qu'on a soin d'ameublir fréquemment la surface pour éviter le colmatage, favoriser l'incorporation des substances utiles, préparer leur transformation en principes assimilables. La pratique de l'emploi agricole des eaux d'égout remonte à une très haute antiquité ; on en a retrouvé des traces incontestables à Jérusalem ; les huertas du midi de l'Espagne ont été créées par les Maures ; les fameux prés marcites des environs de Milan ont plusieurs siècles d'existence, et depuis plus de 150 ans la dune de Craigentinny a été transformée en prairie par l'emploi des eaux d'égout d'Edimbourg : la nécessité qui s'impose aux grandes villes modernes d'épuiser l'énorme efflux d'eaux fermentescibles que débitent leur collecteurs, a donné une impulsion nouvelle à cet emploi judicieux des eaux usées ; Berlin et Paris envoient aujourd'hui sur des champs irrigués la totalité de leurs eaux d'égout, ainsi qu'un grand nombre de villes en Angleterre, en Allemagne, etc. Beaucoup d'eaux impures, résidus insalubres

d'industries diverses et dont l'écoulement dans les cours d'eau
présente de graves inconvénients, sont rendues au contraire
inoffensives pour les populations voisines, en même temps
qu'utiles pour la culture, quand on les dirige vers les champs
cultivés, où on les emploie en irrigations convenablement aménagées : tel est particulièrement le cas des eaux si riches en
matières organiques et souvent si infectes qui s'échappent des
distilleries, des féculeries, des sucreries, etc.

110. Eaux nuisibles. — Certaines eaux, en raison de leur
composition particulière, par les matières de nature spéciale
qu'elles renferment ou par la trop grande abondance de substances soit dissoutes soit simplement en suspension, produiraient
des effets fâcheux, nettement nuisibles à la végétation, et ne
peuvent en conséquence être utilement employées pour l'agriculture.

Telles sont, par exemple, les eaux boueuses, qui, parvenues
au contact des plantes, tendent à les recouvrir de dépôts capables
de s'opposer à leur développement : des eaux simplement troubles, qu'on pourrait fort bien appliquer à la fertilisation des terres, sont elles-mêmes à écarter dans certains cas où les plantes,
trop délicates, n'en supporteraient pas l'emploi ; c'est ainsi qu'on
recommande de ne pas irriguer les prés au printemps avec des
eaux limoneuses, pendant la première pousse de l'herbe, tandis
qu'en hiver, pendant l'arrêt de la végétation, ou plus tard, quand
les tiges ont grandi, ces eaux sont au contraire sans inconvénient. Des eaux trop minéralisées, des eaux acides ou contenant
en excès des chlorures ou des sulfures, ne conviennent pas à
l'irrigation des terres. Il faut proscrire également celles qui sont
trop chargées de matières organiques, car elles « brûlent » parfois les plantes, au lieu d'en assurer la nutrition ou d'en favoriser
la pousse, alors même que les matières qu'elles renferment ne
sont pas nuisibles en soi, si bien qu'on peut les rendre utilisables
en les étendant par simple addition d'eaux moins minéralisées ;
à plus forte raison doit-on rejeter celles qui contiennent des
substances à réaction acide — c'est le cas des eaux tourbeuses
chargées d'une forte proportion de tannin — ou difficilement

décomposables comme les matières grasses. Les eaux trop froides
ne peuvent pas être employées aux arrosages d'été, parce qu'elles
« saisissent » les plantes et provoquent un arrêt momentané de
la végétation ; aussi préfère-t-on en Lombardie, aux eaux gla-
cées qui descendent des Alpes, les eaux relativement chaudes du
Pô et de quelques-uns de ses affluents.

Souvent ces défauts peuvent être corrigés sans trop de dépenses ; et les mêmes eaux, qu'on serait tenté au premier abord de
repousser comme nuisibles, deviennent parfaitement utilisables
après quelque opération simple, comme la décantation pour les
eaux troubles, l'addition d'un peu de chaux pour certaines eaux
acides, l'exposition au soleil pour les eaux froides, etc. Aussi
est-ce seulement dans des circonstances assez rares que l'agricul-
teur est amené à considérer telle ou telle eau comme réellement
nocive à cause de ses propriétés spéciales.

La culture a beaucoup plus fréquemment à souffrir de la surabondance de l'eau, qui rend les terres *froides*, lorsqu'elle les
imprègne jusqu'à une faible distance de la surface, ou les transforme en *marécages* quand elles sont habituellement humides sur
toute leur épaisseur, ou même totalement submergées à certaines époques.

Sur les terres froides, où le sous-sol demeure humide, la végétation est languissante, le développement des plantes médiocre,
les récoltes demeurent assez pauvres. On y obtient une amélioration certaine en les débarrassant de l'excès d'humidité par le *drainage*, qui consiste à y établir un réseau serré de petites conduites
d'écoulement au-dessous du fond de la couche arable, qui produit l'effet du trou percé à la base du pot de fleurs des jardiniers,
en facilitant l'égouttement et l'aération du sol, abaissant le niveau
de la nappe aquifère et dégageant les racines.

Dans les marécages, l'absence d'oxygène crée un milieu réduc-
teur, où la nitrification est impossible et où prennent naissance
des produits, qui deviennent pour les plantes de véritables poi-
sons ; seule l'herbe des prairies peut s'y développer, encore y
voit-on dominer les joncs, les laîches, les mousses, sans valeur
nutritive pour le bétail ; et, lorsque ces plantes elles-mêmes viennent à dépérir et à succomber, la décomposition des matières

organiques se produit, sous l'influence des microbes anaérobies, et donne lieu par suite à une putréfaction rapide, qui émet des miasmes pestilentiels ; l'eau stagnante favorise d'ailleurs la multiplication des insectes, dont quelques espèces ailées, telles que l'anopheles, transportent aux alentours le germe de la fièvre paludéenne. Pour se débarrasser de l'excès d'eau, cause de pareils fléaux, toutes les fois où ni le relief du sol, ni le niveau des nappes superficielles voisines ne se trouvent faire obstacle à l'établissement d'un système normal d'écoulement, il suffit de procéder à un *assainissement agricole*, en créant un réseau de rigoles, de fossés, de collecteurs, qui recueillent les eaux et les dirigent vers le débouché le plus proche, en rouvrant au besoin par des curages, des approfondissements, des redressements, les évacuateurs naturels, que divers effets successifs se trouvent avoir obstrués dans la suite des temps. S'il existe au contraire un obstacle naturel, soit qu'une sorte de digue ou de barrage, qu'une colline plus ou moins élevée s'oppose à l'écoulement, soit que le niveau de la masse superficielle qui constituerait le débouché obligé dans la région se trouve à un niveau trop élevé en tout temps ou durant certaines périodes, il faut triompher de cet obstacle par un *dessèchement*, qui a pour point de départ tantôt l'ouverture d'un émissaire en tranchée ou en souterrain, tantôt l'installation d'engins mécaniques de relèvement, et permet de réaliser quand même l'évacuation des eaux nuisibles.

211. Limons. — Les *limons*, entraînés par les cours d'eau tranquilles, composés de matériaux impalpables et qui se déposent en couches minces sur les terres qu'ils recouvrent en cas de débordement, contiennent tous les éléments des terres fertiles — sable, argile, carbonate de chaux — amenés au dernier état de division, et en outre une forte proportion de matières organiques en partie azotées. Ils peuvent donc accroître utilement la fertilité de la terre qu'ils viennent à recouvrir et à laquelle ils s'incorporent ensuite par l'effet des labours, à la seule condition qu'ils ne nuisent pas aux récoltes pendantes et que, pour cela, ils se déposent avant ou après la pousse annuelle, en automne ou à la fin de l'hiver. L'intervention de l'homme, pour favoriser les heureux effets de ce mode de fertilisation, n'aura point d'autre objet à poursuivre que la réalisation de cette condition essentielle par une répartition convenable des *limonages*.

En dehors des périodes de crues et des débordements qui en sont la conséquence, les eaux limoneuses déterminent presque toujours, en certains points du lit des cours d'eau, des dépôts plus ou moins abondants de vase, que la nécessité de maintenir le libre courant de l'eau oblige à enlever de temps à autre par les curages : on a vu plus haut que le produit de ces curages, rejeté sur les berges, est habituellement employé comme engrais sur les terres riveraines. C'est là une pratique qu'il convient de rapprocher des limonages ; car, si elle en diffère par le mode d'opérer, elle produit évidemment des résultats analogues, quoique moins favorables cependant, parce que la répartition de l'engrais n'est point faite avec une aussi parfaite régularité et qu'il ne se présente pas d'ailleurs dans cet état d'extrême division, qui est une qualité singulièrement précieuse des matières fertilisantes tenues en suspension dans les eaux troubles.

Composés de matériaux plus grossiers et généralement inertes, galets, graviers, sables, substances minérales diverses, mais à peu près dépourvus d'argile et de matières organiques, les troubles des cours d'eau torrentiels n'ont ordinairement pas de valeur fertilisante, et, s'ils envahissent les terres durant les périodes de crues, ils n'y apportent que la dévastation et la stérilité. Aussi s'efforce-t-on de protéger, par des digues ou autres ouvrages de défense, les cultures que leur situation expose à des inondations qui auraient de pareilles conséquences. Il est cependant des cas où les apports de matériaux dus à ces inondations peuvent rendre des services à l'agriculture, en recouvrant les terrains submersibles, les faisant émerger au-dessus du niveau des eaux ordinaires, et constituant de la sorte des alluvions, qui viennent accroître l'étendue des surfaces cultivables. Tantôt cet effet se produit naturellement, par suite de ralentissements locaux de l'écoulement, qui ont pour résultat la formation de dépôts de graviers ou de sables, tantôt il est une conséquence de l'établissement de certains ouvrages, entrepris dans un autre but, et qui se trouvent avoir une influence sur les conditions d'écoulement des eaux, tantôt enfin il peut être provoqué précisément en vue de favoriser la formation de dépôts alluvionnaires sur des surfaces convenablement choisies, qu'on se propose de conquérir à la culture par ce procédé auquel on réserve le nom de *colmatage*.

CHAPITRE XV

IRRIGATIONS

Sommaire : 112. Emploi des irrigations ; 113. Conditions pratiques d'application ; 114. Méthodes d'irrigation ; 115. Irrigations par submersion ; 116. Irrigations par déversement ; 117. Ados ; 118. Irrigations par infiltration ; 119. Procédés divers et spéciaux : 120. Exécution des ouvrages ; 121. Surveillance et entretien ; 122. Répartition et distribution des eaux d'arrosage ; 123. Doses pratiques ; 124. Mode de vente et prix des eaux d'arrosage ; 125. Grandes entreprises d'irrigation ; 126. Dispositions légales et réglementaires.

112. Emploi des irrigations. — L'irrigation a pour objet la mise en œuvre des eaux utiles dans la pratique de la culture.

Elle est dirigée tantôt au point de vue de l'entretien de la fraîcheur des terres, tantôt à celui de l'utilisation des matières fertilisantes qu'elle renferme.

C'est le premier cas qui est de beaucoup le plus fréquent. Aussi les irrigations sont-elles particulièrement en honneur dans les contrées méridionales : là où les chaleurs sont intenses, les sécheresses fréquentes et prolongées, l'évaporation considérable, il ne saurait y avoir de culture sans amenée d'eau à la surface des terres ; et, par contre, toutes les fois que cette amenée d'eau est possible, le soleil se charge du reste ; des récoltes luxuriantes viennent largement récompenser le cultivateur de ses dépenses et de ses peines. La nécessité des irrigations ne se fait pas sentir aussi impérieusement, dans les contrées froides ou tempérées, pour la généralité des cultures : mais elles peuvent y rendre encore fréquemment de précieux services, et, fussent-elles limitées aux prairies, que ce seul usage justifierait amplement les développements qu'on peut leur y donner et les sacrifices qui en sont la conséquence. Aussi convient-il de les encourager sous toutes les latitudes : si elles sont judicieusement appliquées, elles ne manquent pas de constituer partout une source de richesse pour l'agriculture ; de plus, en augmentant la production de la terre, elles influent sur le commerce et l'industrie ; en améliorant les conditions d'exploitation du sol, elles tendent à augmenter le bien-être des populations ; elles méritent assurément d'être considérées comme un puissant moyen de progrès, comme un élément certain de prospérité.

Il n'est presque point de culture qui ne soit à même d'en tirer avantage. Les *céréales* elles-mêmes, qui ne semblent guère demander d'eau, profitent incontestablement d'arrosages donnés à propos, durant la période de végétation herbacée ; elles profitent aussi de ceux faits en hiver, après les semis d'automne, et qui maintiennent le sol à une douce température en même temps qu'ils y accumulent des principes fertilisants ; d'ailleurs, parmi les céréales il en est qui ont plus besoin d'eau que les autres : le *maïs*, par exemple, plante plus aqueuse et plus volumineuse que le blé, prospère dans les terres irriguées, y prend très vite un magnifique développement, si bien qu'on tend de plus en plus à l'utiliser en vert, comme fourrage, même dans les régions où l'épi ne vient pas à maturité ; quant au *riz*, il ne pousse que dans l'eau comme les roseaux, exigeant pendant toute la durée de sa végétation un sol recouvert d'une couche d'eau de 0 m. 15 à 0 m. 20 d'épaisseur et qui peut même atteindre 0 m. 40, pourvu qu'on puisse le mettre à sec au moment des labours et à l'époque de la moisson. Les *légumineuses*, telles que *haricots*, *fèves*, *pois*, ne réussissent que dans un sol frais : quand on n'a pas d'eau à sa disposition, on peut sans doute, dans les régions tempérées, les cultiver sur des terres un peu argileuses, mais les résultats obtenus sont bien supérieurs lorsqu'on y consacre un sol léger sur lequel on pratique l'irrigation ; et, avec de l'eau en quantité suffisante, on obtient des récoltes dans les terrains les plus arides, jusque dans les graviers des torrents. Les *racines alimentaires*, comme la *carotte*, le *navet*, les *raves*, se développent très rapidement sur un sol irrigué ; on en profite pour les obtenir en *récoltes dérobées*, après la récolte principale de blé par exemple ; à cet effet on fait le semis en même temps que celui du blé, puis, aussitôt après la moisson, par sarclages et binages, on favorise la pousse des plantes à racines, qui ne tardent pas à prendre un vigoureux développement ; la *betterave*, qui réclame un sol constamment frais jusque dans ses parties profondes, donne des résultats remarquables, toutes les fois qu'on peut l'irriguer durant la période assez courte de l'été où elle pousse et grossit ; l'eau permet d'obtenir, sur des terrains légers, d'abondantes récoltes de *pommes de terre* : dans le Midi, on les obtient de la sorte en toutes saisons, et fréquemment avant un maïs ou après un blé, en profitant d'un printemps précoce ou d'un hiver tardif. Parmi les *plantes fourragères*, ou irrigue avec succès, dans le midi de la France, la *luzerne*, qui y donne jusqu'à quatre et cinq coupes par an, soit 10.000 à 15.000 kilogrammes de foin par hectare ; au reste toutes les plantes de cette catégorie, particulièrement lorsqu'elles sont destinées à être consommées en vert par le bétail, gagnent beaucoup à être irriguées ; le *trèfle* lui-même, cultivé surtout dans les régions humides des pays septentrionaux (Angleterre, Ecosse, Nord-Ouest de la France, etc.), gagnerait sans nul doute à être irrigué, et la culture en pourrait être alors étendue à d'autres régions. La plupart des *plantes industrielles* s'obtiennent dans les terres irriguées : si le *colza*, le *pavot* réussissent sans arrosages dans les terres humides du nord de la France, si l'*olivier* résiste merveilleusement à la sécheresse dans la Provence, si la *vigne* prospère dans les coteaux graveleux du Médoc ou sur les pentes arides de la Bourgogne ou du Beaujolais, les *plantes oléagineuses* exotiques, comme le *sésame*, l'*arachide*, le *ricin*, appellent, dans les pays chauds où on les cultive, des irrigations abondantes ; il en est de même de la plupart des *plantes textiles*, le *chanvre* dans le nord de la France, le *lin* dans le midi, le *coton* dans l'Indoustan ou dans la Louisiane, la *ramie*, etc. ; des *plantes tinctoriales*, telles que la *garance*, naguère si répandue et si productive dans le département de Vaucluse, le *nopal* ou cactus à cochenille en Algérie ; des *plantes à parfums*, la *ver-*

veine, la *tubéreuse*, la *jonquille*, le *fenouil* et le *rosier*, cultivé en plein champ pour la fabrication de l'essence de roses ; des *fleurs*, que produisent si abondamment les terres arrosées des environs de Nice et de toute la côte de Provence ; du *tabac*, dans les pays chauds, midi de la France, Algérie, etc. ; des *cultures arborescentes*, comme le *mûrier*, si prospère dans les plaines arrosées de la Lombardie, dans celle de Brousse en Asie Mineure, en Espagne, dans l'Inde, etc., les *arbres fruitiers*, en particulier l'*oranger*, en Espagne et en Algérie, le *citronnier* en Sicile, le *dattier* dans les oasis d'Afrique.

Mais les cultures auxquelles l'irrigation est le plus nécessaire et le plus profitable sont assurément celle des *plantes potagères* et celle des *prairies permanentes*.

Dans le midi de la France, il n'y aurait pas de jardinage possible sans irrigation ; et, même dans les environs de Paris, c'est seulement par des arrosages abondants et continus que nos maraîchers arrivent à produire la masse d'excellents légumes dont les halles sont si largement approvisionnées en toutes saisons. Là où l'on dispose d'eau à bas prix, où le sol et le climat sont favorables, où soit la proximité des marchés, soit la facilité des transports, procurent un écoulement certain et rapide, la culture maraîchère donne lieu à des exploitations fructueuses et prend dès lors bien vite d'importantes proportions : on y fait le commerce très avantageux des *primeurs* ; dans certaines régions du midi de la France, la culture des *melons*, des *pastèques*, des *aubergines*, des *piments*, a pris, grâce à l'irrigation, l'allure d'une véritable industrie ; il en est de même pour celle des *fraises*, qui donne dans le Var des produits particulièrement abondants. La seule culture du *cresson* a motivé la création de bassins spéciaux, dits cressonnières, où l'on fait passer, à raison de 60 litres par hectare et par seconde, des eaux de sources tièdes en hiver, limpides en toutes saisons, et qui sont d'autant plus recherchées pour cet emploi qu'elles sont plus chargées d'iode. La culture maraîchère à l'eau d'égout a réussi admirablement tout auprès de Paris, dans la plaine de Gennevilliers, où elle a fait monter jusqu'à 3.000, 4.000 francs par an le produit brut à l'hectare de terres autrefois presque stériles, en permettant d'obtenir des récoltes successives et toujours abondantes.

En dehors des cas exceptionnels où les circonstances ont favorisé la création de prairies naturelles — qui supposent des terrains vraiment privilégiés, suffisamment humides en tout temps, assez argileux pour conserver la fraîcheur, assez absorbants pour ne pas devenir marécageux, riches en potasse et en acide phosphorique, tels qu'on en rencontre dans le fond des vallées, sur le bord des rivières à débordements périodiques, à l'aval des sources abondantes, ou en contrebas des terres en culture dont ils reçoivent l'égouttement — on peut dire que c'est l'irrigation seule qui fait les *prairies*. Elle y est utilisée à la fois en hiver, quand l'eau est abondante et la végétation stationnaire, pour l'accumulation dans le sol des matières fertilisantes contenues dans cette eau, en été, pour le maintien de la fraîcheur du sol qui favorise la continuité de la végétation et le développement rapide des plantes, sous la double influence de la chaleur et de l'engrais accumulé durant les arrosages d'hiver. On s'explique aisément par cette dernière considération le succès remarquable de l'irrigation à l'eau d'égout appliquée aux prairies permanentes.

112. Conditions pratiques d'application. — L'emploi de l'eau en arrosages, durant la pousse des végétaux, doit être conduit avec un soin particulier, afin de n'apporter à aucun moment de trouble dans les fonctions physiologiques des plantes.

Il y a pour cela plusieurs conditions à remplir dans la pratique.

Leur détermination découle de ce principe que l'irrigation est surtout favorable au développement herbacé et l'est beaucoup moins pour la fructification. On ne ménagera donc pas les arrosages aux plantes fourragères, tandis qu'on les emploiera plus modérément dans les cultures qui ont pour objet la récolte de la graine; on les réservera pour la période où les tiges et les feuilles se développent, où la circulation de la sève est le plus active, et, au contraire, on les suspendra pendant la floraison et la maturation, alors que la circulation se ralentit et qu'au lieu d'une nutrition abondante la plante réclame une autre répartition d'éléments déjà accumulés dans l'organisme.

Dans la très grande majorité des cas, c'est durant la saison chaude que devra se faire l'irrigation : n'est-ce pas en effet l'époque où les pluies profitent le moins à la terre, où l'évaporation atteint la proportion la plus considérable, où par suite la fraîcheur du sol ne se maintient qu'avec peine et viendrait fréquemment à disparaître si elle n'était renouvelée par l'apport d'un volume d'eau convenable? Mais la durée de la saison chaude varie sensiblement dans les diverses régions : et si, dans le Midi de la France, elle correspond habituellement à la période de six mois qui s'étend du 1er avril au 1er octobre, en Italie, en Espagne, en Algérie, elle commence plus tôt, finit plus tard, s'allonge plus ou moins, et va jusqu'à l'année presque entière dans les contrées où les gelées sont rares ou même à peu près inconnues : les plantes irriguées redoutent en effet les gelées précoces ou tardives, et l'on doit éviter pour ce motif les arrosages, tant qu'on ne peut se considérer comme à peu près sûrement à l'abri de ces accidents météorologiques si désastreux pour la végétation. D'autre part, il est relativement rare qu'on irrigue pendant la saison chaude tout entière : suivant la nature des plantes cultivées, suivant leurs besoins nécessairement variables, c'est tantôt au commencement tantôt vers la fin, ou dans le milieu de la saison, à des moments convenablement choisis et pendant des périodes plus ou moins longues que l'on se trouve conduit à recourir aux arrosages.

Le moment précis où l'on donne chaque arrosage n'est pas non plus indifférent : en effet l'évaporation surexcitée par l'irrigation emprunte une notable quantité de chaleur au sol, qui tend dès lors à se refroidir; et, si ce refroidissement est marqué, il peut en résulter un ralentissement ou une suspension complète dans la marche de la sève, un arrêt momentané de la végétation. Toutes les fois donc qu'on le pourra, ce qui n'est pas toujours possible tant s'en faut, on choisira le moment de l'arrosage ; on le fera plutôt par un temps calme que pendant une période de vent, par un temps brumeux que sous un ciel serein, à l'entrée de la nuit que durant les heures les plus chaudes du jour.

Chaque arrosage doit comporter d'ailleurs l'emploi d'un volume d'eau suffisamment abondant, soit pour apporter à la terre la quantité d'oxygène nécessaire aux réactions chimiques que réclame l'assimilation des matières fertilisantes, soit pour lui fournir la quantité de chaleur capable de compenser la perte due à la production de la vapeur et le refroidissement dangereux qui en serait la conséquence. Aussi a-t-on habituellement soin de répartir en un petit nombre d'*arrosages* convenablement espacés la quantité d'eau totale dont on dispose.

L'irrigation ne s'effectue donc pas en général d'une manière continue : à moins qu'il ne s'agisse d'engraisser des terres non ensemencées ou d'arroser des prairies pendant la période hivernale, où toute végétation est suspendue, c'est au contraire l'*intermittence* qui est la règle. L'intervalle laissé entre deux arrosages consécutifs permet, à mesure que l'eau disparaît, soit par évaporation, soit par infiltration, la pénétration dans les pores de la terre arable d'une nouvelle provision d'air frais, dont la présence est aussi nécessaire que celle de l'eau pour l'accomplissement des fonctions physiologiques des racines, et à défaut duquel la terre, devenant impropre à la culture, se couvrirait des plantes caractéristiques des marécages. L'intermittence assure d'ailleurs à la végétation une sorte de repos, particulièrement utile après le malaise passager qui résulte pour elle de chaque arrosage, quelque bien qu'elle doive finalement en retirer.

L'espacement des arrosages devra naturellement être adapté dans chaque cas aux circonstances particulières qui résultent de la nature du sol, du climat, des exigences des diverses cultures. Il sera d'autant plus grand que le sol retiendra mieux l'humidité, que l'eau sera moins abondante et les cultures moins avides. Telle plante veut des arrosages à certains moments, telle autre a des besoins tout différents : ici on s'en servira pour le repiquage, ailleurs pour l'arrachage, tantôt au commencement de la pousse, tantôt à la fin. Dans certaines régions, on s'attache avant tout à combattre les effets de la chaleur, dans d'autres c'est contre ceux de la gelée qu'on utilise l'irrigation : d'où une répartition essentiellement différente dans l'emploi des eaux. D'ailleurs, pour chaque culture, l'espacement des arrosages est commandé par les phases de la végétation : moindre pendant la période du développement herbacé, il s'allongera durant la floraison ou la maturation.

On ne doit pas manquer non plus de tenir compte de l'*épuisement*, que subit l'eau d'irrigation après un certain parcours. C'est en effet un fait d'observation que, lorsqu'on fait couler l'eau en nappe mince à la surface d'une prairie étendue, trois zones distinctes ne tardent pas à y apparaître, la première présentant une herbe vigoureuse d'un beau vert foncé, la seconde déjà moins belle, et la troisième tendant à jaunir, à se laisser envahir par les joncs : l'eau semble perdre ses propriétés bienfaisantes à mesure qu'elle avance, non pas que les substances utiles y fassent défaut, mais comme si les plantes se les assimilaient de moins en moins à mesure qu'elles y sont plus diluées ; au delà d'une certaine limite, le résultat est nul, parfois même le passage de l'eau devient plutôt nuisible. L'eau est *dégraissée*, disent alors les cultivateurs : et cependant l'analyse montre qu'elle a perdu seulement une partie de ses principes fertilisants ; presque toujours on retrouve dans les *eaux de colature* ou d'égouttement un tiers au moins de l'azote initial.

De cette énumération des conditions principales auxquelles l'irrigation doit satisfaire pour donner des résultats fructueux, on doit conclure évidemment que, pour la pratiquer de manière rationnelle, il importe de posséder une connaissance approfondie des circonstances locales et du tempérament propre des diverses plantes cultivées. A part un petit nombre de règles applicables partout, elle appelle presque toujours des pratiques diverses suivant les cas : c'est-à-dire qu'elle suppose une observation patiente des faits et une attention ininterrompue. Il n'est guère d'opération agricole sans doute qui ne comporte une expérience consommée et des soins attentifs, mais l'irrigation compte assurément parmi les plus délicates ; et, pour en tirer un bon parti, il faut, plus que pour toute autre, exercer une surveillance intelligente et assidue. Si dans certains cas on a échoué, si parfois l'on a laissé dire que les terres irriguées peuvent exercer une influence fâcheuse sur la salubrité du voisinage, c'est uniquement pour avoir méconnu cette nécessité : toutes les fois au contraire que l'irrigation est convenablement pratiquée, elle détermine, sans inconvénient quelconque pour les populations, un accroissement rapide et important de la production agricole et contribue largement au bien-être général.

114. Méthodes d'irrigation. — La pratique normale de l'irrigation comporte l'établissement d'une double série d'ouvrages, destinés les uns à conduire l'eau sur les terres qu'on veut arroser et à les *répartir sur toute leur étendue, les autres à favoriser l'égouttement subséquent.*

Dans quelques circonstances exceptionnelles, il est possible de renoncer aux ouvrages de la deuxième série, notamment quand le sous-sol est d'une perméabilité telle que l'eau s'y infiltre rapidement et y disparaît, sans qu'il y ait à en écouler aucune partie surabondante. Mais, dans le cas général, il n'en est pas ainsi; et, après avoir été dirigée par un réseau de *conduits d'amenée et de distribution,* convenablement disposés, en tous les points où elle doit apporter la fertilisation et la fraîcheur, l'eau doit être aussi recueillie par un réseau concordant de *conduits d'égouttement ou de colature,* chargés de l'éloigner afin de protéger le sol contre l'excès d'humidité. Précisément les terres les plus favorables à l'irrigation sont celles où cette disposition est indispensable, étant perméables à la surface et jusqu'à une certaine profondeur et devenant relativement compactes au-dessous, car l'eau y pénètre sans peine, imprègne tout le sol arable et y entretient la fraîcheur; mais, pour les maintenir en état de fertilité, y assurer le renouvellement de l'air, il faut qu'on y évite un séjour trop prolongé de l'eau et pour cela y assurer l'égouttement. On s'efforce fréquemment de réaliser ces conditions spéciales, au point de vue de la perméabilité, en ameublissant la couche superficielle sur une profondeur convenable, par un défoncement descendu jusqu'à 0 m. 60 et même 0 m. 80.

Ce sont les dispositions adoptées pour les deux séries d'ouvrages qui caractérisent les diverses *méthodes d'irrigation.* On peut les ranger en trois catégories, suivant que l'irrigation est pratiquée par *submersion,* par *déversement,* ou par *infiltration.*

Quelle que soit celle de ces méthodes à laquelle on ait recours, il est un principe général auquel tout doit être subordonné dans l'application et qu'on énonce en ces termes : *l'eau doit pouvoir arriver partout et ne séjourner nulle part.* La première partie de cette règle n'a pas besoin d'être démontrée; quant à la seconde elle résulte de la pratique séculaire qui a fait ressortir l'avantage du renouvellement rapide de l'eau d'irrigation, avantage si manifeste qu'on évite habituellement de pousser trop loin l'absorption des matières fertilisantes et qu'on préfère évacuer l'eau avant qu'elle soit complètement dégraissée, parfois même alors qu'elle conserve une forte proportion de substances utiles, au point qu'elle peut être employée une seconde, une troisième fois en arrosages successifs.

Le principe qui vient d'être rappelé explique l'influence bien connue de la pente du sol, qui accélère l'écoulement superficiel de l'eau et l'égouttement des terres, et dont on a tenu grand compte dans la disposition des vannages et l'aménagement des terres pour l'irrigation par déversement. Il ne doit pas être perdu de vue, quand on emploie les autres méthodes d'irrigation, plus particulièrement applicables aux terrains plats, où l'évacuation rapide doit être assurée par des moyens appropriés.

115. Irrigations par submersion. — Le mode d'irrigation dit par *submersion* consiste à recouvrir d'une nappe d'eau toute la surface des terres, pendant un temps plus ou moins long.

L'eau peut y être tenue momentanément au repos ou animée d'une faible vitesse. Elle est conduite par une rigole d'amenée à la partie supérieure des parcelles à irriguer, qu'on a préalablement entourées chacune d'un bourrelet en terre, arasé suivant un plan horizontal; des branchements, disposés de distance en distance sur la rigole d'amenée, aboutissent à des ouvertures

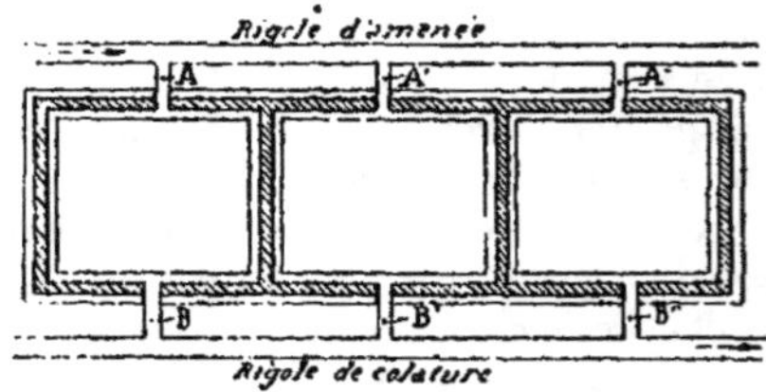

pratiquées dans ces petites digues et répartissent l'eau dans les diverses enceintes; vers le bas, d'autres ouvertures sont destinées à l'évacuation de l'eau surabondante vers la rigole de colature. Les unes comme les autres peuvent être soit ouvertes et fermées à volonté, afin de procéder par alternance, soit tenues constamment ouvertes pour l'écoulement continu.

Simple et d'application facile, ce procédé n'exige de la part de celui qui l'emploie ni connaissances spéciales, ni habileté particulière. Appliqué en Espagne, en Algérie, dans le Midi de la France, aux terrains plats, il convient surtout aux rizières, aux plantes sarclées, aux céréales. On l'applique également aux prairies : dans ce cas les volumes d'eau employés en arrosages sont d'ordinaire considérables, et, comme d'autre part les ouvrages prennent un caractère permanent, comme le sol, rendu compact par l'enchevêtrement des racines, se prête peu à l'infiltration, les digues en terre doivent être tenues assez hautes et les rigoles recevoir des sections plus importantes.

Il arrive parfois, en particulier dans le voisinage des cours d'eau, que le terrain présente une pente vers la rigole d'amenée : on supprime alors la rigole de colature, et l'irrigation est obtenue en faisant gonfler l'eau dans la rigole d'amenée, par l'interposition de petits barrages en terre, qu'on enlève après un séjour suffisamment prolongé de l'eau, de manière à la laisser retourner à la rigole d'où elle provient et qui sert aussi à l'évacuation.

Le même dispositif simplifié est également applicable, quand on a un volume d'eau médiocre à répandre sur des terrains très absorbants où il s'infiltre entièrement ; les ouvrages de colature deviennent alors inutiles. Dans les champs irrigués à l'eau d'égout de la ville de Berlin, on a constitué de la sorte des enceintes ou *bassins,* pourvus seulement de rigoles d'amenée, pour les irrigations d'hiver ; mais l'infiltration complète y est favorisée par un réseau de conduits souterrains formant drainage et qui peut être considéré comme une autre disposition des ouvrages habituels d'égouttement.

Lorsque l'écartement entre les deux digues longitudinales supérieure et inférieure d'une enceinte irriguée par submersion dépasse 30 à 40 mètres, et que le terrain présente de l'une à l'autre une déclivité un peu prononcée, on intercale entre ces deux digues un ou plusieurs bourrelets intermédiaires, qui divisent l'enceinte en deux ou plusieurs étages et permettent de réduire l'épaisseur de la tranche d'eau ainsi que la hauteur des levées de terre : on obtient de la sorte des rangées successives de parcelles, où l'on fait passer l'eau d'étage en étage, par des ouvertures pratiquées dans les bourrelets intermédiaires.

116. Irrigations par déversement. — La méthode d'irrigation par *déversement* est d'une application générale pour les terrains dont la pente est suffisamment prononcée, c'est-à-dire atteint 0 m. 03 par mètre au moins.

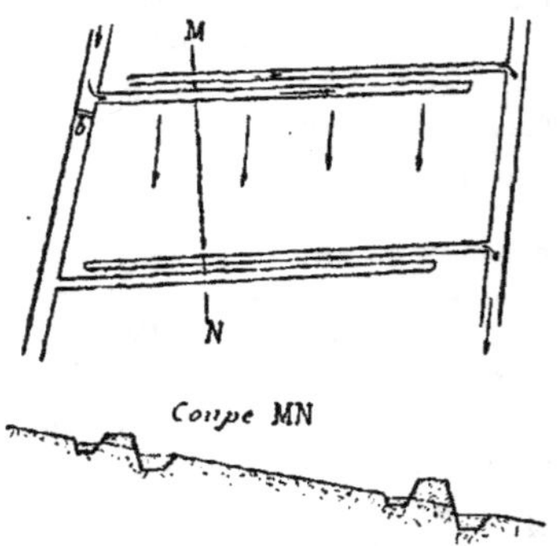

Dans ce système, l'eau est distribuée par des rigoles tracées à peu près suivant les horizontales du terrain, d'où elle ne tarde pas à déborder vers l'aval, pour ruisseler alors superficiellement jusqu'à la rencontre des rigoles de colature, tracées également suivant des horizontales et à des niveaux inférieurs. Une rigole maîtresse d'amenée alimente d'une part les rigoles de distribution ; un colateur principal reçoit d'autre part les eaux recueillies par les rigoles de colature. En disposant dans la rigole maîtresse d'amenée un petit barrage *b*, un peu au-dessous de l'origine d'une des rigoles de distribution, on y fait gonfler l'eau, de manière à la diriger vers cette dernière et à la déverser, par-dessus son bord inférieur, sur la parcelle de terre qu'elle domine ; il suffit de déplacer le petit barrage pour obtenir le même effet sur une autre parcelle et ainsi de suite.

En fait ni les rigoles élémentaires de distribution ni celles de colature, ne sont disposées tout à fait suivant les horizontales du terrain : il est nécessaire en effet de leur donner une légère pente, dans le sens de l'écoulement de l'eau, pour y déterminer une vitesse convenable et régulière ; on les trace au reste très fréquemment, par raison de simplicité, suivant des lignes droites, tandis que le relief plus ou moins irrégulier du sol comporterait des horizontales de formes sinueuses. Observons en passant qu'il convient de proportionner en tous les points la section de chaque rigole au volume d'eau qu'elle est appelée à y recevoir : en conséquence, les rigoles élémentaires de distribution sont à sections décroissantes, depuis le point d'origine où elles se détachent de la rigole maîtresse d'amenée jusqu'à leur extrémité, toujours en impasse ; et inversement celles de colature commencent avec une section très faible, qui va croissant jusqu'au débouché dans le colateur principal.

Quand les rigoles élémentaires reçoivent des longueurs un peu considérables, il arrive que le déversement ne peut y être obtenu d'un bout à l'autre avec la régularité nécessaire : on partage alors la pièce en plusieurs parties, par des bourrelets de terre dirigés suivant les lignes de plus grande pente, et l'on irrigue successivement chacune de ces parties, en établissant dans la rigole de distribution, au droit de chaque bourrelet, un petit barrage provisoire. Grâce à cet artifice, il est possible, pour ainsi dire, de donner aux rigoles de distribution des longueurs quelconques.

Il n'en est pas de même de leur espacement dans le sens de la déclivité du terrain : variable suivant la pente et aussi suivant la nature du sol, cet espacement ne doit guère dépasser en général 20 à 30 mètres, si l'on veut obtenir un ruissellement régulier, en nappe mince et uniforme, sur toute la surface de la pièce. Dans le cas des prairies permanentes, auxquelles le système d'irrigation par déversement convient tout particulièrement, on limite même cet espacement à une quinzaine de mètres, ou, s'il est plus grand, on interpose volontiers, entre les rigoles consécutives de distribution et de colature, une ou plusieurs rigoles intermédiaires, dites *de reprise*, formant cul-de-sac à leurs deux extrémités et par conséquent isolées de l'un et de l'autre réseau ; ces rigoles recueillent l'eau momentanément au passage et en régularisent l'écoulement. Dans le cas des terres labourées, on peut disposer des raies parallèlement aux rigoles élémentaires : elles forment alors autant de rigoles de reprise, et l'eau passe de l'une à l'autre, ce qui a d'ailleurs l'avantage de réduire l'entraînement des terres meubles, qu'un écoulement continu déterminerait bien souvent sur une pente tant soit peu prononcée, au moins jusqu'au moment où la pousse commence. C'est d'ailleurs la configuration du terrain naturel qui commande avant tout la disposition et l'emplacement des rigoles ; si les vallonnements sont prononcés, elles se rapprochent nécessairement, au point que les intervalles sont parfois réduits à 2 ou 3 mètres seulement, tandis qu'elles s'écartent beaucoup, quand les ondulations sont peu sensibles.

L'irrigation par déversement à l'aide de rigoles horizontales se prête aux applications les plus variées : admissible sur toutes les pentes supérieures à 0 m. 03 par mètre, elle est employée en pays de montagne dans les régions les plus déclives où la création des prairies soit possible ; elle s'adapte aussi aisément aux parcelles de périmètre irrégulier, à surface concave ou convexe, qu'à celles dont la surface est plane et délimitée par des lignes parfaitement régulières ; elle convient admirablement aux vallées étroites bordées de coteaux abrupts, où de petites dérivations tracées sur les flancs de part et d'autre servent à l'amenée des

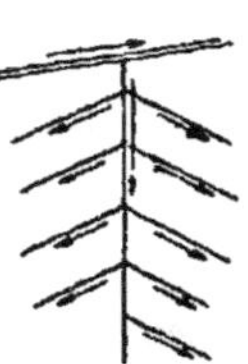

eaux, tandis que le thalweg joue le rôle de colateur général. Son plus grand défaut est la difficulté que présente le tracé des rigoles de niveau : ce tracé exige en effet de l'habileté, de la pratique, des soins particuliers, quelquefois même des nivellements de précision ; et c'est en vue de le simplifier qu'on préfère souvent établir, sous le nom de *razes*, des rigoles élémentaires en pente et suivant des lignes droites, au détriment de la régularité du fonctionnement, moins parfait dans ce cas qu'avec les rigoles sinueuses, sauf à en corriger les petits inconvénients, s'il y a lieu, par quelques terrassements ou par l'addition de rigoles de reprise convenablement disposées.

Parfois, lorsque le terrain est suffisamment incliné, on supprime, entre les *planches* successives, les rigoles de colature et les petites digues en remblai qui les séparent d'ordinaire des rigoles voisines de distribution. Il n'y a plus alors, entre deux planches consécutives, qu'une rigole au lieu de deux, et cette rigole sert à la fois à la distribution de l'eau et à son évacuation : les terres qui en proviennent sont utilisées pour régler la surface de la planche immédiatement supérieure, de manière à former un ressaut entre elle et la planche suivante. On diminue de la sorte l'étendue des surfaces occupées par les rigoles et les bourrelets intermédiaires dans la disposition habituelle, réalisant ainsi, au profit de la culture, une économie sensible sur la superficie du terrain : mais cette économie est compensée par l'obligation d'un terrassement presque général, qui devient assez coûteux.

Quand la déclivité du sol est inférieure à 0 m. 03 par mètre, les résultats obtenus ne tardent pas à devenir moins satisfaisants, et il convient de ne jamais descendre au-dessous de 0 m. 02. Si l'on ne recule pas devant les frais d'un terrassement important, il n'est pas impossible de se procurer encore, sur un terrain à pente insuffisante, les avantages de l'irrigation par déversement, en dressant la surface du terrain, de manière à y constituer de toutes pièces des planches, présentant des

inclinaisons artificielles de 0 m. 04 à 0 m. 08 par mètre et séparées les unes des autres par des ressauts très marqués : chacune de ces planches comporte une rigole de distribution à la partie supérieure et une rigole de colature vers le bas ; on lui donne une largeur multiple de l'*andain*, afin que la récolte puisse se faire exactement par un nombre déterminé de passages de la faux ; quant à la longueur, limitée seulement par la portée des rigoles, elle est souvent fixée à 20 ou 25 mètres.

117. Ados. — C'est la généralisation de ce mode d'aménagement des terres, amélioré d'ailleurs par groupement des planches deux par deux et dos à dos, pour la pratique des irrigations par déversement sur terrains peu déclives, qui constitue la méthode dite des *ados*.

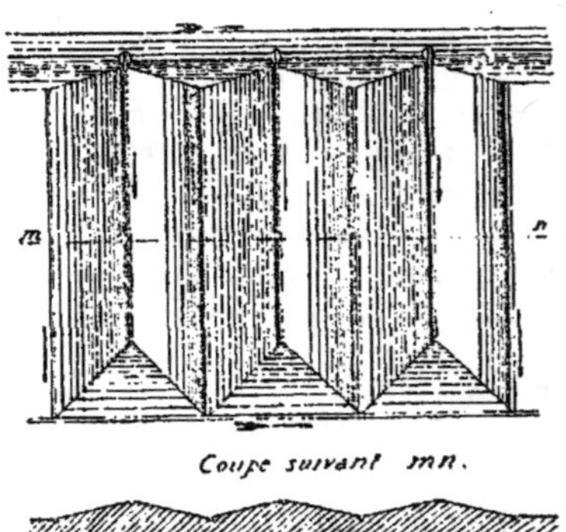

Le sol est alors réglé sur toute son étendue en *ados* ou *billons*, c'est-à-dire en planches doubles à deux versants opposés, qui figurent comme une série de toits aplatis, dont les lignes de faîte sont occupées par les rigoles de distribution, et séparés entre eux par des sortes de gouttières, jouant le rôle de colateurs élémentaires. Quelle que soit la longueur des ados, chacun d'eux se termine vers l'aval par une croupe, au pied de laquelle court le colateur principal, tandis qu'il s'appuie à l'amont contre le talus qui porte la rigole maîtresse d'amenée de l'eau.

Les rigoles sont disposées en impasses, comme dans la méthode ordinaire par déversement, avec section uniformément décroissante pour celles de distribution et régulièrement croissante pour celles de colature; mais on leur donne habituellement des pentes un peu plus prononcées, particulièrement aux rigoles de colature, de sorte que la différence de niveau entre les rigoles parallèles de distribution et de colature va en augmentant légèrement de l'amont vers l'aval et que les planches ou *ailes*, dont la largeur, multiple de l'andain, doit demeurer à peu près invariable, présentent nécessairement des surfaces gauches. L'ouverture des rigoles est le plus souvent de la largeur d'un fer de bêche et s'écarte peu de 0 m. 20 à 0 m. 25 ; par suite, la largeur des ados, qui comprend les deux ailes, la rigole correspondante de distribution et les deux demi-rigoles de colature de part et d'autre, ne peut être prise inférieure à 4 m. 40, si l'andain est de 2 mètres ; elle augmente d'ailleurs de 4 en 4 mètres, quand on donne aux planches des largeurs de deux ou plusieurs andains. La longueur des ados n'est pas aussi rigoureusement déterminée, sans être cependant indifférente : trop courte, en effet, elle aurait pour conséquence une multiplication exagérée des rigoles et des croupes, c'est-à-dire des espaces perdus ou incomplètement utilisés ; et trop longue, elle ne se prêterait pas aussi bien au déversement régulier de l'eau ; la pratique conduit ordinairement à donner la préférence aux longueurs de 20 à 25 mètres, mais les circonstances locales conduisent fréquemment à s'écarter des proportions normales à cet égard, et l'on trouve, dans les Vosges, des ados dont la longueur ne dépasse pas 4 à 6 mètres, tandis que, dans la Campine belge, on leur a donné systématiquement 100 mètres et plus.

Il convient d'observer qu'au point de vue de l'importance des terrassements et de la dépense qui en résulte, ce sont les ados les plus étroits qui l'emportent, car ils permettent de réduire le cube de terre à remuer, et leurs faibles saillies, n'intéressant que la couche superficielle, laissent intact le sous-sol plus compact souvent, parfois humide ou infertile : d'autre part, en multipliant les rigoles d'égouttement, ils réalisent une espèce de drainage général, favorable à l'utilisation des terres froides ; en augmentant le nombre des rigoles de distribution, ils facilitent l'emploi des grands volumes d'eau, tout en se prêtant aussi, au besoin, à l'utilisation de volumes moindres par l'organisation d'un mode quelconque d'alternance. Par contre, les planches larges se prêtent mieux au passage des voitures et des appareils de récolte montés sur chariots attelés.

D'ailleurs on n'a pas le plus souvent la liberté du choix. On peut dire, d'une manière générale, qu'il y a entre les dimensions transversales des ados, hauteur, largeur, inclinaison des ailes, des relations obligées, de sorte que, si l'on fixe deux d'entre elles, la troisième s'en déduit nécessairement ; et la longueur, dirigée dans la plupart des cas suivant la déclivité naturelle du sol, se trouve elle-même limitée par cette déclivité, si l'on ne veut pas trop modifier le relief et s'imposer par là des mouvements de terre considérables et des dépenses excessives. De là l'importance du groupement des ados suivant la configuration des terres à mettre en valeur par l'irrigation.

Quand le sol est en plan doucement incliné, on y dispose ordinairement les ados en lignes parallèles, transversales à la pente générale et laissant entre elles des ressauts successifs :

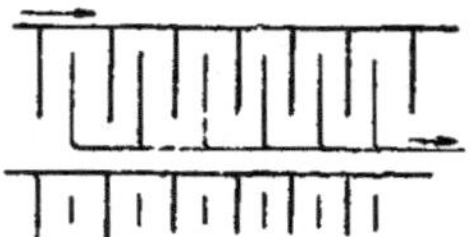

entre deux lignes consécutives, dont l'espacement correspond à la longueur des ados, courent dans le sens des horizontales du terrain le colateur général de la série supérieure et la rigole d'amenée de la série inférieure, qui peuvent être ou immédiatement accolés ou mieux séparés par un chemin de desserte, souvent irrigué lui-même de manière à ne pas être perdu pour la culture. Cette disposition se prête au besoin à l'utilisation multiple de l'eau : il suffit pour la pratiquer de confondre en une seule les deux rigoles principales de colature et d'amenée établies dans l'intervalle qui sépare deux lignes d'ados superposés ; cette rigole unique joue alors le rôle de colateur pour la série supérieure et transmet l'eau recueil-

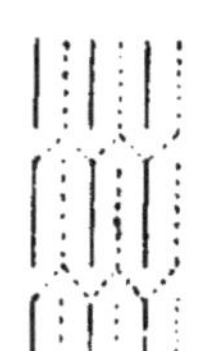

lie à la série inférieure, où elle est employée une seconde fois en irrigation ; on obtient encore quelquefois le même résultat en supprimant complètement les rigoles principales intermédiaires et prolongeant obliquement les rigoles d'égouttement des ados de la ligne supérieure, pour les faire aboutir en tête des rigoles de distribution de la ligne inférieure. Il est beaucoup plus rare qu'on donne aux ados la disposition inverse, adoptée par l'ingénieur Keelhoff dans la Campine belge, de telle sorte que leurs lon-

gueurs se présentent dans le sens des horizontales du terrain et
que les rigoles principales d'amenée et de colature soient dirigées suivant les lignes de pente : ce type de groupement, qui

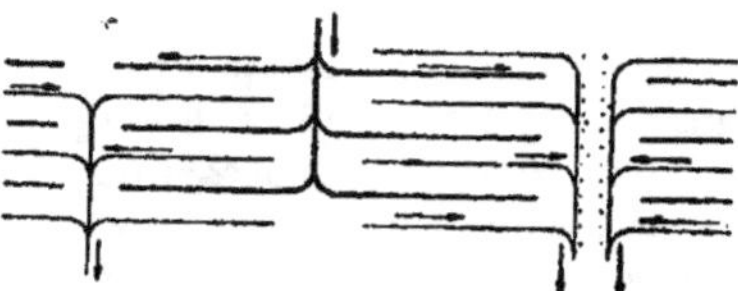

rappelle le dispositif classique des irrigations par déversement,
est cependant également rationnel ; il limite les mouvements de
terre à la largeur des ados, sans déplacement aucun dans l'autre
sens ; il permet aussi d'allonger indéfiniment les planches, ce
qui ne constitue pas à vrai dire un avantage effectif, car l'écoulement de l'eau s'y fait alors plus irrégulièrement à moins d'y
apporter des soins tout particuliers. Les irrégularités de forme
ou de pente, sur le pourtour ou vers les extrémités des pièces
irriguées, donnent lieu à des groupements spéciaux, qu'il est
toujours aisé de combiner, tels que planches sur plan triangulaire, ou en éventail, ranges courbes, etc., qui facilitent grandement l'établissement des projets, au prix de quelques sujétions
d'exploitation, qu'on s'efforce naturellement de réduire au minimum. Quel que soit d'ailleurs le mode de groupement adopté, il
est indispensable de réaliser un agencement qui permette de
fractionner à volonté le périmètre irrigué en plusieurs parties
susceptibles d'être arrosées isolément, suivant les volumes d'eau
dont on dispose ; et, pour simplifier les manœuvres, il convient
que l'ouverture d'une seule prise détermine l'envoi de l'eau dans
tout un ensemble d'ados, ce qui suppose pour cet ensemble une
rigole d'amenée générale, sorte de tronc commun qui se ramifie
de manière à fournir automatiquement à l'alimentation de tout
le réseau correspondant de rigoles maîtresses et élémentaires de
distribution.

Quand les circonstances locales conduisent à exagérer la largeur des ados, on en corrige les inconvénients, comme dans les
irrigations par déversement, en intercalant sur les ailes, parallè-

lement à la rigole d'amenée supérieure, des rigoles de reprise, qui régularisent l'écoulement de l'eau, Si c'est la longueur qui se trouve trop considérable, on pallie ce défaut, soit — dans le cas où elle est dirigée suivant la pente du terrain — en ménageant de distance en distance des ressauts ou gradins, auxquels correspondent dans les rigoles de petites chutes pourvues d'ouvrages en pierres sèches, destinés à empêcher les affouillements, soit — lorsqu'elle est établie dans le sens des horizontales du terrain — en prenant des dispositions spéciales pour obtenir d'un bout à l'autre l'écoulement de l'eau en nappe régulière.

Appliqué avec soin et habileté, l'emploi des ados est parmi les procédés d'irrigation celui qui procure le maximum de fertilisation sur les terrains dont la pente naturelle est inférieure à 0 m. 05 par mètre. Ses avantages sont d'autant plus marqués d'ailleurs que la déclivité du sol est plus faible. Les terrains glaiseux ou froids sont ceux qui en profitent le plus, un réseau serré de rigoles de colature y produisant une sorte de drainage qui les débarrasse de l'excès d'humidité. Les ados se prêtent particulièrement bien à l'emploi des grands volumes d'eau ; ils l'emportent à cet égard sur les meilleurs types d'irrigation par déversement, même en terrain suffisamment déclive, et doivent être appliqués par suite de préférence sur les prairies où l'on se propose de pratiquer d'abondants arrosages. Ces qualités incontestables de la méthode lui ont valu d'être maintes fois proclamée par les spécialistes comme la plus parfaite de toutes. Il ne faut pas se dissimuler par contre qu'elle n'est pas exempte d'inconvénients : la circulation des voitures, le passage des instruments mécaniques, ne s'y font pas aisément ; le pacage des animaux n'y peut guère être pratiqué à cause des dégradations qui en résultent ; enfin l'obligation d'un terrassement général préalable implique une dépense importante de premier établissement, devant laquelle on doit parfois reculer.

Il n'est pas impossible, dans certains cas, d'éviter ces frais considérables du début, en procédant par transformation successive des prairies existantes : les terres ou les plaques de gazon, enlevées pour l'ouverture des premières rigoles, sont simplement reportées aux points où il y a lieu de créer des reliefs; et, en répétant plusieurs années de suite cette même opération, de manière systématique, on finit par obtenir un règlement satisfaisant des surfaces : c'est ce qu'on appelle la *méthode des ados naturels*.

118. Irrigations par infiltration. — La troisième méthode d'irrigation se différencie nettement des précédentes : au lieu d'amener l'eau à la surface du sol et de l'y faire ruisseler superficiellement, elle a pour objet de la diriger dans de petits fossés creusés entre les planches consacrées à la culture, de manière qu'elle s'infiltre au-dessous de la couche supérieure du sol et vienne seulement baigner les racines des plantes.

Ces fossés sont en fait des rigoles de distribution plus profondes et par là même plus larges que dans les autres systèmes ; par contre, le réseau de colature est le plus souvent supprimé. Les terres provenant du creusement des fossés, rejetées de part et d'autre sur les planches intermédiaires, en déterminent l'exhaussement.

Cette méthode toute spéciale n'est guère applicable qu'à des terrains presque plats ou à déclivité très peu prononcée. Elle convient particulièrement à certaines cultures, parmi lesquelles on pouvait citer autrefois la garance, et d'une manière générale aux plantes à racines pivotantes ou profondes, comme la betterave, les oseraies, la luzerne ; on l'emploie avec succès dans la culture maraîchère, pour la production des légumes, des salades, des primeurs ; elle a toujours été en pratique dans les fameuses huertas du sud de l'Espagne (Valence, Grenade, etc.). Elle est la seule admissible quand les eaux employées à l'irrigation sont chargées de matières en suspension, qui colmateraient ou plomberaient la surface du sol arable, si elles y étaient épandues, ou qu'on veut éviter de mettre en contact avec les tiges ou les feuilles des plantes cultivées ; c'est le cas des eaux d'égout par exemple, ou des eaux résiduaires industrielles ; aussi est-ce ce mode d'irrigation qui est appliqué dans la plupart des champs d'épuration, à Gennevilliers notamment, où la culture maraîchère a su en tirer un merveilleux parti ; il en est de même à Berlin, où le sol plus compact a nécessité un drainage profond, au moyen de files de tuyaux de poterie, qui y constituent par exception une sorte de réseau de colature entièrement souterrain. Enfin l'emploi de l'infiltration est susceptible de rendre d'utiles services, quand l'eau dont on dispose est à un niveau légèrement inférieur à celui du sol, de sorte qu'on ne saurait la distribuer à la surface sans une élévation mécanique préalable, tandis qu'on peut l'amener naturellement, ou en la faisant refluer par de légers barrages, dans des fossés suffisamment profonds.

Comme dans tous les modes d'irrigation, l'eau est généralement introduite dans les rigoles ou canaux d'infiltration à des intervalles convenablement espacés, de telle sorte que l'irrigation s'y fasse par intermittence; et c'est seulement dans quelques cas spéciaux et relativement rares qu'on y réalise un courant continu. A chaque arrosage elle baigne le pourtour des planches, et, pour peu que le sol soit perméable, elle ne tarde pas à s'y perdre, en laissant bientôt à sec les parois et le fond des rigoles, où se déposent nécessairement la totalité des matières en suspension.

Parfois on a recours à l'infiltration sur les terres labourées, même présentant une inclinaison sensible, en pratiquant alors ce qu'on appelle l'*arrosage à la raie*, qui suppose des sillons dirigés suivant la pente du terrain et venant aboutir, vers le haut de chaque planche, à une rigole de distribution tracée horizontalement:

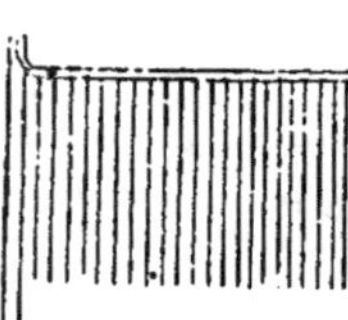

le réseau des rigoles d'amenée d'eau est alors disposé exactement comme pour l'irrigation par déversement ; la seule différence consiste dans la direction des sillons tracés par la charrue, qui, au lieu d'être parallèles aux rigoles de distribution, sont dirigés au contraire dans le sens perpendiculaire, de manière que l'eau y coule sans surmonter les bourrelets intermédiaires. La grande culture à l'eau d'égout, à Reims, Berlin, Achères ou Méry, etc., a eu généralement recours à ce procédé qui convient surtout aux plantes sarclées, après le buttage exécuté dans un sens seulement.

Les applications de la méthode par infiltration sont nécessairement plus restreintes que celles des méthodes d'irrigation par submersion ou déversement, puisque les racines d'un très grand nombre de plantes cultivées végètent dans une couche de terre superficielle de 0 m. 15 à 0 m. 30 d'épaisseur et ne peuvent profiter des eaux qui imbibent la terre à une profondeur plus grande. Ce procédé est d'ailleurs incapable de rafraîchir la surface du sol, échauffé en été par les rayons solaires, ou d'aider à la pénétration dans les couches inférieures de la chaleur accumulée à la surface, comme le font les irrigations par submersion ou par déversement, au grand avantage de la végétation.

110. Procédés divers et spéciaux. — Il est des cas particuliers où les méthodes d'irrigation qui viennent d'être décrites ne peuvent s'appliquer qu'avec des modifications appropriées, d'autres où l'on est obligé de recourir à des procédés totalement différents. On se bornera ici à en donner quelques exemples.

C'est ainsi, notamment, que l'emploi des eaux d'irrigation par intermittence, qui est la règle générale, est remplacé pour les jardins, les potagers, par l'arrosage au moyen d'*eaux continues*. On y pratique en effet, sur une étendue relativement restreinte, la culture simultanée d'un grand nombre de plantes diverses, dont les époques de semis, de développement, de floraison, de maturation ne sont pas les mêmes, de sorte que le sol y est pour ainsi dire constamment en travail et peut être arrosé sans interruption, tantôt sur un point, tantôt sur un autre. Aussi les cultures de ce genre se groupent-elles volontiers au voisinage des cours d'eau et des canaux d'irrigation, ou sur les terres qui recèlent à faible profondeur une nappe souterraine bien alimentée, autrement dit dans les régions où il est le plus facile d'obtenir, sans peine et sans frais trop élevés, l'ea à toute heure et en toutes saisons. On y pratique l'irrigation par submersion ou infiltration plutôt que par déversement.

Parfois, mais plus rarement, on y procède par *aspersion*, au moyen de l'arrosoir ou de l'écope, deux outils rudimentaires qui comportent une main d'œuvre fort coûteuse et ne se prêtent qu'à l'emploi de volumes d'eau très limités. On réalise à cet égard un certain progrès en disposant de distance en distance dans les jardins de petits réservoirs, reliés entre eux et au point d'arrivée de l'eau par une canalisation souterraine, et qui, servant dans les diverses parties de la surface cultivée au remplissage des arrosoirs, diminuent tout au moins la longueur des transports. On gagne plus encore en substituant à l'arrosoir ordinaire les tonneaux arroseurs, les pompes d'arrosage, et surtout l'arrosage à la lance, alimenté par une distribution d'eau sous pression.

L'irrigation des vergers, rarement employée dans les régions tempérées, mais indispensable dans les contrées méridionales, peut être obtenue par toutes méthodes. Souvent on la réalise au moyen de fossés, tracés parallèlement aux lignes d'arbres et suivant l'axe des intervalles qui les séparent, d'où se détachent des rigoles dirigées obliquement vers les cuvettes creusées au pied des arbres : disposition en épi, assez analogue à celle pratiquée sur les accotements de nos routes pour utiliser les eaux de ruissellement des chaussées à l'arrosage des plantations d'alignement. Dans d'autres cas, les plants sont disposés respectivement au centre de petites cases de forme carrée, dont l'ensemble rappelle assez exactement un échiquier et où l'eau passe successivement dans un ordre déterminé, de sorte qu'elles soient toutes irriguées à intervalles réguliers : cet arrangement se rencontre en Algérie dans les plantations d'orangers.

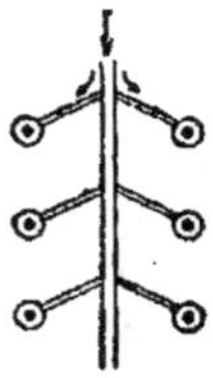

Certains terrains très inclinés, à flanc de coteau, sont disposés en *terrasses* pour l'irrigation : au haut de chaque terrasse court une rigole de distribution, au bas une rigole de colature ; l'eau recueillie par cette dernière va tomber en cascade dans la rigole de distribution de la terrasse immédiatement inférieure et ainsi de suite.

120. Exécution des ouvrages. — Dans les pays où les irrigations sont pratiquées de longue date, on trouve généralement des ouvriers exercés et habiles, qui savent tracer au sentiment

des rigoles d'une remarquable régularité et découpent la terre
avec la précision qu'acquièrent les charpentiers dans le travail
du bois. Mais il faut considérer ce cas comme exceptionnel et
compter que, dans la grande majorité des applications, on devra
procéder à des opérations préliminaires de levé de plan, de nivellement, de tracé et de report sur le terrain.

Un nivellement systématique de la surface est à recommander,
quand on doit procéder à un terrassement général ; surtout s'il
s'agit d'établir des ados, une étude préalable s'impose, avec calcul des dimensions des planches, recherche du meilleur groupement, sans omettre l'obligation impérieuse d'une exacte compensation dans le mouvement des terres. Au cas où tout se borne
au contraire à l'ouverture des rigoles d'amenée, de distribution
et de colature, on entreprend directement le tracé, le piquetage
et le nivellement des lignes correspondantes. Puis on aborde
l'ouverture des chemins d'exploitation, et l'on passe ensuite à
l'exécution des terrassements, dont le trait caractéristique est
qu'ils s'étendent à de grandes surfaces, mais se limitent à de très
faibles épaisseurs, ce qui fait qu'ils appellent des procédés spéciaux et des engins différents de ceux employés sur les chantiers
de travaux publics.

Souvent ces terrassements sont réduits à peu de chose : ils
n'ont d'autre objet que de faire disparaître les irrégularités les
plus marquées de la surface, saillies, ressauts, bosses, de combler les cuvettes ou dépressions naturelles. En général on cherche à réaliser, avec le moindre déplacement de terre possible, des
surfaces continues, plutôt légèrement concaves, se raccordant
entre elles par des courbes insensibles, en ayant soin de tenir les
surfaces de remblai légèrement au-dessus du profil définitif, afin
de parer par avance au tassement que subissent toujours les terres rapportées. Lorsqu'on doit remanier toute la couche superficielle du sol sur une profondeur plus ou moins grande, notamment pour la création de séries d'ados, il faut relever d'abord et
mettre en réserve, pour emploi ultérieur, la couche de terre végétale, si elle préexiste, en former des cavaliers, si elle est meuble,
ou la découper par plaques, si elle est gazonnée : cela fait, on
entame la couche sous-jacente soit à la pioche et à la pelle, soit

mieux au moyen de machines appropriées, scarificateurs pour la désagrégation du sol, pelle à cheval ou *ravale* pour l'ameublissement de la terre, *charrue niveleuse* pour le règlement des surfaces. Si le sol n'a jamais été en culture, si, récemment déboisé ou couvert de bruyères ou d'ajoncs, il appelle un défrichement préalable, on commence par un labour profond.

Les rigoles se tracent au cordeau, quand elles sont droites, au moyen d'une rangée de piquets, si elles sont sinueuses. Si le terrain est gazonné, on coupe à la hache le bord opposé à celui qu'on a ainsi délimité; puis, ôtant piquets et cordeau, on coupe de même l'autre bord; on découpe alors la bande de gazon, au moyen de la bêche, en plaques à peu près régulières, qu'on enlève à l'aide d'un outil à lame recourbée : un homme fait aisément de la sorte 300 mètres de rigoles, de 0 m. 15 à 0 m. 25 de largeur et d'égale profondeur, en une journée de dix heures. Si le terrain n'est pas herbé, l'ouverture des rigoles se fait à la bêche ou avec des outils spéciaux, dits *couteaux à rigoles*, qui permettent d'ouvrir la section entière d'un seul coup et de rejeter sur le côté les terres extraites. Dans les grandes exploitations où l'on a de grandes longueurs de rigoles en lignes droites et de sections régulières à ouvrir, il peut être avantageux de recourir à une charrue dite *rigoleuse*, qui porte un soc en forme de bêche concave, précédé de deux autres écartés et légèrement inclinés, de manière à découper les rigoles en un seul passage : parfois aussi on se sert d'excavateurs, d'écopes à vapeur, notamment en Angleterre et aux États-Unis. La pente des rigoles se règle au niveau : c'est tout au moins le procédé le plus recommandable et qui comporte le plus de précision. Mais on emploie quelquefois encore le procédé antique, qui consiste à vérifier la pente en faisant suivre l'ouvrier par l'eau et s'assurant de la sorte de la possibilité de l'écoulement. Quelques petits ouvrages d'art rudimentaires se rencontrent assez souvent sur le parcours des rigoles : ce sont soit de petits gradins, le plus souvent en pierres sèches, au droit des chutes ou ressauts; soit des caniveaux maçonnés, des dallots, des buses, au croisement des rigoles maîtresses ou des chemins d'exploitation; de petits barrages mobiles, etc.

Dans le cas très fréquent où les travaux d'aménagement

des terrains à irriguer ont pour objet la création de prairies permanentes, les opérations de terrasse et mouvement de terres doivent être suivies d'un *gazonnement*, qu'on peut obtenir soit par semis, soit plus économiquement souvent par revêtement des surfaces, préalablement réglées suivant les nouveaux profils, au moyen de *plaques de gazon*, découpées dans une prairie naturelle, soit à l'emplacement même où s'exécutent les travaux, soit dans le voisinage. La hache spéciale, dite *tranche-gazon*, qu'on emploie pour la confection des plaques, se manœuvre à deux mains et permet de couper la couche herbée suivant des lignes parallèles, en se guidant sur des cordeaux tendus à 0 m. 10 environ de distance, de manière à obtenir des bandes de 0 m. 20 à 0 m. 30 de largeur, qu'on recoupe ensuite transversalement pour former les plaques, qui se détachent très aisément du sous-sol, en introduisant par les coupures transversales le fer d'une bêche ou d'un louchet; il n'y a plus qu'à les soulever, au moyen d'une fourche, pour les déplacer et les charger en vue du transport au lieu d'emploi. On les range alors sur les surfaces à gazonner, en ayant soin d'alterner les joints, puis on les pilonne légèrement, au moyen d'une batte rectangulaire en bois, en aidant par l'interposition d'un peu de terre meuble à leur liaison entre elles et avec la surface sous-jacente. Si les plaques ne sont pas en quantité suffisante pour le revêtement complet, on les utilise de préférence pour les arêtes des rigoles et des talus, on répartit le surplus en quinconce sur les planches, et l'on sème dans les intervalles des graines convenablement choisies. Pour ces semis, comme pour les semis généraux, on faisait autrefois assez fréquemment usage des *fenasses* ou fonds de fenils, bien qu'elles ne contiennent d'ordinaire, et en mélange avec beaucoup de matières inertes, balles, poussières, particules terreuses, ainsi qu'avec des graines de plantes inutiles ou nuisibles, celles des plantes les plus tardives des prairies naturelles, parce que les autres se sont perdues en général pendant la fenaison; il en résultait que, dans les prairies

ainsi constituées, la composition du mélange de graminées et de
légumineuses était sensiblement variable ; aussi la pratique
actuelle, qui consiste à se procurer des semences choisies, dont on
modifie à volonté les proportions, est-elle infiniment préférable ;
la différence de prix qui en résulte n'est d'ailleurs pas aussi
élevée qu'on pourrait croire, parce qu'on obtient aisément
avec 50 kilogrammes de bonnes semences, au prix de 70 francs
environ, un résultat supérieur à celui qu'auraient donné jadis
400 kilogrammes de fenasses ; on est à même en effet d'approprier les mélanges à la nature du sol, à celle des eaux d'irrigation, etc., et cette faculté, judicieusement utilisée, permet de
réaliser des récoltes plus abondantes, plus nourries, plus rémunératrices. Les semis se font habituellement au printemps, après
une préparation convenable du sol, qui consiste souvent en deux
labours et deux hersages, suivis d'un passage du rouleau ; des
arrosages modérés et des coupes fréquemment répétées favorisent la pousse de l'herbe, qui ne prend guère un développement
normal avant la deuxième année.

191. Surveillance et entretien. — Abandonnées à elles-
mêmes, les irrigations ne tarderaient pas à fonctionner dans
des conditions défectueuses : l'écoulement deviendrait irrégulier, des obstructions se produiraient dans les rigoles ; bientôt
certaines parties de la surface cesseraient d'être irriguées, tandis
qu'en certains points il se produirait des stagnations fâcheuses,
et l'on verrait les meilleures terres se transformer peu à peu en
marécages improductifs et insalubres. Pour éviter un semblable
danger, il suffit d'apporter à la surveillance des arrosages et à
l'entretien des divers ouvrages les soins convenables. On ne
saurait au reste en trop signaler l'importance ; aussi est-ce avec
raison qu'on a pu dire : les prés irrigués ne valent que par la
peine qu'on y prend.

La surveillance des arrosages doit porter sur la conduite,
l'amenée, la répartition, la distribution de l'eau d'irrigation, la
collecte et l'évacuation des colatures, toutes opérations qui
supposent, de la part de celui qui les dirige, une connaissance
approfondie de la culture, des besoins variables de la végétation

suivant la nature du sol et des plantes, suivant les saisons, l'état
de l'atmosphère, la température, etc., ou tout au moins une
expérience pratique consommée, qui supplée à l'insuffisance des
notions agronomiques. Cette surveillance n'est efficace que si
elle est constamment en éveil et sait parer à chaque instant aux
incidents de tout genre, qui déterminent tantôt d'un côté tantôt
de l'autre, ici des écoulements intempestifs, là des stagnations
nuisibles, ailleurs des obstructions momentanées...

L'entretien comprend surtout les menus travaux de réparation
des rigoles et leur curage périodique. Il faut en effet soigneusement prévenir l'encombrement, qui se produit si vite, dans certaines sections de ces petits canaux, par le dépôt des feuilles
mortes ou d'autres débris végétaux, par la pousse des mauvaises
herbes, l'éboulement des terres, etc. Il importe aussi de maintenir la régularité des surfaces irriguées, que tendent à détruire
le piétinement des hommes et des animaux, le passage des
voitures, le travail des taupes... Le curage des rigoles se fait
d'ordinaire une fois par an, mais on est conduit à le renouveler
plus fréquemment quand on irrigue au moyen d'eaux limoneuses,
troubles, chargées de matières en suspension; les produits en
sont d'ailleurs facilement utilisés pour le rétablissement des
arêtes émoussées, le comblement des trous et dépressions, la
régularisation des surfaces : quand la chose est possible, il est
préférable de déplacer les rigoles de temps à autre, tous les deux
ou trois ans par exemple; cela se fait surtout quand les terres
sont irriguées par submersion ou infiltration, c'est plus difficile
avec le système d'irrigation par déversement, c'est impossible
dans le cas des ados. Quant aux petits terrassements, par lesquels
on se propose de rétablir la régularité des surfaces, ils se font
dans la majorité des cas au moyen des outils ordinaires, pelle
ou pioche; parfois on a trouvé avantage à se servir du *rabot à
terre* traîné par un cheval, qui se compose simplement d'une
sorte de cadre en bois, dont deux côtés forment patins, et qui
porte une ou plusieurs lames inclinées en bois ou en fer pour
attaquer les parties saillantes du sol et les faire disparaître. Il
faut en outre combattre les plantes nuisibles, soit par l'apport
d'engrais convenables, soit par des fauchages faits à propos

avant la floraison, soit par arrachage direct pour les plantes vivaces. On estime qu'un bon agent peut entretenir et surveiller l'arrosage de vingt à trente hectares.

L'entretien est particulièrement onéreux et difficile, quand on est obligé de mettre les animaux au pâturage dans les prés irrigués ; ils ne tardent pas en effet — surtout les bêtes bovines, dont le corps est pesant et le pied lourd — à dégrader les rigoles, à déformer les planches, surtout si l'on n'a pas le soin d'assurer l'égouttement des terres et leur raffermissement avant de les y admettre : souvent, pour obtenir ce résultat, on prend le soin de disposer des barrières, au moyen desquelles on peut procéder par parties, en parquant successivement les bestiaux dans celles qui, après un repos suffisant, ont repris assez de consistance pour en supporter le séjour sans trop de dégâts.

Malgré toutes les précautions, la surface des prairies irriguées tend à devenir de plus en plus compacte et imperméable : au bout de quelque temps la végétation perd de sa vigueur ; envahie par les mousses, elle devient languissante... C'est le signe qu'un ameublissement du sol est nécessaire, pour y laisser pénétrer de nouveau l'air atmosphérique. On obtient assez aisément ce résultat par le passage de la herse ou mieux du *régénérateur de prairie*, sorte de scarificateur armé de couteaux droits, qui découpent la terre herbée sur 0 m. 20 d'épaisseur, suivant des lignes parallèles et plus ou moins rapprochées.

122. Répartition et distribution des eaux d'arrosage. — Le plus souvent, l'eau d'arrosage est amenée par grands volumes dans la région où elle doit être utilisée ; et il faut alors en opérer le partage entre un grand nombre d'usagers, dans la proportion de leurs besoins ou plutôt suivant les droits des uns et des autres, qui résultent habituellement d'engagements réguliers, de contrats passés entre le fournisseur d'eau et les cultivateurs irrigants.

Le problème que soulève cette obligation est d'autant plus délicat qu'on dispose d'un volume d'eau relativement plus restreint, parce qu'il devient alors difficile, surtout à certains moments, de satisfaire à toutes les exigences, que par suite des contestations s'élèvent et que, pour en avoir raison, il faut opérer avec une précision rigoureuse et par des moyens susceptibles de contrôle.

Dans l'examen des procédés et des divers ouvrages auxquels on a recours pour la solution de ce problème, il convient de distinguer deux cas bien différents, suivant qu'il s'agit de partager simplement une certaine quantité d'eau, amenée par un canal principal, entre deux ou plusieurs branches secondaires, ou que l'on a en vue la fourniture de l'eau par petites parties aux divers usagers. A ces deux cas on affecte, pour la facilité du langage, des désignations distinctes : c'est une *répartition* de l'eau en plusieurs fractions que l'on réalise dans le premier, tandis que le second a pour objet une véritable *distribution* de cette même eau entre les ayants-droit. Dans l'un comme dans l'autre d'ailleurs, il ne faut pas omettre de tenir compte des pertes inévitables, par évaporation ou imbibition, entre le point où s'opère le fractionnement de l'eau, la détermination des quantités, et celui où l'eau parvient sur les terres à irriguer : si le parcours est long et le sol perméable, ces pertes peuvent être très importantes ; elles ne sont jamais nulles ; et, pour en tenir compte, on a soin habituellement de majorer le volume d'eau livré dans une proportion convenable, qui est souvent de 10, 15 ou 20 pour 100.

Le fractionnement d'un volume d'eau en plusieurs parties, qui sont entre elles dans un rapport déterminé, se prête à l'emploi d'appareils d'une grande simplicité, auxquels on réserve le nom de *partiteurs*. Si le rapport est immuable, ce qui est fréquent, même presque général, les partiteurs peuvent être fixes ; s'il est variable, ce qui est plutôt rare, on est amené à faire au contraire usage d'appareils mobiles, nécessairement plus compliqués. Le partiteur fixe le plus simple se compose d'un pertuis, le plus souvent à parois maçonnées, dans lequel viennent s'interposer de petites piles, également en maçonnerie, pourvues d'avant-becs arrondis ou en ogive, dont l'écartement est convenablement calculé pour diviser dans la proportion voulue le courant d'eau qui s'y engage : le partage en deux parties égales s'obtient aisément de la sorte en plaçant une pile unique dans

l'axe même du pertuis; il est déjà un peu plus difficile d'obtenir la répartition en trois parties égales, parce qu'il faut tenir compte, pour déterminer la position des piles intermédiaires, de l'effet sensiblement différent des contractions qui se produisent dans le passage axial et dans les passages latéraux ; il se complique encore et réclame soit des calculs, soit des tâtonnements, quand on se propose d'obtenir un fractionnement moins simple ou en parts inégales. Un autre type de partiteur fixe, applicable lorsqu'on dispose d'une chute, dérive du déversoir : la quantité d'eau que débite un déversoir étant en effet proportionnelle à la longueur du seuil, il suffit de diviser ce seuil en plusieurs parties convenablement calculées, pour obtenir la division du volume d'eau déversé dans les proportions voulues ; le seuil est alors souvent formé d'une barre métallique, qui résiste mieux que le bois ou la pierre à l'usure produite par l'écoulement continu de l'eau et aussi aux tentatives d'abaissement volontaire, que peut provoquer la malveillance ou la cupidité de certains intéressés. Il a été aussi fait emploi, dans certains cas,

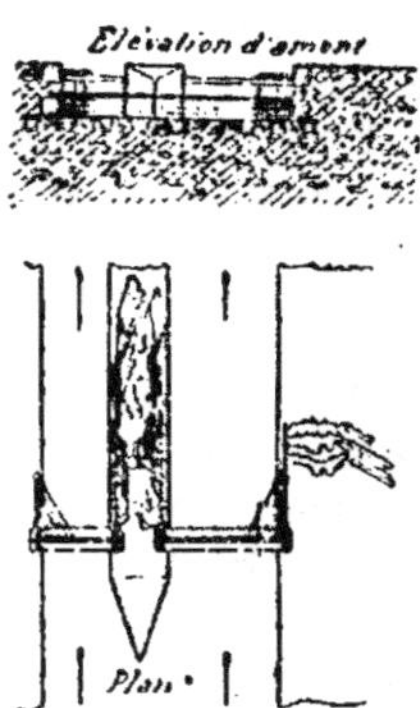

de partiteurs mobiles, qui permettent de faire varier à volonté la répartition ou le fractionnement du volume d'eau disponible : dans cette catégorie rentrent deux appareils fort curieux, qui remontent au temps des Maures et sont encore usités de nos jours en Espagne. Le premier est une sorte de barrage à aiguilles, dont on trouve une application à Lorca, et qui se compose de deux pertuis en maçonnerie, fermés par des aiguilles verticales en bois, retenues par le bas dans une rainure du radier et passant d'autre part entre deux traverses de bois, jetées entre la pile et les bajoyers ; des chaînettes relient ces aiguilles à l'un ou à l'autre bord du pertuis et les retiennent, lorsqu'on vient, en les soulevant, à les faire sortir de la rainure inférieure ; il suffit d'en ajouter ou d'en enlever quelques-unes pour faire varier dans une proportion connue la répartition du volume d'eau. Le second, employé au partiteur d'Elche sur le rio Vinolapo, a pour organe principal une sorte de bec mobile en bois, tournant autour d'un axe vertical fixe, par l'intervention duquel on fait varier les largeurs respectives de deux pertuis inégaux, séparés par la pile intermédiaire qui le porte : on fixe le bec mobile dans une position quelconque, au moyen d'une goupille passant par un des trous pratiqués à cet effet dans une poutre disposée au niveau du bajoyer et transversalement au courant, et le débit correspondant est déterminé par l'épure arabe, dont le tracé

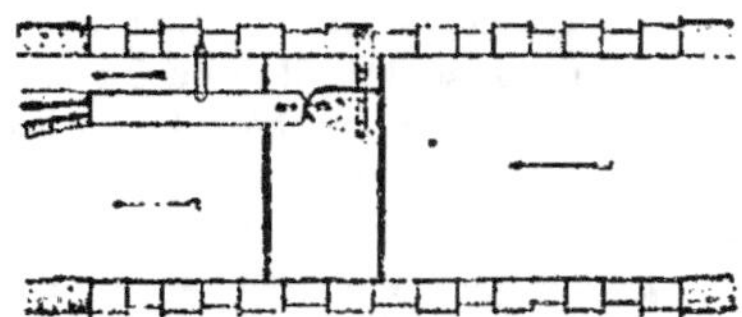

subsiste encore sur le bajoyer même. Dans la grande majorité des cas, les partiteurs mobiles ne sont autre chose que des barrages à ventelles ou martelières, dont on règle les vannes à volonté.

Le but qu'on se propose d'atteindre, dans la distribution des eaux d'arrosage, est très s   ent de réaliser la délivrance d'un volume d'eau constant, dan. ne rigole d'alimentation, quel que soit le débit du canal principal qui la dessert. Ce résultat est obtenu en Italie, depuis le XVI° siècle, par l'emploi d'appareils appelés *modules*, que Soldati appliquait déjà en 1572 sur le Naviglio-Grande et dont plusieurs chartes signées par François Ier règlent encore l'usage dans certaines parties du Milanais : ils comportent un orifice de dimension rigoureusement déterminée, par où l'eau s'écoule sous une pression invariable, grâce à l'intervention d'un réservoir, disposé entre le canal principal et la rigole d'alimentation, et où l'on maintient un niveau constant par la manœuvre de la vanne de prise ; cette vanne, qui glisse entre deux piliers en maçonnerie, commande un passage

d'eau dont la largeur est ordinairement égale à celle de la bouche d'écoulement ; entre la prise et cette bouche s'étend la chambre intermédiaire, formant réservoir, qui a en règle générale 6 mètres de longueur et une largeur supérieure à celle de l'orifice (souvent 0 m. 25 de plus de part et d'autre) ; le radier en est disposé suivant une rampe présentant une déclivité totale de 0 m. 40, afin d'amortir la vitesse et les bouillonnements de l'eau, et une sorte de plancher horizontal, établi à 0 m. 10 au-dessus du bord supérieur de la bouche d'écoulement, concourt au même effet en supprimant le batillement superficiel ; une dalle plongeante, disposée un peu en arrière de la prise, est séparée des piliers de la vanne par un petit espace vide, qui sert à l'introduction d'une réglette pour la vérification périodique du niveau ; quant à l'orifice d'écoulement, qui constitue le module proprement dit, il est découpé dans une plaque métallique et présente

normalement, en Lombardie, la forme d'un rectangle de 0 m. 15 de largeur sur 0 m. 20 de hauteur ; sous la charge réglementaire de 0 m. 10, cet orifice débite le volume dénommé once de Milan ; lorsque l'usager a droit à plusieurs onces, la largeur seule de l'orifice varie, et il reçoit autant de fois 0 m. 15 qu'il y a d'onces à fournir (1). Sur plusieurs

1. Ce système favorise les gros consommateurs, car le périmètre de l'orifice sur lequel s'opère le frottement de la veine liquide n'est pas multiplié dans la proportion correspondante au nombre d'onces alloué et le rapport de ce périmètre à la surface mouillée va diminuant. Nadault de Buffon a proposé de remédier à cet inconvénient en disposant, non pas un orifice élargi, mais autant d'orifices identiques qu'il doit y avoir de modules.

canaux espagnols de construction moderne, notamment au canal
Isabelle, près de Madrid, on a employé, sous le nom de *module
Ribera*, un dispositif tout différent, qui règle automatiquement,
pour chaque prise, le volume constant à délivrer : il consiste en
une sorte de corps pendulaire, suspendu au-dessous d'un flotteur
qui se déplace avec le plan d'eau du canal principal, et dont la
forme a été déterminée par le calcul de manière à laisser à tout
moment, sur son pourtour, dans l'orifice circulaire où il se meut,

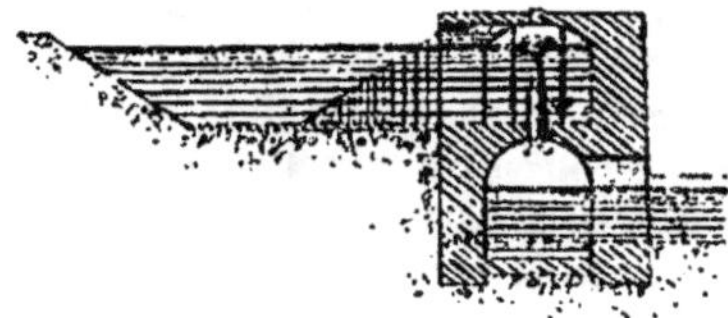

un passage annulaire, dont la section, variable avec la position
du flotteur, assure précisément la constance du débit ; simple et
suffisamment sensible, cet appareil donne un réglage satisfaisant,
toutes les fois que la hauteur disponible en tête des rigoles d'alimentation en permet l'emploi. Au canal de Marseille, M. de Montricher a cherché et obtenu le même résultat à l'aide d'un déversoir flottant. Le problème est plus délicat pour les prises destinées
à fournir des débits variables : on peut y disposer alors — si l'on
a de la hauteur — après une chambre d'épanouissement, un
cadre de jauge sur lequel on règle l'épaisseur de la lame déversante (canaux du Forez, de Manosque, etc.), et, si l'on en manque,
des appareils indicateurs ou enregistreurs, permettant de suivre
les variations de niveau d'un flotteur placé dans la chambre de
jauge ou dans un puisard spécial (canal de Carpentras).

Pour les rigoles de moindre importance, qui s'embranchent
ordinairement dans un canal secondaire fonctionnant à niveau
constant, la question se simplifie, parce que le mesurage se fait
d'après le temps d'ouverture de la prise : il suffit de déterminer
une fois pour toutes le débit de l'orifice et de constater à chaque
arrosage la durée de l'écoulement. Le seul ouvrage à établir est
un petit barrage mobile, qui sera le plus souvent une vanne, en

bois ou en métal, glissant dans les rainures d'un châssis que maintient un massif de maçonnerie; la traverse supérieure du châssis porte l'appareil de levage, cric à crémaillère, écrou de vis sans fin, ou simple goupille, qui permet de placer et de retenir la vanne dans la position convenable durant l'ouverture et le fonctionnement de la prise. Cette vanne est parfois remplacée par une sorte de bonde ou une soupape à boulet; on réserve plutôt l'emploi des poutrelles pour les cas où l'on doit barrer l'écoulement, pour faire refluer l'eau en amont ou pour mettre un bief à sec en vue d'une réparation. La manœuvre des appareils de prise devant être soumise à un contrôle, toutes les fois que l'eau est livrée aux irrigants par une entreprise collective, compagnie, administration publique, association syndicale, on y adapte fréquemment à cet effet des dispositifs de sûreté ou des indicateurs spéciaux : ainsi, au canal de la Bourne, les crics des vannes de prise, qui ne peuvent être manœuvrés que par les agents du service de surveillance, portent un carré de commande, masqué par un couvercle plombé, et auquel s'adapte la clé spéciale dont ces agents sont porteurs ; un indicateur à cadran fait connaître la hauteur de la levée de vanne.

Les simples rigoles de distribution comportent des ouvrages du même genre, mais plus rudimentaires encore: une planche, un morceau de tôle découpé, qu'on glisse dans un petit cadre fixe, formé d'un châssis en bois ou en fer, ou dans des rainures pratiquées dans un petit bloc de maçonnerie, un clapet, mobile sous l'action d'un levier, sert à fermer l'orifice ou à le découvrir à volonté. Enfin, sur les dernières ramifications, on se contente fréquemment de vannettes légères, en bois ou en fer, à bords tranchants et munies de poignées, qu'on enfonce dans le fond et les parois des rigoles en terre, aux points où l'on veut constituer des barrages temporaires.

La répartition du volume d'eau attribué aux canaux principaux, secondaires, tertiaires, se fait d'après un *tableau* approuvé, qui fixe les fractions respectives de la *dotation* revenant à chacun des embranchements, artères ou filioles, et qui est établi sur présentation d'un projet, contenant, outre le plan général et les profils de tous les canaux et rigoles, un plan parcellaire à grande échelle, divisé par zones et portant l'indication précise des terres irriguées. Il y a lieu d'y prévoir l'évacuation des eaux non employées, que des *déchargeoirs* convenablement placés rejettent dans des *canaux de fuite*, tandis qu'on laisse habituellement aux arrosants le soin de se débarrasser de leurs eaux de colature.

Dans les cas relativement rares où l'eau est distribuée sous pression, les prises, disposées aux points convenables sur le parcours des conduites, sont le plus souvent constituées par des bouches à raccord, analogues aux bouches d'arrosage des promenades publiques et des jardins urbains, auxquelles s'adaptent des tuyaux flexibles en cuir, en caoutchouc ou en toile, munis de lances ou autres appareils d'aspersion, dont le débit est connu et peut être d'ailleurs aisément vérifié. A ce type on a substitué dans les champs irrigués à l'eau d'égout de la ville de Paris, où l'irrigation se fait par infiltration et où la projection superficielle de l'eau n'est pas de mise, une sorte de clapet métallique à vis, qu'une arcature robuste maintient au centre d'un petit bassin en maçonnerie, et qui, brisant la pression, rejette les filets liquides vers

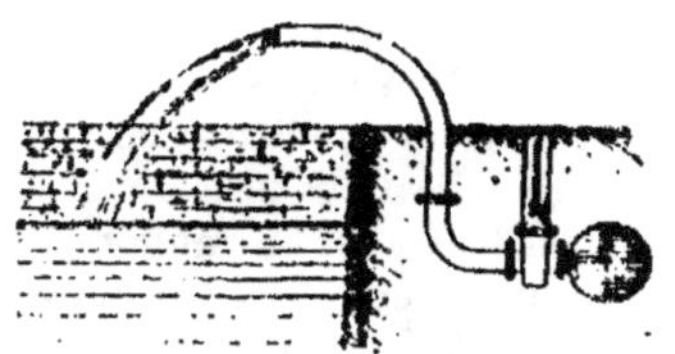

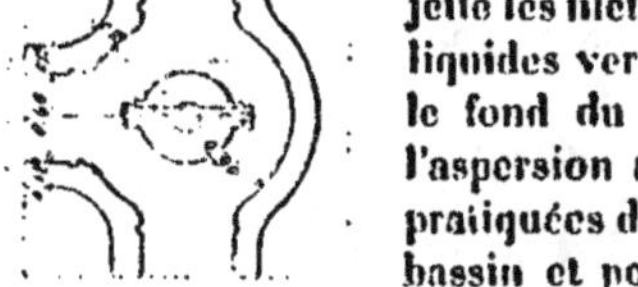

le fond du bassin, de manière à éviter l'aspersion aux alentours : des ouvertures, pratiquées dans la murette de pourtour du bassin et pourvues de rainures, servent de point de départ aux rigoles correspondantes, qu'on peut à volonté mettre en communication avec le bassin, en levant les vannettes mobiles en bois ou en fer placées dans les rainures. A Berlin, on s'est contenté pour le même usage de faire déboucher dans un petit bassin, à parois garnies de clayonnages, une sorte de col de cygne fixe, branché sur la conduite de distribution et commandé par un robinet-vanne.

113. Doses pratiques. — La quantité d'eau convenable pour l'irrigation varie naturellement beaucoup dans toutes les localités avec les circonstances météorologiques, plus considérable dans un été où la sécheresse est persistante que dans une saison à pluies fréquentes. En un même point, et si les circonstances météorologiques y demeurent normales, elle dépend du climat, de la nature du sol et de celle des plantes cultivées. Sous un climat sec et chaud, le sol demande évidemment plus d'eau que sous un climat tempéré et pluvieux; un sol perméable à grande profondeur absorbe d'énormes masses d'eau, presque sans profit pour les plantes, et les arrosages y doivent être fréquemment renouvelés pour maintenir en état de fraîcheur la couche arable, tandis que les terres argileuses, retenant l'eau très longtemps, ne réclament que des arrosages modérés et à longs intervalles; les végétaux qui émettent des racines profondes exigent moins d'eau que les plantes à végétation superficielle, parce qu'ils profitent plus longtemps de l'humidité persistante, grâce à la faculté qu'ils possèdent d'aller la chercher jusque dans les couches inférieures du sol.

Néanmoins il arrive qu'on consomme souvent beaucoup plus d'eau dans certaines régions du Nord de la France, humides et tempérées, que dans le Midi, où la chaleur est plus marquée et surtout plus sèche : c'est qu'on y demande autre chose à l'intervention de l'eau, des éléments de fertilité ou un moyen de combattre la gelée par exemple, et non plus seulement le renouvellement périodique de la fraîcheur du sol ; c'est aussi que les habitudes culturales sont essentiellement différentes... Il faut tenir grand compte de ces divergences, qui ne permettent guère de formuler des indications générales, en ce qui concerne les *doses* recommandables pour l'irrigation.

La pratique confirme d'ailleurs cette diversité très grande dans l'utilisation des eaux d'arrosage et les doses usitées varient dans des limites fort étendues.

Pour les comparer entre elles il est d'usage de les rapporter à la surface arrosée, ce qui est tout à fait rationnel quand on emploie l'eau de manière continue, ce qui l'est moins pour les arrosages intermittents diversement espacés, qu'on remplace fictivement par un écoulement continu de volume total équivalent, de manière à ramener les évaluations dans les deux cas à une même unité, qui est d'ordinaire le *litre-continu*, c'est-à-dire le volume fourni par un écoulement continu d'un litre d'eau par seconde, soit 86 mc. 400 par jour de 24 heures.

En Provence, d'après les auteurs les plus accrédités, chaque arrosage exige l'équivalent d'une couche d'eau de 8 à 10 centimètres d'épaisseur répartie sur toute la surface du sol, soit 800 à 1.000 mètres cubes par hectare ; et, comme les arrosages sont espacés de 10 à 12 jours en moyenne pendant la saison des irrigations, qui est de six mois ou 180 jours, le volume unitaire d'un litre continu, soit en 180 jours 15.552 mètres cubes, doit répondre aux besoins normaux de la culture. Il est en réalité plutôt faible, et la plupart des récoltes ont des exigences supérieures : les prairies demandent un à deux litres continus, parfois jusqu'à quatre ; les jardins et les cultures maraîchères deux à trois.

Si l'on passe dans nos pays du Nord, on trouve fréquemment des doses infiniment supérieures. Les observations faites sur les irrigations des Vosges par Foltz en 1846, par Hervé-Mangon en 1859-60, ont montré que les quantités employées dépassent fréquemment 100 litres-continus pour des irrigations qui s'étendent sur l'année entière, c'est-à-dire 200 fois la quantité considérée comme normale dans le Midi. Il en est de même dans la Campine belge, où l'on consomme couramment 1.000.000 de mètres cubes par hectare et par an, ce qui correspond à l'absorption d'une tranche d'eau de 100 mètres d'épaisseur.

124. Modes de vente et prix des eaux d'arrosage. — Quand les cultivateurs ne peuvent se procurer directement et isolément l'eau nécessaire à l'irrigation de leurs terres, il arrive fréquemment que des entreprises privées, des administrations publiques, des associations syndicales, se chargent de la leur fournir à des conditions et moyennant des prix déterminés. L'eau leur est alors vendue en vertu de contrats d'*abonnement*, dont les clauses et stipulations sont extrèmement variables, comme les modes de livraison de l'eau, les systèmes de mesurage ou d'appréciation des quantités et les usages de la culture eux-mêmes.

Les irrigants peuvent recevoir et payer l'eau de trois manières différentes : *au mètre cube*, autrement dit moyennant constatation des quantités effectivement consommées ; *à l'hectare arrosé*, c'est-à-dire à raison d'un certain volume par unité de surface, quelle que soit la définition de ce volume ; ou enfin *au temps*, pendant lequel a lieu un écoulement d'une importance déterminée. Le premier système, qui apparaît à l'esprit comme le plus équitable et le plus rationnel, se trouve être le moins usité, parce qu'il suppose nécessairement un moyen de mesurer les quantités d'eau délivrées aux usagers, un mode de jaugeage suffisamment précis, qui ne va pas sans difficultés, bien qu'en pareille matière, et comme il s'agit de volumes considérables, on puisse se content.er d'une approximation grossière : il s'applique plus particulièrement aux *eaux continues*, employées à l'irrigation des jardins, à la petite culture suburbaine. Les deux autres sont les plus fréquemment employés pour les arrosages discontinus ou périodiques et la grande culture : ils se combinent souvent quand on traite à la surface arrosée, la dose allouée par hectare étant ordinairement définie par la durée d'un écoulement constant à travers un orifice de section déterminée sous une pression fixe.

L'unité qui sert le plus souvent de base aux transactions en France est par suite le *litre-continu*, qui a remplacé, à l'époque où le système métrique a fait son apparition, l'ancien « pouce fontainier » qui correspondait à l'écoulement continu à travers un orifice circulaire d'un pouce de diamètre sous une charge d'une « ligne » $\left(\frac{1}{12}\text{ du pouce, }\frac{1}{144}\text{ du pied}\right)$ au-dessus du bord supérieur de l'orifice, et qui équivaut à un volume de 13 litres par minute environ, ou exactement 19 mc. 195 par 24 heures. Au canal de Marseille, on a pris pour unité le « module métrique », qui n'est autre chose que le décilitre-continu ou le dixième du litre-continu. Sur quelques anciens canaux d'irrigation, antérieurs à la Révolution française, on a conservé des unités spéciales, comme le « moulant d'eau », volume considéré comme capable de faire tourner une meule de moulin à blé (300 toises cubes par 24 heures), ou la « moule » qui, dans l'ancienne province de Roussillon, était définie par l'écoulement sous une charge d'une ligne à travers un orifice de 9 pouces catalans (0 m. 243) de diamètre.

Quant au prix de vente, il est naturellement en rapport avec le prix de revient de l'eau, qui est lui-même fort variable, d'où les écarts considérables qu'on rencontre dans la pratique. C'est ainsi que, dans certaines régions privilégiées où les dépenses de premier établissement faites anciennement sont amorties et où la totalité des frais se réduit aux dépenses annuelles de curage et d'entretien, l'eau est délivrée à peu près gratuitement ou moyennant des redevances insignifiantes : c'est le cas pour plusieurs canaux d'irrigation des départements de Vaucluse et des Bouches-du-Rhône. Certaines associations ont accordé aussi des privilèges aux porteurs de leurs actions ou obligations, d'autres aux cessionnaires des terrains traversés par les canaux ou rigoles, quelques-unes ont stipulé des redevances en nature portant sur une fraction de la récolte. Mais il ne faut voir là que des exceptions ; et, d'après la tarification applicable sur la plupart des canaux français modernes, l'eau est généralement vendue à la surface arrosée, moyennant le prix de 30, 50, 70 francs par hectare, pour la fourniture d'un litre-continu en arrosages périodiques, et un prix habituellement plus élevé pour les eaux continues ; ces dernières sont aussi fréquemment vendues au volume, à des prix qui peuvent atteindre jusqu'à 0 fr. 02 et même 0 fr. 05 le mètre cube au voisinage des villes. Pour que l'irrigation procure aux cultivateurs de réels avantages, et en raison des travaux coûteux d'appropriation et d'entretien qu'elle comporte, il ne faut pas que le prix de l'eau soit trop élevé : on peut admettre qu'en France le litre-continu ne doit pas, dans les cas ordinaires, être vendu plus de 30 francs par hectare, que le prix de 50 francs est un maximum, qu'au delà il constituerait une charge trop lourde à moins de circonstances locales particulières.

En Italie, la base des contrats d'irrigation était autrefois l'*once*, qui variait d'ailleurs d'une région à une autre : l'once de Milan, définie précédemment, équivaut à 37 litres-continus, l'once de Piémont à un peu plus de 28 litres, l'once de Crémone à 16 litres environ ; la « quadretta », unité à Mantoue, Vérone, était une mesure analogue. Sur les grands canaux domaniaux, la mesure légale est aujourd'hui le *module italien*, qui équivaut à un débit de 100 litres par seconde. La distribution se fait ordinairement de manière continue en hiver et dans la première période d'arrosage ; elle devient discontinue et s'opère par rotation, suivant un horaire déterminé, dans la période d'été, du 11 juin au 15 septembre. Le prix de 1.200 francs l'once milanaise, qui est souvent pratiqué, correspond à 32 fr. 44 le litre-continu.

En Espagne, où subsistent d'anciennes coutumes locales dont certaines remontent au temps des Maures, la variété est grande dans les modes de livraison et de vente de l'eau d'irrigation. Il est des cas où la répartition est laissée à l'appréciation des syndics ou inspecteurs, d'autres où l'eau attachée à la terre ne peut être vendue qu'avec elle, d'autres encore où l'on vend aux enchères des bons d'arrosage. ...Les mesures les plus usitées, de dénominations et de proportions très diverses, ont pour base, comme le pouce fontainier ou l'once, un écoulement continu à travers un orifice de section déterminée : le « real fontanero » représente à Madrid un volume de 3.245 litres par 24 heures et à Malaga de 1.200 seulement, la « pluma » équivaut à 2.160 litres à Barcelone et à 7.884 à Mateno ; la « mula », la « hila », le « cuarto » ont aussi des valeurs différentes suivant les régions. La variété est grande aussi dans les prix : très bas là où les irrigations remontent à plusieurs siècles et où les eaux sont abondantes, comme à Valence où l'on ne paie que 2 à 4 francs par hectare, notablement plus élevés dans les contrées où l'eau est rare, ils atteignent parfois un taux exorbitant dans celles où, comme à Lorca, l'eau est disputée en temps de sécheresse ; en quelques points, la redevance est d'une fraction de la récolte ; sur les canaux importants, la tarification est souvent fixée à l'hectare, et l'arrosage se paie 18 à 50 francs ; certains syndicats fixent le prix de l'eau en assemblée générale, et ce prix se décompose en redevances ordinaires et extraordinaires, qui représentent, dans les grandes huertas de l'Andalousie, de 30 à 60 francs par hectare.

Dans l'Inde l'eau se paie le plus souvent à la surface arrosée et à des taux variables, suivant la récolte, qui font ressortir un prix de 12 à 35 francs par hectare.

125. Grandes entreprises d'irrigation. — L'amenée de volumes d'eau importants en vue de l'irrigation comporte souvent des travaux considérables, qui dépassent les ressources de simples particuliers et appellent des efforts collectifs. Les administrations publiques ont fréquemment intérêt à entreprendre de semblables travaux : elles sont assurément dans leur rôle quand elles prennent l'initiative et supportent les charges d'opérations destinées à fournir de nouveaux éléments de prospérité et à augmenter la richesse du pays ; et, si elles n'en retirent pas toujours d'avantages directs, elles y trouvent, dans la plupart des cas et sous mille formes, de larges compensations à mettre en regard des sacrifices consentis, ainsi que le faisait ressortir avec force en 1889 un spécialiste en la matière, l'ingénieur Llaurado, qui donnait en exemple l'accroissement considérable de revenu obtenu dans la vallée de l'Ebre par l'Etat espagnol, en suite du développement de la culture qui a été la conséquence de l'établissement du canal impérial d'Aragon, auquel le trésor a contribué pour 20 millions de francs sur 25. On pourrait citer également, dans le même ordre d'idées, les magnifiques résultats obtenus par le gouvernement anglais dans l'Inde, où des centaines de millions de francs ont été dépensés pour l'extension des irrigations sur d'immenses surfaces et où ces dépenses ont été rémunérées par des accroissements de revenus qui ont généralement dépassé 5 0/0 du capital : ces résultats si brillants n'ont pas peu contribué sans doute à déterminer le même gouvernement à entreprendre, en Egypte, des travaux gigantesques pour une meilleure utilisation des crues du Nil, dont les nouvelles digues d'Assiout et d'Assouan vont étendre les bienfaits sur de vastes régions précédemment incultes et désertes.

Si les pouvoirs publics ne prennent pas eux-mêmes en mains les travaux de cet ordre, ils doivent pour le moins en favoriser de toutes manières l'exécution par les entreprises privées — associations ou compagnies — et leur venir particulièrement en aide par l'octroi de privilèges, tels que le droit d'expropriation pour cause d'utilité publique, par des encouragements matériels et moraux, enfin et surtout par l'allocation de fonds de concours, de subventions suffisamment larges, qui ne constituent en général que des avances, destinées à être couvertes dans l'avenir par la plus-value des impôts, qu'une culture plus intensive et le développement consécutif de la population ne tardent pas à déterminer dans la plupart des cas. Cette intervention pécuniaire des pouvoirs publics est d'autant plus nécessaire que bien souvent les cultivateurs intéressés, ayant eux-mêmes à s'imposer de lourdes dépenses d'aménagement de leurs terres, ne peuvent supporter que des redevances très modérées, absolument insuffisantes pour couvrir les frais d'établissement et d'entretien des ouvrages, et que, à défaut de subventions, beaucoup de ces entreprises ne seraient pas viables. Plus d'une, engagée dans des circonstances apparemment les plus favorables et d'après des prévisions optimistes, a néanmoins, et malgré les subventions obtenues, traversé des périodes difficiles et même finalement échoué : diverses concessions de canaux d'irrigation français notamment ont encouru la déchéance, provoqué l'organisation de séquestres, et n'ont pu finalement subsister qu'après une réadjudication, qui a consacré la perte totale du capital primitif; malgré ces insuccès, dont il convient de tenir grand compte dans la conception d'autres combinaisons analogues, il n'en faut pas moins considérer des entreprises, telles que celles du canal du Verdon dans la vallée de la Durance ou du canal de Saint-Martory dans celle de la Garonne, comme de puissants moyens d'amélioration culturale et de progrès. Si l'on doit attribuer parfois ces échecs soit à l'insuffisance des quantités d'eau réellement disponibles, soit à un dépassement considérable des dépenses effectives sur les prévisions, il faut en chercher bien souvent la cause principale dans l'inertie des intéressés eux-mêmes, plus fréquente qu'on ne pourrait croire, et qui tient non

seulement à la routine mais encore et plutôt à la difficulté qu'ils
éprouvent à effectuer les travaux d'appropriation de leurs terres,
à se procurer les ressources nécessaires, et aussi aux obstacles
que rencontrent les efforts individuels, à la répugnance d'un
grand nombre pour les engagements collectifs ou à long terme,
à la sévérité des cahiers des charges et des règlements, dont les
clauses draconiennes rebutent certains propriétaires : d'où la
lenteur extrême de la transformation de la culture et du développement des irrigations dans l'étendue des périmètres arrosables.

L'établissement de canaux d'irrigation n'en a pas moins pris
un assez grand développement, depuis le milieu du xixe siècle,
dans nos départements voisins des Alpes, des Pyrénées, des
Cévennes, où il a été dépensé pour ce genre de travaux plus de
150 millions de francs, dont une forte part est représentée par
les subventions de l'Etat, des administrations départementales
et des communes. Les canaux de Carpentras, du Verdon, de
Marseille, de Manosque, dans la région de la Durance, de Pierrelatte, dérivé du Rhône, de la Bourne, dans le département de
la Drôme, de la Siagne et de la Vésubie, dans les Alpes-Mariti-
mes, celui du Forez, dans la haute vallée de la Loire, ceux de
Saint-Martory, de la Neste, du Lagoin, etc., datent de cette
période et sont venus s'ajouter aux canaux plus anciens, qui
sillonnaient déjà certaines régions, particulièrement la Provence,
et parmi lesquels il convient de mentionner le canal de Craponne, qui remonte à 1545, celui des Alpines, commencé au
xviiie siècle, etc. Dans les dernières années, il a été question à
plusieurs reprises d'aborder la construction de tout un réseau de
canaux dérivés du Rhône, en vue principalement de la submersion des vignes atteintes par le phylloxera. Enfin les irrigations
se sont largement répandues en Algérie et en Tunisie.

Parmi les pays qui ont, à une époque récente, donné une vive
impulsion aux travaux d'irrigation on a déjà mentionné plus
haut l'Inde anglaise et l'Egypte : il y a lieu d'y ajouter les Etats-
Unis qui, sur le versant de l'océan Pacifique, particulièrement en
Californie et dans la région qui entoure la ville de Los Angeles,
ont dépensé largement, pour conquérir à la culture d'immenses
étendues de territoire, qu'ils ont sillonnées de réseaux gigan-

tesques de canaux, dont quelques-uns ont des débits atteignant jusqu'à 150 mètres cubes par seconde, et qui comptent plusieurs centaines de milles de développement.

126. Dispositions légales et réglementaires. — Les diverses dispositions légales ou réglementaires prises en faveur des irrigations témoignent de l'intérêt qu'y attachent en France les pouvoirs publics et de leur désir de les encourager hautement par tous les moyens.

C'est ainsi que deux lois spéciales, en date des 29 avril 1845 et 11 juillet 1847, ont créé, pour les propriétaires qui veulent employer à l'arrosage de leurs terres les eaux auxquelles ils peuvent avoir droit, un double privilège : la première leur accorde en effet la faculté d'obtenir, moyennant juste et préalable indemnité, le passage sur les terres intermédiaires, pour amener les eaux sur les terres à irriguer, et aussi le droit d'évacuer ces mêmes eaux, après usage, à travers les fonds inférieurs ; la seconde ouvre, sous la même condition, à tout propriétaire riverain d'un cours d'eau, le droit d'appuyer sur la rive opposée le barrage par lequel il se propose de faire gonfler l'eau pour l'irrigation de ses terres : sont seuls exemptés de ces *servitudes d'aqueduc et d'appui* les bâtiments d'habitation et leurs dépendances. Il est à remarquer que ce double privilège, attribué depuis tantôt soixante ans aux irrigations, n'a été revendiqué par l'industrie que depuis peu, et en vue seulement de ces puissantes installations hydro-électriques, que le progrès de la technique moderne a permis d'envisager pour l'exploitation des grandes chutes en montagne.

D'autre part, la circulaire du ministre de l'Agriculture du 26 décembre 1884, déjà mentionnée précédemment et portant *Instruction générale pour le règlement des usines et prises d'eau sur les cours d'eau non navigables ni flottables*, a modifié sur deux points, en faveur des prises d'eau d'irrigation, les règles fixées par la circulaire antérieure du 23 octobre 1851. La *revanche* à ménager entre le niveau légal de la retenue et les points les plus déprimés des terrains qui s'égouttent directement dans le bief, fixée primitivement à 0 m. 16 au moins, peut être réduite jusqu'à 0 m. 08, quand la retenue dessert des irrigations intermittentes, dont les périodes ne dépassent pas 48 heures par semaine, et cela tant pour les barrages qui ne servent qu'à l'irrigation que pour ceux utilisés en même temps à la production de force motrice, les irrigants étant autorisés,dans ce dernier cas,à en relever le niveau durant les périodes d'arrosage,au moyen de hausses mobiles. La suppression des ouvrages régulateurs, déversoirs et vannes de décharge, est permise pour les prises d'eau d'irrigation, pourvu que les barrages correspondants soient autant que possible mobiles sur une longueur égale au débouché linéaire du cours d'eau et qu'en dehors des périodes d'arrosage les appareils de fermeture soient ou enlevés ou levés au-dessus des plus hautes eaux et les vannes de prise d'eau hermétiquement fermées.

L'instruction des demandes en autorisation de prises d'eau d'irrigation et la rédaction des arrêtés approbatifs ne diffèrent pas de ce qui se fait pour les prises d'eau d'usines. Seulement le pétitionnaire n'a pas besoin de justifier de la propriété des deux rives au droit du barrage, une seule suffit; et il doit faire connaître si les irrigations projetées par lui comporteront une retenue d'eau permanente ou intermittente, puisque, dans ce dernier cas, il y aura lieu de faire intervenir les règles spéciales ci-dessus mentionnées au sujet du niveau légal et de la revanche, ainsi que des ouvrages régulateurs et des vannes de prise. Le permissionnaire reste ordinairement libre de fixer à son gré les dimensions des vannes de prise,la section et la pente de la dérivation qu'elles commandent; on s'abstient aussi de déterminer la quantité d'eau qu'il pourra prendre, puisqu'il ne fait qu'user du droit résultant pour lui de l'article 644 du Code civil et que les tribunaux réprimeraient les abus sur la plainte des intéressés ; il ne lui est rien imposé non plus en ce qui concerne les époques et la durée des irrigations, à moins qu'il n'y ait à opérer un *partage d'eau* entre plusieurs irrigants ou entre irrigants et usiniers.

Ce partage n'est fait par l'administration que si l'intérêt général est en jeu. Il appartient au Préfet de statuer à cet égard quand il s'agit de simples mesures de salubrité, ou lorsqu'il existe des anciens règlements ou usages locaux auxquels il n'a qu'à se conformer, ou encore s'il n'y a pas d'usiniers et que les divers irrigants sont d'accord entre eux. En dehors de ces cas, et en particulier s'il y a lieu à répartition des eaux entre l'agriculture et l'industrie, c'est à un décret rendu en la forme des règlements l'administration publique qu'on doit recourir, en s'efforçant de concilier, dans la mesure du possible, les intérêts en présence, souvent contradictoires et opposés, et en cherchant de toutes manières la solution la plus avantageuse au point de vue de l'intérêt général.

Les irrigations sont mentionnées expressément, à l'article 1er des lois des 21 juin 1865-22 décembre 1888, parmi les travaux en vue desquels peuvent être créées des *associations syndicales*, mais les intéressés ne peuvent être réunis en association syndicale autorisée que si les travaux ont été préalablement reconnus d'utilité publique, par un décret rendu en Conseil d'État, et en cas d'adhésion des trois quarts des intéressés représentant plus des deux tiers de la superficie et payant plus des deux tiers de l'impôt foncier ou des deux tiers des intéressés représentant plus des trois quarts de la superficie ou de l'impôt. Les propriétaires non adhérents peuvent délaisser les terrains leur appartenant et compris dans le périmètre, et l'indemnité, qui leur est due alors, est réglée conformément à l'article 16 de la loi du 21 mai 1836. S'il y a lieu à expropriation, elle se fait conformément aux dispositions de cette dernière loi, après déclaration d'utilité publique.

La tendance actuelle est de laisser de préférence aux intéressés eux-mêmes, réunis en association syndicale, le soin de construire et surtout d'exploiter les canaux d'irrigation à leurs risques et périls, sauf à leur faciliter l'exécution des travaux par l'allocation de subventions, qui sont assez souvent fixées au tiers de l'estimation des dépenses. Souvent ces canaux ont fait l'objet de *concessions*, consenties soit à des associations syndicales [1], soit à des particuliers ou des compagnies [2], soit encore à des collectivités, villes [3] ou départements [4], l'État intervenant pour

---

[1] Canaux de Manosque (Basses-Alpes), Canaux de submersion de vignes (Hérault, Aude).
[2] Canaux de la Bourne, de Pierrelatte, etc.
[3] Canaux de Marseille, du Verdon (Aix), de la Vésubie (Nice), de la Siagne (Cannes).
[4] Canal du Forez (Loire).

exécuter les travaux principaux, ou pour prendre à sa charge une partie de la dépense afférente à ces travaux, ou encore pour garantir l'intérêt de tout ou partie du capital de premier établissement. Ces concessions sont ordinairement d'une durée limitée, à l'expiration de laquelle le canal fait retour à l'Etat ; exceptionnellement il a été accordé des concessions perpétuelles à des collectivités ou à des associations syndicales. Dans un cas comme dans l'autre, il est statué par une loi pour les grands canaux d'irrigation ; un décret suffit pour les canaux de faible importance ou considérés comme dépendant de canaux déjà construits. Des cahiers de charges, dont les dispositions varient avec la situation et le mode de concession, déterminent les droits et les obligations des concessionnaires, règlent les rapports entre l'exploitant et les usagers, fixent les conditions d'engagement aux eaux, etc. A moins de stipulation expresse, la rétrocession d'une concession de ce genre doit faire l'objet d'un décret délibéré en Conseil d'Etat : les villes, les départements, les associations syndicales ont souvent usé de la rétrocession à des compagnies ou à des particuliers [1], qui se chargent d'exécuter les travaux et se récupèrent de leurs dépenses par la perception des produits de la vente des eaux durant un certain nombre d'années, après quoi les ouvrages font retour au concessionnaire primitif.

(1) Canaux du Verdon (Aix), de la Vésuble (Nice), de la Siagne (Cannes), de Saint-Martory (Haute-Garonne), de la Siagnole (Var), du Lagoin (Basses-Pyrénées), de Gap, etc...

CHAPITRE XVI

LIMONAGES ET COLMATAGES

Sommaire: 127. Limonages; 128. Colmatages ; 129. Dispositions générales des ouvrages ; 130. Exemples de colmatages ; 131. Colmatages en eau saumâtre ou salée ; 132. Travaux à la mer.

127. Limonages. — Dans les saisons où les cours d'eau débitent de grandes quantités d'eaux chargées de troubles fertilisants, les circonstances sont favorables à la pratique des *limonages*, au moyen desquels on peut transformer à peu de frais un sol ingrat, tourbeux ou graveleux, absolument impropre à la culture, en une terre grasse et riche. Il suffit en effet d'un dépôt peu épais de limon pour obtenir, sur des grèves stériles, une couche de terre végétale propre à l'établissement de prairies permanentes, que le voisinage du cours d'eau permet en général d'entretenir ensuite par l'irrigation. Une semblable transformation, possible aussi bien sous le climat du Nord que dans les pays méridionaux, équivaut à la création d'une richesse nouvelle, parfois considérable.

Les procédés et les ouvrages, qui sont en usage pour l'irrigation, se prêtent également à l'exécution des limonages. Mais, des diverses méthodes employées, c'est la submersion qui s'y adapte le mieux, car on la pratique généralement sur des terrains plats : on amène l'eau trouble dans des enceintes aménagées pour la recevoir, on l'y laisse séjourner assez longtemps pour que les matières en suspension se déposent, après quoi on écoule le liquide clarifié par cette décantation sommaire, en prenant soin de régler les vitesses de manière qu'il n'y ait point d'entraînement des dépôts ; il ne reste plus qu'à les incorporer par un labour au sol naturel, dès qu'il est suffisamment asséché. Toutes ces opérations supposent évidemment que la surface n'est ni couverte de récoltes ni ensemencée ; on les effectue donc en automne ou en hiver et l'on peut ensuite faire les semailles de printemps. Le système de l'infiltration convient aussi aux limonages : les dépôts, au lieu de recouvrir la surface du sol, se forment alors sur le fond et les parois des rigoles, et s'incorporent à la terre par des labours profonds, qui pénètrent plus avant que les rigoles dans l'épaisseur de la couche arable. Lorsqu'on opère sur un terrain en pente par déversement superficiel, on peut obtenir encore le dépôt au moins partiel des limons, à la seule condition de tenir les vitesses d'écoulement dans des limites convenables.

Lors donc qu'on a des terres aménagées pour l'irrigation on peut profiter, durant la période hivernale, des mêmes ouvrages qui ont servi à y distribuer durant l'été les eaux destinées à entretenir la fraîcheur, pour y épandre les eaux de même provenance devenues limoneuses par l'effet des crues et les employer à la fertilisation du sol en vue de la récolte suivante, réalisant de la sorte, presque sans frais supplémentaires, une double utilisation. Dans beaucoup de régions, et surtout pour les prairies permanentes, on prolonge ainsi l'emploi de l'eau durant la presque totalité de l'année ; et aux irrigations proprement dites succèdent insensiblement les arrosages fertilisants et les limonages, qu'il faut seulement interrompre pendant les gelées.

Cette pratique s'impose dans les champs irrigués au moyen des eaux d'égout des villes, puisque les nécessités de l'assainissement obligent à en poursuivre l'épuration sans discontinuité ; en hiver, pendant l'interruption forcée de la végétation, on utilise l'efflux urbain en limonages. A Berlin on dispose à cet effet des bassins de submersion ; dans les champs irrigués de la ville de Paris on préfère procéder, hiver comme été, par infiltration seulement ; mais le résultat est le même dans les deux cas : les matières fertilisantes en suspension dans les eaux se déposent soit sur la surface totale, soit sur les parois des rigoles, et s'accumulent peu à peu, jusqu'à ce que les labours de printemps viennent incorporer à la terre ce précieux et abondant engrais.

Il est à recommander, quand on procède par submersion ou déversement, de régulariser au préalable la surface du sol, d'en faire disparaître les petites buttes ou les trous, de manière que le dépôt limoneux se fasse partout en une pellicule continue et d'égale épaisseur. Si le sol est gazonné, on peut néaumoins pendant l'hiver prolonger les limonages durant plusieurs semaines consécutives sans interruption ni repos ; on peut aussi sans inconvénient les continuer au printemps, pourvu qu'on prenne soin d'assurer l'aération du sol par une intermittence convenable, en partageant par exemple la surface totale en plusieurs parties qu'on arrose successivement, et aussi de régler l'écoulement de manière à limiter l'épaisseur de la nappe d'eau, afin de baigner le moins possible les tiges et de ne point salir les parties feuillues : moyennant ces précautions, on voit en général l'herbe acquérir une vigueur remarquable, et, tandis que l'eau s'écoule clarifiée, le produit des prés éprouve un accroissement sensible.

Parmi les plus heureuses applications du limonage en France, il convient de signaler les magnifiques prairies créées à partir de 1823, dans la vallée de la Moselle, sur une étendue de 800 hectares entre Epinal et Charmes, par l'emploi systématique des eaux troubles de cette rivière à la transformation de grèves stériles et sans valeur.

195. Colmatages. — L'exhaussement pur et simple du sol étant l'objet principal sinon unique des *colmatages*, la nature des dépôts au moyen desquels on parvient à ce résultat est à peu près indifférente ; on cherche surtout à les obtenir abondants et rapides. Par suite, au lieu de se restreindre à l'utilisation des matières ténues, riches en substances fertilisantes, que contiennent les eaux troubles des crues ordinaires ou les eaux de surface dans les grandes crues, comme on le fait pour les limonages, admet-on de préférence, pour les colmatages, surtout au début, les matériaux plus grossiers et généralement inertes, graviers et sables, qu'entraînent alors en plus ou moins grande quantité les eaux de fond, dans les rivières torrentielles. Afin de recevoir au passage ces matériaux, on fait dans les berges des coupures profondes, par où l'on détourne une partie des eaux, pour les diriger sur les terrains bas dont on projette le relèvement : en beaucoup de cas, on n'obtient de la sorte, chaque année, qu'un dépôt de quelques centimètres, et l'opération exige par suite un temps assez long ; par contre, certains cours d'eau charrient des masses telles de graviers qu'ils permettent de réaliser des exhaussements considérables dans un délai relativement court ; c'est ainsi que le Var, par exemple, a donné des relèvements atteignant 0 m. 20 en un an.

Tantôt on procède par intermittence, tantôt par voie d'écoulement continu. La première de ces deux méthodes comporte une série d'opérations alternantes d'amenée et d'évacuation de l'eau, dans l'intervalle desquelles on la laisse au repos, juste assez pour déterminer une décantation suffisante et retenir la majeure partie des matières en suspension : au début, on les renouvelle plus souvent, parce que les matériaux les plus grossiers, qui se déposent les premiers, sont aussi ceux qui procurent le relèvement le plus rapide ; vers la fin, au contraire, on les espace assez pour que les eaux déposent également les matières plus ténues et plus fertiles, qui tendent à constituer une couche superficielle de terre arable, à la fois plus facile à travailler et plus féconde ; dans les deux cas, pour en réduire le nombre, on admet à chaque opération une tranche d'eau aussi épaisse et aussi chargée que possible. L'autre procédé consiste à faire passer l'eau trouble sans interruption, mais lentement et avec une régularité parfaite, sur les surfaces à colmater, en ayant soin de provoquer, dès l'arrivée, un ralentissement brusque, destiné à favoriser le dépôt immédiat des matières en suspension, et de réaliser à l'autre extrémité — sans qu'il puisse se produire de courant direct entre les orifices d'entrée et de sortie — un écoulement superficiel à vitesse très réduite : l'épaisseur de la tranche d'eau peut sans inconvénient être moindre dans le second cas que dans le premier ; il convient cependant de ne pas descendre au-dessous d'une certaine limite, variable avec les circonstances locales, et qu'on peut fixer moyennement à 0 m.50, valeur au dessous de laquelle l'échauffement du sol par les rayons solaires serait à craindre, ainsi que le développement des herbes aquatiques et la fermentation putride des matières organiques, qui seraient autant de menaces pour la salubrité de la région environnante. La méthode par intermittence convient particulièrement aux terrains plats, parmi lesquels se rangent presque toujours les marécages, les tourbières, les landes, les plages d'alluvion, c'est-à-dire la plupart des terres à colmater; elle ne s'applique pas aisément aux sols déclives, dont elle exigerait tout au moins la division en parcelles étagées de faible longueur, où l'on devrait opérer successivement. L'écoulement continu peut s'appliquer au contraire à toutes les dispositions quelconques des terrains à colmater; et, comme il supprime les opérations de remplissage et d'évacuation, qui se répètent fréquemment dans l'autre procédé, on y trouve assez souvent une économie sérieuse de main-d'œuvre et de temps.

Il n'est pas nécessaire de recourir à un terrassement général ou tout au moins à une régularisation systématique de la surface des terres, préalablement aux opérations de colmatage, comme on le fait avant les limonages; les inégalités préexistantes du relief du sol ne tardent pas en effet à s'effacer par suite du nivellement que produisent des dépôts successifs dont l'épaisseur est d'ailleurs notable; on ne s'en préoccupe qu'au moment de la mise en culture, et alors il ne reste le plus souvent que peu de chose à faire.

129. Dispositions générales des ouvrages. — Le terrain à colmater est d'ordinaire divisé en plusieurs *bassins*, où l'eau est introduite soit successivement en passant d'un bassin à l'autre, soit isolément et par des voies distinctes. Le second mode donne

lieu à un développement de digues plus considérable et à une plus grande multiplicité d'ouvrages, mais par contre il permet de procéder en toute liberté pour chacun des bassins, en y réalisant les conditions jugées les meilleures; tandis que l'autre disposition, rendant les bassins solidaires les uns des autres, a pour

conséquence nécessaire un exhaussement plus rapide des premiers, qui retiennent les matériaux les plus grossiers, parviennent dès lors plus vite au niveau définitif et peuvent être mis en
culture avant les autres, où ne vont se déposer tout d'abord que
peu ou point de matériaux, d'ailleurs relativement fins, et qui par
suite ne s'exhaussent qu'avec lenteur et tardent beaucoup plus à
atteindre ce même niveau. Si l'une est théoriquement préférable, l'autre est donc en général plus avantageuse au point de
vue économique, non seulement parce qu'elle se prête à une
réduction des frais de première mise mais aussi parce qu'elle
permet de tirer parti, pour la culture, de certaines fractions de la
surface avant l'achèvement de l'opération. On peut d'ailleurs
obtenir aussi ce dernier résultat par un autre mode d'opérer, qui
se recommande quelquefois et qui consiste à creuser, dans les
terres à colmater, des fossés profonds, dont les déblais servent à
relever les planches intermédiaires au niveau même qu'on se
propose d'atteindre : on introduit ensuite les eaux colmatantes
dans les fossés, tandis que les planches sont mises immédiatement en culture provisoire, sauf à faire un règlement général
après le comblement des fossés.

L'eau chargée de troubles est dérivée du cours d'eau à partir
d'un point convenablement choisi, où l'on pratique dans la berge
une ouverture, dont le seuil est déterminé de manière à recueillir les matières colmatantes dans les conditions les plus favorables : la *prise* est d'ailleurs pourvue en général d'un ouvrage
mobile, comportant une ou plusieurs vannes, au moyen duquel
on règle à volonté l'introduction de l'eau. Le *canal d'amenée*,
qui fait suite à la prise d'eau, doit avoir au départ son plafond
raccordé avec le seuil de l'ouvrage de tête, et aboutir sur le terrain à colmater au-dessus du niveau qu'on se propose d'y réaliser, sans qu'il ait besoin dans la plupart des cas d'être pourvu
à son débouché d'un appareil de fermeture ; sur le parcours, il
doit présenter une pente telle que la vitesse de l'eau s'y main-
tienne et que les troubles soient intégralement entraînés sans
arrêt en aucun point, mais limitée cependant de manière à ne
point provoquer une corrosion dangereuse du fond et des rives :
la détermination du profil et des sections de ce canal appelle

une attention particulière, dès qu'il présente une longueur tant soit peu considérable et plus encore quand il se divise en plusieurs branches ou se ramifie en un réseau complet, car il constitue alors un des principaux éléments de la dépense, et de ses bonnes dispositions dépend le succès et même la possibilité de l'opération. L'*enceinte* qui entoure le terrain à colmater, ou enclos, se compose d'une digue continue en terre, dépassant ordinairement de 0 m. 20 à 0 m. 30 le plan d'eau maximum qu'on se propose d'y obtenir ; elle présente deux échancrures, correspondant l'une à l'arrivée du canal d'amenée de l'eau et l'autre au seuil du déversoir d'évacuation ; les terres, qui servent à la confection de cet ouvrage, sont prises tantôt à l'intérieur, tantôt à l'extérieur de l'enclos, et l'emprunt, dans ce dernier cas, peut constituer un fossé de ceinture, qui conduit au canal de fuite les eaux d'infiltration : parfois on n'élève pas dès l'origine la digue à sa hauteur définitive, se réservant de l'exhausser au fur et à mesure du relèvement du terrain lui-même, par l'effet successif des dépôts, ce qui a l'avantage, appréciable dans certains cas, de restreindre les premières dépenses, au risque de les porter finalement à un taux plus élevé. Quant au *déversoir*, il se place en un point de l'enceinte suffisamment éloigné de l'arrivée, et sa longueur est calculée de manière à réduire autant que possible l'épaisseur de la lame d'eau et sa vitesse ; le seuil en est protégé contre les corrosions, soit par des plaques de gazon, quand la vitesse y doit être très réduite, soit par un revêtement en bois ou en maçonnerie : souvent on le constitue par un barrage à poutrelles, qui permet d'effectuer très aisément le relèvement progressif du seuil de déversement en même temps que celui du plan d'eau et des digues d'enceinte ; parfois on le munit de vannes mobiles ou d'écluses. L'eau clarifiée, qui passe sur le déversoir, est reçue dans un *canal de fuite*, auquel on donne des dimensions très différentes suivant qu'on procède par intermittence ou par voie d'écoulement continu, à cause de la nécessité d'écouler à certains moments un volume beaucoup plus considérable dans le premier cas, et où d'ailleurs la pente est à peu près indifférente, puisque les eaux à y écouler ne sont pas de nature à y provoquer la formation de dépôts : il suffit d'y tenir la vitesse entre des limites convenables pour éviter soit la corrosion des parois, soit le développement de la végétation aquatique.

Chaque enclos est divisé en plusieurs bassins, par des digues secondaires de moindre relief, arasées précisément au niveau de la nappe d'eau. Ces digues secondaires peuvent recevoir une direction quelconque, quand le terrain est plat : s'il est déclive, elles sont établies généralement suivant les horizontales et d'autant plus rapprochées que la pente est plus prononcée ; le colmatage tend alors à créer une série de terrasses étagées.

180. Exemples de colmatages. — Plusieurs des nombreux canaux d'irrigation dérivés de la Durance ont été utilisés pour opérer dans la vallée, au moyen des eaux de cette rivière, très chargées en temps de crue, d'importants et utiles colmatages : les canaux de Craponne notamment, dont la prise supérieure est à Cadenet et qui présentent un développement de 145 kilomètres, avec un débit pouvant atteindre 13 mètres cubes par seconde, n'ont pas seulement servi à l'arrosage de 9.500 hectares de terre ; ils ont encore fourni au colmatage d'une superficie de 1.300 hectares de graviers, dont la valeur a passé, par suite de cette opération, de 300 francs l'hectare à 1.200 francs au moins, et dans certaines parties jusqu'à 5.000 francs. Les canaux des Alpines ont continué cette opération, au moyen des 20 mètres cubes qu'ils empruntent à la Durance à Malemort, en l'étendant à la Crau, vaste plaine caillouteuse qui s'étend d'Arles à l'étang de Berre, et que la branche la plus importante des Alpines vient border, après avoir franchi le col de Lamanon ; enfin Nadault de Buffon avait songé à compléter la transformation de la Crau par une dérivation spéciale de 20 kilomètres de longueur, dont la prise aurait été faite en Durance, auprès de Malemort, et qui aurait débité, durant les crues, 80 mètres cubes par seconde.

Dans la vallée du Var, dont on a précédemment signalé les troubles, plus abondants encore que ceux de la Durance, il a été exécuté aussi, depuis l'annexion de l'ancien Comté de Nice en 1860, d'importants travaux de colmatage, dont les projets avaient été déjà mis à l'étude par le gouvernement sarde en 1825. Sur la rive gauche en particulier, 500 hectares de terres submersibles ont été colmatés et 1.000 autres protégés, moyennant une dépense de plus de 7 millions répartie sur six années ; les ouvrages exécutés comprennent une route-digue de 17 kilomètres le long du Var et des endiguements en bordure de quelques affluents, avec défenses en blocs naturels ou artificiels, puis des digues transversales en terre, divisant les enclos en bassins de colmatage, des prises d'eau, établies obliquement par rapport au courant et formant autant de petits aqueducs ouverts à travers les digues et munis de vannes, et des déversoirs à poutrelles, partagés souvent en deux travées par une pile médiane ; le colmatage a été conduit progressivement de l'amont vers l'aval, en utilisant les deux séries habituelles de crues, consécutives à la fonte des neiges en juin et aux pluies d'arrière-saison en octobre.

Plusieurs cours d'eau de la Savoie ont donné lieu aussi depuis 1860 à des opérations de colmatage. Dans la vallée de l'Isère, à l'aval d'Albertville, où les divagations de la rivière avaient ruiné 3.000 hectares de culture et maintenaient 600 hectares à l'état de marécage, malgré les travaux entrepris dès 1823 par le gouvernement sarde, l'État français a provoqué la formation d'un syndicat pour la défense des rives, puis acheté 1.025 hectares de terres ravinées par les eaux, qui ont été soumises à des colmatages systématiques, au moyen de prises munies de vannes ouvertes à travers les digues et dans une direction normale, tandis que les eaux clarifiées s'écoulaient par des déversoirs protégés par de simples fascinages : sans que la dépense ait dépassé 400 francs par hectare, on a fait ainsi disparaître les bas-fonds, amélioré la salubrité de la région, relevé les cultures et porté la valeur des terres à 1.000 et 1.200 francs l'hectare. 3.500 hectares ont été conquis aussi sur l'Arve au moyen d'ouvrages très simples, construits en pierres sèches ou à l'aide de branchages maintenus par des chevalets en charpente. Sur l'Arc, affluent de l'Isère, on exécute encore actuellement un colmatage d'une vingtaine d'hectares, qu'il s'agit de relever en neuf ans de 1 m. 35 en y accumulant 270.000 mètres cubes de dépôt, moyennant une dépense totale évaluée à 22.000 francs seulement.

Dans plusieurs vallées normandes réputées pour leurs magnifiques herbages, ce sont des irrigations par submersion au moyen d'eaux chargées de troubles, participant à la fois des limonages et des colmatages, qui ont favorisé la constitution des prés renommés que baignent la Touque, l'Orne, l'Aure, la Seulle, etc., et dont la valeur vénale atteint jusqu'à 5.000 et 6.000 francs l'hectare et plus.

C'est encore une sorte de colmatage, mais résultant d'un effet naturel consécutif aux travaux d'endiguement, qui a déterminé la formation dans la Basse-Seine d'une vaste étendue de prairies, couvrant 8.600 hectares environ, dont 5.700 étaient auparavant à l'état de marécages et 2.900 faisaient partie du lit même, et dont la valeur, à raison de 2.500 francs l'hectare, a été évaluée à 21.500.000 francs : cet accroissement de richesse a surtout profité aux riverains, puisque l'Etat, qui avait supporté la dépense totale des travaux, n'a recouvré, même par application de la loi du 16 septembre 1807, qu'une plus-value de 3.800.000 francs.

On cite en Suisse d'intéressants colmatages dans le Valais (haute vallée du Rhône), dans la région du Rhin, près de Ragatz, etc. En Italie, et particulièrement en Toscane, de grands travaux de colmatage ont été effectués à diverses époques et se poursuivent encore avec succès : c'est ainsi qu'on est parvenu, dans le cours du xixe siècle, à transformer la région si insalubre jadis des Maremmes, qui s'étend le long de la mer, entre Livourne et Civita-Vecchia, sur 72 kilomètres de longueur, et qui, pour une superficie totale de 190.000 hectares, comptait près de 15.000 hectares de marais ; les cours d'eau endigués ont servi à combler les dépressions du sol, où, à défaut d'écoulement, s'accumulaient les eaux stagnantes, la Cornia a été utilisée pour les marais de Piombino, la Pecora pour ceux de Scarlino, la Bruna et l'Ombrone, pour ceux de Castiglioni, près de la ville de Grosseto ; pour donner une idée de l'importance des ouvrages auxquels cette gigantesque opération a donné lieu, on mentionnera que l'un des canaux dérivés de l'Ombrone ne débite pas moins de 300 mètres cubes par seconde, dépassant le plus considérable des canaux d'irrigation de la Lombardie, le canal Cavour, dont la portée n'atteint que 120 mètres cubes, qu'il a fallu pour le colmatage des marais de Castiglioni 200 kilomètres de digues et 135 millions de mètres cubes de dépôts, et que, pour le seul écoulement des eaux clarifiées, on a établi un réseau de canaux et rigoles de 170 kilomètres de développement ; l'amélioration, sans être encore complète, est déjà considérable, puisque 12.000 hectares de marais ont été mis en culture, 75.000 hectares de terres protégés contre les inondations, en même temps que la mortalité allait diminuant dans une forte proportion ; la dépense a été faite par l'Etat, qui en récupère une fraction sur les propriétaires, soit sous forme de plus-value payable en argent, soit par l'abandon d'une partie des terrains.

131. Colmatages en eau saumâtre ou salée. — D'utiles opérations de colmatage peuvent être réalisées aussi au moyen des eaux saumâtres des estuaires ou des eaux salées de la mer.

Dans le premier cas, on donne aux conquêtes faites de la sorte pour la culture la dénomination de *Warpings*. L'eau trouble est alors presque toujours amenée, sur les terrains préalablement endigués, par l'intermédiaire de pertuis munis de portes d'èbe et de flot, qui permettent de l'y maintenir pendant une ou plusieurs marées et d'évacuer ensuite l'eau clarifiée pendant une période de jusant. D'importants travaux de cet ordre ont été exécutés en Angleterre, près de l'embouchure du fleuve Humber : on a d'abord régularisé les surfaces des terrains à colmater, en comblant les dépressions les plus marquées, puis construit des bassins entourés de digues et enfin introduit les eaux colmatantes dans ces bassins, sous une épaisseur aussi grande que possible ; sur certains points, cette épaisseur atteignait 1 m. 60, et trois années ont suffi pour obtenir le résultat ; le sol nouveau, assez compact, a dû être parfois drainé ; on y a semé la première année du trèfle, du raygrass, de l'avoine, on l'a mis ensuite deux ans en pâture, avant d'y faire des céréales ; la dépense s'est élevée entre 950 francs et 1.250 francs l'hectare, avec majoration de 300 francs pour les parties drainées, mais l'opération n'en a pas moins été rémunératrice, car la location des terres s'est faite au prix moyen de 90 francs l'hectare, qui représente une valeur vénale de 2.000 à 3.000 francs. En France, on ne saurait guère citer que de très petites surfaces ainsi aménagées : près de l'embouchure de la Touque, aux environs de Trouville, ou de celle de la Bresle, entre Eu et le Tréport.

Les conquêtes obtenues de même sur le rivage de la mer, ou plutôt dans certaines baies profondes et convenablement abritées, sont désignées sous le nom de *polders*. Elles comportent l'exécution de digues suffisamment hautes et épaisses, défendues d'ailleurs par des revêtements appropriés, pour résister à l'effort des lames et ne pas être entamées par les embruns. Pour l'introduction des eaux colmatantes, on dispose, dans les massifs des digues, des aqueducs en maçonnerie ou des « coëfs » en charpente, pourvus d'appareils mobiles, de vannes ordinairement, qui, après la mise en culture, sont conservés pour l'évacuation des eaux pluviales, sauf à y remplacer les vannes par des clapets automatiques, se prêtant à l'écoulement de dedans en dehors et barrant le passage aux eaux de mer : tout un réseau de rigoles, sorte de drainage à ciel ouvert, doit être établi alors à l'intérieur, pour recueillir et emmagasiner les eaux d'égouttement dans l'intervalle de deux marées consécutives ; il comprend des collecteurs de grandes dimensions, tracés parallèlement aux digues et de 8 à 20 mètres en arrière, puis des fossés de 1 m. 50 à 1 m. 70 de longueur en tête, de 0 m. 80 à 1 m. de profondeur, perpendiculaires aux collecteurs et écartés entre eux d'une vingtaine de mètres, qu'on peut réduire au bout de quelques années, quand le sol est assaini. Il ne saurait y avoir avantage à la création de polders, au prix d'ouvrages aussi importants, que si l'on dispose d'atterrissements, amenés déjà, par les effets naturels de la mer, à une hauteur telle que la dépense à faire ne soit pas hors de proportion avec les résultats à obtenir : on qualifie ordinairement da « terrains mûrs » à cet effet ceux qui s'élèvent à peu près au niveau des hautes mers de mortes eaux et se couvrent spontanément d'une végétation particulière, composée surtout d' « herbu » (agrostis maritima) et de « criste marine » (salicornia herbacea); encore faut-il que les marées de vives eaux ne dépassent pas de plus de trois mètres environ le niveau des surfaces herbées, sans quoi la hauteur à donner aux digues serait par trop considérable.

Les terres provenant de dépôts obtenus en eau saumâtre ou salée sont nécessairement imprégnées de sel marin, dont il importe qu'elles soient bientôt débarrassées en vue de la culture. Dans le Nord, les pluies abondantes suffisent presque toujours pour assurer ce résultat dans un temps assez court ; dans le Midi au contraire, il faut souvent procéder à un « dessalage », par lavage systématique à l'eau douce, faute de quoi le sel remonte à la surface, par l'effet de l'évaporation très active que provoque la chaleur solaire, et produit des efflorescences, dont on n'a pas raison sans des arrosages répétés, qu'il faut même parfois favoriser par un drainage spécial : c'est ainsi notamment qu'on a dû procéder dans les terrains conquis sur les étangs salés de notre littoral méditerranéen. Après le dessalage, ces terrains deviennent habituellement d'une fertilité exceptionnelle : si le défrichement peut-être entrepris un an après le colmatage, les premières années ne donnent, malgré des labours réitérés, qu'un rendement agricole médiocre et irrégulier ; mais peu à peu les produits s'améliorent et, dans nos régions, on obtient aisément, après six ou huit ans, 30 hectolitres de blé à l'hectare ou 10.000 kilogrammes de luzerne, sans qu'il soit utile pendant une très longue période, quarante ou cinquante ans peut-être, de recourir à l'emploi d'aucun engrais.

On trouve en France d'intéressants exemples de polders. Ceux de la baie de Bourgneuf, entrepris en 1852 et continués à partir de 1855 par la société qui les détient encore aujourd'hui, comportent actuellement une surface exploitée de 700 hectares, dont partie au fond de la baie, vers le village de Bouin, et le reste sur la côte de l'île de Noirmoutiers : malgré des travaux considérables, 1.000.000 de mètres cubes de terrassements, 300.000 mètres carrés de perrés, etc., et des dépenses qui ont atteint 3.500 francs par hectare, l'opération a été rémunératrice, puisque le revenu net s'est élevé jusqu'à 200 francs à l'hectare et dépasse encore 150 francs, soit avec l'assolement biennal, blé et fèves, soit avec l'addition de quelques cultures fourragères et de quelques plantations de vignes. Les lais de mer des baies profondes, situées à l'est et à l'ouest de la presqu'île du Cotentin, et où se dépose la tangue, ont été concédés par décret du 21 juillet 1856 à une société particulière, la Compagnie des polders de l'Ouest, qui a su les mettre en valeur : dans la baie du Mont Saint-Michel, à l'ouest, le lit sinueux et variable du Couesnon a été remplacé par un chenal rectiligne, de 5.600 mètres de longueur, sur 70 à 120 mètres de largeur et 6 à 7 mètres de profondeur, la Sée et la Sélune, dé-

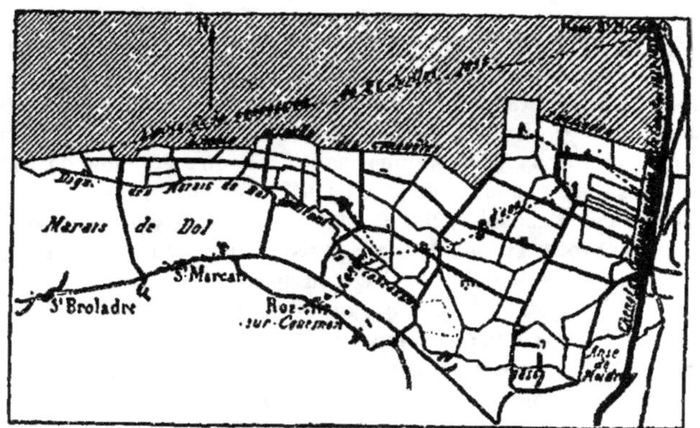

tournées par une digue d'enrochements, et plus de 2.000 hectares
de terres très fertiles ont été successivement exhaussés et proté-

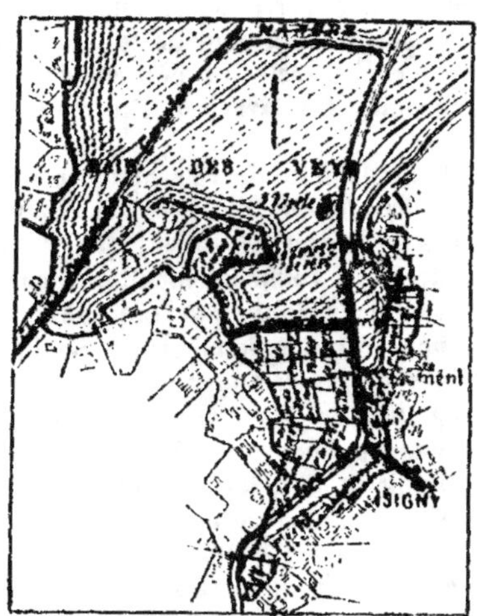

gés contre la mer au prix moyen de 700 francs l'hectare, puis loués, après construction de 20 corps de ferme, 140 à 200 francs à des fermiers qui y cultivent des céréales, des plantes sarclées et des plantes fourragères et commencent à y faire des plantations de peupliers, saules, etc., et même de pommiers; dans la baie des Veys, à l'est, vers les embouchures de l'Aure et de la Vire, endiguées antérieurement par l'Etat, une étendue de 625 hectares a été conquise, au prix de difficultés plus grandes et de dépenses plus considérables (2.000 francs par hectare environ), non sans profit cependant, car les terres ainsi créées se sont peu à peu couvertes de riches herbages, dont le prix de location s'est élevé de 100 à 250 francs et qui ont atteint une valeur de 5.000 francs l'hectare. Ces opérations, très heureuses au point de vue agricole, ont eu aussi des conséquences très satisfaisantes à celui de la salubrité locale, en transformant des surfaces alternativement couvertes par la mer et découvertes, sortes de marécages qui engendraient les fièvres paludéennes, en terres cultivables et saines; d'où augmentation de bien-être, accompagnant une plus-value foncière importante, accroissement de population, meilleur rendement de l'impôt, allongement de la vie moyenne, autant d'avantages directs ou indirects qui méritent de fixer l'attention et qui doivent encourager à favoriser d'autres entreprises analogues.

D'après l'article 41 de la loi du 16 septembre 1807, les lais et relais sont classés dans le domaine privé de l'Etat, aliénable et prescriptible ; mais les lais en formation, qu'il faut entourer de digues pour en déterminer l'exhaussement, font encore partie du domaine public, et ne peuvent être que l'objet de concessions, dans les formes prescrites par une ordonnance royale du 23 septembre 1825, complétée par les prescriptions d'actes ultérieurs, tels que les décrets qui réglementent les ouvrages relevant de la commission mixte des travaux publics et celui du 21 février 1852, visant l'intervention du ministre de la Marine. Qu'elles soient accordées de gré à gré ou mises en adjudication, les concessions ne peuvent être faites que par décret, après une étude approfondie, suivie d'une enquête *de commodo et incommodo,* et sur les avis des quatre ministères des travaux publics, de la guerre, de la ma-

rine et des finances : elles confèrent non seulement la jouissance immédiate mais encore la propriété future des terrains que
les travaux doivent faire émerger de la mer. Peut-être la lenteur
des formalités administratives, l'incertitude du succès final, la
difficulté de se procurer l'important capital nécessaire, ont-
elles eu pour conséquence de limiter en France ce genre d'opérations, qui auraient pu prendre plus d'extension, puisque Mangon n'évaluait pas à moins de 100.000 hectares la superficie qu'il
serait possible de conquérir de la sorte pour la culture.

189. Travaux à la mer. — L'établissement des digues autour
des terrains destinés à être transformés en polders ne va pas
sans difficultés, puisqu'il s'agit de travaux à la mer, toujours exposés aux atteintes des vagues, et que, d'autre part, la nécessité
d'une stricte économie, sans laquelle de semblables opérations
demeureraient souvent inabordables, oblige à en tenir la dépense dans des limites extrêmement restreintes.

Pour réduire les difficultés d'exécution, on évite de donner une
trop grande étendue aux *enclôtures*, dont la superficie ne dépasse
guère quarante à cinquante hectares en général, tout en s'efforçant de limiter le développement des digues, de telle sorte qu'on
n'en compte pas plus de 50 à 55 mètres linéaires par hectare enclos. Par mesure d'économie, on n'emploie à la confection des
digues que les matériaux qu'on trouve sur place, sable, galets,
débris coquilliers, en s'efforçant de restreindre au minimum la
masse des terrassements par des tracés appropriés ; et, tout en
donnant aux massifs les talus plus ou moins allongés qui conviennent aux circonstances locales, au régime de la mer sur la
côte, les défendant en outre par des revêtements capables de supporter le choc des lames, quoique aussi peu dispendieux que possible, constitués ordinairement soit par des perrés à sec, si l'on
a de la pierre à sa disposition, soit par des clayonnages à défaut
de pierres, ou même par de simples gazonnements, et garnis,
vers le sommet, de plantations, de préférence en forme de haies,
afin de briser les lames qui y déferlent.

Pour des digues constituées au moyen de terres de bonne qualité et défendues par des perrés, Hervé-Mangon a indiqué le pro-

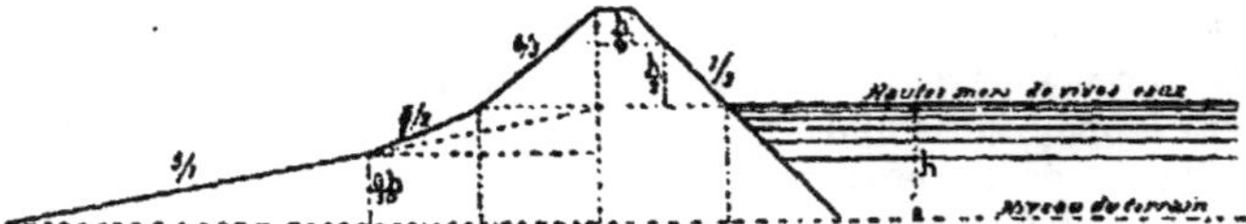

fil théorique représenté par la figure ; en pratique on s'est un peu
écarté de ce type, même dans la baie de Bourgneuf, qu'il avait
précisément en vue, et où les digues qui entourent les polders de
Bouin ont reçu un profil plus symétric   , moins raide du côté des

terres, moins allongé du côté de la mer, tout en conservant les
revêtements perreyés de part et d'autre ainsi que sur le couronnement, défendu en outre par plusieurs lignes de plantations de
tamaris. Les digues en langue de la baie du Mont Saint-Michel

présentent un talus de même inclinaison vers l'intérieur, mais le
talus extérieur perreyé est un peu plus adouci ; sur la côte anglaise, où l'on retrouve des dispositions peu différentes, la tendance est aussi à l'allongement des talus exposés à la mer.

L'exécution de ces digues appelle, comme la plupart des ouvrages à la mer, une organisation particulière des chantiers, qui
dépend principalement du régime des marées et des courants
et peut aussi varier avec les ressources en hommes et en matériel. Le plus souvent, après avoir balisé à mer basse le pourtour
de l'enclôture et les limites de la digue, on établit, à mer haute et
au moyen de bateaux, deux cordons d'enrochements, entre les-

quels on commence le remblai du massif, qu'on élève peu à peu
par le même procédé, sauf à régler ensuite les talus et à en confectionner les revêtements pendant les basses mers, à y placer
au moment opportun les coëfs ou buses, qu'on amène flottantes
à leur emplacement et qu'on immerge au moyen d'une surcharge, si mieux on n'aime construire à la marée des pertuis en
maçonnerie : on a soin d'ailleurs de procéder par tronçons isolés,
entre lesquels on laisse des passages ou vides, permettant le libre
jeu des courants, non sans prendre la précaution de défendre
les digues en construction par des musoirs perreyés et le fond
des passes à l'aide d'une sorte de pavage. On s'impose presque
toujours de réaliser l'opération complète en une seule campagne,
afin de ne pas exposer des ouvrages inachevés aux gros temps
de l'hiver ; en outre, on combine tout de manière à fermer d'un
coup chaque enclôture, pendant une seule marée de vive eau,
quand les divers tronçons ont une revanche d'au moins 0 m. 50 :
les approvisionnements de matériaux sont faits à l'avance, on
groupe un personnel suffisant, une flotille de bateaux, et, au jour
dit, si le temps est favorable, après avoir préalablement enlevé
les revêtements des passes, on met tout en œuvre pour fermer
les brèches dans les quelques heures dont on dispose ; cette
dernière phase de l'opération est particulièrement délicate, et,
pour en assurer le succès, il faut la préparer de longue main
avec un soin vigilant puis la mener avec une vigoureuse décision. Après la fermeture, le chantier change d'aspect : au travail
à la marée succède le travail continu, qu'on pousse rapidement
pour élever en peu de temps le couronnement de la digue à
sa hauteur définitive ; simultanément on procède à l'assèchement de la surface intérieure, dont les terrassiers prennent possession au bout de huit à dix jours et où ils entreprennent le
creusement des rigoles d'assainissement, dont les matériaux
doivent servir à l'achèvement de la digue ; viennent ensuite les
derniers revêtements, les travaux de parachèvement, puis l'aménagement en vue de la culture et enfin les premières plantations.

Lorsque la pierre manque, qu'on n'a point de terres grasses,
et qu'on se trouve obligé — comme sur les côtes de Hollande —
d'employer uniquement le sable du rivage et des fascines, le

mode d'exécution des digues se modifie: si parfois on les construit encore par tronçons, la fermeture des passes se fait au moyen
de radeaux de branchages, qu'on vient y échouer en plusieurs
rangs superposés, et à l'aide de surcharges de sable, qui forment
des lits intermédiaires ; il arrive aussi qu'on les commence sur tout
leur développement à la fois, sans laisser d'ouvertures, et qu'alors,
à un moment donné, pendant la durée d'une morte eau, on les
élève rapidement de 0 m. 50 à 1 m. 00, de manière à les rendre
insubmersibles, après quoi il n'y a plus qu'à les surhausser et renforcer à loisir, au moyen d'emprunts à l'intérieur de l'enclôture,
jusqu'à la réalisation du profil définitif. Ce mode de construction
a été appliqué en particulier à la digue, de 8.400 mètres de longueur, qui a été établie de 1869 à 1872 entre la côte de Frise et
l'île d'Amland, de manière à barrer le chenal intermédiaire ;
arasée à 0 m. 50 au-dessus des hautes mers, revêtue au moyen
de pierres venues d'Allemagne, cette digue a provoqué, de part et
d'autre, des atterrissements, qu'on a favorisés par des ouvrages
parallèles aux rives et qui atteignent plusieurs milliers d'hectares.

CHAPITRE XVII

DESSÈCHEMENTS

Sommaire : 133. Les marais ; 134. Historique et législation en France ; 135. Divers modes de dessèchement ; 136. Nature et disposition générale des ouvrages ; 137. Dessèchements par écoulement continu ; 138. Dessèchements par écoulement discontinu ; 139. Dessèchements par élévation mécanique.

133. Les marais. — Les *marécages* constituent la manifestation la plus fâcheuse des eaux surabondantes. Ils résultent de l'accumulation d'eaux stagnantes dans des dépressions peu profondes et privées d'écoulement, où se développent les herbes aquatiques, dont la décomposition, favorisée par les variations de niveau des eaux et les alternatives de sécheresse et d'humidité, provoque l'accumulation de matières organiques fermentescibles, et détermine cet état paludéen, si redoutable pour les populations du voisinage. Ce sont à la fois des espaces perdus pour la culture et des foyers pestilentiels, où pullulent les insectes ailés qui portent la maladie et la mort dans la région environnante.

L'insalubrité de tant de pays neufs, de la plupart de nos colonies, doit être attribuée presque uniquement à l'existence de *marais ;* et la campagne romaine, la côte de Toscane, doivent au voisinage des Maremmes d'être le pays d'élection de la malaria. Les deltas des grands fleuves, les lagunes qui se forment souvent sur les bords des mers sans marées, les cuvettes naturelles dépourvues d'évacuateurs, sont particulièrement exposés à la formation de marécages insalubres.

Ceux qui ne se dessèchent jamais, et qu'on appelle quelquefois les marais mouillés, sont les moins dangereux. Au contraire, les terres marécageuses, où l'eau très peu profonde se renouvelle rarement, et qui découvrent entièrement par l'effet de l'évaporation estivale, perdent alors leur humidité, se fendillent, s'imprègnent de matières organiques en décomposition, deviennent extrêmement malsaines lors des premières pluies. L'insalubrité des marais suppose d'ailleurs la réunion de trois conditions nécessaires : excès d'humidité, accumulation de matières organiques et température élevée; il suffit qu'une de ces conditions manque ou puisse être écartée pour que le péril soit conjuré : ainsi, dans certaines contrées du Nord, dans les Pays-Bas par exemple, on trouve des terres humides et très chargées de matières organiques qui ne sont pas insalubres, parce que la chaleur y fait défaut; de même, il est des régions méridionales qui demeurent indemnes durant les sécheresses, et où l'insalubrité apparaît dès les premières pluies ; et l'on atténue les effets malsains dus aux étangs de notre littoral méditerranéen, en y introduisant pendant la saison chaude l'eau de la mer relativement froide, qui combat efficacement l'échauffement des eaux stagnantes par les rayons solaires.

Le remède radical contre l'influence pernicieuse des marais, véritable fléau connu comme tel dès l'antiquité, c'est évidemment la suppression de l'humidité surabondante qui en est la cause primordiale, autrement dit le *dessèchement*. Les hommes ont senti de tout temps et sous toutes les latitudes la nécessité de pourvoir par ce moyen à l'amélioration de la salubrité publique, et de grands efforts ont été tentés par tous les peuples civilisés pour en réaliser l'application.

194. Historique et législation en France. — En France, où l'existence de marais étendus a donné lieu à de cruelles épidémies au moyen âge, il n'y a eu jusqu'à la fin du xvie siècle que des tentatives isolées de dessèchement de la part des seigneurs, des abbayes, ou des associations privées, dans le golfe du Poitou, aux environs des villes d'Arles et de Narbonne par exemple.

Un édit de Henri IV, en date du 8 avril 1599, marque l'origine de l'action du pouvoir central : cet édit conférait la concession du dessèchement de tous les marais, domaniaux ou privés, au Hollandais Bradley, qui obtenait, entre autres avantages, la moitié des terrains conquis. Dans le but d'exploiter cette concession, Bradley fonda en 1607 l'Association pour le dessèchement des marais et lacs de France, qui entreprit résolument l'œuvre d'amélioration dont elle avait le privilège et la continua à travers de nombreuses péripéties jusqu'à l'époque de la Révolution. C'est sous ce régime de la concession, modifié d'ailleurs en 1654 par la suppression du privilège général, que furent desséchés les marais de Saintonge et de Poitou, les palus de Bordeaux, Blaye et Lesparre, le marais Vernier dans l'estuaire de la Seine, le lac de Sarlières dans la Limagne, etc., sans compter une foule d'entreprises, que les événements politiques, les procès ou les obstacles naturels empêchèrent de mener à bien, de parachever ou d'entretenir, comme les dessèchements des marais d'Arles, de Beaucaire, de Bourgoin, de Picardie, etc.

Le décret-loi des 26 décembre 1790 — 5 janvier 1791 posa le principe du dessèchement par les administrations départementales, en cas d'abstention des propriétaires, et moyennant expropriation du sol, dont la valeur devrait leur être payée en argent ou en nature ; mais cet acte législatif est demeuré lettre morte.

La loi du 16 septembre 1807 est venue substituer à cette sorte d'expropriation préalable le système des plus-values, déterminées par différence au moyen de deux évaluations successives, avant et après les travaux, dans le cas où, à défaut d'exécution par les propriétaires associés, ils sont entrepris par l'Etat ou concédés à un tiers par décret : une part de ces plus-values sert à couvrir l'Etat de ses débours ou à rémunérer le concessionnaire. Un assez grand nombre d'opérations ont été réalisées au xixe siècle sous l'empire de cette loi, qui est d'ailleurs toujours en vigueur, sauf les modifications résultant de la loi du 21 juin 1865-22 décembre 1888 sur les associations syndicales.

Aujourd'hui, lorsqu'il s'agit d'opérer le dessèchement d'un marais appartenant à plusieurs propriétaires, on tente d'abord de les réunir en association syndicale autorisée ; et c'est seulement en cas d'insuccès qu'on fait usage de la loi du 16 septembre 1807. Quant à l'entretien des ouvrages, s'il n'est pas réglé par des usages locaux ou d'anciens actes de concession, il donne lieu à la constitution d'une association syndicale, sauf les cas où l'application de l'article 27 de la loi de 1807 met en jeu l'intervention administrative.

Si la salubrité publique est en cause et si les terres à assainir appartiennent aux communes, les travaux sont régis par la loi du 28 juillet 1860 et le décret du 6 février 1861, rendu en exécution de cette loi : l'initiative est prise par le préfet, si les communes s'abstiennent, et les travaux sont déclarés d'utilité publique, après enquête, par un décret rendu en Conseil d'Etat ; ce décret prescrit soit l'exécution par le gouvernement, soit la location des terres à charge de mise en valeur, sauf remboursement intégral des dépenses par les communes, à moins d'abandon par elles de la moitié des surfaces améliorées.

Enfin un décret-loi des 11-19 septembre 1792, relatif aux étangs insalubres, est encore applicable à la suppression des étangs isolés : le préfet ordonne cette suppression par mesure de salubrité publique, sur l'initiative du Conseil municipal et après avis favorable du Conseil général du département, le Conseil d'arrondissement et le Conseil d'hygiène préalablement consultés ; puis, à défaut d'exécution des travaux par les propriétaires, ils sont entrepris d'office, le plus souvent au moyen de crédits ouverts au budget départemental, et le remboursement des dépenses s'opère comme en matière de curage.

135. Divers modes de desséchement. — Un premier moyen de faire disparaître les marais consiste à combler les dépressions où ils se sont formés : mais ce moyen n'est évidemment applicable que là où l'on peut se procurer des remblais à très bas prix, soit par colmatage, soit par des transports économiques à faible distance. On ne reviendra pas ici sur l'emploi des colmatages, dont il a déjà été question précédemment et dont on a cité des applications intéressantes, notamment celle qui a donné des résultats si considérables sur le littoral de la Toscane. Mais c'est le lieu de citer les travaux entrepris ou projetés pour la suppression des marécages qui rendent insalubre la côte orientale de la Corse : sur un point, pour le comblement de l'étang de Ziglione, M. l'ingénieur Delpit a préconisé et fait approuver en principe un procédé qui consisterait à réaliser artificiellement un colmatage, en établissant, à 1.500 mètres en amont de l'étang, un chantier de délayage, où des sables fins coquilliers, désagrégés par labourage à vapeur, seraient mis en suspension dans l'eau que peut fournir un canal d'arrosage voisin et entraînés par cette eau même jusque dans la dépression occupée par l'étang ; sur un autre point, les marais du Taravo, d'une étendue de 30 hectares, ont été littéralement remblayés au moyen d'un terrassement ordinaire, qui a consisté dans le transport au tombereau, à une distance moyenne de 200 mètres seulement, de 64.000 mètres cubes de terres légères et de sables granitiques empruntés au voisinage.

Dans la plupart des cas, ce moyen serait beaucoup trop coûteux, et il n'est pas possible d'y songer. On se propose alors de débarrasser les dépressions marécageuses des eaux qui les envahissent, sans en modifier la configuration ; à cet effet on emploie, selon les circonstances, trois procédés différents :

si la disposition des lieux est telle que, moyennant des travaux destinés à triompher de l'obstacle naturel ou artificiel qui s'oppose à l'écoulement des eaux, on puisse trouver pour ces eaux un débouché permanent vers une nappe d'eau superficielle, située à un niveau constamment inférieur, on constitue un dessèchement par *écoulement continu ;*

si cette nappe d'eau superficielle a un niveau variable, tantôt inférieur et tantôt supérieur au plan d'eau du marais, auquel dans ces conditions elle ne peut fournir qu'un débouché intermittent, on retient momentanément les eaux surabondantes, pendant la période où ce niveau ne se prête pas à leur évacuation, et l'on déverse les eaux ainsi emmagasinées durant la période suivante, où la nappe se tient au contraire suffisamment bas pour les recevoir, réalisant de la sorte un *écoulement discontinu ;*

enfin, quand il n'existe, au voisinage de la cuvette où les eaux nuisibles s'accumulent, que des nappes superficielles dont le plan d'eau est constamment plus élevé, l'écoulement par gravité se trouvant impossible, il faut nécessairement recourir à l'*élévation mécanique.*

186. Nature et dispositions générales des ouvrages. — Quel que soit le procédé auquel on ait recours pour réaliser le dessèchement des marais, il faut toujours, d'une part, limiter au minimum le volume d'eau à évacuer, en s'opposant à l'afflux des eaux extérieures, et, de l'autre, faciliter l'écoulement rapide de toutes les eaux intérieures vers le débouché : le premier de ces deux objets est atteint par l'établissement d'un *canal de ceinture*, qui entoure la dépression qu'on se propose d'assécher et se développe à un niveau convenablement déterminé pour que les eaux qui y sont reçues trouvent en tout temps un écoulement facile; le second est réalisé par l'ouverture de *rigoles*, tracées de manière à constituer par leur ensemble un *réseau*, capable d'assurer la collecte systématique des eaux pluviales et autres, qui tendent à s'accumuler dans l'intérieur du périmètre délimité par le canal de ceinture, et de les amener jusqu'à l'origine des ouvrages d'évacuation.

A ces *ouvrages généraux* il faut ajouter, dans le cas de l'écoulement discontinu, une capacité susceptible de recevoir l'apport du réseau de rigoles durant les interruptions forcées de l'écoulement : souvent cette capacité est fournie par le réseau lui-même, les sections des rigoles et canaux ayant été spécialement calculées en vue de remplir le but dont il s'agit ; lorsqu'il n'en est pas ainsi, il devient nécessaire de disposer, dans une partie convenablement choisie de la dépression naturelle, un *bassin régulateur*, où puisse être constitué une sorte de lac à niveau variable, dont les bords soient assez escarpés pour ne pas demeurer à l'état de marécages. L'addition d'un semblable bassin peut être également utile dans d'autres cas, pour recevoir les afflux d'eau exceptionnels par les temps pluvieux ou durant les saisons humides, parer aux insuffisances momentanées ou aux défaillances accidentelles des ouvrages d'évacuation, régulariser en un mot le fonctionnement de ces *ouvrages spéciaux*.

Ceux-ci sont de nature différente suivant le procédé adopté : *canal émissaire*, à ciel ouvert ou en souterrain, pour l'écoulement continu, *appareil d'évacuation* à fonctionnement alternatif, et réglé par les variations de niveau de la nappe superficielle, dans le cas de l'écoulement discontinu, *engins élévatoires*, lorsqu'il faut recourir au refoulement mécanique des eaux.

Le canal de ceinture est toujours une rigole en terre, dont la section est calculée de manière que le plan d'eau s'y tienne à hauteur convenable pour ne point trop assécher les terrains supérieurs ni rendre humides ceux d'aval. Son débit probable se déduit, soit des observations pluviométriques opérées dans le bassin, soit du jaugeage des cours d'eau affluents; il convient d'ailleurs que la vitesse y soit réglée de manière à ne provoquer ni corrosion des talus ou du radier en terre, ni dépôt des matières en suspension; c'est d'après cette double condition qu'on détermine les pentes du profil en long. La coupe transversale figure d'ordinaire, comme pour toutes les rigoles en terre, un trapèze à base horizontale, dont les côtés sont inclinés à 1 pour 1 ou 3 pour 2 ; souvent on y ajoute un élargissement formant lit majeur pour le cas des crues et parfois même des

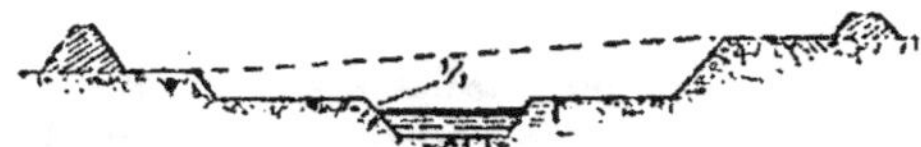

bourrelets, limitant le débordement exceptionnel des eaux au delà du lit majeur ; les parties de la section qui ne sont couvertes que rarement par les eaux se prêtent à l'établissement de prairies. Les eaux recueillies par le canal de ceinture sont conduites par la gravité jusqu'à la nappe superficielle qui doit les recevoir : elles sont parfois utilisées, si les circonstances locales s'y prêtent, pour l'irrigation de la surface asséchée, qu'elles dominent et dont elles peuvent favoriser de la sorte l'utilisation agricole; parfois aussi pour la production de force motrice.

A l'intérieur de la surface entourée par le canal de ceinture, le réseau des rigoles de dessèchement comporte un ou plusieurs troncs communs d'évacuation, ou rigoles principales, d'où se détachent des branches secondaires, qui elles-mêmes se subdivisent en ramifications tertiaires. Toutes sont de simples fossés, creusés assez profondément dans le sol, sans toutefois dépasser d'ordinaire 2 m. 50 afin de ne pas pousser trop loin l'assèchement. Ce même réseau de rigoles peut être utilisé, dans les périodes sèches, pour l'amenée et la distribution des eaux d'irrigation, lorsqu'il en est fait emploi après la mise en culture.

L'exécution de ces canaux et rigoles de dessèchement, ne comportant que de simples terrassements, n'appelle pas d'indications spéciales : il convient seulement de signaler qu'il y a généralement au cours de ces travaux des précautions particulières à prendre, pour protéger les populations du voisinage et plus encore les ouvriers occupés sur les chantiers contre le danger des fièvres paludéennes, d'autant plus redoutable que le climat est plus chaud, la saison plus sèche, les vents plus fréquents et plus intenses. Ces précautions sont analogues à celles qu'on a déjà recommandées plus haut à propos des curages : en outre on évitera, surtout pendant les chaleurs, de mettre à découvert une grande surface de marais ; et, si c'est possible, on fera sur les parties desséchées des plantations d'eucalyptus ou autres à végétation rapide.

287. Dessèchements par écoulement continu. — Le *canal émissaire*, l'ouvrage caractéristique des dessèchements par écoulement continu, n'est autre chose qu'un aqueduc libre, dont la construction ne présente point de particularités autres que celles dont il a été question précédemment au sujet de l'amenée des eaux par la gravité : les obstacles naturels qu'il rencontre sur son parcours, et qui, s'opposant à l'écoulement des eaux, constituaient la cause même de l'état marécageux de la surface qu'on se propose d'assécher, sont tournés ou franchis par les moyens qu'on a indiqués alors ; dans la plupart des cas l'ouvrage est établi en tranchée ou en souterrain. Au reste quelques exemples fixeront les idées à cet égard.

Fréquemment le relief du sol, qui s'oppose à l'écoulement des eaux et les retient stagnantes sur de grandes étendues, est si peu prononcé, les différences de niveau si faibles, qu'on ne parvient qu'à grand'peine à donner à l'émissaire la pente convenable pour une évacuation régulière et permanente : par là on s'explique l'insuccès de bien des tentatives et les efforts réitérés qu'il a fallu faire, dans nombre de cas, pour parvenir au résultat final. C'est ainsi que les *marais de Bourgoin*, dont Louis XIV avait donné la concession à Turenne, n'ont pu être définitivement asséchés qu'au commencement du XIXe siècle, par une société qui avait acheté les droits de la famille du maréchal, dont les entreprises successives, bien qu'aidées par des spécialistes affiliés à l'Association pour le dessèchement des marais, se heurtant aux difficultés inhérentes à l'opération en même temps qu'à des résistances locales, étaient demeurées finalement infructueuses : ces marais occupaient, sur une superficie de 7.200 hectares, l'emplacement probable d'un ancien lit du Rhône ; et l'on n'en a eu raison que par la création d'un double système de canaux aboutissant au Rhône de part et d'autre, qui a enfin rendu à la culture cette région sise au nord-est du département de l'Isère. De même, le dessèchement des *marais d'Arles* n'a été complètement réalisé qu'après l'ouverture du canal d'Arles à Bouc en 1827 ; et cependant ces anciennes lagunes, transformées en marécages par la fermeture des communications avec la mer, avaient été l'objet d'essais de dessèchement dès le moyen âge ; le corps de vuidange, le canal du Vigueirat remontent à plusieurs siècles ; Bradley, appelé dès 1606 à Arles, sur l'avis du président du Vair, n'avait pu faire adopter ses projets ; mais un membre de l'Association qu'il avait créée, Van Ens, avait traité avec les intéressés en 1642 et ouvert deux grands canaux, dans la direction du golfe de Fos ; ses successeurs, Herwarth, Jean Hœufft, etc., avaient continué l'œuvre à travers maintes péripéties et de nombreux procès ; des inondations répétées avaient tout remis en question. Ces marais forment trois groupes importants : deux sur la rive droite du Rhône, avec une surface de 16.220 hectares, reçoivent les eaux d'un bassin versant de 93.000 hectares ; le troisième, dit des Baux, sur la rive gauche, n'a que 1.825 hectares de superficie, mais son bassin versant en comprend 24.800 ; pour les deux premiers il n'a pas fallu ouvrir moins de 77 kilomètres de grands canaux, de 12 à 15 mètres de largeur, et 48 kilomètres de canaux secondaires, avec 39 ponts, 12 écluses, etc. ; le troisième comporte un bassin régulateur de 4 millions de mètres cubes de capacité ; le débit normal atteint 53 mètres cubes sur la rive droite et 17 sur la rive gauche ; on conçoit que la dépense a été fort élevée, on peut admettre toutefois qu'elle est couverte par les plus-values considérables qu'elle a permis de réaliser. Le dessèchement des marais de la Camargue a été réalisé de même depuis 1880 par le simple creusement de canaux aboutissant à l'étang de Valcarès, ancienne lagune, séparée de la mer par une digue littorale, à travers laquelle un pertuis avec vannage permet l'écoulement des eaux surabondantes.

Il y a des cas, au contraire, où l'obstacle naturel à vaincre est une ligne de collines ou de montagnes, barrant toute issue aux eaux que reçoit une dépression en forme de cuvette plus ou moins profonde, alors qu'il existe d'autre part des nappes superficielles à un niveau inférieur, vers lesquelles ces eaux pourraient être évacuées : la solution est alors tout indiquée, c'est le percement d'un aqueduc souterrain ; mais la difficulté réside dans l'exécution d'un pareil ouvrage, de longueur parfois considérable, à travers des terrains plus ou moins compacts, et dans la dépense généralement très élevée qui en résulte. On a desséché par ce procédé, en 1850, le *plateau de Champline*, qui forme une cuvette, séparée de la vallée du Doubs par les collines du Lomout, où les eaux, n'ayant d'autre moyen naturel d'évacuation que des entonnoirs, ou des fissures à travers le rocher fendillé, inondaient deux ou trois fois par an les bas-fonds sur une étendue de 225 hectares : un tunnel maçonné, de quelques centaines de mètres de longueur, capable de débiter 19 mètres cubes à la seconde, a été percé à cet effet dans le calcaire oolithique. Le même moyen a permis de créer de belles cultures irriguées à l'emplacement de l'ancien *lac Stymphale*, dans le Péloponnèse, où s'accumulaient les eaux abondantes des sources de Kionia, dont les fissures du terrain, ou katavothres, étaient impuissantes à évacuer le produit.

A ce type de dessèchements se rattachent les belles opérations du *lac Fucino*, en Italie, et du *lac Copaïs*, en Grèce. La première avait déjà été réalisée à l'époque romaine : l'empereur Claude avait fait exécuter à cet effet, par 30.000 hommes sous la direction de l'affranchi Narcisse, un souterrain de 5.700 mètres de longueur, percé, pour la majeure partie, dans le roc dur, dans l'espace de onze années, et par le moyen de 40 puits ou galeries inclinées, atteignant jusqu'à 120 mètres de profondeur ; obstrué par des éboulements à plusieurs reprises, réparé sous les règnes de Trajan et d'Adrien, ce souterrain s'était comblé peu à peu et le pays avait repris au moyen âge son insalubrité primitive, le lac reconstitué couvrait une superficie de 15.000 hectares, au centre d'un bassin de 65.000 hectares, complètement entouré de hautes montagnes, et les variations du plan d'eau, qui atteignaient jusqu'à 12 mètres, étaient une cause permanente de fièvres paludéennes qui décimaient la population attirée dans le district d'Avezano (à 86 kilomètres au sud de Rome et 150 au Nord de Naples) par la fertilité du sol ; un riche particulier, le prince Torlonia, entreprit, avec ses seules ressources, de recommencer l'opération colossale qu'avait réalisée l'empereur Claude et devant laquelle avaient reculé les rois de Naples ; les travaux, commencés en 1851, sous la direction de l'ingénieur français de Montricher, l'auteur du canal de Marseille et de l'aqueduc de Roquefavour, furent achevés par ses successeurs, deux Français aussi, Bermont et Brisse ; le nouveau souterrain, ouvert, comme l'ancien, sous le mont Salviano et vers le fleuve Liri, à l'aide des puits antiques,

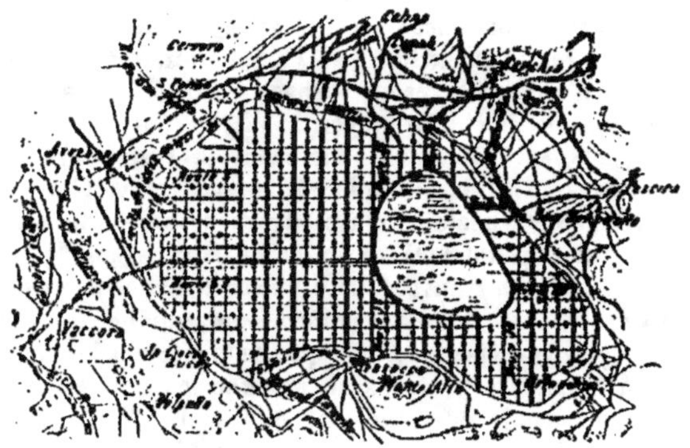

mais avec une section plus considérable (19 mètres carrés au lieu de 5) et à un niveau inférieur, sur 6.300 mètres de longueur, se prolonge en amont par un canal émissaire de 15 mètres de largeur au plafond et 8.000 mètres de longueur, avec pente de 0 m. 14 par kilomètre, où 650 kilomètres de rigoles et de fossés viennent déverser les eaux recueillies sur toute la surface environnante, et qui communique avec un bassin régulateur d'une capacité de 55 millions de mètres cubes. Ces travaux gigantesques

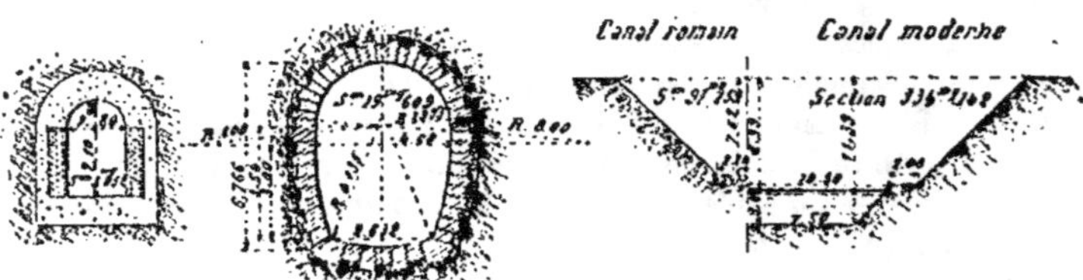

ont déterminé la conquête de 15.775 hectares de terres, dont 1.000 ont dû être abandonnés aux communes ; ils n'ont pas coûté moins de 43 millions de francs, y compris les ouvrages accessoires et notamment un réseau de routes agricoles de 210 kilomètres de développement, soit plus de 3.000 francs par hectare ; mais ces énormes sacrifices sont compensés par la fertilité extrême de ces terres et surtout par l'amélioration de la salubrité du pays, d'où les fièvres ont disparu et où la mortalité est tombée au-dessous du chiffre moyen de l'Italie tout entière.

Le *lac Copaïs*, sorte d'immense marécage qui couvrait jusqu'à 25.000 hectares en Béotie, au nord de Thèbes, et recevait les eaux d'un bassin de 200.000 hectares, n'avait d'autre issue vers le détroit de Nègrepont que des katavothres ou larges fissures dans le massif montagneux, où se trouvent deux autres lacs, beaucoup plus petits mais profonds, le Likéri et le Paralimni, qui occupent des entonnoirs à parois escarpées ; bien que de tout temps les fièvres aient ravagé la contrée, il ne paraît pas que les anciens aient tenté ni même conçu le dessèchement, qu'il était réservé encore à des Français de proposer et d'accomplir ; l'idée en est due à Sauvage, ingénieur des mines, qui en a signalé l'utilité et la possibilité en 1846 ; le projet en a été étudié par un ingénieur civil, Moule, qui, en 1879, traça des émissaires destinés à écouler les eaux à la mer, par l'intermédiaire des deux lacs inférieurs, à travers les seuils rocheux ; les travaux furent entrepris et menés en grande partie à bien par une compagnie française, qui les avait confiés à deux ingénieurs des ponts et chaussées, MM. Taratte et

Pochet et a pris les conseils de l'inspecteur général Pascal ; ils ont consisté à établir un canal de ceinture de 9 à 22 mètres de

largeur au plafond, capable d'écouler jusqu'à 250 mètres cubes par seconde, un réseau de dessèchement dont l'artère principale a un débit de 5 mètres cubes, un émissaire en tranchée et en souterrain jusqu'au Likéri, un déversoir par dérasement d'un seuil naturel entre le Likéri et le Paralimni ; il reste à compléter le système d'évacuation vers la mer, en achevant le tunnel d'Hungara et celui d'Anthedon, qui donnera lieu à une chute hydraulique de plusieurs milliers de chevaux de force, puis à créer, par l'aménagement des petits lacs, une réserve précieuse d'eau destinée à l'irrigation ; mais, dès à présent, le marécage a disparu, et l'exploitation des terres a été entreprise par une Compagnie anglaise, qui est maintenant titulaire de la concession et à qui incombent les travaux d'achèvement.

236. Dessèchements par écoulement discontinu. — L'appareil d'évacuation, indispensable aux dessèchements par *écoulement discontinu* et qui permet d'écouler les eaux surabondantes au moment opportun, varie naturellement de type et d'importance suivant les cas ; mais toujours il vient se placer dans l'épaisseur des digues naturelles ou artificielles, qui protègent les surfaces intéressées contre l'invasion des hautes mers.

Quand le volume d'eau à évacuer est de minime importance, ce peut être un simple conduit, muni d'une vanne, qu'on manœuvre à volonté, ou d'un clapet automatique, qui s'ouvre à mer basse, pour livrer passage aux eaux de l'intérieur, et se referme au moment du flot, sous la pression de la marée montante. On trouve, par exemple, sur le littoral de la Manche, des vallées barrées par des cordons de galets, comme celles de la Durdent à Veulettes, de la Scie et de la Saâne près de Dieppe où les eaux, s'étalant en

arrière des digues naturelles formées par la mer, constituaient de
véritables marécages : on en a eu raison en établissant à travers
les digues des *buses* d'évacuation, en bois, avec clapet à char-

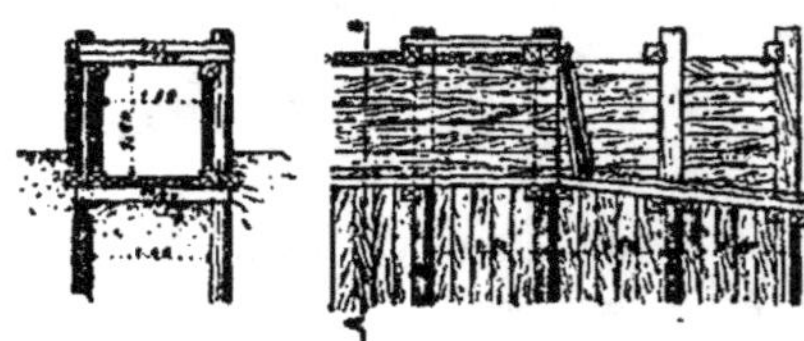

nière, également en bois, du côté de la mer et vanne de sûreté en
amont. Le même dispositif se rencontre à l'étier de Pont-Mahé,
sur la limite des départements de la Loire-Inférieure et du Morbi-
han, qui est l'évacuateur des marais d'Assérac et de Pénestin : le
dessèchement de ces marais a été obtenu en établissant sous les
dunes de sable, qui obstruaient l'évacuateur, un aqueduc en
maçonnerie, fondé sur le rocher, s'avançant suffisamment en mer
pour éviter les sables mouvants, et pourvu d'un obturateur automatique doublé en arrière par un jeu de vannes.

S'il s'agit de canaux de plus grandes dimensions, on a recours
à des *pertuis*, analogues à ceux des bassins de navigation, qu'on
garnit de portes busquées : c'est la disposition adoptée pour les
principaux débouchés des *Waeteringues du Nord et du Pas-de-
Calais*, qui fournissent en France l'exemple le plus considérable
de dessèchement par écoulement discontinu. On désigne sous ce
nom une vaste étendue de terres, comprises entre le rivage de la
mer du Nord et les collines de l'Artois, depuis Sangatte jusqu'à
la frontière belge, contrée jadis couverte d'eau et où les villages
émergeaient comme des îles : protégée contre l'invasion de la mer
par une ligne de dunes naturelles, que complètent en quelques
points des digues faites de main d'homme, cette région ne communique avec la mer que par les ports de Calais, de Gravelines
et de Dunkerque, où aboutit un réseau très complet de rigoles
de dessèchement, appelées waetergands, indépendantes des canaux de navigation et qui se terminent par des écluses ; sur le
parcours, des pertuis, munis de vannes ou d'écluselles, permet-

tent de régler à volonté le niveau de l'eau, de manière à en assurer l'évacuation quand elle surabonde, à la ménager ou même à en emprunter à l'Aa, la rivière de Gravelines, quand elle fait défaut, pour l'irrigation ou l'abreuvage du bétail. Il faut remonter jusqu'au x° siècle pour trouver la trace des plus anciennes

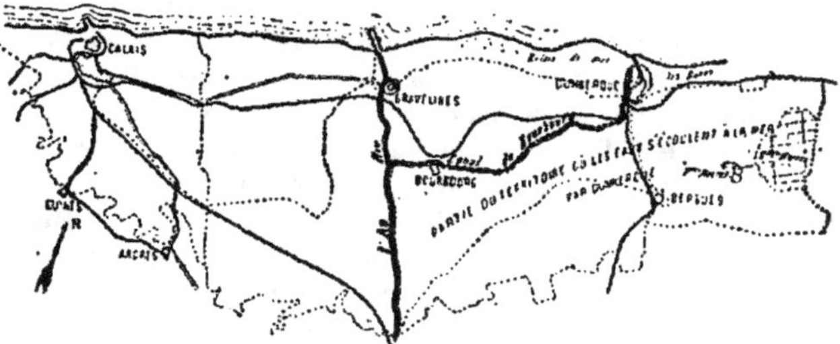

tentatives d'endiguement de l'Aa; au xii°, une première association se forma en vue de l'assèchement du pays, et à diverses époques des travaux furent entrepris, des règlements édictés, pour mener à bien cette opération difficile, maintes fois remise en question par des inondations générales; elle n'a été effectuée définitivement qu'après la réorganisation de 1806-1809 : les Waeteringues sont aujourd'hui régies par une ordonnance du 27 janvier 1837 et un décret du 29 janvier 1852, modifié par un autre décret du 17 décembre 1890. La surface totale, de 81.000 hectares, est partagée en douze sections, administrées par des commissions dont les membres sont choisis par les intéressés ; l'exploitation et l'entretien, assurés par ces commissions aux frais des propriétaires, ne coûtent que 3 fr. 50 à 4 fr. 75 par hectare : moyennant cette dépense minime et quelques travaux payés à part, on maintient dans tout le pays un état de prospérité et de richesse agricole tout à fait remarquable.

139. Dessèchements par élévation mécanique. — Les *machines élévatoires*, qui caractérisent ce dernier mode de dessèchement, ont un double objet : il leur faut d'abord réaliser un premier épuisement général, destiné à faire disparaître la réserve séculaire qui s'est accumulée à la longue dans la dépression qu'on projette d'assécher; ensuite elles n'auront plus qu'à faire face à l'apport régulier des eaux météoriques sur la surface délimitée par le canal de ceinture. Généralement, l'effort nécessaire pour ce dernier travail, continu et durable, facile à calculer d'ailleurs dès qu'on connaît la hauteur annuelle de pluie et les coefficients d'évaporation et d'infiltration, est très notablement inférieur à celui que réclame la première partie de l'opération et qui dépend tant de l'importance de la masse d'eau accumulée que du temps dont on dispose pour en avoir raison : il en résulte que l'installation mécanique doit être envisagée à deux points de vue différents, et se prête à des solutions diverses, suivant qu'on se propose d'établir dès l'origine l'outillage définitif, sauf à lui demander momentanément un plus grand effort, ou qu'on préfère recourir d'abord à des engins provisoires plus puissants, auxquels succéderont par la suite d'autres appareils de moindre débit pour l'entretien.

Parmi les dessèchements de ce genre, il convient de mentionner tout d'abord *les Moëres*, qui font suite vers l'est au territoire des Waeteringues et s'étendent jusqu'au delà de la frontière

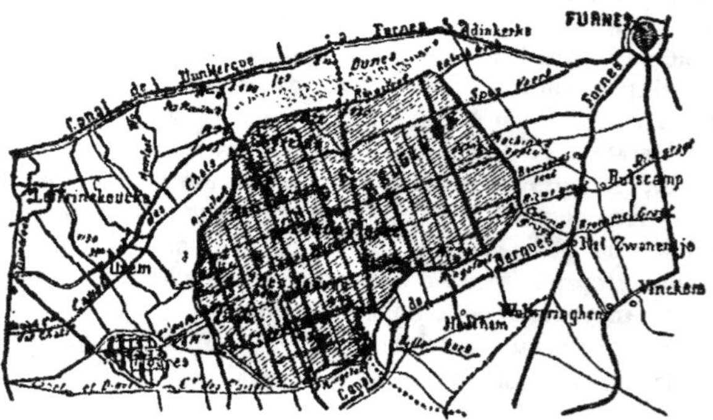

belge, dans la direction de Furnes : ce sont d'anciens étangs marécageux, de 3.500 hectares de superficie, dont le sol se tient à un niveau inférieur à celui des basses mers, et qui, en raison de leur insalubrité, ont été l'objet de nombreuses tentatives d'amélioration depuis plusieurs siècles. Le premier travail de dessèchement, digne de ce nom, a été exécuté, en vertu d'une concession du 22 avril 1619, par Cobergher, qui ouvrit un réseau de rigoles, établit vingt-quatre moulins à vent et creusa un canal d'évacuation aboutissant à Dunkerque ; mais, dès 1646, un corps espagnol, commandé par le marquis de Leyde, détruisait les ouvrages, et le pays, de nouveau inondé, ne fut définitivement asséché qu'en 1809, au moyen de huit moulins à vent, du type hollandais, à grandes ailes, de 13 mètres de longueur sur 2 de large, actionnant des vis d'Archimède, auxquels s'ajoutèrent ultérieurement trois usines à vapeur, dont une seule en France, à l'extrémité du canal de ceinture : un syndicat administre les Moëres, par application de règlements du 2 mars 1807 et du 22 mars 1822, et moyennant une dépense minime, 9 francs environ par hectare et par an, supportée par les intéressés.

Le dessèchement des *marais de Fos*, qui couvraient 4.500 hectares entre la Crau et le canal d'Arles à Bouc, est le plus important des travaux de ce genre qu'on ait exécutés de nos jours en France : concédé par la loi du 9 août 1881 à la compagnie de la Crau, il a été entrepris en 1883. La surface qu'il fallait assécher était couverte presque en tout temps par les eaux qui proviennent des marais d'Arles par les canaux de la Vidange et du Vigueirat, en raison des variations du plan d'eau du canal d'Arles à Bouc que la mer maintient à un niveau supérieur : cette surface a été partagée en quatre bassins, Fos, Galéjon, Capau et l'Etourneau ; les deux premiers (570 et 370 hectares) ont été aménagés en 1884 et 1885, et pourvus respectivement, l'un de deux pompes centrifuges Gwinne à axe horizontal, pouvant débiter chacune 1.200 litres par seconde, l'autre d'une pompe semblable de 1.700 litres, toutes trois mues par des moteurs à vapeur compound et capables d'élever à la fois les eaux affluentes et celles des nombreuses sources artésiennes (*laurons*) ; on a ensuite établi au bassin de Capau (1.500 hectares), où les eaux artésiennes sont moins abondantes, deux pompes centrifuges Farcot à axe vertical, commandées par des moteurs genre Corliss, qui se sont trouvées assez puissantes pour élever en outre les eaux du bassin de l'Etour-

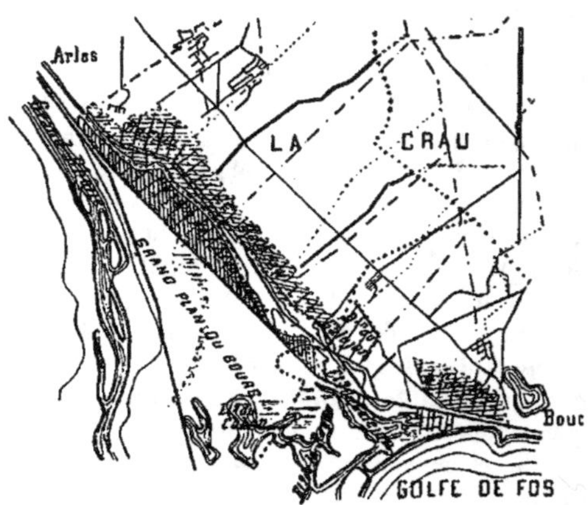

neau (1.350 hectares). La surface asséchée se couvre de cultures
(vignes et prairies), qui jusqu'à présent malheureusement ne
paraissent pas appelées à fournir une rémunération suffisante de
la dépense ; du moins les marais ont disparu et avec eux l'état
d'insalubrité dont souffrait le pays.

A l'étranger, notamment en Angleterre et en Italie, de vastes
étendues ont été aussi desséchées par l'emploi de moyens mécaniques pour l'élévation des eaux. Nous citerons à titre d'exemple
les travaux exécutés, en vertu de la loi du 11 décembre 1878,
dans le *delta du Tibre*, où 12.500 hectares de marais, qui répandaient la malaria aux alentours, ont été asséchés par le moyen de
canaux répartis en deux étages, et d'une grande usine de plus de
500 chevaux de force, actionnant des turbines hydropneumati-
ques à axe vertical, pour le relèvement des eaux de l'étage inférieur.

Mais la terre classique des dessèchements de ce genre est la
Hollande, où l'on donne le nom de *polders* à toutes les surfaces
conquises sur les eaux pour la culture, et où depuis plusieurs
siècles les populations, encouragées d'ailleurs par les pouvoirs
publics (subventions, exemptions d'impôt, etc.), sont parvenues
à tirer parti peu à peu de près de 300.000 hectares de terrains sis

au-dessous du niveau de la mer et jadis couverts d'eau. L'importance des polders hollandais est très variable : il en est de peu étendus, qui n'ont donné lieu qu'à des ouvrages fort modestes, et d'autres très considérables, qui comportent de larges canaux et de puissantes usines ; pour quelques-uns la hauteur d'élévation des eaux est assez grande, et l'on a procédé alors, comme au polder de Zuidplas (4.600 hectares — entre Rotterdam et Gouda), par relèvements successifs étagés. Le creusement du canal maritime, exécuté de 1865 à 1876 pour relier Amsterdam à la mer du Nord, ayant eu pour conséquence l'établissement du barrage de Schellingwoode, qui a séparé le golfe de l'Y du Zuiderzée, on en

a profité pour dessécher la majeure partie du golfe et conquérir 5.300 hectares de terres fertiles, qui se sont vendues à raison de 4.000 à 5.000 francs l'hectare : il a fallu construire à cet effet 21.600 mètres de canaux et installer 8 pompes centrifuges, actionnées par des moteurs à vapeur de 12 chevaux de force, mais deux de ces pompes suffisent habituellement à l'entretien normal. Cette belle opération, quelle qu'en soit l'importance, n'approche pas de celle qu'a réalisée de 1840 à 1852 l'État néerlandais, en asséchant le lac de Haarlem, de plus de 18.000 hectares de superficie, où une bataille navale fut livrée en 1573 et qui occupait une étendue de 20 kilomètres de longueur sur 10 de large : le canal de ceinture, qui délimite le périmètre desséché, n'a pas moins de 59 kilomètres de développement, avec 29 mètres de largeur au plafond et 2 m. 20 de profondeur ; trois grandes usines à vapeur de 250 à 300 chevaux de force, et qu'on a dû transformer récemment, y élèvent les eaux recueillies par le réseau intérieur de rigoles ; la dépense a été de près de 29 millions de francs, dont 9 millions seulement sont restés après la vente des terres à la charge du trésor, qui a d'ailleurs trouvé dans les bénéfices indirects une large compensation de ses sacrifices. Le remarquable succès obtenu au lac de Haarlem devait nécessairement faire naître la question du dessèchement du Zuiderzée lui-même, qui a donné lieu à plusieurs projets successifs, dont le dernier comporte une digue de 40 kilomètres de longueur, qui deviendrait une magnifique voie de communication entre deux provinces actuellement séparées par le golfe et le transformerait en un lac d'eau douce, où la navigation maritime continuerait d'avoir accès, et où l'on prévoit la conquête de quatre groupes de polders d'une étendue de plus de 200.000 hectares.

CHAPITRE XVIII

ASSAINISSEMENTS AGRICOLES ET DRAINAGES

Sommaire : 140. Caractère des assainissements agricoles ; 141. Grands travaux d'assainissement ; 142. Principe et développement du drainage ; 143. Législation spéciale ; 144. Etablissement des projets de drainage ; 145. Travaux de drainage ; 146. Drainages spéciaux ; 147. Irrigation et drainage combinés.

140. Caractère des assainissements agricoles. — Les terres humides peuvent être asséchées et rendues propres à la culture par simple *assainissement agricole*, quand il suffit d'y établir un réseau de fossés ou rigoles d'égouttement aboutissant aux émissaires naturels de la région et d'améliorer l'écoulement des eaux dans ces émissaires.

Le caractère distinctif des opérations qui rentrent dans cette définition est, en conséquence, de ne pas comporter d'ouvrages d'art importants. L'étude n'en est pas moins fort délicate souvent, et il faut parfois de longues et patientes recherches, des tâtonnements successifs, des essais réitérés, pour découvrir le système qui s'adapte le mieux aux circonstances, sans entraîner de dépenses hors de proportion avec l'objet qu'on se propose d'atteindre. Aussi ne saurait-on tracer de règl. générales pour la solution du problème : dans chaque cas particulier il soulève des difficultés spéciales, dont on ne parvient bien des fois à triompher qu'après des efforts nombreux et plus d'un échec partiel. C'est alors sans doute une besogne ingrate et qui ne trouve que tardivement sa récompense dans les résultats obtenus : il est vrai que ces résultats peuvent être d'une importance capitale pour la prospérité du pays et sa richesse agricole, au point de faire ressortir un singulier contraste avec la simplicité des moyens mis en œuvre et la modicité des sacrifices consentis.

A titre d'exemple on peut citer l'assèchement des prairies humides de certaines parties de l'Angleterre et de l'Ecosse, qui a été obtenu en traçant sur les pentes des rigoles presque horizontales, destinées à recueillir au passage les eaux de ruissellement et à les diriger rapidement vers un canal d'évacuation, établi d'ordinaire suivant une ligne de plus grande pente : ces rigoles y ont reçu le nom de *sheep drains*, parce qu'elles ont pour effet de favoriser le pâturage par les bêtes ovines, antérieurement exposées à une humidité malsaine.

Un procédé analogue a procuré à peu de frais (60 à 120 francs par hectare) l'égouttement des eaux dans ces immenses plaines des environs de Bologne, en Italie, où la culture souffrait autrefois de leur stagnation, conséquence de la très faible déclivité du sol. Il a suffi, pour les améliorer, d'ouvrir des rigoles d'assèchement dans l'axe de larges chemins, disposés à un niveau un peu

inférieur à celui du sol et susceptibles de former lit majeur à l'époque des pluies, puis des canaux généraux de grande section qui reçoivent à leur tour le débit de ces rigoles ; les terres en culture sont disposées en planches, séparées par des raies de labour normales aux chemins et conduisant aux rigoles les eaux surabondantes ; les raies occupent peu d'espace et se déplacent fréquemment, et le produit de l'herbe qui pousse sur les chemins, grâce à la fraîcheur entretenue par les débordements périodiques des rigoles principales, compense largement la réduction de surface qui est résultée de l'établissement des rigoles et des canaux. Le pays est devenu par ce moyen d'une fertilité remarquable.

En Algérie, notamment dans la plaine de l'Habra, on a complété l'effet des ouvrages destinés à favoriser l'évacuation des eaux par la plantation d'*eucalyptus*, arbre à pousse rapide, qui en deux ans y atteint 6 mètres de hauteur et 0 m. 30 de diamètre, et auquel on attribue une faculté d'évaporation et des propriétés fébrifuges qui en feraient un précieux auxiliaire pour l'amélioration des contrées marécageuses.

Des opérations de ce genre peuvent être entreprises aisément par des particuliers dans des domaines d'étendue restreinte, sauf à varier les dispositions suivant les circonstances. Mais souvent il y a grand avantage à procéder par voie d'ensemble : les travaux appellent alors l'intervention des administrations publiques ou la formation d'associations syndicales, comme pour les dessèchements. Bien des assainissements agricoles ont été jadis exécutés en France en vertu de concessions ou de privilèges octroyés par les seigneurs ou par le pouvoir royal ; et l'Association pour le dessèchement des lacs et marais, qui s'était formée au xviiᵉ siècle sous les auspices de Henri IV, en compte beaucoup à son actif. Des régions entières ont été transformées de la sorte au xixᵉ siècle : il convient de décrire les moyens employés pour quelques-unes au grand profit de notre agriculture nationale.

141. Grands travaux d'assainissement. — La vaste *plaine du Forez,* dont l'étendue est de 62.000 hectares, et qui occupe les deux rives de la Loire entre les monts du Forez et du Beaujolais et les plateaux de Neuflize et de Saint-Étienne, était autrefois très insalubre, par suite de la stagnation générale des eaux sur un sol imperméable, à déclivité extrêmement faible (0 m. 00125 par mètre), et de l'existence de nombreux étangs artificiels, qu'on mettait alternativement en eau pendant deux ans et en culture pendant une égale durée. Dès 1825 le Conseil général du département de la Loire s'était ému de cet état de choses ; mais c'est seulement en 1857 qu'une décision ministérielle, en date du 6 juin, a tracé le programme des travaux à entreprendre : curage des cours d'eau et fossés, ouverture de canaux d'écoulement, suppression des étangs insalubres. Le périmètre devait être divisé en neuf bassins, dont quatre sur la rive droite de la Loire et cinq sur la rive gauche, plus étendue et plus insalubre, pour être assainis successivement par l'intervention de syndicats, en application des articles 35, 36 et 37 de la loi du 16 septembre 1807.

Quatre de ces syndicats ont été constitués pour trois bassins de la rive gauche (La Mare, Vizézy, Onzon) et un de la rive droite

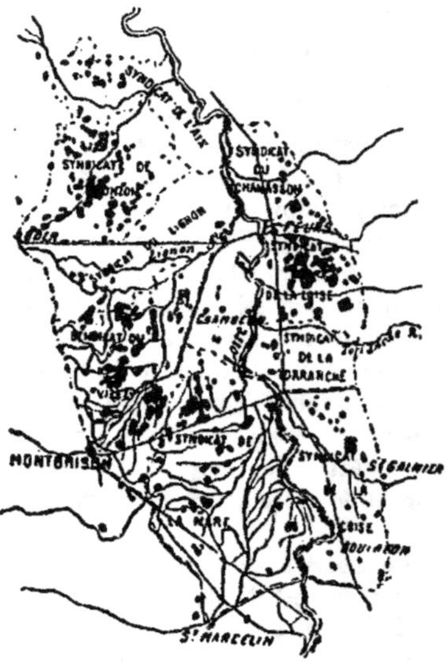

(Loise) : celui de la Mare, qui remonte au 7 décembre 1859 et comprend 15 communes, a entrepris la transformation de 13.212 hectares ; celui du Vizézy, qui s'est formé le 17 février 1866, intéresse 10 communes et 7.772 hectares ; celui de la Loise (4.913 hectares) date du 9 juillet 1881 et celui de l'Onzon (6.600 hectares) du 17 août 1885. Les travaux ont consisté principalement dans l'ouverture de fossés et canaux, dont le plafond est tenu à 1 mètre au moins en contrebas des points les plus déprimés du sol, et qui sont tracés de manière à éviter de trop grands déblais, en interposant au besoin de petites chutes maçonnées. La fièvre paludéenne a diminué à la suite de ces travaux dans une très forte proportion ; les inondations, qui se produisaient autrefois pendant plusieurs semaines chaque année, ont presque disparu ; et la

culture, favorisée sur quelques points par des irrigations grâce à
la création du canal du Forez, a si bien progressé que la plus-
value des terres est évaluée en moyenne à 300 francs par hectare,
couvrant jusqu'à huit et dix fois le montant des dépenses.

Les *Landes de Gascogne*, dont la superficie atteint 800.000 hectares, et qui couvrent tout le pays compris entre la côte de
l'Océan, la Garonne et l'Adour, formaient, avant les travaux d'assainissement, une immense plaine, presque totalement dépourvue
d'écoulement vers la mer, à cause de la présence de la ligne des
dunes ; couverte d'eau en hiver, desséchée et aride en été, cette
plaine ne se prêtait à aucune culture ; et, malgré la douceur du
climat, la population très clairsemée qui y vivait misérablement,
sans autre ressource que la garde de maigres troupeaux conduits
au pacage à travers les flaques d'eau par des bergers montés sur
des échasses, souffrait des fièvres paludéennes et d'une maladie
spéciale à la région, la pellagre. Plusieurs tentatives d'amélioration avaient échoué, quand un ingénieur des ponts et chaussées, M. Chambrelent, réussit à opérer sans trop de frais la mise
en valeur d'un domaine privé de 500 hectares situé au sud de
Bordeaux : ce fut le point de départ de l'assainissement général
qui ne tarda pas à être entrepris par les mêmes procédés, dont
la pratique avait démontré l'efficacité remarquable. La loi du
19 juin 1857 en vint réglementer l'application systématique aux
292.000 hectares de landes appartenant aux 162 communes : les
travaux, entrepris par l'Etat et confiés à l'auteur même du procédé mis en œuvre, ont été menés si rapidement que l'assainissement proprement dit pouvait être considéré comme terminé dès
1865 ; ils ont été exécutés aux frais des communes, sans qu'elles
aient eu besoin de recourir aux avances que l'Etat leur offrait,
grâce à l'aliénation d'une partie de leurs terres, qui, à raison de
65 francs l'hectare en moyenne, a produit 13 millions ; la mise en
valeur des terres assainies, par la plantation de pins, a été plus
lente, mais les particuliers y contribuent et la valeur forestière
ainsi créée augmente chaque année, atteignant déjà 300 à 400
millions de francs. L'opération a été largement fructueuse,
puisque la valeur moyenne de l'hectare s'est élevée à 270 francs,
tandis que la dépense des travaux d'assainissement est ressortie

à 5 fr. 40 seulement ; et, au point de vue de la salubrité, le résultat a été merveilleux, puisqu'aujourd'hui la région est une des plus saines de la France. L'Etat n'a eu à supporter que les dépenses de construction d'un réseau de routes agricoles et celles des travaux qui ont été exécutés pour l'évacuation finale des eaux vers la mer. Le mode d'assainissement auquel on a eu recours, approprié à la nature du sol, qui est composé d'une couche mince de sable blanchâtre, ferrugineux et sans calcaire ni argile, de 0 m. 30 à 0 m. 50 d'épaisseur, au-dessous de laquelle règne une deuxième couche imperméable (alios), d'aspect rougeâtre et compacte, formée par l'agglutination du sable et de sels de fer en présence de matières végétales décomposées, et qui repose elle-même sur une masse de sable fin de profondeur indéfinie, a consisté dans l'ouverture de fossés traversant la première couche

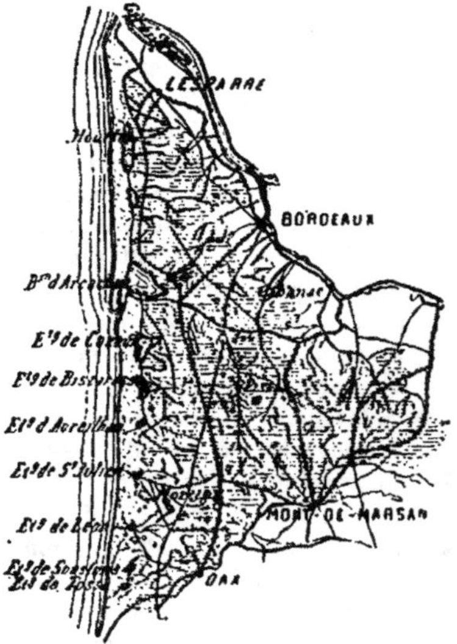

et pénétrant dans l'alios : ces fossés forment un réseau de 2.200 kilomètres de développement, qui recueille les eaux de superficie,

autrefois stagnantes dans ce pays si plat qu'il a été difficile d'y
déterminer les lignes de partage des eaux entre les bassins de la
Garonne et de l'Adour et celui de la Leyre, affluent du bassin
d'Arcachon ; profonds de 0 m. 50 à 0 m. 60, ils n'ont pu recevoir
en général qu'une pente de 0,001 à 0,003 ; les principales
artères ont été dirigées soit vers la Leyre, soit vers les étangs qui
existent en arrière du cordon des dunes, auxquels il a fallu créer
des débouchés, au sud par l'ouverture de chenaux à travers les
monticules de sables en utilisant l'effet du vent, au nord par le
creusement de canaux les reliant entre eux et aboutissant d'une
part à la Gironde, de l'autre au bassin d'Arcachon. Un travail
accessoire, qui a eu sur la salubrité publique une influence considérable, a consisté dans l'établissement de puits descendus
dans la nappe des sables inférieurs à l'alios, qui ont procuré aux
habitants l'eau potable et saine dont ils manquaient totalement
auparavant. Les Landes fournissent assurément un magnifique
exemple de ce que peut l'industrie de l'homme pour réaliser, avec
des moyens simples et peu coûteux, la transformation absolue
d'une contrée insalubre et stérile ; le nom de Chambrelent, mort
en 1893 inspecteur général et membre de l'Institut, mérite d'y
rester attaché.

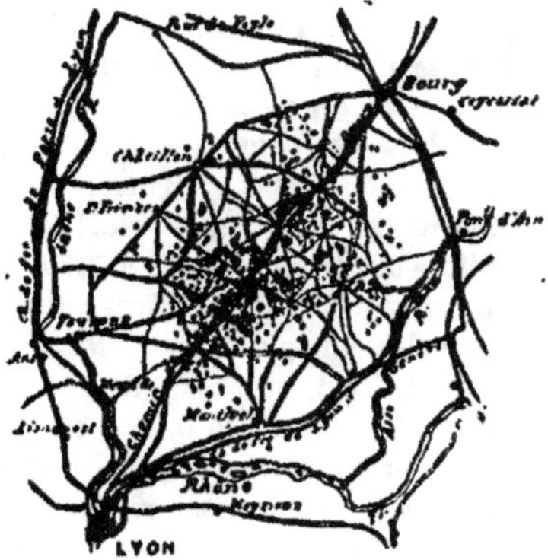

Un autre exemple fort intéressant est fourni par le plateau de la *Dombes*, qui occupe une partie du département de l'Ain, entre Bourg et Trévoux et se termine par de brusques escarpements vers la Saône, le Rhône, l'Ain et la plaine de Bourg : le sol formé de sable fin et d'argile, très chargé de matières organiques, et reposant sur un fond calcaire imperméable, retenait les eaux de superficie, et l'unique ressource des habitants consistait jadis dans l'exploitation des étangs qui couvraient plus du sixième du territoire (19.215 hectares sur 112.725); de mauvais chemins sans cesse inondés rendaient les charrois difficiles ; la population misérable, mal nourrie, était décimée par les fièvres paludéennes, endémiques dans tout le pays, et la mortalité s'élevait au chiffre énorme de 40,4 pour 1.000 habitants. Le plateau étant sillonné par de nombreux cours d'eau, il semblait qu'il n'y eût qu'à détruire les barrages de retenue pour faire disparaître les étangs : mais on se heurtait à l'état d'indivision de la propriété, dont une loi seule (21 juillet 1856) put avoir raison, en instituant une sorte de procédure de licitation, qui a été fixée par un règlement d'administration publique du 27 octobre 1857. Les travaux de suppression des étangs furent aussitôt commencés, et plus de 4.000 hectares étaient asséchés dès 1858 ; la suite de l'opération fut confiée le 1ᵉʳ octobre 1863 à la Compagnie du chemin de fer de Bourg à Sathonay, qui, moyennant une subvention spéciale de 1.500.000 francs, s'engageait à supprimer en dix ans 6.000 hectares au moins d'étangs et qui a effectivement terminé ses travaux en 1879. En outre on a procédé au curage et à l'amélioration de 350 kilomètres de cours d'eau, à l'exécution d'un réseau de 363 kilomètres de routes agricoles, au creusement de puits pour l'alimentation en eau potable, etc. ; l'État s'est imposé de ce chef des sacrifices qui se sont élevés à 7.000.000 fr. Grâce à la transformation ainsi réalisée, les maigres cultures d'autrefois ont fait place aux céréales, aux plantes sarclées, aux prairies artificielles, à la vigne ; le terrain, qui valait 8 à 10 francs l'hectare en 1850, montait vite à 50 francs, 60 francs et plus ; la population augmentait de moitié en quelques années, et le taux de la mortalité tombait à 25 pour 1.000. Malgré des résultats si satisfaisants, un mouvement de réaction s'est produit depuis 1897, tendant à obtenir l'autorisation de remettre en eau une partie des étangs, dont certains propriétaires regrettaient le mode d'exploitation et contestaient les inconvénients ; et, en dépit des objections des hygiénistes et des agronomes, une loi est intervenue en ce sens le 26 décembre 1901.

Citons encore la Sologne, qu'un assainissement agricole bien conduit a mise dans l'état relativement prospère dont elle jouit aujourd'hui. On comprend sous cette désignation le pays qui s'étend entre la Loire et le Cher, arrosé par le Beuvron, affluent de la Loire, et la Sauldre, affluent du Cher ; il mesure environ

70 kilomètres du Sud au Nord, 90 kilomètres de l'Est à l'Ouest, et s'étend sur les trois départements du Loiret, du Cher et de Loir-et-Cher : le sol, de composition variable et passant du sable pur à l'argile compacte par tous les intermédiaires, y repose sur un fond calcaire. Cette contrée malsaine et marécageuse, où les étangs couvraient, en 1848, 2,75 pour 100 de la surface totale, ne connaissait à l'époque que de maigres cultures de seigle et de sarrazin, et la population y était pauvre et clairsemée. Les travaux d'amélioration y ont été entrepris en 1849 et terminés en 1873 : ils ont consisté dans le curage et le redressement des cours d'eau naturels, qui ont porté sur une longueur de 487 kilomètres, le dessèchement des étangs, dont la surface a été ramenée de 7.878 hectares à 469, l'ouverture d'un canal à point de partage de 47 kilomètres de longueur entre Blancafort sur la Sauldre et La Motte-Beuvron, le creusement de marnières pour la fourniture de l'élément calcaire qui manquait à la terre arable, la construction de 593 kilomètres de routes agricoles. L'État n'a pas consacré

moins de 12 millions de francs à cette opération ; mais les heureuses conséquences de l'assainissement de la Sologne ont largement compensé ce sacrifice, puisque M. l'ingénieur en chef
Sainjon, qui a dirigé la plupart des travaux, relevait déjà en 1873
que le rendement des impôts avait augmenté de 45 0/0 et le revenu de la propriété de 68 0/0, que la population était en voie
d'accroissement, que la salubrité avait progressé, que les cultures agricoles et forestières étaient grandement améliorées.

Il a été exécuté à l'étranger des travaux d'assainissement agricole encore plus importants que ceux qui viennent d'être mentionnés en France. Ainsi l'immense plaine de Hongrie, que traversent
le Danube et la Theiss, et dont la superficie atteint 2.700.000
hectares, région à très faible déclivité et sous-sol imperméable,
autrefois couverte de marais, a été complètement transformée par
l'exécution de travaux systématiques commencés en 1846, et qui
ont eu pour objet l'endiguement des cours d'eau d'abord, puis
l'établissement de réseaux d'assainissement, dont les émissaires
franchissent les digues au moyen d'ouvrages munis de vannes
ou de clapets, ou dont on élève mécaniquement les eaux : ces
travaux, exécutés par 53 syndicats sous le contrôle de l'Etat,
ont coûté près de 250 millions de francs ; ils ont nécessité la construction de 4.980 kilomètres de digues, le creusement de 4.859
kilomètres de canaux, dont 956 vannes et 64 usines à vapeur,
de la force de 3.854 chevaux, assurent l'évacuation ; la dépense,
répartie sur une surface aussi considérable, n'a été en somme
que de 100 francs à peine par hectare, et l'on a créé de la sorte
une richesse évaluée à plus de 3 milliards : le pays conquis et
assaini, que des irrigations vont améliorer encore, est devenu
l'un des greniers de l'Europe. En Russie, les marais de Pinsk,
qui couvraient 160.000 hectares sur les deux rives de la Pripet,
affluent du Dniéper, occupaient la partie basse d'une immense
plaine de 470 kilomètres de longueur sur 260 de large, dite
« contrée boisée », à la fois improductive et malsaine : un service
spécial, créé en 1873 sous la direction du général Zilinski, a
entrepris d'assainir d'abord les tourbières marécageuses, pour les
transformer en prairies, puis de gagner de proche en proche, pour
défendre les forêts contre l'excès d'humidité ; 4.800 kilomètres

de canaux et rigoles ont déjà permis d'améliorer 3 millions d'hectares, avec un plein succès au double point de vue du rendement agricole ou forestier et de la salubrité publique. D'autres opérations du même genre ont été entreprises depuis en divers points du territoire russe, autour de Moscou, en Livonie, au Caucase.

149. Principe et développement du drainage. — Le *drainage* est un mode d'assainissement agricole applicable aux cas où les volumes d'eau à évacuer sont assez restreints pour qu'on puisse substituer aux fossés et canaux découverts de petits conduits souterrains.

Cette substitution a plus d'un avantage : elle évite en effet la perte de terrain qui résulterait de l'ouverture de rigoles d'assainissement et la gêne qui en est la conséquence pour la circulation dans les champs ; elle réduit considérablement l'importance des terrassements, car les tranchées, au fond desquelles on établit les conduits pour les remblayer aussitôt après, peuvent être tenues très étroites, avec des parois presque verticales, tandis que les rigoles comportent nécessairement plus de largeur et des talus adoucis ; l'écoulement dans ces conduits, protégés contre la pénétration des corps solides, se maintient plus aisément que dans des canaux en terre, toujours exposés aux éboulements ; l'entretien y est presque nul...

D'autre part le drainage, qui ne se prêterait guère à l'évacuation des grandes masses d'eau qu'exigent les dessèchements de marais, procure par contre aux terres simplement imprégnées d'humidité le moyen de se débarrasser de l'excès d'eau qui en encombre les vides et empêche l'aération : il provoque par là même une meilleure circulation dans le sol de l'air atmosphérique, nécessaire à l'accomplissement des réactions chimiques ou biologiques et des phénomènes physiologiques qui sont la condition de la pousse des végétaux ; il empêche le refroidissement de la couche arable, en restreignant l'évaporation et favorisant la pénétration des eaux pluviales ; il en diminue la cohésion, en augmente le fendillement, l'ameublissement, la rend moins pâteuse à l'époque des pluies, moins dure pendant la saison sèche, facilitant par suite le travail des instruments aratoires et la péné-

tration des racines ; enfin il équivaut à un approfondissement du
sol actif, parce qu'il détermine l'abaissement du plan d'eau supé-

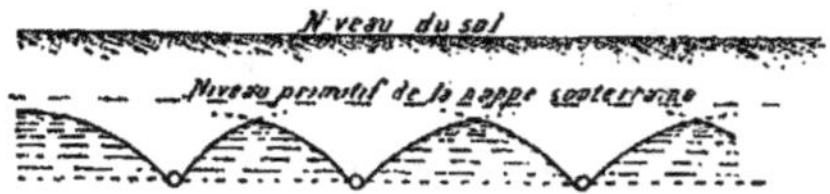

rieur de la nappe phréatique et permet ainsi aux racines de s'enfoncer plus avant, ce qui a pour effet de donner une meilleure
assiette aux plantes, d'aider à leur développement, et de les mieux
garantir contre les sécheresses, auxquelles résiste mal la couche
superficielle des terres.

On pourrait craindre que le drainage ait par ailleurs certains
inconvénients, qu'il détermine notamment une déperdition des
substances fertilisantes solubles contenues dans le sol : mais de
nombreuses expériences, dues en particulier à Dehérain, ont
montré qu'il n'y a pas à s'en préoccuper, le pouvoir absorbant des
terres suffisant toujours à en retenir la majeure partie, et les plantes s'emparant de tout ce dont elles ont besoin durant la période
d'activité de la végétation ; les pertes, nulles pour l'acide phosphorique, la potasse, l'azote ammoniacal, sont assez faibles en
azote nitrique, dans les sols bien cultivés, et ne prennent d'importance pour la chaux et la magnésie que dans les terrains qui
en sont abondamment pourvus.

Les terres imperméables ou argileuses, dites *terres fortes*, celles qui ont une tendance marquée à retenir l'humidité, dites
terres froides, gagnent toujours à être drainées : les récoltes y
deviennent plus abondantes et de meilleure qualité ; d'autres
avantages accessoires, tels que la diminution du ruissellement
superficiel et des brouillards, la disparition de certaines plantes
nuisibles, l'amélioration de l'état sanitaire, la diminution des
maladies qui s'attaquent au bétail et aux plantes, y sont aussi
habituellement réalisés. Néanmoins, comme l'opération comporte
une dépense assez élevée, on ne doit l'entreprendre, sauf le cas
où la salubrité est en jeu, qu'après avoir comparé cette dépense
à la plus-value qu'elle peut procurer et reconnu de la sorte si
elle est justifiée au point de vue financier.

L'art d'assainir les terres au moyen de conduits souterrains était connu des anciens; il a été largement pratiqué par les Romains : Olivier de Serres le mentionne en 1600 ; et, de temps immémorial, on a eu recours dans la Beauce et dans d'autres parties de notre territoire à ce procédé d'amélioration du sol arable. Mais la généralisation du drainage est un fait moderne, qui s'est produit d'abord en Angleterre, ainsi que l'atteste le nom même qu'on lui a donné : Elkington, à la fin du XVIIIe siècle, Smith, au commencement du XIXe, se sont efforcés d'en répandre la connaissance et la pratique ; le mouvement ne s'est accentué cependant qu'à partir de 1843, à la suite de la mise en pratique par John Read de la machine qui permet de fabriquer à bas prix les tuyaux de poterie, dont la supériorité sur tous les types de conduits souterrains antérieurement employés est manifeste. Jusque-là on se servait de ce qu'on appelle quelquefois des « fossés couverts » : Smith préconisait notamment les *pierrées*, formées de galets ou de pierres cassées, qu'on accumule sur 0 m.30 à 0 m.40 de hauteur au fond d'une tranchée de 0 m. 18 à 0 m. 22 de large et qu'on recouvre d'une couche de terre pilonnée  avant d'achever le remblai, système assez coûteux, lorsqu'on n'a pas les pierrailles à pied d'œuvre, et qui est très exposé à des obstructions par la pénétration des terres ou de la boue dans les interstices. Dans les régions où le *bois* est abondant, on y a eu parfois recours, soit comme dans les Vosges où l'on utili-

sait des fascines, posées au fond des tranchées avec ou sans chevalets, soit comme en Norwège, en Suisse, où l'on employait de véritables tuyaux en bois de sapin ; mais, dans l'un et l'autre cas, le bois pourrit au bout d'un certain temps et le résultat n'est pas durable ; dans les contrées où les *pierres plates* se rencontrent en abondance, par suite de l'existence de bancs de schiste par exemple, dans les pays où la *brique* est fabriquée à bon marché, on s'est servi de ces matériaux pour établir de petits caniveaux de section rectangulaire ou triangulaire, qui, exigeant une certaine habileté de main et des tranchées assez larges, sont relativement dispendieux ; des *tuiles* plates combinées avec des tuiles demi-cylindriques, ont été utilisées dans le même but, mais les conduites qu'on obtient de la sorte sont assez fragiles et ils ont disparu dès qu'on a pu y

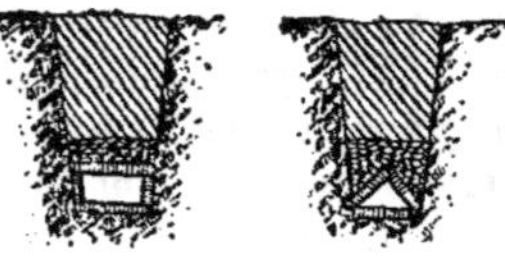

substituer les tuyaux de poterie, même quand on les fabriquait encore à la main sur des mandrins en bois ; il n'en est pas de même de ceux que l'on constitue à l'aide de plaquettes découpées dans la *tourbe* à l'aide d'un louchet de forme spéciale et séchées

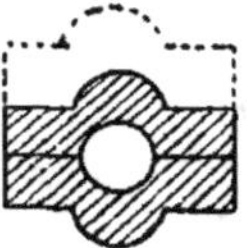

au soleil, véritables tuyaux très efficaces et assez économiques, qui peuvent encore rendre des services dans les régions où la tourbe se rencontre en abondance et s'exploite aisément ; quelquefois encore on a établi des drains, en ménageant simplement un vide au fond de la tranchée, soit au moyen d'un mandrin qu'on retire après avoir pilonné la terre au-dessus, soit en descendant un peu au-dessus du fond une plaquette de gazon ou de tourbe épaulée contre les parois ; parfois aussi on les a obtenus, sans ouvrir de tranchée, à l'aide d'un outil spécial, dit « charrue-taupe », qui porte, avec un coutre très allongé, un soc cylindro-conique, destiné à réaliser un vide circulaire dans le sol, en comprimant la terre au passage.

Le type ordinaire des drains, dont l'emploi est devenu absolument général aujourd'hui, est celui qui utilise les *tuyaux en poterie* de 0 m. 30 à 0 m. 40 de longueur, qu'on fabrique couramment à l'aide d'une machine à fonctionnement intermittent

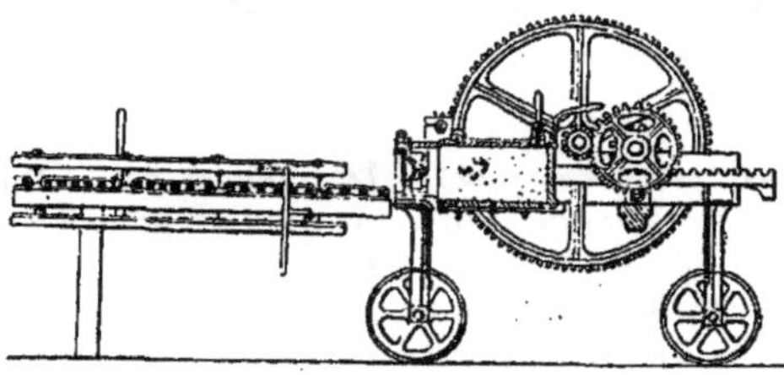

ou continu, où la pâte argileuse traverse une *filière* à ouvertures annulaires, et, après y avoir pris la forme de tuyaux cylindriques, progresse sur une sorte de table composée de rouleaux mobiles : on y coupe les tuyaux à l'aide d'un simple fil métallique, puis on les porte au séchoir et de là dans un four à tuiles, où ils sont placés debout. Les tuyaux ordinairement employés à la confection des drains élémentaires ont un diamètre intérieur de 0 m. 04 et une épaisseur de 0 m. 012 au moins ; ils pèsent 800 kilogrammes le mille et coûtent environ 30 francs. Ils doivent être réguliers, nettement coupés aux deux extrémités, bien cuits et sans fissures (ce qui se reconnaît au son clair et argentin qu'ils rendent lorsqu'on les frappe l'un contre l'autre), peu absorbants (10 à 15 0/0 au plus de leur poids au bout de 24 heures d'immersion dans l'eau), point gélifs (essai au sulfate soude). On en fabrique de tous diamètres jusqu'à 0 m. 30, mais les prix vont en augmentant rapidement (0 m. 10, le mille 90 à 150 francs ; 0 m. 20, 300 à 450 francs ; 0 m. 30, 600 à 900 francs), de sorte que, pour les drains principaux, il peut y avoir avantage à employer des tuyaux moulés en béton ou en ciment armé.

On les pose simplement bout à bout et à joints ouverts, au fond de la tranchée. A l'origine, on employait fréquemment des *manchons*, formant couvre-joints, mais laissant un jeu de quelques millimètres : la pratique les a fait supprimer dans la plupart des cas.

Les applications du drainage se sont rapidement propagées en

France à partir de 1853, année où Hervé-Mangon publia ses *Instructions pratiques sur le drainage*, à la suite d'une mission spéciale en Angleterre. Encouragées par le gouvernement, ces applications n'ont pas tardé à prendre une extension considérable, au grand profit de la production dans plusieurs de nos régions de culture.

143. Législation spéciale. — Les premiers résultats obtenus avaient été si remarqués en effet que les pouvoirs publics s'étaient immédiatement préoccupés de faire disparaître les obstacles auxquels le nouveau mode d'assainissement des terres aurait pu se heurter dans la pratique.

Le principal résidait dans l'impossibilité, pour le propriétaire d'un fonds non riverain d'un cours d'eau, de modifier à son profit la servitude d'écoulement sur les fonds inférieurs, qu'il lui faut traverser pour évacuer ses eaux surabondantes, en y exécutant un travail quelconque. Une loi du 10 juin 1854 l'a supprimée, en accordant, à tout propriétaire qui veut assainir son fonds « par le drainage ou par un autre moyen d'assèchement », le droit de « conduire les eaux, souterrainement ou à ciel ouvert, à travers les propriétés qui séparent ce fonds d'un cours d'eau ou de toute autre voie d'écoulement », bien entendu moyennant une juste et préalable indemnité et en exceptant les maisons et les enclos attenant aux habitations. Une circulaire ministérielle du 20 janvier 1855 a donné des instructions très complètes au sujet de l'application de cette loi.

En outre, et afin de faciliter aux agriculteurs la préparation assez délicate des travaux de drainage, une décision du 30 août 1854 leur a permis de recourir gratuitement au concours des ingénieurs et conducteurs des ponts et chaussées attachés au service hydraulique [1], pour l'étude des projets relatifs à ces travaux.

Enfin, dans la crainte que beaucoup d'entre eux ne puissent aisément se procurer les capitaux nécessaires, le législateur a institué par la loi du 17 juillet 1856 des prêts au taux de 4 0/0 sans frais, remboursables en 25 ans, et affecté à ces prêts une somme de 100 millions de francs. Une loi postérieure, du

1. Aujourd'hui les agents du service des améliorations agricoles.

28 mai 1858, a substitué le Crédit foncier au Trésor pour la réalisation des prêts, dont un règlement du 23 septembre 1858, commenté par une circulaire ministérielle du 2 octobre suivant, a minutieusement réglé le mode d'instruction. Les annuités à verser par les emprunteurs représentaient, amortissement compris, 6,44 0/0 du capital avancé ; elles étaient garanties, pour l'année en cours et l'année précédente, par un privilège sur les récoltes et revenus, tandis qu'un autre privilège, portant sur les terrains drainés, ou, s'ils étaient hypothéqués, sur la plus-value résultant du drainage, assurait le remboursement du prêt lui-même.

Quelques années plus tard, la loi du 21 juin 1865 sur les associations syndicales édictait une facilité nouvelle pour le drainage, en le comprenant explicitement parmi les travaux susceptibles de motiver la formation de semblables associations.

En fait, le mouvement en faveur du drainage s'est propagé rapidement, sans que ces dernières mesures y aient guère contribué, puisque, après vingt ans, les prêts du Crédit foncier, au nombre de 72 seulement, n'avaient atteint que 1.604.500 francs. Il ne s'était d'ailleurs pas formé de syndicats spécialement pour le drainage. On n'en comptait pas moins de nombreuses et vastes étendues de terres assainies par l'initiative privée, qui y avait consacré d'importants capitaux, évalués dès lors à une centaine de millions pour le moins. Depuis, le drainage a marché de pair avec les autres améliorations agricoles et continué à contribuer au progrès général.

444. Établissement des projets de drainage. — Afin d'obtenir par le drainage un résultat satisfaisant sans dépense exagérée, il est indispensable de ne pas aller au hasard et de procéder au contraire à une étude préalable approfondie, pour fixer le nombre et l'espacement des files de tuyaux, la profondeur à laquelle ils seront établis, de dresser en un mot un projet complet avant d'entreprendre aucun travail. L'étude à faire est celle d'un réseau de conduits, où l'écoulement doit se produire par la seule action de la pesanteur, sans que l'eau s'y mette nulle part en pression.

On commence donc par dresser un plan coté du terrain, et l'on se préoccupe d'y effectuer le *tracé* des *drains* et des *collecteurs*, après avoir fixé le *débouché*, auquel l'*émissaire* principal doit aboutir.

Le tracé est très différent suivant qu'on adopte le *drainage longitudinal*, où les drains élémentaires sont dirigés suivant les lignes de plus grande pente, ou le *drainage transversal* dans

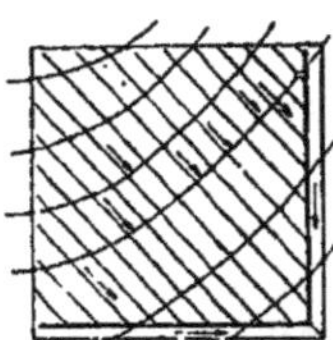 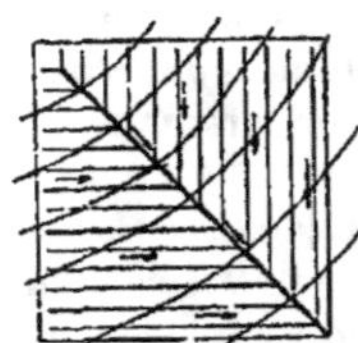

lequel les collecteurs au contraire occupent cette position, tandis que les drains sont obliques et non plus perpendiculaires aux horizontales du terrain. De ces deux méthodes la première a été seule préconisée par les auteurs et appliquée par la plupart des agronomes, depuis l'expansion du drainage vers le milieu du xixᵉ siècle jusqu'à ces derniers temps; la seconde, depuis quelques années adoptée en Allemagne et dont la supériorité avait été signalée en France par Saint-Venant, qui en donnait une démonstration mathématique dès 1849, puis par M. Risler, qui l'appliquait dès 1860 dans sa propriété de Calèves, est présentée dans les récents traités sur le drainage de M. Faure, de MM. Risler et Wéry, comme seule rationnelle dans la généralité des cas : on invoque en sa faveur une évacuation plus rapide, en raison de la pente plus accentuée des collecteurs, de moindres chances d'obstruction, parce que la vitesse, modérée à l'origine, va progressivement en augmentant et s'oppose par là aux dépôts, et une certaine économie, résultant soit de la moindre section des collecteurs, soit de l'espacement plus grand des drains, qui se trouvent disposés — comme l'a démontré en 1890 M. F. Merl, ingénieur agronome allemand — de manière que chacun assèche la surface maxima; en outre, dans les terrains homogènes, où la nappe s'écoule suivant la pente, les filets liquides se trouvent tous recoupés par les drains obliques, et, dans les terrains à couches alternativement perméables et impérméables, ils le sont aussi bien qu'avec les drains en long. Ces derniers devraient être désormais réservés au cas des terrains à faible pente, inférieure à 0 m. 004 par mètre, où l'on pourrait craindre qu'une vitesse insuffisante de l'eau dans les plus petits conduits n'y provoquât des dépôts et des obstructions.

La *profondeur* à laquelle seront établis les drains devrait, d'après les instructions d'Hervé-Mangon, être déterminée au moyen de tranchées d'essai, ouvertes, dans la direction choisie, avec des profondeurs différentes, pouvant aller jusqu'à deux mètres, tenues ensuite à l'abri du soleil et du vent par des paillassons ou des fagots, et dont on observe pendant quelque temps les parois, de préférence le matin, pour se rendre compte de la localisation des suintements, de l'épaisseur et de la nature des bancs, etc. En pratique, on donne aux drains une profondeur toujours la même et dite normale, qu'on fixait habituellement autrefois à 1 m. 20 ou 1 m. 25 et qu'on a tendance à diminuer quelque peu aujourd'hui : les drains profonds exercent leur effet plus loin, ils sont moins exposés à la gelée et à la pénétration des racines. Mais il ne doit pas y avoir de règle absolue et il faut dans une certaine mesure tenir compte de la nature et des propriétés des divers sols ; c'est ainsi que dans les terres argileuses, en Angleterre, on est conduit à ne plus descendre les drains au delà de 0 m. 90, que dans les prairies on se contente parfois de les placer à 0 m. 60, tandis que dans les terrains tourbeux, qui s'affaissent en suite de l'assèchement, on va jusqu'à 1 m. 40 et plus. Il faut aussi prendre en considération les pentes nécessaires pour conduire les eaux jusqu'au débouché : si la différence de niveau est faible, on peut être obligé de tenir les drains plus haut ; dans un sol très plat, il devient nécessaire de donner aux tuyaux une pente artificielle, d'où résultent des profondeurs moindres que la normale vers l'origine et supérieures, au contraire, à l'aval. Les collecteurs s'établissent à 4 ou 5 centimètres au-dessous des drains, de manière à ménager à la rencontre de ces derniers une petite chute, qui favorise l'écoulement et s'oppose aux obstructions ; pour les mêmes motifs, on doit faire déboucher les collecteurs, autant que possible, à 15 centimètres pour le moins au-dessus du plan d'eau dans l'émissaire.

L'*écartement* des drains a une importance capitale; car, s'il est trop grand, le drainage demeure imparfait, tandis qu'un rapprochement inutile le rendrait trop coûteux. On doit donc chercher à le déterminer d'après la direction et la profondeur admises, les pentes, la nature du sol et des récoltes: il pourra être plus considérable avec des drains profonds et fortement inclinés, dans un terrain léger que dans un sol compact, pour les prairies que pour les cultures de plantes à racines profondes. Comme moyen d'étude, Hervé-Mangon conseillait d'établir, sur un des côtés d'une

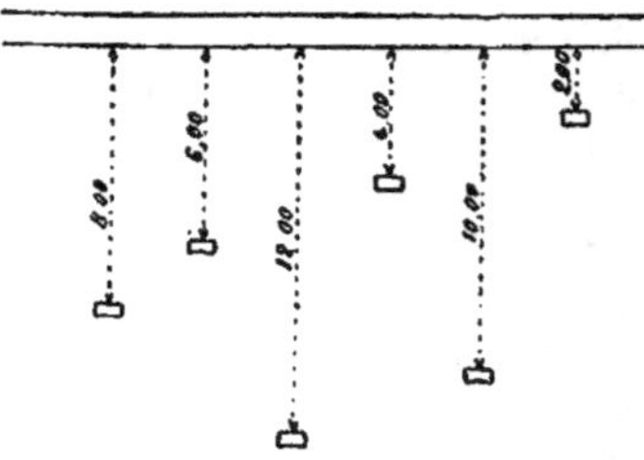

tranchée d'essai, descendue à la profondeur choisie pour les drains et ouverte suivant leur direction, des trous de même profondeur et disposés en échiquier, à des distances variant de 2 à 12 mètres au plus, au moyen desquels on peut, après les pluies, observer l'action plus ou moins marquée de la tranchée: la distance à laquelle cette action devient peu sensible correspond à la moitié de l'écartement à donner aux drains. On peut aussi faire un essai en posant deux drains parallèles à une distance arbitrairement choisie et vérifiant l'effet obtenu vers le milieu de l'écartement. Mais les données dont on dispose aujourd'hui permettent habituellement de ne pas recourir à ces expériences longues et minutieuses; et l'on peut admettre avec la plupart des auteurs que, si la pente est modérée et la profondeur normale, les drains doivent être espacés de 10 à 12 mètres dans un sol argileux très compact, de 12 à 16 dans un sol limoneux, de 16 à 20 dans un sol de sable limoneux, de 20 à 24 dans un sol sablonneux léger, de

24 à 30 dans un sol très léger; on peut les écarter plus, si la pente est plus prononcée; il faut les rapprocher au contraire, si la profondeur est plus faible; dans les sables fins imprégnés d'eau, l'écartement doit être très faible, il peut être très grand dans les graviers.

La *pente* des drains doit être telle que l'eau y prenne une vitesse suffisante pour entraîner les particules de terre et les grains de sable qui peuvent y pénétrer, soit 0 m. 20 à 0 m. 35 par seconde; et elle ne doit pas dépasser un maximum au delà duquel l'eau ravinerait le sol sous les tuyaux et provoquerait des tassements, maximum que le professeur Friedrich, dans son *Traité de Génie rural*, fixe à 1 mètre. La seconde condition limite l'inclinaison des drains, qui ne doivent pas recevoir de pente supérieure à 0 m. 10 par mètre pour le diamètre de 0 m. 03, à 0 m. 08 pour celui de 0 m. 04, à 0,035 pour celui de 0 m. 08, à 0 m. 024 pour celui de 0 m. 10; pour les collecteurs, on admet parfois des vitesses un peu plus fortes, jusqu'à 1 m. 58 d'après la commission générale de Silésie, et l'on peut dépasser en conséquence légèrement les chiffres qui précèdent; si l'inclinaison du sol est plus forte, on rachète la différence par de petites chutes. Il est souvent plus difficile de remplir la première condition; car, dans l'immense majorité des cas, c'est le défaut de pente qui est principalement à redouter : on ne doit jamais donner aux petits drains une pente inférieure à 0 m. 025 par mètre.

Quant aux dimensions à donner aux drains, *diamètre* et *longueur*, il y a évidemment une corrélation entre elles; car, en allongeant un conduit, on augmente la surface drainée, le volume d'eau recueilli, et l'on ne tarde pas à dépasser le débit maximum que son diamètre lui permet de fournir : on a construit des tables et des abaques à double entrée, qui donnent, pour chaque diamètre, et suivant la pente, la capacité maxima des conduits; d'où l'on déduit aisément les longueurs-limites, quand on connaît l'écartement des drains, qui détermine les surfaces correspondantes, et les hauteurs de pluie, qui permettent de calculer les quantités d'eau en tenant compte du coefficient d'infiltration. A l'origine, Parkes, Hervé-Mangon, Grandvoinnet, recommandaient de donner aux drains élémentaires un diamètre de 0 m. 03 à

0 m. 035 ; ils estimaient qu'un collecteur de 0 m. 04 à 0 m. 06 de
diamètre pouvait assécher 2 à 4 hectares : ces chiffres sont considérés comme trop faibles aujourd'hui ; on n'emploie plus de
tuyaux d'un diamètre inférieur à 0 m. 04, par crainte des obstructions, qui ont obligé à refaire beaucoup d'anciens drainages ;
et, pour le calcul des collecteurs, on admet que, dans la généralité des cas, un drainage doit pouvoir évacuer, par hectare et par
seconde dans nos pays, 0 l. 65 en plaine, 0 l. 80 en pays montagneux, sauf à augmenter ces chiffres pour les terrains qui, en
dehors des précipitations atmosphériques directes, sont exposés à
recevoir des eaux extérieures. Dans ce cas particulier, on cher-

che à se rendre compte expérimentalement du débit effectif, par exemple au moyen de tranchées ou de
drains d'essai, dont on mesure le
produit à l'aide d'un appareil simple
de jaugeage, comme la caisse métallique à chicanes et à trous dont se
servait Hervé-Mangon. Quand, pour
les drains élémentaires, la longueur-
limite est atteinte, on les recoupe par un collecteur : dans la
pratique, on fixe habituellement cette longueur-limite à 150
mètres. Pour les collecteurs, quand on arrive à la longueur-
limite donnée par le calcul ou par les tables, on prend simplement des tuyaux d'un diamètre plus élevé : on évite cependant
aussi de leur donner une longueur indéfinie et l'on ne dépasse
pas en général 1.000 mètres ; M. Risler recommande même de
s'en tenir à 400 ou 500.

Pour qu'un drainage donne de bons résultats, il importe que
l'*émissaire* soit en état d'assurer une évacuation facile et rapide :
à cet effet il est indispensable que les collecteurs principaux y
débouchent librement, même en temps de hautes eaux. On ne
donnera pas d'ailleurs plus de détails à ce sujet, car cet émissaire est d'ordinaire un canal en terre, dont l'établissement ne
présente pas de particularités spéciales.

Les collecteurs s'établissent généralement dans les thalwegs ;
quant aux *collecteurs de reprise*, nécessaires pour limiter la lon-

gueur des drains élémentaires, on doit s'arranger pour qu'ils écoulent les eaux par la voie la plus courte et la plus rapide. La jonction des petits drains avec les collecteurs doit se faire dans le sens de l'écoulement, et sous un angle aigu, aussi rapproché que possible de 60°; si quelque circonstance ne permet pas de remplir cette condition, et si la rencontre se présente sous un angle obtus, le raccordement se fait alors par un

pan coupé ou par un polygone et l'on a soin de donner aux tuyaux une pente un peu plus prononcée. Souvent il y a lieu de comparer entre elles plusieurs dispositions d'ensemble, telle de

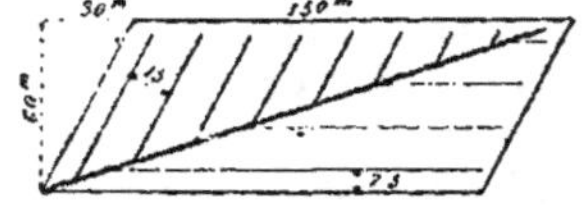

ces dispositions pouvant être plus avantageuse que telle autre, au point de vue du développement total des drains, et par suite plus économique. Il convient d'observer qu'il est inutile de prolonger les drains jusqu'aux limites de la surface à assainir ; on peut les arrêter à une distance égale au demi-écartement, ou tout au moins à trois mètres.

Certains ouvrages doivent être prévus dans tout projet de drainage : des *regards* à l'intersection des collecteurs principaux, pour en surveiller le fonctionnement, des *bouches* à l'extrémité de ces collecteurs, pour le déversement des eaux dans l'émissaire… D'autres sont rendus nécessaires par des circonstances spéciales, par exemple des *pierrées* de protection, quand des drains doivent être placés trop près de certains arbres dont on aurait à redouter les racines, des *drains de ceinture*, pour intercepter les eaux venant des fonds supérieurs, des *garnitures étanches* sous les fossés des chemins traversés, des *bornes-repères*, etc.

145. Travaux de drainage. — Quand on passe à l'exécution, la première opération consiste à reporter sur le sol les lignes du projet : chaque drain est marqué par des piquets espacés entre eux d'une cinquantaine de mètres et placés parallèlement à l'axe, sur l'un des côtés, à 0 m.50 environ de distance. On ouvre ensuite la *tranchée*, en s'efforçant d'en raidir autant que possible les talus, afin de réduire la masse de terre à remuer, et aussi d'obtenir des parois bien régulières : à cet effet, l'équipe

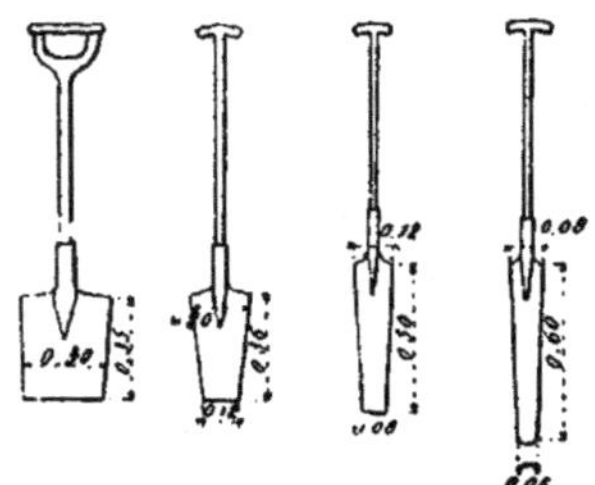

d'ouvriers est munie d'outils spéciaux, sortes de bêches de longueurs décroissantes de 0 m. 30 à 0 m. 06, au moyen desquels on enlève la terre, par couches successives, sans pénétrer dans la tranchée, dont l'ouverture étroite ne s'y prêterait pas ; pour déterminer l'enfoncement des deux derniers, les ouvriers, pourvus de guêtres en cuir et de semelles en fer, appuient sur une pédale adaptée au manche ; des pioches, des pics, servent à enlever les souches, les racines, les pierres. Dans les terrains humides, on laisse le sol s'égoutter entre deux passages ; dans les terrains ébouleux, on est parfois obligé de recourir à quelques boisages, qu'on s'efforce de réduire, afin de ne pas augmenter la dépense.

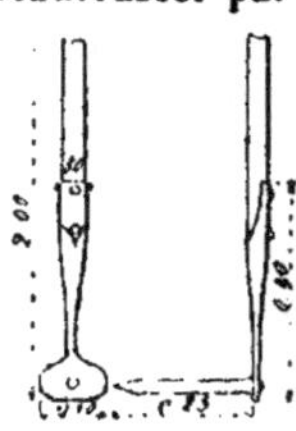

On règle ensuite les surfaces, au moyen de dragues plates ou de gouges rondes, de manière à nettoyer parfaitement la tranchée et à la dresser suivant la forme même des tuyaux qu'elle doit recevoir, non sans vérifier la section, à l'aide d'un gabarit, la pente, au moyen de nivelettes. Le travail s'exécute de l'aval vers l'amont, de manière à pouvoir se débarrasser par simple écoulement de l'eau rencontrée dans la tranchée.

On procède ensuite à la pose des tuyaux, qui ont été préalablement disposés en tas au voisinage des tranchées et qu'on distribue régulièrement sur l'un des bords au moyen de civières. L'ouvrier poseur est armé d'une broche à long manche, au moyen de laquelle il prend chaque tuyau et le descend au fond de la tranchée, en ayant soin de l'amener exactement au contact du précédent, et en avançant de l'amont vers l'aval, de manière qu'il ne coule que de l'eau claire sans entraînement de terre dans les tuyaux. Le raccordement d'un drain élémentaire avec le collecteur se fait de préférence en prolongeant le drain au-dessus du collecteur, en découpant dans l'un et l'autre, à l'aide d'un marteau à pointe, des ouvertures correspondantes, et, à l'aide d'un tampon d'argile, on obture l'extrémité libre du drain. On a soin d'ailleurs d'alterner ces raccordements, de manière que deux drains n'aboutissent pas vis-à-vis l'un de l'autre, produisant deux courants opposés qui se gêneraient mutuellement. Le remblai se fait par petites couches de 0 m. 15 à 0 m. 30, bien pilonnées, en réservant pour le dessus la terre végétale ou les mottes de gazon et ménageant un léger bombement, destiné à parer au tassement ultérieur.

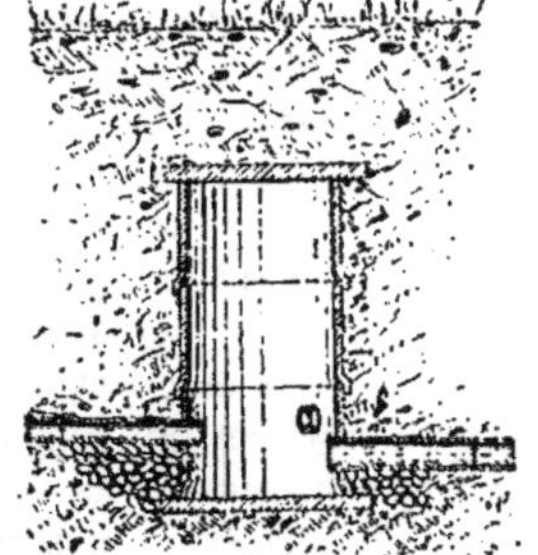

Les *regards* s'exécutent en bois, en maçonnerie ou en poterie : dans ce dernier cas, ils se composent de deux ou trois gros tuyaux superposés, avec une pierre plate au-dessous et une dalle par-dessus ; les drains qui y aboutissent doivent présenter une légère saillie sur le paroi, de manière que l'eau, en tombant, produise un bruit qui révèle leur fonctionnement : des dépôts se produisent fréquemment dans les regards et nécessitent des nettoyages périodiques. Les *bouches* doivent être solides, peu exposées aux engorgements et défendues contre la gelée, les atteintes des bestiaux, la pénétration des petits animaux : à cet effet on termine souvent le collecteur principal par une buse en bois ou un tuyau en fonte, faisant saillie sur le talus du canal qui sert d'émissaire et taillé en biseau en sens inverse de ce talus ; d'autres fois, le collecteur débouche dans une niche de protection ; fréquemment il est défendu par une grille fixe ou mobile ; un clapet à charnière, légèrement incliné, est employé dans le cas où il est exposé au reflux de l'émissaire en hautes eaux ; toutes ces dispositions sont coûteuses, et il est à recommander en conséquence de restreindre le plus possible le nombre des embouchures.

Le *prix* des drainages varie nécessairement avec les circonstances très diverses qu'on rencontre dans la pratique : cependant on peut admettre que, dans les conditions les plus usuelles, les drains élémentaires reviennent de 0 fr. 50 à 0 fr. 70 le mètre courant, et que la dépense à l'hectare varie de 250 à 500 fr.

Un drainage bien fait dure fort longtemps et n'exige que peu de soins ou de réparations : il suppose des tuyaux de bonne qualité, bien choisis, ni courbes, ni ovalisés, une pose soignée, des ouvrages accessoires bien compris et suffisants. A défaut de ces précautions, des obstructions se produisent, soit par pénétration de racines, soit par développement de conferves ou algues, soit par dépôt de matières entraînées, argile, sable fin, calcaire, substances ferrugineuses : elles sont plus à redouter dans les drains où l'eau coule constamment que dans ceux dont le fonctionnement est intermittent, parce que, dans ces derniers, les racines pourrissent et, au moment des forts débits, il y a entraînement des dépôts. Il est bon d'exercer une surveillance attentive, pour prévenir ces obstructions, les localiser s'il s'en révèle, y remédier si possible : on en a raison, dans bien des cas, en faisant passer entre deux regards une chaîne munie d'outils appropriés.

L'action du drainage détermine, plus ou moins vite suivant les cas, une augmentation sensible des produits, parfois très marquée dès le début et un peu moindre par la suite, mais toujours notable, et qui, d'après les nombreuses constatations de l'expérience, peut varier de 13 à 200 p. 100. Le profit peut donc être très considérable ; la dépense a été parfois compensée par le bénéfice obtenu sur une ou deux récoltes, et, dans nombre de cas, il atteint 20 à 50 p. 100 du capital déboursé. En outre, l'eau récoltée par les drains, résultant d'un filtrage à travers le sol, est presque toujours de bonne qualité et peut servir à l'alimentation : lorsqu'elle est abondante, comme elle contient souvent des nitrates, elle peut aussi être utilisée pour la fertilisation de quelques parcelles dans la partie inférieure du domaine, l'établissement de prés ou de cressonnières, etc.

146. Drainages spéciaux. — Les circonstances topographiques ou géologiques conduisent parfois à donner aux drainages des dispositions particulières, assez différentes de celles qui sont adoptées dans le cas général, en même temps plus simples et plus économiques. Lorsqu'il se rencontre, par exemple, que la terre à drainer recouvre une couche imperméable présentant des ondulations marquées, on peut obtenir des résultats consi-

dérables avec un petit nombre de drains bien placés, soit dans les thalwegs des vallonnements souterrains, soit transversalement à un seuil imperméable formant barrage qui s'oppose à l'écoulement des eaux phréatiques. Une opération de ce dernier genre a permis à Belgrand d'obtenir, avec des moyens peu nombreux et très simplifiés, l'abaissement de la nappe souterraine dans la plaine

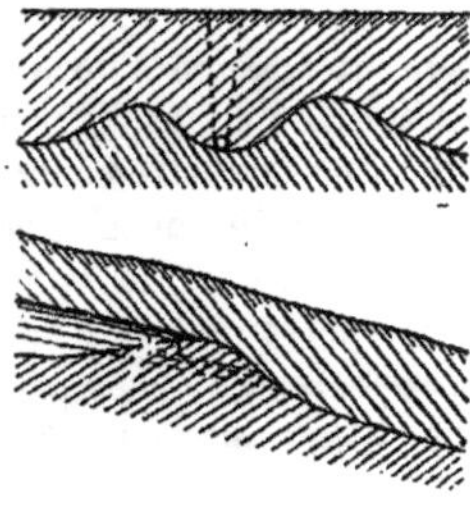

de Gennevilliers, où les premières irrigations au moyen des eaux d'égout de Paris en avaient provoqué une montée très sensible : ayant observé en effet que la presqu'île se compose d'un plateau central d'alluvions anciennes de la Seine de nature

graveleuse, très perméable et entouré de toutes parts, vers la rive, d'un bourrelet de dépôts limoneux modernes, infiniment moins perméables, il eut l'idée de donner issue à la nappe en lui ouvrant quelques exécutoires à travers les alluvions récentes ; et l'événement a justifié ses prévisions, au point que, depuis lors, six conduits étanches, établis dans ces alluvions et prolongés vers l'amont par de véritables drains en tuyaux de béton percés de trous, n'ont cessé d'assurer l'écoulement des eaux phréatiques et de maintenir la nappe à son niveau normal, malgré le développement considérable qu'a pris l'irrigation dans cette plaine d'une étendue de 2.000 hectares, où l'on déverse chaque année 40 millions de mètres cubes d'eau d'égout.

On est conduit aussi à recourir à des dispositifs spéciaux pour les cas où une étude attentive du régime hydrologique révèle, dans les terrains qu'on se propose d'améliorer, des afflux d'eau qui ne proviennent pas des précipitations atmosphériques directes, nappes d'eau découlant des fonds supérieurs, sources, etc. C'est

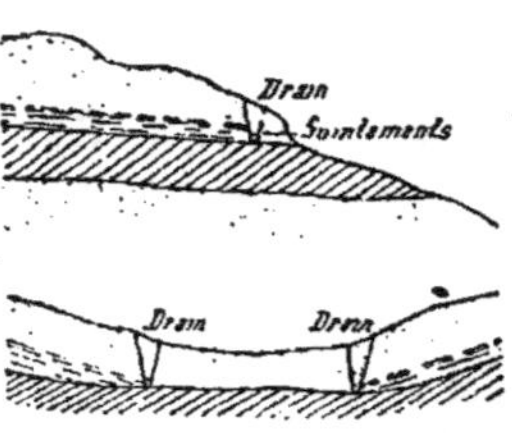

ainsi par exemple qu'un seul drain, tracé à flanc de coteau, pourra recueillir les suintements qui y apparaissent à l'affleurement d'une couche imperméable et dont le ruissellement a pu transformer en marécage les terrains placés en contrebas dans la vallée ; de même, deux drains latéraux, descendus à une profondeur suffisante de part et d'autre d'un vallon humide, pourront en détourner les eaux abondantes fournies par les coteaux voisins.

Ailleurs, ce seront des eaux ascendantes qu'on recueillera par *drainage vertical*, c'est-à-dire par de petits puits plus ou moins espacés, qu'on placera soit en lignes pour les faire aboutir à des

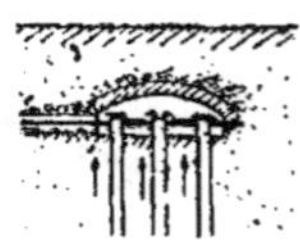

collecteurs horizontaux, soit par groupes débouchant dans de petites chambres voûtées, d'où partent des conduits d'évacuation. Ces petits puits ont été parfois exécutés, comme les drains ordinaires, en tuyaux de poterie : on dispose à cet effet les tuyaux soit en file simple, soit en file double concentrique, reposant sur un sabot en bois, fretté au besoin et surmonté d'une tige de fer ; en frappant à coups de maillet sur le sommet de la tige, on fait descendre le tout, et, lorsqu'on est parvenu à la profondeur convenable, on détache, en quelques tours de vis, du sabot abandonné dans le sol, la tige métallique, qui est employée à la descente des puits successifs.

Parfois on ne trouve pas de cours d'eau naturel susceptible de recevoir les eaux de drainage, et l'on a recours à des *puisards* ou *puits absorbants*, descendus jusque dans une nappe profonde où elles vont se perdre. D'anciennes carrières abandonnées, des cheminées naturelles, ont pu être utilisées de la sorte. Il convient de signaler en passant que cette solution ne va pas sans inconvénients, car elle peut avoir pour conséquence des contaminations occasionnelles de la nappe absorbante ; les puisards s'engorgent aussi assez souvent et cessent alors de fonctionner.

147. Irrigation et drainage combinés. — Dans certains cas, on a obtenu d'intéressants résultats en combinant sur la même terre l'irrigation avec le drainage, soit en superposant un réseau de rigoles d'irrigation à un réseau de drains, soit en se servant d'un réseau unique de conduits souterrains pour l'un et l'autre usage.

Le premier système a été employé dans des prairies sans pente et reposant sur un sol imperméable, où la méthode des ados se trouvait inapplicable ou inefficace, et où, pour divers motifs, on ne pouvait établir de fossés profonds d'assainissement ; il faut alors avoir soin de ne pas placer les drains sous les rigoles, de les en tenir même assez éloignés, sans cependant les descendre à plus de 0 m. 90 à 1 m. 10 de profondeur; et, lorsque des croisements sont inévitables entre des artères des deux réseaux, le drain doit

être garanti contre les infiltrations directes, soit par des manchons, soit par des mottes de glaise. On trouve ce système généralisé dans les champs irrigués à l'eau d'égout de la ville de
Berlin, où le terrain, peu perméable et peu profond, n'eût pas
été suffisamment absorbant ni assez vite assaini après les arrosages, sans l'adoption d'un semblable drainage. Dans le Midi, on y
a eu recours pour certains dessalages des terrains conquis sur la
mer, afin d'empêcher la remontée par capillarité, sous l'influence
d'une évaporation énergique, des eaux qui ont traversé le sol et
s'y sont imprégnées de sel.

L'emploi d'un réseau unique de conduits affectés alternativement au drainage et à l'irrigation surprend *à priori*, puisque le
drainage suppose que ces conduits seront placés à une profondeur assez grande au-dessous du sol actif, tandis que l'irrigation
implique l'arrivée de l'eau au contact des racines. Cette combinaison a cependant reçu en Allemagne un certain nombre d'applications remarquables, sous le nom de *méthode de Petersen*. Le fonctionnement alternatif est obtenu par le moyen d'obturateurs, placés
de distance en distance sur les collecteurs, lesquels sont établis
suivant les lignes de plus grande pente : lorsqu'on ferme ces
obturateurs, l'eau s'accumule en amont, s'élève dans le sol, s'y
répand, gagne les couches superficielles et peut même parfois
venir suinter à la surface ; il suffit de les rouvrir pour amener
l'effet inverse, l'égouttement progressif, suivi d'une aération
énergique. A l'origine les obturateurs étaient de simples bouchons tronconiques en bois, emman-
chés à l'extrémité de longues tiges
placées dans des regards : depuis, on
a remplacé ces bouchons de bois par
des clapets métalliques, que commandent des tiges également en
métal, par l'intermédiaire d'un petit
levier coudé ou d'un mouvement de
sonnette. L'expérience a montré que
cette méthode, plutôt moins coû
teuse que l'irrigation par ados, donne
de très beaux résultats dans les

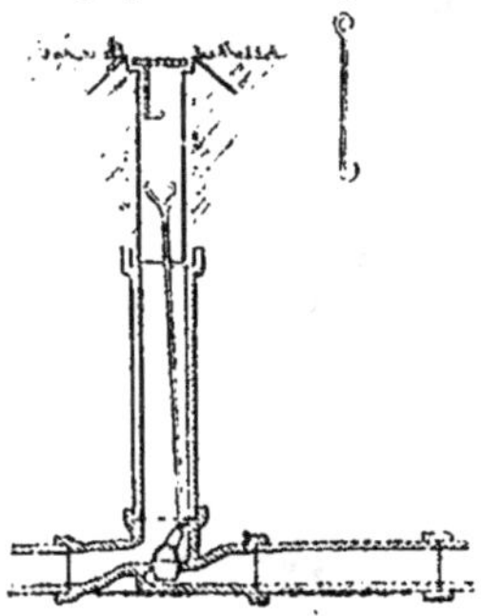

sols imperméables et tourbeux, surtout durant les premières années ; elle se prête à l'emploi de quantités d'eau quelconques, et cette eau, entrant en contact très intime avec le sol, y laisse la majeure partie des substances fertilisantes ; en outre, la surface reste libre et se prête bien au passage des instruments agricoles : en fait néanmoins elle ne s'est pas répandue.

CHAPITRE XIX

FIXATION DES DUNES

———

SOMMAIRE : 148. Formation et progression des dunes; 149. Principe de la fixation des dunes ; 150. Ouvrages de défense; 151. Semis protégés ; 152. Applications diverses.

148. Formation et progression des dunes. — Nous avons vu précédemment comment on peut, dans certains cas, tirer un parti utile des matières solides qui se mettent en suspension dans l'eau de la mer à proximité du rivage, s'en servir pour la conquête de nouvelles terres cultivables. Dans d'autres circonstances, ces matières en suspension pourront déterminer par contre des amas nuisibles : c'est ce qui arrive notamment sur les côtes où le sol se compose d'un sable argileux ; la mer le délave, entraîne l'argile qui donnait de la cohésion à la masse, et laisse, au moment du jusant, le sable meuble exposé à la dessiccation par les rayons solaires, ainsi qu'à l'entraînement par le vent. Chaque vague, pour ainsi dire, fournit quelques pelletées de sable; et, pour peu que la direction des vents tende à pousser ce sable vers l'intérieur des terres, il ne tarde pas à s'éloigner du rivage, pour aller s'accumuler à quelque distance, contre le premier obstacle rencontré, et y former peu à peu des lignes de collines, auxquelles on donne le nom de *dunes*.

Si, malgré le délavage par les lames, le sable conserve, en raison de sa nature propre, une consistance suffisante, ces dunes demeurent à l'emplacement même où elles se sont formées et méritent l'appellation de *dunes fixes*. Par contre, lorsque les grains de sable sont sans adhérence aucune entre eux et en même temps très fins, on les voit se soulever au moindre vent comme de la poussière, formant des nuées qui sont entraînées au loin et vont se résoudre parfois en « pluies de sable » à de grandes distances dans l'intérieur des terres ou au milieu de l'océan. On rencontre plus souvent le cas intermédiaire, où les grains de sable, trop mobiles et trop légers pour résister au souffle du vent, sont d'autre part trop lourds pour se tenir en suspension dans l'air et se laisser ainsi entraîner sur de longs parcours : ils cheminent alors, mais avec lenteur, s'élevant d'autant plus haut qu'ils sont plus fins et le vent plus violent, formant des monticules dont le profil présente un talus adouci du côté d'où vient le vent et plutôt raide du côté opposé. On les voit alors au moindre souffle prendre un mouvement ascensionnel sur le talus adouci, qu'ils escaladent comme s'ils se poursuivaient l'un l'autre ; puis ils en franchissent le sommet pour retomber ensuite, par l'effet de leur poids, dès qu'ils se trouvent défilés, protégés contre le vent, et prendre alors le talus naturel d'éboulement : ce même effet se renouvelant incessamment, il en résulte que le monticule tout entier se déplace peu à peu dans le sens même de la marche des vents, la dune devient mobile ou *mouvante*. Les sables, qui constituent les dunes mouvantes, sont de nature et de grosseur variables suivant les régions ; sur le rivage des Landes, ils sont tout à fait quartzeux, avec quelques particules seulement de mica et de fer et de rares coquilles, les grains en sont arrondis, et chacun d'eux est si petit que, pour un mètre cube pesant 1.600 kilogrammes, leur nombre dépasse 14 milliards ; sur les bords de la presqu'île du Cotentin, les sables sont calcaires et renferment en moyenne, pour 100 parties, 30,5 de carbonate de chaux, 52 de silice et 3,5 de matières organiques ; ils sont encore calcaires, mais moins riches cependant en carbonate de chaux, sur le littoral de la Bretagne et de la Saintonge.

Lorsque les vents régnants viennent de la mer, les dunes

mobiles envahissent les terres, s'avançant lentement mais sûrement vers l'intérieur et recouvrant tout, cultures, villages, d'un manteau de sable qui fait du pays un désert. Cette marche des dunes, cette progression s'opère parfois dans des conditions de vitesse effrayantes : c'est ainsi que, près de Saint-Pol-de-Léon, en Bretagne, on a vu certaine dune s'avancer en 56 ans de 6 à 7 lieues, soit une vitesse de près de 500 mètres par an, aussi n'y trouve-t-on plus trace d'une contrée habitée jusqu'à la fin du xviie siècle ; de même en Angleterre, sur la côte de Suffolk, la ville de Dowhon a entièrement disparu sous les sables qui y progressent de 80 mètres par an. Ce sont là sans doute des cas exceptionnels, et le plus souvent les dunes mobiles ne s'avancent pas aussi vite ; cependant il n'est pas rare de constater une progression de 20 à 30 mètres par an, et cela suffit pour amener des changements profonds dans la région : un village, Escoublac, a été enseveli dans ces conditions près du Croisic, le clocher seul émergeant au-dessus de la dune pour en marquer la place ; près de Dunkerque, près de Saint-Jean-de-Luz, on a trouvé dans les dunes des puits anciens, attestant la présence d'habitations dans des parages actuellement recouverts par les sables. L'avancement moyen des dunes de Gascogne était moindre encore, 5 à 6 mètres par an, mais il n'en a pas moins suffi pour faire disparaître toute trace de l'ancienne voie romaine de Bordeaux à Bayonne, à dévier de plusieurs kilomètres l'embouchure de l'Adour, à déplacer aussi le débouché du bassin d'Arcachon, à ensevelir des bourgs entiers comme Vieux-Soulac.

Souvent, quand une première ligne de dunes s'est éloignée du rivage, une seconde ligne tend à se former en avant, puis une troisième, de sorte qu'au bout d'un temps plus ou moins long la côte est bordée de plusieurs lignes successives et parallèles de collines de sable, séparées les unes des autres par de petits vallons allongés, que dans les Landes on appelle des « *lettes* ». Chacune des lignes parallèles est habituellement composée d'une série de mamelons, et ceux de l'une correspondent aux échancrures de l'autre ; la dune la plus ancienne, qui est nécessairement la plus éloignée de la mer, est aussi la plus haute. L'ensemble forme une sorte de *cordon littoral* continu, qui barre le

passage vers la mer aux eaux provenant de l'intérieur des terres,
dont l'écoulement se trouve ainsi obstrué : ces eaux s'accumulent alors en arrière, y constituent des flaques d'eau stagnante,
marécages, étangs, dont la conséquence est d'étendre la désolation au delà encore de la zone couverte par les sables et de compromettre en outre la salubrité du pays : telle est précisément
l'origine des étangs marécageux de la côte est de la Corse, ou
du littoral de la Toscane, ainsi que du chapelet d'étangs qui s'est
formé en arrière des dunes de Gascogne et où viennent aboutir
les eaux des Landes ; ce sont sans doute d'anciennes lagunes,
dont les communications avec la mer ont été successivement barrées par les sables, et il est manifeste que le bassin d'Arcachon
doit à son étendue et à la masse d'eau qui y pénètre par suite à
chaque marée de n'avoir pas subi le même sort.

D'après un état dressé en 1846, il y avait alors en France
109.000 hectares de dunes : les plus importantes de beaucoup
étaient celles du littoral de l'Océan et en particulier celles du
golfe de Gascogne, qui présentent un front de 240 kilomètres de
longueur, sur 4 à 5 kilomètres de large, et dont la hauteur atteint
jusqu'à 75 mètres et même en un point 89 mètres ; celles des
côtes de la Manche et de la Méditerranée ensemble ne représentant tout au plus qu'un neuvième du total et leur hauteur est faible, 10 mètres au plus ; à eux seuls les deux départements de la
Gironde et des Landes figuraient dans le total pour 87.000 hectares, alors que 26.000 avaient été déjà l'objet de travaux de fixation : depuis, les travaux ont été continués, et il ne reste plus
guère aujourd'hui dans notre pays que des surfaces relativement
restreintes de dunes mouvantes.

On ne trouve pas ailleurs en Europe de dunes aussi considérables que celles du golfe de Gascogne, mais celles qui limitent le
Sahara, sur la côte de l'Océan Atlantique, sont beaucoup plus
élevées encore et atteignent jusqu'à 120, 150 et même 180 mètres
de hauteur.

149. Principe de la fixation des dunes. — Brémontier a
trouvé, à la fin du XVIIIᵉ siècle, le moyen de réaliser par des travaux systématiques, fort simples dans leur principe et d'une

application peu dispendieuse, l'arrêt de la marche progressive des dunes et la transformation de ces collines de sable, qui étaient une menace perpétuelle pour le pays avoisinant, en forêts verdoyantes, à la fois protectrices et productives.

Ce moyen était-il déjà pratiqué dans l'antiquité? nul ne le sait; personne en tout cas n'en avait connaissance, quand Brémontier, ingénieur des ponts et chaussées dans la région des Landes, en conçut l'idée vers 1776 et la publia vers 1790 : ce fut un véritable trait de génie, et la conquête des dunes de Gascogne, dont il a tracé le plan et commencé la réalisation, demeurera le titre de gloire de ce bienfaiteur de la France et de l'humanité.

Pour se rendre compte de l'état où se trouvait alors l'immense étendue recouverte par ces dunes, il faut lire le mémoire de Brémontier : d'après la description qu'il en donne, le premier souffle de vent y produisait des brouillards de sable ; de tous côtés se présentaient des sillons irréguliers, des monticules, dont les moindres obstacles, touffes d'herbes, bois pourris. etc., provoquaient la formation par accumulation du sable ; les lignes de dunes se déplaçaient sans cesse ainsi que les lettes intermédiaires, et la maigre végétation des lettes, composée d'herbes rougeâtres à jets traçants, se déplaçait avec elles ; on ne rencontrait dans cette contrée désolée que de rares troupeaux de vaches sauvages, que les malheureux habitants des Landes tuaient à coups de fusil et vendaient 30 à 40 francs sur les marchés voisins ; parfois il se formait, au-dessous du sable de la surface, des *blouses*, sortes de cavités pleines d'eau, dont la voûte sans consistance s'effondrait sous le moindre poids ; un cheval disparut dans une de ces blouses sous les yeux mêmes de Brémontier, à l'endroit précis où se développe maintenant la ligne ininterrompue des splendides villas d'Arcachon ! Cette localité, créée de toutes pièces en pleine dune et dont le développement a été si rapide, a bien mérité sa devise : *heri solitudo, hodie civitas*, désert hier, ville aujourd'hui.

Le point de départ du système de fixation des dunes, imaginé par Brémontier, a été l'observation qu'il avait faite de la remarquable stabilité de quelques collines de sable qui s'étaient spontanément couvertes de végétation : il en déduisit logiquement

qu'on pourrait sans doute étendre de proche en proche cette stabilité, si l'on parvenait à provoquer sur les dunes le développement de plantes vivaces et robustes, dont les racines retien-
draient et fixeraient les sables ; et, pour y parvenir, il se proposa
non seulement d'y faire des *semis* et des *plantations*, mais avant
tout d'établir des *ouvrages de défense* capables de protéger les
surfaces sur lesquelles on tenterait les semis, puis de garantir les
jeunes plants contre les effets du vent, jusqu'à ce qu'ils eussent
pris assez de vigueur et poussé des racines assez profondes
pour résister par eux-mêmes et pour s'opposer à la désagrégation des sables.

C'est d'après ces vues que les travaux ont été commencés en
1787 sous la direction même de l'ingénieur qui en avait tracé le
programme : interrompus en 1789 et en 1793, définitivement
repris en 1801, ils ont été continués depuis lors sans interruption ; et Brémontier, qui est mort en 1830 à l'âge de 92 ans, a
eu la satisfaction d'en constater le succès et d'en recueillir la
gloire : un modeste monument, simple buste en bronze sur un
socle de pierre, lui a été consacré, au centre d'un des carrefours
de la ville d'hiver, par les habitants d'Arcachon reconnaissants ;
un petit musée qui porte son nom, renferme les modèles des
ouvrages qu'il a conçus et exécutés.

Actuellement, toute la zone des dunes de Gascogne est couverte de magnifiques forêts de pins, sans que la dépense ait
dépassé en général 100 à 150 francs par hectare : c'est donc au
prix de sacrifices fort modestes qu'on a créé cette nouvelle
richesse nationale. Dès la sixième ou septième année, après les
semis, on peut éclaircir les plantations, et le produit couvre à
peu de chose près déjà l'intérêt du capital qu'on y a consacré : à
partir de ce moment, les revenus vont croissant ; au bout de vingt
ans, chaque hectare compte de 500 à 1.000 pieds d'arbres de
0 m. 20 à 0 m. 35 de diamètre, en état d'être exploités chaque
année par *gemmage*, pour l'extraction de la résine, du mois de
février au mois d'octobre ; le gemmage se pratique sur les arbres
de 20 à 70 ans ; au delà de cet âge, on les abat et on utilise le
bois, qui, malgré l'exploitation de la sève, n'en conserve pas
moins une certaine valeur, car il se prête bien à l'injection de

matières antiseptiques et peut être utilisé à la confection de traverses de chemins de fer, de poteaux télégraphiques, de pavés, etc. On peut évaluer de 0 fr. 25 à 0 fr. 50 par pied le produit de la résine ; et chaque hectare de forêt donne en outre moyennement par an quatre à six stères de bois.

150. Ouvrages de défense. — Les travaux destinés à protéger, contre les vents de mer et l'apport des sables, les surfaces qu'on se propose de planter, consistent dans l'établissement soit de *lignes* ou *cordons de défense*, soit d'une *dune littorale*.

Les *lignes de défense* sont des espèces de palissades dressées sur la plage de sable, à peu de distance du rivage, et suivant une direction perpendiculaire aux vents régnants, qui, sur la côte de Gascogne, soufflent de la région ouest : en les flanquant de part

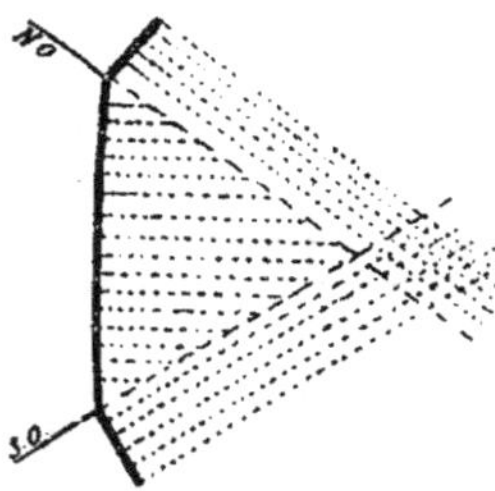

et d'autre, en retour, par des cordons latéraux, on complète le défilement d'une surface plus ou moins étendue. On a bien soin d'ailleurs de profiter des circonstances préexistantes et de rattacher dans chaque cas les ouvrages aux dunes elles-mêmes, de manière à les faire concourir au but qu'on se propose d'atteindre. Tout d'abord les lignes et cordons de défense ont été exécutés en clayonnages de 1 m. 20 de hauteur, maintenus par des piquets de 0 m. 04 d'équarrissage et 0 m. 60 de fiche ; mais le vent avait trop aisément raison d'ouvrages aussi peu résistants, et il a fallu recourir à des types plus robustes, par exemple à des

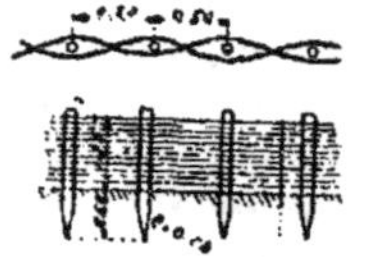

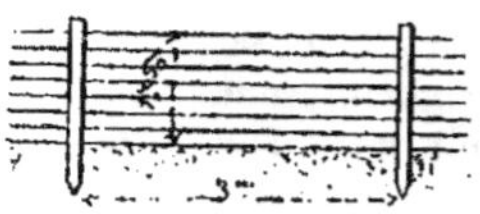

palissades en planches de 0 m. 02 à 0 m. 03 d'épaisseur, maintenues par des pieux espacés de trois en trois mètres, ou mieux encore à des lignes de madriers de 0 m. 05 à 0 m. 06 d'épaisseur, 0 m. 16 à 0 m. 30 de largeur, épointés à la partie inférieure et enfoncés côte à côte dans le sable sans liaison aucune, en laissant même entre eux de petits intervalles : de ces deux derniers types, le premier est encore très exposé à être surmonté rapidement par les sables, le

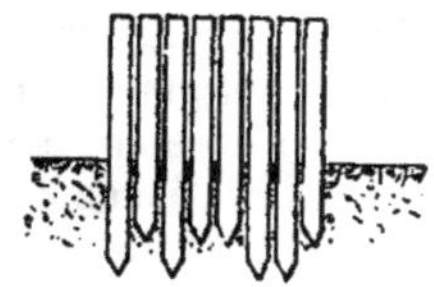

second a surtout l'avantage de se prêter aisément à l'arrachage et au réemploi des mêmes matériaux, ce qui permet, comme on va le voir, de prolonger l'efficacité de l'obstacle presque sans nouveaux frais.

En effet une palissade, ainsi constituée, ne tarde pas à provoquer une accumulation de sable, qui se profile du côté du vent

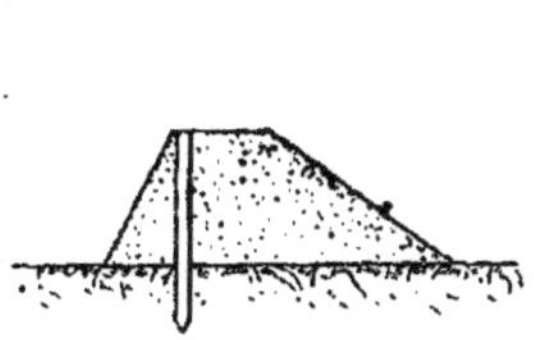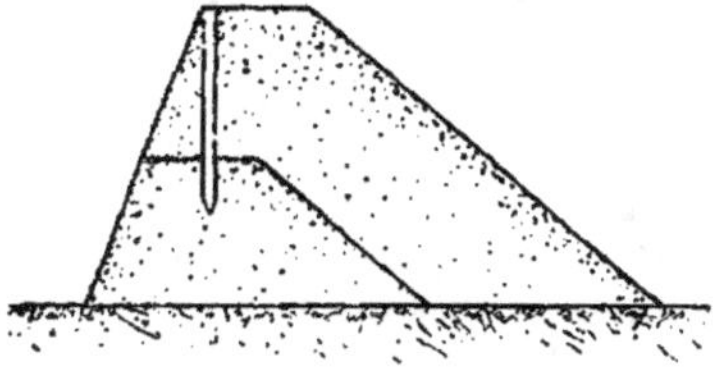

suivant un talus très raide, présente de l'autre au contraire un talus plus allongé et se termine, vers le sommet des madriers, par une crête aplatie ; si l'on relève alors les madriers, pour les replacer sur la crête même du cordon de sable, le même effet se continue, et l'on provoque ainsi un exhaussement successif de la ligne de défense.

En répétant à plusieurs reprises cette même opération, on finit par constituer une sorte de dune artificielle, pendant la formation de laquelle le terrain sis en arrière ne reçoit pas de sable, et qui même peut procurer une protection durable et longtemps efficace si l'on parvient à lui donner jusqu'à 10 ou 12 mètres de hauteur. C'est alors ce qu'on appelle une *dune littorale*. Sur un grand nombre de points de la côte, on a eu recours à ce mode de défense, dont les résultats ont été en général très satisfaisants et relativement économiques.

A l'abri des ouvrages de défense, on trouve assez souvent une surface étendue suffisamment protégée contre le vent pour qu'on puisse y procéder à des *semis à découvert* : ces semis se font cependant rarement à la volée, si ce n'est pour les graines de bruyère ; généralement, c'est dans des trous faits au plantoir, à 0 m. 75 de distance les uns des autres, ou dans des lignes, ouvertes au rateau et écartées de 0 m. 20, qu'on dépose les graines de pin ou d'ajonc, à raison de 3 kilogrammes au moins par hectare pour les premières et 4 kilogramme pour les secondes ; on a soin d'ailleurs de tracer les lignes dans le sens perpendiculaire à la direction des vents régnants et de les refermer aussitôt après que les graines y ont été déposées, au moyen de la tête du rateau en fonte qui a servi à les ouvrir.

151. Semis protégés. — Fréquemment aussi, les lignes de défense ne constituant pas à elles seules une protection complète, le semis à découvert donnerait lieu à des pertes considérables ; et, même en augmentant considérablement la quantité de graines employées par hectare, en portant par exemple de 3 à 16 kilogrammes — comme on l'a fait quelquefois — la proportion de graines de pins, on risquerait encore de ne pas obtenir de résultats satisfaisants.

Force est alors de recourir à une protection complémentaire, qu'on réalise par la *couverture* des semis. Elle consiste dans

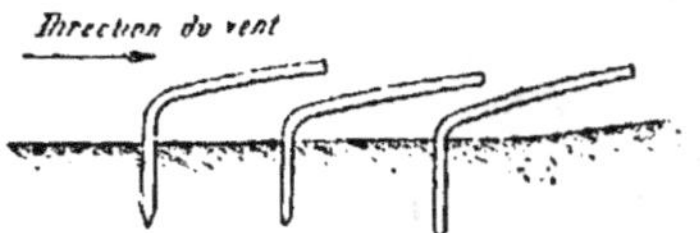

l'emploi de branchages, qu'on enfonce dans le sable, assez profondément pour qu'ils se maintiennent en place malgré l'effort du vent, et qu'on recourbe vers le sol, de manière qu'ils se recouvrent les uns les autres : les ouvriers qui procèdent à cette opération ont soin de cheminer à reculons et le dos au vent. Elle s'est montrée parfaitement efficace dans la partie sud des dunes de Gascogne, où le sable, relativement gros, rend la levée des graines et la pousse des jeunes plants assez difficiles : on y employait d'ordinaire 700 fagots de 20 kilogrammes par hectare.

Dans la partie nord, où le sable plus fin et l'humidité plus proche de la surface favorisaient le développement des plantes, un mode de protection plus économique, puisqu'il n'exige pas plus de 400 fagots par hectare, a pu être mis en œuvre avec succès. C'est celui des *aigrettes*, qu'on réalise en plantant à intervalles réguliers, après le semis, des touffes de branchages de pin, de genêt ou de bruyère, du poids moyen de 0 kil. 200, et en les consolidant par une petite butte de sable.

Une autre méthode, encore moins dispendieuse, surtout parce qu'on a pu l'employer directement parfois, sans établir préalablement des barrages de défense, est celle dite des *gourbets*. On désigne sous ce nom, dans la région, une espèce de roseau (*arundo arenaria*) qui pousse là où les pins ne réussissent pas et qu'on plante par touffes de 0 kilogr. 060 suivant des lignes espacées de 0 m. 50 : une première équipe d'ouvriers fait le percement des trous ; une seconde la suit de près pour placer les touffes, qu'on enfonce de 0 m. 20 à 0 m. 25 et qu'on butte soigneusement. Ce genre de plantation a été fait souvent sur une zone de 300 à 400 mètres de largeur le long du rivage ; une seconde bande, de même largeur à peu près, est recouverte ensuite d'immortelles des sables ou d'autres plantes rampantes, qui se développaient spontanément dans les lettes ; ensuite commencent les plantations de pins.

152. Applications diverses. — Les procédés qui viennent d'être décrits, et qui ont admirablement réussi sur les bords du golfe de Gascogne, peuvent être appliqués partout, à la seule condition de choisir avec discernement les plantes qui conviennent au climat et à la nature particulière du sol.

L'administration des eaux et forêts a obtenu le même succès, par les mêmes moyens, à la pointe de la Coubre, au nord de l'embouchure de la Gironde, où les conditions locales ne diffèrent pas sensiblement de celles qu'on avait rencontrées vers le sud. Là aussi des palissades, des dunes littorales, des aigrettes en quinconce, des cordons transversaux dans les gorges, ont servi à protéger des semis d'ajonc, de genêt, de pin maritime : on y a seulement ajouté l'alfa, importé d'Algérie. La progression des sables a été arrêtée dès 1897, et la surface autrefois mouvante et déserte qu'on a fixée de la sorte s'est couverte d'une abondante végétation forestière.

Mais on a échoué en Normandie, dans les *mielles* du Cotentin, avec le pin maritime : cet arbre, qui se plaît dans les terrains très siliceux du rivage de la Gascogne, où il sait trouver, dans le sable quartzeux presque pur, les petites quantités de chaux et d'acide phosphorique indispensables à son développement, n'a pas prospéré dans les sables calcaires de la côte ouest du département de la Manche, entre Hauteville et Barneville, qui, s'avançant peu à peu dans la direction de Montmartin, étaient une menace constante pour les cultures et les agglomérations du voisinage. Les conditions différaient nettement de celles qu'avait rencontrées Brémontier dans les Landes, puisque ces dunes basses, qui s'étendaient sur une profondeur de quatre kilomètres, s'étaient couvertes spontanément de mousses et d'herbes, qui nourrissaient des troupeaux de moutons, dits de prés salés, recherchés par la boucherie et produisant des laines de bonne qualité : le produit était maigre cependant, et les travaux de fixation ont eu pour effet d'augmenter grandement la richesse agricole de cette région. Ils ont consisté finalement — après des essais et tâtonnements d'abord infructueux — dans la division de la surface en parcelles de faible étendue, qui furent entourées de reliefs gazonnés de 1 m. 50 à 2 mètres de largeur, ou de haies vives, et partiellement complantées en peupliers blancs de Virginie : ces arbres ont grandi rapidement, et, à l'abri des lignes de défense ainsi constituées, en amendant le sol au moyen de la tangue, en y employant le varech comme engrais, on a pu obtenir bientôt des récoltes de pommes de terre, de luzerne, de légumes variés, si bien que la valeur locative des terres s'est élevée jusqu'à 150 et 200 francs l'hectare, la valeur vénale à 5.000 francs et plus, et qu'un pays naguère misérable n'a pas

tardé à connaître une aisance inespérée. Le même procédé de
fixation a obtenu un succès plus marqué encore à Tourlaville,
près de Cherbourg, où la culture, favorisée par un climat exceptionnellement doux et la facilité avec laquelle on se procure les
engrais marins, a donné de si magnifiques résultats que le prix
des terres y a pu atteindre jusqu'à 10.000 et 15.000 francs
l'hectare.

Par contre, la tentative faite sur une partie des dunes des environs de Boulogne par un particulier, M. Adam, au moyen des
procédés consacrés dans les Landes, sans aucune modification,
y a pleinement réussi ; et ce propriétaire est parvenu à créer de
belles forêts de pins maritimes, sur des terrains sans valeur, dont
le seul revenu était la chasse des lapins peu d'années auparavant :
c'est un exemple qui mériterait d'être suivi et qui transformerait
très heureusement l'aspect désolé de la côte de la Manche, formée
par une suite presque ininterrompue de dunes à partir de l'embouchure de la Somme.

TROISIÈME PARTIE

———

HYDRAULIQUE URBAINE

———

Chapitre   XX. — *Notions de salubrité urbaine.*
Chapitre   XXI. — *Approvisionnement des eaux utiles.*
Chapitre   XXII. — *Réservoirs de distribution.*
Chapitre   XXIII. — *Réseaux de conduites.*
Chapitre   XXIV. — *L'eau sur la voie publique et dans les maisons.*
Chapitre   XXV. — *Évacuation des eaux nuisibles.*
Chapitre   XXVI. — *Réseaux d'égouts.*
Chapitre   XXVII. — *Curage.*
Chapitre XXVIII. — *Épuration des eaux d'égout.*

CHAPITRE XX

NOTIONS DE SALUBRITÉ URBAINE

Sommaire : 153. Inconvénients et dangers de l'agglomération ; 154. Bases fondamentales de l'hygiène des villes ; 155. Rôle capital de l'eau ; 156. Aperçu rétrospectif ; 157. État actuel de l'hygiène urbaine ; 158. Législation sanitaire.

153. Inconvénients et dangers de l'agglomération. — La réunion dans les villes d'un grand nombre d'êtres vivants sur un espace restreint a pour conséquence de les placer dans des conditions absolument différentes de celles auxquelles la nature s'est chargée de pourvoir. En effet, si les hommes, tant qu'ils sont répartis par petits groupes sur de vastes étendues de territoire, trouvent partout l'air pur, l'eau non contaminée, le sol prêt à transformer les faibles quantités de détritus organiques qu'on lui confie, il n'en est plus de même dès qu'ils forment une agglomération importante ; et, à mesure que les proportions de cette agglomération augmentent, ils voient surgir des causes d'insalubrité de plus en plus graves, dont ils ne parviennent à triompher qu'à l'aide de moyens spéciaux et complexes, constituant une sorte de *vie artificielle*, impérieusement nécessaire, sans laquelle l'existence même des villes ne saurait se concevoir.

L'air ne tarde pas à y être vicié, non seulement par la respiration des hommes et des animaux domestiques, mais encore et surtout par la combustion de matières solides ou gazeuses

31

dans un grand nombre de foyers de chaleur ou de lumière, par la fermentation des détritus animaux ou végétaux dans les cours, les jardins, les marchés, les ruisseaux des voies publiques, par les émanations désagréables et malsaines des fosses d'aisances et des usines ou autres établissements insalubres.

Le sol, appelé à recevoir des accumulations de matières fermentescibles par suite de l'écoulement des eaux ménagères, du dépôt des ordures et des déjections de toute espèce, de l'entassement des cadavres dans d'étroits cimetières, est exposé à une contamination plus grave encore. Même dans les villes où l'on s'applique avec le plus de soin à le protéger, on n'évite guère l'imprégnation par le gaz d'éclairage, qui s'échappe des nombreuses fuites d'une canalisation très développée, par les infiltrations provenant de fosses imparfaitement étanches, etc.

Les eaux souterraines, quand elles se rencontrent à faible profondeur, subissent le même sort ; et l'on devine quels dangers en résultent pour la santé publique, toutes les fois qu'on les utilise pour l'alimentation. Sans qu'il en soit fait aucun usage, il arrive encore que de simples variations de leur niveau, laissant à sec des couches ordinairement humides, ou humectant celles qui sont habituellement à sec, déterminent des émanations insalubres, voire même des épidémies.

Les eaux courantes, qui traversent les villes ou coulent dans leur voisinage, sont presque toujours grossies au passage par les eaux pluviales qui en ont délavé les rues ; que de fois elles reçoivent en outre et l'écoulement des égouts, qui viennent aboutir au thalweg de la vallée, considéré comme le drain naturel d'évacuation, et le déversement des eaux résiduaires des usines, sinon des projections plus répugnantes et plus dangereuses encore !

Le péril est multiple, on le voit ; et il n'y a pas lieu de se montrer surpris quand on constate, dans nombre de villes, que la mortalité y atteint des proportions inconnues dans les campagnes et se tient à un taux notablement supérieur à la moyenne du pays tout entier.

Mais le remède est à côté du mal ; et puisque, fort heureusement, la science sanitaire moderne a su dégager les procédés au moyen desquels il est toujours possible de se prémunir contre le danger, de réaliser, dans cet ordre d'idées, de rapides et immenses progrès, il appartient à ceux qui ont la gestion des affaires communales de prendre en mains la défense des populations urbaines et, par des mesures efficaces, de combattre les causes d'insalubrité, les maladies évitables, afin de réaliser cette diminution de la mortalité, qui est toujours et partout la conséquence certaine d'efforts convenablement dirigés. Y a-t-il des sacrifices devant lesquels on puisse reculer quand il s'agit d'améliorer la santé publique, de sauver des vies humaines ?

154. Bases fondamentales de l'hygiène des villes. — Les préceptes de l'hygiène urbaine se réduisent d'ailleurs à un petit nombre de règles, à l'application desquelles peuvent être ramenés tous les efforts à faire pour la défense de la santé publique :

L'atmosphère respirable doit-être maintenue aussi pure que possible ;

Le sol doit être protégé par tous les moyens contre la pénétration d'éléments nocifs ;

L'eau destinée à l'alimentation doit être choisie avec discernement et garantie efficacement contre les causes d'altération, et il faut en avoir assez pour que partout et toujours les soins de propreté se trouvent largement assurés ;

Enfin, après usage, elle doit être évacuée sans retard et de telle sorte qu'elle ne puisse devenir une cause d'insalubrité, malgré la quantité de détritus organiques qu'elle a recueillis et qu'elle entraîne.

Il ne suffirait pas d'observer telle ou telle de ces règles, en négligeant les autres : toutes sont nécessaires et réclament simultanément l'attention.

Mais ce serait sortir du sujet que de traiter ici longuement des deux premières, qui visent la protection de l'air et du sol.

On se bornera donc à signaler en passant l'importance de la *ventilation* pour la salubrité des maisons habitées, où le cube d'air, forcément limité, subit une viciation inévitable et rapide, et surtout pour les établissements appelés à recevoir un grand nombre de personnes à la fois dans des salles collectives, hôpitaux, casernes, prisons, écoles, ateliers, théâtres, etc. ; celle aussi de la *désinfection* des locaux contaminés par la présence de malades atteints d'affections transmissibles. Fort heureusement, les causes naturelles d'agitation de l'air dans les rues en assurent le renouvellement assez rapide pour qu'on n'ait pas songé à y employer des moyens artificiels de purification : du moins convient-il de venir en aide à la nature en proscrivant les impasses, les couloirs étroits et sombres, les cours trop restreintes, en s'opposant à la construction de maisons trop hautes, en traçant les voies de telle sorte que les vents régnants y assurent la circulation de l'air et que les façades soient baignées de lumière ; dans le même ordre d'idées, on rejettera loin des centres habités les établissements insalubres, à émanations incommodes ou malsaines, on exigera la suppression aussi complète que possible des fumées, tout au moins leur envoi par de hautes cheminées dans les couches élevées de l'atmosphère, on favorisera la diffusion des plantations, la création des jardins, qui, en raison du mode spécial de respiration des végétaux, jouent à cet égard un rôle utile; d'autre part, on s'efforcera d'empêcher les dégagements d'air vicié, qui peuvent provenir des égouts, des fosses, des tuyaux d'écoulement, et plus encore toute pénétration de gaz impurs dans l'intérieur des habitations.

L'enlèvement fréquent des *ordures ménagères*, l'évacuation rapide des *eaux usées*, l'éloignement des *cimetières*, des *abattoirs*, des *voiries*, l'interdiction des *puisards* et des *fosses sans fond*, sont autant de moyens auxquels on a recours pour éviter le dépôt à la surface du sol ou la pénétration profonde des matières organiques putrescibles, susceptibles d'en déterminer la contamination. A cette même préoccupation se rattachent les procédés de destruction des substances organiques, qui tendent à se répandre depuis quelques années, tels que la *combustion des gadoues*, les traitements divers appliqués aux eaux usées, et jusqu'à la *crémation* des cadavres. Les divers *revêtements*, que les besoins de la circulation publique ont fait adopter pour les chaussées et les trottoirs, ne contribuent pas peu à la protection du sol, surtout si l'on a soin de choisir les plus imperméables, ceux qui sont dépourvus de joints, comme l'asphalte, le bitume, les dallages en béton ou les enduits de ciment. Au reste, parmi les règles fondamentales de l'hygiène urbaine qui ont été rappelées plus haut, ce sont assurément les deux dernières, celles qui ont trait à la distribution des eaux utiles et à l'évacuation des eaux nuisibles, qui jouent dans l'hygiène des villes le rôle prépondérant et qui ont l'influence la plus directe et la plus marquée sur la santé publique. On ne conçoit pas une ville moderne, digne de ce nom, sans *distribution d'eau,* c'est-à-dire sans un ensemble d'ouvrages combinés en vue d'amener en tous les points de l'agglomération l'eau utile, l'eau nécessaire à tous les usages ; et le complément indiqué de toute distribution d'eau est, pour employer le terme aujourd'hui consacré, le système d'assainissement, qui a pour objet l'évacuation de cette même eau, devenue rapidement nuisible par l'emploi même, véhicule de la masse la plus considérable et la plus dangereuse d'impuretés de toute sorte.

155. Rôle capital de l'eau. — Il n'est sans doute pas besoin d'insister pour faire apprécier le rôle capital de la circulation de l'eau dans les villes.

Les usages auxquels la distribution d'eau est appelée à satisfaire sont en effet si multiples et si importants qu'ils frappent dès l'abord. En première ligne se placent les *usages domestiques,* qui comprennent, avec la *boisson,* le plus intéressant et le plus indispensable de tous, ceux qui concernent l'*hygiène du corps,* soins de la toilette, bains, lavage du linge, la *préparation des aliments,* lavage et cuisson des légumes, nettoyage des ustensiles de cuisine et de table, la bonne *tenue de la maison,* nettoyage des locaux habités, des cours, des cabinets d'aisances, des écuries et remises, l'*entretien des jardins,* puis une foule d'utilisations spéciales, dont le champ est pour ainsi dire indéfini, comme le fonctionnement des ascenseurs, l'alimentation des calorifères à eau chaude ou à vapeur, etc. Les *usages publics* ne sont pas moins nombreux ni moins dignes d'intérêt, puisqu'on doit y ranger le *lavage* et l'*arrosage* des chaussées et trottoirs, l'entraînement des boues, le nettoyage des marchés, le *curage des égouts,* l'*entretien des plantations* sur les avenues et dans les promenades, l'alimentation des *fontaines publiques,* l'extinction des *incendies,* etc. Viennent ensuite les *usages industriels,* dont plusieurs se rattachent encore directement à l'hygiène personnelle, comme le service des *lavoirs,* les établissements de *bains, douches, piscines,* la fabrication des *boissons* artificielles, tandis que certains autres répondent à des besoins essentiellement différents, tels que la production et la condensation de la vapeur pour la mise en mouvement des moteurs dans les usines, etc. Remarquons en passant que cette distinction peut être généralisée, d'où la répartition fréquente des divers usages de l'eau en deux catégories nettement caractérisées : les uns, mettant le liquide en contact direct avec nos organes, ont une influence immédiate sur la santé et n'admettent en conséquence qu'une eau pratiquement pure, à l'abri des contaminations, du soupçon même ; les autres, comportant soit de simples lavages, soit des opérations où interviennent la chaleur ou les agents chimiques, n'exigent pas une pureté aussi parfaite, mais réclament parfois des qualités particulières..., on est ainsi amené à considérer séparément l'*eau alimentaire* proprement dite (*Trinkwasser* des Allemands) et l'eau d'usage courant, l'*eau industrielle* (*Nutzwasser*).

Quant aux eaux *usées,* salies par l'usage, *eaux ménagères* chargées de tous les détritus de la maison, *eaux industrielles,* résidus de fabrications diverses, souvent fort riches aussi en matières organiques fermentescibles, *eaux vannes,* additionnées ou non des matières de vidange, et renfermant les éléments les plus redoutables au point de vue de la santé publique, n'est-il pas évident qu'elles seraient une menace permanente pour la salubrité, en raison de la facilité avec laquelle elles subissent la putréfaction et engendrent des gaz malodorants et nuisibles, si l'on ne prenait soin de les écouler rapidement, par le chemin le plus court, et autant que possible souterrainement, de manière à ne choquer ni la vue ni l'odorat, de manière aussi à les soustraire aux causes immédiates de décomposition ? Les *eaux pluviales,* malgré leur origine et cette pureté naturelle qui permet de les utiliser souvent pour l'alimentation dans les campagnes ou les petites agglomérations, ne tardent pas dans les villes à devenir elles-mêmes nuisibles, quand elles ont ruisselé sur les toits, dans les cours ou les voies publiques, et y ont recueilli des poussières, des détritus, des matières putrescibles de toute espèce, de sorte qu'il faut les confondre presque toujours dans la masse des eaux usées et se préoccuper également de leur éloignement. La réunion de ces eaux nuisibles dans un ou plusieurs évacuateurs devient elle-même un danger, car elle tend à créer au *débouché*, quel qu'il soit, un foyer d'infection redoutable, qui soulève de nouveaux problèmes, appelle des efforts et des travaux d'un autre ordre.

156. Aperçu rétrospectif. — Après ce qui vient d'être dit, il est pour le moins surprenant de constater que l'hygiène urbaine a pris seulement depuis peu d'années la place qui lui est légitimement due dans les préoccupations de l'édilité moderne.

Dès l'antiquité la plus reculée cependant, tous les peuples ont eu la connaissance des lois primordiales de la salubrité publique, qui prenaient alors le plus souvent la forme de préceptes religieux et dont l'observance se rattachait aux pratiques du culte : les livres sacrés de l'Inde, les récits bibliques, l'attestent ; et parfois ce sont les ouvrages destinés à la fourniture de l'eau potable qui se sont trouvés marquer presque seuls la place de civilisations disparues, telles ces grandes citernes de Carthage ou le siphon récemment découvert qui alimentait jadis la citadelle de Pergame. Les Grecs et les Romains ont sans doute emprunté à des peuples plus anciens leurs idées si larges en ce qui concerne l'emploi de l'eau, idées dont ils ont laissé tant de traces, soit dans les documents écrits — lois de Solon, livres d'Hippocrate, de Platon, d'Aristote, etc. — soit dans cette multitude d'ouvrages dont on trouve les ruines imposantes dans toute l'étendue du monde romain et particulièrement à Rome même, où Frontin, curateur des eaux à l'époque de Trajan, comptait 9 grands aqueducs, d'une longueur totale de 443 kilomètres, avec 49.500 mètres d'arcades et un débit de 1.000.000 de mètres cubes par jour, où un peu plus tard, sous l'empereur

Constantin, il n'y avait pas moins de 34 aqueducs, 15 thermes, 856 bains publics ! L'assainissement n'était pas négligé non plus, ainsi qu'en témoigne l'existence de la *Cloaca maxima*, qui écoule encore dans le Tibre une partie des eaux usées de la ville éternelle et dont on attribue la construction à Tarquin l'Ancien : ne sait-on pas d'autre part que les latrines pourvues d'eau étaient très répandues à Rome et qu'il y en avait sous Dioclétien 144 affectées à l'usage public?

Mais une éclipse complète s'est produite à cet égard après les invasions des barbares, qui amenèrent la chute de l'Empire et l'établissement d'un nouveau régime basé sur le mépris de tous les raffinements de la civilisation romaine : l'Europe, plongée dans la nuit du moyen âge, oubliait les principes fondamentaux de l'hygiène et s'attirait par là les terribles ravages qu'y firent alors la lèpre et la peste. La réaction s'est fait longtemps attendre et il faut aller jusqu'au xii° siècle pour en trouver trace, à l'époque où Philippe-Auguste ordonnait les premiers pavages à Paris, où les moines de Saint-Laurent y amenaient les eaux des petites sources des prés Saint-Gervais.

C'est seulement au xvi° siècle que les papes songèrent à restaurer quelques minimes parties des aqueducs de l'ancienne Rome (*acqua Vergine*, 1568) que Londres vit sa première machine élévatoire, établie par Pierre Maurice sous une des arches du pont de la Tamise (1582), que le Parlement de François Ier fit œuvre d'assainissement en ordonnant aux propriétaires de Paris de munir chaque maison d'une fosse d'aisance (1533). Le xvii° siècle a vu construire, en France, les pompes de la Samaritaine sous la seconde arche de rive droite du Pont-Neuf (règne de Henri IV) et l'aqueduc d'Arcueil (régence de Marie de Médicis) pour l'alimentation de Paris, la fameuse machine de Marly, sous Louis XIV, pour élever l'eau de Seine au niveau du château de Versailles. Au même siècle on construisit en Angleterre, pour l'alimentation de Londres, la dérivation de la Lee, dite New River. Les divers types des pompes modernes (pompe à piston plongeur, pompe à double effet, pompe différentielle), ainsi que le bélier et les premiers filtres, n'ont fait leur apparition que vers la fin du xviii° siècle, en même temps que les préoccupations rela-

tives à l'alimentation de Paris faisaient naître les projets de
dérivation de l'Yvette et de la Bièvre, bientôt abandonnés quand
une première Compagnie des eaux — dont la destinée fut d'ailleurs malheureuse — eut créé (1781-1783) les usines à vapeur
ou *pompes à feu* de Chaillot et du Gros-Caillou. Le premier tiers
du xix° siècle ne fut guère plus fécond : si le Consulat décida en
principe l'établissement du canal de l'Ourcq, l'exécution n'en fut
poursuivie qu'avec une grande lenteur, le transfert de la voirie
parisienne de Montfaucon à Bondy n'améliora guère le régime
de la vidange ; et, bien que Paris par exemple, avec ses rues à
chaussées fendues dans l'axe et dépourvues de trottoirs, ne
disposât guère de plus de 10.000 mètres cubes d'eau pour 600.000
habitants, ne comptât pas plus de 26 kilomètres d'égouts, l'opinion publique restait indifférente et le serait restée longtemps
encore, sans l'apparition subite et les ravages terrifiants du *choléra* de 1832, qui eut le don de secouer enfin la torpeur des
populations.

De cette époque date en réalité la renaissance de l'hygiène,
l'apparition de la science sanitaire moderne, venue à propos
pour parer aux inconvénients croissants que le développement
subit des grandes villes, conséquence des facilités nouvelles de
transport et des progrès industriels, devait bientôt provoquer
de toutes parts. Le mouvement, assez lent d'abord, a commencé
par l'Angleterre, où l'on a fait application à l'ensemble des
eaux de Londres du filtrage par le sable, imaginé en 1829, où le
public health Act de 1848 a ouvert l'ère des grands travaux, qui
sont depuis lors poursuivis avec une activité progressive, en
particulier pour fournir en abondance l'eau d'alimentation dans
les villes et pour assurer l'évacuation, puis le traitement des
eaux usées. En France, la période qui a suivi le choléra de 1832
a vu entreprendre une première série de travaux : c'est l'époque
où à Paris l'on a terminé le canal de l'Ourcq, amélioré la distribution d'eau de Seine, étendu l'ancien réseau d'égouts, etc. ;
plus tard, la loi de 1850 sur les logements insalubres, le dispositif du décret-loi de 1852 sur l'assainissement des maisons, ont
marqué une tendance nouvelle ; puis est venue l'impulsion du
second Empire, qui a introduit à Paris l'eau de source pour le

service privé, provoqué la construction des collecteurs généraux destinés à débarrasser la Seine du déversement des égouts dans la traversée de la ville, préparé l'épuration agricole; le programme élaboré alors par Belgrand a été poursuivi depuis sur une plus large échelle, complété par l'achèvement de la double canalisation, l'exécution des dérivations de l'Avre et du Loing, la création des champs d'épuration, l'écoulement direct des eaux vannes et des matières de vidange à l'égout; les autres villes sont plus ou moins entrées dans la même voie, et des travaux considérables ont été exécutés à Lyon, Marseille, Reims, etc., etc. Dès 1843, New-York créait la première dérivation du Croton; et les villes américaines, suivant son exemple, donnaient à l'alimentation en eau une importance qu'on n'a pas égalée ailleurs. Après Londres et Paris, toutes les grandes villes européennes, Bruxelles, Vienne, Berlin, Francfort, etc., entraient dans le mouvement et construisaient à l'envi, sur des types divers, d'importants systèmes d'alimentation et d'assainissement, successivement étendus et perfectionnés. Etudes variées, idées nouvelles, découvertes fécondes, ouvrages considérables, résultats remarquablement probants, tout a contribué à triompher de l'ancienne indifférence, qui de plus en plus fait place à un goût déterminé pour les choses de l'hygiène, dont les congrès internationaux ont en outre propagé la connaissance et favorisé les applications : c'est une véritable révolution qui s'accomplit sous nos yeux.

157. Etat actuel de l'hygiène urbaine. — Cette révolution est loin d'être achevée : si elle est faite dans les idées, il s'en faut qu'elle le soit dans les mœurs; si un grand nombre de villes travaillent à l'amélioration de leur état sanitaire et s'imposent à cet effet de lourds sacrifices, les efforts des administrations éclairées se heurtent encore trop souvent à des préjugés enracinés ou à des exagérations outrées, à des préventions irraisonnées, à des résistances fâcheuses, qui retardent le moment où l'abaissement du taux de la mortalité urbaine deviendra général, réalisant pour l'humanité un des plus grands bienfaits qu'elle puisse rêver.

Sans doute le besoin d'*eau en abondance* n'est plus contesté, et la *consommation* tend à augmenter partout, au point que la plupart des distributions qui remontent à trente ans ou plus sont à refaire ou à compléter. Paris, qui ne consommait pas 15 litres par jour et par habitant il y a cent ans, ne se contente plus des 300 litres dont il dispose aujourd'hui : en 1881, sept ans seulement après l'arrivée des 100.000 mètres cubes d'eau fournie par les sources de la Vanne, ils étaient déjà manifestement insuffisants ; l'amenée des eaux des sources de l'Avre en 1893, de celles du Loing et du Lunain en 1900, laisse subsister des besoins qui ne cessent d'ailleurs de croître et qui appellent impérieusement des travaux de plus large envergure. Londres vient de racheter ses huit compagnies et de confier à un « Water Board », nouvellement créé (1902), l'ensemble de ses ressources en matière d'alimentation, afin d'en préparer avec plus d'unité l'extension considérable qui s'impose. New-York, après l'exécution, encore en voie de parachèvement, de la nouvelle dérivation du Croton, établie dans des proportions bien plus considérables que l'ancienne, n'en est pas moins obligée de préparer de nouveaux ouvrages, encore plus importants. Glasgow vient de doubler l'aqueduc du lac Katrin. Birmingham dépense près de 200 millions de francs pour créer de toutes pièces une nouvelle alimentation, au moyen d'eaux captées dans les montagnes du Pays de Galles... La *consommation domestique*, qui se contentait autrefois du maigre approvisionnement fourni par le « porteur d'eau », exige maintenant l'eau en abondance et sous pression constante jusqu'aux étages les plus élevés des maisons, et la veut limpide, pure, à l'abri du soupçon. L'usage de l'eau sur la *voie publique*, presque ignoré il y a un demi-siècle, a reçu un développement imprévu : c'est Paris qui à cet égard a pris l'initiative, et c'est grâce à l'emploi libéral de l'eau que sa voirie, que ses promenades, transformées, ont fait l'admiration des étrangers et provoqué de toutes parts un mouvement dans le même sens. L'*industrie* est venue en outre, dans un grand nombre de localités, ajouter ses exigences spéciales et très diverses à celles du service public et du service privé. Partout en somme l'accroissement de la demande est signalé, appelant incessamment des travaux d'amélioration ou des créations nouvelles.

Conséquence forcée de l'établissement et de l'extension des

distributions d'eau, la *contruction des égouts* progresse également. L'œuvre du Metropolitan Board of works à Londres, continuée par le County Council, celle de Belgrand et de ses successeurs à Paris, celle d'Hobrecht à Berlin, de Lindley à Francfort, trouvent peu à peu d'heureuses imitations dans les villes qui se proposent de réaliser un assainissement complet et rationnel. Là déjà cependant le progrès se fait plus lent, parce que le besoin n'est pas ressenti peut-être de manière aussi pressante, parce que sur ce point aussi la conviction n'est pas encore faite aussi complètement dans l'opinion.

Plus lent encore est le mouvement de transformation, si recommandable, si nécessaire pourtant, des systèmes barbares qui demeurent trop répandus pour l'*évacuation des matières de vidange* et perpétuent dans nombre de villes des pratiques répugnantes et des causes permanentes d'insalubrité, ou celui qui tend à la protection des cours d'eau par l'*épuration* systématique des eaux d'égout des villes, des eaux résiduaires des usines.

A cet égard, manifestement, notre éducation est à faire ; et c'est avant tout l'enseignement de l'hygiène à tous les degrés qu'il faudrait organiser, depuis l'école primaire jusque dans les cours des Universités ou des grandes écoles du gouvernement. Le personnel spécial — ingénieurs sanitaires, inspecteurs de la salubrité, médecins hygiénistes — nombreux et bien exercé chez nos voisins d'outre-Manche, n'existe pour ainsi dire pas en France ; il faudrait le former, lui faire une place convenable, lui assigner un rôle utile dans l'administration de l'hygiène publique.

En attendant, il est à recommander aux municipalités de ne point prendre parti sans s'y être préparées par une étude comparative approfondie des solutions admises et des progrès accomplis dans les diverses villes et les divers pays : dans cet ordre d'idées, on doit considérer comme une très heureuse coutume celle qui s'est établie presque partout de se renseigner, avant de résoudre les questions importantes en matière de salubrité urbaine, par l'envoi de *missions spéciales*, chargées de recueillir les informations les plus complètes sur les travaux analogues d'exécution récente. Les échanges féconds de renseignements,

que les expositions et les congrès ont grandement encouragés,
seraient singulièrement facilités si l'on établissait et si l'on tenait
à jour des *statistiques sanitaires* complètes : les tentatives faites
à ce sujet, en Allemagne dès 1878 par Grahn, au nom d'une
association d'ingénieurs spécialistes, aux Etats-Unis par Croës
en 1889, pour le compte d'un journal technique, en France par
la Société de médecine publique et d'hygiène professionnelle en
1892, et tout récemment (1904), pour la France, la Belgique et la
Suisse, par MM. van Lint et Imbeaux, sont assurément fort utiles et mériteraient d'être incessamment renouvelées ; les *mono-
graphies* détaillées, dont les ouvrages classiques de Darcy sur les
fontaines publiques de Dijon, de Belgrand sur les eaux et les
égouts de Paris, de Hobrecht sur l'assainissement de Berlin,
fournissent de précieux modèles, constituent également une
mine d'informations, dans laquelle on ne saurait puiser avec
trop de persévérance et d'attention.

159. Législation sanitaire. — Jusqu'à la promulgation de
la loi récente, relative à la protection de la santé publique, qui
porte la date du 15 février 1902, la législation sanitaire en France
était éparse dans un certain nombre de textes, d'ailleurs interprétés dans un esprit si étroit qu'elle était loin de répondre aux
besoins de l'hygiène moderne.

Les articles 35 à 37 de la loi du 16 septembre 1807 donnaient
bien au gouvernement le droit d'exiger des communes des travaux d'assainissement jugés nécessaires, mais il n'en était fait
usage que dans des cas tout à fait exceptionnels. L'autorité
investie des pouvoirs les plus étendus en matière de salubrité,
celle du maire, basée cependant sur les termes si généraux de
l'article 3 du titre XI de la loi des 16-24 août 1790 puis de l'article 97 de la loi du 5 avril 1884, était paralysée à ce point par la
jurisprudence qu'elle devait se borner à signaler les causes d'insalubrité et à en ordonner la suppression, sans pouvoir indiquer
les mesures à prendre ni les moyens à mettre en œuvre. Les
préfets, chargés de la tutelle des municipalités et nantis du droit
d'annuler au besoin les arrêtés des maires ou d'y suppléer en cas
d'abstention de leur part, hésitaient généralement à intervenir.

La loi du 13 avril 1850 sur les logements insalubres applicable seulement d'ailleurs dans les quelques villes pourvues d'une commission spéciale, comportait une procédure tellement longue et compliquée qu'elle devenait la plupart du temps impuissante à triompher de l'inertie et de la résistance des propriétaires.

La loi nouvelle impose au maire de chaque commune l'obligation de prendre un arrêté portant *règlement sanitaire* et spécifiant tant les précautions à prendre pour prévenir ou faire cesser les maladies transmissibles que les prescriptions destinées à réaliser la salubrité des maisons et des voies privées ; elle réorganise les *Conseils départementaux d'hygiène* et le *Comité consultatif d'hygiène publique de France*, rattaché au ministère de l'Intérieur, et les charge notamment d'indiquer les travaux à imposer aux communes, où le nombre des décès annuels dépasserait la mortalité moyenne en France pendant trois années consécutives ; elle institue des *bureaux d'hygiène*, dans les communes dont la population atteint ou dépasse 20.000 habitants, ainsi que dans les stations thermales qui en comptent 2.000 au moins ; elle a tenté de simplifier la procédure relative aux logements insalubres ; enfin elle a prévu des dépenses obligatoires, des sanctions mieux définies, etc. On peut espérer qu'elle marquera le point de départ d'une ère nouvelle, féconde en résultats, si, en dépit des pénalités insuffisantes qu'elle comporte encore et de l'absence d'un personnel appelé à en assurer l'application stricte et vraiment effective, elle exerce une influence sérieuse sur les mœurs, et surtout si l'opinion publique s'y montre favorable, au lieu d'en contrecarrer ou d'en retarder l'application, comme il est arrivé bien souvent pour telle ou telle mesure isolée d'assainissement urbain.

D'autres pays sont plus avancés à cet égard. L'Angleterre, en particulier, possède, depuis l'apparition du *Public Health Act* en 1848, un code sanitaire complet et précis, qui a été refondu en 1875 et rigoureusement appliqué depuis lors, sous la haute direction du conseil gouvernemental (*Local Government Board*) et des conseils locaux (*Local Boards of Health*), qu'assistent des fonctionnaires spéciaux, dénommés *Medical officers of health* et

Sanitary Inspectors : il faut dire que la nation tout entière a senti l'importance de cette organisation et en comprend les bienfaits, qu'elle ne recule pas devant des dépenses qu'on a chiffrées par milliards, pour assurer le développement du progrès sanitaire, grâce auquel la mortalité par maladies transmissibles a été considérablement réduite, la mortalité générale ramenée de 22,19 dans la décade 1866-1875 à 19,08 dès 1880-1889, et le taux de la vie moyenne augmenté sensiblement. La Suède, qui possède un code sanitaire depuis 1874, est de toute l'Europe le pays qui a la plus faible mortalité. L'Italie, depuis 1887, époque où elle a créé son organisation sanitaire et sa réglementation actuelles, a fait dans le même ordre d'idées des progrès rapides et vraiment remarquables. En Allemagne, s'il n'y a pas une réglementation générale, qui mérite l'appellation de code sanitaire, du moins l'administration de la salubrité est-elle fortement constituée, sous l'autorité d'un conseil suprême (*Kaiserliches Gesundheits-amt*), qui centralise les questions sanitaires pour l'Empire tout entier, et sait-elle appliquer les règlements locaux, plus ou moins minutieux, qui y ont été édictés, avec une rigueur et une persévérance dont elle a tiré les meilleurs résultats. Les Etats-Unis, malgré la variété des règles appliquées par les diverses législatures, sont entrés avec ardeur dans la voie ouverte par l'Angleterre et ont réalisé dans les dernières années des améliorations considérables.

CHAPITRE XXI

APPROVISIONNEMENT DES EAUX UTILES

Sommaire : 159. Quantités d'eau nécessaires pour l'alimentation urbaine; 160. Qualités requises ; 161. Choix à faire ; 162. État de notre législation en matière de propriété et d'adduction des eaux ; 163. Instruction des projets ; 164. Caractère légal des services d'eau.

159. Quantités d'eau nécessaires pour l'alimentation urbaine. — Les besoins de l'alimentation sont essentiellement variables avec les climats, les époques, les circonstances locales, les habitudes ; l'importance plus ou moins considérable de l'agglomération, la densité de la population réunie sur un espace donné, la proportion des logements distincts par maison, des habitants par logement, le mode de distribution de l'eau, les facilités plus ou moins grandes avec lesquelles on se la procure dans l'intérieur des habitations, etc , sont autant de causes qui influent sur la consommation. Aussi peut-on dire, avec Dupuit[1], que le problème de la détermination des volumes d'eau nécessaires, pour une ville de telle ou telle importance, ne comporte pas en réalité de solution exacte et surtout définitive.

Cela ne veut pas dire qu'on ne puisse utilement dans chaque cas évaluer, avec une certaine approximation, la quantité d'eau qu'il convient d'approvisionner, en partant de données rationnelles ou en procédant par comparaison avec des cas analogues.

---

1. *Traité de la conduite et de la distribution des eaux*, 1853.

Pour ce genre d'évaluations on prend habituellement comme unité *l'alimentation par habitant et par jour*. Cette unité, il ne faut pas se le dissimuler, n'est pas très satisfaisante ; car il y a de nombreux usages de l'eau qui sont sans rapport aucun avec le chiffre de la population, par exemple l'emploi de l'eau dans les jardins et sur la voie publique ou la consommation industrielle ; mais elle est si bien entrée dans le langage courant qu'il convient de la conserver. On exprimera donc, suivant la coutume, par un nombre de litres déterminé, correspondant pour chaque jour à une tête d'habitant, le volume d'eau applicable à l'un quelconque des divers services qu'il s'agit d'assurer dans la maison, dans la rue, dans les usines, etc., de fournir au *service privé*, au *service public*, au *service industriel*.

Pour le *service privé*, les évaluations présentent d'un cas à l'autre des divergences assez sensibles : les besoins de l'homme n'ont en effet rien de fixe ; et, s'il est un minimum au-dessous duquel on ne saurait descendre — la ration accordée aux matelots sur les navires en mer, 4 à 6 litres par jour, dont 2 environ pour la boisson — il n'y a par contre d'autre limite supérieure, dans une ville pourvue de moyens convenables d'évacuation, que celle qui résulte soit de la dépense, soit des restrictions réglementaires ; car l'eau se prête dans la maison à mille services divers, qui se développent plus ou moins, suivant les circonstances, les mœurs, les habitudes de propreté, le confort, le luxe, la fortune publique. La consommation est généralement plus grande dans les quartiers riches que dans les pauvres, dans les villes étendues et populeuses que dans les bourgades... Afin de fixer les idées dans une certaine mesure, on peut rappeler ici qu'à l'époque où il y avait à Paris des abonnements par estimation, on comptait, pour la consommation domestique, 48 litres par jour et par personne domiciliée (arrêtés du 9 mars 1863 et du 7 juin 1864), plus 100 litres par cheval à l'écurie, 6 litres par mètre carré de cour, 1 à 3 par mètre carré de jardin, etc., et que, dès 1856, Darcy estimait à 90 litres la totalité des besoins du service privé : en Angleterre, où la maison est généralement bien desservie, on ne s'écarte guère de ce chiffre encore aujourd'hui ; aux États-Unis, on considère qu'il devrait suffire en général[1] ; mais bien souvent on tend à le dépasser... 100 litres ne suffisent plus à Paris, et il en faut deux ou trois fois autant dans les grandes cités américaines.

Les divergences sont plus marquées encore pour le *service public*, car il a des exigences singulièrement différentes d'une ville et d'un pays à l'autre ; indépendamment de l'influence qu'exercent et l'étendue des surfaces des voies publiques et *leur* mode de revêtement, de celle aussi du climat, plus ou moins sec ou pluvieux, etc., il y a partout une tendance très nette à un accroissement progressif. Mary, dans son cours, admettait, en 1868, le chiffre de 20 à 25 litres par tête, pour le service public à Paris, où l'on se plaint volontiers aujourd'hui de son insuffisance, alors qu'il absorbe moyennement plus de 100 litres et parfois jusqu'à 150. Aucune ville, il est vrai, n'a poussé aussi loin le soin de la voirie et des promenades : à Londres la proportion correspondante est de 15 à 20 litres, à Berlin 8 litres ; Frühling[2] indique, pour les villes allemandes, une moyenne de 11 à 12 litres ; D'après Turneaure et Russell, cette moyenne serait de 20 litres environ, pour les villes américaines, sans que les maxima s'élèvent au-dessus de 40 à 50 litres au plus. Avec ces quantités d'eau si variables, on assure, plus ou moins bien, l'arrosage des chaussées, l'entretien des plantations et des pelouses, le nettoyage des caniveaux, le lavage des urinoirs, le curage des égouts, puis le service des incendies, enfin l'alimentation des fontaines d'ornement, dont le débit atteint parfois des chiffres fort élevés : jet d'eau des Tuileries 25 litres par seconde, gerbes de la place de la Concorde 50, cascade du Trocadéro 240, etc.

Le *service industriel* ne répond pas, comme les services public et privé, à des besoins généraux, qu'on retrouve forcément partout ; il comporte par suite des écarts bien plus grands encore et l'on n'en peut apprécier les exigences probables que par une étude spéciale dans chaque localité. Il est des villes sans activité industrielle, comme Versailles, où la consommation d'eau est de ce chef presque insignifiante et se limite aux boulange-

---

1. 20 à 30 gallons, d'après Turneaure et Russell, *Public water supplies*, New-York, 1901, page 18

2. *Die Wasserversorgung der Städte*, 1901.

ries, pharmacies, fabriques de boissons artificielles, bains et lavoirs, tandis que d'autres accusent au contraire des chiffres relativement élevés, à cause du développement considérable qu'y a pris la grande industrie ; telles Roubaix, Saint-Etienne, Genève, etc. Souvent, il est vrai, les usines ne demandent que peu de chose au réseau de la distribution et s'alimentent pour partie par leurs propres moyens, puits descendus dans la nappe phréatique, comme à Berlin, à Bruxelles, etc., forages profonds ou puits artésiens (Paris en fournit un exemple) adductions d'eau indépendantes, comme le canal de Jonage, à Lyon. A titre d'indication utile, notons seulement, en passant, qu'il faut affecter au service des machines à vapeur, et par cheval effectif, 20 à 35 litres pour l'alimentation seule, 200 et plus, parfois jusqu'à 800, pour la condensation.

C'est en totalisant les chiffres, auxquels conduit l'étude des besoins respectifs des services privé, public et industriel, qu'on apprécie l'ensemble de la consommation urbaine. Dès 1865, Darcy estimait que la *consommation totale*, dans une ville bien alimentée, pouvait atteindre 150 litres par habitant et par jour. Ce chiffre moyen est encore admis volontiers par la plupart des auteurs, en France et en Angleterre, où l'on ne propose guère de l'augmenter, sauf pour des cas spéciaux ; en Allemagne, Frühling se contente de 100 à 120 litres ; aux Etats-Unis même, où l'on a pris l'habitude d'un usage beaucoup plus large de l'eau, Turneaure et Russell indiquaient naguère la proportion de 200 litres. Au surplus les relevés statistiques montrent que la consommation moyenne est demeurée dans bien des villes au-dessous du chiffre de 150 litres : on ne consomme encore que 80 litres par tête à Berlin, 100 litres à peine à Bruxelles et dans l'ensemble des villes allemandes, un peu plus, 120 litres environ, dans les principales villes françaises ; mais on dépasse 160 litres à Londres et à Hambourg, 200 à Lyon et Francfort, 240 à Glasgow, 260 à Paris ; et l'on va bien au delà à Marseille, à Grenoble... et dans les villes américaines, où il n'est pas rare de trouver des consommations de 400, 600 et jusqu'à 800 litres.

L'alimentation doit être nécessairement très supérieure au chiffre effectif de la consommation moyenne : en effet, pour être en tout temps à même de satisfaire à l'ensemble des besoins, il lui faut faire face aux *variations* considérables que subit la consommation, dans le cours de l'année, de la semaine, de la journée. Elle doit aussi couvrir les *pertes*, toujours importantes, de la canalisation et des appareils de distribution, et pouvoir supporter en quelque mesure le *gaspillage*, qu'on ne parvient jamais à enrayer complètement.

Les *variations saisonnières*, très marquées surtout dans les villes où les consommateurs usent de l'eau à discrétion, demeurent importantes même dans celles où l'usage en est au contraire rigoureusement contrôlé : en particulier, dans les localités où l'eau distribuée est fraîche, on constate que la consommation s'élève brusquement avec le thermomètre, en été, dès que la température moyenne dépasse une limite déterminée ; il n'est pas rare alors de la voir atteindre un maximum supérieur au double de la moyenne, et, dans la plupart des cas, la majoration est d'au moins 50 0/0 ; en outre, dans les pays froids, où les gelées sont très prononcées et surtout très durables, un autre maximum, qui d'ordinaire il est vrai s'écarte sensiblement moins de la moyenne, se produit en plein hiver, quand on cherche à combattre les effets désastreux de la congélation par de petits écoulements continus. Presque dans tous les pays, on observe des *variations hebdomadaires*, qui résultent d'habitudes locales, en vertu desquelles il s'établit normalement des divergences entre les jours de la semaine, de telle sorte, par exemple, qu'il y a une consommation plus grande le vendredi et le samedi que les autres jours, moindre au contraire le lundi, et très inférieure le dimanche. Quant aux *variations horaires*, elles correspondent aux différences d'activité, qui se produisent naturellement dans toutes les villes aux divers moments de la journée, et qui ont pour conséquence absolument générale une augmentation notable de la consommation vers le milieu du jour, une diminution très sensible pendant la nuit : l'écart atteint et dépasse même fréquemment 100 0/0 par rapport à la moyenne, et il est prudent de compter au moins sur 50 0/0 dans les cas ordinaires de la pratique.

Quelque soin qu'on apporte à l'établissement des installations publiques et privées, il est impossible d'éviter les fuites d'une

manière absolue : il n'y a pas de joint qui résiste indéfiniment à
la pression, pas de robinet qui ne s'use au bout d'un temps plus
ou moins long ; l'emploi des types les plus perfectionnés, le contrôle le plus sévère, l'entretien le plus minutieux, ne parviennent
pas à réaliser et à maintenir une parfaite étanchéité des conduites
et des appareils, ni à ramener au-dessous de certaines limites les
pertes, qui en sont la conséquence. La continuité des écoulements,
qui se produisent de la sorte sur les canalisations soumises au
régime de la pression constante, leur donne au surplus une telle
importance, qu'une portion très notable des quantités d'eau
mises en distribution s'échappe ainsi sans utilité. La proportion
atteint fréquemment 20 à 25 0/0 du total, sur les seules canalisations publiques ; elle dépasse même assez souvent ce chiffre, et
s'élève parfois jusqu'à 40, 50 0/0 et plus.

Le *gaspillage* se différencie nettement des pertes, qui résultent
des imperfections de l'outillage, en ce sens qu'il est de nature à
pouvoir être poursuivi et réprimé : il est en effet la conséquence
de fautes volontaires ou de négligences, telles qu'un entretien
défectueux, l'ouverture intempestive des appareils, le maintien
des orifices à l'état d'écoulement continu sans utilisation de l'eau
qu'ils débitent, etc. Le consommateur qui s'en rend coupable ne
peut invoquer aucune excuse et s'expose à une répression sévère :
il n'est pas de ville en effet qui dispose d'une alimentation illimitée et se procure l'eau sans dépense ; nulle part donc on ne
doit tolérer que l'usage dégénère en abus. Un moyen particulièrement efficace de combattre le gaspillage, et dont on a eu grandement à se louer, partout où il a reçu des applications, c'est la
vérification et le mesurage des quantités consommées, surtout
lorsque le paiement proportionnel en est la sanction ; c'est
à ce titre que l'introduction des compteurs d'eau a rendu d'immenses services et qu'on tend de plus en plus à en généraliser
l'emploi.

Pour estimer à leur juste valeur l'ensemble des besoins de
l'alimentation, il faut tenir compte de ces considérations multiples ; et il est bien évident qu'elles conduisent à prendre pour
bases des projets de distribution d'eau des chiffres très supérieurs
à ceux dont il a été question précédemment. Il est d'ailleurs pru-

dent de ne pas se borner au présent immédiat, de voir un peu plus loin, et, sinon d'envisager un avenir quasi illimité, d'embrasser du moins la durée d'une ou de deux générations ; à cet égard, on ne doit pas oublier qu'au début d'une exploitation la transformation des habitudes se fait d'abord avec quelque lenteur, mais qu'une fois commencée elle se poursuit de plus en plus vite ; l'augmentation progressive de la consommation par tête, dans les distributions d'eau parvenues à la période de développement normal, est un phénomène absolument constant, de sorte que, si l'on veut être dans la vérité des faits, on devra toujours admettre, pour l'alimentation en eau, une loi d'accroissement plus accentuée que celle de la population.

Aussi ne sera-t-on pas surpris que, tout en admettant comme suffisamment large pour la plupart des grandes villes une consommation moyenne de 150 litres, on doive, pour l'obtenir sûrement, envisager la nécessité d'une alimentation de 200 à 400 litres.

Dans nombre d'entre elles ce chiffre n'est pas atteint sans doute, mais beaucoup l'ont déjà dépassé : sans compter les métropoles américaines, qui, à cet égard, ont des exigences inconnues en Europe, la ville de Paris ne se considère-t-elle pas comme incomplètement dotée avec plus de 300 litres ? et quelques-unes de nos cités industrielles, où l'eau est employée pour la production de force motrice, n'ont-elles pas déjà des alimentations plus larges encore et n'en réclament-elles pas aussi l'augmentation incessante ?

160. Qualités requises. — L'eau destinée à la *boisson*, à laquelle s'applique plus particulièrement la dénomination d'eau potable, doit pouvoir être consommée dans l'état même où elle sort des conduites publiques. En vertu de cet axiome, énoncé par Belgrand et volontiers admis par tout le monde, il faut donc que, sans préparation aucune, elle soit à la fois agréable à boire et salubre, sans odeur ni saveur, limpide et fraîche, dépourvue de toute substance nuisible à la santé, à l'abri même du soupçon à cet égard. En ce qui concerne la considération de la santé publique, il y a lieu de se procurer avant tout les garanties les plus complètes. Pour le surplus, l'instinct même de l'homme est suffisamment averti : il écarte spontanément l'eau qui blesse l'odorat ou le goût, celle aussi dont la transparence n'est point parfaite ; une eau chaude ou tiède en été ne lui paraît pas agréable, une eau froide n'est jamais absorbée sans danger, et il recherche de préférence celle dont la température s'écarte peu en toutes saisons de la température moyenne de la localité.

Pour les autres *usages domestiques*, il n'est plus indispensable que l'eau soit limpide ni fraîche, mais elle doit toujours être salubre. L'emploi qu'on en fait pour la toilette et les bains la met en contact direct avec le corps ; elle peut alors pénétrer dans les pores de la peau, et, si elle était chargée d'impuretés, elle risquerait d'avoir une influence fâcheuse sur la santé ; son action serait à redouter surtout, si elle venait alors à rencontrer quelque partie du corps où la chair fût mise à nu par la moindre blessure. Utilisée en lavages, elle est exposée à une évaporation rapide ; et les germes pernicieux, qu'elle se trouverait contenir, se déposant sur les planchers ou les murs, pourraient se répandre dans l'air des appartements et pénétrer dans l'organisme par la voie de la respiration. Pour la cuisine, pour le lavage du linge, on écarte les eaux dures, séléniteuses, fortement chargées de sels terreux et surtout de sulfate de chaux ou de magnésie, qui durcissent les légumes et provoquent une perte de savon, en formant des grumeaux insolubles avant la production de la mousse.

Les *services publics* ont évidemment de moindres exigences encore. Il n'est pas douteux qu'on peut, sans inconvénient, laver les ruisseaux ou faire des chasses dans les égouts avec des eaux plus ou moins impures, troubles, colorées, ou chargées de substances solides en suspension. Cependant une eau claire sera d'un meilleur effet dans les vasques des fontaines publiques et évitera des nettoyages trop fréquents ou une usure trop rapide des appareils de distribution ; une eau très calcaire, et qui donne lieu à des incrustations abondantes dans les conduites, doit être évitée, parce qu'elle tend à en restreindre le débit, à augmenter les pertes de charge, à provoquer des frais élevés d'entretien ; une eau insalubre, contenant des germes nocifs en abondance, ne devrait pas être employée pour l'arrosage des rues ou des promenades, puisqu'elle pourrait contribuer à la contamination de l'atmosphère, etc. Il va de soi que l'eau fournie par les fontaines publiques de puisage, et destinée aux usages domestiques ainsi qu'à la boisson, doit à ce titre présenter les mêmes caractères que celle qui est distribuée dans les maisons.

Les diverses *industries* sont plus ou moins faciles à desservir, suivant le rôle que l'eau est appelée à y jouer, et chacune doit être examinée à part, si l'on veut déterminer avec quelque exactitude la nature de ses besoins. D'une manière générale, on peut dire que toutes préfèrent des eaux aussi peu chargées que possible de matières en suspension : en outre, les lavoirs, les teintureries, les fabriques de tissus, etc., redoutent les eaux calcaires ou ferrugineuses ; les raffineries écartent les eaux nitratées, qui ne sont pas favorables à la cristallisation ; telles eaux, chargées de sels déliquescents, de chlorures en particulier, ne conviennent pas pour l'exécution des mortiers employés en élévation à la construction des bâtiments, parce qu'il en résulterait une humidité persistante ; une teneur élevée en sels terreux est fâcheuse, quand il s'agit d'alimenter des générateurs de vapeur, où les incrustations sont à redouter et où il faut les combattre soit par des nettoyages fréquents, soit par l'emploi de désincrustants, comportant des dépenses supplémentaires élevées, etc., etc.

On a souvent tenté de résumer l'ensemble des qualités requises pour l'eau d'alimentation des villes, en fixant des *proportions limites*, pour les diverses natures d'impuretés. Mais la pratique a bientôt montré que les limites, jugées convenables dans une région, ne l'étaient pas pour une autre, et que d'ailleurs l'*accoutumance* fait accepter aisément, par les habitants d'un pays, telles proportions, qui ont par contre une influence fâcheuse sur la santé des nouveaux venus. On a constaté aussi que, dans une même localité, les limites un moment admises ne tardent pas à changer, par suite de modifications successives dans les idées : ainsi l'on se préoccupe beaucoup moins maintenant qu'autrefois de savoir si l'eau est *aérée*, on ne dit plus qu'elle est *légère* ou *lourde*, suivant la proportion de gaz dissous ; on attache moins d'importance aussi à la teneur en sels calcaires ; par contre, on s'est attaché à la recherche, à la numération, à la spécification des germes bactériens. Une définition générale et précise de l'eau d'alimentation n'est donc pas à recommander, et il est assurément préférable de s'en abstenir. Mais il est des points cependant qui paraissent bien établis et sont admis par la presque unanimité des spécialistes, à savoir, par exemple :

que les *matières minérales solides* en dissolution dans la plupart des eaux naturelles, et dont la proportion en poids ne dépasse pas ordinairement quelques dix-millièmes, paraissent, dans ces conditions, sans action sensible sur l'organisme ; c'est seulement, quand elles y entrent en quantités notablement supérieures, qu'elles cessent d'être inoffensives et caractérisent les *eaux minérales*, dont on doit réserver l'usage pour les cas morbides, où elles peuvent avoir une action thérapeutique ;

que la présence des *matières organiques* devient au contraire très rapidement redoutable pour la santé, et que l'absorption d'eau, contenant des substances animales ou végétales en abondance et surtout en décomposition, peut amener dans l'organisme des désordres graves, déterminer la dysenterie, etc. ;

qu'il faut particulièrement redouter la contamination des eaux par les déjections humaines, plus particulièrement exposées à servir de véhicule aux germes pathogènes, à propager la fièvre typhoïde ou le choléra, ce qui justifie la répugnance instinctive de l'homme pour les eaux de rivière puisées au-dessous des débouchés d'égouts ou des lavoirs, pour les eaux des nappes voisines des cimetières, etc.

A titre d'indication, le comité consultatif d'hygiène publique de France a résumé, en 1885, sur le rapport de M. Gabriel Pouchet, ses bases d'appréciation, dans le tableau ci-après :

	EAU très pure	EAU potable	EAU suspecte	EAU mauvaise
Chlore par litre . . .	moins de 0 gr. 015	moins de 0 gr. 04 (excepté au bord de la mer)	0 gr. 05 à 0 gr. 10	plus de 0 gr. 10
Matière organique (poids d'oxygène emprunté au permanganate de potasse, en solution alcaline, par litre d'eau) .	moins de 0 gr. 001	moins de 0 gr. 002	moins de 0 gr. 004	plus de 0 gr. 004
Perte au rouge par litre.	moins de 0 gr. 015	moins de 0 gr. 040	moins de 0 gr. 070	plus de 0 gr. 100
Degré hydrotimétrique { total	5° à 15°	15° à 30°	supér. à 30°	supér. à 100°
persistant	2° à 5°	5° à 15°	12° à 18°	supér. à 20°

161. Choix à faire. — La conclusion qui découle des paragraphes précédents est que, dans chaque cas particulier, une étude spéciale doit être entreprise, avant qu'on puisse se prononcer sur le choix rationnel à faire.

Le premier soin à prendre à cet effet est de poser, avec grand soin, les données du problème : quantités nécessaires, qualités exigées pour les divers usages, possibilités financières, etc... A ces différents points de vue, les divergences d'appréciation sont grandes : ce qui est ici le strict nécessaire paraît ailleurs plus que suffisant, sinon beaucoup trop large ; dans les pays tempérés comme le nôtre, dans les pays chauds plus encore, l'eau est employée davantage pour la boisson que dans les pays du Nord, où l'on préfère les breuvages chauds ou fermentés ; tantôt on acceptera volontiers une eau chargée de sels minéraux, si elle est limpide, fraîche, pauvre en microbes, tandis qu'ailleurs on la rejettera impitoyablement, comme inadmissible pour certaines industries ; telle agglomération considère comme excellente une eau de drainage ou une eau superficielle filtrée, tandis que telle autre croirait la salubrité compromise, si tous les habitants ne recevaient pas de l'eau de source ; enfin les municipalités sont plus ou moins préparées à s'imposer les sacrifices nécessaires, soit qu'elles manquent réellement de ressources, soit qu'elles ne ressentent pas assez vivement l'importance d'une bonne et large alimentation ; en toutes circonstances d'ailleurs, et quelle que soit la prospérité d'une ville, il faut savoir ménager·les deniers des contribuables, et se tenir sagement dans une juste mesure, aussi éloignée d'un luxe inutile que d'une aveugle parcimonie.

Il est évident que l'étude d'un pareil problème est toujours extrêmement délicate, et que, pour parvenir à des résultats satisfaisants, il faut qu'on s'y assujettisse à tenir compte de toutes les particularités locales, à mettre en balance les considérations favorables ou opposées, à discuter les intérêts et les opinions en présence, etc.

Bien que toutes les eaux naturelles puissent être utilisées pour l'alimentation des villes, il est rare que la création d'un service de quelque importance soit basée sur l'emploi direct des eaux de pluie, de volume trop variable et trop difficiles à recueillir en état de pureté, non plus que sur celui de puits ordinaires descendus dans la première nappe ; par contre, on a fréquemment à prendre parti entre les eaux souterraines, mieux protégées contre les contaminations, plus limpides, à température plus constante, et les eaux de superficie, qui, dans la plupart des cas, appellent une épuration préalable.

Fréquemment on se trouve avoir l'alternative entre une *alimentation par machines* et une *dérivation*, le premier type se recommandant par de moindres déboursés à l'origine, compensés il est vrai par de plus grosses dépenses d'exploitation, le second comportant des frais annuels beaucoup moindres, parfois insignifiants, mais réclamant un capital considérable de premier établissement. Les machines procurent peut-être une sécurité plus grande, à la double condition qu'il y en ait plusieurs, pouvant se suppléer au besoin, et que l'exploitation en soit bien conduite, tandis que la rupture accidentelle d'un aqueduc unique peut causer des interruptions de service prolongées. Par contre, une dérivation présente le caractère d'un monument durable, d'un ouvrage définitif, alors que les machines les plus robustes et les mieux construites s'usent, vieillissent, et doivent être remplacées au bout d'un certain temps.

Il arrive parfois, notamment dans les très grandes villes, qu'on soit dans l'impossibilité de trouver une solution unique, qui réponde simultanément à toutes les conditions de quantité et de qualité que les circonstances réclament. L'*alimentation multiple* peut présenter alors certains avantages : en tous cas, elle divise les risques et ne laisse plus le service à la merci du moindre incident. Elle n'est pas d'ailleurs incompatible avec un système de distribution unique, soit que diverses eaux de qualité équivalente concourent à l'alimentation du réseau général, soit que chacune ait son affectation propre, à tel quartier, à tel étage, dans un réseau divisé en plusieurs zones distinctes et séparées. On peut être conduit à la combiner avec un *double système de distribution*, fournissant, par deux réseaux juxtaposés de conduites, d'une part l'eau de boisson, d'autre part l'eau industrielle ou de lavage : mais il ne faut pas oublier que c'est là une complication, admissible seulement à titre exceptionnel, soit dans les très grandes cités dont l'alimentation est particulièrement difficile, soit dans les autres villes, quand on y doit superposer une distribution nouvelle à un réseau déjà existant ; il faut aussi, en pareil cas, prendre des mesures spéciales, pour éviter les communications entre les deux canalisations, les erreurs et les confusions possibles, et obtenir des garanties de nature à tenir l'eau potable à l'abri de tout soupçon.

On conçoit sans peine que, dans la plupart des cas, le problème comporte plusieurs solutions possibles : il ne faut donc pas s'étonner de voir naître presque toujours des projets divers et multiples, qui ont chacun leurs partisans et donnent lieu à des discussions prolongées ; on s'explique dès lors les hésitations si fréquentes des municipalités, lorsqu'elles ont à prendre une décision ferme en semblable matière, et l'on doit s'estimer heureux, quand les considérations en jeu ne s'écartent pas du terrain technique, hygiénique ou financier, pour s'inspirer de tels ou tels intérêts politiques, qui viennent trop souvent fausser ou égarer les idées et rendre la question presque insoluble.

Pour faire un choix judicieux, il convient avant tout de se mettre en garde contre les idées préconçues, les préventions irréfléchies, d'aborder le problème dans un esprit de haute impartialité, d'où la tendance à recourir souvent à des spécialistes étrangers à la localité et par suite en dehors des coteries ou des préjugés de clocher. Le problème une fois posé en termes clairs et précis, les diverses solutions possibles présentées concurremment comme en une sorte de tableau synoptique, il devient relativement aisé, pour un spécialiste expérimenté et consciencieux, de procéder par éliminations successives et de dégager celle des solutions, qui, sans réaliser la perfection absolue peut-être, sans satisfaire à la fois toutes les conditions souvent contradictoires, de qualité, de quantité et d'économie, répond du moins le mieux possible à l'ensemble des exigences raisonnables. Dans plus d'un cas, comme dans toutes les choses humaines, il faut savoir se résigner à une sorte de transaction, consentir à des concessions, sur tel ou tel point du programme ; quoi qu'il en soit, à la suite d'une discussion éclairée et approfondie, la lumière doit jaillir finalement, la solution s'imposer.

169. Etat de notre législation en matière de propriété et d'adduction des eaux. — D'après notre droit civil, l'eau qui tombe du ciel est la propriété de celui qui la reçoit sur son fonds ; une commune peut donc utiliser, pour l'alimentation de ses habitants, les eaux pluviales ou les eaux de ruissellement, qu'elle recueille sur les terrains dont elle est propriétaire ou dont elle a acquis la jouissance, en y créant des mares, des étangs, des lacs artificiels ; elle pourrait utiliser de même celles qui s'accumulent dans une dépression naturelle, dont elle s'est assuré la possession à titre privé.

Si les eaux qu'il s'agit de capter forment un cours d'eau non navigable ni flottable, la commune riveraine ne peut en user, aux termes de l'article 644 du Code civil, que pour ses services publics, et sous réserve de la restituer en aval ; riveraine ou non, elle est sans droit sur les eaux d'une rivière navigable ou flottable ou d'un lac faisant partie du domaine public, et n'y peut faire de prise qu'en vertu d'une autorisation administrative, toujours précaire et révocable. Dans le cas où l'application de ces règles ne lui permettrait pas de réaliser l'alimentation nécessaire, il lui est loisible de provoquer une *déclaration d'utilité publique*, et d'obtenir ainsi les pouvoirs qui lui manquent, mais à la condition soit de procéder alors par expropriation, soit d'allouer des indemnités pour les dommages causés.

En ce qui concerne les eaux souterraines et les sources, les communes ont pu jusqu'en 1898 user du droit absolu que le Code reconnaissait aux propriétaires du sol ; et c'est seulement dans les cas où une déclaration d'utilité publique se trouvait être indispensable pour l'adduction des eaux captées que le Conseil d'État ou le Parlement avait pu chercher à corriger la rigueur de ce droit, en leur imposant l'obligation d'indemniser les usagers directs. La loi du 8 avril 1898 sur le Régime des Eaux, a édicté une nouvelle rédaction de l'article 642 du Code civil, en vertu de laquelle le propriétaire d'une source ne peut plus en user que dans les limites et pour les besoins de son héritage : il semble dès lors que les communes seront obligées désormais de recourir à la déclaration d'utilité publique et d'indemniser les usagers dans tous les cas. Par contre la loi du 15 février 1902, sur la santé publique, dans son article 10, prévoit, pour les sources destinées à l'alimentation, la constitution d'un *périmètre de protection*, analogue à celui qui existait pour les eaux minérales et dont l'utilité était depuis longtemps signalée.

L'aqueduc, le conduit qui amène les eaux captées, s'établit sans difficulté, sur les terrains appartenant à la commune ou acquis par elle, et, moyennant de simples permissions de voirie, sous les voies publiques de tout ordre. Une déclaration d'utilité publique devient nécessaire, lorsqu'il faut traverser des terrains privés, dont l'occupation ne peut être obtenue par la voie amiable : cette déclaration entraîne d'ailleurs l'utilisation des dépendances du domaine public, national, départemental ou communal, pour lesquelles il n'est plus besoin alors de permissions de voirie, et où l'installation des ouvrages ne se trouve plus subordonnée aux conditions habituelles de précarité non plus qu'à l'allocation d'aucune redevance [1].

[1] Arrêt de la Cour de Paris (Commune d'Herblay contre Ville de Paris), 24 décembre 1876.

163. Instruction des projets. — Les projets d'alimentation
en eau des communes sont soumis à une instruction, à la fois
scientifique et administrative, dont les règles ont été récemment
établies, avec une grande précision, par deux circulaires, éma-
nées des ministres de l'Intérieur et de l'Agriculture, qui portent
respectivement les dates des 10 décembre 1900 et 20 juin 1904.

La première crée une innovation, en prescrivant de procéder
tout d'abord à la consultation d'un géologue, choisi parmi les
collaborateurs de la carte géologique de France, sur la nature
des terrains parcourus par l'eau qu'on se propose de capter ;
c'est seulement dans le cas où le résultat de cette première
épreuve est satisfaisant qu'un analyste doit être chargé de procéder à l'examen chimique et bactériologique : la commune
intéressée doit prendre en conséquence, par délibération expresse
de son conseil municipal, l'engagement de supporter les frais
de cette double instruction scientifique, avant d'envoyer sa
demande d'autorisation au préfet du département. Lorsqu'elle a
reçu les conclusions du géologue et de l'analyste, la commune
doit dresser le projet complet des travaux, et l'instruction administrative commence par l'envoi du dossier au sous-préfet, qui
le soumet à la Commission sanitaire de la circonscription et le
transmet ensuite, avec l'avis de cette commission, au préfet du
département. Le Conseil départemental d'hygiène, consulté à ce
moment, doit émettre son avis, en s'appuyant sur les résultats de
l'étude scientifique, et après avoir, en outre. porté son attention
sur le mode de captage prévu, les dispositions des ouvrages
d'adduction, la détermination des quantités à dériver, etc. Sur
le vu de cet avis, le préfet statue directement, s'il s'agit d'une
petite commune (moins de 5.000 habitants) et si une déclaration d'utilité publique n'est pas nécessaire (à moins que cette
déclaration s'applique à une source émergeant sur le territoire
de la commune et débitant moins de deux litres par seconde —
art. 10 de la loi du 15 février 1901).

Pour les communes de plus de 5.000 habitants, et même pour
les autres quand un avis quelconque a été défavorable, le dossier,
parvenu à ce degré d'instruction, doit être transmis au ministre
de l'Intérieur, qui le soumet au Comité consultatif d'hygiène

publique de France, et statue, sur le vu de l'avis émis par ce Comité — non sans avoir consulté, s'il y a lieu, le Conseil d'État — quand les travaux n'exigent pas une déclaration d'utilité publique ou ne comportent pas d'ouvrages d'art importants, et lorsque les captages ne doivent point modifier le régime des cours d'eau. Si la première de ces conditions n'est pas remplie, le ministre des Travaux publics est appelé à donner son avis ; si c'est la seconde, le dossier doit être soumis au ministre de l'Agriculture : celui-ci provoque d'ailleurs un examen de la part de la Commission de l'hydraulique agricole ; celui-là au Conseil général des ponts et chaussées.

D'après la circulaire du 20 juin 1904 du ministre de l'Agriculture, une enquête agricole est indispensable, toutes les fois que le régime des eaux courantes se trouve intéressé : cette enquête doit être ouverte dans toutes les communes riveraines de la partie de cours d'eau où le régime pourra éprouver une modification ; l'arrêté qui l'ordonne doit indiquer qu'elle porte sur le principe même de la dérivation, et le rapport joint au dossier doit donner la justification du volume d'eau qu'on se propose de dériver. Après l'enquête, les ingénieurs du service hydraulique ont à donner un avis motivé, sur le volume dérivé, sur les modifications qui en résulteront pour le cours d'eau, sur les dommages qui en seront la conséquence, soit au point de vue des irrigations, soit à celui des forces hydrauliques utilisées, ou à tous autres égards : leur rapport doit indiquer le cube d'eau dont la dérivation peut être autorisée, celui qu'il y a lieu de maintenir à l'aval dans le lit du cours d'eau ; il peut proposer de prescrire l'installation d'appareils de jauge et de vérification, qui se prêtent au contrôle constant des intéressés. Si des dommages sont à prévoir pour les usagers, la commune est tenue de prendre l'engagement de les indemniser, et mention de cet engagement doit être insérée dans le contexte de l'acte administratif à intervenir.

L'enquête d'utilité publique, lorsqu'elle est nécessaire, est poursuivie, suivant les cas, dans les formes tracées par l'ordonnance de 1834 ou par celle de 1835, et n'appelle aucune observation particulière. Dans le cas où elle est imposée par la seule

considération du détournement des eaux d'une source formant
un cours d'eau qui offre le caractère d'eaux publiques et courantes, c'est au ministre de l'Agriculture qu'il appartient de provoquer l'acte déclaratif d'utilité publique. S'il y a lieu à expropriation, le ministre de l'Intérieur intervient, soit seul, soit de
concert avec le ministre de l'Agriculture ou avec celui des Travaux publics, ou avec ses deux collègues réunis.

Afin de réduire dans la mesure du possible la durée de cette
instruction complexe, certaines simplifications ont été prévues :
c'est ainsi notamment que le préfet est autorisé à se contenter
d'un simple rapport de l'ingénieur en chef au sujet des travaux
d'art, quand la décision à prendre est de sa propre compétence ;
que plusieurs dossiers distincts peuvent être simultanément
soumis à des instructions parallèles ; que l'enquête d'utilité
publique, lorsqu'elle est nécessaire, peut être confondue avec
l'enquête agricole, etc.

164. Caractère légal des services d'eau. — Les services
d'eau sont tantôt créés et exploités directement par les municipalités, tantôt abandonnés par elles à des sociétés ou à des particuliers, avec qui elles ont passé des *traités de concession*.

Dans le premier cas, c'est l'intérêt de la salubrité qui domine,
la vente de l'eau est l'accessoire et non le but principal : l'organisation est dès lors celle d'un service public municipal. Les
ouvrages qui en dépendent font partie du domaine public et se
trouvent placés sous la sauvegarde des lois et règlements qui le
régissent. Les contrats d'abonnement, véritables actes administratifs portant concession d'eau, sont soumis à toutes les règles qui
régissent les actes de cette nature, l'enregistrement en est obligatoire, et les contestations auxquelles ils donnent lieu relèvent des
tribunaux administratifs.

Dans le second cas, les ouvrages, qu'ils soient établis par la
municipalité et affermés au concessionnaire, ou qu'ils soient
construits par ce dernier, n'en conservent pas moins le caractère
public et demeurent protégés par les dispositions des articles 257
et 471 du Code pénal. Mais les traités de concession, où le prix de
l'eau vendue aux particuliers devient la rémunération des services

rendus à la municipalité par le concessionnaire, des sacrifices consentis ou des dépenses assumées par lui, constituent à leur tour des marchés de travaux publics, passibles de l'enregistrement et relevant des tribunaux administratifs, tandis que les contrats d'abonnement passés entre les concessionnaires et les particuliers, simples actes civils, peuvent être dressés sous seing privé, sans obligation d'enregistrement tant qu'ils ne sont pas produits en justice ; et ce sont les tribunaux civils qui ont à connaître du contentieux correspondant.

Par une exception unique, Paris jouit en cette matière d'un régime tout spécial. Les ouvrages qui dépendent de son service d'eau, provenant à l'origine de la réunion des anciennes eaux du Roi à celles de la Ville en vertu du décret du 4 septembre 1807, sont classés dans la *grande voirie* et soumis en conséquence aux règles administratives et légales qui s'y appliquent : les questions techniques que soulève ce service sont par suite exclusivement dans les attributions du Ministre des Travaux publics, tandis que les questions financières restent dans celles du département de l'Intérieur ; et toutes les affaires auxquelles donnent lieu soit l'amenée et la distribution des eaux sur la voie publique et jusqu'à l'entrée des maisons, soit l'évacuation de ces eaux après usage et leur épuration, sont traitées d'après la réglementation particulière à la grande voirie. En outre, et par suite du contrat passé avec la Compagnie Générale des Eaux en 1860, lors de l'annexion de l'ancienne banlieue, pour une durée de cinquante années, l'exploitation de la distribution d'eau est une *régie intéressée*, où l'établissement et le fonctionnement technique de tous les ouvrages relèvent exclusivement du service municipal, et où l'intervention du concessionnaire est réduite à la passation des contrats d'abonnement et à la perception du prix de l'eau.

CHAPITRE XXII

RÉSERVOIRS DE DISTRIBUTION

Sommaire : 165. Rôle, niveau et capacité des réservoirs ; 166. Dispositions générales ; 167. Mode de construction ; 168. Couverture ; 169. Dispositifs accessoires ; 170. Prix de revient.

165. Rôle, niveau et capacité des réservoirs. — La distribution des eaux d'alimentation dans les villes est commandée en général par des *réservoirs*, placés en des points hauts convenablement choisis, et qui ont pour objet d'assurer le bon fonctionnement du système, en remplissant le rôle de régulateurs de volume et de pression.

Ils emmagasinent les eaux surabondantes, aux heures où la consommation est faible, et fournissent au contraire l'appoint nécessaire, quand à d'autres moments de la journée elle devient supérieure à l'alimentation ; ils sont d'ailleurs disposés de telle sorte que ces effets se produisent sans variations trop prononcées du plan d'eau, par conséquent sans modification sensible de la pression dans l'étendue de la canalisation. Leur intervention évite la dépendance trop directe qui s'établirait sans eux entre les organes principaux du système, et procure à l'ensemble une élasticité d'autant plus grande que le volume d'eau emmagasiné est plus considérable. On ne saurait mieux les comparer qu'au volant d'une machine, qui régularise la marche en compensant à chaque instant l'inégalité des efforts.

La pression de l'eau, qu'on observe aux divers points desservis par un réservoir, dépend du niveau que prend l'eau dans ce réservoir et correspond au *niveau piézométrique* en chaque point, niveau qui lui-même ne diffère du premier que par les pertes de charge résultant des frottements sur le parcours. L'altitude de l'ouvrage doit donc être déterminée de telle sorte que cette pression demeure suffisante en tout temps : on entend par là qu'elle doit assurer l'arrivée de l'eau jusqu'aux orifices de puisage les plus élevés, au moment du débit maximum, qui correspond nécessairement à la plus forte perte de charge en route ; et pour cela le niveau piézométrique doit se tenir partout à 8 ou 10 mètres au-dessus du niveau du sol, aux moments les plus défavorables, si le service se fait à rez-de-chaussée ou tout au plus au premier étage des maisons ; il faut 20 à 25 mètres pour atteindre les étages supérieurs de nos maisons ; plus encore pour les bâtiments de hauteur exceptionnelle, ou si l'on veut obtenir le moyen d'inonder les toitures par jet direct en cas d'incendie. En prenant pour point de départ l'altitude du sol dans la région la plus élevée qu'on se propose de desservir, tenant compte de la charge nécessaire et des pertes dues à l'écoulement en route, on calcule aisément le niveau au-dessous duquel l'eau ne devra jamais descendre dans le réservoir ; et, pour avoir le plan d'eau supérieur, il suffit d'y ajouter l'épaisseur de la tranche d'eau qu'on y veut emmagasiner et qui doit être telle qu'il ne s'y produise pas de mouvements trop prononcés. Comme la perte de charge en un point dépend à la fois de sa distance au réservoir et des sections de la canalisation intermédiaire, on conçoit qu'il est possible d'obtenir à cet égard le même résultat, soit en rapprochant les réservoirs des localités à desservir, soit en augmentant les diamètres des conduites, et que le choix entre les deux solutions, indifférent *a priori*, reste à déterminer d'après d'autres considérations, techniques ou économiques. Un moyen de diminuer les parcours, de réduire les sections des conduites ou d'abaisser le niveau des réservoirs, tout en régularisant plus complètement les pressions, consiste à établir plusieurs réservoirs pour le même réseau, à les répartir en des points convenables pour s'entr'aider, se soutenir, desservir respectivement les diverses zones : malgré la dépense supplémentaire qui en résulte, il a été souvent employé et demeure recommandable dans les services à basse pression, où il importe particulièrement de ménager celle-ci le plus possible.

La *capacité* des réservoirs peut demeurer assez faible tant qu'on ne leur demande pas autre chose que de remplir leur rôle de régulateur : dans les villes surtout qui sont pouvues d'une alimentation par machines, et où l'on peut en conséquence parer à la majeure partie des variations de la consommation par des changements dans la marche des engins élévatoires, un très faible volume d'eau suffit à réaliser le maintien de la pression normale ; ce volume doit être plus considérable sans doute dans les services qui dépendent d'une dérivation, parce qu'il faut, avec une arrivée pratiquement constante, satisfaire à une demande variable, mais il est évident qu'on parvient sans peine à compenser les mouvements diurnes de la consommation avec un approvisionnement correspondant à une fraction seulement, la moitié tout au plus, du débit journalier. Fréquemment on donne aux réservoirs une capacité supérieure à celle qui serait strictement nécessaire, afin de se procurer un surcroît de sécurité, en assurant la permanence du service malgré les interruptions accidentelles de l'alimentation : il est évident qu'on obtient par là des garanties précieuses ; c'est ainsi qu'on peut se mettre à l'abri des conséquences de l'arrêt total d'une dérivation, en suite de la rupture d'un siphon par exemple, et continuer la distribution pendant la durée plus ou moins longue de la réparation ; dans le cas d'une élévation mécanique, on pourra renoncer à la marche de nuit, ou tout au moins éviter la sujétion d'une surveillance incessante et de manœuvres trop souvent répétées ; mais ce supplément de sécurité coûte cher, surtout quand les circonstances locales ne se prêtent pas à la construction d'ouvrages économiques, et la considération de la dépense oblige d'ordinaire à se tenir à cet égard dans des limites assez étroites. La règle la plus habituellement suivie consiste à donner aux réservoirs, quand on le peut, une capacité égale ou supérieure au volume d'eau distribué dans une journée : cette règle, excellente pour un service par machines pourvu de rechanges, où les interruptions sont toujours de courte durée, peut être insuffisante dans le cas d'un aqueduc unique de grande longueur, et l'on tend alors à se procurer un approvisionnement plus considérable, qui représente par exemple le volume consommé en deux ou trois jours et plus.

166. Dispositions générales. — Lorsqu'un réseau de conduites est commandé par un réservoir unique, on le place d'ordinaire *en tête* de ce réseau, c'est-à-dire en amont des conduites maîtresses de la distribution, au point même où aboutit l'aqueduc de dérivation ou la conduite de refoulement. Si l'on a recours à plusieurs réservoirs pour le même réseau, à deux pour le moins, on place avantageusement l'un *en tête*, l'autre *en bout* du réseau, de manière que la partie médiane, généralement la plus chargée, soit aux heures de grande consommation alimentée de part et d'autre : Darcy a eu recours à ce dispositif pour le service de Dijon, au moyen des réservoirs de Montmusard et de la Porte Guillaume ; l'ancien réseau des eaux de l'Ourcq, à Paris, présentait un arrangement analogue, avec le bassin de la Villette et l'aqueduc qui le reliait au réservoir Monceau, sur la rive droite, et les réservoirs Saint-Victor, Racine et de Vaugirard, à un niveau légèrement inférieur sur la rive gauche. Il arrive aussi parfois qu'on supprime le réservoir de tête et qu'on se contente de celui d'extrémité, de telle sorte que la conduite d'amenée de l'eau se trouve faire le *service en route* : presque aussi avantageuse au point de vue de la pression que l'emploi de deux réservoirs extrêmes, cette combinaison a par contre l'inconvénient de ne pas se prêter à l'appréciation précise des quantités d'eau mises en distribution, de rendre par suite la surveillance moins sûre et de diminuer en conséquence la sécurité de l'exploitation.

Pour obtenir dans la construction de l'ouvrage le maximum d'économie, il faut s'attacher à réduire le développement des parois en cherchant le moyen d'obtenir le plus grand volume d'emmagasinement possible sous la moindre surface. A ce point de vue, c'est la forme hémisphérique qui l'emporte sur toutes autres : mais elle est difficile à réaliser dans la pratique, et, sauf dans des cas très exceptionnels, les *cuves métalliques* reçoivent de préférence la forme cylindrique, fréquemment appliquée dans

les gares de chemins de fer, et qui convient particulièrement
pour les *tours d'eau*, supportées par des pylônes élevés ; on rencontre aussi des réservoirs en maçonnerie à base circulaire,
comme celui de la Porte Guillaume à Dijon, ou demi-circulaire,
comme ceux de Ménilmontant et des Buttes-Chaumont à Paris.
Mais la forme cylindrique elle-même comporte trop de sujétions
pour qu'on ait pu l'adopter de manière générale pour les bassins
en maçonnerie ; et, dans la majorité des cas, on s'arrête au type
prismatique à base carrée ou rectangulaire. Parfois il arrive
qu'on n'a pas la liberté du choix, et que d'autres considérations,
telles que le relief du sol, les convenances locales, les difficultés
d'acquisition du terrain, interviennent pour obliger à donner aux
réservoirs des formes diverses, irrégulières même, sans rapport
tout au moins avec celles qui résulteraient des motifs inspirés
par la théorie.

L'épaisseur de la tranche d'eau doit être, on l'a déjà dit, tenue
dans d'étroites limites, si l'on veut éviter dans les réservoirs des
dénivellations exagérées, qui détermineraient dans le réseau de
distribution des pressions trop variables. Il est bon cependant
qu'elle ne soit pas réduite au point de donner une importance
relative considérable aux parties inutilisables, près de la surface,
à cause des poussières qui s'y déposent, et vers le fond, où s'accumule toujours un peu de vase. Et il ne faut pas oublier qu'il y
a généralement économie à l'augmenter le plus possible, pourvu
qu'il n'en résulte point de gêne dans le service, afin de diminuer
la surface horizontale occupée par les ouvrages. En pratique elle
demeure ordinairement comprise entre 2 et 5 mètres.

Presque toujours les réservoirs sont divisés en deux *compartiments* ou *bassins*, dont l'un reste en service quand l'autre est
mis en nettoyage ou en réparation. Cette disposition est en effet
très recommandable au point de vue de la continuité de l'exploitation ; il est d'ailleurs inutile de pousser la division plus
loin, à moins de motifs spéciaux, car il en résulterait des complications coûteuses d'établissement et de manœuvre. Parfois, et
en vue de s'opposer à l'établissement de courants directs entre
les orifices d'arrivée et de départ, qui laisseraient stagnantes certaines parties du volume d'eau emmagasiné, on interpose des

cloisons incomplètes, formant *chicanes*, que les filets d'eau doivent nécessairement contourner : ce dispositif, appliqué à Vienne, à Francfort et dans plusieurs villes allemandes, ne s'est pas généralisé.

Une *couverture*, qui protège l'eau contre les causes d'altération, la défend contre les variations de température, la maintient dans une obscurité contraire au développement de la vie végétale et animale, est particulièrement avantageuse quand il s'agit d'eaux fraîches et pures, destinées à la boisson : on peut ajouter qu'elle est toujours utile, surtout dans les pays où le climat expose l'eau soit à des périodes de congélation, soit à des chaleurs prolongées.

Suivant l'altitude du terrain sur lequel il est assis, un réservoir peut être soit entièrement ou partiellement *en déblai*, soit *en élévation*. Le premier cas est plus avantageux à tous égards, car un ouvrage établi dans l'épaisseur du sol profite de sa résistance propre et peut être plus économiquement construit ; il offre aussi plus de sécurité et se trouve moins exposé au froid ou à la chaleur... Dans le second cas, au contraire, il faut que les parois résistent par elles-mêmes aux poussées de l'eau et la défendent contre les variations de température ; il faut aussi que l'ouvrage tout entier soit porté par une substruction dont l'importance va naturellement croissant avec la hauteur : double cause de dépense qui peut en augmenter singulièrement le prix. Lorsque le

développement des substructions est considérable, on est conduit à les utiliser, tantôt comme des locaux quelconques, magasins, bureaux, etc., tantôt pour l'emmagasinement d'une réserve d'eau supplémentaire, comme au réservoir parisien de la Vanne, à Montsouris, ou même d'eau de nature différente, destinée à des utilisations distinctes, comme dans d'autres réservoirs de Paris,

tels que ceux de Ménilmontant, Passy, Belleville, où l'étage supérieur, alimenté en eau de source, est superposé à un autre étage qui reçoit des eaux de rivière ; celui qui couronne la butte Montmartre contient même trois étages d'eau successifs, disposés au dessus d'un quatrième étage, dont les galeries ont reçu la tuyauterie compliquée qui assure les trois services séparés de distribution.

167. Mode de construction. — Les réservoirs en déblai peuvent s'exécuter *en terre* : il suffit d'assurer l'étanchéité de la dépression naturelle ou de la fouille destinée à l'emmagasinement de l'eau. Tel est le cas

du réservoir des Buttes-Chaumont, à Paris, creusé dans les marnes vertes, dont le fond et les talus ont été simplement revêtus d'une couche mince de béton. Ce type se rencontre fréquemment en Angleterre et aux Etats-Unis, même pour des réservoirs partiellement en élévation : l'enceinte en est alors

constituée par des digues en remblai, avec revêtement en fascinages F ou perré, radier en glaise, et noyau étanche également en glaise dans l'intérieur de la digue. Un revêtement sans épaisseur a suffi aussi pour quelques réservoirs creusés à grande profondeur, dans des terrains compacts, comme la craie à Fécamp, à Sens, le grès rouge à Nuremberg, etc., où les parois mouillées

ont seules reçu une couche protectrice de maçonnerie : à Naples,
dans le tuf résistant, le revêtement des galeries n'a pas plus
de 0 m. 13 d'épaisseur et se réduit dans certaines parties à
0 m. 06, c'est-à-dire à un simple enduit. Il est rare qu'on

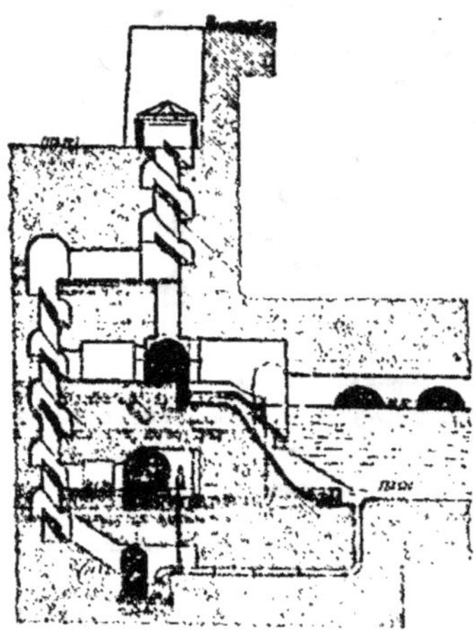

trouve un sol assez résistant par lui-même et surtout assez inat-
taquable par l'eau, pour rendre tout revêtement inutile : les
matériaux employés pour l'exécution du revêtement doivent être
au surplus de nature telle qu'il ne puisse résulter de leur contact
avec l'eau aucune altération quelconque de ses qualités.

L'emploi de la *maçonnerie* pour le fond et l'enceinte des réservoirs est beaucoup plus fréquent. Si le sol de fondation est résistant, le *radier*, qui s'y appuie directement, peut recevoir une
très faible épaisseur, 0 m. 20 à 0 m. 40 par exemple ; s'il est susceptible de se désagréger, de s'amollir, de se dissoudre même,
par suite des infiltrations, qu'on doit considérer comme inévitables malgré toutes les précautions prises, il faut le protéger,
soit, comme en Angleterre, par l'interposition d'une couche d'argile, soit, comme on le fait en France toutes les fois qu'il y a
possibilité d'écoulement vers l'extérieur des eaux d'infiltration,

par un drainage systématique. Au réservoir de Villejuif, fondé
sur un banc de gypse, dur et compact, mais soluble, nous avons
réalisé ce drainage, en 1882, par un procédé dispendieux, mais

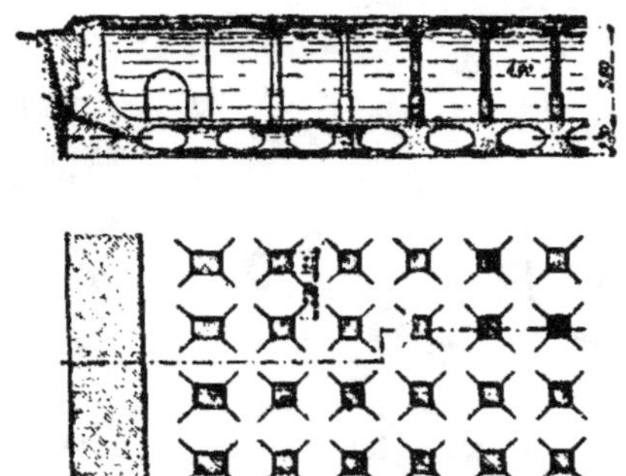

qui donne une grande sécurité : un double radier est percé de
galeries intermédiaires visitables, qui reçoivent les eaux d'infiltration et les conduisant jusqu'à l'égout voisin. Au réservoir de
Montmartre, assis sur des sables fins recouvrant les marnes vertes, nous avons encore disposé des galeries du même genre,
mais en interposant, par surcroît de précaution, dans la couche
épaisse de béton qui les porte, un enduit réglé suivant une série
de pentes et de contre-pentes,
formant des rigoles drainées
par des tuyaux de poterie. S'il
y a plusieurs étages, le radier
supérieur est d'ordinaire porté
par des voûtes d'arêtes ou en

berceau, reposant sur des piliers ou des murs, qui constituent
ces substructions dont on a indiqué plus haut les divers modes
d'utilisation.

Le *mur d'enceinte* des réservoirs en maçonnerie, lorsqu'il est
établi en déblai au contact d'un terrain résistant, dont la poussée
est nulle, peut fort bien recevoir une épaisseur minime, comme
au réservoir d'Emmerin, de la distribution des eaux de Lille ;

dans le cas contraire, on le calcule comme s'il était isolé et on lui donne un profil capable de résister par lui-même à la poussée

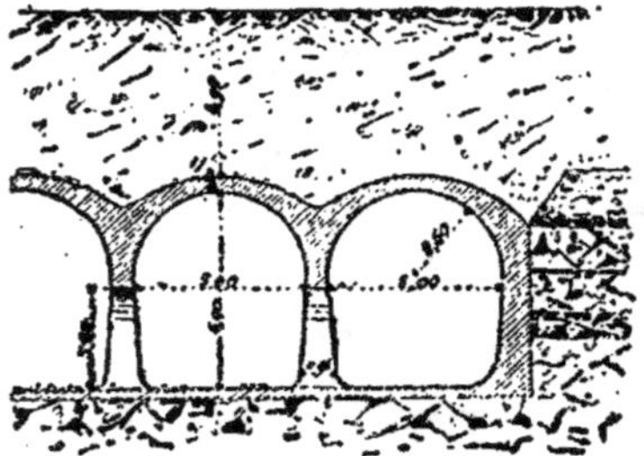

de l'eau : il est bon de prendre en outre des dispositions contre les possibilités d'infiltrations latérales, soit en adossant le mur, comme on l'a fait à Villejuif (1880), contre un massif de pierres sèches, dont l'égouttement est par ailleurs assuré, soit en pratiquant dans l'épaisseur du mur, ainsi qu'il a été fait à Montretout (1892), des puits et des galeries de drainage. En élévation,

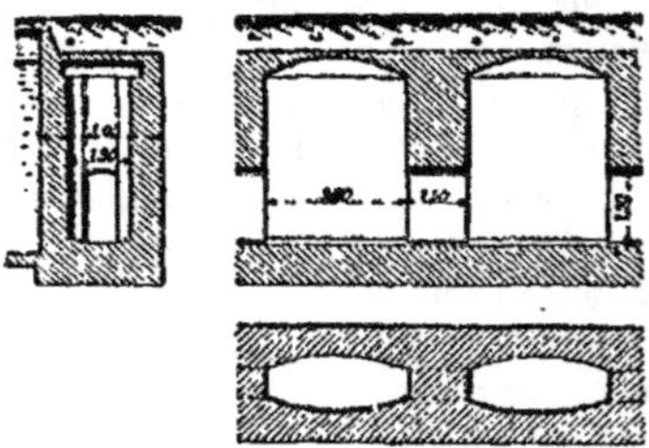

les épaisseurs doivent toujours être calculées de manière que le mur ait un excès de résistance par rapport à la poussée de l'eau, dont l'évaluation est, comme on sait, plus simple et plus sûre que celle de la poussée des terres dans le calcul des murs de soutènement : pour réaliser ces épaisseurs, on est assez souvent conduit à donner au mur un fruit prononcé vers l'extérieur ; et, lorsque l'ouvrage comporte des étages superposés, la partie supérieure du mur se trouve souvent vers l'intérieur surplomber la partie basse. Un revêtement en terre, formant talus gazonné, est, quand on peut le réaliser, une protection efficace contre les effets

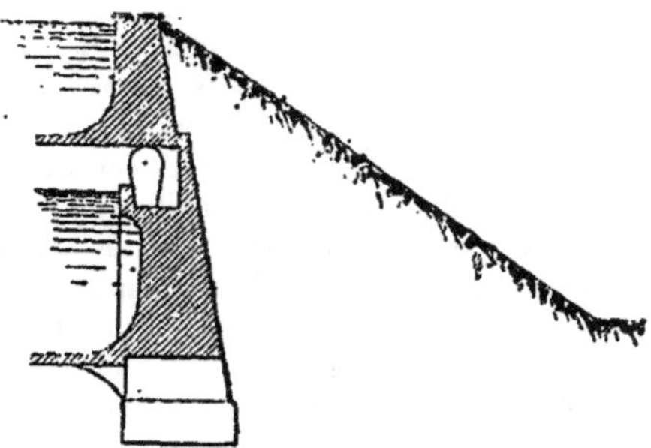

nuisibles des variations de température. Les *murs de refend*, qui séparent entre eux les compartiments d'un même réservoir, devant résister alternativement dans un sens ou dans l'autre, reçoivent le plus souvent un profil symétri- que, qui se raccorde d'ailleurs avec le radier, comme les murs de pourtour, par un fort congé ou *solin*. Toutes les maçonneries étant poreu- ses, l'étanchéité ne peut être obtenue que par un enduit riche de mortier de ciment (1 de sable fin pour 1 de ciment), auquel on donne une  épaisseur de 0m.01 à 0m.04, ou parfois également par un revê- tement en asphalte coulé : on ne réussit d'ailleurs qu'à la condi- tion de prendre des soins minutieux, non seulement lors de la construction, mais aussi au cours de l'entretien, car les mouve- ments de contraction et de dilatation ne tardent pas à déterminer dans tous les ouvrages, particulièrement au pied des murs de pourtour ou vers le milieu des bassins, des fissures qui se rou- vrent incessamment lorsqu'on tente de les boucher ; un excellent pro- cédé, appliqué à Paris depuis une trentaine d'années, pour étancher les fissures, consiste à les bien dégager d'abord puis à les recouvrir d'une bande de caoutchouc, dont on colle les bords sur les lèvres de chaque fissure de part et d'autre, au moyen d'une dissolution de caoutchouc dans la benzine, et qui, restant élastique dans la partie médiane, suit les mouvements des massifs tout en barrant le passage à l'eau.

Les *cuves* de faible dimension, surtout lorsqu'elles sont portées par des pylônes ou des tours de grande hauteur, s'exécutent d'ordinaire *en métal* : le plus souvent en feuilles de tôle rivées, rarement en fonte, depuis quelques années aussi en ciment armé. La forme cylindrique, très favorable à la résistance de la paroi, est de beaucoup la plus répandue ; quant au fond, il est tantôt plat, ce qui en rend la pose aisée, mais la visite et l'entretien difficiles ; tantôt, d'après le type imaginé par Dupuit il y a cinquante ans, pour les cuves de Chaillot, en forme de calotte sphé-

 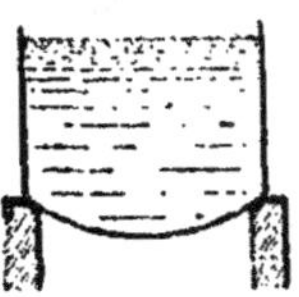 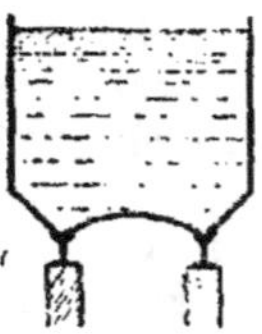

rique supportée par son pourtour seul, partout ailleurs visible et obéissant librement au jeu de la dilatation ; tantôt enfin, depuis une vingtaine d'années, en forme tronconique, d'après le type Intze, qui a les mêmes avantages, tout en portant sur une couronne de moindre diamètre et se prêtant de la sorte à des dispo-

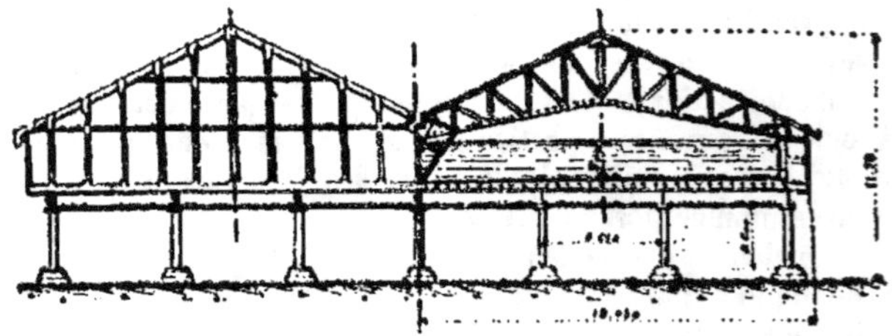

sitions avantageuses d'encorbellement. On peut au surplus donner aux réservoirs métalliques des formes quelconques : nous citerons, à titre d'exemple, celui de Bordeaux, composé de deux bassins allongés, à fond plat, que leur position surélevée n'a pas permis d'exécuter en maçonnerie.

168. Couverture. — Lorsque les circonstances réclament la couverture des réservoirs, on peut souvent se borner à les munir d'une simple *toiture* : c'est le mode le plus économique dans bien des cas, en particulier pour les réservoirs de petite dimension et les cuves métalliques ; le réservoir de Bordeaux, figuré ci-dessus, en fournit un exemple.

Mais les grands réservoirs en maçonnerie reçoivent plutôt une couverture formée de *voûtes*, supportant une couche de terre gazonnée, dont l'efficacité est bien supérieure pour protéger l'eau contre les variations de température : il suffit, dans les pays tempérés comme le nôtre, de donner à cette couche de terre une épaisseur de 0 m. 40 à 0 m. 60, et, dans ceux où les différences saisonnières sont plus accentuées, de la porter à 1 mètre ou 1 m. 50, pour éviter les conséquences des gelées prolongées ou des chaleurs torrides. Les voûtes impliquent par contre l'établissement, dans l'intérieur des bassins, de supports qui viennent en diminuer la capacité utile ; et, si elles ne sont pas en plein cintre, des poussées horizontales en résultent, auxquelles il faut opposer des massifs suffisamment résistants : afin de parer à ces inconvénients, d'une part, on réduit au minimum le volume des supports, soit en recherchant les *voûtes d'arêtes*, dont les retombées portent sur de simples piliers, soit en évidant, au moyen de baies ou d'arcatures, les murs intermédiaires destinés à recevoir celles des *voûtes en berceau* ; d'autre part, on oppose

aux poussées de ces dernières des murs de pourtour convenablement renforcés, à celles des voûtes d'arêtes, des murs culées normaux aux mêmes murs et entre lesquels on jette

de petites voûtes en berceau de même ouverture et de même
flèche. Belgrand a réalisé pour les réservoirs parisiens un type
de voûtes d'une extrême légèreté, puisque leur épaisseur ne

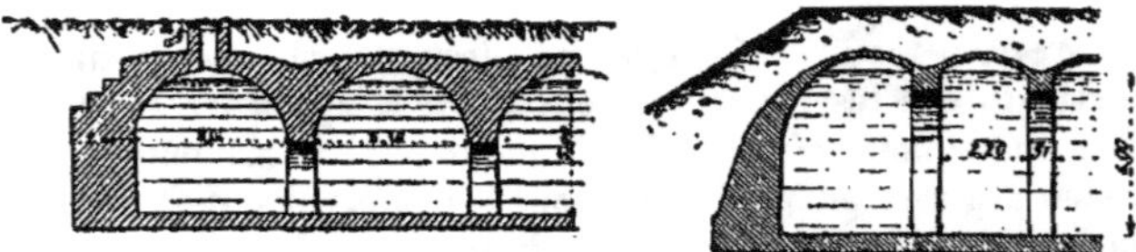

dépasse pas 0 m. 07 pour des portées de 4 mètres, 0 m. 11 pour
des portées de 6 mètres, et qu'elles s'appuient sur des piliers à
base carrée de 0 m. 34 et 0 m. 45 de côté seulement ; ce sont

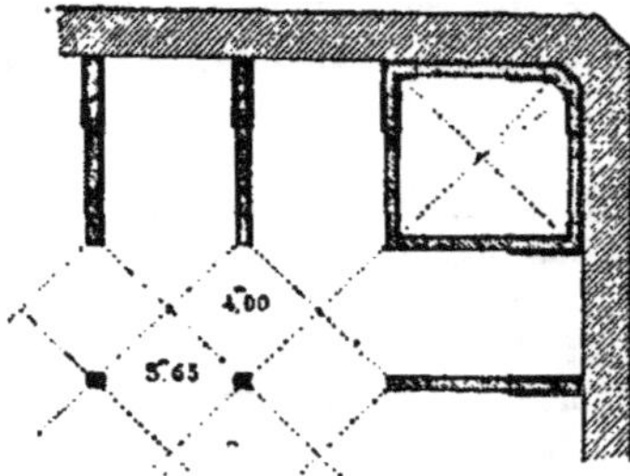

des voûtes d'arêtes sur plan carré, formées de deux ou trois
cours de briquettes ou demi-briques de 0 m. 03 d'épaisseur, à
joints croisés ; en adoptant sur le pourtour des murs-culées
allongés, entre lesquels sont jetées des voûtes en berceau et qui
portent aux angles des voûtes en arc de cloître, il a pu éviter de
faire supporter aux murs d'enceinte aucun effort provenant de la
couverture, qui en est rendue complètement indépendante ; ce
système, d'une grande hardiesse, a parfaitement réussi, toutes
les fois qu'on s'est astreint à prendre durant la construction et le
décintrage des voûtes, puis au moment de la répartition des
terres, les précautions nécessaires. D'autres dispositifs de voûtes
ont été ou sont encore usités : les *coupoles* ou calottes sphé-
riques, qui recouvrent les nombreuses et antiques citernes de
Constantinople ; les *berceaux annulaires* avec supports concen-

triques ou pilier central, qui s'appliquent aux bassins à base circulaire, etc.

Certains ouvrages ont été recouverts de *planchers* métalliques, avec voûtelettes en briques : on leur peut reprocher d'être exposés à la rouille et presque toujours plus coûteux que les voûtes en maçonnerie ou en béton. Depuis peu le ciment armé a fourni le moyen de réaliser des planchers qui échappent au premier inconvénient ; mais jusqu'à 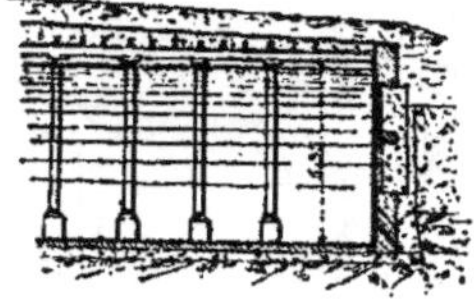 présent ils ne paraissent pas avoir d'avantage au point de vue du prix. Il est vrai qu'ils exigent moins de hauteur que les voûtes, suppriment les poussées horizontales et se prêtent à l'emploi de piliers ou colonnes de très faible section, en fonte ou en ciment armé.

169. Dispositifs accessoires. — *L'arrivée* de l'eau dans les réservoirs se fait soit par le haut, soit par le bas : dans le premier cas elle débouche ordinairement dans une *bâche*, petit bassin de répartition, où, à côté de l'orifice de la conduite d'amenée, on trouve les bondes ou les déversoirs qui servent à diriger l'eau dans les divers compartiments, et d'où l'on peut souvent aussi la faire passer directement au besoin dans le réseau de distribution sans avoir à traverser le réservoir ; dans le second cas, qui se rencontre particulièrement lorsque la conduite d'amenée fait du service en route, le même orifice sert à la fois pour l'entrée et la sortie de l'eau. L'ouverture de *départ* doit toujours être placée 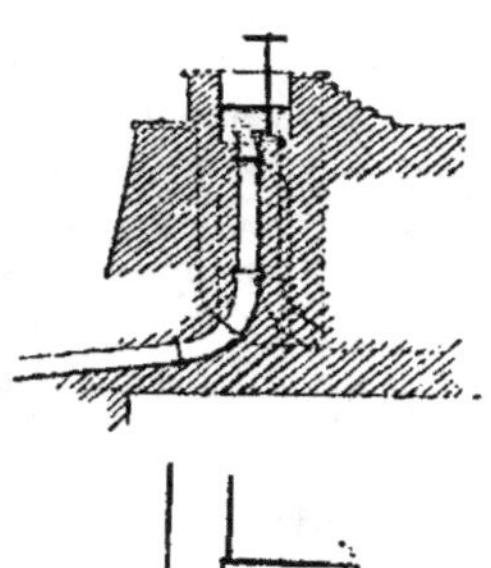 un peu au-dessus du fond, afin d'éviter tout entraînement de la vase qui s'y dépose : elle est habituellement munie d'un appareil

mobile à volonté, vanne verticale ou *bonde* horizontale en forme
de cloche très aplatie ou d'assiette renversée, qu'on remplace,

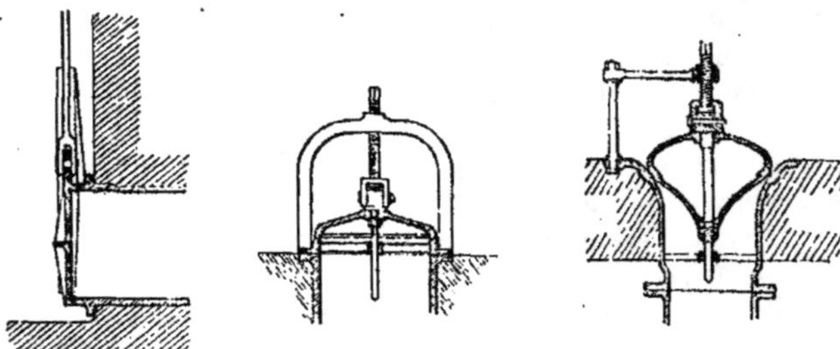

dans les réservoirs parisiens, par un appareil en forme de toupie,
mieux étudié pour la réduction des pertes de charge ; il est en
outre à recommander de placer, immédiatement à l'aval de la
bonde, sur la conduite de départ, une ventouse ou un tuyau
d'évent, qui, en facilitant l'évacuation de l'air, évite les remous
et les bouillonnements. Si l'eau continuait à venir en abondance,
quand la bonde de départ est fermée, il arriverait un moment où
le bassin, complètement rempli, commencerait à déborder ; on
pare à cette éventualité par l'établissement d'un *trop-plein*, sorte
de déversoir, en forme d'entonnoir le plus souvent, disposé au
niveau convenable, et auquel fait suite un tuyau d'évacuation.

Sur ce même tuyau on raccorde presque toujours la *bonde de
décharge*, placée au point bas vers
lequel on a soin de diriger les pentes
du radier, et dont l'objet est d'évacuer,
lors des nettoyages périodiques, la
tranche d'eau qui demeure au fond,
après l'écoulement complet par la bonde de départ, ainsi que les dépôts
vaseux qu'elle recouvre. Cette bonde se
manœuvre, comme toutes les autres,
par le moyen d'une tige métallique,
convenablement guidée, qui se termine par un carré facilement accessible, à la partie supérieure de l'ouvrage.

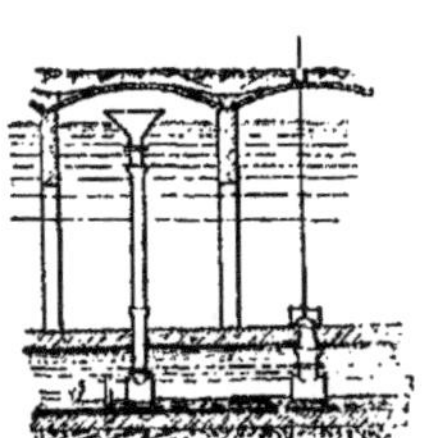

Lorsque les bassins sont couverts, il ne faut pas omettre d'assurer l'évacuation de l'air par des cheminées ou des orifices convenablement placés, sans quoi on s'exposerait à emprisonner l'air dans les parties hautes, où il pourrait se comprimer et produire, comme il est arrivé parfois, des soulèvements des voûtes ou planchers, que peut même accompagner une explosion.

On doit aussi assurer l'égouttement des eaux d'infiltration, qui, après les pluies, pénètrent dans la terre gazonnée des couvertures ; une chape convenablement réglée les dirige vers de petits conduits d'évacuation, qui les jettent soit à l'extérieur soit à l'intérieur, suivant que l'on redoute ou non le mélange de ces eaux avec celles qui sont destinées à l'alimentation.

Le fonctionnement des réservoirs constitue le meilleur moyen de contrôle des services de distribution, puisqu'ils se prêtent aisément à des jaugeages directs, et plus aisément encore à des relevés périodiques ou continus des hauteurs d'eau : pour faciliter ces opérations, on a soin d'y établir des *échelles* graduées, en matériaux autant que possible inattaquables à l'eau (porcelaine, lave émaillée, laiton découpé, etc.), ou encore des *flotteurs*, dont on peut transmettre les déplacements, à proximité par des combinaisons de mécanisme ou à distance par l'électricité ou l'air comprimé, aux *indicateurs* ou *enregistreurs de niveau*.

Pour faciliter les visites, les nettoyages, les réparations, on dispose des moyens d'accès, échelles en fer galvanisé, escaliers en fonte, regards pour la descente des matériaux ; on perce dans les couvertures quelques trous d'éclairage munis de dalles en verres, etc.

170. Prix de revient. — Les conditions d'établissement des réservoirs varient tellement avec les exigence et les circonstances locales qu'il n'est guère possible de donner sur leur prix de revient des indications précises.

Un réservoir découvert, en déblai dans un terrain facile à travailler mais résistant, sera sans doute peu coûteux ; tandis qu'on s'expose à des dépenses importantes quand on projette des bassins couverts, fondés sur un sol mouvant, compressible ou soluble, et atteignant une hauteur notable, surtout s'il faut, par surcroît, leur donner un aspect décoratif ou monumental. Les tours d'eau en particulier sont nécessairement d'un prix élevé.

Les appareils accessoires, tuyauteries, robinets, etc., entrent toujours pour une forte part dans la dépense totale, et il importe d'en pousser l'étude jusque dans les détails, afin d'éviter des complications trop grandes tout en répondant aux besoins justifiés de l'exploitation. La couverture, à elle seule, représente un coût supplémentaire de 10 à 20 francs par mètre superficiel.

Toutes choses égales d'ailleurs, le prix d'un réservoir est d'autant plus considérable que sa capacité est plus petite ; il n'est donc pas très rationnel de prendre, comme c'est l'usage, pour unité de comparaison, le prix de revient par mètre cube d'eau emmagasiné : aussi devra-t-on, autant que possible, prendre soin de mettre plus volontiers en parallèle les ouvrages de contenance égale ou analogue. Quoi qu'il en soit, ce prix de base varie en pratique depuis un minimum de 10 francs jusqu'à 300 francs et plus. Un réservoir en maçonnerie, non couvert, en bon sol et de déblai facile, doit coûter 20 à 30 francs le mètre cube : à cette dépense s'ajoutent des frais supplémentaires, si les fondations sont malaisées, si une couverture s'impose, s'il faut recourir à des substructions, etc. Un réservoir métallique revient rarement à moins de 80 ou 100 francs le mètre cube ; et, pour peu que le support sur lequel il repose dépasse sensiblement le niveau du sol, le prix s'en élève très rapidement jusqu'à 150, 200 et 300 francs.

CHAPITRE XXIII

RÉSEAUX DE CONDUITES

Sommaire : **171**. Distribution générale ; **172**. Etablissement de la canalisation ; **173**. Dispositifs accessoires ; **174**. Entretien des conduites et appareils ; **175**. Exploitation.

171. Distribution générale. — Au sortir des réservoirs, l'eau pénètre dans le *réseau des conduites*, qui est chargé de la porter jusqu'aux orifices de puisage.

Pour qu'elle puisse être toujours et partout à la disposition du consommateur, il faut que les conduites soient maintenues pleines et sous pression, formant, suivant l'expression de Dupuit, « une sorte de nappe souterraine, d'où l'eau peut jaillir en chaque point » ; on réalise de la sorte le *service constant*. Les avantages de ce régime sont évidents ; mais ils ne peuvent être obtenus qu'à la double condition de disposer d'un volume d'eau supérieur à la consommation et d'avoir aussi un excès de pression ; en effet, avec des conduites constamment en charge, les fuites, qu'on ne saurait jamais éviter complètement, donnent lieu à des écoulements continus et par suite à des pertes d'une certaine importance, réduisant d'autant le volume d'eau utilisable ; et, d'autre part, les variations horaires de la consommation ont pour conséquence des abaissements momentanés du niveau piézométrique, qui risqueraient, si la pression devenait alors insuffisante, de supprimer tout écoulement possible vers les points hauts. On conçoit qu'un plus grand volume d'eau et une pression supérieure ne vont pas sans une majoration de la dépense, qu'on a cherché à éviter de l'autre côté de la Manche par l'emploi d'un autre mode de distribution, le *service intermittent*, qui consiste à introduire l'eau successivement, soit chaque jour à certaines heures, soit chaque semaine à certains jours, dans les diverses fractions du réseau, laissant dans les intervalles les conduites dépourvues de pression, et obligeant les usagers à faire d'avance une provision suffisante pour répondre à tous les besoins durant les périodes d'interruption : ce système a incontestablement l'avantage de réduire beaucoup les pertes, d'utiliser toute la pression résultant du niveau des réservoirs, d'empêcher le gaspillage, de régler en un mot aussi exactement que possible la consommation ; mais, par contre, il impose des sujétions graves, manœuvres fréquentes et compliquées, adoption dans tous les immeubles de réservoirs encombrants, où l'eau risque de se gâter, il ne se prête guère à l'organisation d'un service général de lavage ou d'arrosage des voies publiques, il diminue notablement les chances de succès dans la lutte contre le danger d'incendie, enfin il laisse l'eau sans défense contre la contamination par rentrée d'eaux ou de gaz suspects à travers les joints défectueux, pendant tout le temps où les conduites sont sans pression... et, toute compensation faite, les inconvénients l'emportent, au point que, depuis longtemps battu en brèche, le système va diminuant en Angleterre, où, malgré l'augmentation de dépense, on considère comme un réel progrès d'adopter et d'étendre le service constant, qui seul et de tout temps a été appliqué en France et sur le continent européen en général.

Les anciennes distributions d'eau n'avaient à faire dans la plupart des villes qu'un service à *basse pression*, car on se contentait de desservir des orifices de puisage disposés un peu au-dessus du niveau du sol ou dans les cours des maisons. Aujourd'hui on recherche partout les *hautes pressions*, au moyen desquelles l'eau parvient à tous les étages, procurant ainsi au consommateur des facilités précédemment inconnues, et s'élève même jusque par delà le faîtage des maisons, permettant l'extinction des incendies par jet direct, de manière à rendre

commode et rapide le service des pompiers ; suivant la hauteur
normale des bâtiments, il faut pour cela que la charge sur les
orifices à rez-de-chaussée soit et demeure de 15 à 30 mètres en
tous les points.

Dans les villes où le sol est accidenté, et surtout quand les
variations diurnes de la consommation sont accentuées, on ne
peut réaliser cette condition qu'en s'assurant d'un excès notable de
pression dans les parties basses du réseau, ce qui n'est pas sans
inconvénient ; on y pare fréquemment en divisant le service
par *étages*, desservis respectivement par des réservoirs établis à
des niveaux différents, et dont les plus élevés sont souvent alimentés par des usines de relais ; en pareil cas, c'est l'étage supérieur dont il faut plus particulièrement assurer l'alimentation
dans des conditions de parfaite sécurité, puisque les autres ne
sauraient lui venir en aide, tandis qu'ils pourront toujours profiter
des excédents dont on y disposerait.

Un autre moyen d'assurer la permanence de la charge nécessaire consiste à recourir à une *double canalisation*, c'est-à-dire à
établir deux réseaux de conduites juxtaposés dans toutes les
artères d'un même périmètre, l'un des réseaux étant affecté au
service des orifices de la rue, des cours, des jardins, etc., et
l'autre à celui des étages, de manière que les deux services ne
soient plus solidaires, et que le premier ne vienne pas, à certains
moments de la journée, affamer le second, au détriment des étages supérieurs des maisons.

Dans les très grandes villes, les difficultés spéciales, résultant
soit de l'énormité du débit nécessaire, soit des circonstances particulières, telles que les agrandissements successifs de territoire,
ont souvent conduit à diviser le réseau en plusieurs parties complètement séparées, correspondant chacune à un périmètre distinct, et formant en quelque sorte plusieurs distributions conti-
guës et isolées : à Paris, à Londres, à Berlin, à New-York, etc.,
on trouve des *zones* de ce genre. Elles constituent, évidemment,
de même que la double canalisation, une complication, qu'il est
préférable d'éviter toutes les fois qu'on le peut, mais devant
laquelle cependant il ne faut pas reculer, lorsqu'elle s'impose ou
si elle doit procurer quelque avantage technique ou financier.

272. Etablissement de la canalisation. — Les problèmes que soulève l'établissement d'une canalisation d'eau sont toujours susceptibles de recevoir plusieurs solutions et se présentent en conséquence avec un certain caractère d'indétermination. Pour obtenir avec la moindre dépense le maximum d'effet utile, il faut se livrer à une étude comparative et détaillée, qui demande beaucoup de soin et d'attention et pour laquelle on fait usage des formules de l'hydraulique ou des tables et des abaques qui en facilitent l'application. Cette étude peut être grandement aidée aussi par une représentation graphique, qui consiste à indiquer, d'une part, sur un plan les diverses conduites au moyen de traits de grosseur proportionnelle aux débits et à tracer, d'autre part, les lignes de charge sur les profils en long. Au surplus « rien ne se prête, a dit Dupuit, à des additions ou à des modifications comme un réseau de conduites » : il n'y a donc pas lieu, au moment de l'établissement d'une canalisation, de se préoccuper outre mesure de ses développements ultérieurs ; il suffira de la recouper plus tard par quelques conduites additionnelles pour en augmenter considérablement le débit.

Le réseau se compose toujours d'un certain nombre de *conduites maîtresses*, destinées à porter de grandes masses d'eau dans les diverses parties de la distribution, et qui forment comme un prolongement des réservoirs ; puis les *conduites secondaires*, chargées de répartir ces masses d'eau entre les conduites de service, sur lesquelles se font les prises des branchements qui aboutissent aux orifices de puisage. Les diamètres des conduites maîtresses et des conduites secondaires dépendent de l'importance des fractions correspondantes du réseau ; quant à ceux des conduites de service, ils sont choisis de manière à leur permettre de desservir largement les divers orifices, même en cas de puisage exceptionnel ou d'incendie ; à cet effet, on descend rarement au-dessous de 0 m. 06 et parfois on se limite à 0 m. 08, 0 m. 10 ou 0 m. 15.

Deux dispositions différentes peuvent être adoptées pour le tracé général : tantôt le réseau est composé d'un tronc commun, se divisant en plusieurs branches, qui se ramifient à leur tour ; tantôt il est formé de mailles ou circuits fermés. La première de ces dispositions, celle des *réseaux ramifiés*, où les diamètres vont en diminuant régulièrement de l'origine aux extrémités, paraît au premier abord tout à fait rationnelle : on y suit aisément la marche de l'eau ; un calcul simple permet de déterminer sans peine le diamètre de chaque conduite d'après le service qu'on lui demande ; le développement des canalisations semble être le plus faible possible et comporter dès lors la moindre dépense. Mais la pratique a révélé des inconvénients qui tendent à faire écarter désormais ce type dans un grand nombre de cas : en effet, les interruptions de service, causées par la rupture d'un tuyau ou le déboîtement d'un joint, y prennent une gravité particulière, puisqu'il faut arrêter l'eau en amont, en priver toute une région, pour effectuer la réparation ; d'autre part, les conduites de service, terminées en cul-de-sac, demeurent remplies d'eau stagnante à certaines heures et se prêtent en conséquence à des dépôts, ainsi qu'à la pousse de végétations ou à l'accumulation de mollusques, dont on n'a raison que par des nettoyages fréquents au moyen de chasses périodiques ; enfin l'économie entrevue est plus apparente que réelle, car les conduites alimentées d'un seul côté débitent évidemment moins à diamètre égal que celles des *réseaux maillés*, qui la reçoivent toujours de deux côtés à la fois. Ces derniers au contraire, composés de

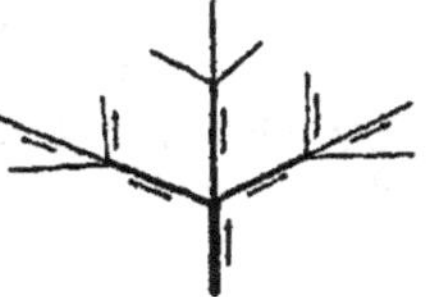

conduites de ceinture ou périphériques et de conduites transversales, formant des circuits fermés, qui entourent de toutes parts les îlots de maisons, se prêtent à l'écoulement de l'eau dans l'un ou l'autre sens, suivant les variations de la consommation et des pertes de charge

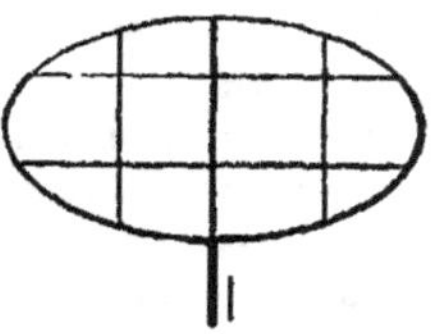

qui en résultent ; dès lors, la pression s'y répartit mieux, les interruptions de service y sont plus rares et surtout moins étendues ; l'eau partout en mouvement ne se prête ni aux dépôts de vase ni au développement de la vie animale ou végétale ; par contre, les calculs sont plus complexes et ne donnent pas de résultats aussi certains, puisque, dans l'enchevêtrement des conduites qui s'entre-croisent, la direction que suivra l'eau à chaque instant ne peut être déterminée sans recourir à des données plus ou moins hypothétiques sur la répartition des besoins à desservir ; mais les avantages sont tels, au double point de vue de la facilité et de la sécurité de l'exploitation, qu'ils n'en font pas moins pencher de plus en plus la balance en faveur du type maillé.

On s'impose d'ordinaire, dans l'étude des canalisations, un maximum de vitesse que l'eau ne doit pas dépasser aux heures de grand débit, afin d'éviter les trop grands frottements et les excès de force vive, d'où résulteraient des chocs redoutables ou des baisses exagérées de pression : cette limite peut être fixée entre 0 m. 60 et 1 mètre, pour les petites conduites et les moyennes, et s'élever jusqu'à 1 m. 50 ou 2 mètres, pour les plus grosses. On ne s'astreint pas d'ailleurs le plus souvent à proportionner exactement les diamètres aux débits calculés : il convient en effet de ne pas trop multiplier les types, pour ne pas compliquer les raccords, les approvisionnements, les réparations ; il est bon aussi de se réserver quelque marge en vue des variations dans les besoins et des changements ultérieurs. Les canalisations se composent généralement, dans les réseaux ramifiés, de tronçons successifs de diamètres décroissants, comme les anneaux d'une lunette d'approche ; dans les réseaux maillés, chaque circuit est constitué d'ordinaire par des conduites de section uniforme.

Les raccordements des conduites entre elles, souvent tangentiels dans les réseaux ramifiés, afin de se mieux prêter à l'écoulement de l'eau, d'éviter les remous et les pertes de charge qui en sont la conséquence, se font au contraire la plupart du temps à angle droit dans les réseaux maillés, où l'écoulement se produit alternativement dans un sens ou dans l'autre.

Presque toujours les canalisations urbaines sont exécutées en tuyaux de fonte, à emboîtement et cordon, avec joints au plomb, et posées en terre à faible profondeur, afin de faciliter les prises, les branchements, les raccordements : on laisse au-dessus des conduites juste la hauteur nécessaire pour les protéger contre la congélation. Elles ne sont que très exceptionnellement posées en galerie : Paris, où c'est au contraire la règle, et où, pour ce motif,

elles sont formées de tuyaux à bagues, constitue à cet égard un
cas isolé et unique ; dans la plupart des grandes villes, on n'adopte
cette solution que dans des cas spéciaux, pour le passage des
ponts par exemple, pour les chaussées à très grande fréquenta-
tion, où l'ouverture fréquente de tranchées causerait une gêne
intolérable, en des points particulièrement dangereux, où l'on
redouterait les conséquences d'une rupture de tuyau et des
affouillements qui en résulteraient, etc. D'ordinaire, les conduites d'eau sont placées dans l'axe des rues, à égale distance des
deux rangées de maisons riveraines ; on les dédouble dans les
voies larges, afin de réduire la longueur des branchements de
prise, et on les dispose alors de part et d'autre, sous les trottoirs,
à faible distance des façades des maisons.

173. Dispositifs accessoires. — Tout réseau de distribution d'eau comporte de nombreux dispositifs accessoires, qui sont
indispensables à son fonctionnement et dont dépend en grande
partie la régularité du service : il faut notamment avoir le moyen
d'amener l'eau dans chaque conduite et d'en évacuer l'air, ce qui
suppose un orifice d'alimentation, pourvu d'un obturateur mobile,
et une ventouse, automatique ou manœuvrable à volonté ; il faut
pouvoir isoler telle conduite qu'on voudra et la vider, pour le
cas où il y a lieu d'y faire une réparation, une prise, un travail
quelconque, et cela implique des appareils d'arrêt aux extrémités, ainsi qu'une décharge aux points bas, etc.

On emploie à cet effet des appareils dont la fourniture et l'installation sont relativement coûteuses et dont on doit en conséquence proportionner le nombre aux besoins réels, en se gar-
dant à la fois de les multiplier sans utilité ou d'en réduire trop
parcimonieusement l'usage.

Les appareils d'introduc-
tion de l'eau, d'arrêt et de
décharge, sont uniformé-
ment des *robinets* : il en est
de divers types, mais les deux
les plus répandus de beau-
coup sont les *robinets à boisseau* et les *robinets-vannes*, res-

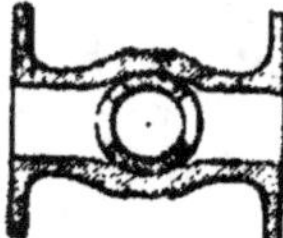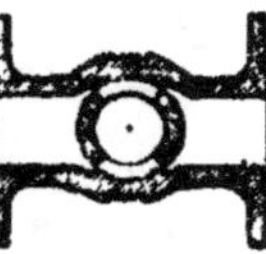

pectivement employés sur les conduites de petits et de grands diamètres. Les premiers, dont il est fait usage pour les canalisations de diamètre inférieur ou au plus égal à 0 m. 10, s'exécutent entièrement en bronze ou en laiton et sont formés d'un tronc de cône, percé de part en part d'un trou ou *lumière*, qui se présente soit dans l'axe de la conduite, soit normalement à cet axe, suivant la position donnée au tronc de cône, auquel on imprime à volonté une rotation d'un quart de tour : on conçoit que le frottement de l'organe mobile tronconique contre la paroi du corps du robinet, de la *clé* dans le *boisseau*, détermine assez vite une usure marquée des surfaces frottantes,

d'où l'obligation de procéder fréquemment à des rodages pour rétablir l'étanchéité ; on les a rendus moins fréquents dans le modèle Ch. Gibault grâce à l'emploi d'une clé renversée, qui s'écarte de la paroi du boisseau sous le poids de l'outil de manœuvre et revient s'y appliquer ensuite par l'effet même de la pression de l'eau. Dans les robinets-vannes, l'obturateur mobile est un disque en forme de coin, qui vient s'adapter

de part et d'autre sur des sièges fixes, disposés à l'intérieur d'une boîte en métal, et forme ainsi une double fermeture étanche, tant qu'on ne l'actionne pas, au moyen de la vis, qui permet d'en déterminer la montée progressive et de démasquer de la sorte peu à peu l'orifice, jusqu'à ce que le disque s'efface entièrement dans la partie supérieure de la boîte, à laquelle on donne en France la forme d'un cylindre

surmonté d'une calotte hémisphérique, mais qui, à l'étranger,
présente souvent une section ovale ou
méplate : le disque, ou *vanne*, est
d'ordinaire en fonte, ainsi que le corps
du robinet, qui se termine par des
brides, servant à le relier aux deux
tronçons de la conduite, de part et
d'autre ; les garnitures de la vanne et
celles des sièges fixes sont habituellement en bronze, ainsi que la vis fixe et
l'écrou mobile, qui servent à mettre la
vanne en mouvement. La manœuvre
des robinets de l'un et de l'autre type
s'exécute par l'intermédiaire d'une *clé*
en fer, que l'on introduit dans une *bouche à clé*, établie, sous trottoir ou sous

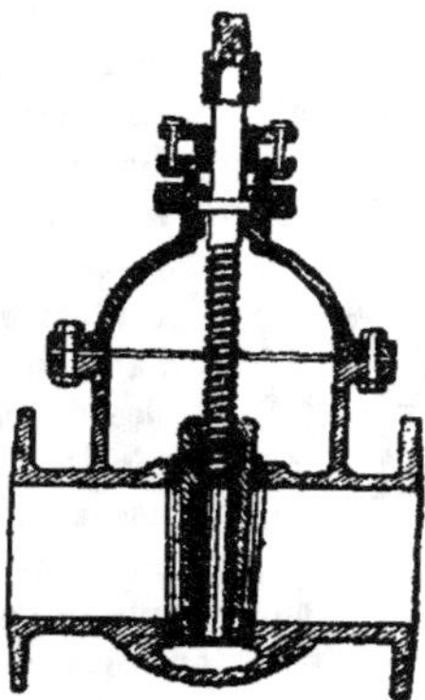

chaussée, juste au-dessus de la petite chambre ou *tabernacle*
renfermant le robinet, de manière à coiffer le chapeau en fer,
qui recouvre lui-même le carré de manœuvre : la clé est, dans
le cas général, actionnée à la main, par un ou plusieurs hommes,
suivant que l'effort est plus ou moins considérable ; et c'est exceptionnellement, pour les obturateurs de très grands diamètres,
qu'on fait intervenir des engins mécaniques, mus par la force
hydraulique que fournit la pression même de l'eau ;
souvent aussi, en pareil cas, on tourne la difficulté, soit en divisant la vanne en plusieurs parties qu'on manœuvre séparément, soit en établissant, avant la manœuvre, l'égalité de pression sur
les deux faces de la vanne, grâce à l'intervention
d'un petit conduit contournant le robinet et appelé
nourrice. Il est à recommander de munir ceux
des robinets, dont le rôle est particulièrement
important, d'*indicateurs*, qui font connaître au
dehors la position exacte de l'obturateur mobile.
   Le plus simple des appareils employés pour
l'évacuation de l'air, aux points hauts de la canalisation, est le *tuyau d'évent*, simple cheminée librement

ouverte dans l'atmosphère : on y a recours aux points où, la
pression étant faible, on peut lui donner peu de hauteur, par
exemple au voisinage des réservoirs. Ailleurs on emploie de
préférence les *ventouses* automatiques, dont le principe, dû à

Bettancourt, consiste dans l'emploi d'un flotteur qui, soulevé par l'eau, maintient en
place une petite soupape, et qui, retombant au
contraire, lorsque l'eau est remplacée par de
l'air, entraîne cette soupape et découvre l'orifice d'échappement. Mais, sur les canalisations,
où l'eau est toujours en mouvement, il arrive
assez souvent qu'une semblable ventouse ne
fonctionne pas, parce que l'air est entraîné par le courant au
delà du point haut ; et l'on préfère alors, pour ce motif, purger
les conduites au moyen d'appareils à main, qui sont ou de
simples robinets ou des orifices de puisage.

174. Entretien des conduites et appareils. — Les canalisations d'eau sont exposées à diverses causes de détériorations,
telles que la pression intérieure, les variations de la température,
le contact de la terre humide, etc. : l'entretien a pour objet de
combattre ces causes et d'en déterminer les effets, afin de conserver le réseau en bon état et d'en prolonger la durée.

Les suspensions momentanées, les *coups de bélier*, provoquent
des déboîtements, des ruptures, des fuites, que les tassements
du sol viennent encore aggraver ; la *congélation* brise les tuyaux
et les appareils, la *dilatation* tend à ouvrir les joints et leur fait
perdre leur étanchéité ; la *rouille* ronge la fonte, en diminue
l'épaisseur et réduit la résistance... En outre, il se produit fréquemment à l'intérieur des conduites, par le dépôt des matières
en suspension dans l'eau, des réductions de section et des incrustations, qui vont parfois jusqu'à l'obstruction complète ; ailleurs
ce sont les substances dissoutes qui attaquent le métal, donnant
lieu notamment à la production de *tubercules* ferrugineux ; ou
encore des végétations qui se développent, des mollusques qui
se multiplient, des organismes microscopiques, algues, bactéries,
qui pullulent, etc.

En prévision de ces inconvénients, d'une part, au moment de l'établissement des canalisations, on doit avoir soin de placer à tous les coudes des butées pour éviter le déboîtement des joints, de donner aux tranchées une profondeur suffisante pour mettre l'eau à l'abri des gelées, d'enduire les tuyaux de coaltar pour les préserver de la rouille, etc.; de l'autre, une fois le réseau en service, il faut le soumettre à une *surveillance* attentive et continue, afin de reconnaître les fuites dès qu'elles se produisent, de constater si possible tous les effets dus aux diverses causes de détérioration, et d'y remédier avant qu'ils ne s'aggravent. Tantôt on a eu recours dans ce but à des mesures préventives, telles que le *petit écoulement continu* en usage dans les pays du nord, pour tenir l'eau en mouvement durant les froids prolongés et de la sorte éviter qu'elle ne subisse la congélation, ou les *chasses* périodiques, destinées à entraîner les boues, à empêcher le développement de la vie végétale et animale à l'intérieur des conduites, etc. ; tantôt on procédera systématiquement à des opérations d'*entretien* proprement dit, comme la visite, le nettoyage, la remise en état des appareils, le serrage des boulons d'attache, le matage des joints au plomb, le remplacement des caoutchoucs avariés, le renouvellement de l'enduit protecteur sur la paroi extérieure des tuyaux, l'introduction à l'intérieur d'appareils mobiles destinés à chasser les dépôts de vase, ou même à détartrer les parois, en les débarrassant des incrustations les plus dures, sous l'action d'outils que la pression de l'eau suffit à mettre en mouvement, l'emploi de liquides acidulés pour obtenir un résultat analogue, etc.

Malgré tous les soins on n'évite pas les déboîtements, les ruptures et autres accidents ; il y faut parer le plus rapidement possible, pour diminuer la durée des interruptions si gênantes du service, en effectuant avec célérité les *réparations* nécessaires. A cet effet, il est à recommander d'avoir constamment à sa disposition le personnel, l'outillage, les pièces de rechange, ce qui suppose l'existence d'une ou plusieurs équipes d'ouvriers spéciaux, mobilisables au premier signal, et d'un *dépôt*, contenant un approvisionnement complet de pièces de fonte et d'appareils de toutes les dimensions et de tous les types. Les travaux s'exécutent tantôt en régie, tantôt par voie d'entreprise : grâce aux progrès réalisés dans la construction des canalisations d'eau, la dépense en est peu élevée, car les avaries sont relativement rares.

175. Exploitation. — L'exploitation d'un service d'eau comporte incessamment des *manœuvres*, dont le nombre varie beaucoup avec l'importance et la complexité du réseau et aussi avec le mode de distribution. Ces manœuvres ont pour objet d'isoler, suivant les besoins, telle ou telle partie de la canalisation, de faire les arrêts d'eau nécessaires pour les travaux de réparation, d'embranchement, de prolongement, etc., de procéder aux opérations de remplissage, de vidage, de nettoyage, etc. Elles doivent être conduites, en parfaite connaissance de cause, par des agents suffisamment au courant de la disposition et de l'usage des diverses parties pour procéder dans l'ordre convenable, avec la méthode et la précision qui seules peuvent conjurer les erreurs et prévenir les accidents ; elles doivent aussi être exécutées sans précipitation ni brutalité, afin de ménager les appareils et d'éviter les coups de bélier dangereux. Elles peuvent devenir nécessaires inopinément, en cas d'accident sur la canalisation, par exemple, ou lorsqu'il s'agit de combattre un incendie considérable ; d'où l'utilité des postes de permanence, pourvus d'appareils avertisseurs, et en relation avec les pompiers, comme on en trouve dans les grands services.

Lorsque les manœuvres comportent le vidage de quelque conduite, il est difficile, malgré toutes les précautions prises au moment du remplissage ultérieur, d'éviter des *cantonnements d'air* en certains points de la canalisation : parfois aussi la production d'un *vide relatif* est la conséquence d'un écoulement trop brusque ou trop rapide. Il n'en résulte d'ordinaire aucun inconvénient grave : mais on ne doit jamais négliger d'en tenir compte ; et il est à recommander de tout prévoir pour demeurer à l'abri de la pénétration de liquides ou de gaz suspects, ou pour prévenir les désordres que peut causer parfois la présence de l'air dans certains appareils destinés à fonctionner sous la pression de l'eau.

Pour que les appareils de distribution branchés sur les réseaux de conduites se maintiennent en état de bon fonctionnement, il est indispensable qu'il en soit fait très fréquemment usage : or certains d'entre eux, les bouches d'incendie par exemple, n'ayant que des emplois intermittents et même relativement rares, risqueraient de se gripper et de prendre une adhérence fâcheuse, s'ils n'étaient l'objet de soins préventifs, qui rentrent naturellement dans le cadre de l'exploitation. Ces soins consistent d'ordinaire en manœuvres périodiques, auxquelles on procède à intervalles réguliers.

Enfin la recherche et la suppression des fuites doivent être une des préoccupations constantes de tout service d'exploitation, en raison des dangers qu'elles présentent pour la circulation publique, pour les ouvrages souterrains et pour les maisons riveraines, et aussi des pertes d'eau importantes qui en résultent. Les fuites considérables, que causent les ruptures ou les déboîtements de conduites, sont aisément signalées par les indications de *manomètres*, disposés en nombre suffisant et en des points convenablement choisis sur le parcours du réseau : en y ajoutant une sonnerie d'alarme dans certains postes de service, on les transforme en véritables *avertisseurs de fuites*. Il est, par contre, très difficile de reconnaître les petites fuites, nombreuses et disséminées, dues aux imperfections des joints : aussi les néglige-t-on souvent, non sans raison d'ailleurs, car dans bien des cas la dépense à faire pour les déceler serait hors de proportion avec le bénéfice que leur suppression pourrait procurer, et ce serait au surplus une utopie que de prétendre les faire entièrement disparaître ; mais, dans les très grands services, où elles se multiplient et où, l'eau étant rare et chère, elles deviennent particulièrement onéreuses, il peut y avoir un réel intérêt à en poursuivre systématiquement la réduction progressive. Divers procédés ont été préconisés à cet effet. La généralisation des *compteurs*, qui mesurent l'eau délivrée aux particuliers, est un des plus recommandables, car il détermine de la part des abonnés une surveillance très efficace des canalisations particulières, et limite dès lors pour l'exploitant la recherche des fuites aux canalisations publiques ; on peut d'ailleurs étendre à ces dernières le même mode de contrôle, en disposant sur le réseau des compteurs à grand débit suffisamment précis, comme on a construit récemment, tel le compteur enregistreur imaginé par l'ingénieur américain Clemens Herschel et dénommé Venturi, parce qu'il est basé sur l'expérience bien connue de l'hydraulicien de ce nom, ou celui de MM. Mesnager et Krir, qui utilise le tube de Pitot. L'*inspection systématique*, consistant à vérifier une par une, maison par maison, l'état des canalisations — à l'aide par exemple du *stéthoscope*, qui décèle le bruit du passage de l'eau dans les conduites hors service, où l'écoulement devrait être nul — est un autre moyen, moins efficace et plus vexatoire, qui a néanmoins donné de bons résultats en Angleterre et aux États-Unis, où les distributions par réseaux ramifiés, auxquelles il s'applique le mieux, sont particulièrement répandues : il y a quelques années M. Deacon, ingénieur à Liverpool, avait proposé de rendre l'inspection plus précise et plus sûre par l'emploi d'un appareil, qu'il dénommait *compteur de pertes* et qui permettait d'obtenir, en des points spécialement choisis, un diagramme indicateur des variations du débit ; cet appareil, qui a trouvé plus d'une application, semble devoir être remplacé désormais par les compteurs à gros débit des types mentionnés précédemment.

CHAPITRE XXIV

L'EAU SUR LA VOIE PUBLIQUE ET DANS LES MAISONS

Sommaire : 176. Service public. Service privé ; 177. Prises et branchements ; 178. Appareils publics ; 179. Vente et tarification de l'eau ; 180. Modes de livraison ; 181. Réglementation usuelle des abonnements ; 182. Distribution intérieure.

176. Service public. Service privé. — L'eau amenée et distribuée dans une ville trouve d'abord son utilisation sur les voies publiques et dans les promenades : un certain nombre d'orifices y sont répartis, à l'effet de fournir aux habitants en général, ou tout au moins aux ménages pauvres, l'eau nécessaire à la boisson et aux usages domestiques ; d'autres ont pour objet la propreté et la salubrité publiques et servent au lavage des caniveaux, à l'arrosage des chaussées et des promenades, à l'entraînement rapide des immondices, au nettoyage des égouts ; d'autres contribuent à l'extinction des incendies ; quelques-uns enfin sont appelés à répandre la fraîcheur dans l'atmosphère ou à prendre part à l'embellissement général. Ceux qui sont destinés à l'usage public doivent naturellement être placés bien en vue et demeurer facilement accessibles : dans les petites villes, il est d'usage de les disposer aux carrefours ou sur de petites places ; dans les villes plus importantes, où la circulation des voitures est assez active pour faire écarter cette solution, on les établit sur les trottoirs, et de telle sorte qu'il n'en résulte ni gêne pour les passants, ni menace d'humidité pour les bâtiments ; la plupart du temps ils se présentent en saillie au-dessus du sol. Ceux dont l'utilisation est réservée aux agents des services publics sont plus souvent, au moins en France, établis en profondeur et renfermés dans des boîtes métalliques, dont le couvercle affleure exactement le niveau du sol : ils ne causent de la sorte aucun encombrement ; il est vrai qu'ils sont aussi moins apparents, mais les agents exercés à s'en servir les connaissent et les retrouvent, et, au besoin, on peut les signaler — comme on le fait par exemple pour les bouches d'incendie — par une plaque très visible, accolée à bonne hauteur contre le mur voisin.

Le prix auquel revient l'eau dans les distributions urbaines est généralement assez élevé pour qu'il soit de règle de ne point en tolérer le gaspillage, et, dans les services bien organisés, on s'arrange en conséquence pour qu'il n'en soit pas fait d'emploi inutile : c'est pourquoi l'on y proscrit d'habitude les écoulements continus. Les orifices de puisage mis à la disposition du public sont commandés par des boutons ou des leviers, qu'il faut tenir à la main pendant toute la durée de l'écoulement ; ceux qui sont réservés aux agents des services publics ne peuvent être manœuvrés qu'au moyen des clés spéciales dont ils sont porteurs : de la sorte, les puisages utiles sont toujours facultatifs et les abus se trouvent sinon entièrement supprimés, du moins réduits au minimum.

Quant à la fourniture de l'eau dans l'intérieur des maisons, pour le service privé, elle ne donne plus lieu, comme dans l'antiquité et jusqu'à la fin du xviiie siècle, à des concessions accordées par faveur à quelques privilégiés, mais se trouve partout soumise au régime des *abonnements*, qui sont consentis indistinctement à tous ceux qui acceptent d'en payer le prix et se soumettent aux conditions auxquelles ils sont subordonnés. Ce régime est parfaitement rationnel, puisqu'il fait supporter la dépense de la distribution à ceux qui en profitent et proportionnellement à l'utilité qu'ils en retirent : il a pour corollaires logiques la constitution d'une sorte de monopole, qui est ici dans la nature des

choses et dans l'intérêt de tous, puisque l'eau — objet d'absolue
nécessité d'une part et de l'autre agent de salubrité par excellence — doit être répandue à profusion, au prix le plus réduit
possible, et aussi l'intervention des administrations municipales,
dont la gestion, ou tout au moins le contrôle effectif, met l'alimentation de tous à l'abri des caprices, des négligences et de l'avidité
d'un particulier ou d'une société industrielle. La tendance
actuelle dans tous les pays est favorable à la *gestion directe*, qui
s'applique désormais à la majorité des services d'eau urbains, et
dont l'avantage est manifeste, toutes les fois qu'elle est éclairée,
bien conduite, et sait se rendre indépendante des préoccupations
électorales : on a de moins en moins recours aux *traités de concession*, et ceux conclus dans la période antérieure donnent lieu
à des rachats de plus en plus fréquents.

177. Prises et branchements. — Pour l'alimentation des
orifices du service public ou des canalisations du service privé,
des *prises* sont pratiquées sur les conduites de distribution, et des
branchements relient ces prises soit avec les appareils des voies
publiques ou des promenades, soit avec l'intérieur des maisons.

Dans quelques villes allemandes on a disposé, sur les conduites
publiques, des tubulures en attente pour les prises ; mais ce système dispendieux n'a pas été consacré par la pratique courante :

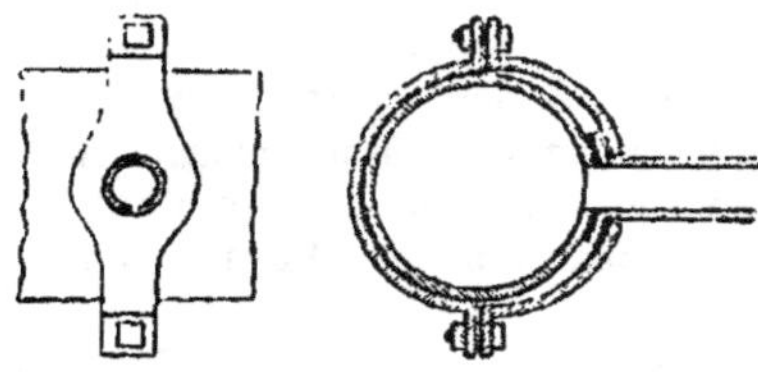

le plus souvent on perce la conduite au point où il y a une
prise à faire et l'on y raccorde un tuyau de plomb de diamètre
approprié. Autrefois, afin d'éviter tout danger de rupture au
moment du percement, on faisait venir de fonte sur chaque

tuyau un disque saillant, appelé *mamelon*, sur lequel se faisait la prise, ou même toute une bande saillante formant comme une sorte de bague.

Cette précaution est tombée en désuétude, et le percement se fait presque partout au moyen d'un *collier* de fer, portant un renflement percé d'un trou, dit lunette, en face duquel vient se fixer le branchement : le collier, composé de deux pièces, se place aisément dans la position convenable et y est maintenu par deux boulons de serrage, après quoi la conduite, préalablement vidée, est percée au moyen d'un outil à mèche, passé à travers la lunette ; un robinet vient s'adapter sur la prise et permet de remettre la conduite en charge ; on peut ensuite à loisir établir le branchement à la suite. Afin d'éviter l'arrêt d'eau, qui a l'inconvénient d'interrompre le service pendant plusieurs heures,

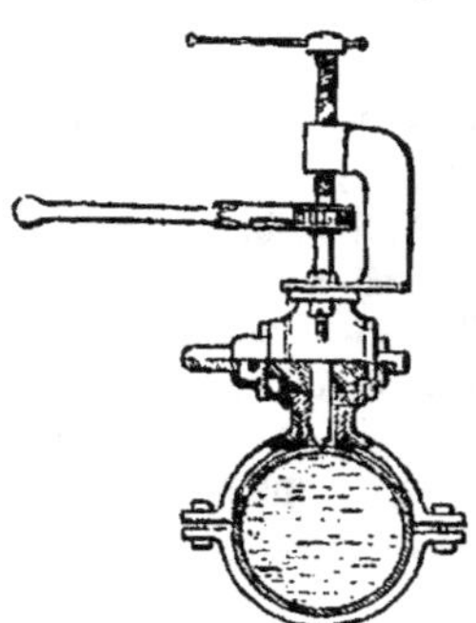

on a imaginé des appareils au moyen desquels la prise s'effectue sur la conduite *en charge* : le dispositif le plus répandu, inventé et depuis fort longtemps usité en France, consiste simplement dans l'emploi d'un outil qui traverse le robinet, fixé d'avance sur le collier ; dès que l'eau jaillit, on retire l'outil et on ferme le robinet.

Le branchement ne présente à vrai dire aucune particularité et se pose habituellement en terre, comme la conduite elle-même. Dans le cas, relativement rare, où cette dernière se trouve en galerie, on peut se proposer d'envelopper aussi le branchement, afin d'éviter les infiltrations possibles ; on emploie à cet effet soit une petite galerie latérale, soit une gaine métallique ou fourreau.

178. Appareils publics. — Les *appareils* affectés aux usages publics doivent être à la fois simples et robustes, de manœuvre facile, aisément démontables pour la commodité des visites et des réparations ; il est à recommander de les pourvoir de dispositifs appropriés, afin d'éviter les projections désagréables pour les passants et d'assurer l'écoulement rapide de l'eau surabondante qui se répandrait au voisinage sur le sol. Ceux qui sont en saillie sur les trottoirs doivent y être le moins encombrants que faire se peut, sauf dans les cas exceptionnels où on leur donne un aspect artistique ou monumental, en vue de les faire concourir à la décoration générale. Ceux qui sont arasés au niveau du sol doivent être pourvus de couvercles solides, point glissants, bien assujettis et ne se déplaçant pas sous le pied, capables en outre de résister aux tentatives inspirées par la malveillance ou la cupidité. Tous sont à défendre contre la gelée, à moins qu'on ne les mette hors service durant les temps froids : on y parvient sans peine, soit en réalisant un petit écoulement continu, qui constitue en l'espèce une perte d'eau justifiée, soit en adoptant des dispositifs qui, en dehors des périodes de puisage, tiennent l'eau à une profondeur suffisante pour échapper à l'influence de la température de l'air.

Parmi les appareils publics, les plus importants autrefois étaient les *fontaines de puisage,* qui fournissaient seules dans les villes, comme il arrive encore dans la plupart des villages, l'eau nécessaire à l'alimentation des habitants ; et on leur donnait fréquemment des dispositions architecturales en rapport avec le rôle si intéressant qu'elles jouaient alors ; l'importance bien moindre de nos *bornes-fontaines* actuelles explique le dispositif en usage, qui consiste presque uniformément dans l'emploi d'une sorte de borne en fonte, isolée ou adossée, dont l'orifice, placé à hauteur convenable pour le remplissage d'un seau, débite le contenu de ce seau, 6 à 10 litres, en vingt secondes environ, lorsqu'on manœuvre l'obturateur ; le bouton ou le levier à repoussoir est souvent disposé de manière à combattre l'effet du coup de bélier au moment de la fermeture ; un robinet d'arrêt permet d'isoler l'appareil du branchement qui l'alimente ; une cuvette, placée sous l'orifice et reliée à l'égout ou au caniveau, reçoit et écoule l'eau surabondante ; enfin un raccord spécial, dont le pas est celui en usage dans le service des pompiers, permet d'y adapter au besoin un boyau d'incendie.

Il convient d'en rapprocher les appareils destinés à fournir l'eau de boisson aux passants et qu'on désigne à Paris sous la nom de *fontaines Wallace* : en raison de l'usage spécial qui leur

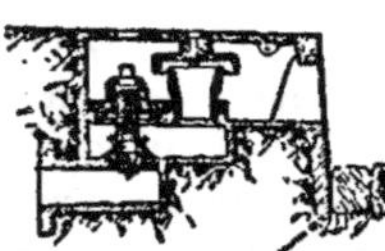

est assigné, ces appareils peuvent avoir un débit très réduit, puisqu'il s'agit d'y remplir un verre, un gobelet, tout au plus une carafe et non plus un seau ; la faiblesse même de ce débit permet d'y faire exception à la règle qui proscrit les écoulements continus, en vue de conserver à l'eau sa fraîcheur naturelle. Placés en petit nombre dans des points très fréquentés, ces appareils spéciaux ont reçu des dimensions et un aspect qui ont pour effet de les mieux signaler à l'attention.

Les *appareils de lavage*, qui fournissent l'eau nécessaire au nettoyage des ruisseaux, viennent souvent s'intercaler dans les bordures des trottoirs, au point haut ou heurt du circuit fermé de caniveaux qui entoure chaque îlot de maisons. Ils consistent alors en une *bouche sous-trottoir*, dont la boîte en fonte s'aligne avec la bordure et qui se compose essentiellement d'une soupape en

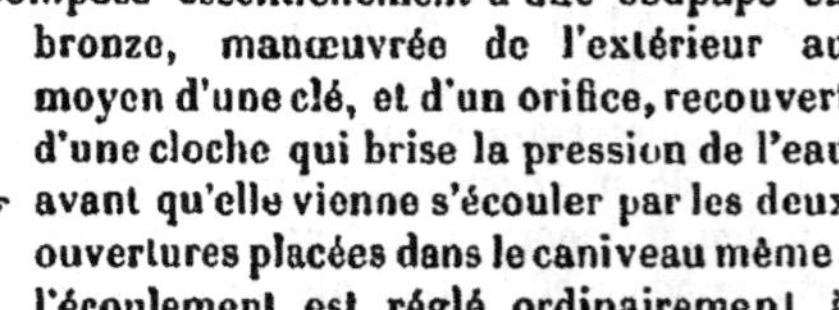

bronze, manœuvrée de l'extérieur au moyen d'une clé, et d'un orifice, recouvert d'une cloche qui brise la pression de l'eau avant qu'elle vienne s'écouler par les deux ouvertures placées dans le caniveau même : l'écoulement est réglé ordinairement à raison de 100 litres par minute ou 1 l. 67 par seconde ; un robinet d'arrêt commande l'arrivée de l'eau, et le bord de l'orifice, fileté au pas des pompiers, permet, en re-

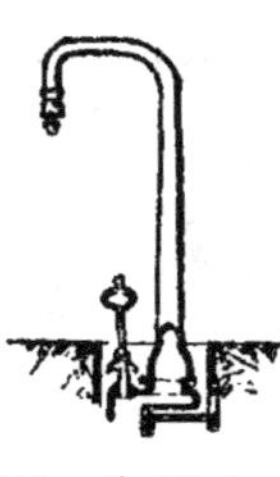

levant le couvercle qui le laisse alors à découvert, d'y visser un boyau d'incendie.

Pour l'arrosage des voies publiques, on se contente parfois de l'emploi de simples arrosoirs, qu'on peut remplir aux bornes-fontaines, ou encore aux bouches de lavage, en y adaptant une sorte de tuyau recourbé, dit *col de cygne*, muni d'une soupape ou d'un robinet, et au moyen duquel on les transforme en appareils de puisage ; mais le plus souvent on pratique l'arrosage au tonneau ou à la lance, et l'on dispose des *bouches d'arrosage* spéciales, dont la boîte, de forme carrée ou ronde, est enterrée dans le sol : en relevant le couvercle qui la ferme, on découvre un raccord fileté, sur lequel peut se fixer le boyau flexible qui sert au remplissage du tonneau ou le tuyau articulé porté sur chariots mobiles qui se termine par la lance de projection. Dans les promenades, des bouches de même type se prêtent à l'alimentation des appareils variés qu'on utilise pour l'aspersion des pelouses.

Tous les appareils qu'on vient d'énumérer sont disposés pour être utilisés en cas d'incendie : on a déjà mentionné le *raccord d'incendie*, dont les bornes-fontaines de puisage sont toujours pourvues, et signalé l'utilisation de l'orifice fileté des bouches de lavage pour la fixation des boyaux d'incendie ; les bouches d'arrosage s'y prêtent également. Mais il s'agit là d'orifices de 0 m. 040 de diamètre seulement, qui ne peuvent alimenter qu'une lance à la fois ; et, dans les très grandes villes, ce ne serait qu'un secours insuffisant : on y établit donc en outre des *bouches spéciales d'incendie*, tout à fait analogues aux bouches d'arrosage, mais de dimensions plus considérables, du diamètre de 0 m. 100 par exemple, qui

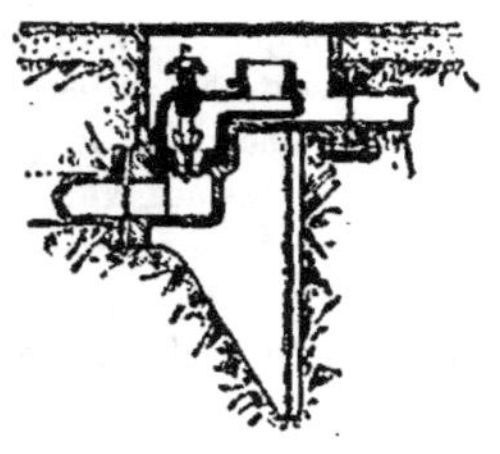

peuvent soit recevoir des raccords multiples sur lesquels s'adaptent plusieurs lances à la fois pour le jet direct, soit alimenter des pompes à vapeur de grand débit.

Il convient de mentionner encore, parmi les appareils publics, les effets d'eau qui assurent le lavage continu des stalles d'urinoirs ou des latrines, ceux qui déterminent les chasses dans les égouts, les postes d'eau placés près des stations de voitures de place, ceux des marchés, des champs de foire, etc.

Dans les *fontaines décoratives*, la part de l'architecte l'emporte souvent sur celle de l'hydraulicien ; il en est de même pour les grandes *pièces d'eau*, où se combinent les effets les plus divers et les plus variés, celles par exemple qui font l'ornement du parc de Versailles ou les cascades de Saint-Cloud et du Trocadéro : nous n'avons donc pas à nous y arrêter ici. Il semble par contre à propos de rappeler qu'avec de simples écoulements ou projections d'eau on peut obtenir des motifs de décoration des plus intéressants, telles les belles *gerbes* qui ornaient naguère les places du Trône, du Trocadéro, d'Italie, etc., à Paris, ou les *cascades artificielles* du bois de Boulogne et des Buttes-Chaumont. En brisant au passage les masses d'eau en mouvement, les faisant écumer par l'interposition d'obstacles convenablement disposés, en y insufflant de l'air pour les diviser et les blanchir, on peut en diversifier l'aspect de mille manières et contribuer très heureusement de la sorte à l'embellissement des places et des jardins. Les progrès de l'électricité ont permis il y a quelques années d'ajouter un attrait de plus aux gerbes et aux jets d'eau, en les imprégnant de lumière diversement colorée, et réalisant ces combinaisons d'aspect presque féerique qui, sous le nom de *fontaines lumineuses*, ont notamment contribué au succès de l'exposition de 1889.

179. Vente et tarification de l'eau. — Le principe de la *vente de l'eau* au consommateur réside dans ce fait que, malgré la profusion avec laquelle l'eau est partout répandue dans la nature, elle n'en prend pas moins une valeur marchande lorsqu'on a fait des frais pour la capter, l'amener, la distribuer. Comme il s'agit d'un objet de première nécessité, d'un agent d'assainissement indispensable à la vie urbaine, qui doit être répandu en abondance et accessible à tous, il importe que les dépenses faites pour l'obtenir ne portent point cette valeur à un taux exagéré. Mais on conçoit qu'elle sera forcément très variable, puisque, selon les ressources de la région et les circonstances topographiques, les difficultés plus ou moins grandes de puisage, les distances ou les hauteurs à franchir, etc., l'importance des travaux peut différer considérablement d'un cas à un autre. Ces travaux ne constituent pas d'ailleurs le seul élément du *prix de revient* effectif ; pour l'établir, il faut aussi tenir compte du déchet inévitable, des pertes résultant des variations horaires de la consommation ; parfois aussi on fait entrer dans le calcul les frais du service public tout entier, qu'on entend couvrir par les recettes à provenir du service privé. Quant au *prix de vente*, s'il est admissible qu'il dépasse légèrement le prix de revient, afin de laisser à l'exploitant quel qu'il soit un léger bénéfice, par contre il importe d'empêcher qu'il soit inutilement majoré par des intermédiaires. Autant que possible, il doit être en rapport avec le service rendu, suffisant pour couvrir largement tous les frais, point trop élevé de peur qu'il devienne un obstacle au développement normal et désirable de la consommation : beaucoup d'eau à bon marché, voilà l'idéal.

Ce prix échappe évidemment à la loi de l'offre et de la demande, puisque l'emploi de l'eau est pour les habitants presque une obligation, et que la fourniture en constitue une sorte de monopole de fait : il est fixé dans chaque cas un peu arbitrairement par un *tarif*, dont on doit s'efforcer au surplus d'établir les bases d'après les habitudes ou les préférences locales, de telle sorte qu'il tende à encourager une progression constante et rapide de la consommation. Si cette condition est remplie, le service d'eau ne tarde pas à devenir la source d'un revenu assuré, qu'on peut évaluer pour toute ville d'importance moyenne et au bout de peu d'années à 2 francs au moins par tête et par an, et qui s'élève aisément au delà de cette limite, dans les villes plus importantes, à mesure que la consommation s'y développe ; il atteint actuellement 8 francs à Paris, où il a doublé en quinze ans, et l'on cite des chiffres notablement supérieurs, en Allemagne, en Angleterre, et surtout aux Etats-Unis, où se rencontrent ceux de 15,20 et même 25 francs.

Les tarifs présentent d'ailleurs une grande diversité, qui les rend très difficilement comparables entre eux, les uns étant établis d'après le *mode de livraison* de l'eau, essentiellement variable aussi, les autres d'après des bases choisies au gré des usages locaux, telles que le *montant du loyer*, comme dans beaucoup de villes anglaises, ou la *longueur de façade*, comme aux Etats-Unis. Ils se compliquent en outre de multiples combinaisons, forfaits, suppléments, échelles progressives, dégressives ou différentielles, destinées à favoriser tantôt les gros consommateurs, tantôt les petits ménages, ailleurs certaines industries particulières, augmentations ou diminutions de prix avec l'altitude, avec les saisons, avec la nature de l'eau, etc. Quand l'eau est livrée à discrétion, comme il arrivait fréquemment naguère, on établit le montant annuel fixe des abonnements d'après des prix élémentaires, en percevant tant par personne, tant par mètre carré de cour ou de jardin, etc. ; quand au contraire l'eau consommée donne lieu à un mesurage, les perceptions sont le plus souvent calculées d'après le volume constaté, soit à un taux uniforme de tant par mètre cube, soit à un taux variable, suivant une progression continue ou par échelons, etc.

180. Modes de livraison. — Depuis l'introduction du système moderne des abonnements et la généralisation des services à pression constante, les consommateurs jouissent habituellement de leurs prises en tout temps, d'une manière continue. Mais tantôt ils peuvent user de l'eau à leur volonté, ouvrant leurs robinets quand il leur plaît, et disposant ainsi d'une *alimentation illimitée*, soit qu'ils aient le droit de consommer pour un prix fixé d'avance les volumes quelconques dont ils se trouvent avoir besoin — c'est le cas des concessions *à robinet libre* — soit qu'un appareil spécial, le *compteur*, interposé sur la canalisation, mesure ce volume au passage. Tantôt au contraire l'alimentation est rigoureusement *limitée* chaque jour à un volume déterminé, qui est fourni ou tout à la fois, à un certain moment de la journée, ou plus ordinairement peu à peu, par un écoulement permanent — c'est le cas des abonnements à la *jauge*.

Pratiquement, et sauf pour les gros abonnements industriels, l'alimentation limitée, l'emploi de la jauge, ne répond plus aux exigences du service privé ; le mince filet d'eau, qui correspond à la dépense totale des vingt-quatre heures, ne fournit en effet qu'en un temps beaucoup trop long un volume utilisable ; et l'artifice, par lequel on corrige cet inconvénient, en faisant aboutir le branchement alimentaire à un petit *réservoir* particulier, où s'emmagasine l'eau non immédiatement utilisée

pour constituer un approvisionnement dans lequel on puisera
ensuite à volonté, est lui-même défectueux, car le réservoir est,
dans bien des cas, une sujétion fort gênante et d'autre part l'eau
y perd vite ses qualités les plus appréciées de fraîcheur et de
pureté. Par contre, l'alimentation illimitée prête si aisément au
gaspillage que, depuis l'extension des emplois de l'eau dans les
habitations, il n'est plus possible de conserver, dans les grandes
villes, l'usage du robinet libre, que n'ont pu sauver les dispositifs
les plus ingénieux, à repoussoir, incalables, ou intermittents. Il
n'est donc pas étonnant que la délivrance de l'eau par l'intermédiaire de compteurs ait fait de rapides progrès; et l'on admet
aujourd'hui sans conteste, malgré le coût de l'appareil et la perte
de pression qu'il occasionne — dont une fabrication perfectionnée tend au surplus à réduire l'influence — que le compteur est
le meilleur mode de livraison de l'eau à domicile.

La *jauge* remonte à une haute antiquité; couramment employée dans les distributions d'eau romaines, elle était constituée
par un bout de tuyau de longueur et de calibre déterminés.
Aujourd'hui elle consiste en un robinet pourvu d'un diaphragme,

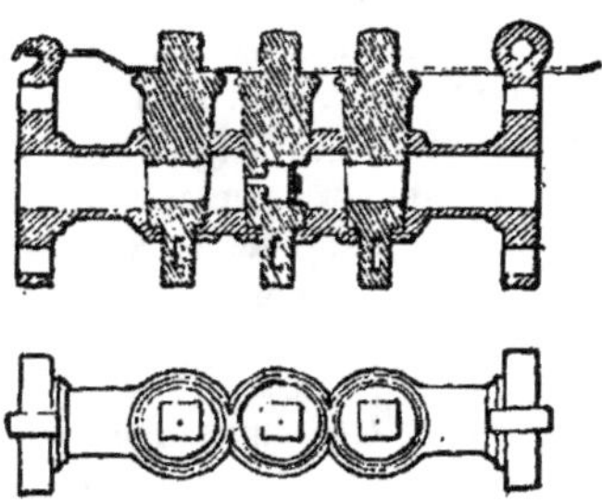

dans lequel on perce un trou de section convenablement calculée,
et qui est placé sur le parcours du branchement. Pour empêcher
l'agrandissement du trou par usure, on emploie comme diaphragme une lentille en matière dure, acier, verre, agate; pour
en éviter l'obstruction par les menus corps en suspension dans
l'eau, on le protège par l'interposition d'une petite grille à mail-

les serrées. Le robinet de jauge est habituellement accompagné d'un robinet d'arrêt ; souvent même la pièce qui le porte en comprend deux, disposés de part et d'autre, afin de pouvoir isoler la jauge pour les visites ou les réparations : le tout est placé sous une bouche à clé à deux ou trois ouvertures, noyée dans le trottoir au droit et à l'extérieur de la maison desservie.

Tout *compteur d'eau* est un petit moteur hydraulique, mis en mouvement par l'eau même dont il enregistre le passage et qui entraîne les roues dentées de l'appareil totalisateur. Il faut évidemment que la force employée par ce petit moteur soit très minime pour ne pas réduire la pression au delà du nécessaire, que son inertie soit presque nulle, de manière à obéir au moindre mouvement de l'eau et s'arrêter dès la cessation de l'écoulement, qu'il exige peu d'entretien et coûte le moins cher possible ; il faut aussi qu'il assure un mesurage d'une exactitude suffisante, à une très faible tolérance près, quelles que soient les variations de l'écoulement, qu'il résiste à des pressions diverses et souvent considérables, etc. : tant d'exigences, dont quelques-unes sont presque contradictoires, font du compteur un instrument de précision, qui a provoqué bien des recherches avant d'aboutir à des résultats pratiques. Le règlement en vigueur à Paris depuis 1880 demande que les compteurs restent étanches sous une pression de 15 atmosphères, fonctionnent régulièrement avec des pressions comprises entre 1 et 70 mètres, enregistrent les écoulements ordinaires sans écart supérieur à 8 0/0 et seulement dans le sens favorable à l'abonné, et marquent à 20 0/0 près les débits les plus minimes $\left(\dfrac{1}{1500} \text{ à } \dfrac{1}{8000} \text{ du maximum} \right)$: ces conditions, très rigoureuses et très strictement appliquées, écartent un certain nombre de compteurs qui sont ailleurs en usage ; mais, à mesure que la construction progresse, les exigences tendent à augmenter partout, et le règlement, en voie d'élaboration au laboratoire d'essai du Conservatoire des Arts et Métiers ne paraît pas devoir échapper à cette règle générale. Signalons en passant qu'il est bon de placer à l'amont du compteur un clapet qui s'oppose au retour de l'eau en cas de dépression dans la conduite publique.

On divise les compteurs usuels en deux catégories, les *compteurs de vitesse* et les *compteurs de volume* : les premiers comportent une sorte de turbine ou de roue dont l'eau détermine la rotation, les seconds présentent une ou plusieurs capacités de volume rigoureusement déterminé qui s'emplissent et se vident alternativement ; ceux-ci sont plus précis, donnent des indications plus sûres, mais demandent un ajustage plus soigné, comportent plus de frottement et coûtent généralement plus cher ; ceux-là sont moins compliqués, moins coûteux aussi, mais leur précision est moindre, leur inertie marquée ; les premiers sont très répandus en Angleterre, en Allemagne, aux États-Unis ; les seconds, exclusivement employés à Paris dès l'origine, sont de plus en plus usités en France et à l'étranger, grâce aux progrès de la fabrication et à l'abaissement des prix. Parmi les

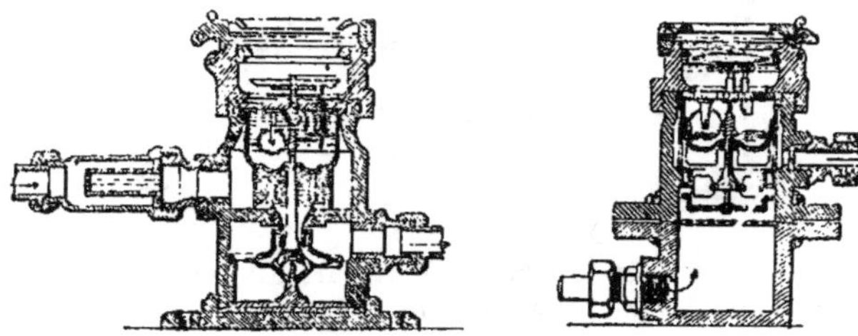

compteurs de la première catégorie, on peut citer comme type d'appareil à turbine celui de la maison anglaise Siemens, de Rotherham, où le mécanisme de commande des aiguilles, la minuterie, est entièrement noyé dans l'huile, et où l'eau, arrivant par le haut, appuie l'organe de rotation sur son pivot ; comme type d'appareil à roue, celui de la maison allemande Siemens et Halske, de Berlin, qui comporte un disque monté sur axe vertical et armé de quatre palettes, que l'eau vient frapper en se dirigeant de bas en haut ; on peut en rapprocher nombre d'appareils en usage, tels que les compteurs Tylor, Faller, Leopolder, Rosenkranz, etc. ; la turbine universelle construite à Paris par la Compagnie pour la fabrication des compteurs se rattache au premier de ces deux types, mais l'eau y pénètre par dessous comme dans le second et se distribue dans les aubes par l'intermédiaire d'une couronne d'injection. Dans les compteurs de la seconde catégorie, l'organe mobile est souvent un piston qui se déplace dans un cylindre : c'est le cas du compteur anglais Kennedy, à un cylindre vertical, un des plus

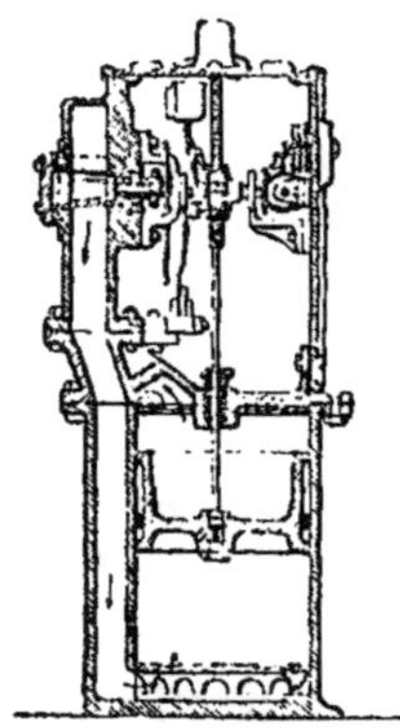
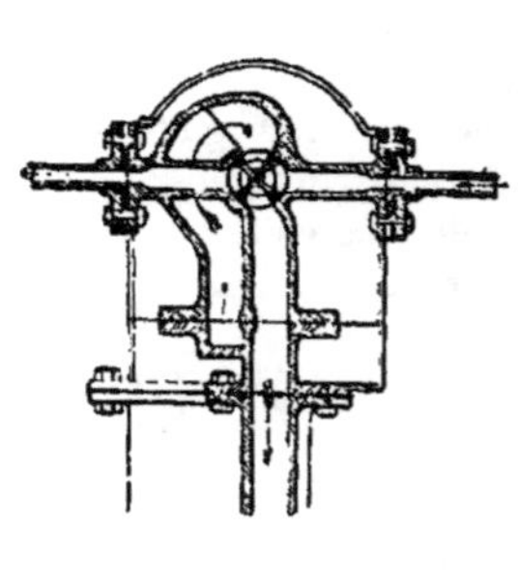

anciennement en service, où la garniture est formée par un simple tore en caoutchouc, et la distribution commandée par

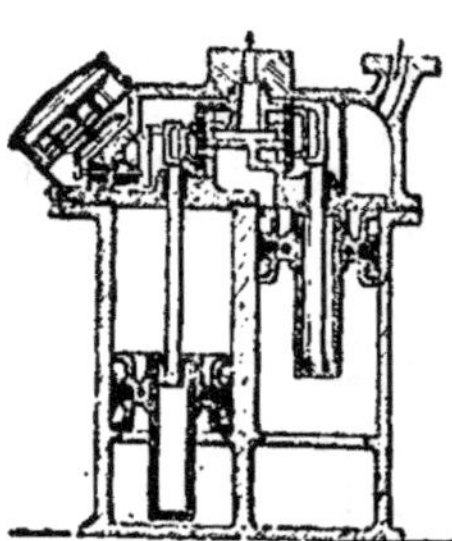

un robinet à quatre eaux, déplacé par l'action d'un marteau ou contrepoids ; c'est aussi celui du compteur Frager, dont le modèle 1883, très en faveur à Paris, comporte deux cylindres verticaux, à double effet, avec distribution à tiroirs ; d'autres appareils de la même classe, également en usage, en diffèrent soit par la disposition des cylindres, horizontaux au lieu d'être verticaux, soit par leur nombre, qui est dans quelques-uns de trois ou de quatre ; on en a établi aussi où le piston est remplacé par une sorte de dia-

phragme ou membrane ; dans le Crown meter américain,
l'organe mobile est un disque denté, qui tourne librement à l'intérieur d'une couronne également dentée. Dans ces derniers
temps, un autre type de compteur de volume, plus petit, plus
léger, moins bruyant, moins coû-
teux aussi, et d'une égale exactitude, construit d'abord par le Français Lambert, est entré dans la
pratique, en Amérique, sous le nom
de compteur Thomson, et s'est répandu en France, sous les désignations de compteur Eyquem, Étoile,
Éclair, etc. ; une chambre d'eau
unique, en bronze, y est partagée
en deux parties, de forme variable
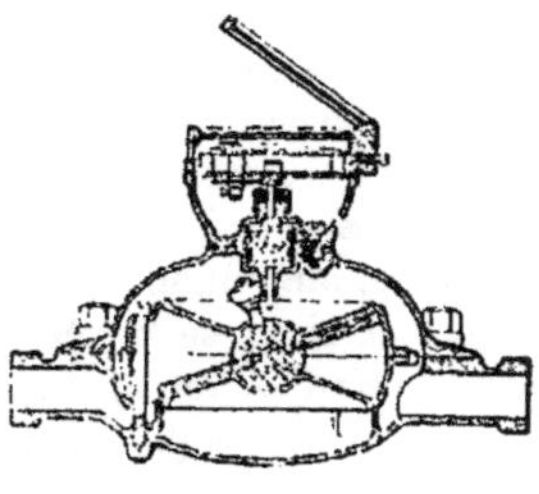
mais de capacité constante, par un disque circulaire en ébo-
nite, traversé par un arbre incliné, qui, décrivant un cône de
révolution, lui communique un mouvement oscillatoire régulier.

Quel que soit le modèle de compteur qu'on choisisse, il faut,
pour en tirer bon parti, soumettre les appareils à des vérifica-
tions, auxquelles on ne saurait apporter trop de soin : tout
compteur, avant la mise en service, doit subir une épreuve
méthodique et prolongée, pour la constatation de ses qualités ;
il doit ensuite demeurer soumis à une surveillance effective et à
des essais périodiques, dont le but est de reconnaître s'il les
conserve ou s'il a besoin de réparations. Dans les grandes villes
on dispose à cet effet un atelier spécial, avec rampe d'essai, et
un système de poinçonnage rigoureux.

181. Réglementation usuelle des abonnements. — Tout
service d'eau comporte un *règlement*, qui résume les conditions
auxquelles sont soumises les fournitures d'eau et subordonnés
les abonnements. L'acte qui constate l'engagement réciproque
de l'abonné et de l'exploitant. la *police*, comme on l'appelle
généralement, vise d'ordinaire ce règlement. dont les signataires
déclarent faire la loi des parties.

36

Outre les stipulations relatives aux modes de livraison de l'eau et à l'application des tarifs, dont il a été traité au paragraphe précédent, on y trouve un certain nombre de dispositions, variables suivant les circonstances et les usages locaux, concernant la forme et la durée des abonnements, les travaux d'installation et d'entretien des prises et branchements, l'entretien des appareils de mesure, la surveillance de la canalisation intérieure, les usages divers de l'eau, le système de perception des redevances, les cas fortuits ou accidentels, etc.

L'abonnement est ordinairement contracté par le propriétaire de l'immeuble, ou tout au moins avec son autorisation, s'il est au nom d'un locataire ; sa durée est le plus souvent d'une année, avec *tacite reconduction* d'année en année, à défaut de *congé* signifié trois ou six mois d'avance par l'une ou l'autre partie. Il comporte souvent un *minimum* de prix, payable en tout état de cause et quelle que soit la consommation réelle, puis des *suppléments*, calculés d'après le nombre des appareils spéciaux, les divers usages desservis, etc., ou des *excédents*, applicables aux volumes constatés au delà du minimum.

Les travaux exécutés sous la voie publique, entre la conduite de distribution et le mur de face de l'immeuble, sont presque toujours réservés à l'exploitant ou à ses entrepreneurs, soumis à des prescriptions spéciales, portant sur les dimensions et la nature des tuyaux, les types et l'emplacement des appareils, etc., et réglés d'après une série de prix annexée au règlement lui-même ; en général, chaque abonnement doit obligatoirement donner lieu à une prise particulière, et les appareils de jauge sont placés à l'extérieur, sous le trottoir, près de la pénétration des branchements dans les immeubles correspondants, les compteurs au contraire à l'intérieur, mais le plus près possible de cette pénétration et dans un endroit facilement accessible. Les travaux intérieurs sont au contraire entièrement abandonnés aux abonnés, qui les peuvent exécuter en toute liberté et en conservent la responsabilité tout entière, à la condition de se conformer seulement à certaines indications tutélaires, destinées à éviter le gaspillage, les trop grandes réductions de pression, les dispositions contraires à l'hygiène, les coups de bélier, les effets de la gelée, les communications dangereuses, les prises clandestines, etc. La même dualité de régime est souvent étendue à l'entretien, réservé expressément à l'exploitant pour les ouvrages extérieurs, quoique aux frais de l'abonné, et laissé aux soins de ce dernier pour la canalisation et les appareils intérieurs.

La nécessité d'une surveillance efficace conduit d'ailleurs à insérer, dans la plupart des règlements, une clause, en vertu de laquelle les agents de l'exploitation ont le droit de visiter les travaux faits dans l'immeuble, d'en opérer le récolement, d'en vérifier à toute époque la consistance et le maintien en bon état. Les compteurs, en particulier, qu'ils soient la propriété des abonnés ou en location, demeurent soumis à une observation rigoureuse, et l'entretien en est souvent obligatoirement réservé à l'exploitant.

Certains usages de l'eau sont parfois interdits, tels que les écoulements continus par exemple ou l'utilisation pour la production de force motrice ; d'autres ne sont admis que moyennant une demande préalable d'autorisation ou des dispositions spéciales ; dans le cas où les distributions comportent plusieurs natures d'eau distinctes, chacune a sa destination particulière et doit y être réservée, etc. , presque toujours il est défendu de faire commerce de l'eau, d'en céder même gratuitement à des tiers, etc.

Le prix des travaux d'installation, faits par l'exploitant au compte de l'abonné, est ordinairement stipulé payable avant toute livraison de l'eau. Quant au paiement des fournitures d'eau et des travaux d'entretien, il se règle habituellement par semestres ou par trimestres. En cas de contestation sur les indications du compteur, l'abonné peut en demander la vérification à ses frais : il n'a d'ailleurs pas le droit d'en briser le cachet et par conséquent de le réparer ou de le déplacer sans avis préalable ; on en est quitte, si l'appareil de mesure s'est dérangé, s'il s'est arrêté par exemple sans faire obstacle à l'écoulement, de se reporter aux relevés des périodes précédentes et d'en étendre l'application. Dans le cas où le paiement n'est pas effectué à l'époque prévue, le moyen de coercition le plus souvent stipulé consiste dans la fermeture du robinet de prise.

C'est là d'ailleurs une sanction d'ordre général, presque partout appliquée à toutes les prescriptions réglementaires, sans préjudice des amendes et dans certains cas de l'exécution d'office.

Enfin, comme les distributions d'eau sont exposées à des interruptions de service volontaires ou accidentelles, résultant soit de la nécessité d'effectuer des travaux de raccordement ou de réparation, soit d'accidents fortuits, ruptures, fuites, etc., l'exploitant se réserve le droit de suspendre, pendant un délai déterminé, ordinairement de quelques jours, la fourniture de l'eau, sans que les abonnés puissent réclamer aucune indemnité. C'est seulement lorsque ce délai vient à être dépassé, et sauf les cas de force majeure, qu'une réduction du prix de l'abonnement est parfois consentie, mais toujours sans indemnité pour dommages indirects. A plus forte raison les incidents de moindre importance, tels que baisse momentanée de pression, introduction d'air, etc., doivent-ils être supportés par les abonnés comme inévitables et sans ouvrir de droit à réclamation.

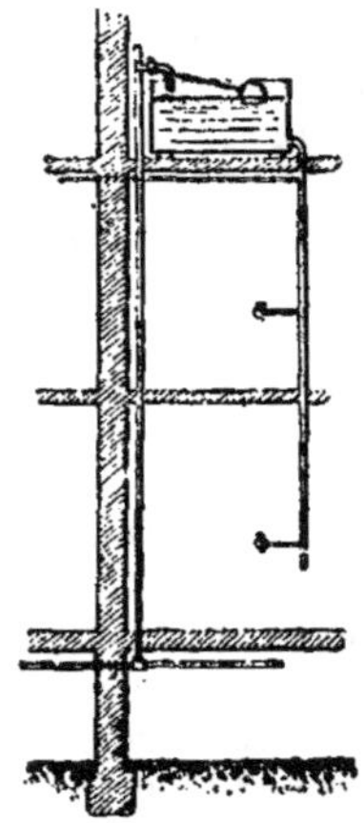

182. Distribution intérieure. — On ne peut songer à distribuer l'eau par une canalisation intérieure aux étages et dans les divers locaux d'une maison que si elle y parvient en pression : une ou plusieurs *colonnes montantes* la conduisent alors jusqu'aux combles et affectent deux dispositions principales, suivant que l'eau est livrée à débit limité par une jauge ou à débit illimité.

Dans le premier de ces deux cas, un *réservoir* est nécessaire : on l'établit le plus souvent sur *terrasson*, au point le plus élevé possible, et l'on y fait aboutir la colonne montante correspondante, qui se termine par un *robinet à flotteur*, s'ouvrant automatiquement, dès que le niveau baisse dans le réservoir, et se refermant de même, lorsqu'il atteint l'altitude du trop-plein, appareil assez délicat qui demande à être surveillé et entretenu avec soin. Du fond de ce réservoir part une autre colonne, dite de distribution et descendante, qui porte l'eau, soit directement, soit par l'intermédiaire de branchements et de ramifications spéciales, aux divers points où il en sera fait emploi. Avec ce dispositif, la colonne montante se trouve seule ainsi à supporter la pression initiale, puisqu'elle est seule en rapport direct avec la conduite publique ; et tout le reste de la canalisation, commandé par le réservoir, fonctionne sous une pression relativement faible.

Dans le second cas, le réservoir n'a plus d'utilité que pour les circonstances relativement rares où viendrait à se produire une interruption momentanée du service ; et, comme il a par ailleurs de graves inconvénients, on préfère d'ordinaire le supprimer, à moins qu'on ne le remplace exceptionnellement par un réservoir clos, sous pression, où l'eau demeure à l'abri des contaminations, auxquelles l'exposent généralement les réservoirs libres, placés à découvert dans les combles. La colonne montante dessert alors directement les branchements d'étage, de sorte que la canalisation est très simplifiée et que la pression parvient intégralement en tous les points, jusque sur les orifices même de puisage. Ce type est le plus répandu aujourd'hui ; il se prête seul à l'établissement de *compteurs divisionnaires*, commandant les canalisations d'appartements et qui permettraient d'établ' des abonnements à débit mesuré pour les locataires des maisons de rapport à étages, comme les propriétaires parisiens le demandent depuis quelque temps, en dépit de la dépense supplémentaire

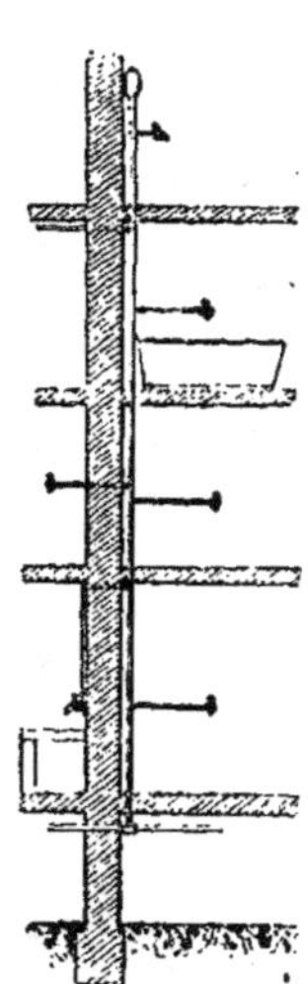

importante de premier établissement et d'entretien qui en résultera.

Des mesures spéciales doivent être prises pour parer aux inconvénients divers auxquels les canalisations extérieures sont exposées : ainsi, pour restreindre aux heures de grande consommation

les pertes de charge, dont souffrirait l'alimentation des étages supérieurs, on calculera soigneusement les diamètres nécessaires ;
pour éviter la congélation, on attachera de préférence les conduites aux murs de refend, moins exposés que les murs de face
aux refroidissements par l'air extérieur, et au besoin on les gar-
nira d'enveloppes protectrices ; pour faciliter la surveillance et
les réparations, on les laissera autant que possible apparentes,
sans les noyer dans l'épaisseur des maçonneries ou les masquer
sous les enduits, et chacune des ramifications sera pourvue d'un
robinet d'arrêt, au moyen duquel on pourra toujours l'isoler
quand ce sera utile.

Le branchement pénètre, dans la maison qu'il dessert, à une
profondeur suffisante pour ne point être exposé à de trop fortes
variations de température, à 1 mètre par exemple sous notre climat ; immédiatement après avoir traversé le mur de face, il
reçoit le robinet d'arrêt intérieur ; le compteur, s'il y a lieu, vient
ensuite et se place dans un petit regard ou sur une planchette
portée par des consoles ; puis le branchement continue et se
prolonge à peu près horizontalement, soit en tranchée, soit le
long des murs de cave, pour gagner le pied de la colonne montante. Celle-ci s'établit en élévation, maintenue contre les murs
où elle s'appuie par des crochets en fer, de même que les ramifications qui s'en détachent et qui vont gagner l'emplacement
des robinets de puisage et autres appareils. Ces diverses parties
de la canalisation s'exécutent le plus souvent en tuyaux de plomb,
d'épaisseur convenable pour résister aux fortes pressions, et qui

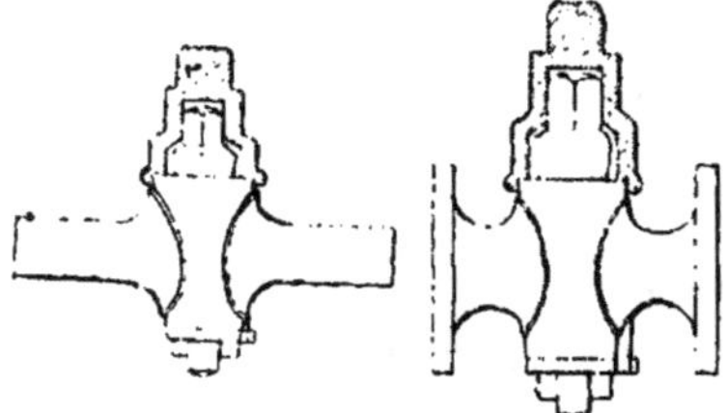

doivent être soigneu-
sement raccordés entre
eux et avec les *robinets
à deux eaux* ou *à bri-
des*, dont ils doivent
être pourvus, ainsi
qu'aux appareils divers
de la distribution, *robinets de puisage, postes
d'eau, lavabos, réservoirs de chasse*, etc., dont la variété est
grande et dont la description ne rentre pas dans notre cadre,

mais qui méritent d'appeler tout particulièrement l'attention des constructeurs, en raison du rôle de plus en plus considérable qu'ils sont appelés à jouer dans les habitations modernes.

Il convient tout au moins de signaler ici l'importance que prennent les travaux de canalisation intérieure dans les grands établissements publics, à population nombreuse, tels que les hôpitaux, les casernes, les lycées et collèges, les prisons, etc., dans les installations d'usines, les lavoirs, les bains publics... dans les distributions de force motrice par l'eau sous pression, pour actionner des appareils hydrauliques, ascenseurs, monte-charges, plans inclinés, chemins de fer funiculaires, etc., non sans observer, en passant, que cette dernière utilisation, économique sous des pressions de plusieurs dizaines d'atmosphères, ne l'est guère avec les pressions beaucoup plus faibles qui sont usitées dans les distributions d'eau urbaines et y demeure en conséquence forcément limitée.

CHAPITRE XXV

EVACUATION DES EAUX NUISIBLES

Sommaire : 183. Les eaux souillées ; 184. Police sanitaire ; 185. Systèmes divers de collecte et d'évacuation : 186. Canalisation dans les maisons ; 187. Canalisation sous les voies publiques.

183. Les eaux souillées. — Les eaux qui ont servi aux divers usages de la vie, les *eaux usées*, suivant l'expression communément employée dans ces dernières années pour les désigner, chargées de détritus de toute espèce, minéraux et organiques, devenues par suite essentiellement fermentescibles et putréfiables, sont des eaux nuisibles, dont les nécessités de l'assainissement urbain réclament l'évacuation rapide. On y distingue habituellement trois parts : 1° les *eaux ménagères*, provenant des cuisines, cabinets de toilette, salles de bain, buanderies, etc., où elles ont servi à la préparation des aliments, aux soins de la toilette, au lavage du linge, etc. ; 2° les *eaux-vannes*, qui s'échappent des cabinets d'aisances ainsi que des écuries et des étables, dans les maisons, des latrines et des urinoirs publics, dans les rues, et qui, lorsqu'elles sont largement additionnées d'eau propre, peuvent entraîner les matières excrémentitielles solides ; 3° les *eaux industrielles*, que produisent les usines, où le lavage et le traitement de matières diverses, organiques ou minérales, donnent lieu à la formation d'eaux résiduaires, auxquelles viennent s'ajouter les eaux de condensation des machines à vapeur, etc.

A ces eaux usées, qui constituent la fraction la plus importante de l'*efflux urbain*, se réunissent à certains moments des quantités fort variables d'eaux pluviales, qui, après avoir ruisselé sur les toits et dans les cours des maisons, sur les chaussées et les trottoirs des voies publiques, se sont bien vite chargées d'impuretés, en particulier de poussières de toute espèce, de débris de charbon, de parcelles d'ordures ménagères, de crottin de cheval, et sont devenues également des eaux impures, partant nuisibles, qu'il faut évacuer aussi le plus vite et le plus loin possible.

Parfois encore on est conduit à considérer aussi comme dangereuses les eaux du sous-sol, soit à cause de la trop grande humidité qu'elles entretiennent à la base des habitations, soit parce qu'elles se chargent elles-mêmes de liquides impurs par les puisards, les puits absorbants, les fosses perdues ; et l'on a recours à un *drainage* systématique pour en réaliser l'évacuation.

L'ensemble constitue la masse des *eaux souillées*.

Il convient de remarquer que, dans cet ensemble, il y a certaines distinctions intéressantes à faire entre les diverses parties. C'est ainsi que les eaux usées, dans une ville donnée, fournissent un écoulement à peu près constant et régulier, quoique soumis, de même que la consommation d'eau avec laquelle il est en rapport direct, à des variations diurnes, hebdomadaires et saisonnières. Les eaux de ruissellement, au contraire, constituent un écoulement tout à fait irrégulier et discontinu, dépendant de l'étendue du bassin versant, et nul pendant une grande partie du temps, tandis qu'il peut atteindre parfois, lors des averses exceptionnelles, des proportions extrêmement considérables : leur régime varie avec les circonstances locales et climatériques, d'où résultent des précipitations atmosphériques, tantôt fréquentes mais restreintes, tantôt rares et relativement abondantes. Quant aux eaux du sous-sol, c'est dans chaque cas une étude toute spéciale à faire, s'il y a lieu, et au sujet de laquelle il ne saurait être donné d'indications générales.

Le volume total de l'efflux urbain, qui résulte de la réunion de ces éléments si divers, dépend donc d'une foule de circonstances, nécessairement variables d'une localité à l'autre :

importance des pluies, nature du sol, proportion des surfaces
pourvues d'un revêtement imperméable, quantités d'eau distribuées pour l'alimentation ou employées aux divers usages, développement et nature des industries, etc. La moyenne en est souvent assez peu différente du volume moyen de l'eau fournie par
la distribution, les pertes par évaporation, infiltration, etc.,
étant compensées par les eaux météoriques. Le débit instantané
s'écarte d'ailleurs souvent beaucoup de cette moyenne : non
seulement il peut à certains moments subir un accroissement
énorme, par suite des pluies d'orage, ou tout au moins fort important, lors des pluies moyennes, mais encore il présente toujours,
en temps sec, des variations plus ou moins marquées, qui dépendent des habitudes locales, et où l'on retrouve assez généralement des minima, la nuit, durant le repos dominical, ainsi que
pendant les périodes froides et humides, des maxima, vers le
milieu de chaque jour, à certains jours de la semaine, le samedi
par exemple, et aux époques de grandes chaleurs.

La composition des eaux souillées est elle-même très variable,
on le conçoit. Peu chargées lors des grandes pluies, elles le sont
beaucoup plus en temps sec, plus aussi le jour que la nuit ; et
l'on y trouve à la fois, en suspension et en dissolution, les
matières les plus diverses, ainsi que d'innombrables microorganismes. Par suite des réactions multiples qui se produisent dans
un pareil milieu, des décompositions qui en résultent, des fermentations qui y sont inévitablement provoquées, les modifications y sont rapides, et bientôt des gaz ammoniacaux et sulfhydriques s'en dégagent, communiquant à l'atmosphère confinée des
conduits d'écoulement une odeur spéciale et caractéristique,
toutes les fois que l'aération n'est pas suffisamment active : les
hygiénistes anglais ont longtemps attribué à l'air vicié de ces
conduits une foule de méfaits, et manifesté en conséquence,
vis-à-vis des gaz qui s'en échappent, des craintes qu'on tend
aujourd'hui à taxer de quelque exagération, mais qui n'en ont
pas moins été salutaires, parce qu'elles ont appris à se défendre
efficacement contre l'expansion de ces gaz, en tout cas malodorants et désagréables, dans l'intérieur des habitations.

184. Police sanitaire. — Il appartient à l'autorité administrative, chargée d'une manière générale de veiller à la salubrité publique, de prendre les mesures nécessaires pour parer aux inconvénients qui résulteraient de la stagnation ou d'une mauvaise évacuation des eaux souillées.

A défaut, les propriétaires, disposant à leur gré de leur propre fonds, peuvent envoyer ces eaux dans les nappes absorbantes, en creusant des puisards plus ou moins profonds. Les riverains des voies publiques ont d'ailleurs le droit d'y déverser les eaux pluviales qui découlent de leurs toitures, et il est admis qu'ils peuvent y diriger aussi les eaux ménagères et industrielles, à la seule condition de ne point créer de gêne pour la circulation. La même faculté est attribuée aux riverains des cours d'eau, des lacs, des plages maritimes, les nappes superficielles étant les exutoires naturels de toutes les eaux qui s'écoulent sur le sol, sous la seule réserve qu'il n'en résulte point de préjudice pour les tiers, non plus que pour l'intérêt public.

Dès que cet intérêt entre en jeu, des prescriptions restrictives peuvent être imposées par les maires, en vertu des pouvoirs qu'ils tiennent de l'article 97 de la loi du 5 avril 1884, qui a remplacé l'article 3 de la loi des 16-24 août 1790 : conçu en termes très généraux, ce texte leur permet d'intervenir pour réglementer la protection des cours d'eau, l'écoulement des eaux pluviales et ménagères sur les voies urbaines, les opérations de la vidange, l'établissement et le curage des puisards, puis aussi l'enlèvement des ordures ménagères, la hauteur et le mode de construction des édifices, les dispositions des tuyaux de fumée, etc., sans cependant pouvoir porter atteinte ni aux droits de propriété ni à la liberté du domicile ou à celle de l'industrie, de sorte que la jurisprudence leur reconnaît seulement le droit d'enjoindre la cessation des causes d'insalubrité mais non de fixer les mesures à prendre pour y parvenir. A Paris, où, depuis le décret du 10 octobre 1859, le préfet de la Seine et le préfet de police se partagent les pouvoirs du maire en matière de salubrité, c'est le préfet de la Seine qui est chargé de la salubrité de la voie publique et des habitations.

La loi du 15 février 1902 a posé, dans son article premier, un principe nouveau, en faisant aux maires une obligation de prendre, dans chaque commune, un arrêté, portant règlement sanitaire et déterminant les prescriptions destinées à réaliser la salubrité des maisons et de leurs dépendances, des voies privées, closes ou non à leurs extrémités, etc. La sanction de ces arrêtés est double : d'une part il donnent lieu à l'application des articles 471, 479 et 480 du Code pénal, ou à l'amende spéciale édictée par l'article 29 de la loi précitée contre ceux qui feraient obstacle à l'accomplissement des devoirs des maires ; de l'autre à l'exécution d'office des travaux ordonnés.

Si les maires ne s'exécutent pas, le préfet — après avis du conseil départemental d'hygiène — peut imposer un règlement sanitaire d'office ; et, pour faciliter l'application de cette règle, le ministre de l'Intérieur a préparé un règlement-type, sanctionné par le Comité consultatif d'hygiène publique de France. Le préfet conserve d'ailleurs les droits qu'il tient de la loi des 22 décembre 1789-janvier 1790, et en vertu desquels il lui appartient d'intervenir pour la protection des cours d'eau ; c'est lui qui règle les questions relatives à l'écoulement des eaux pluviales, ménagères et industrielles, sur les routes nationales et départementales et sur les chemins de grande communication ; et la sanction de ses arrêtés comporte, suivant les cas, l'application des pénalités de grande voirie ou de celles inscrites aux articles 471 et 474 du Code pénal. Le préfet a toujours exercé et continue d'exercer un contrôle sur les maires, annulant au besoin leurs arrêtés ou en suspendant l'exécution. L'article 9 de la loi du 15 février 1902 a élargi encore ses attributions en matière de salubrité, en le chargeant de mettre, après enquête et avis du conseil départemental d'hygiène ou, au besoin, du Comité consultatif d'hygiène publique de France, les communes, où la mortalité dépasse pendant trois années consécutives la moyenne générale, en demeure d'exécuter les travaux d'assainissement jugés nécessaires : s'il n'est pris aucune mesure dans le délai imparti, c'est un décret seulement qui peut ordonner ces travaux, et il faut une loi pour en mettre la dépense à la charge des communes.

Le pouvoir central est, dans plus d'une circonstance, directement intervenu pour réglementer les questions sanitaires. Sans remonter aux anciens arrêts du Conseil du Roi, qui sont encore en vigueur et parfois appliqués, comme celui du 24 juin 1777, seul texte interdisant expressément toute projection d'immondices dans les cours d'eau, il convient de citer : la loi du 16 septembre 1807, dont les articles 35 à 37 permettent d'imposer l'épuration des eaux d'égout, avant leur déversement dans les cours d'eau ; le décret-loi du 26 mars 1852, qui a enlevé aux propriétaires parisiens le droit de déverser leurs eaux pluviales et ménagères sur la voie publique et les oblige à les conduire souterrainement à l'égout, régime dont l'application a été postérieurement étendue à près de 200 villes françaises ; les lois récentes du 28 juillet 1894, relative à Marseille, et du 10 juillet 1894, concernant Paris, qui ont édicté pour les propriétaires, dans ces deux villes, l'obligation de déverser également à l'égout les eaux-vannes chargées des matières excrémentitielles, y généralisant de la sorte le système dit du *tout-à-l'égout*, et créé une taxe représentative du service rendu par la suppression de la vidange. On peut encore mentionner ici la loi du 13 avril 1850, sur les *logements insalubres*, aujourd'hui remplacée par les articles 12 à 17 de la loi du 15 février 1902, et le décret du 15 avril 1810, qui a créé la réglementation spéciale des *établissements classés* comme dangereux, incommodes ou insalubres.

185. Systèmes divers de collecte et d'évacuation. — Tant que l'autorité n'a pas pris de mesures pour la collecte et l'évacuation des eaux souillées, les particuliers sont obligés de se procurer par eux-mêmes les moyens de s'en débarrasser : de cette nécessité résulte l'adoption de *procédés individuels*, qui tendent à disparaître, dans les villes où un système général vient à être appliqué, mais qu'on retrouve dans les bourgs, villages, hameaux, où le besoin de travaux d'ensemble ne se fait pas aussi impérieusement sentir, ou dans les établissements isolés, fermes, châteaux, hospices, écoles, etc., qui sont forcément réduits à leurs propres moyens. Pour les eaux pluviales et ménagères, ces procédés consistent dans l'établissement de *caniveaux, rigoles, fossés*, tracés de manière à faciliter l'écoulement vers les nappes superficielles, qui jouent le rôle d'évacuateurs naturels de la région, ou, à défaut, dans la création de *puits absorbants* ou *puisards*, qui tendent à infecter le sol, et que, par ce motif, les autorités sanitaires réprouvent, obligeant parfois les intéressés, lorsqu'on ne peut les supprimer, à les convertir en fosses étanches, sortes de citernes en maçonnerie, d'où il faut ensuite extraire à grands frais le contenu, par le moyen de pompes, pour le transporter au loin et le déverser là où il ne peut plus nuire. C'est plutôt pour les eaux-vannes et les matières excrémentitielles, beaucoup moins abondantes, qu'on a recours à ce moyen coûteux, en installant pour les recevoir, à l'exclusion des *fosses perdues* ou sans fond, proscrites avec raison par toutes les autorités sanitaires, soit des *tinettes* ou *fosses mobiles*, en bois ou en métal, d'une contenance de 100 à 300 litres, qu'on enlève fréquemment et dont on porte le contenu dans les champs les plus voisins ou dans les fabriques d'engrais, soit des *fosses fixes*, de plus grande capacité, qui s'emplissent lentement, en attendant la *vidange*, et dont on a cherché à pallier les graves inconvénients, dans les villes importantes, soit en les dotant de tuyaux d'évent montés jusqu'au faîte des maisons, dont l'effet est d'ailleurs médiocre, soit en perfectionnant les procédés d'extraction et de transport, par l'emploi de tonnes roulantes métalliques, hermétiquement closes, où l'on fait le vide au moyen de pompes à vapeur, soit en substituant aux modes primitifs d'évacuation finale, déversement dans les champs ou dessiccation à l'air dans les *voiries*, des opérations industrielles, destinées à la production d'engrais riches, sulfate d'ammoniaque, tourteaux, etc.

Les conséquences fâcheuses de l'emploi des procédés individuels deviennent d'autant plus sensibles que les agglomérations sont plus considérables, la population plus dense, la proportion des surfaces imperméables plus forte, en sorte que peu à peu les collectivités sont amenées à rechercher aux inconvénients constatés un remède dans l'adoption de *procédés généraux,* dont les municipalités ont à prendre l'initiative. Dans un grand nombre de cas, ces procédés ne s'appliquent qu'à certaines catégories des eaux souillées et demeurent conséquemment *incomplets.* Jusqu'à une époque récente, on n'osait même pas aborder le problème dans sa généralité, et l'on se contentait de pourvoir à l'écoulement des eaux pluviales, ménagères et industrielles, par la construction de conduits souterrains ou *égouts* sous les voies publiques, en interdisant expressément le déversement dans les égouts des eaux-vannes et des matières excrémentitielles, dont on ne s'occupait guère que pour édicter des règlements applicables à la construction et à l'entretien des fosses, et aux opérations de la vidange, et pour en organiser le contrôle ; il est vrai que souvent l'interdiction n'était guère respectée et que nombre do particuliers ne se faisaient point faute de pratiquer sur leurs fosses des *allèges*, en se débarrassant de la majeure partie des liquides qui s'y accumulent par des déversements clandestins en égout ; dans certaines villes au surplus, on a régularisé cette pratique, en autorisant, dans des conditions spéciales, l'envoi des eaux-vannes à l'égout, soit par le *système diviseur*, qui a rendu des services à Paris et consiste dans l'emploi de *tinettes filtrantes*, retenant les matières solides et laissant échapper les liquides, soit avec interposition de *dilueurs*, tels que la fosse Mouras, appliquée dans quelques localités du midi de la France. Depuis les progrès accomplis par l'hygiène moderne, on a souvent encore proposé certains systèmes incomplets d'évacuation, s'appliquant à telle ou telle parties des eaux souillées : tel est le cas des *canalisations spéciales*, établies so   rainement comme les égouts, mais réservées soit aux seules eaux-vannes, comme dans le système Berlier, expérimenté à Paris en 1885 et appliqué à Levallois-Perret, ou le système Liernur, employé partiellement à Amsterdam et appliqué à Trouville, tous deux basés sur l'aspiration par le vide, soit aux eaux-vannes et aux eaux ménagères réunies, à l'exclusion des eaux pluviales, comme dans le procédé plus simple, dépourvu de mécanisme, fonctionnant par la gravité, que le colonel Waring a préconisé aux États-Unis et appliqué avec succès à Memphis ainsi que dans d'autres villes américaines de second ordre.

Parmi les *procédés généraux complets* d'évacuation des eaux souillées, le plus simple est évidemment celui qui admet à la fois, dans un conduit unique, la totalité des eaux souillées d'une rue et des immeubles qui la bordent, procédé qu'on désigne dans le langage familier sous la rubrique de « tout-à-l'égout » et auquel s'applique couramment la dénomination de *système unitaire*. Il suppose un écoulement rapide et continu, sans stagnation sur le parcours, qui implique des pentes convenables, des sections rationnelles, des raccords bien étudiés, un courant d'eau suffisant, et aussi des conduits étanches et largement aérés ; mais, lorsque ces conditions sont remplies, le fonctionnement en est absolument satisfaisant, ainsi qu'en témoigne l'expérience des villes de plus en plus nombreuses qui en sont dotées, et parmi lesquelles figurent la plupart des capitales et des grandes villes de l'Europe, Londres, Paris, Berlin, Bruxelles, Francfort-sur-le-Main, etc. En faveur des *systèmes séparés*, qui impliquent deux canalisations, consacrées l'une aux eaux pluviales, l'autre aux eaux-vannes, avec addition des eaux ménagères tantôt d'un côté tantôt de l'autre, on invoque l'avantage d'écouler les matières fermentescibles provenant des cabinets d'aisances dans des conduits fermés, sans communication avec l'air extérieur, de leur conserver ainsi le plus possible leur valeur comme engrais et de faciliter le traitement des eaux les plus dangereuses, en évitant d y mélanger les eaux pluviales, qui sont moins à redouter et dont le volume, essentiellement variable, parfois énorme, n'est pas sans causer à cet égard de graves embarras : mais il en résulte une complication manifeste, des dépenses presque toujours plus élevées, s'il faut construire de toutes pièces deux réseaux complets et distincts, ce qu'on ne peut se dispenser de faire dans les grandes villes à circulation intense, où l'écoulement superficiel des eaux de ruissellement n'est pas admissible ; et la pratique les a jusqu'à présent relégués pour ces motifs dans les agglomérations de second ordre. Le choix à faire entre les deux types a donné lieu pendant quelques années à des discussions passionnées, dont les congrès internationaux d'hygiène ont plus d'une fois retenti : aujourd'hui tous les bons esprits sont d'accord pour admettre que le problème de l'évacuation des eaux nuisibles, comme tous ceux qui relèvent de l'art de l'ingénieur, ne comporte pas de solution unique ; il réclame dans chaque ville une étude approfondie, qui seule peut conduire à la solution rationnelle, appropriée aux circonstances locales. Si la simplicité incomparable du système unitaire

doit le faire préférer dans le plus grand nombre des cas, il n'en
est pas moins évident par exemple que, dans une ville déjà pourvue d'un réseau d'égouts, de construction ancienne, écoulant dans
de bonnes conditions les eaux pluviales et ménagères, dont le
déversement au cours d'eau le plus proche se trouve être sans
inconvénient, l'addition d'une canalisation spéciale, pour les
eaux-vannes et les matières de vidange, peut se présenter comme
un mode d'assainissement complémentaire, parfaitement recommandable au double point de vue de l'hygiène et de l'économie.

186. Canalisation dans les maisons. — Pour assurer
l'éloignement immédiat de toutes les eaux souillées de la maison, des *orifices d'évacuation*, communiquant avec une canalisation destinée à les conduire au dehors, doivent être disposés en
tous les points où il s'en produit : on ne conçoit plus de cabinet
d'aisances, de cuisine, de salle de bain, sans un de ces orifices.

A chacun d'eux correspond un *branchement*, qui le relie à un
conduit vertical, dit *tuyau de chute* ou de *descente*, par où l'écoulement se produit instantanément ; et ce conduit lui-même, parvenu au niveau du sol, se prolonge souterrainement, avec une
inclinaison suffisante pour que l'écoulement continue, sous une
vitesse convenable, jusqu'à l'extérieur de la maison, jusqu'aux
ouvrages publics. L'ensemble de ces conduits constitue la *canalisation intérieure*, qui doit être combinée de manière à ne point
laisser échapper de mauvaises odeurs ou de gaz délétères dans
les locaux habités, ce qui implique l'obturation hermétique de
tous les orifices, et, mieux encore, une évacuation parfaite, sans
stagnation ni dépôt en aucun point, et une circulation d'air efficace et continue.

L'obturation hermétique des orifices, qui
est la caractéristique des installations sanitaires modernes dans l'intérieur des maisons,
n'est réalisée d'une manière absolue que par
le *siphon hydraulique*, appareil extrêmement
simple, et qui donne une parfaite garantie,
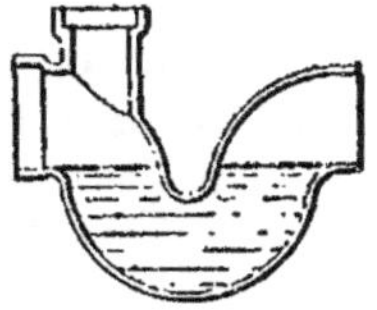
tant que la couche liquide s'opposant au passage des gaz, la
plongée, ordinairement de 0 m. 06 à 0 m. 07, résiste aux ruptures

d'équilibre, aux différences de pression, qui peuvent se produire entre les deux surfaces du liquide intercepteur. A cet effet, le siphon doit être disposé de manière à ne se prêter à aucun dépôt et à éviter les *désiphonnages* possibles, par surpression ou dépression dans la canalisation : on obtient le premier résultat en adoptant les formes en S ou en U, qui assurent l'entraînement efficace

des matières solides par les écoulements qui s'y produisent, et en ajoutant, par surcroît de précaution un bouchon de visite au point bas ; pour réaliser le second, il suffit de mettre le côté aval du siphon, la *couronne*, en communication directe avec l'atmosphère extérieure, soit par un conduit spécial dit de ventilation, soit mieux en faisant déboucher librement au-dessus des toits les tuyaux de chute ou de descente, prolongés par le haut dans ce but.

La canalisation intérieure doit elle-même être étudiée et construite avec grand soin. Souvent elle comporte des tuyaux de descente distincts, affectés séparément à l'écoulement des eaux de diverse nature, eaux pluviales, eaux ménagères et eaux-vannes ; mais tous viennent ordinairement aboutir, au moins dans le cas du système unitaire, à un conduit commun d'évacuation finale. Sur le parcours de ce dernier on a d'abord recommandé de placer un obturateur hydraulique, donnant une garantie contre le reflux des gaz de l'égout

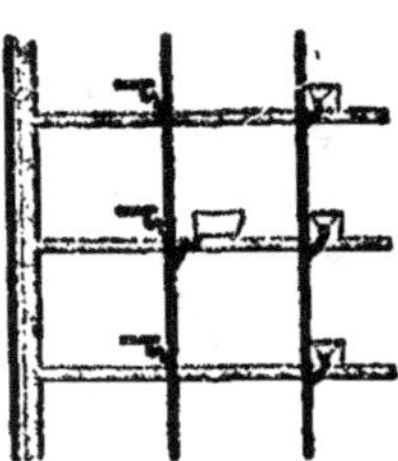

public et dit *siphon de pied*, ou mieux *siphon terminal* : mais on a reconnu depuis que ce siphon fait en réalité double emploi avec les siphons placés sous les orifices d'évacuation, et qu'il complique les installations, en nécessitant des prises d'air spéciales ; aussi tend-on aujourd'hui à le supprimer. L'emplacement des tuyaux de descente doit être déterminé de manière à les défendre contre la gelée ; on les placera donc de préférence à l'intérieur des bâtiments et plutôt contre les murs de refend, en les laissant apparents autant que possible, pour faciliter les visites et les réparations. Des précautions analogues s'appliquent aussi aux conduits inclinés d'évacuation finale. Le tracé des uns et des autres se composera de lignes droites, raccordées par des courbes de rayons assez grands pour faciliter l'écoulement et ne pas provoquer de dépôts ; leurs déclivités doivent être assez prononcées pour assurer une vitesse d'écoulement suffisante, également destinée à s'opposer aux dépôts, leurs sections assez réduites pour que les liquides évacués déterminent partout et toujours un lavage effectif des parois.

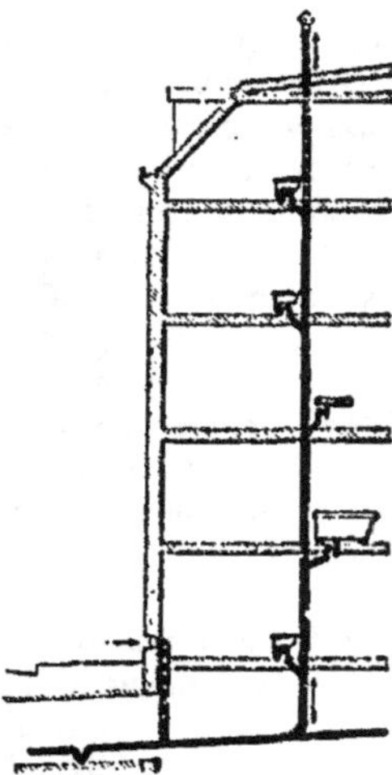

Les tuyaux de chute ou de descente s'exécutent ordinairement en fonte ou en plomb : le plomb est très recommandable en l'espèce, car il donne des conduits peu volumineux, à paroi lisse, à peu près inaltérables et parfaitement étanches ; plus économique, la fonte doit être employée, non plus en tuyaux minces avec joints au ciment, insuffisamment étanches et trop facilement percés par la rouille, mais en tuyaux au moins demi-épais, dits salubres, avec emboîtements élargis et joints au plomb. Les conduits inclinés d'évacuation, placés en terre ou en sous-sol, se prêtent plutôt à l'emploi

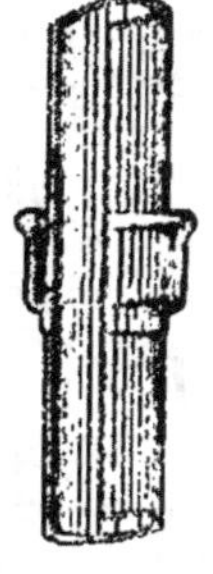

des tuyaux, plus volumineux mais moins coûteux, en grès vernissé, qui se posent ordinairement avec joints au ciment. Sur le parcours, il convient de placer, en des points convenablement choisis, des *regards*, destinés à faciliter la surveillance de la canalisation et à permettre le nettoyage de toutes les parties exposées à la production de dépôts : ce sont de simples tubulures, ménagées sur les conduits et fermées hermétiquement par des tampons mobiles, fixés eux-mêmes assez solidement pour résister, au besoin, à la pression intérieure. On s'assure, avant la mise en service, de l'étanchéité des canalisations, par une épreuve générale, soit au moyen de petits appareils mécaniques ou de cartouches combustibles produisant en abondance de la fumée, qui vient apparaître partout où les parois ou les joints présentent quelque défectuosité, soit en introduisant dans les tuyaux quelques gouttes d'essence de menthe, dont le parfum subtil et très aisément perceptible les décèle avec la même facilité ; on complète parfois l'essai par une épreuve de pression, en remplissant d'eau la partie inférieure de la canalisation, jusqu'au niveau où l'on présume que le reflux pourrait s'élever en cas d'obstruction.

187. Canalisation sous les voies publiques. — Les *égouts*, destinés à recevoir les eaux des caniveaux de la rue et celles des maisons riveraines, se placent d'ordinaire sous la chaussée, dans l'axe même de la voie publique qu'ils desservent, à égale distance des trottoirs et des maisons de part et d'autre. C'est seulement lorsque les voies sont très larges, comme nos boulevards, qu'on substitue à l'égout axial unique deux égouts latéraux sous les trottoirs.

A ces égouts sont raccordés, par des *branchements*, tant les orifices de la rue, les *bouches d'égout*, qui s'ouvrent dans les caniveaux ou les bordures de trottoirs, que les conduits d'évacuation des maisons.

Dans le cas général, les égouts sont des aqueducs à écoulement libre, où l'eau ne remplit la section qu'en partie et ne se met qu'exceptionnellement en pression. Ils sont constitués tantôt par des *conduits*, composés de tuyaux comme la canalisation intérieure des maisons, tantôt par des *galeries*, de dimensions suffisantes pour qu'un homme puisse s'y introduire et y circuler à l'aise. Ces deux types ont leurs avantages et leurs inconvénients respectifs : les galeries absorbent généralement sans peine toutes les eaux pluviales, même en temps d'orage, reçoivent sans difficulté les matières solides entraînées, se prêtent aisément aux visites, nettoyages, réparations, peuvent recevoir

au besoin des canalisations diverses pour les services d'eau, les
communications télégraphiques ou téléphoniques, les distributions de lumière ou d'énergie : ce sont des voies souterraines
susceptibles d'utilisations diverses et étendues, mais elles coûtent
cher, et, à moins de dispositions et de précautions spéciales, elles
risquent le s'encombrer de dépôts ; les conduits, plus économiques, aisément lavés par le moindre courant d'eau, balayés par
les pluies, se curent presque automatiquement, mais leur faible
capacité provoque des débordements en temps d'orage, et, très
exposés aux obstructions, ils impliquent l'exclusion de toutes
matières solides, l'adoption générale et systématique d'orifices
à récipients ou siphonnés, aussi bien dans les voies publiques
que dans l'intérieur des maisons. Il n'y a pas d'ailleurs de solution intermédiaire, et l'on doit proscrire de façon absolue les
galeries de petite dimension, qui participent des inconvénients
des deux types sans en avoir aucunement les qualités : ne verra-
t-on pas enfin disparaître l'usage suranné et barbare de ces

galeries de hauteur insuffisante, où les ouvriers ne peuvent circuler qu'en rampant dans la boue ou en prenant une position
moins répugnante peut-être mais plus fatigante encore ? Les
plus petites dimensions admissibles sont celles qui
permettent à un homme de taille moyenne de circuler debout, les épaules dégagées, savoir 1 m. 70
de hauteur sur 0 m. 60 de largeur aux naissances.
Le choix à faire entre les conduits et les galeries
dépend des circonstances : les galeries, en raison
de leur aptitude à recevoir les détritus de la rue,
conviennent aux très grandes villes, qui ne recu-
lent pas devant la dépense pour avoir des voies
luxueusement entretenues ; les conduits doivent l'emporter dans

les localités où la considération d'économie prime toutes les
autres, où le service de la voirie est peu exigeant et où il est
difficile de compter sur un entretien soigné ; rien n'empêche au
surplus d'adopter des combinaisons mixtes, où l'on réserve les
galeries pour les artères principales, en se contentant de tuyautages dans les voies secondaires, ainsi qu'on l'a fait, par exemple, à Marseille.

La section habituelle des conduits est un cercle, dont le diamètre varie entre 0 m. 15 à 0 m. 20 et 0 m. 60. Le profil ovoïde
convient tout spécialement aux galeries, auxquelles il permet de
donner la hauteur nécessaire pour la circulation, tout en concen-
trant les eaux dans un espace étroit, où elles prennent une vitesse
suffisante ; et l'on peut dire que son adoption a marqué un progrès considérable dans la construction des égouts, parce qu'en
améliorant les conditions d'écoulement il a aussi favorisé la
résistance et déterminé une notable diminution des épaisseurs :
à Paris, où la circulation dans les égouts est intense, parce qu'on
y a logé des canalisations multiples, on a corrigé ce que ses

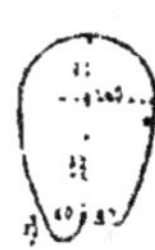

formes arrondies présentent d'incommode pour la
marche, en accolant latéralement à la *cunette*, calculée pour l'écoulement normal, une *banquette* de
0 m. 40 de largeur, qui constitue comme une sorte
de trottoir en temps ordinaire et forme lit majeur
au moment des averses.

L'emploi des banquettes est d'ailleurs fort répandu dans les
égouts de grande dimension, où passent d'énormes volumes
d'eau et où il serait dangereux de s'aventurer dans le courant,

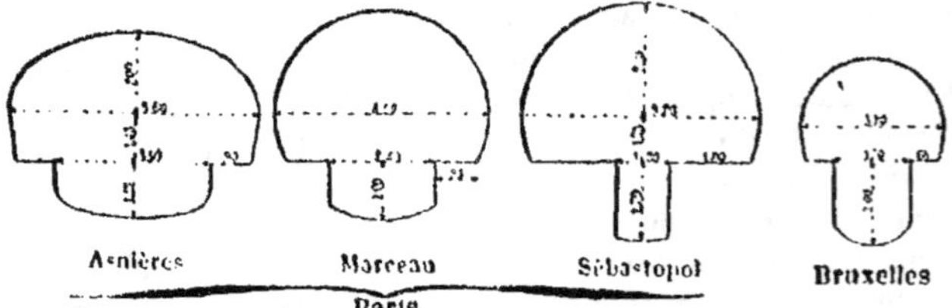

même avec des bottes à hautes tiges ; on les rencontre notamment dans les collecteurs parisiens, dans ceux de Bruxelles, de

Dresde, de Budapest, de Cologne, etc. Les banquettes y sont en général doubles, symétriquement placées de part et d'autre d'une cunette médiane, et reçoivent une largeur d'autant plus grande que la cunette est plus importante (0 m. 40 à 0 m. 90), qui s'augmente d'ailleurs encore s'il faut en outre y faire place, comme dans le collecteur Sébastopol à Paris, à des conduits de grande dimension.

Quand les égouts sont constitués par des galeries, les *bouches*, par où y pénètrent les eaux de la rue, pouvant être laissées librement ouvertes, présentent ordinairement des dispositions fort simples : tantôt c'est un orifice horizontal, encastré dans le caniveau et garni d'une grille, tantôt une ouverture verticale pratiquée dans la bordure du trottoir et sous laquelle l'eau

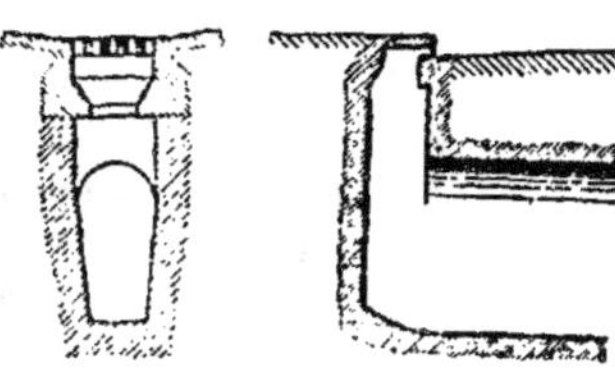

est dirigée par une bavette inclinée. Sur le parcours des conduits, où les bouches doivent retenir au passage les corps solides entraînés, elles affectent le plus souvent la forme de siphons obturateurs, analogues à ceux qu'on dispose aux points bas dans les cours des maisons, et doivent être l'objet de curages fréquents, particulièrement à la suite des averses ; leur emploi implique d'ailleurs l'addition de *prises d'air* spéciales, puisqu'elles interceptent la communication

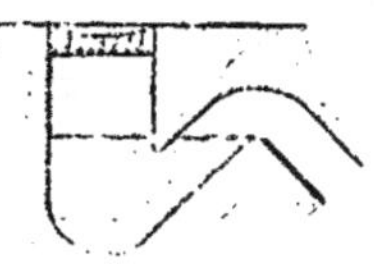

indispensable avec l'air extérieur. Malgré ces complications, il est des villes, comme Londres et Bruxelles, où l'on a étendu, aux rues pourvues de galeries souterraines, l'emploi des mêmes bouches siphonnées que dans celles desservies par des tuyautages.

Les cheminées, disposées au-dessous des bouches, se trouvant placées presque toujours latéralement à l'égout et à quelque distance, doivent y être reliées par des *branchements* : pour celles du second type, ces branchements peuvent être de simples

tuyaux ; mais, lorsqu'ils sont appelés à recevoir des projections
de matières solides, on doit leur donner, pour éviter les obstruc-

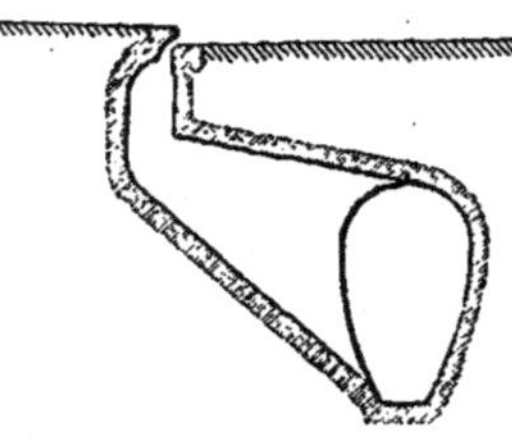

tions, des dimensions supérieures
à celles des cheminées auxquelles
ils font suite, et en outre un radier
fortement incliné. Les conduits
d'évacuation des maisons riveraines
doivent être aussi reliés à l'égout
par des branchements, qui ne sont
souvent autre chose que de simples
prolongements de ces conduits, un
peu renforcés pour résister aux
effets de la circulation publique, posés suivant des pentes aussi
prononcées que possible et raccordés avec soin dans le sens de
l'écoulement : à Paris, sauf dans les voies de faible importance

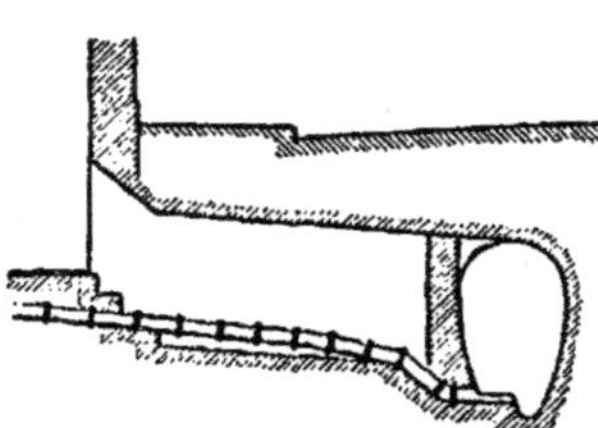

(2ᵉ catégorie) et pour les immeubles de moins de 3.000 fr.
de revenu, les *branchements
particuliers* sont constitués par
des galeries accessibles, de
1 m. 80 de hauteur et 0 m. 90
de largeur en moyenne, fermées au droit de l'égout et
ouvertes du côté des mai-
sons, et qui reçoivent, outre
le débouché de la canalisation des eaux souillées, les tuyaux
d'alimentation d'eau, les fils téléphoniques, etc.

Pour la pénétration dans les galeries ou la visite des tuyautages, on dispose des *regards*, sortes de cheminées verticales,

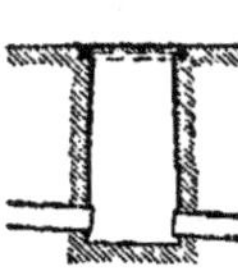

fermées au niveau du sol par un tampon mobile:
sur le parcours des conduits de petite dimension, ces regards, toujours placés sur l'axe,
deviennent de véritables chambres de travail,
où les hommes doivent pouvoir s'accroupir et
manier leurs outils, et il faut leur donner à
cet effet une largeur suffisante ; pour l'accès
des galeries, au contraire, on rejette volontiers les regards

sous les trottoirs, on les relie à l'égout par un branchement en forme de galerie d'accès, et on les pourvoit d'échelons fixés à demeure, avec une crosse pour faciliter la descente.

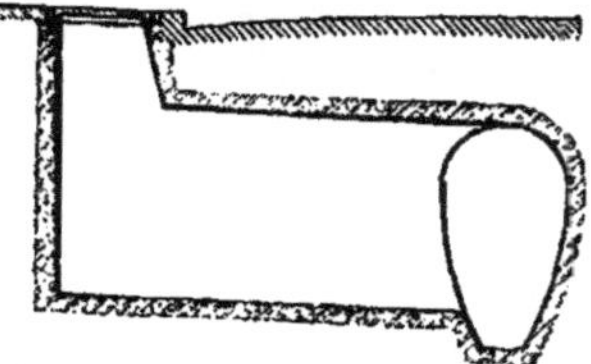

———

CHAPITRE XXVI

RÉSEAUX D'ÉGOUTS

Sommaire : 188. Tracé général ; 189. Dispositions des ouvrages ; 190. Mode de construction ; 191. Aperçu des dépenses ; 192. Instruction des projets. Ressources spéciales.

188. Tracé général. — La canalisation d'une ville par voie d'ensemble, l'établissement d'un *réseau d'égouts*, appelle une étude préliminaire approfondie, la rédaction d'un programme bien défini, d'un plan rationnel. Rien n'est plus malaisé, en effet, que de raccorder plus tard entre eux des égouts établis d'abord au hasard ; et c'est seulement en serrant de très près les conditions spéciales du problème, dans chaque cas, qu'on arrive à faire choix des dispositions qui s'y adaptent le mieux.

Le premier point à fixer c'est le choix des *débouchés* (berges des cours d'eau, rivage de la mer, champs d'épuration, usines de traitement) où aboutissent les troncs communs d'évacuation ou *collecteurs*.

A cette détermination se rattache la division, fréquemment nécessaire, de la superficie desservie en *zones*, pourvues de moyens d'évacuation distincts, ou la répartition du réseau entre plusieurs *étages*, desservis par des collecteurs spéciaux à des altitudes différentes. Dans les très grandes cités, où le système se complique nécessairement, on trouve souvent une superposition de zones et d'étages: Paris en fournit un exemple, avec ses quatre grandes zones, correspondant à autant de collecteurs généraux, et, dans trois de ces zones, ses étages bas, dont les eaux sont

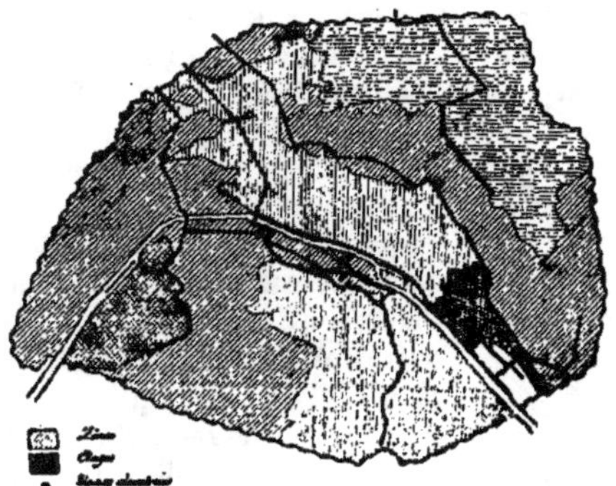

relevées au niveau des collecteurs généraux par des machines élévatoires. Ailleurs, et sans que l'établissement de zones séparées fût la conséquence obligée des circonstances topographiques, on y a eu aussi recours dans le but de limiter à des périmètres restreints l'application de tel mode d'évacuation, qui ne se serait pas prêté à une solution d'ensemble : c'est ce qui est arrivé notamment dans certaines villes occupant un territoire étendu et plat, où il est malaisé de ménager des pentes suffi-

santes sur de longs parcours, et où l'on tourne cette difficulté, en créant arbitrairement des points bas, sortes de débouchés artificiels, auprès desquels on installe des engins élévatoires ; Berlin, avec son *système radial*, ses douze zones desservies par autant d'usines à vapeur, en est le type le plus remarquable ; et l'on retrouve ce dispositif dans les localités où l'on a fait application soit d'appareils de refoulement, comme l'élévateur Shone, soit de bassins d'aspiration, comme dans le système Liernur.

C'est seulement après la fixation des débouchés, après la délimitation des zones et des étages, qu'il convient d'aborder le tracé des collecteurs, auxquels on cherche à donner le parcours le plus direct et la pente la plus forte possible. Si la surface à

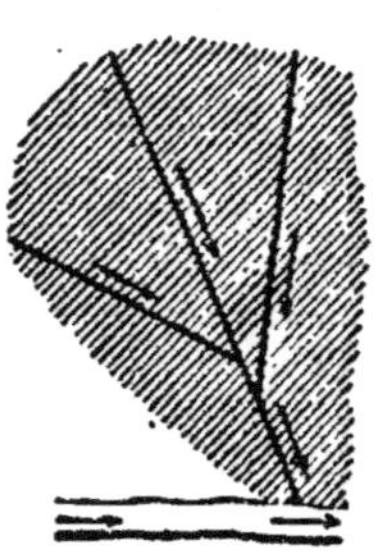

desservir est un bassin naturel dont le thalweg est nettement dessiné, c'est évidemment dans ce thalweg que viendra se placer l'évacuateur principal, sur lequel devront converger les collecteurs secondaires. Dans les villes si nombreuses qui, bâties sur les rives d'un cours d'eau, on ont fait le débouché de leurs égouts, la disposition la plus fréquente consiste à établir les collecteurs suivant les lignes de pente du terrain, dans des directions à peu près normales à l'axe du cours d'eau ; puis, si l'on se préoccupe à juste titre de la contamination qui en résulterait dans la traversée de la ville, on en vient à établir

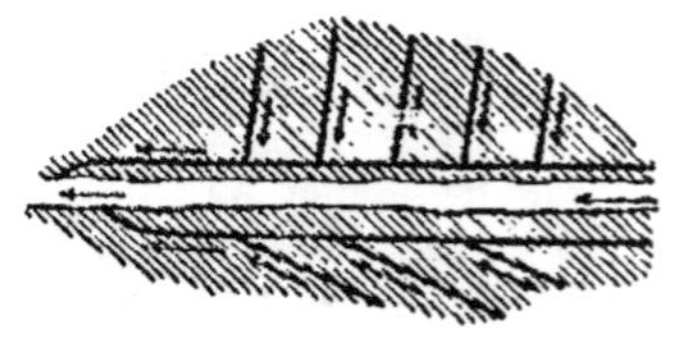

sur les rives des *collecteurs latéraux*, à faibles pentes et à larges sections, qui vont porter l'efflux total en aval et au delà des limites de l'agglomération ; ces collecteurs latéraux sont assez fréquemment déchargés, par l'interposition à flanc de coteau d'*égouts intercepteurs*, parallèles ou convergents, qui en recou-

pent les divers tributaires, divisant ainsi le bassin versant en
zones étagées.

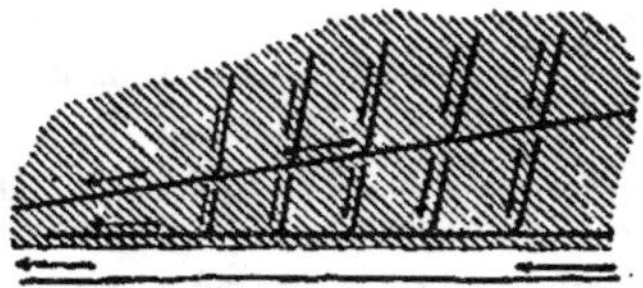

Aux collecteurs principaux et secondaires, qui forment la base
du réseau, viennent aboutir les *égouts élémentaires*, qu'on tend
à disposer de manière à recevoir tous les écoulements publics et
privés, sans qu'il soit besoin, une fois ce but atteint, de canaliser
indistinctement toutes les rues dans toute leur étendue. L'ensemble se rattache au type ramifié ; et, vers les parties hautes
des bassins, au voisinage des lignes de partage, un certain
nombre de conduits se terminent en impasses, à moins qu'ils ne
franchissent le faîte pour redescendre sur l'autre versant, présentant alors un point singulier ou *heurt*, origine de deux déclivités en sens inverse : aux heurts, comme aux extrémités des
conduits en impasses, il est à recommander de disposer des

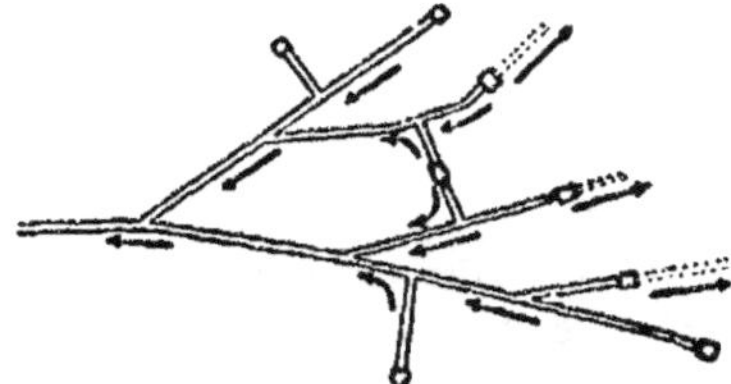

moyens de lavage et d'aération, afin d'y éviter la formation de
dépôts et la production de mauvaises odeurs.

Les bouches sont disposées, sur le parcours des égouts, aux
points bas des caniveaux qui entourent les îlots de maisons ; on
cherche à en réduire le nombre, en n'admettant, dans la mesure
du possible, qu'un point bas par îlot, à moins qu'il n'en résulte
des longueurs excessives de caniveaux et des écoulements super-

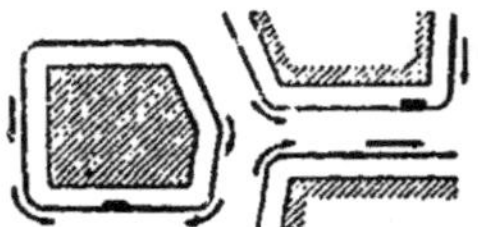

ficiels trop abondants ; parfois on dispose des bouches spéciales, au-dessus des conduits principaux, pour la projection des neiges, qu'on évacue de la sorte commodément et rapidement, pour aider au rétablissement rapide de la circulation. Les regards doivent être en nombre suffisant et à des intervalles assez rapprochés pour que toutes les parties du réseau, sans exception, puissent être à chaque instant examinées, nettoyées et réparées au besoin : à Paris, sur un réseau de galeries de grande dimension, on les tient à 50 mètres de distance, ailleurs on les place fréquemment à 100 mètres ; il faut les rapprocher à 25 mètres au plus sur les tuyautages, et l'on doit en pourvoir en outre les emplacements spéciaux, voisins d'appareils accessoires, tels que chambres de dépôt, réservoirs de chasse, etc., les coudes, croisements, raccords sur les conduits non visibles. On les dispose

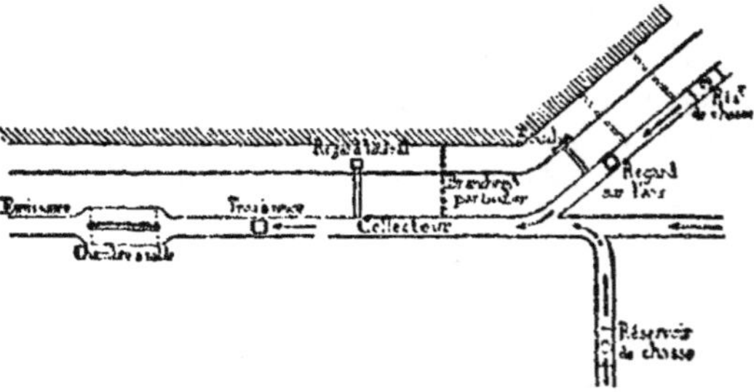

tantôt sur l'axe des conduits correspondants, ce qui convient notamment quand il s'agit de tuyaux et surtout s'ils sont placés sous trottoirs, tantôt latéralement, s'ils sont construits sous chaussée, de manière à ramener sur les trottoirs les orifices d'accès et à diminuer par ce moyen la gêne que leur ouverture plus ou moins fréquente occasionne à la circulation.

Sur le parcours des collecteurs qui reçoivent les eaux pluviales, il est généralement indispensable d'établir, en des points convenablement choisis et en nombre restreint, des *déversoirs*, à fonctionnement automatique, destinés à défendre les ouvrages contre des sous-pressions dangereuses et les voies publiques contre les débordements d'eaux souillées, lors des arrivées d'eau exceptionnelles produites par les grandes averses, et à rejeter le trop-plein, qui se compose en pareil cas d'eaux généralement peu chargées, dans quelque nappe superficielle voisine.

Après que l'efflux total est recueilli, le collecteur général, s'il doit être prolongé encore pour aller aboutir au débouché final, se transforme en un *émissaire*, dont le rôle est sensiblement différent, en ce sens qu'il ne reçoit plus aucun apport, qu'on peut en conséquence éviter d'y étendre les opérations du curage, d'où, on le conçoit, des dispositifs tout à fait spéciaux.

189. Dispositions des ouvrages. — On a vu plus haut que les égouts reçoivent généralement la forme circulaire, s'ils sont de petite dimension et non accessibles, la forme ovoïde, s'ils doivent se prêter à la circulation des ouvriers. Les motifs qui ont fait prévaloir ce dernier type, pour les égouts ordinaires, ne s'appliquent pas aux collecteurs ni aux émissaires, où le volume d'eau à écouler est toujours assez considérable pour qu'il n'y ait pas intérêt à en rétrécir la section vers le bas : c'est donc en général le type circulaire qui l'emportera pour ces ouvrages, et on le trouve en effet appliqué aux collecteurs de Londres, au grand émissaire parisien, etc... les collecteurs à cunette médiane et doubles banquettes, déjà signalés, ne sont appliqués que dans les villes où l'on y admet les eaux pluviales avec les matières solides entraînées et où des opérations de curage sont régulièrement et constamment pratiquées.

La *section* mouillée des divers conduits doit être calculée d'après le *débit* à y écouler, sauf dans le cas exceptionnel où, comme pour les égouts élémentaires à Paris, on adopte, en vertu d'autres considérations, des galeries souterraines de dimension très supérieure aux besoins de l'écoulement. Des observations directes, complétées par des hypothèses sur l'accroissement probable de la population et du taux de la consommation d'eau, permettent de déterminer les volumes qui doivent servir de base au calcul, en ayant soin de tenir compte des variations auxquelles ces volumes sont exposés, d'où la règle, fréquemment adoptée, de compter sur 8 à 10 heures au plus de fonctionnement pour l'évacuation du volume journalier total. En ce qui concerne les eaux pluviales, c'est le produit des plus grandes averses connues qu'il faut envisager, en y appliquant seulement un coefficient de réduction, qui dépend de l'importance relative des surfaces perméables dans le bassin versant, des pentes superficielles, etc., et que Belgrand a fixé pour Paris à un tiers, de sorte que, pour une pluie maxima de 45 millimètres à l'heure, représentant par hectare un débit de 125 litres, il a compté que l'écoulement instantané ne serait que de 125/3 ou 42 litres environ : cette proportion a été consacrée par la pratique parisienne, et, dans la plupart des villes importantes de l'Europe, on a cru pouvoir se tenir au-dessous ; Hobrecht à Berlin n'a compté que sur la moitié, 21 litres ; à Budapest la proportion a été portée à 24 litres ; à Francfort, c'est 30, à Hambourg, 39 seulement... Ces chiffres, qui servent à la détermination des sections des égouts élémentaires et des collecteurs secondaires, conduiraient, pour les collecteurs principaux, à des dimensions pratiquement inadmissibles ; d'où la nécessité des déversoirs, sur le parcours de ces derniers, qui ne peuvent écouler que les pluies ordinaires ou moyennes, jusqu'à 0 m. 007 de hauteur d'eau par heure à Paris, 0 m. 001 seulement à Londres et à Berlin. Pour un débit donné d'ailleurs, la section dépend de la *pente* que recevra l'ouvrage, qui elle-même est commandée par la déclivité naturelle du sol, à moins qu'on doive s'en écarter pour rester dans les limites convenables de *vitesse*.

Cette dernière considération conduit à réserver les pentes les plus prononcées pour les conduits les plus petits, à fixer des pentes décroissantes à mesure que les débits augmentent et à donner aux grands collecteurs, à débit normal important, des pentes habituellement faibles, 0 m. 0005 et même 0 m. 0003 à Paris, 0 m. 00037 à Londres, 0 m. 00036 à Berlin, 0 m. 00031 à Francfort, 0 m. 0003 à Bruxelles. Pour la sécurité de la circulation, on est parfois amené à limiter, dans les voies très déclives, les pentes des petites galeries, dont le radier arrondi demeure toujours un peu vaseux et deviendrait aisément trop glissant : c'est ainsi qu'à Paris on s'est imposé de ne pas dépasser 0 m. 03 par mètre, sauf à compenser par des gradins, s'il y a lieu, l'écart entre cette inclinaison et celle du sol. Pour réaliser des pentes suffisantes sur le parcours des collecteurs et des émissaires, on s'efforce de les diriger suivant le trajet le plus court, sauf à triompher des obstacles qu'on y rencontre par l'établissement d'ouvrages spéciaux : tantôt, s'il s'agit de reliefs prononcés du sol, de collines ou de contreforts, on n'hésitera pas à y percer des *souterrains*, comme on l'a fait à Paris sur les hauteurs de Batignolles et de la place de l'Etoile, à Marseille sous le Prado, etc., ou l'on interposera, comme sur le parcours des collecteurs de Londres ou en tête des émissaires de Berlin et de Paris, des *usines élévatoires* ; tantôt, s'il faut au contraire franchir une dépression profonde ou un cours d'eau, on aura recours à des *ponts-aqueducs*, à des *arcades*, ou à des *siphons*, dont les exemples abondent et dont on trouve notamment dans le service parisien des types divers et caractéristiques.

Les dispositions des débouchés varient considérablement suivant leur nature même. Si les collecteurs ou les émissaires aboutissent au bord d'une nappe superficielle, ils s'y terminent d'ordinaire par une simple tête en maçonnerie, raccordée avec le revêtement de la berge et pourvue, au besoin, soit de *grilles*, destinées à retenir les corps flottants, soit d'obturateurs mobiles (*vannes, clapets, portes tournantes*), dont le but est d'empêcher l'invasion des hautes eaux ; parfois on les prolonge sous l'eau, comme à Hambourg dans l'Elbe, à Zurich dans le lac, jusqu'à une certaine distance de la rive, afin d'en éviter la contamination et de rejeter les corps flottants à distance. Si le réseau d'égouts se déverse dans une mer à marée, où l'écoulement ne peut se faire que par intermittences, il faut emmagasiner la masse des eaux qu'ils débitent entre deux basses mers consécutives, d'où la nécessité de *bassins de réserve*, qui s'emplissent et se vident deux fois par jour. A l'entrée des établissements d'épuration, on aura recours à des appareils spéciaux pour retenir les matières entraînées : ce seront encore des *grilles* plus ou moins serrées, si l'on a en vue les corps flottants, des *chambres de dépôt*, s'il s'agit des corps plus denses, sables, détritus minéraux, etc.

On interpose aussi parfois sur le parcours des égouts et surtout des collecteurs, ou en tête des siphons, des chambres de ce genre, destinées à retenir au passage les matières en suspension.

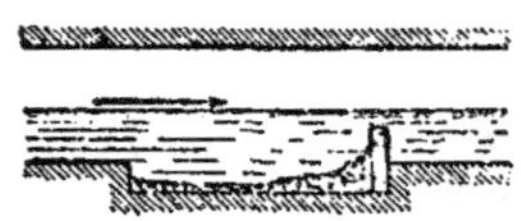

D'autres chambres souterraines sont établies également en divers points des réseaux, soit pour accumuler les eaux destinées à y produire des chasses, soit pour recevoir les ouvrages de garde, les déversoirs, les appareils de curage, ou pour servir de refuge aux ouvriers en cas d'afflux d'eau subits. Elles sont formées souvent par un simple élargissement de la section des galeries, avec ou sans surélévation de la voûte et abaissement du radier ; d'autres fois elles sont superposées ou juxtaposées à l'égout.

Les cheminées de regard, placées sur l'axe des tuyautages, et servant tantôt à la pénétration des ouvriers, qui s'y accroupissent pour visiter les conduits de part et d'autre et y introduire les outils de nettoyage, tantôt comme chambres de dépôt ou comme réservoirs de chasse, tantôt aux mouvements d'entrée ou de sortie de l'air ou à la descente des lampes destinées à faciliter le travail du curage, reçoivent des dispositions en rapport avec ces usages différents : dans le premier cas, elles s'élargissent vers le bas, pour former une sorte de chambre de travail ; dans le second, elles s'évasent en forme de bassins ou s'approfondissent en manière de puisards ; dans le dernier, elles se rétrécissent et présentent des sections extrêmement réduites. Elles sont d'ailleurs toujours fermées au niveau du sol par des opercules, capables de résister à la circulation des voitures sur les chaussées, des piétons sur les trottoirs, et qui ne peuvent être manœuvrés qu'à l'aide de clés ou d'outils spéciaux, afin d'empêcher toute ouverture intempestive, qui créerait un danger pour la circulation.

Il est à recommander de raccorder les branchements sur les égouts, et les égouts entre eux, par des courbes, tracées de manière à diriger d'avance les filets liquides tangentiellement au courant principal. On doit aussi prendre soin de ménager entre les deux radiers une légère différence de niveau, afin d'éviter que la rencontre des deux courants ne détermine un remous et ne provoque des dépôts ; cette différence est rachetée par une petite chute ou par un plan incliné.

190. Mode de construction. — Les égouts fonctionnant en général comme aqueducs libres et n'ayant à supporter que très exceptionnellement des pressions intérieures, l'épaisseur de leurs parois ne se détermine que dans des cas assez rares au moyen des formules applicables aux conduites forcées ; le plus souvent on n'a guère à se préoccuper que des poussées extérieures, et, dès lors, les formes circulaire et ovoïde, auxquelles on a été conduit par des considérations relatives à l'écoulement, se trouvent être également très favorables au point de vue de la résistance : aussi la pratique moderne a-t-elle pu admettre des conduits et des galeries à parois minces, partant très économiques. Les tuyaux en grès ou en béton, dont on fait usage pour les égouts de petite section, ne reçoivent que des épaisseurs très faibles, 0 m. 01 à 0 m. 02 pour le grès, 0 m. 03 à 0 m. 06 ou 0 m. 08 pour le béton ; les galeries en maçonnerie, si elles sont, comme à Paris, construites en matériaux très résistants (meulière et ciment), ou en bonnes briques, comme en Angleterre et en Allemagne, présentent aussi des parois de si minime épaisseur qu'elles surprennent tout d'abord, surtout si l'on songe qu'elles supportent la circula-tion si intensive de nos voies publiques. Toutes proportions gardées, les épaisseurs de 0 m. 40 à la

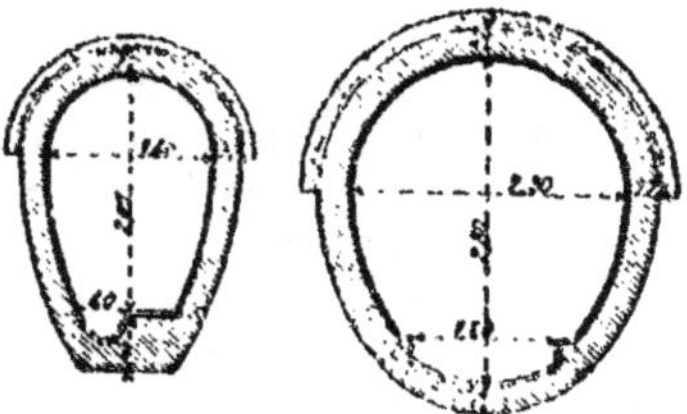

clé et 0 m. 60 aux naissances, admises pour le plus grand des
collecteurs généraux de Paris, celui de Clichy, dont la voûte
a 6 mètres d'ouverture, sont encore remarquablement faibles et
n'en ont pas moins donné toute satisfaction.

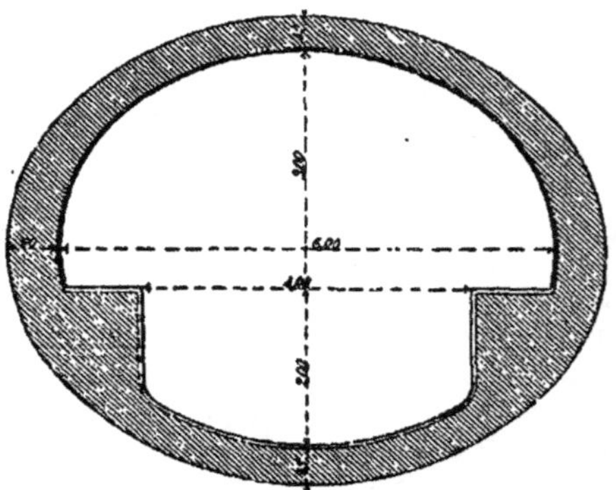

Les tuyaux en grès vernissé s'emploient généralement pour
les conduits de petits diamètres, de 0 m. 10 et 0 m. 15 à 0 m. 50 ;
au delà, on préfère d'habitude le béton moulé ; désormais le béton
armé a sa place marquée dans la construction des égouts, soit
pour les tuyaux de grande dimension, soit aussi pour ceux de
tous diamètres qui sont exposés à supporter des pressions intérieures ; même dans ce dernier cas, on n'aura plus que très rarement recours à la fonte, encore moins à la tôle de fer ou d'acier.
La maçonnerie, employée pour la construction des galeries,
demande d'autant plus à être faite avec soin que les épaisseurs
en sont plus faibles ; aussi s'attache-t-on à n'y faire entrer que
des matériaux résistants : le mortier de ciment y est préféré pour
ce motif à celui de chaux ; il a d'ailleurs l'avantage de se prêter à
un décintrement plus rapide, ce qui diminue à la fois la dépense
des boisages et la durée de l'ouverture, souvent si gênante, des
tranchées. D'autre part, comme la maçonnerie, même en mortier
gras, n'est jamais étanche, il est indispensable d'en revêtir la face
interne, en contact avec les eaux souillées, d'un enduit imper-

méable parfaitement appliqué, ou d'y opérer un rejointoiement
minutieusement serré : parfois on fait plus encore, et, dans les

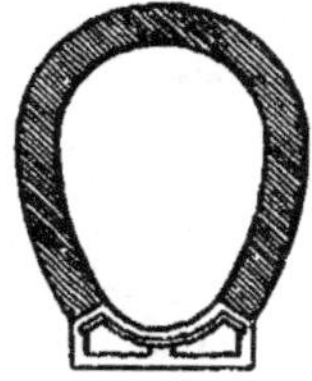

égouts en briques notamment, on exécute le radier avec revêtement en poterie dure, en carreaux céramiques, ou entièrement
en pièces spéciales de grès vernissé.

Conduits et galeries s'exécutent presque toujours dans des
tranchées, ouvertes le long des voies publiques. Quand il s'agit
d'y descendre des tuyaux, ces tranchées, de faible largeur, res-
semblent à celles qui sont usitées pour la pose des conduites
d'eau ; mais elles sont en général plus profondes, à cause du
niveau auquel débouchent les branchements des maisons, qui
doivent se raccorder avec l'égout, de sorte que les boisages y prennent plus d'importance : si le terrain est meuble, ou compressible, il est à recommander de procurer aux tuyaux, dont la fragi-
lité redoute le tassement des terres, une assiette solide, en les
faisant reposer sur une couche de béton maigre ou de sable fin
pilonné ; les joints doivent être confectionnés avec soin, essayés
si possible sous faible pression ; les rac-
cords, difficiles à réaliser après coup, sont
avantageusement préparés d'avance par
l'interposition de pièces spéciales. Pour
l'établissement des galeries, les tranchées,
sensiblement plus larges, ont leurs parois
soutenues le plus souvent par des *plats-
bords* horizontaux, que maintiennent des
couches verticales, serrées de part et
d'autre contre les plats-bords par des *étré-
sillons* ; la partie basse en est dressée au gabarit pour recevoir la

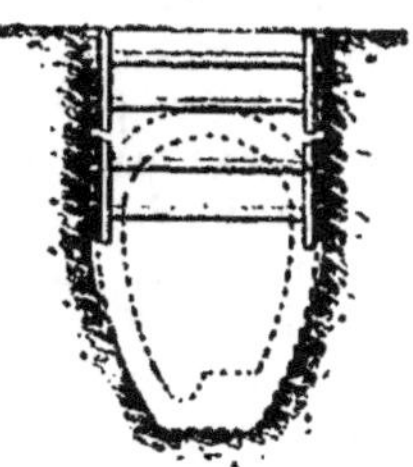

maçonnerie du radier et des piédroits ; lorsque cette maçonnerie parvient au niveau des naissances de la voûte, on pose les cintres, puis on exécute la voûte, on la recouvre d'une chape destinée à la protéger contre les eaux d'infiltration, on revêt la chape elle-même d'une couche de sable, puis on remblaie par petites couches pilonnées, sauf à attendre que le remblai ait convenablement tassé pour procéder à la réfection du revêtement de la chaussée ou du trottoir. Ce mode de construction se complique si le sol est humide ou manque de résistance : dans le premier cas, il faut recourir à un drainage ou à des épuisements ; dans le second, adopter des dispositions spéciales, établir par exemple l'ouvrage sur un plateau de béton ou sur des arcatures, portées par des piliers en béton ou en maçonnerie, descendus jusqu'au solide.

Pour éviter la gêne qui résulte de pareils travaux, entrepris au milieu de voies urbaines fréquentées, on substitue parfois à l'exécution en tranchée le percement souterrain, en appliquant les méthodes mêmes qu'on mettrait en œuvre s'il fallait cheminer à grande profondeur : tantôt ce sera le procédé classique par boisages, tantôt on emploiera le *bouclier*, qui, depuis l'application qui en a été faite au collecteur parisien de Clichy (1895), en a trouvé d'autres dans toutes les parties du monde civilisé.

L'encadrement des bouches se fait en pierre dure, souvent en granit : il se compose d'une *bavette*, raccordée avec le caniveau, et d'un *couronnement* évidé, qui s'aligne avec la bordure de trottoir, si les bouches sont placées sous trottoir ; c'est un simple cadre rectangulaire, à rainure creuse, quand l'orifice s'ouvre dans le caniveau et reçoit une grille. Les cheminées de regards se terminent à leur partie supérieure par un *châssis* fixe, disposé pour recevoir l'opercule mobile : dans le plus grand nombre des cas le châssis, de forme carrée, est en fonte, et présente une rainure circulaire, dans laquelle vient se loger le *tampon* ; ce dernier est ajouré, s'il doit servir de prise d'air, plein dans le cas contraire, mais toujours pourvu d'un œil central, qui permet de le manœuvrer à l'aide d'une pince en fer, et suffisamment lourd pour ne pouvoir être déplacé à la main par les passants ; afin que la surface n'en devienne point glissante, on y ménage des saillies venues de fonte, ou l'on y encastre du bois ou du bitume ; des *trappes* à charnières, en fonte unie ou en tôle striée, pourvues de serrures fermant à clé, y sont substituées, quand il s'agit d'ouvertures sous trottoirs de dimensions plus considérables ; enfin on y ajoute à demeure, dans certains cas, des *garde-orifices* démontables, qui servent à entourer les ouvertures béantes, afin de parer au danger auquel elles exposent les passants.

191. Aperçu des dépenses. — Le prix des égouts est généralement établi sous forme synthétique, au mètre courant, et comprend à la fois la tranchée, les boisages, la fourniture et l'emploi des matériaux, etc., ce qui rend et les règlements de compte et les comparaisons faciles.

Pour les canalisations en tuyaux de grès, il ne varie pas considérablement d'une localité à l'autre ; elles sont revenues à Berlin de 18 à 41 francs le mètre courant, pour les diamètres de 0 m. 21 à 0 m. 48. Il en est à peu près de même pour le ciment armé. Les divergences sont plus grandes pour le béton moulé, qui se ressent plus des variations de la valeur locale des matériaux et de la main d'œuvre, plus grandes encore pour la maçonnerie, de sorte que le prix de revient des galeries est très différent dans les diverses villes : on a pu établir à Paris des galeries de 2 mètres de hauteur et 1 mètre d'ouverture pour 50 francs le mètre courant, tandis qu'à Berlin les types de 1 m. 80 à 2 mètres de hauteur ont été payés de 175 à 375 francs, qu'à Dresde celui de 1 m. 50 de hauteur a coûté de 90 à 100 francs. On voit donc que, là où, comme à Paris, les matériaux de bonne qualité sont à bon marché, l'écart entre les prix des tuyautages et des galeries maçonnées est beaucoup moins considérable qu'on ne se l'imagine *a priori*.

Les ouvrages accessoires, nombreux et variés, sans lesquels aucun système d'égouts ne pourrait fonctionner utilement, entrent toujours pour une forte part dans la dépense totale, qui est, par suite, au mètre linéaire, très supérieure au prix du mètre courant de tuyau ou de galerie : l'écart atteint fréquemment 50 p. 0/0 et plus ; il est plus considérable pour les canalisations en grès que pour les égouts en maçonnerie, à cause de la multiplication obligée des regards, de la complication plus grande des bouches, et tend encore à en rapprocher les prix de revient. Il est en conséquence d'une économie bien entendue de réduire au strict nécessaire les ouvrages accessoires, et de les traiter avec sobriété, ce qui suppose une étude serrée, à laquelle on ne saurait apporter trop de soin : c'est là au surplus que doit porter le principal effort, car il est beaucoup plus difficile d'opérer d'importantes réductions sur les ouvrages principaux, qui, une fois les sections et les pentes déterminées, le débouché choisi, se trouvent commandés par les circonstances et ne se prêtent plus guère à des modifications utiles.

Quand on veut se rendre compte du prix de revient réel de l'ensemble des travaux d'assainissement d'une ville et le mettre en parallèle avec les dépenses faites ailleurs pour le même objet, on fait ressortir volontiers le coût par habitant : c'est un terme de comparaison commode, mais imparfait, car il ne tient pas compte de bien des considérations qui influent sur l'importance des travaux, telles que la superficie desservie, la quantité d'eau distribuée, les volumes d'eaux pluviales écoulés, etc. Quoi qu'il en soit, il n'est sans doute pas inutile de signaler que le coût par habitant se tient habituellement entre 20 et 100 francs, qu'à Berlin et à Paris, pour des installations de type bien différent, il est à peu près identique et voisin de 75 francs. Parfois aussi on rapporte la dépense au volume d'eau écoulé, et l'on prend pour unité et comme élément de comparaison le prix global par mètre cube et par jour.

192. Instruction des projets. Ressources spéciales. — Un peu moins compliquée que celle des projets de distribution d'eau, puisqu'elle ne comporte ni consultation géologique ni analyses préalables, l'instruction des projets d'assainissement urbain (construction d'égouts avec ou sans épuration consécutive) est à peu de chose près cependant soumise à des règles semblables. Même marche à suivre, mêmes compétences, mêmes actes administratifs. L'intervention des ministères de l'Agriculture et des Travaux publics y est moins souvent obligatoire, le premier n'ayant à examiner que les cas de déversement de l'efflux dans les cours d'eau non navigables ni flottables, le second ceux où le

débouché se fait dans les cours d'eau navigables, ou sur le rivage
de la mer. Par contre les projets ressortissent toujours au Ministère de l'Intérieur, qui vient de faire rédiger, par le Comité consultatif d'hygiène publique de France, une instruction (annexe à la
circulaire ministérielle du 19 avril 1905), destinée à rappeler aux
maires que les constructions d'égouts doivent uniformément faire
l'objet d'une étude d'ensemble, comprenant et le tracé général du
réseau et le mode final d'évacuation, quand bien même la réalisation n'en serait poursuivie que progressivement et par petites
parties. Cette même instruction proscrit les galeries de hauteur
insuffisante et recommande leur remplacement par des tuyautages.

A la différence des distributions d'eau, qui fournissent par
elles-mêmes, grâce à la vente de l'eau aux particuliers, une ressource spéciale, dont le produit peut être naturellement affecté
au paiement des travaux, et se prêtent en conséquence à l'exécution de ces travaux par voie de concession, l'établissement des
réseaux d'égout ne donne guère lieu à des revenus directs : par
suite on l'impute le plus souvent sur les fonds du budget communal. Cependant il arrive parfois qu'on impose aux riverains des
voies publiques une participation plus ou moins considérable
dans la construction des ouvrages. Quant à leur exploitation et
à leur entretien, au curage des égouts, au traitement final do
l'efflux urbain, ce sont des obligations qui sont considérées
comme faisant partie des services publics, incombant à l'édilité,
et qui, jusqu'à ces derniers temps, sont demeurés intégralement
à la charge des communes : on n'a songé à en couvrir, au moins
partiellement, la dépense par des taxes spéciales, qu'au moment
où l'on a décidé d'admettre dans les égouts, en outre des eaux
pluviales et des eaux ménagères, les eaux-vannes et les matières
de vidange, dont l'évacuation était jusque-là laissée aux soins
des propriétaires et qui était pour eux la cause de frais importants. En supprimant la vidange, les municipalités ont pu justifier par un service rendu la création de la taxe destinée à en couvrir la dépense. C'est ainsi que l'introduction du système diviseur
à Paris, en 1867, a eu pour conséquence l'établissement d'une
redevance de 30 francs pour toute chute pourvue de tinette fil-

trante. Mais, comme l'application du système demeurait faculta-
tive, cette redevance n'avait pas en réalité le caractère d'un
impôt. C'est seulement la loi du 24 juillet 1891 qui a introduit
le principe nouveau d'une taxation obligatoire dans notre législation sanitaire, en autorisant la ville de Marseille, non seulement
à percevoir une somme de 50 francs par mètre linéaire de façade,
à titre de contribution à l'établissement de l'égout, mais encore
une taxe annuelle, pour l'écoulement à l'égout des eaux souillées, eaux-vannes et matières de vidange comprises, taxe basée
sur le revenu net imposable des immeubles, d'après la progression ci-après :

20 francs par an pour un revenu de....	500 fr. et au-dessous
42	—	—	501 fr. à 1.500
65	—	—	1.501 fr. à 3.000
85	—	—	3.001 fr. à 6.000
105	—	—	6.001 fr. à 10.000
150	—	—	10.001 fr. à 20.000
200	—	—	20.000 fr. et au-dessus

La loi postérieure, du 10 juillet 1894, relative à Paris, a institué
une taxe analogue, dite taxe de vidange, dont la progression,
également échelonnée, et portant sur le revenu net imposé à la
contribution foncière ou des portes et fenêtres, part de 10 francs,
pour un revenu de 500 francs et au-dessous, et s'élève jusqu'à
1.500 francs, pour celui de 100.000 francs et au-dessus. Il y a là
désormais, pour les villes, un moyen précieux de parvenir à réaliser des améliorations sanitaires de première importance, sans
imposer en réalité de charge supplémentaire aux contribuables,
puisqu'il s'agit simplement de faire rentrer dans les caisses communales les sommes qui allaient auparavant aux entreprises de
vidange.

A l'étranger, des taxes de ce genre sont perçues depuis longtemps, sous des formes variées : en Allemagne, à Berlin notamment, c'est un tant pour cent sur le montant du loyer ; ailleurs,
aux Etats-Unis par exemple, la base est la longueur de façade des
immeubles ou leur superficie ; on a proposé aussi de prendre
pour point de départ de l'assiette de la taxe le nombre d'habitants, celui des pièces habitées, celui aussi des chutes ou des
cabinets d'aisances, etc.

CHAPITRE XXVII
CURAGE DES ÉGOUTS

Sommaire : 193. Nécessité du curage ; 194. Emploi des chasses ; 195. Extraction des matières solides ; 196. Exploitation des égouts.

193. Nécessité du curage. — Les eaux souillées reçues dans les égouts entraînent une proportion notable de matières solides, qui tendent à se déposer, dès que la vitesse du courant se ralentit ; et il est à peu près impossible de maintenir partout et toujours cette vitesse, de manière à combattre efficacement la formation de *dépôts*, si bien qu'il n'est point de réseau où des opérations de *curage* ne soient absolument inéluctables.

On ne peut que s'efforcer d'en diminuer l'importance, soit par des dispositions prises pour faciliter le passage et l'écoulement rapide des eaux chargées de matières solides, dispositions dont quelques-unes ont déjà été mentionnées, telles que les formes arrondies et les sections rétrécies préconisées pour les conduits et galeries, les raccordements courbes, les pentes prononcées, etc., soit par l'interposition
d'ouvrages destinés à retenir les corps solides,
avant qu'ils ne pénètrent dans les égouts, tels
que les petits puisards, avec ou sans récipients
mobiles, qu'on place ordinairement au-dessous
des bouches siphonnées, et qu'il faut avoir
soin de visiter et de vider à courts inter-

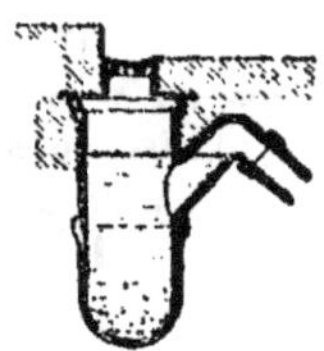

valles, afin d'en maintenir le fonctionnement permanent, qui cesserait s'ils s'emplissaient jusqu'au niveau du siphon.

Quoi qu'on fasse dans ces deux ordres d'idées, la constitution progressive de dépôts, plus ou moins abondants, sur le parcours des égouts de toutes formes et de toutes dimensions, ne saurait être évitée d'une manière absolue : la pratique s'est chargée de le démontrer, puisque, là même où l'on croyait avoir réalisé des conduites capables de se curer automatiquement (*self cleansing sewers*), de nombreuses obstructions n'ont pas tardé à dissiper cette illusion et à imposer la multiplication des regards de visite, en même temps que l'institution de nettoyages périodiques au moyen d'un outillage approprié.

Au point de vue de ce curage, dont la nécessité vient d'être établie, il convient de distinguer plusieurs catégories de matières solides. Quelques-unes, d'origine organique, se décomposent dans le milieu complexe où elles sont en suspension, par suite des actions microbiennes qui s'y produisent, subissent une sorte de dissociation, qui aboutit à la liquéfaction complète au bout de quelque temps, ainsi qu'on l'observe en particulier pour les matières fécales, les papiers, etc. Parmi celles qui résistent à ces effets biologiques, les unes, beaucoup plus légères que l'eau, se maintiennent à la surface et y demeurent flottantes, tant que l'écoulement se fait sous une épaisseur suffisante : ce sont les feuilles, les pailles, les bouchons, les débris végétaux en général, qu'on confond sous la désignation de *fumiers*. Au contraire, les corps de poids spécifique supérieur à celui de l'eau tendent à gagner le fond, à s'y arrêter, à y former des bancs, au moindre ralentissement du courant : les parcelles minérales provenant de l'usure des chaussées y dominent, d'où la dénomination de *sables*, sous laquelle ils sont ordinairement classés. Entre les deux viennent se placer les *vases*, composées de particules très fines, de densités diverses, que leur ténuité maintient longtemps en suspension et qui s'y remettent aisément à la moindre reprise ou à la première accélération de l'écoulement.

Parmi ces diverses matières, il n'y a pas à se préoccuper des premières, dont le travail des bactéries détermine la disparition ; les vases, grâce à leur mobilité, peuvent être facilement entraî-

nées à la moindre pluie; les fumiers et les sables sont donc seuls
redoutables, ceux-ci formant assez vite des masses compactes,
dures et adhérentes, dont les pluies ordinaires n'ont presque
jamais raison, et qui vont augmentant sans cesse, au point de
rétrécir les sections et de préparer des engorgements graves,
ceux-là s'arrêtant et s'accumulant au moindre obstacle, formant des barrages dangereux, paillassonnant les grilles, s'enga-
geant dans les organes des engins mobiles ou des appareils élévatoires.

Vases et sables sont d'ailleurs exposés à la fermentation
putride, pour peu que les dépôts séjournent quelque temps sur
les radiers des égout, d'où dégagement de gaz viciés, malodorants et dangereux, parfois inflammables, qu'il importe de prévenir par un enlèvement rapide, fréquemment répété.

Les moyens employés varient suivant les dispositions des
ouvrages, la nature des corps solides à recueillir et à extraire,
les circonstances locales : on a facilement raison des vases
par des lavages systématiques, sous forme de *chasses*, qui
produisent des courants artificiels assez violents pour les agiter et les entraîner; il est déjà plus malaisé de recueillir les
fumiers; mais ce sont les sables qui constituent la grosse difficulté du curage, qui appellent le principal effort et nécessitent
l'intervention coûteuse du travail à bras ou des engins mécaniques.

194. Emploi des chasses. — Il faut des circonstances
exceptionnelles pour obtenir des chasses puissantes, capables de
curer à vif fond des égouts ensablés : on les rencontre quelquefois, au voisinage d'une rivière canalisée par exemple, dont les
eaux, pour passer d'un bief dans un autre, peuvent être dirigées à travers un réseau d'égouts établi à un niveau intermédiaire, et y prennent, sous l'influence de la chute, une vitesse plus
ou moins considérable; ou encore dans les villes maritimes, où
l'on dispose à basse mer des retenues d'eau importantes accumulées dans les bassins à flot.

Hors ces cas relativement rares, il faut, pour obtenir des
chasses, créer des retenues spéciales; et, comme il en coûte

cher, on se contente d'y accumuler des volumes d'eau restreints, dont l'effet demeure limité et qui n'ont par suite d'action que sur les dépôts de vases.

Ces retenues peuvent être obtenues par des barrages mobiles, établis dans les égouts eux-mêmes, et derrière lesquels les eaux sales s'élèvent, jusqu'au moment où on les manœuvre pour opérer des lâchures : dans les galeries, ce sont des vannes à déplacement vertical ou angulaire, des portes tournantes à charnières qu'on verrouille et qu'on déclanche à volonté, parfois de simples barrages à poutrelles ou des panneaux en bois qu'on pose et qu'on enlève au moment opportun ; sur le parcours des conduits ou tuyautages, on utilise souvent les regards pour l'accumulation de l'eau sale destinée aux chasses, en fermant momentanément l'orifice du conduit d'aval par une vanne ou un clapet. Simple et très économique, ce procédé s'est naturellement répandu de bonne heure et vite généralisé ; malheureusement, il a l'inconvénient de provoquer la stagnation des eaux

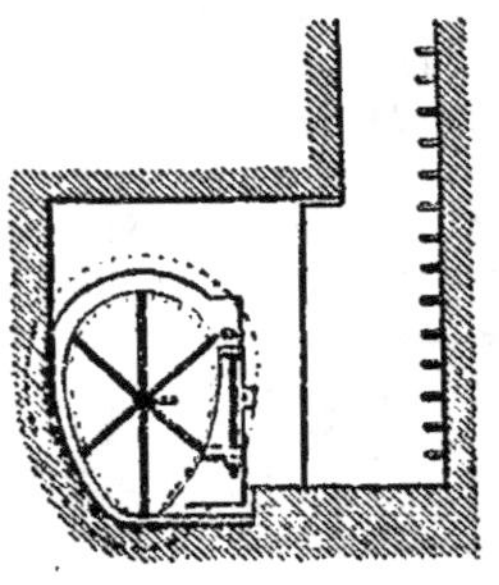

souillées, dont l'accumulation et le reflux dans les égouts et les branchements ont précisément pour conséquence des effets analogues à ceux que l'on s'attache à combattre, formation de dépôts et dégagement de gaz.

On l'a grandement amélioré, en substituant aux eaux sales, qui circulent dans les égouts et qu'on arrête au passage, de l'eau propre empruntée soit à une nappe superficielle, soit même aux conduites de la distribution : l'emploi de l'eau de la distribution, applicable dans toutes les villes où il en existe, tend, malgré les frais élevés qu'il comporte, à se développer beaucoup, en raison des avantages manifestes qu'il présente. Parfois on se contente d'amener l'eau dans des regards, transformés en chambres à cet effet, au moyen d'un tonneau roulant ou à l'aide de boyaux flexibles raccordés sur des appareils de lavage ou d'arrosage de la voie publique ; plus souvent, on établit, en tête des petits égouts, ou en des points convenablement choisis sur leur parcours, des chambres spéciales, dites *réservoirs de chasse*, où les lâchures peuvent être provoquées par des appareils appropriés, tantôt manœuvrés à la main, tantôt fonctionnant périodiquement d'eux-mêmes, sans aucune intervention. Parmi ces derniers, le *siphon automatique*, imaginé par l'ingénieur anglais Rogers Field, et perfectionné depuis par divers spécialistes, a reçu des applications si nombreuses qu'on peut le considérer comme ayant grandement contribué à la diffusion de l'emploi des chasses dans les réseaux d'égouts modernes.

Cet appareil se compose essentiellement d'une cloche renversée, qui recouvre un tube vertical, placé dans le réservoir et béant à la partie supérieure, lequel communique d'autre part avec l'orifice par où doit se produire la chasse : l'ensemble constitue un siphon, dont l'amorçage s'effectue au moment précis où l'eau atteint ou plutôt dépasse légèrement le sommet du tube, par suite de la détente brusque de l'air emprisonné et comprimé sous la cloche par la montée de l'eau. C'est cet amorçage assez délicat que les perfectionnements successifs ont eu pour objet de rendre plus sûr. La figure ci-dessous indique, dans les diffé-

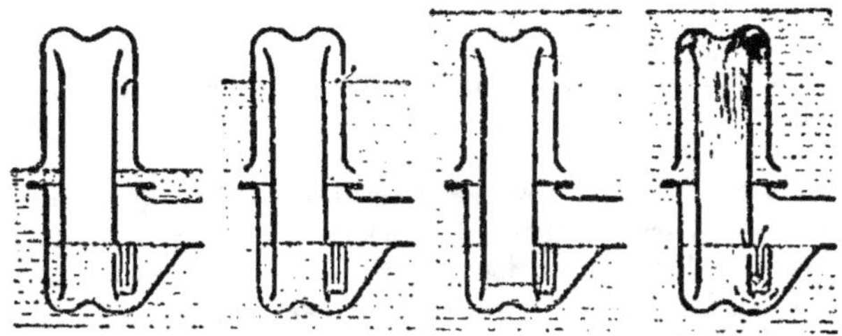

rentes phases de son fonctionnement, un des dispositifs qui se sont le plus répandus.

Le réservoir de chasse est constitué le plus souvent par une portion de l'égout, isolée par des murettes, soit à la partie supérieure d'une ramification en impasse, soit au point heurt d'un égout à deux versants : le siphon automatique y est installé à demeure et présente un ou deux départs, suivant qu'on se trouve dans l'un ou l'autre cas ; une jau**, convenablement réglée, pourvoit à l'alimentation. A Paris, où l'on compte ces appareils par millions

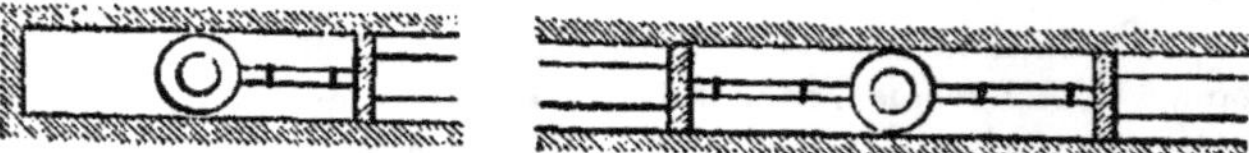

et où ils rendent de précieux services, les réservoirs, d'une capacité de 6 à 10 mètres cubes, se remplissent une, deux ou trois fois par vingt-quatre heures ; ils ne se vident qu'incomplètement au moment de la chasse, conservant à la partie inférieure une tranche d'eau en réserve, que les ouvriers chargés du curage peuvent utiliser en tout temps, au moyen d'une vannette à main qui commande un orifice spécial, afin de s'aider dans le travail

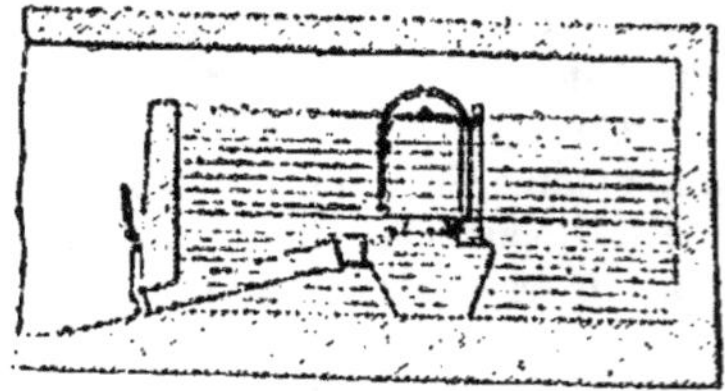

d'enlèvement des sables, que les chasses ne parviennent pas à entraîner.

193. Extraction des matières solides. — Peu abondants en égout, quand les bouches de la rue sont systématiquement siphonnées, les fumiers se rencontrent, au contraire, en grande quantité, dans les galeries en communication avec les voies publiques par des bouches librement ouvertes : il faut alors, pour éviter les obstructions qu'ils occasionneraient, les arrêter en tête des siphons, à l'entrée des usines élévatoires, etc., ce qui se fait le plus souvent au moyen de grilles, à barreaux métalliques, fixes ou mobiles, de dispositions très variées. Ces grilles, se garnissant très rapidement, risqueraient de se transformer bientôt en de véritables barrages, si l'on ne prenait grand soin de les débarrasser au fur et à mesure des matières qui s'y accumulent ; et comme, dans certains cas, il en résulte un travail assujettissant et pénible, on a été amené à imaginer, notamment à Paris, à Londres, à Glasgow, à Hambourg, à Francfort, etc., des engins mécaniques, mus par un moteur quelconque, et qui, recueillant automatiquement les fumiers arrêtés sur les grilles, les déversent soit sur les planchers, où l'on en fait l'enlèvement, soit mieux encore dans les wagonnets, qui servent à les charrier, ou sur des transporteurs mécaniques, qui les dirigent vers le lieu d'évacuation.

Un autre mode d'arrêt des fumiers consiste à placer sur le parcours de l'égout une cloison verticale fixe, dépassant le niveau supérieur de l'eau et ne descendant pas jusqu'au radier, de manière à obliger les filets liquides à s'infléchir vers le bas : la plupart des corps flottants, ne pouvant suivre le mouvement descendant, s'accumulent à la surface en amont de la cloison, où il est facile de les recueillir à l'aide de râteaux ou de fourches.

L'extraction des sables, qui se déposent dans les conduits en tuyaux de petits diamètres, se fait par les regards, disposés à cet effet en chambres de travail, et au moyen d'outils spéciaux, qu'on emmanche au bout de longues tiges, formées de bouts vissés les uns à la suite des autres, et qu'on manœuvre de manière à ramener les corps solides vers les regards, d'où ils sont ensuite extraits au seau. Les outils affectent, suivant les cas, la forme de crochets, de pics, de griffes, de rabots, de hérissons, etc. On facilite grandement ce travail assez pénible en rapprochant les regards et en interposant des cheminées d'éclairage. Parfois on est parvenu à substituer au travail à bras le passage automatique d'engins formant pistons et progressant seuls sous une petite charge d'eau, tels que brosses, racloirs, boules.

Dans les galeries, construites en vue d'un accès et d'une circulation faciles, l'enlèvement des sables est fait aisément, par les ouvriers qui s'y introduisent et les parcourent, à l'aide de la pelle ou du rabot, leur transport au moyen du seau ou de la brouette jusqu'au regard le plus voisin, qui sert à l'extraction. Lorsqu'on dispose d'un courant d'eau suffisant, on peut procéder plus économiquement en appliquant un système de *chasse mobile*, analogue à ceux qui servent au dévasement de certains cours d'eau : l'outil employé dans les égouts de Paris sous le nom de *mitrailleuse*, a été vraisemblablement un des premiers engins

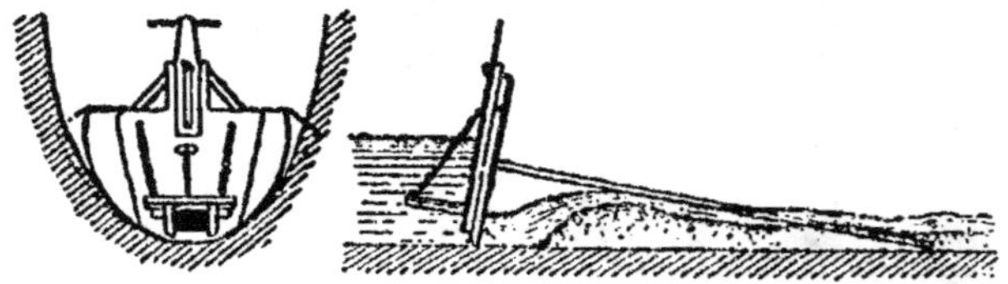

de ce genre ; c'est une sorte de brouette qui porte une vanne et

que les ouvriers maintiennent contre la poussée de l'eau, reculant
peu à peu à mesure qu'elle avance ; on a depuis construit beaucoup d'appareils sur le même principe, mais on les a rendus plus
faciles à manier et à peu près automatiques, en les montant sur
des chariots mobiles, que maintiennent et guident des galets roulant sur le fond et les parois des galeries.

En vue du curage des collecteurs importants, où les sables forment des bancs de grande dimension, Belgrand a créé, pour le
réseau parisien, un outillage de ce
type, remarquablement conçu, qui s'y
est généralisé et y fonctionne encore
sans modification, après quarante
années de pratique continue : la
vanne mobile, qui a grandi avec la
cunette des galeries, est portée tantôt

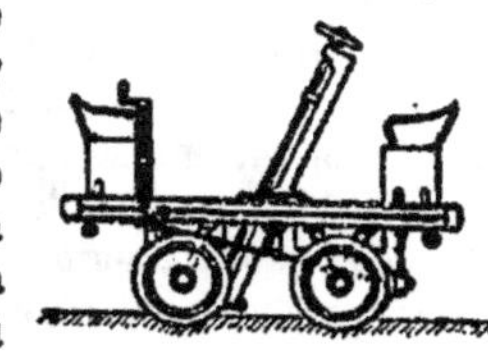

par un truc, roulant sur une voie ferrée, que constituent des cor-
nières renforçant les arêtes des banquettes latérales, tantôt par un
bateau, qui flotte dans le bief amont ; un treuil permet de la lever
à volonté suivant les besoins du travail et l'état d'avancement.

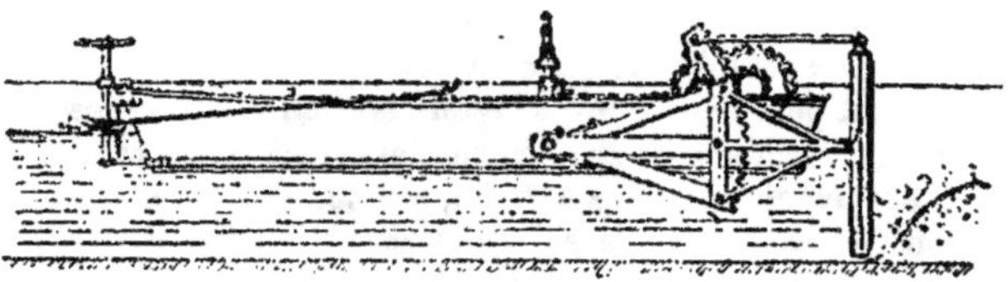

Le *wagon-vanne* et le *bateau-vanne*, employés à Paris, ont été
imités ailleurs avec quelques variantes et se retrouvent dans
nombre de villes, telles que Marseille, Bruxelles, Budapest, etc.
La conduite de ces engins n'exige qu'une simple surveillance
et quelques manœuvres de treuil ou de griffes, pour régler la
marche ou relever les corps solides de gros volume qui pourraient
l'entraver.

Le même principe a été encore appliqué par Belgrand au
curage automatique des siphons, où il s'est servi dès 1868 (siphon
de l'Alma) d'un engin d'une remarquable simplicité et d'une

efficacité parfaite, consistant en une simple boule en bois, de dia-

mètre légèrement inférieur à celui du siphon (0 m. 80 au lieu de 1 mètre), et qui, actionnée par le courant, progresse, chassant devant elle les sables en dépôt. On n'a rien trouvé de mieux que de la reproduire pour les autres siphons du réseau parisien, en adaptant la boule à leurs dimensions (Clichy 2 m. 30; Concorde 1 m. 80 de diamètre).

Les bancs de sable, mis en mouvement par ces grands appareils, sont conduits soit jusqu'au débouché final, soit à des *bassins à sable*, établis spécialement sur le parcours, où l'on en fait l'extraction, soit à la main, à l'aide de pelles, de brouettes et de seaux, soit mieux mécaniquement, au moyen de dragues élévatoires, qui chargent les matières dans les tombereaux, les wagonnets, ou les bateaux, destinés à les transporter aux décharges.

196. Exploitation des égouts. — L'autorité municipale, à qui incombe l'exploitation des égouts publics, s'efforce, dans les villes bien tenues, de la rendre aussi facile que possible, par une réglementation qui les défend contre les projections abusives ou dangereuses : on y interdit notamment presque partout l'envoi d'eaux acides, qui pourraient nuire à la conservation des ouvrages et produire des réactions et des émanations fâcheuses ; celui d'eaux chaudes (30° au maximum à Paris), qui donneraient lieu à des émissions de vapeur, et auraient des inconvénients analogues ; celui aussi des fumées, des huiles combustibles ; enfin celui des ordures ménagères et des résidus industriels, provenant des maisons riveraines, des masses de neige et de glace ou des sables et cailloux résultant du déblaiement des chaussées, qui tendraient à les obstruer, y gêneraient l'écoulement et provoqueraient un surcroît de dépense injustifié, en augmentant sans utilité les frais de curage et d'extraction.

La surveillance des ouvrages est confiée ordinairement à un personnel spécial et permanent, qui, presque toujours, est chargé en même temps d'effectuer en régie les opérations que nécessite le maintien d'un bon écoulement ; l'entretien proprement dit et les réparations sont par contre le plus ordinairement effectués par voie d'entreprise. Les équipes d'*égoutiers* en régie doivent être pourvues, non seulement des engins de curage qui ont été précédemment décrits, mais encore de bottes à hautes tiges d'une parfaite étanchéité, de lampes portatives, de pinces pour l'ouverture des tampons, de garde-fous mobiles pour protéger les orifices laissés momentanément béants, d'échelles, si les regards ne comportent pas d'échelons fixes, enfin d'engins de sauvetage, cordes, lampes de mineurs, etc. Pour remiser ce matériel, de petits magasins sont nécessaires, et il convient de les répartir sur l'étendue du réseau, de telle sorte que les allées et venues soient réduites au minimum.

Le souci de la sécurité, pour le public et pour les ouvriers eux-mêmes, s'impose particulièrement dans les services de ce genre. On ne saurait trop recommander les précautions à prendre pour éviter les chutes, trop fréquentes, de passants distraits ou inattentifs dans les regards ouverts, pour prévenir les accidents de travail en égout, par suite d'afflux d'eau subits, de dégagement de gaz méphitiques ou inflammables, ainsi que les inondations de caves et les reflux d'eaux souillées sur les voies publiques en cas d'orage, etc. Parmi ces précautions, les plus répandues consistent dans le travail en équipe, sous la direction d'un chef d'atelier exercé et responsable, et l'immobilisation d'un homme de l'équipe, auprès du regard ouvert à peu de distance du lieu où elle travaille, pour surveiller le garde-orifice et en même temps pour donner les signaux utiles en cas d'incident inopiné.

Dans les égouts bien tenus, régulièrement curés et convenablement aérés, l'atmosphère se maintient parfaitement respirable : tout au plus y trouve-t-on un peu plus d'ammoniaque et d'acide carbonique que dans l'air extérieur, sans dépasser des limites assez faibles ; et, chose remarquable, constatée par tous les observateurs, les bactéries y sont en nombre relativement faible, bien moindre que dans les rues, et de même nature. Il n'y a donc pas lieu de s'étonner de la facilité avec laquelle les égoutiers s'acclimatent à ce milieu, et de la possibilité d'y organiser des visites publiques, comme on l'a fait avec tant de succès à Paris depuis 1867 : déjà en 1824 Parent-Duchâtelet constatait que la santé des ouvriers occupés au curage ne laissait rien à désirer et qu'ils ne paraissaient pas exposés à une morbidité ni à une mortalité supérieure à la moyenne ; les égouts ont fait de grands progrès depuis lors et l'observation a pu être généralisée. Cela suppose évidemment une bonne aération, qui est obtenue sans peine dans les galeries en libre communication avec l'atmosphère, par des bouches largement ouvertes, qui l'est plus difficilement avec les bouches siphonnées et les prises d'air restreintes, et qu'on cherche alors à réaliser par des appels, au moyen soit de cheminées spéciales, soit des tuyaux de chute des maisons, reliés dans ce but directement aux égouts et ouverts à leur extrémité supérieure.

La dépense du curage, qui représente, en dehors de l'entretien et des réparations, la majeure partie des frais d'exploitation, varie considérablement suivant les systèmes adoptés et les exigences locales. Quand les égouts ont des pentes prononcées, un courant d'eau abondant, et ne reçoivent guère de matières solides, cette dépense peut être très réduite ; elle devient au contraire considérable, là où les corps solides pénètrent en quantités importantes dans les égouts, où les pentes sont faibles, les sections réduites ; des différences importantes se produisent d'ailleurs, suivant qu'on se contente d'enlever les dépôts de temps à autre, à des intervalles de plusieurs mois par exemple, ou qu'on veut tenir toutes les ramifications du réseau dans un état constant et parfait de propreté. Cette perfection dans le curage, à laquelle, en vue de la généralisation de l'écoulement direct, on a voulu s'astreindre à Paris, où la main-d'œuvre est coûteuse, revient nécessairement fort cher : la dépense annuelle y atteint 3.000 fr. par kilomètre et correspond à 1 fr. 20 par habitant ou 0 fr. 016 par mètre cube d'eau écoulée. Dans bien des villes, où au premier abord elle paraît très faible, un examen plus approfondi montre qu'elle est en réalité assez importante aussi, parce qu'il faut y comprendre d'autres opérations, dont le coût est compté ailleurs, par exemple le nettoyage des puisards des bouches siphonnées, dans les réseaux de conduits de petits diamètres : c'est le cas de Berlin, où la dépense annuelle, malgré les apparences, est, par habitant ou par mètre cube d'eau écoulé, à peu près la même qu'à Paris.

CHAPITRE XXVIII

ÉPURATION DES EAUX D'ÉGOUT

Sommaire : 197. Objet de l'épuration des eaux d'égout ; 198. Nature et importance des impuretés ; 199. Epuration par le sol ; 200. Utilisation agricole ; 201. Traitements artificiels ; 202. Résultats comparés.

197. Objet de l'épuration des eaux d'égout. — Le déversement des eaux d'égout, recueillies par les réseaux urbains, dans les nappes superficielles les plus proches, dans les cours d'eau principalement, est la conséquence de la loi naturelle, en vertu de laquelle toutes les eaux, qui circulent à la surface du sol, vont nécessairement y aboutir : or, à mesure que l'efflux des villes augmente de volume et se charge d'impuretés plus nombreuses et plus redoutables, la contamination, qui en résulte pour ces nappes, va incessamment croissant ; et il arrive bien vite, surtout au voisinage des agglomérations importantes, que la purification spontanée, résultant de l'action des forces naturelles, devient impuissante à en avoir raison ; le mal progresse alors rapidement, gagne de proche en proche, l'eau cesse d'être potable, ne tarde pas à devenir insalubre, jusqu'à ne plus se prêter dans certains cas à la vie des poissons, jusqu'à prendre dans les circonstances tout à fait défavorables l'aspect de l'eau d'égout elle-même.

Il y a là dès lors un danger évident pour la salubrité publique, et c'est par conséquent un devoir étroit, pour les autorités char-

gées d'y veiller, d'intervenir efficacement en vue de la protection
des cours d'eau, de prendre des mesures de défense, dont la
nécessité est d'autant plus manifeste que les écoulements sont
proportionnellement plus abondants et plus chargés de matières
nuisibles, le débit des cours d'eau plus faible, l'utilisation de
leurs eaux pour l'alimentation plus fréquente et plus voisine.

La mer ne se prête pas sensiblement mieux que les cours d'eau
à l'évacuation de l'efflux urbain, car les courants littoraux, toujours à peu près parallèles au rivage, déplacent les impuretés
qu'on y projette le long du bord, sans les en éloigner : les villes
maritimes se trouvent donc aux prises avec les mêmes difficultés
que les autres, quand il leur faut se débarrasser de leurs eaux
d'égout ; et ce serait gravement méconnaître la réalité des choses
que de conduire à grands frais vers la mer, comme quelques-uns
l'ont proposé inconsidérément parfois, celles des villes situées
dans l'intérieur des terres. Il ne peut être question non plus de
les déverser dans les nappes souterraines, plus exposées encore
à une contamination rapide et dangereuse, par une généralisation inadmissible de l'emploi des puisards.

Un seul moyen demeure donc à la disposition de ceux qui ont
la charge de l'assainissement urbain, l'*épuration* préalable des
eaux nuisibles.

Ce moyen est au surplus parfaitement satisfaisant *a priori* ; il
est évident en effet que si, par des procédés appropriés, on parvient à débarrasser les eaux souillées des principes nocifs, des
éléments d'insalubrité qu'elles renferment, rien n'empêchera plus
de les abandonner à leur cours naturel : on pourra impunément
les laisser rejoindre les rivières ou les lacs, gagner le rivage de
la mer, du moment où elles seront devenues inoffensives, indif-
férentes au point de vue de l'hygiène, sans danger désormais
pour la santé publique. Aussi est-ce dans cette direction que se
sont portés tous les efforts pour la solution du problème, l'un des
plus difficiles assurément qu'aient rencontrés les hygiénistes.

195. Nature et importance des impuretés. — Les impuretés que renferment les eaux d'égout sont, les unes *en suspension,*
les autres *en dissolution.*

Les premières, en plus ou moins grande quantité, suivant que les orifices d'écoulement laissent ou non les corps solides pénétrer dans les conduits d'évacuation, représentent assez ordinairement un à deux millièmes du poids total, un à deux kilogrammes par mètre cube. Il entre toujours dans leur composition une forte part de matières inertes, sable provenant de l'usure des chaussées, terre entraînée par ruissellement dans les jardins, etc.

Les autres, généralement riches en substances organiques, communiquent le plus souvent au liquide une réaction alcaline, qui tend à se modifier, jusqu'à devenir au contraire plutôt acide, à mesure que l'industrie se développe.

L'eau qui les contient présente, dans la plupart des cas, l'aspect d'un liquide grisâtre, opaque, qui émet une odeur fade *sui generis* et dont la température demeure à peu près constante en toutes saisons, dans les conduits souterrains. Maintenu à l'état de repos, ce liquide ne tarde pas à se décanter : au fond, il se forme un dépôt plus ou moins épais, gris ou brunâtre, où les matières se succèdent par ordre de densité ; au-dessus, le liquide, d'un blond sale, devient translucide sinon transparent ; et le tout peut être conservé assez longtemps, en présence de l'air, sans qu'il se produise d'altération marquée ni de putréfaction sensible ; tandis qu'en vase clos, ou dans une atmosphère confinée, la masse entre bientôt en putréfaction, passant au gris foncé, puis au noir, et dégageant une odeur infecte, où dominent les effluves ammoniacales et sulfhydriques.

L'analyse décèle, dans les eaux d'égout, des proportions très variables de substances minérales et de substances organiques, qui sont aussi de nature et de composition très diverses : on y rencontre toujours cependant de l'*azote* en quantité notable, tant à l'état organique qu'à celui de composés ammoniacaux et de nitrites, du *soufre* à l'état de sulfates, de sulfures, d'acide sulfhydrique, du *chlore*, partiellement à l'état de chlorure de sodium, de la *chaux*, puis de faibles doses d'*acide phosphorique* et de *potasse*, des *carbures d'hydrogène*, etc. L'oxygène y fait habituellement défaut, ce qui s'explique par la tendance des matières organiques à l'absorber, par les combustions qui se produisent dans la masse.

Les recherches micrographiques ont montré que l'eau d'égout est un milieu particulièrement riche en microorganismes : on les y dénombre par millions, par dizaines de millions dans un centimètre cube. Dans cette multitude de microbes, il y a nécessairement un certain nombre de germes pathogènes ; le bacille coli y est très répandu : cependant il ne semble pas que ces germes aient une tendance particulière à pulluler dans l'eau d'égout, et l'on a souvent constaté qu'ils y succombent plutôt au bout d'un temps assez court. Toujours on y rencontre les ferments de la putréfaction : mais, comme ils sont *anaérobies*, ils n'entrent en action que si le liquide est tenu à l'abri de l'air ; il est vrai que, cette condition remplie, l'effet se produit très vite et se propage rapidement.

109. Épuration par le sol. — La nature offre, pour la solution du problème de l'épuration des eaux d'égout, un outil merveilleux, que les villes ont souvent à leur disposition : c'est le sol des champs avoisinants, à la seule condition qu'il soit suffisamment poreux pour présenter une perméabilité convenable.

Si l'on répand en effet une eau impure sur un sol meuble, elle ne tarde pas à y pénétrer, en subissant tout d'abord une action mécanique, sorte de filtrage, qui a pour conséquence de retenir les matières en suspension, les plus grossières formant un dépôt superficiel, les plus ténues pénétrant à quelque profondeur mais sans dépasser les couches supérieures, si bien qu'après avoir traversé une faible épaisseur de terre l'eau se trouve complétement clarifiée. Une autre action, plus importante et plus remarquable, se produit en même temps : c'est une combustion lente, mais si énergique qu'elle en arrive « à brûler l'azote, ce que le feu ne sait pas faire (Schlœsing) », combustion qui s'opère par l'action de l'air, circulant dans les pores du sol, sur la pellicule liquide, que l'infiltration dépose autour de chaque molécule terreuse, et sous une influence demeurée longtemps mystérieuse, mais complétement expliquée aujourd'hui par la découverte des microbes aérobies, qui président à la *nitrification*. Les substances organiques fermentescibles sont ainsi détruites et se résolvent en matières minérales fixes et inoffensives, de sorte que l'eau, d'abord clarifiée, est ensuite épurée. Lorsqu'on la recueille, après son passage à travers le sol perméable, on la trouve limpide, dépourvue d'azote organique ou ammoniacal, aussi pauvre en microbes que les eaux souterraines, chargée il est vrai de chaux, de chlore, de nitrates, en assez forte proportion, qui révèlent à l'observateur exercé son origine, mais dont on n'a plus rien à redouter, de sorte que non seulement on peut la rejeter dans les nappes superficielles ou souterraines, sans crainte de les contaminer, mais que souvent elle y fournit un appoint beaucoup plus pur que ne le sont leurs propres eaux.

Les ingénieurs, qui se sont proposé de mettre à profit cette précieuse propriété du sol, n'ont pas tardé à reconnaître que, pour obtenir une épuration parfaite, il est indispensable que l'air se renouvelle fréquemment dans les pores du sol, où l'eau d'égout, dépourvue d'oxygène, n'apporte pas l'élément primordial indispensable à la combustion des substances organiques : d'où la nécessité de procéder par intermittence, de laisser le sol s'égoutter, après chaque arrosage, pendant un temps suffisant pour que l'air en pénètre la masse et lui rende son activité première. Telle est l'origine du procédé dit de la *filtration intermittente*, qui a été préconisé d'abord en Angleterre, et que les expériences de la station de Lawrence (Massachusetts) ont remis en honneur dans ces dernières années.

Il diffère essentiellement par là du filtrage des eaux destinées à l'alimentation, qui peut s'opérer au contraire d'une manière continue, sans doute parce que les eaux superficielles qu'on soumet à cette opération contiennent, à l'encontre de ce qui se passe dans les eaux d'égout, une forte proportion d'oxygène et sont d'ailleurs relativement très peu chargées de matières organiques : d'autre part, il s'en rapproche par l'obligation, où l'on se trouve dans l'un comme dans l'autre cas, de revivifier de temps à autre la surface filtrante, ce qui se fait en l'espèce par un travail d'ameublissement et de retournement superficiel, tout à fait analogue au labour. On conçoit que, le feutrage de la surface se faisant beaucoup plus vite avec des eaux plus chargées, cette revivification doit avoir lieu à intervalles plus rapprochés, d'où résulte une diminution sensible du temps consacré à l'amenée des eaux à épurer ; les périodes de repos, consacrées à l'égouttement des terres, viennent aussi réduire, et dans une proportion bien plus forte encore, la durée d'activité du filtre : il est donc facile de comprendre que le volume d'eau d'égout, qu'on pourra y traiter, sera toujours très inférieur à celui de l'eau filtrée à travers les filtres à sable des distributions d'eau. Au lieu de la tranche d'eau de 2 m. 40 d'épaisseur, à laquelle la pratique journalière a conduit pour ces derniers, et qui représente, en tenant compte des nettoyages superficiels périodiques, au moins 5.000.000 de mètres cubes par an et par hectare, on ne pourrait, d'après les expériences de Lawrence, dépasser 350.000 mètres cubes, sans nuire à la perfection de l'épuration.

Le sol qui convient le mieux à la filtration intermittente est celui qui est moyennement perméable : dans un sol trop poreux, l'eau s'écoulerait trop vite et ne serait sans doute pas complètement épurée. On choisira donc de préférence les couches arénacées, à pores fins et réguliers, plutôt que les couches de gros graviers ou de calcaires fendillés, qui risqueraient de ne pas donner un résultat aussi parfait.

Il faut aussi que l'épaisseur de la couche perméable soit telle que l'eau y séjourne nécessairement durant un temps convenable : suivant la nature du sol, son degré de porosité et la quantité d'eau à épurer par unité de surface, on pourra se contenter d'un écart plus ou moins grand entre la surface du filtre et la nappe souterraine qui en constitue le fond. Il convient, en général, de ne pas descendre au-dessous de 1 mètre d'épaisseur, bien qu'on puisse citer des cas où cette limite n'est pas atteinte : la sécurité est plus grande et l'épuration plus certaine quand le filtre a une épaisseur de plusieurs mètres. On maintient d'ailleurs cette épaisseur par un drainage plus ou moins profond, quand le relèvement de la nappe, qui est souvent une conséquence inévitable de l'opération, tendrait à la réduire au delà des limites admises : ce moyen permet même de l'augmenter parfois, en abaissant le niveau primitif de la nappe, de manière à rendre utilisables des terrains qui, au premier abord, ne semblaient guère propres à un pareil usage.

Dans la pratique, les considérations d'économie bien entendue et les ménagements commandés par l'opinion feront rechercher, pour le traitement des eaux d'égout par ce procédé, des terrains situés à l'aval des agglomérations, et autant que possible à un niveau inférieur, de manière à éviter les frais d'un relèvement mécanique, en y dirigeant l'efflux urbain par simple gravité, et à ne point provoquer des craintes de contamination, par suite du déversement des eaux épurées, dans les rivières, en amont des villes qu'on se propose d'assainir. Le terrain choisi, on devra en régler la surface avec un soin minutieux, afin d'y répartir l'eau d'une manière absolument régulière, soit en nappe superficielle de faible épaisseur, soit par une série de rigoles. Il conviendra, pour éviter le feutrage trop rapide de la surface, de procéder, avant toute répartition de l'eau d'égout, à un dégrossissage préalable, pour retenir les fumiers et les sables ; puis on réglera l'amenée de l'eau, de telle sorte que les arrosages se succèdent à des intervalles réguliers, et que chacun d'eux comporte une même quantité d'eau, variable d'ailleurs suivant les circonstances locales et le régime adopté.

200. Utilisation agricole. — L'eau d'égout constituant un véritable engrais liquide, qui se prête à une distribution facile, par voie d'irrigation sur le sol en culture, les agriculteurs en ont de tout temps apprécié la valeur au point de vue de la fertilisation des terres ; et, sans remonter aux temps antiques, on trouve des exemples fameux de leur emploi agricole persistant dans les riches *huertas*, créées par les Maures auprès des villes de l'Espagne méridionale, telles que Valence et Murcie, dans les *prés marcite* des environs de Milan, et dans les *dunes de Craigentinny*, transformées en magnifiques prairies, vers le milieu du XVIII° siècle, par le déversement des eaux d'égout d'Edimbourg.

L'idée devait donc venir tout naturellement de combiner avec l'épuration, recommandée par l'hygiène moderne et pour laquelle le sol arable se trouve si bien approprié, l'*utilisation agricole*, qui éviterait d'immobiliser pour les besoins de la salubrité de vastes surfaces cultivables, en laissant par ailleurs se perdre des masses de matières capables de les enrichir, et procurerait des revenus susceptibles d'entrer en compensation avec les dépenses importantes que les villes doivent s'imposer pour la sauvegarde de la santé publique.

Cette idée apparaît si séduisante que, dans la plupart des localités où l'on a demandé au sol naturel l'épuration de l'efflux urbain, on a voulu y associer une utilisation culturale des matières fertilisantes qu'il contient. Nulle part, il est vrai, on n'a été jusqu'à l'utilisation intégrale de ces matières, dont les frais seraient presque toujours supérieurs au produit effectif; et les villes se contentent de faire œuvre de salubrité, refusant à juste titre d'aller au delà, tandis que les agriculteurs, n'y pouvant trouver une rémunération suffisante de leurs débours, ne se soucient point de s'en charger. C'est donc à un compromis, comportant seulement une *utilisation partielle*, qu'on s'est arrêté en général : l'épuration est réalisée, non point par la filtration intermittente sur sol nu, poussée à la dose maxima, mais au moyen d'irrigations beaucoup moins intensives, sur des terres cultivées, conduites de manière à obtenir à la fois le résultat hygiénique que l'on s'est proposé, dans les conditions les plus satisfaisantes, et, par surcroît, des récoltes plus ou moins rémunératrices. Ce système, qui a été mis en pratique par plus de 200 villes anglaises et hautement préconisé en France par Mille et Alfred Durand-Claye, a trouvé une application remarquable dans l'assainissement de la ville de Berlin, qui exploite en régie depuis plus d'un quart de siècle de vastes *champs d'épuration*. C'est aussi celui que les pouvoirs publics ont imposé à la ville de Paris, à la suite du succès de la belle expérience de Gennevilliers, entreprise dès juin 1868, en fixant arbitrairement à 40.000 mètres cubes par hectare et par an la quantité d'eau d'égout que les lois du 4 avril 1889 et du 10 juillet 1894 l'autorisent à déverser sur le parc agricole d'Achères et sur ses autres champs d'épuration.

L'écart entre les besoins agricoles et les possibilités de l'épuration est grand, puisque, au chiffre de 350.000 mètres cubes par hectare et par an, qui résulte des expériences de Lawrence (Massachusetts) et avec lequel on obtient encore la transformation complète des substances nuisibles, les partisans de l'utilisation absolue opposent celui de 8.000 à 10.000 mètres cubes seulement ; ces limites extrêmes laissent évidemment place à des intermédiaires nombreux et divers, et il est facile de s'expliquer que la fixation des doses varie étrangement suivant qu'on se propose pour but principal l'épuration proprement dite ou qu'on penche vers l'utilisation agricole plus ou moins étendue. Les doses ne doivent-elles pas différer d'ailleurs avec la perméabilité, l'épaisseur, et les qualités culturales des terres, avec la composition des eaux d'égout, avec la nature des plantes à récolter, avec les conditions climatériques, etc.? Il y a, au surplus, deux éléments à considérer à ce point de vue dans les eaux d'égout, leur volume et leur teneur en substances fermentescibles : la dose usitée à Berlin est trois fois moindre environ qu'à Paris, mais, par contre, les eaux y sont trois fois plus chargées ; n'est-il pas évident dès lors que le travail d'épuration, demandé à chaque hectare de terre irriguée, est à peu près le même dans les deux cas ? Aussi vaudrait-il mieux peut-être prendre pour terme de comparaison, non plus la quantité d'eau déversée sur chaque hectare dans l'année, mais, comme on l'a fait plutôt en Angleterre, le nombre d'habitants desservis, qui, de 7.000 à 2.200 pour la filtration intermittente, est tombé, avec l'utilisation agricole partielle, pour Berlin, à 750 d'abord, puis progressivement jusqu'à 300, pour Paris, à 500 environ.

L'utilisation agricole des eaux d'égout se fait par cultures irriguées ; et, comme toute irrigation comporte des arrosages successifs convenablement espacés, toute culture des opérations périodiques d'ameublissement des surfaces, les deux conditions de l'épuration par le sol se trouvent nécessairement remplies ; c'est là une précieuse garantie, qui résulte de l'accord complet sur l'un et l'autre point entre les exigences de l'agriculture et celles de la salubrité. Il n'en est malheureusement pas toujours ainsi, et trop souvent les intérêts de l'une et de l'autre se trouvent en opposition directe : le débit des égouts est notamment plus grand en temps de pluie, quand précisément la terre humectée par la pluie même est le moins disposée à en recevoir les eaux ; il se maintient à peu près constant dans tout le cours de l'année, tandis que les besoins agricoles sont essentiellement variables, très restreints, presque nuls en certaines saisons, considérables en d'autres. D'où l'obligation de procéder en hiver à des limonages, sur les terres emblavées ou non, d'étudier avec soin les assolements, pour parvenir à des combinaisons rationnelles, et aussi, toutes les fois qu'on le peut, de se procurer un *régulateur*, appelé à recevoir le surplus des eaux d'égout et à les épurer, quand le sol cultivé ne s'y prête point ou demande tout au moins à être momentanément soulagé.

C'est la méthode d'irrigation par infiltration qui convient le mieux dans les champs d'épuration, parce qu'elle ne met pas l'eau souillée en contact direct avec les parties vives des plantes, ce qui constituerait un danger quant à celles destinées à être consommées crues par l'homme ou les animaux ; et c'est le plus souvent sur des planches étroites, séparées par des rigoles profondes, qu'on cultive les végétaux irrigués à l'eau d'égout, ou encore en faisant passer l'eau dans les raies de labour, dans l'intervalle des lignes de plants. On a cependant eu recours aussi à la méthode par déversement, pour l'emploi des eaux d'égouts dans les prairies, à celle par submersion, pour les limonages d'hiver à Berlin. Au surplus l'aménagement du sol cultivé ne diffère pas de ce qu'il est d'ordinaire pour l'application de ces méthodes, sauf la nécessité de parer au colmatage rapide des fonds et des parois des rigoles, par l'enlèvement périodique des dépôts qui s'y forment et qu'on rejette sur les planches, où ils constituent un supplément d'engrais.

Toutes les cultures auxquelles convient l'irrigation peuvent être admises et prospèrent dans les champs d'épuration : on y rencontre souvent la culture maraîchère, favorisée par la situation même, au voisinage des villes ; les prairies y sont à recommander, à cause de leur aptitude particulière pour l'absorption de l'eau à haute dose et en toutes saisons ; beaucoup de plantes industrielles y réussissent, ainsi que les pépinières, les arbres à fruits, etc.

La distribution de l'eau s'opère fréquemment, dans les champs d'épuration, au moyen de réseaux de conduites sous pression, en fonte, en béton, en ciment armé, et de bouches appropriées, qui alimentent les rigoles en terre formant les dernières ramifications. Pour éviter que la pression n'y dépasse la limite de résistance des conduites, et aussi pour faciliter le dégagement des gaz qui se produisent en abondance dans les eaux d'égout, on dispose en un certain nombre de points soit des cheminées verticales, ouvertes à la partie supérieure et formant colonnes piézométriques, soit des bouches à contrepoids, sortes de soupapes de sûreté. Un drainage, plus ou moins serré, est souvent nécessaire, pour aider à l'égouttement rapide des terres, permettre le rapprochement des arrosages et parer à des relèvements nuisibles de la nappe.

201. Traitements artificiels. — L'épuration par le sol n'étant pas toujours possible, notamment dans les localités où les terrains propices font défaut, on a été amené à chercher d'autres moyens de parvenir au même but. Cette recherche a même tellement hanté l'imagination des inventeurs que les procédés de *traitement artificiel* successivement proposés ne se comptent plus. Jusqu'en ces derniers temps, en effet, on croyait y trouver la possibilité de produire à bas prix des engrais d'une valeur considérable, par l'utilisation des dépôts abondants obtenus, sous forme de *boues* liquides, dans les bassins où l'on soumettait les eaux d'égout soit à des actions mécaniques ou physiques, soit à des précipitations chimiques.

Les procédés purement mécaniques ne mettent guère en œuvre que la *décantation*, qui débarrasse rapidement les eaux d'égout de la majeure partie des matières en suspension ; le filtrage est en effet d'application plus difficile, avec des eaux aussi chargées, qui colmatent très rapidement la surface des couches perméables : au surplus, dans un cas comme dans l'autre, l'action est nulle ou à peu près sur les matières en dissolution, et ce n'est pas une épuration véritable qu'on peut obtenir, mais seulement une clarification plus ou moins marquée.

Parmi les agents physiques, on a songé à utiliser l'*électricité*, en se servant de courants suffisamment énergiques pour décomposer soit l'eau d'égout elle-même (procédé Webster 1889), soit un liquide auxiliaire, tel que l'eau de mer ou des résidus industriels chargés de chlorures (procédé Hermite 1893), et produire de l'oxygène ou du chlore à l'état naissant, qui effectuerait la combustion, la minéralisation, des matières organiques fermen-

40

tescibles, tandis que les bulles de gaz entraîneraient les particules en suspension.

Ξ e beaucoup plus multipliés, les procédés chimiques ont donné
lieu à la prise de très nombreux brevets, 500 en Angleterre
seulement, et ont trouvé des applications fréquentes. Par l'emploi
de réactifs divers, employés isolément ou combinés entre eux,
on a cherché à obtenir à la fois le dépôt des matières en suspension et la décomposition plus ou moins complète de celles en
dissolution. D'où la préférence donnée souvent à ceux de ces
réactifs, qui produisent un précipité floconneux ou gélatineux,
déterminant dans la masse une sorte de collage des particules
solides : le *sulfate d'alumine* en est le type. Parmi les autres
substances les plus employées, il convient de citer, en première
ligne, la *chaux*, qui a pour effet de débarrasser l'eau d'égout
d'une proportion considérable des matières en suspension et de
plus de la moitié de l'azote organique, en exerçant d'ailleurs une
action marquée sur les microbes ; viennent ensuite les corps
oxydants comme les *permanganates*, puis les *chlorures*, les *sels
de fer*, le *charbon*, etc. On a préconisé aussi de nombreuses combinaisons plus ou moins complexes : la *chaux* et le *sulfate d'alumine* employés à Francfort ; la *chaux* et le *sulfate de fer* qui le
sont encore à Londres ; le procédé ABC — alun, sang (blood),
charbon — qui a eu quelque vogue en Angleterre ; de même le
procédé dit International, où la précipitation, obtenue au moyen
d'un liquide composé dit *ferozone*, était suivie d'un filtrage sur lit
de *polarite*, substance riche en oxyde magnétique de fer, vantée
encore tout récemment sous le nom de *carboferrite* ; en Allemagne, le procédé de la *bouillie de charbon*, etc., etc. Presque toujours
les traitements chimiques sont accompagnés d'opérations mécaniques accessoires, dégrossissage préalable destiné à débarrasser
l'eau d'égout des fumiers et des sables, préparation des réactifs,
élévation puis dessiccation ou compression des boues, filtrage
consécutif des eaux clarifiées sur sol naturel ou lit artificiel, etc.

La nécessité presque constante de ces opérations accessoires,
quel que soit le procédé appliqué, imprime aux installations de
traitement chimique une certaine uniformité : on y trouve communément, à l'arrivée du collecteur ou de l'émissaire, les grilles

et les chambres à sable pour le dégrossissage ; l'eau d'égout
pénètre ensuite dans l'usine proprement dite, où sont réunis les
engins mécaniques, moteurs, pompes et monte-jus, broyeurs,
mélangeurs, filtres-presses, etc., et d'où elle passe, après avoir

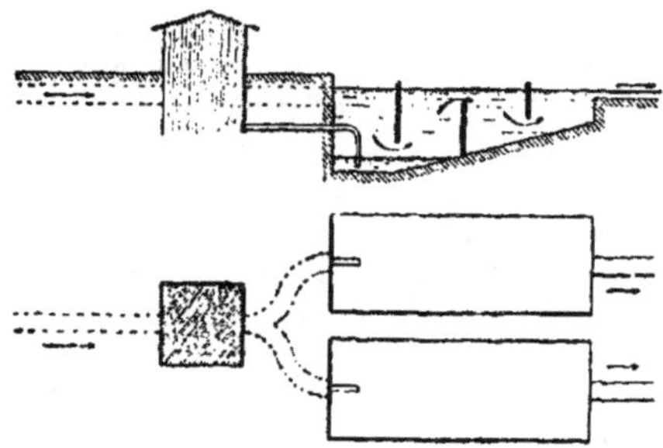

reçu les réactifs chimiques, dans les bassins à fond incliné,
pourvus de chicanes, où se produit la précipitation ; les boues
fluides, ramenées au point bas, y sont aspirées ; l'eau épurée
s'échappe par déversement superficiel et va gagner soit la nappe
superficielle où elle est déversée, soit les lits filtrants qu'elle doit
traverser avant d'y parvenir. Il y a quelques années, on a substitué avec succès, en Allemagne,
notamment à Dortmund, aux bassins
rectangulaires et peu profonds usités
en Angleterre, des puits circulaires
de grande profondeur, où l'on fait
arriver l'eau en traitement par le
bas, pour l'obliger à une ascension,
au cours de laquelle l'effet de la
pesanteur la débarrasse très complétement des corps solides en suspension.

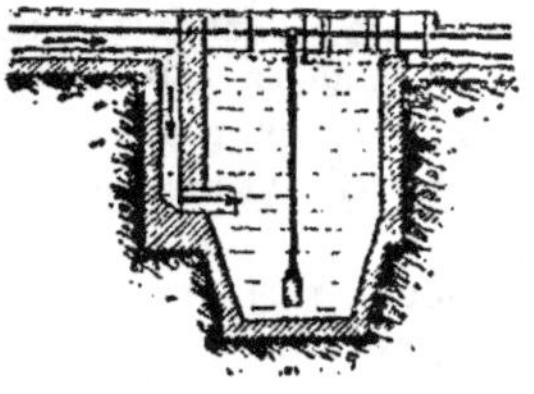

Partout on a rencontré de grandes difficultés pour l'emploi des
boues, que, malgré leur teneur en substances fertilisantes, les
cultivateurs n'utilisent pas volontiers et dont ils n'offrent que
des prix dérisoires, à cause des difficultés de transport et d'em-

ploi : on s'est ingénié à en tirer un meilleur parti, en leur faisant subir un traitement préalable, tel que la dessiccation à l'air, qui, s'opérant lentement, encombre de vastes surfaces, le passage au filtre-presse pour la confection de tourteaux, l'essorage et l'enrichissement par addition d'autres substances, etc. A défaut d'utilisation agricole, on a tenté de leur. trouver quelque emploi industriel, extraction des graisses, revivification des réactifs chimiques, fabrication de ciment ou de gaz combustibles, etc. Finalement il a fallu, dans plus d'une localité, revenir, pour s'en débarrasser, soit à la calcination dans des fours, soit à l'enfouissement dans des champs, acquis et aménagés à cet effet, soit enfin — c'est le cas de Londres — les porter à la mer et les y déverser loin du rivage !

C'est, semble-t-il, surtout à l'espoir entrevu d'en finir avec ces boues, devenues le « cauchemar » des spécialistes, qu'on doit attribuer la popularité immédiate obtenue dès leur apparition (1896) par les procédés d'*épuration biologique*, qui ont suscité tant d'enthousiasme en Angleterre et qui sont appelés à prendre sans aucun doute une extension considérable. M. Cameron, à Exeter, avec la *fosse septique*, M. Dibdin, à Barking (Londres), avec les *lits de contact*, annonçaient en effet qu'ils avaient trouvé le moyen de détruire les matières organiques solides, de supprimer par conséquent les boues ; et ce moyen était « l'imitation de la nature » dans la transformation qui s'opère à la surface du sol perméable, en mettant en œuvre les microbes soit anaérobies soit aérobies, qui produisent, les uns la dissociation ou biolyse, les autres l'oxydation ou la nitrification des substances organiques.

Le premier de ces effets se produit seul dans la fosse septique voûtée, où l'eau séjourne à l'abri de l'air, pendant vingt-quatre heures au moins, et subit un commencement de putréfaction : au sortir de cette fosse, on constate qu'une très notable proportion de corps solides ont disparu, que l'eau a pris une teinte plus foncée, qu'elle dégage une odeur ammoniacale ; le travail biologique n'est pas terminé, et il faut, pour l'achever, employer une couche filtrante en présence de l'air, de manière à provoquer l'oxydation énergique d'où résulte la minéralisation finale. La pratique a d'ailleurs montré qu'il se forme à la surface du liquide, dans la fosse septique, une épaisse couche d'écume noirâtre, qui suffit à le tenir à l'abri de l'air et permet en conséquence de supprimer la couverture sans nuire à l'effet produit.

Dans les *lits de contact*, composés de couches de matériaux meubles et grenus, plus ou moins grossiers mais toujours de dimensions régulières (briques concassées, coke, mâchefer, graviers), on procède — le plus souvent trois fois par vingt-quatre heures — à des opérations successives de remplissage, d'arrêt et d'égouttement, qui ont pour effet de soumettre l'eau au travail des microbes anaérobies et aérobies tout à la fois, et de déterminer par suite, sans passer par la putréfaction partielle, le double effet de biolyse et de nitrification nécessaire à la minéralisation complète des substances organiques. L'expérience prouve qu'en général un lit unique ne suffit pas, que le passage par deux lits successifs est le plus souvent nécessaire ; on en a même employé trois à Hampton, et le résultat paraît être plus vite et plus complètement obtenu quand on fait passer d'abord le liquide à épurer par une fosse septique, avant de passer aux lits de contact.

A Manchester, à la suite d'un examen approfondi de la question, par une commission d'experts, on a renoncé à la précipitation chimique précédemment pratiquée dans l'établissement de Davyhulme, avec transport des boues à la mer, et déversement des eaux clarifiées dans le canal maritime, pour adopter, moyennant une dépense de 12.500.000 francs, la combinaison qui vient d'être mentionnée, fosse septique et lit de contact : c'est la première application qui en ait été faite à une ville de cette importance.

Mais les installations d'épuration biologique se sont déjà multipliées dans les localités moins importantes, particulièrement en Angleterre. D'autres dispositifs y ont été en outre imaginés, dont plusieurs comportent la suppression des arrêts pratiqués dans les lits de contact et qui rendent nécessaire l'emploi de bassins étanches et d'appareils de manœuvre, ainsi qu'une surveillance attentive et ininterrompue, pour y substituer l'écoulement continu goutte à goutte, la *percolation*, qui reproduit plus exactement le processus de la filtration intermittente dans le sol perméable et ne comporte ni appareils de manœuvre, ni fonds ni parois étanches. Il semble résulter des expériences comparatives de Leeds, de Hambourg, de Birmingham, que les lits oxydants à percolation, d'application plus facile au point de vue technique, probablement aussi plus économiques, donnent des résultats hygiéniques au moins équivalents, à la seule condition d'assurer la répartition bien régulière de l'eau à la surface des lits. Pour remplir cette condition, on a d'ailleurs imaginé divers dispositifs, notamment des tourniquets hydrauliques (sprinklers), déjà très répandus et qui, animés d'un mouvement de rotation, distribuent l'eau par petits jets suivant des lignes concentriques sur des lits circulaires, ou encore des conduites fixes sous pression, munies de pommes d'arrosoir (Salford, Birmingham), d'où l'eau s'échappe en gerbes et retombe en pluie sur des lits de forme quelconque.

En France, des expériences à petite échelle ont été instituées dès 1900, par le service des eaux et de l'assainissement de Paris, à Gennevilliers ; en 1901, M. le Dr Calmette a reproduit, dans une installation d'essai très soignée, à la Madeleine-lès-Lille, les dispositifs adoptés à Manchester, afin d'en vulgariser la connaissance et d'en provoquer l'utilisation ; déjà plus d'une localité, plus d'un grand établissement, sont entrés dans la voie nouvelle, et mettent en œuvre l'épuration biologique ; tout récemment enfin (1905) le département de la Seine, après un voyage d'étude de la commission spéciale en Angleterre, a décidé une expérimentation en grand et simultanée des lits de contact et des lits à percolation, en vue d'une application prochaine à l'épuration des eaux d'égout, pour lesquelles les terrains favorables font défaut.

209. Résultats comparés. — Aucun procédé de traitement artificiel, quel qu'il soit, n'a jusqu'ici procuré l'épuration complète des eaux d'égout, telle qu'on l'obtient par l'utilisation du sol perméable : tous donnent une clarification plus ou moins étendue, quelques-uns une sérieuse épuration partielle, les plus récents une diminution considérable de la matière organique, de l'azote albuminoïde, mais sans parvenir ni à la minéralisation absolue que réalise l'épuration par le sol, appliquée avec les soins voulus dans les circonstances favorables, ni surtout à la disparition presque complète des microorganismes qu'elle permet d'obtenir.

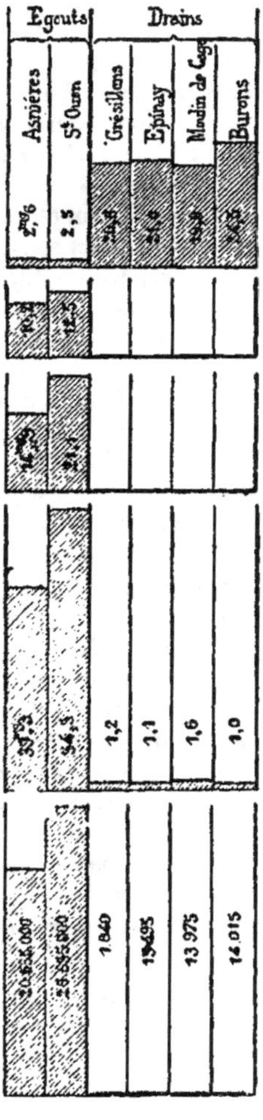

Tandis que les analyses régulièrement poursuivies depuis nombre d'années par l'observatoire de Montsouris, sur les eaux de drainage de Gennevilliers, et continuées sur celles des autres champs d'épuration de la ville de Paris, n'ont jamais décelé dans l'eau épurée la moindre trace d'azote organique ou ammoniacal, ni manqué de constater la réduction de la matière organique et des microbes aux proportions intimes que l'on rencontre dans les eaux réputées potables, ces mêmes résultats ont été obtenus également à la station d'expérience de Lawrence (Massachusetts) ; on les retrouve, au surplus, presque aussi marqués et non moins caractéristiques, à Berlin et dans les autres exploitations analogues.

Et cependant on n'est pas encore parvenu à triompher complètement des préventions irréfléchies, des répugnances instinctives, que provoque trop souvent l'épuration par le sol, et qui ont trouvé des encouragements dans l'absence constatée des bénéfices culturaux d'abord entrevus ou dans certaines conséquences d'exploitations mal dirigées. On se heurte encore trop souvent, malgré les leçons les plus probantes de la pratique, à des objections banales, maintes fois réfutées, telles que la prétendue saturation des terres, qu'on n'a cependant observée ni dans les huertas espagnoles qui remontent au temps de l'occupation des Maures, ni dans les exploitations plusieurs fois centenaires des prés *marcite* de Milan ou des dunes d'Edimbourg, ni enfin dans les champs d'épuration de Berlin ou de Gennevilliers, irrigués depuis plus de trente ans ; l'impossibilité imaginaire d'irriguer pendant les gelées, contredite par les faits à Berlin, à Paris, à Reims, partout enfin, la température relativement élevée des eaux d'égout leur ayant toujours permis de se glisser sous la couche superficielle de glace et de maintenir la perméabilité du sol ; l'influence supposée sur la salubrité du voisinage, malgré les constatations contraires de toutes les statistiques, malgré l'installation par la ville de Berlin d'asiles de convalescents et plus récemment d'un sanatorium au milieu même de ses champs d'épuration ; la défectuosité des récoltes, dont on ne peut nier il est vrai la pousse rapide, le développement remarquable, l'aspect magnifique, mais dont on s'efforce contre l'évidence de déprécier la qualité ou sur lesquelles on tente de jeter la suspicion.

On affirme volontiers, sans preuves d'ailleurs, que l'épuration par le sol est un moyen extrêmement coûteux, et l'on s'empresse d'en conclure à la supériorité des traitements artificiels. Il ne faut pas oublier pourtant que, si l'utilisation agricole ne donne pas en général de bénéfices notables, que, si la régie berlinoise couvre tout juste ses frais, et l'exploitation parisienne par affermage tire du loyer de ses champs irrigués un assez maigre produit, la dépense de l'épuration proprement dite, très variable au surplus, n'en est pas moins avantageusement comparable, dans bien des cas, à celle des procédés artificiels, qui comportent des arrosages moins étendus mais plus coûteux, des sujétions particulières d'exploitation, et parfois d'énormes dépenses en réactifs chimiques, ou en manipulation et transport des boues.

Elle demeure assurément la solution la plus complète, la seule parfaite pour mieux dire, au point de vue hygiénique, celle qui doit être incontestablement mise au premier rang et préférée, toutes les fois que l'application en est possible dans des conditions abordables.

Sans doute il n'en est pas toujours ainsi ; et, d'autre part, on peut se contenter souvent d'une épuration moins parfaite, pourvu qu'après traitement l'eau d'égout soit devenue inoffensive, moins impure que ne l'est celle des nappes superficielles où on la déversera, tout au moins à l'abri de fermentations ultérieures.

L'épuration biologique, qui, parmi les traitements artificiels, donne les résultats hygiéniques les plus satisfaisants, et qui a le très grand mérite de pouvoir s'appliquer partout, aussi bien que les procédés mécaniques ou chimiques, est assurément appelée à un développement considérable : elle ne saurait manquer de rendre de nombreux et incontestables services et constitue — ainsi que le constatait à Bruxelles, en 1903, le dernier Congrès international d'hygiène — un « moyen de plus », assurément précieux, mis à la disposition des ingénieurs sanitaires et dont ils tireront grand profit. Elle n'a pas, il est vrai, réalisé, comme on l'avait cru et annoncé d'abord, la suppression complète des boues, des dépôts : à défaut de précautions spéciales, les fosses septiques doivent être vidangées de temps à autre, les lits de contact ou de percolation s'encrassent et se colmatent, ainsi que le reconnaissaient, dès 1901, à Glasgow, les spécialistes anglais ; mais il suffit d'y ajouter un mode de dégrossissage préalable, bien conçu et bien dirigé, pour avoir raison de cet inconvénient. Dans bien des cas, comme à Leicester, elle pourra devenir même un utile adjuvant de l'épuration par le sol, etc., lui fournissant le régulateur qui souvent y fait défaut, soit pour parer aux afflux exceptionnels en temps de grandes pluies, soit pour recevoir en certaines saisons ce que ne peuvent absorber les terres en culture.

Quant aux procédés chimiques, s'ils doivent encore rendre des services, surtout à titre accessoire, par exemple pour le dégrossissage préalable qu'on mentionnait plus haut, il n'est point douteux qu'ils se trouvent désormais rejetés au second plan : le coût élevé des réactifs et la fâcheuse accumulation des boues les condamnent. En Angleterre on n'hésite plus à y substituer l'épuration biologique, ainsi qu'en témoignent et la transformation entreprise à grands frais par la ville de Manchester, et le projet dont le Conseil de comté de Londres semble disposé à commencer bientôt à son tour la réalisation. En Allemagne, on tend même à y substituer de simples traitements mécaniques : les établissements d'épuration chimique, établis à Francfort et à Wiesbaden en 1888, et qui étaient cités comme des modèles, n'existent plus ; dans les mêmes bassins, plus ou moins agrandis, on ne fait plus qu'une simple décantation, dont les autorités gouvernementales se contentent désormais, les considérant comme équivalents au point de vue sanitaire et d'une exploitation sensiblement plus économique.

Dans ce pays, au surplus, l'emploi des procédés purement mécaniques, de la simple décantation, qui ne peut avoir d'autre prétention que de clarifier et non d'épurer réellement l'eau d'égout, est actuellement en faveur : Cassel vient d'en faire avec succès une application remarquable ; des essais intéressants ont été entrepris et se poursuivent dans le même sens à Cologne.

TABLE DES MATIÈRES

INTRODUCTION

		PAGES
1.	Objet du cours	1
2.	Importance de l'eau en agriculture.	2
3.	Influence de l'eau sur la vie urbaine	4
4.	Répartition naturelle des eaux	7
5.	Aménagement des eaux	9
6.	Situation générale en France	11
7.	Aperçu de la situation à l'étranger.	14
8.	Progrès à réaliser	15

PREMIÈRE PARTIE

HYDROLOGIE
GÉNÉRALITÉS SUR LE RÉGIME ET L'AMÉNAGEMENT DES EAUX

CHAPITRE PREMIER
Les eaux météoriques

9.	Aspects divers des eaux météoriques	21
10.	Composition des eaux météoriques.	24
11.	Pluviométrie	27
12.	Régime des pluies	29

CHAPITRE II
Évaporation. Ruissellement. Infiltration.

13.	Division des eaux à la surface du sol	35
14.	Importance et mesure de l'évaporation.	39

PAGES

15. Évaporation par les surfaces d'eau. 42
16. Évaporation par le sol 43
17. Ruissellement. 45
18. Infiltration. 47

CHAPITRE III

Les eaux de superficie

19. L'eau à la surface du sol. 49
20. Glaciers 52
21. Torrents 52
22. Cours d'eau 55
23. Régime des cours d'eau 59
24. Lacs et étangs. 61
25. Composition des eaux de superficie 63

CHAPITRE IV

Les eaux souterraines

26. L'eau à l'intérieur du sol. 66
27. Cas des terrains poreux 69
28. Cas des terrains fissurés. 71
29. Sources 73
30. Composition des eaux souterraines. 77

CHAPITRE V

Effets produits par les eaux

31. Effets dus aux eaux météoriques 80
32. Effets des eaux courantes 84
33. Effets des eaux dormantes 91
34. Effets produits par les eaux souterraines 92
35. Purification spontanée 94
36. Effets utiles. Effets nuisibles 96

CHAPITRE VI

Travaux ayant pour objet de combattre les effets nuisibles des eaux

37. Défense contre la neige, la grêle, les gelées 98
38. Défense contre les torrents 99
39. Faucardement. 109
40. Curage. 112

CHAPITRE VII

Utilisation de la pente des cours d'eau

41. Considérations générales. 120
42. État de la législation en France. 122
43. Disposition générale des prises d'eau d'usines. 124
44. Dispositifs des ouvrages 126
45. Règlements d'eau. 130
46. Procédures spéciales 132

CHAPITRE VIII

Recherche et appréciation des eaux

47. Études des ressources hydrologiques 135
48. Reconnaissance des eaux apparentes 136
49. Recherche des eaux profondes 137
50. Détermination des quantités disponibles 139
51. Examen qualitatif. 142
52. Analyse chimique. 144
53. Examen micrographique. 146

CHAPITRE IX

Travaux de captage

54. Récolte et emmagasinement des eaux de pluie 148
55. Mise en réserve des eaux de ruissellement 151
56. Digues et murs-barrages. 154
57. Ouvrages accessoires. 157
58. Emprunts aux eaux de superficie 162
59. Prises d'eau en lit de rivière 166
60. Galeries ou puits de captage dans les graviers d'alluvion . . . 170
61. Captage des sources 172
62. Puisage dans les nappes phréatiques 178
63. Construction des puits 182
64. Drainages 185
65. Galeries drainantes ou captantes 186
66. Emprunts aux nappes profondes 189
67. Emprunts aux nappes ascendantes ou artésiennes. 190

CHAPITRE X

Amélioration des eaux naturelles

68. Objet de l'amélioration des eaux 193
69. Multiplicité et diversité des procédés d'amélioration 195
70. Traitement des eaux industrielles 199
71. Traitement des eaux d'alimentation. 201
72. Théorie et pratique du filtrage continu par le sable 204

CHAPITRE XI

Adduction des eaux par la gravité

73. Transport de l'eau à distance 213
74. Rappel des formules de l'hydraulique 215
75. Etude des dérivations. 217
76. Rigoles et canaux en terre 220
77. Aqueducs en maçonnerie. 223
78. Conduites forcées. 230
79. Traversée des vallées. 242
80. Souterrains. 247
81. Ouvrages accessoires. 248
82. Coût de l'adduction des eaux 251

CHAPITRE XII

Élévation mécanique de l'eau

83. Aperçu général 254
84. Appareils agissant par déplacement. 256
85. Appareils agissant par aspiration et refoulement 260
86. Appareils utilisant directement les chutes d'eau 264
87. Appareils agissant par expansion des gaz. 266
88. Pompes à mouvement alternatif. 268
89. Jeu des pompes 272
90. Organes des pompes. 275
91. Aspiration. 281
92. Refoulement 282
93. Moteurs 285
94. Machines élévatoires 291
95. Etablissement des usines élévatoires 296
96. Exploitation et entretien. 298
97. Coût de l'élévation mécanique 299

DEUXIÈME PARTIE

HYDRAULIQUE AGRICOLE

CHAPITRE XIII

Notions de génie rural

98. Sol arable 305
99. Conditions nécessaires au développement de la végétation . . . 309
100. Cultures diverses. Assolements 311
101. Engrais 313
102. Préparation des terres 318

PAGES

103. Ensemencement 322
104. Récolte. 324
105. Préparation des récoltes. 328
106. Bâtiments ruraux. 330
107. Exploitation agricole. 331

CHAPITRE XIV

L'eau en agriculture

108. Rôle agricole de l'eau 334
109. Eaux utiles 337
110. Eaux nuisibles 342
111. Limons. 344

CHAPITRE XV

Irrigations

112. Emploi des irrigations 347
113. Conditions pratiques d'application 351
114. Méthodes d'irrigation. 355
115. Irrigations par submersion 356
116. Irrigations par déversement. 358
117. Ados 362
118. Irrigations par infiltration 367
119. Procédés divers et spéciaux 369
120. Exécution des ouvrages 370
121. Surveillance et entretien. 374
122. Répartition et distribution des eaux d'arrosage . . . 376
123. Doses pratiques 384
124. Modes de vente et prix des eaux d'arrosage 385
125. Grandes entreprises d'irrigation 389
126. Dispositions légales et réglementaires 392

CHAPITRE XVI

Limonages et colmatages

127. Limonages. 396
128. Colmatages 398
129. Dispositions générales des ouvrages 400
130. Exemples de colmatages. 403
131. Colmatages en eau saumâtre ou salée 407
132. Travaux à la mer. 411

CHAPITRE XVII

Dessèchements

133. Les marais. 415

PAGES

134. Historique et législation en France. 416
135. Divers modes de desséchement 418
136. Nature et dispositions générales des ouvrages. 420
137. Desséchements par écoulement continu. 422
138. Desséchements par écoulement discontinu. 427
139. Desséchements par élévation mécanique 429

CHAPITRE XVIII

Assainissements agricoles et drainages

140. Caractère des assainissements agricoles 435
141. Grands travaux d'assainissement 437
142. Principe et développement du drainage. 445
143. Législation spéciale 450
144. Établissement des projets de drainage. 451
145. Travaux de drainage. 457
146. Drainages spéciaux 461
147. Irrigation et drainage combinés. 463

CHAPITRE XIX

Fixation des dunes

148. Formation et progression des dunes 466
149. Principe de la fixation des dunes 469
150. Ouvrages de défense 472
151. Semis protégés 474
152. Applications diverses. 475

TROISIÈME PARTIE

HYDRAULIQUE URBAINE

CHAPITRE XX

Notions de salubrité urbaine

153. Inconvénients et dangers de l'agglomération 481
154. Bases fondamentales de l'hygiène des villes 483
155. Rôle capital de l'eau 485
156. Aperçu rétrospectif 487
157. État actuel de l'hygiène urbaine 490
158. Législation sanitaire. 493

CHAPITRE XXI

Approvisionnement des eaux utiles

159. Quantités d'eau nécessaires pour l'alimentation urbaine 496
160. Qualités requises 502
161. Choix à faire 506
162. Etat de notre législation en matière de propriété et d'adduction des
    eaux 509
163. Instruction des projets 511
164. Caractère légal des services d'eau 513

CHAPITRE XXII

Réservoirs de distribution

165. Rôle, niveau et capacité des réservoirs 515
166. Dispositions générales 518
167. Mode de construction 521
168. Couverture 527
169. Dispositifs accessoires 529
170. Prix de revient 531

CHAPITRE XXIII

Réseaux de conduites

171. Distribution générale 533
172. Etablissement de la canalisation 536
173. Dispositions accessoires 539
174. Entretien des conduites et appareils 542
175. Exploitation 544

CHAPITRE XXIV

L'eau sur la voie publique et dans les maisons

176. Service public, service privé 547
177. Prises et branchements 549
178. Appareils publics 550
179. Vente et tarification de l'eau 554
180. Modes de livraison 556
181. Réglementation usuelle des abonnements 561
182. Distribution intérieure 564

CHAPITRE XXV

Evacuation des eaux nuisibles

183. Les eaux souillées 568
184. Police sanitaire 571

PAGES

185. Systèmes divers de collecte et d'évacuation 573
186. Canalisation dans les maisons 577
187. Canalisation sous les voies publiques 580

CHAPITRE XXVI

Réseaux d'égouts

188. Tracé général 586
189 Disposition des ouvrages. 591
190. Mode de construction. 595
191. Aperçu des dépenses 599
192. Instruction des projets. Ressources spéciales 600

CHAPITRE XXVII

Curage des égouts

193. Nécessité du curage 603
194. Emploi des chasses 605
195. Extraction des matières solides. 608
196. Exploitation des égouts 612

CHAPITRE XXVIII

Épuration des eaux d'égout

197. Objet de l'épuration des eaux d'égout 615
198. Nature et importance des impuretés. 616
199. Épuration par le sol 618
200. Utilisation agricole 621
201. Traitements artificiels 625
202. Résultats comparés 630

ENCYCLOPÉDIE DES TRAVAUX PUBLICS (suite)

OUVRAGES DE PROFESSEURS A L'ÉCOLE NATIONALE SUPÉRIEURE DES MINES

M. Aguillon. *Législation des mines, française et étrangère*. 40 fr. On vend séparément :
— La *Législation en France, dans les colonies et protectorats*, 2ᵉ édition (très augmentée),
1 très fort volume (1.011 pages) . . . . 25 fr.
— Les *Législations étrangères*. . . . . 15 fr.
M. Pelletan. *Lever des plans et nivellement souterrains* (Voir ci-dessus : *Durand-Claye*).
M. Chesneau. *Lois générales de la Chimie*. 1 vol. avec 37 figures. . . . . 7 fr. 50
MM. Vicaire et Maison. *Cours de Chemins de fer de l'Ecole des Mines* ; 582 p., 493 fig. 20 fr.

OUVRAGE D'UN PROFESSEUR A L'ÉCOLE NATIONALE FORESTIÈRE

M. Thiéry. *Restauration des montagnes*, avec une *Introduction* par M. Lechalas pere. Vol.
de 442 pages, avec 173 figures. . . . . 15 fr.

OUVRAGES DE DIVERS AUTEURS

M. Emile Bourry, ingénieur des Arts et Manufactures, *Traité des Industries céramiques*,
1 vol. Voir *Encyclopédie industrielle*. Cet ouvrage, devenu classique en France, a été traduit en anglais. . . . . 20 fr.
M. Charpentier de Cossigny, ingénieur civil des mines, lauréat de la Société des agri-
culteurs de France. *Hydraulique agricole*. 2ᵉ édit., 1 vol., avec 160 figures . . 15 fr.
M. Degrand, inspecteur général honoraire des ponts et chaussées. *Ponts en maçonnerie*
(Voir ci-dessus : *J. Résal*).
M. Doniol, inspecteur général des ponts et chaussées en retraite. *Réglementation des che-
mins de fer d'intérêt local, des tramways et des automobiles* 1 vol. avec figures. 10 fr.
— *Complément a l'ouvrage ci-dessus* . . . . 3 fr.
M. le Dʳ Ducuesne, ancien président de la Société de médecine pratique. *Hygiène générale et Hygiène industrielle*, ouvrage rédigé conformément au programme du *Cours
d'hygiène industrielle* de l'Ecole centrale. 1 vol. de 740 pages, avec figures . . 15 fr.
M. Henry (Ernest), Inspecteur général des ponts et chaussées. *Théorie et pratique du mouvement de terres, d'après le procédé Bruckner*. 1 vol., 2 fr. 50. — *Ponts métalliques à travées indépendantes : formules, barèmes et tableaux* 1 vol. de 639 pages, avec 267 figures,
20 fr. — *Traité pratique des chemins vicinaux*, volume de près de 800 pages. . 20 fr.
M. Maurice Koechlin, ingénieur. *Applications de la statique graphique*. 1 vol., avec 311
figures et 1 atlas de 34 planches, seconde édition, revue et très augmentée, 30 fr. —
Recueil de types de ponts pour routes. 1 vol. de 306 pages et un atlas. : . . 25 fr.
M. Lallemand, ingénieur en chef des mines. *Nivellement de précision* (Voir ci-dessus
Durand-Claye).
M. Lavoinne. *La Seine maritime et son estuaire*, 1 vol., avec 49 figures. . . . 10 fr.
M. Lechalas père, inspecteur général des ponts et chaussées. *Hydraulique fluviale*. 1 vol.,
avec 78 figures. 17 fr. 50. — *Des conditions générales d'établissement des ouvrages dans
les vallées* (Voir ci-dessus : *J. Résal et Degrand*; c'est l'introduction à leur *Traité des
Ponts en maçonnerie*).
M. Lechalas fils, ingénieur en chef des ponts et chaussées. *Manuel de droit administratif*.
Tome I, 20 fr.; tome II, 1ʳᵉ partie, 16 fr. ; tome II, 2ᵉ partie . . . . . 10 fr.
M. Lévy-Lambert, ingénieur civil, inspecteur de l'exploitation à la Compagnie du Nord.
Chemins de fer à crémaillère. 1 vol., avec 79 figures. 15 fr. — *Chemins de fer funicu-
laires, Transports aériens*. 1 vol., avec 150 figures . . . . 15 fr.
M. Leygue, ancien ingénieur auxiliaire des travaux de l'État, agent-voyer en chef de la
province d'Oran. *Chemins de fer. Notions générales et économiques*. 1 vol. de 617 pages,
avec figures . . . . 15 fr.
M. E. Pontzen, ingénieur civil (l'un des auteurs de *Les chemins de fer en Amérique*) :
Procédés généraux de construction : Terrassements, tunnels, dragages et dérochements.
1 vol. de 872 pages, avec 234 figures (médaille d'or à l'Exposition de 1900). . 25 fr.
M. Tarbé de Saint-Hardouin, inspecteur général des ponts et chaussées, ancien directeur
de l'Ecole de ce corps. *Notices biographiques sur les ingénieurs des ponts et chaussées*.
un vol. . . . . 5 fr.

Chaque ouvrage se vend séparément (et aussi chaque volume des ouvrages qui
en comprennent plusieurs). Il n'y a pas de numérotage général des volumes formant la collection.

Les ouvrages entrant dans les *Encyclopédies des Travaux publics et Industrielle* sont
en vente chez Ch. Béranger et chez Gauthier-Villars.

ENCYCLOPÉDIE INDUSTRIELLE
Vol. grand in-8°, avec de nombreuses figures

Exploitation technique des Chemins de fer, par A. SCHOELLER et A. FLEURQUIN, 1 vol. de 408 pag. avec 109 fig. . . 12 fr.

Calcul infinitésimal à l'usage des Ingénieurs, par E. ROUCHÉ et L. LÉVY, 2 vol. de 557 et 829 p. Chaq. vol. . . 15 fr.

Cours de géométrie descriptive de l'École centrale, par C. BRISSE, prof. de ce cours, et H. PICQUET, 478 pag. avec 300 fig . . . . . . 17 fr. 50

Construction pratique des navires de guerre, par A. CRONEAU, 2 vol. 996 pag. et 664 figures) et 1 bel atlas double in-4° de 11 pl., dont 2 en 3 coul . . 33 fr.

Verre et verrerie, par Léon APPERT, et J. HENNIVAUX. 460 p. 139 f. et 1 atlas . . 20 fr.

Blanchiment et apprêts; teinture et impression, matières colorantes, 1 vol. de 674 p., avec 368 fig. et échantillons de tissus imprimés, par GOUTAY, ROSSIR et GRANDMOUGIN (de Mulhouse) . . 30 fr.

Éléments et organes des machines, par A. GOUILLY, 1 vol. de 410 pages, avec 710 figures . . . . . . 12 fr.

Les associations ouvrières et les associations patronales, par HUBERT-VALLEROUX, avocat. 1 vol. de 304 pages . 10 fr.

Traité pratique des ch. de fer (intér local) et des Tramways, par P. GERBOS. 11 fr.

Traité des Industries céramiques, par Émile BOURRY, 1 vol. de 755 pages avec 349 fig. ou groupes de fig. et une planche (Cet ouv. a été traduit en angl.). 20 fr.

Le vin et l'eau-de-vie de vin, par Henri de LAPPARENT, insp. gen. de l'agriculture. 1 vol. de 545 p. 110 fig. et 28 cartes. 12 fr.

Métallurgie générale, par LE VERRIER :
Procédés du chauffage, 1 vol. de 376 pages avec 174 figures . . . 12 fr.
Procédés métallurgiques et étude des métaux, 1 vol. de 603 p. avec 138 fig. et 10 planches . . . . 12 fr.

La Betterave agricole et industrielle, par G. SCHRIBAUX et SIRODOT, 1 vol. avec 129 figures (méd. d'arg. soc. nat. d'agr. et méd. d'or des agric. de France) . 20 fr.

Cours de chemins de fer de l'École des Mines, par VICAIRE et MAISON, 582 p. avec 493 fig . . . . . . 20 fr.

Chimie organique appliquée, par A. JOANNIS, professeur à la Faculté des Sc. de Paris. 1406 p. en 2 vol. . . 35 fr.

Traité des machines à vapeur, à gaz, à pétrole et à air chaud, par AUREILIO et ROGER. 2 vol., 1176 p., 693 fig. 38 fr.

Chemins de fer. Superstructure, par E. DEHARME (Voir : *Encyc. des Travaux publics*).

Chemins de fer : Résistance des trains. Traction par E. DEHARME et A. PULIN, ingénieur de la C° du Nord, 447 p., 95 f. et 1 planche . . . . . . 15 fr.

Chaudières de locomotives, par les mêmes, 130 fig. et 2 pl. . . 15 fr.

Locomotives : *Mécanisme, Châssis, Types de machines,* 1 fort vol. avec un bel atlas de 18 pl. double in-4°, par les mêmes. 25 fr.

Électricité industrielle, 2e éd. v. de 826 p., 404 fig. (G. de M. Monnier à l'Ec. Cent.) 25 fr.

Machines frigorifiques, par LORENZ, professeur à la faculté de Halle; traduction de PETIT et JAQUET, 195 p., 131 fig. 7 fr.

Industries du sulfate d'aluminium, des aluns et des sulfates de fer, par L. GRUENWALD. 372 p. avec 195 fig. Traduit en anglais . . . . 10 fr.

Accidents du travail et assurances contre ces accidents, par G. FÉODE (Méd. d'arg. Exp. 1900). 1 vol. de 646 p. 7 fr. 50

Traité des fours à gaz à chaleur régénérée, par TOLD (trad. HOMMER), 392 pages. 68 fig. . . . . . 11 fr.

Résistance des matériaux et Éléments de la théorie mathématique de l'élasticité, par A. FÖPPL, trad. de E. HAHN, 489 p., 75 fig. . . . . 15 fr.

Industries photographiques, par le Professeur FABRE, 662 p., 183 fig. 18 fr.

La Tannerie, par MEUNIER, VANEY et VISSON (650 p., 98 fig.) . . . 20 fr.

Industrie des cyanures, par ROBINE et LENGLEN . . . . . 13 fr.

Traité des essais de matériaux, par A. MARTENS, traduction de P. BREUIL. 1 vol. de texte de 674 pages avec 538 fig. et un atlas de 31 grandes planches. 50 fr.

L'Énergie hydraulique et les Récepteurs hydrauliques, par U. MASONI, 1 vol. de 320 p. avec 207 fig . 10 fr.

Le Bois, par J. BEAUVERIE. 2 fascicules de XI-1402 pages avec 185 figures . 20 fr.

P. C. N.